北斗技术与应用丛书

北斗卫星导航定位原理与方法

黄文德　康娟　张利云　李靖　编著

科学出版社
北　京

内 容 简 介

本着“厚基础、重应用”的原则，本书详细阐述北斗卫星导航定位原理，使读者夯实卫星导航定位基础；重点介绍北斗卫星导航定位的应用方法、处理工具和开发技术，使读者能够灵活应用卫星导航技术和相关工具解决现实问题。全书包括北斗卫星导航系统发展历程、系统组成、运行原理、服务性能与优势特色，以及北斗坐标系统、时间系统、导航信号、导航电文、卫星轨道、接收机设计等基础内容；还包括单点定位、测速与授时、定位精度评估、差分定位、多系统融合定位、常见导航定位处理软件的应用以及导航定位应用程序开发等方法和技能。本书尤其注重给出具体步骤，让读者能够应用相关方法和工具解决实际问题。本书介绍了国外 GPS、GLONASS、Galileo 等卫星导航系统相关知识，以便读者学习比较、兼容并包。本书内容丰富、实用性强，力求反映我国北斗卫星导航系统建设和世界主要卫星导航系统建设最新成果以及卫星导航新技术与新应用。

本书既可作为卫星导航定位及相关领域本科生和研究生的教学用书，也可作为从事卫星导航定位的科技工作者和工程师的工具书与参考书。

图书在版编目(CIP)数据

北斗卫星导航定位原理与方法 / 黄文德等编著. —北京：科学出版社，2019.11

(北斗技术与应用丛书)

ISBN 978-7-03-060949-6

Ⅰ. ①北… Ⅱ. ①黄… Ⅲ. ①卫星导航-全球定位系统

Ⅳ. ①TN967.1 ②P228.4

中国版本图书馆 CIP 数据核字(2019)第 058774 号

责任编辑：潘斯斯 / 责任校对：王萌萌
责任印制：张 伟 / 封面设计：谜底书装

科 学 出 版 社 出版
北京东黄城根北街 16 号
邮政编码：100717
http://www.sciencep.com
固安县铭成印刷有限公司 印刷
科学出版社发行 各地新华书店经销
*
2019 年 11 月第 一 版 开本：787×1092 1/16
2023 年 1 月第五次印刷 印张：25 1/2
字数：618 000

定价：158.00 元

(如有印装质量问题，我社负责调换)

丛书编委会

本书作者：

黄文德　康　娟　张利云　李　靖

丛 书 序

北斗卫星导航系统是我国定位、导航和授时(PNT)的重要基础设施。我国着眼于国家安全和经济社会发展需要，自主研制、自主建设、独立运行北斗卫星导航系统，可实现全球用户全天候、全天时、高精度的 PNT 服务。我国于 20 世纪 90 年代开始自行研制北斗卫星导航系统；2000 年底，北斗一号系统建成，使我国成为世界上第三个拥有自主卫星导航系统的国家；到 2012 年，建成了覆盖亚太地区的北斗二号区域卫星导航系统；计划到 2020 年前后，建成覆盖全球的北斗三号全球卫星导航系统，向全球用户提供高精度 PNT 服务，并在此基础上加快构建稳健可靠的国家综合 PNT 服务体系。北斗卫星导航系统正与云计算、物联网、大数据，以及高端制造业、先进软件业等进行深度融合，服务智能社会，推动生产方式和发展模式的变革。

国家利益的拓展、经济全球化及海洋强国战略，都要求我国具有独立自主的 PNT 服务系统。国家利益到哪里，PNT 服务就应该到哪里。当前，北斗卫星导航系统已成为高铁和核电之外的第三张国家名片；优先服务国家“一带一路”倡议，全面服务经济社会发展，正在成为北斗卫星导航系统走向世界的主旋律。

2015 年 10 月，习近平主席在党的十八届五中全会上提出“创新、协调、绿色、开放、共享”五大发展理念。随即，孙家栋院士倡导的北斗领域资源开放共享平台——北斗开放实验室正式挂牌成立。北斗开放实验室秉承“融合、开放、合作、共赢”的发展理念，以“推动北斗应用”为核心使命，以推动数据、仪器、专家和研究成果等资源的开放共享为主要途径，以吸引国际导航领域人才研究北斗、应用北斗、推广北斗为目标，让发展中的北斗系统不仅服务中国，而且惠及“一带一路”沿线国家和地区，并以更精准、更优质、更可靠的服务造福全人类，成为名副其实的“世界的北斗”。

当前，北斗开放实验室携手区域优势单位已在国内先后建成并开通了 10 余家分实验室，聚集园区、企业、高校等成员单位近 100 家，覆盖了华东、华南、华中、华北、西南、西北、东北等区域，涵盖无线电检测认证、高精度应用、导航信息安全、测试计量检定、智慧城市应用、车载应用等领域，有力推动了北斗卫星导航系统的研究与产业化，拓展了北斗卫星导航系统的应用，支撑了国家“一带一路”倡议的推进。

为了更好地汇聚资源，创新北斗发展和应用模式，总结北斗卫星导航系统建设成果，北斗开放实验室先后组织出版了《卫星导航信号模拟源理论与技术》《卫星导航终端测试评估技术与应用》《卫星导航系统建模与仿真》《BDSim 在卫星导航中的应用》等北斗系列著作，并在行业内引起了良好反响。为进一步加强发挥各分实验室特色优势，北斗开放实验室组织北斗领域资深专家组成编委会，集中编著出版北斗系统在高铁、电力、海洋渔业、智慧城市、车载导航和导航安全等领域的应用系列丛书。通过该丛书的撰写、编辑、出版和发行，旨在进一步梳理北斗应用特色和潜能，推动北斗产业应用、促进国家综合 PNT 体系建设、普及北斗科学知识以及提升北斗的国际影响力和市场竞争力等。

杨元喜

前　言

运动是人类活动的主要形式之一，其范围已从陆地、海洋、天空到太空，甚至深空。从一个特定位置(当前位置)到另一特定位置(目的位置)，往往需要导航。卫星导航系统是一种具有全能性(陆地、海洋、航空及航天)、全天候、连续性和实时性的无线电导航定位系统，它能提供高精度的导航、定位和授时服务，其应用几乎涉及国民经济和社会发展的各个领域，已成为全球发展最快的信息产业之一。

北斗卫星导航系统是我国着眼于国家安全和经济社会发展需要，自主建设、独立运行的全球卫星导航系统，是为全球用户提供全天候、全天时、高精度的定位、导航和授时服务的国家重要空间基础设施，是我国实施改革开放40年来取得的重要成就之一。近年来，我国卫星导航产业进入快速增长期，卫星导航与位置服务年产值逐年增长。卫星导航为国防和经济建设发挥重要作用的同时，也为大众消费带来了极大的便利。以移动互联网、智能移动终端、卫星导航位置服务平台为核心技术的"北斗+"应用已逐渐深入人心。学习卫星导航定位技术对于建设智慧城市、发展精准农业、实现智能交通、应用人工智能等领域具有重要意义。

与一般介绍 GPS 等卫星导航定位原理不同，我们肩负着建设北斗卫星导航系统和应用北斗卫星导航系统的双重使命，编著本书既是为了满足我国北斗卫星导航系统建设的需要，更是为了推广北斗应用的需要。因此，本书力求体现北斗卫星导航系统建设和应用的最新成果，向高校学生和工程技术人员系统地介绍北斗卫星导航定位的基本理论与方法，进一步突出北斗卫星导航应用技能。本书重点介绍北斗卫星导航定位的应用方法、处理工具和开发技术，使读者能够灵活应用卫星导航技术和相关工具解决现实问题。

全书共 15 章，大体上分为五个部分。第一部分(第 1 章～第 7 章)介绍北斗卫星导航定位原理与算法，包括北斗卫星导航系统的发展历程、系统组成、运行原理、服务性能、优势特色、坐标系统、时间系统、卫星轨道、单点定位、高精度差分定位和精密单点定位等内容。第二部分(第 8 章～第 10 章)介绍北斗导航信号及其接收机原理，包括北斗导航信号、导航电文、北斗接收机及其信号处理方法等内容。第三部分(第 11 章、第 12 章)介绍多卫星导航系统及其融合应用技术，包括 GPS、GLONASS、Galileo 等卫星导航系统相关知识，以及多系统融合定位方法。第四部分(第 13 章、第 14 章)介绍卫星导航数据处理工具及软件开发技术，包括 GAMIT/GLOBK、Bernese、RTKLib、TEQC 等导航定位处理软件的应用，以及基于 Android 系统、iOS 系统、高德地图、百度地图等导航定位应用程序开发方法。第五部分(第 15 章)介绍北斗卫星导航系统的特色业务——RDSS 业务的原理，包括快速定位、授时和短报文通信原理。

本书主要由黄文德编写。康娟参与了第 5 章、第 8 章、第 10 章和第 13 章等部分章节的编写，张利云参与了第 6 章、第 7 章、第 9 章和第 15 章等部分章节的编写，李靖参与了第

14 章部分章节和附录部分的编写。历届研究生杨玉婷、周一帆、孙乐园、吕慧珠、冷如松、张敏、彭海军、刘友红、谢友方、李阳林、谢玲、周杨淼、杨飞、肖振国、林魁、黄方鸿、宋诗谦、王晓慧、张冠显、彭利、王红建、金星、周帮、高贺、李灏霖、刘伟、刘婕、李兰、王呈倬等参与了本书相关算法的研究和验证工作。

在本书编写过程中，得到了国防科技大学第六十三研究所杨俊教授，国防科技大学智能科学学院王跃科教授、胡助理副教授、陈建云研究员、周永彬研究员、郭熙业博士、胡梅博士，以及长沙北斗产业安全技术研究院明德祥博士、乔纯捷博士、杨建伟博士、宋莉、夏娟娟、边琳琳等的大力支持和帮助。本书相关的研究工作得到了中国第二代卫星导航系统重大专项项目(GFZX0301040107HT)、中国博士后科学基金面上项目(2015M580365)、湖南省军民融合产业发展专项资金项目的资助，在此一并表示衷心的感谢！

本书力求反映我国北斗卫星导航系统建设和世界主要卫星导航系统建设最新成果以及卫星导航新技术与新应用。卫星导航定位技术与方法的发展非常迅速，作者受水平所限，再加上成书仓促，书中不足之处在所难免，恳切希望广大读者批评指正。

编　者

2019 年 5 月于长沙

目　录

第1章
北斗卫星导航系统概述

本章在回顾世界卫星导航发展历史的基础上，首先重点介绍北斗卫星导航系统的发展历程，然后详细阐述北斗卫星导航系统的组成、功能、运行原理和优势特色，最后简要介绍卫星导航定位的典型应用，以激发读者对建设北斗卫星导航系统和应用北斗卫星导航系统的兴趣。

1.1 世界卫星导航发展历史回顾

人类利用人造地球卫星进行导航的想法，在人类发射第一颗人造地球卫星时就已经开始酝酿。1957年10月，苏联成功地发射了世界上第一颗人造地球卫星。从那以后，利用卫星进行导航和定位的研究便引起了世界各国的高度重视。卫星导航系统是一种具有全能性(陆地、海洋、航空及航天)、全天候、连续性和实时性的无线电导航定位系统，它能提供高精度的导航、定位和授时服务，其应用几乎涉及国民经济和社会发展的各个领域，已成为全球发展最快的信息产业之一。因此，世界各主要航天大国或地区联盟都在积极建设本国或本地区的卫星导航系统。

1.1.1 美国

卫星导航诞生于20世纪60年代初。在苏联发射第一颗人造地球卫星后，美国科研人员就提出利用多普勒效应，通过已知位置的地面站测量出卫星的位置。反过来，如果已知卫星的位置，利用同样的原理，可以确定地面未知点的位置。这一想法最终促成了美国第一代卫星导航系统的建设和应用。1958年底，美国海军研究实验室着手研制为美国军用舰艇导航服务的卫星导航系统，即海军卫星导航系统(navy navigation satellite system, NNSS)。在该系统中，所有卫星轨道都通过地球的南北两极、卫星的星下点轨迹与地球的子午圈基本重合，故又称为子午仪(transit)卫星导航系统。1964年1月，子午仪卫星导航系统建成，成功应用于美军“北极星”核潜艇的导航定位，并逐步应用于其他各种舰艇的导航定位(在此之前，核潜艇主要用惯性导航系统进行导航定位，并为导弹提供初始位置、速度和方位)。1967年7月，美国政府宣布子午仪卫星导航系统的部分导航电文解密，供民间商业应用，为远洋船舶导航和海上定位服务。对子午仪卫星导航系统技术的进一步改善，提高了卫星轨道测定的精度，改善了用户接收机性能，其应用范围越来越广。

子午仪卫星导航系统由6颗卫星组成。卫星轨道接近圆形，轨道倾角为90°左右(穿过南北极上空，沿子午线飞行)，轨道高度为1100km，周期约为107min，卫星每天运行13～

15 周。对一个地面观测站来说，一颗卫星每次通过其上空时，仅有 18min 的跟踪观测弧段。子午仪卫星及其运行轨道如图 1.1 所示。

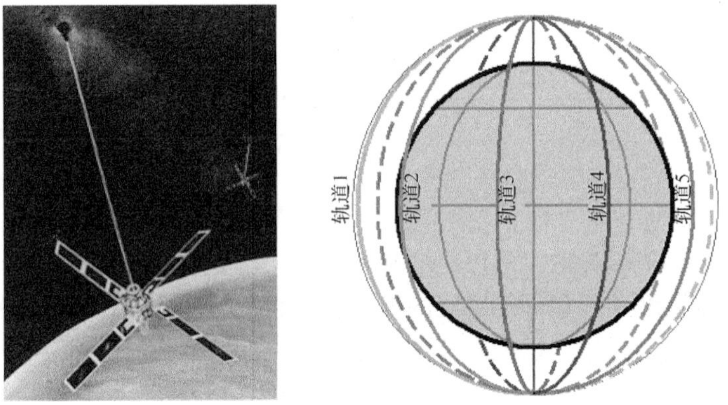

(a) 子午仪卫星　　(b) 子午仪星座

图 1.1　子午仪卫星及其运行轨道

子午仪卫星导航系统的工作原理是：用户通过接收机接收卫星播发的信号，并根据多普勒效应原理，测量由于卫星与用户接收机存在相对运动而产生的多普勒频移。由于多普勒频移反映了卫星与接收机的相对运动速度，包含了卫星与接收机相对位置的信息，根据已知的卫星位置，就可以解算出用户接收机的位置，故该定位系统又称为卫星多普勒定位。

子午仪卫星导航系统开创了卫星导航的新时代，在导航技术发展中具有重要的意义。它实现了全球、全天候导航，显示了卫星导航技术的优越性。但是，由于该系统的“单星、低轨、低频测速”体制的限制，不能满足高动态用户实时导航定位的要求，也不能满足现代军事和民用部门的高精度要求。具体存在以下两个问题。

(1) 单星观测不能实时定位和连续导航定位。用户每次定位观测只能跟踪观测一颗卫星，需观测 8～10min，才能进行一次定位。而观测一颗卫星后，要等 0.8～1.5h，才能观测另一颗卫星，因此，不能连续导航定位，只能对惯性导航和其他无线电导航系统进行断续的较精确的校正。

(2) 低轨、低频定位精度低。由于卫星轨道高度只有约 1000km，因此受地球引力场模型和大气阻力模型误差的影响大，定轨精度低，即卫星位置误差大。卫星位置误差越大，对定位精度的影响就越大。又因其载波频率为 150MHz 和 400MHz，频率较低，电离层延迟误差大，从而多普勒定位精度较低。即使连续观测两天，其定位精度也只能达到±10m 左右。

20 世纪 60 年代中期，第一代卫星导航系统的成功及其存在的缺陷，促使了更先进的卫星导航系统的研制，以提高导航定位的性能，美国海军提出的计划称为 Timation(时间导航)，空军的计划名为 621B。在这两个方案的基础上，1973 年美国国防部确定了第二代全球卫星导航系统(GPS)的体制与研制计划。1993 年 12 月 8 日，系统达到初始工作能力，1995 年 7 月 17 日达到全运行能力。GPS 星座由分布在 6 个轨道面上的 24 颗卫星组成，如图 1.2 所示，它能为全球陆、海、空、天各类载体，全天候 24h 连续提供高精度的三维位置、速度和时间信息。

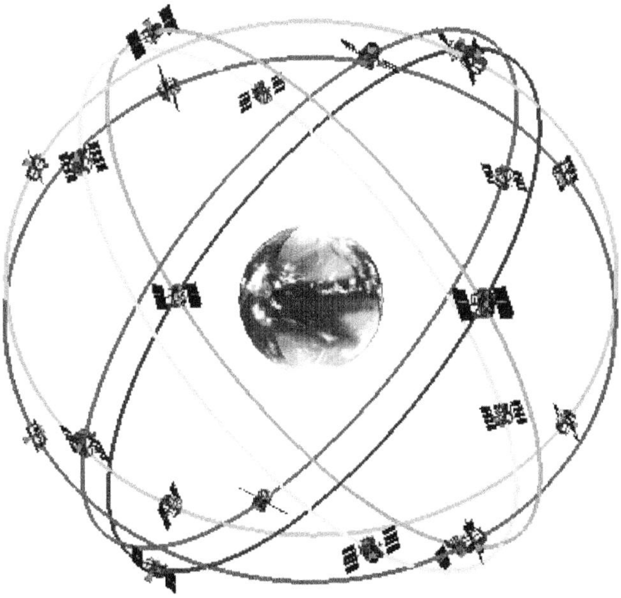

图 1.2　美国 GPS 星座

为了加强 GPS 对美军现代化战争的支撑作用并巩固它在全球民用导航领域的领导地位，美国从 1999 年开始提出了 GPS 现代化计划，从卫星星座、信号体制、星上抗干扰、军民信号分离等角度，对 GPS 进行改进。特别是在信号体制方面，GPS 做了很大程度的改进，包括增加新的军码(M 码)和新的民用信号 L2C 与 L5C。2016 年发射的最后一颗 GPS-IIF 卫星，标志着 GPS 完成了系统现代化升级改造。目前，已形成保持在 32～33 颗在轨卫星的稳定星座，定位精度和系统可用性进一步提高。

由于世界主要航天国家都在追赶 GPS，美国不满足于现状，于 2018 年 12 月底成功发射了新一代 GPS 卫星，即 GPS-III 卫星(图 1.3)，意图再次引领世界卫星导航的发展，占领世界卫星导航制高点。

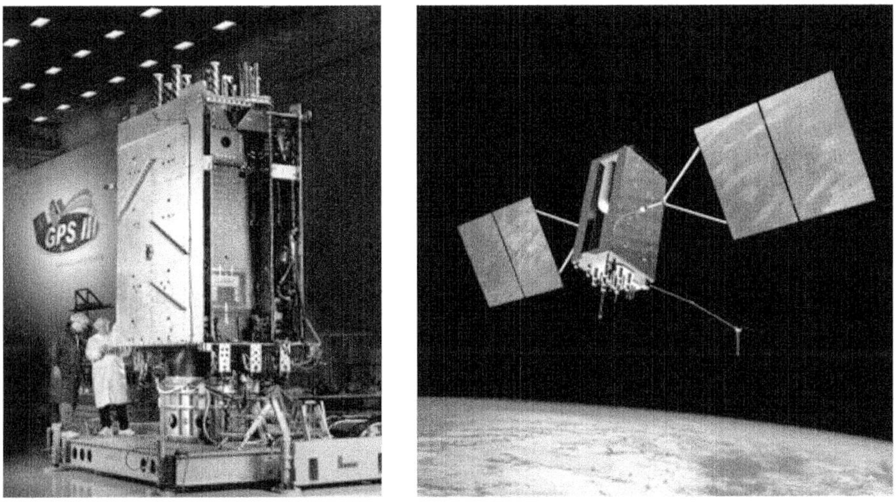

图 1.3　新一代 GPS 卫星——GPS-III 卫星

1.1.2 俄罗斯

与美国子午仪卫星导航系统同期，苏联提出了圣卡达卫星导航系统。该系统由 4 颗位于 1000km 高度的圆轨道上的卫星组成。苏联于 1967 年发射了第一颗圣卡达卫星，并于 1979 年交付使用。

苏联的第一代卫星导航几乎与美国 GPS 发展同步，鉴于其系统存在的缺陷，苏联也设计研制了 GLONASS 卫星导航定位系统。20 世纪 70 年代中期，为了满足军事上的需要，苏联军方开始提出 GLONASS 计划。GLONASS 是继美国的 GPS 之后又一全天候、高精度的卫星定位导航系统。GLONASS 于 1983 年 10 月开始发射试验卫星。苏联解体后，俄罗斯继承了 GLONASS 系统。

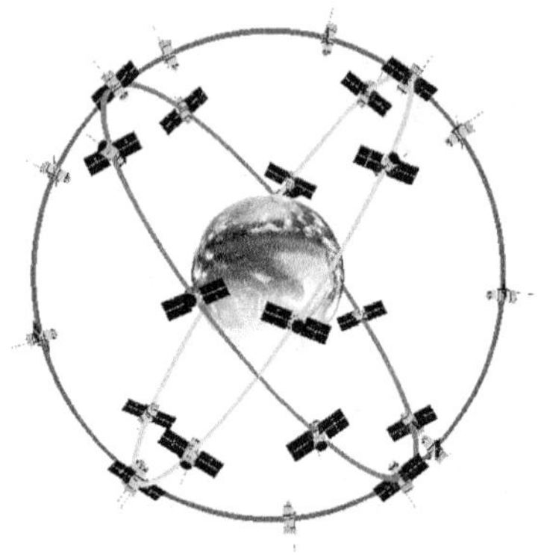

图 1.4 俄罗斯 GLONASS 星座

1994 年，俄罗斯开始按计划进行第一次卫星发射。1995 年 12 月，俄罗斯成功发射 3 颗卫星，布满了 24 颗卫星星座。GLONASS 也使用军用和民用两种码，能达到 50～70m 的水平定位精度。之后，俄罗斯由于国内经济紧张，无资金投入用于更换新的卫星，且 GLONASS 卫星寿命较短，致使星座不全。直至 2013 年 4 月，GLONASS 系统正常工作卫星终于达到了 24 颗，实现了全球覆盖。GLONASS 星座构型如图 1.4 所示。

1.1.3 欧盟

为了打破 GPS 的垄断局面，欧盟于 1999 年开始了全球卫星导航系统(GNSS)计划。欧盟的 GNSS 计划分为两个阶段：第一阶段是建立与美国 GPS 和俄罗斯 GLONASS 兼容的欧洲第一代全球卫星导航系统(GNSS-1)；第二阶段是建立独立的欧洲第二代全球卫星导航系统(GNSS-2)，即伽利略(Galileo)计划。Galileo 计划于 2002 年 3 月正式启动，其总体战略目标是建立一个高效、经济、民用的全球卫星导航定位系统，在性能上优于美国的 GPS，使其具备欧洲乃至世界交通运输业可以信赖的高度安全性，并确保未来的系统安全由欧洲控制管理。Galileo 星座构型如图 1.5 所示。

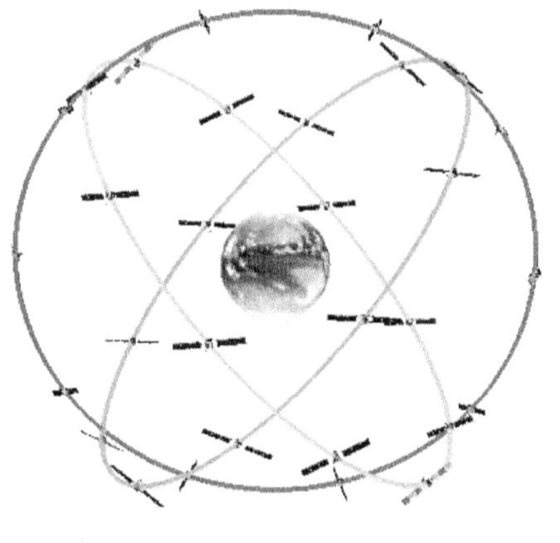

图 1.5 欧盟 Galileo 星座

2002 年 3 月 26 日，欧盟 15 国交通部长会议一致决定正式启动 Galileo 卫星导航系统计划，其发展规划如图 1.6 所示。欧盟宣称 Galileo 将是第一个专门面向民用的卫星导航系统。

2005 年 12 月 28 日，欧盟成功发射了第 1 颗 Galileo 系统试验卫星 GIOVE-A，经过一系列在轨测试，2008 年 4 月欧空局宣布 GIOVE-A 满负荷运行成功。2008 年 4 月 27 日，欧盟成功发射了 GIOVE-B 卫星。Galileo 卫星采用最稳定的时钟——无源氢钟，卫星射频信号的调制除采用传统的二进制相移键控(BPSK)调制技术外，还采用一种新的调制技术——二进制补偿载波(BOC)调制技术。2007 年 11 月，欧盟宣布 Galileo 系统建成后将为用户提供误差小于 1m 的精确定位服务，但各方面的原因导致系统建设滞后，预计 2020 年后才能够全面投入使用。

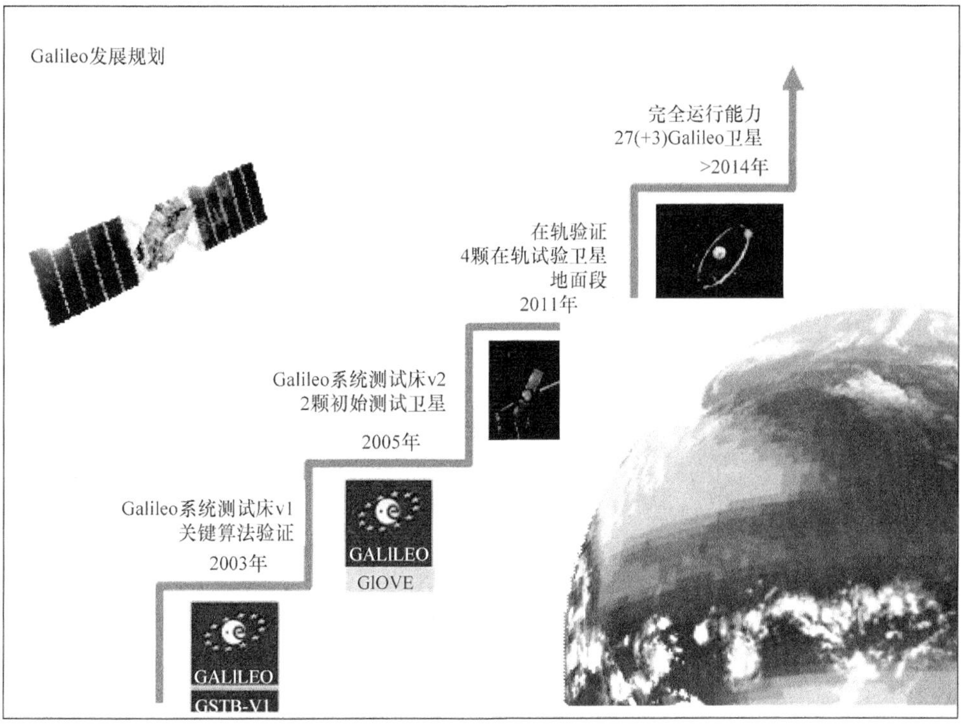

图 1.6　欧盟 Galileo 发展规划

1.2　我国卫星导航定位系统发展历程

我国高度重视北斗系统的建设与发展。自 20 世纪 80 年代开始探索适合国情的卫星导航系统发展道路，形成了“三步走”发展战略：2000 年底，建成北斗一号系统，向我国广大用户提供服务；2012 年底，建成北斗二号系统，向亚太地区提供服务；计划 2020 年前后，建成北斗三号系统，向全球提供服务。2035 年前，将以北斗系统为核心，建设完善更加泛在、更加融合、更加智能的国家综合定位、导航、授时(PNT)体系。具体实施过程如下。

第一步，建设北斗一号系统。1994 年，启动北斗一号系统工程建设；2000 年，发射两颗地球静止轨道卫星，建成系统并投入使用，采用有源定位体制，为中国用户提供定位、授时、广域差分和短报文通信服务；2003 年，发射第 3 颗地球静止轨道卫星，进一步增强系统性能。

第二步，建设北斗二号系统。2004 年，启动北斗二号系统工程建设；2012 年底，完成 14 颗卫星(5 颗地球静止轨道卫星、5 颗倾斜地球同步轨道卫星和 4 颗地球中圆轨道卫星)发射组网。北斗二号系统在兼容北斗一号系统技术体制的基础上，增加无源定位体制，为亚太地区用户提供定位、测速、授时和短报文通信服务。

第三步，建设北斗三号系统。2009 年，启动北斗三号系统建设；2018 年底，完成 19 颗卫星发射组网，完成基本系统建设，向全球提供服务；计划 2020 年底前，完成 30 颗卫星发射组网，全面建成北斗三号系统。北斗三号系统继承北斗有源服务和无源服务两种技术体制，能够为全球用户提供基本导航(定位、测速、授时)、全球短报文通信、国际搜救服务，亚太地区用户还可享有区域短报文通信、星基增强、精密单点定位等服务。

1.2.1 北斗一号：地球静止轨道卫星定位系统

1983 年，“两弹一星”功勋奖章获得者陈芳允院士和合作者提出利用两颗同步定点卫星(地球静止轨道卫星)进行定位导航的设想，经过分析和初步实地试验，证明效果良好，这一系统称为双星定位系统，如图 1.7 所示。双星定位导航系统的工程代号取名为北斗一号，于 1994 年正式立项。此后，我国分别于 2000 年 10 月、2000 年 12 月和 2003 年 5 月发射了 3 颗北斗静止轨道试验导航卫星，组成了北斗一号定位系统，又称为北斗一代卫星导航系统。

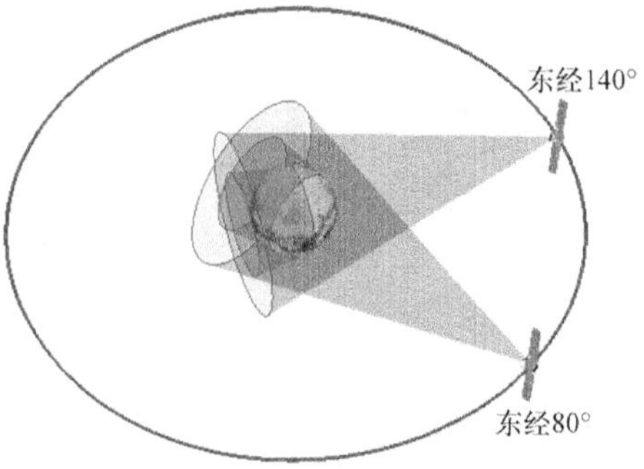

图 1.7 北斗一号双星定位星座示意图

北斗一号的覆盖范围为北纬 5°～55°、东经 70°～140°的区域，上大下小，最宽处在北纬 35°左右。该系统由两颗地球静止卫星、一颗在轨备份卫星、中心控制系统、标校系统和用户机组成，可为用户提供快速定位、简短数字报文通信和授时服务，是一种新型、全天候、区域性的卫星定位系统。目前，该系统已经圆满完成历史使命，光荣退役。但是，该系统所提供的双星快速定位、授时和短报文通信业务一直保留下来，成为北斗系统的特色优势。

1.2.2 北斗二号：区域卫星导航系统

由于北斗卫星导航试验系统是区域性的，采用有源定位体制，不能完全满足我国武器装备建设和国民经济发展日益增长的需求，因此，在此基础上，我国于 2004 年开始建设北斗二号卫星导航系统。2007 年 4 月 14 日，我国成功发射了第 5 颗北斗卫星，这颗代号为 Compass M-1 的北斗卫星是我国发射的第 1 颗地球中圆轨道(MEO)导航卫星，入轨不久后开始发射三个频点的导航信号。截至 2012 年底，在轨工作卫星有 5 颗地球静止轨道(GEO)卫星、4 颗地球中圆轨道卫星和 5 颗倾斜地球同步轨道(IGSO)卫星，如图 1.8 所示。

2012 年 12 月 26 日，我国宣布北斗二号面向亚太区域提供正式运行服务，覆盖包括 55°S～55°N、70°E～150°E 的大部分区域。覆盖亚太地区的服务信号监测评估表明，该系统服务性能满足定位精度 10m 的指标要求，部分地区性能略优于指标要求。例如，在北京、郑州、西安、乌鲁木齐等地区，定位精度可达到 7m 左右；东盟国家等低纬度地区，定位精度可达 5m 左右。随着北斗三号的成熟稳定，北斗二号也将在一段平稳过渡期后光荣退役。

1.2.3　北斗三号：全球卫星导航系统

2015 年 3 月底，我国首颗新一代北斗导航卫星成功发射，标志着北斗卫星导航系统已由区域运行向全球运行拓展。新一代北斗导航卫星瞄准北斗卫星导航系统全球组网需求，卫星寿命由 8 年延长到 10～12 年，卫星空间环境防护和抗干扰能力进一步提高。2017 年 11 月 5 日实施了首次组网卫星发射任务。2018 年 11 月 19 日以“一箭双星”的方式成功发射北斗三号系统第 18、19 颗组网卫星，标志着我国北斗三号基本系统星座部署圆满完成。2018 年 12 月 27 日，北斗三号基本系统正式开通服务。2019 年我国还将发射 8～10 颗北斗三号卫星，2020 年再发射 2～4 颗，确保 2020 年建成由 30 颗卫星组成的北斗三号全球卫星导航系统(图 1.9)，服务覆盖全球。届时，新一代北斗将为全球用户提供更精准、更可靠的服务，并通过星间链路实现星-星组网、互联互通。

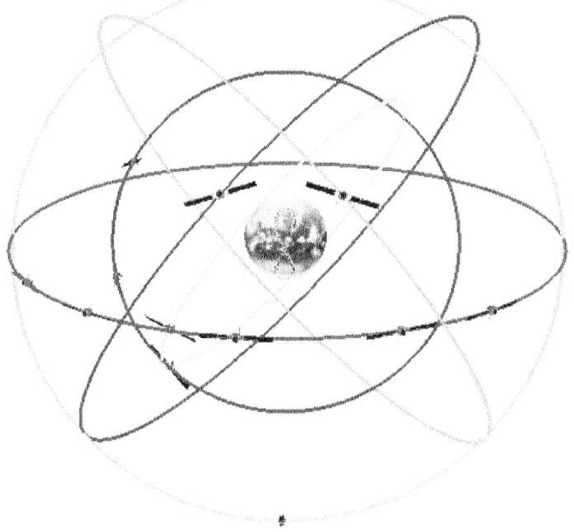

图 1.8　北斗二号区域导航星座

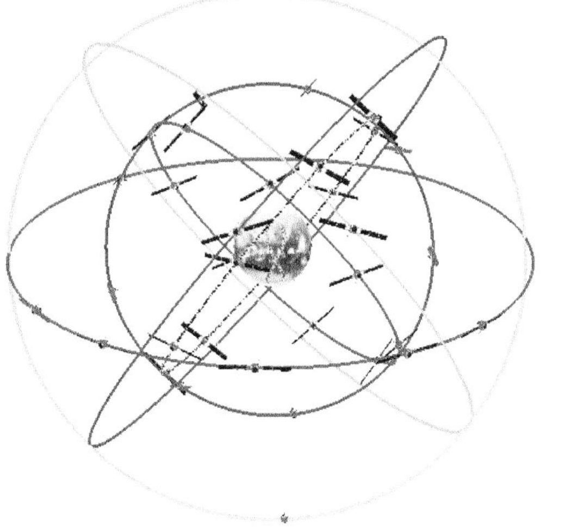

图 1.9　北斗三号全球系统星座示意图

对比北斗二号，北斗三号在系统建设方面的改进之处主要体现在以下两个方面。

(1) 空间段实现全球组网。截至 2018 年底，北斗一号系统已退役；北斗二号系统 15 颗卫星连续稳定运行。北斗三号系统正式组网前，发射了 5 颗北斗三号试验卫星，开展在轨试验验证，研制了更高性能的星载铷原子钟(天稳定度达到 10^{-14} 量级)和氢原子钟(天稳定度达到 10^{-15} 量级)，进一步提高了卫星性能与寿命。2018 年成功发射了 19 颗组网卫星(其中，18 颗地球中圆轨道卫星已提供服务，1 颗地球静止轨道卫星处于在轨测试状态)，构建了稳定可靠的星间链路，基本系统星座部署圆满完成。

(2) 地面段实施了升级改造。北斗三号系统建立了高精度时间和空间基准，增加了星间链路运行管理设施，实现了基于星地和星间链路联合观测的卫星轨道与钟差测定业务处理，具备定位、测速、授时等全球基本导航服务能力；同时，开展了短报文通信、星基增强、国际搜救、精密单点定位等服务的地面设施建设。

截至 2018 年 12 月，北斗系统可提供全球服务，在轨工作卫星共 33 颗，包含 15 颗北斗二号卫星和 18 颗北斗三号卫星，具体为 5 颗地球静止轨道卫星、7 颗倾斜地球同步轨道卫星和 21 颗地球中圆轨道卫星。

北斗系统当前基本导航服务性能指标如表 1.1 所示。与全球其他主要卫星导航定位系统(如美国的 GPS、俄罗斯的 GLONASS、欧盟的 Galileo 等)具有同等性能指标。在亚太地区优于其他卫星导航定位系统。

表 1.1　北斗系统当前基本导航服务性能指标

服务指标项		参考指标 (95%置信度)	约束条件
全球定位精度	水平	≤ 10m	满足规定使用条件的用户，使用健康的卫星信号进行解算； 全球任意点 24h 的定位/测速/授时误差的统计值
	高程	≤ 10m	
亚太地区定位精度	水平	≤ 5m	
	高程	≤ 5m	
全球测速精度		0.2m/s	
亚太地区测速精度		0.1m/s	
全球授时精度		20ns	
亚太地区授时精度		10ns	
服务可用性		优于 95%	

北斗卫星导航系统现已形成包括基础产品、应用终端、运行服务等较为完整的产业体系。随着自主北斗芯片、模块等关键技术的全面突破，北斗卫星导航技术已广泛应用于我国交通运输、海洋渔业、水文监测、气象预报、大地测量、救灾减灾、手机导航等领域，产生了显著的社会效益和经济效益。目前，北斗卫星导航系统正逐步进入国际民航、国际海事、移动通信等国际组织，已被国际海事组织接纳认可为全球第三个卫星导航系统。

1.3　北斗卫星导航系统组成

北斗卫星导航系统由空间段、地面段和用户段组成，如图 1.10 所示。空间段一般即空间中的卫星星座，包含一系列分布在不同轨道上的卫星，为用户的定位、导航、授时提供时间基准和空间基准。地面段负责维护卫星和维持其正常功能，包括将卫星保持在正确的轨道位置(称为位置保持)和监测卫星子系统的健康状况，主要由主控站、注入站及监测站组成。用户段是卫星导航系统定位、导航、授时功能的最终体现，包括海、陆、空、天的所有用户。其主要任务是跟踪可见卫星，对接收到的卫星无线电信号进行相关数据处理得到定位所需的测量值和导航信息，最后完成对用户的定位运算、授时解算和所需要的导航任务。

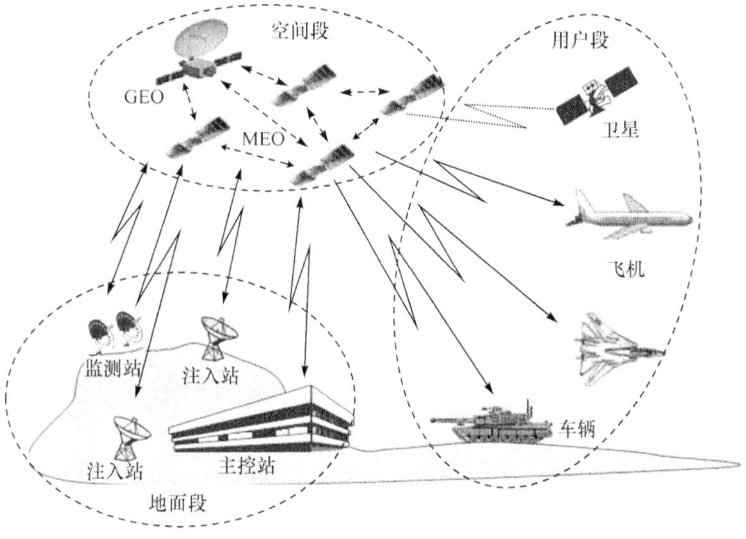

图 1.10　北斗卫星导航系统组成示意图

北斗卫星导航系统运行原理如图 1.11 所示。监测站通过接收卫星测距信号，获得卫星的观测数据。主控站收集监测站的观测数据，解算出卫星的时间(卫星钟差)和位置(卫星星历)，并发送给注入站。注入站以导航电文的形式将卫星钟差和卫星星历发送给卫星。用户接收机通过接收卫星测距信号和导航数据，获得接收机至卫星的距离，并根据导航电文计算得到卫星位置和卫星钟差；然后利用距离、卫星位置和钟差信息解算得到用户位置。

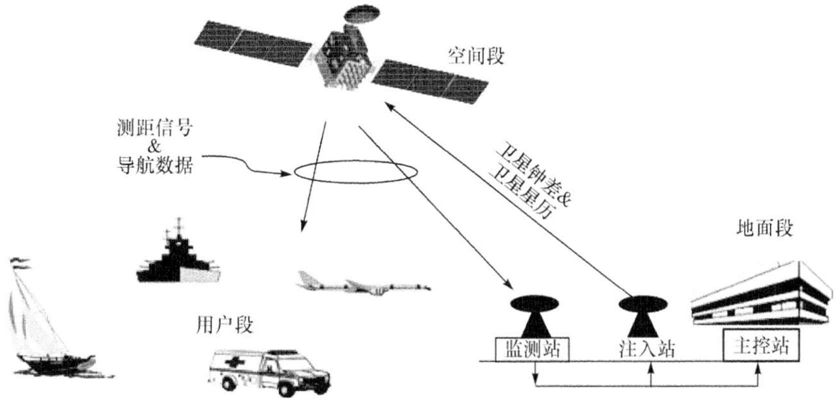

图 1.11　北斗卫星导航系统运行原理图

1.3.1　空间段

北斗卫星导航系统空间段采用混合星座，即由多个轨道类型的卫星组成导航星座，包括地球静止轨道(GEO)卫星、倾斜地球同步轨道(IGSO)卫星和地球中圆轨道(MEO)卫星，各类卫星如图 1.12 所示。北斗三号基本空间星座由 3 颗 GEO 卫星、3 颗 IGSO 卫星和 24 颗 MEO 卫星组成，并根据星座运行情况部署在轨备份卫星。其中，GEO 卫星轨道高度为 35786km，分别定点于东经 80°、110.5°和 140°；IGSO 卫星轨道高度为 35786km，轨道倾角为 55°；MEO 卫星轨道高度为 21528km，轨道倾角为 55°。关于轨道类型、轨道高度、轨道倾角等概念将在第 4 章详细介绍。

(a) GEO卫星

(b) MEO/IGSO卫星

图 1.12　北斗卫星示意图

星座中各颗卫星的基本功能可总结如下：接收地面段发射的导航信息，执行地面段发射的控制指令、进行部分必要的数据处理、向地面发送导航信息，以及通过推进器调整自身的运行姿态。北斗卫星根据轨道类型的不同，其功能有一定的差别。其中，GEO 卫星除了导航功能，还兼容了北斗一号的通信功能。

截至 2018 年 11 月 19 日，北斗系统共发射卫星 43 颗，如表 1.2 所示。早年发射的卫星由于到了使用寿命年限，逐渐退出服务(退役)。为了保证全球信号覆盖，将发射替补卫星进行补网，从而使北斗系统在全球范围内任意时刻都能够为用户提供连续定位服务。

表 1.2　北斗导航卫星发射列表

卫星	发射时间	类型	状态
第 1 颗北斗导航试验卫星	2000 年 10 月 31 日	GEO	退役
第 2 颗北斗导航试验卫星	2000 年 12 月 21 日	GEO	退役
第 3 颗北斗导航试验卫星	2003 年 5 月 25 日	GEO	退役
第 4 颗北斗导航试验卫星	2007 年 2 月 3 日	GEO	退役
第 1 颗北斗导航卫星	2007 年 4 月 14 日	MEO	退役
第 2 颗北斗导航卫星	2009 年 4 月 15 日	GEO	退役
第 3 颗北斗导航卫星	2010 年 1 月 17 日	GEO	正常
第 4 颗北斗导航卫星	2010 年 6 月 2 日	GEO	在轨维护
第 5 颗北斗导航卫星	2010 年 8 月 1 日	IGSO	正常
第 6 颗北斗导航卫星	2010 年 11 月 1 日	GEO	正常
第 7 颗北斗导航卫星	2010 年 12 月 18 日	IGSO	正常
第 8 颗北斗导航卫星	2011 年 4 月 10 日	IGSO	正常
第 9 颗北斗导航卫星	2011 年 7 月 27 日	IGSO	正常
第 10 颗北斗导航卫星	2011 年 12 月 2 日	IGSO	正常
第 11 颗北斗导航卫星	2012 年 2 月 25 日	GEO	正常
第 12、13 颗北斗导航卫星	2012 年 4 月 30 日	MEO	正常
第 14 颗北斗导航卫星	2012 年 9 月 19 日	MEO	退役
第 15 颗北斗导航卫星	2012 年 9 月 19 日	MEO	正常
第 16 颗北斗导航卫星	2012 年 10 月 25 日	GEO	正常
第 17 颗北斗导航卫星	2015 年 3 月 30 日	IGSO	在轨试验
第 18、19 颗北斗导航卫星	2015 年 7 月 25 日	MEO	在轨试验
第 20 颗北斗导航卫星	2015 年 9 月 30 日	IGSO	在轨试验

续表

卫星	发射时间	类型	状态
第 21 颗北斗导航卫星	2016 年 2 月 1 日	MEO	在轨试验
第 22 颗北斗导航卫星	2016 年 3 月 30 日	IGSO	正常
第 23 颗北斗导航卫星	2016 年 6 月 12 日	GEO	正常
第 24、25 颗北斗导航卫星	2017 年 11 月 5 日	MEO	正常
第 26、27 颗北斗导航卫星	2018 年 1 月 12 日	MEO	正常
第 28、29 颗北斗导航卫星	2018 年 2 月 11 日	MEO	正常
第 30、31 颗北斗导航卫星	2018 年 3 月 30 日	MEO	正常
第 32 颗北斗导航卫星	2018 年 7 月 10 日	IGSO	正常
第 33、34 颗北斗导航卫星	2018 年 7 月 29 日	MEO	正常
第 35、36 颗北斗导航卫星	2018 年 8 月 25 日	MEO	正常
第 37、38 颗北斗导航卫星	2018 年 9 月 19 日	MEO	正常
第 39、40 颗北斗导航卫星	2018 年 10 月 15 日	MEO	正常
第 41 颗北斗导航卫星	2018 年 11 月 1 日	GEO	在轨测试
第 42、43 颗北斗导航卫星	2018 年 11 月 19 日	MEO	正常

1.3.2　地面段

地面段是地面控制段的简称，其核心部分称为地面运行控制系统。地面运行控制系统一般由主控站、注入站和监测站组成。北斗系统的注入站还具有时间同步功能，因此称为时间同步/注入站。北斗系统地面运行控制系统运行原理如图 1.13 所示。其中，主控站负责

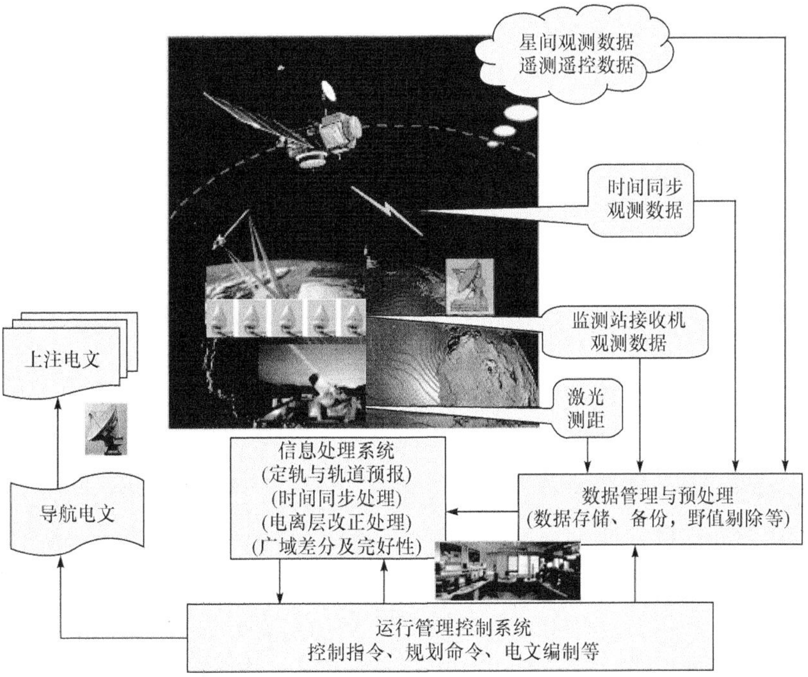

图 1.13　北斗系统地面运行控制系统运行原理示意图

收集各个监测站的观测数据，进行数据处理，生成卫星导航电文、广域差分信息和完好性信息，完成任务规划与调度，实现系统运行控制与管理等；注入站在主控站的统一调度下，完成卫星导航电文、广域差分信息和完好性信息的注入以及有效载荷的控制管理；监测站负责对导航卫星进行连续跟踪监测、接收导航信号，并将数据发送给主控站，它为卫星轨道确定和时间同步提供观测数据。

除此之外，北斗系统还包括星间链路运行管理设施，负责对整个星间链路进行管理与控制。实现了基于星地和星间链路联合观测的卫星轨道与钟差测定业务处理。

1. 主控站

主控站是整个地面运行控制系统的管理中心和信息处理中心。一个卫星导航系统一般设立一个主控站和一个备份主控站。主控站是北斗地面运行控制系统的中枢，完成对星座内全部卫星导航信号观测数据处理，包括卫星时间同步计算、卫星精密轨道计算、卫星导航信号完好性计算、信号传播时延修正与预报计算。主控站设有高性能原子钟系统，并建立系统时间基准，维持全系统的时间同步。主要任务和功能如下。

(1) 收集各时间同步/注入站、监测站的导航信号监测数据，进行数据处理，生成导航电文等。

(2) 负责任务规划与调度，以及系统运行管理与控制。

(3) 负责星地时间观测比对，向卫星注入导航电文参数。

(4) 卫星有效载荷监测和异常情况分析等。

上述几项任务尽管看起来很平常，但实现过程是非常复杂的。因此有必要对主控站的几项关键任务进行进一步说明。

(1) 导航电文生成。根据所收集的数据，计算每颗卫星的星历(包含广播星历)、时钟改正、状态数据和电离层延迟改正等参数；并按一定格式编制成导航电文，传送到注入站。

(2) 系统状态诊断。主控站还肩负监测整个地面运行控制系统是否正常工作、检验注入卫星的导航电文是否正确、监测卫星是否将导航电文发送给用户等任务。

(3) 卫星调度。主控站能够对卫星轨道进行改变和修正，还能进行卫星调度，让备用星取代失效的卫星。

广播星历的计算又是上述任务中较为复杂的过程。广播星历即主控站编算并经注入站注入卫星的星历。以 GPS 为例(北斗系统的处理过程类似)，主控站编算星历的步骤如下。

(1) 编算参考星历。根据 5 个监测站一个星期左右所观测的数据，估算卫星轨道参数的初始值，形成参考星历，其误差约为 100m。

(2) 编算广播星历。根据每个监测站对每颗可见卫星每 6s 所作的伪距和积分多普勒观测值，用联机卡尔曼滤波器计算参考星历的线性摄动，并以此改正参考星历。依据改正后的参考星历，外推 26h 的轨道参数，即广播星历。

据估算，广播星历的精度为：径向误差约为 1m，切向误差约为 7m，法向误差约为 3m。随着技术水平的提升，广播星历的精度也在不断提升。

2. 时间同步/注入站

时间同步/注入站兼具时间同步站和注入站功能。一方面作为注入站，在主控站的统一调度下，向卫星注入导航电文、广域差分及完好性信息，并确保传输信息的正确性，同时，将主控站发送来的控制指令发给相应卫星，实现有效载荷的控制管理。另一方面作为时间同步站，与卫星进行星地上下行测量，并将测量结果发送给主控站，主控站解算出卫星钟差。注入站实物图如图 1.14 所示。

图 1.14　注入站

3. 监测站

监测站是在主控站控制下的一个数据自动采集中心。地面运行控制系统一般含有多个地面监测站，并要求监测站均匀分布。北斗监测站由多频接收机、高精度原子钟、计算机和若干台环境传感器组成。接收机对导航卫星进行连续观测，以采集数据和监测卫星的工作状况；原子钟提供时间标准；环境传感器收集有关当地的气象数据，便于计算气象环境对导航信号的影响程度(主要是对流层延迟误差，见第 5 章)。监测站接收设备如图 1.15 所示。

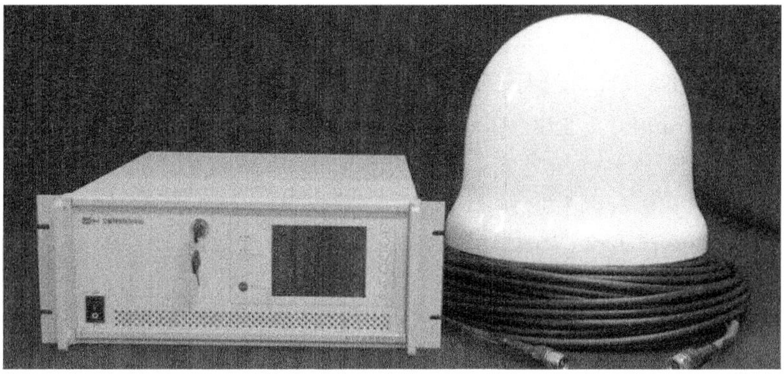

图 1.15　监测站接收设备

1.3.3　用户段

用户段是指利用卫星导航信号进行定位、导航与授时的用户。用户只须安装一种能够接收、跟踪、变换和测量的信号接收机(卫星导航接收机)，就可以全天候和全球性地测量运动载体的七维状态参数与三维姿态参数。典型的卫星导航接收机如图 1.16 所示。因此，卫星导航覆盖陆、海、空、天等需要进行导航定位的用户，典型应用见 1.5 节。

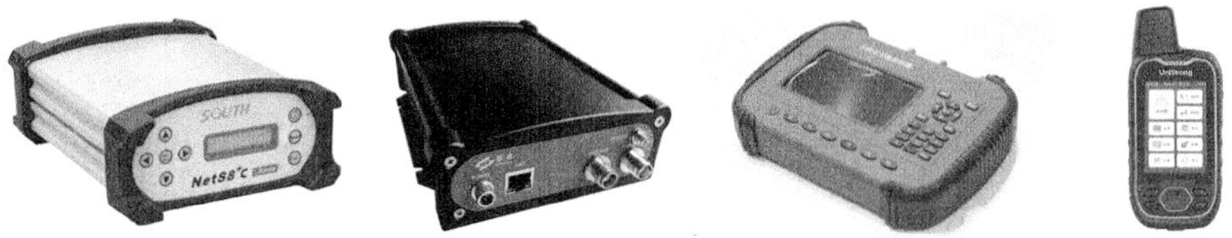

图 1.16　典型的卫星导航接收机

用户设备的核心是用户接收机，其组成原理图如图 1.17 所示。它是由主机、天线、电源和数据处理软件等组成的。其主要功能是接收卫星播发的信号，获取定位所需观测值，提取导航电文中的广播星历、卫星钟差改正数等参数，经数据处理而完成导航定位工作。相关原理见第 9 章和第 10 章。

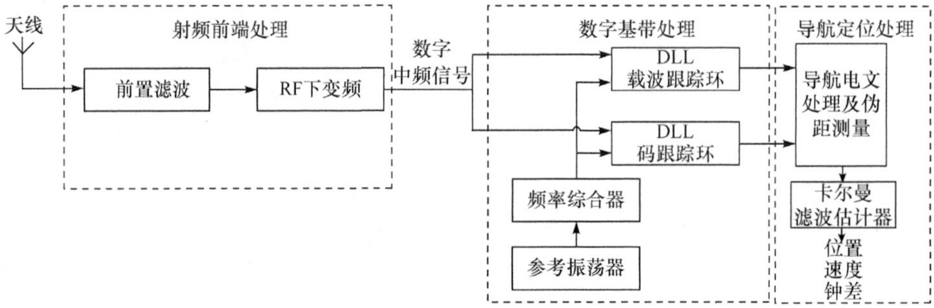

图 1.17　用户接收机组成原理图

1.4　北斗卫星导航系统提供的服务

北斗卫星导航系统与其他全球卫星导航系统一样，能够提供全球、全天候、全天时定位(positioning)、导航(navigation)和授时(timing)服务，简称 PNT 服务，能够提供运动载体的三维立体空间位置(position)、速度(velocity)和一维时间(time)状态信息，即 PVT 信息。

2020 年底前，北斗三号系统还将发射 6 颗 MEO 卫星、3 颗 ISGO 卫星和 2 颗 GEO 卫星，进一步提升全球基本导航和区域短报文通信服务能力，并实现全球短报文通信、星基增强、国际搜救、精密单点定位等服务能力。2020 年，北斗系统计划通过各类卫星提供如表 1.3 所示的服务。

表 1.3　2020 年北斗系统计划提供的服务

服务类型		信号频点	卫星
基本导航服务	公开	B1I，B3I，B1C，B2a	3IGSO+24MEO
		B1I，B3I	3GEO
	授权	B1A，B3Q，B3A	—
短报文通信服务	区域	L(上行)，S(下行)	3GEO
	全球	L(上行)	14MEO
		B2b(下行)	3IGSO+24MEO
星基增强服务(区域)		BDSBAS-B1C，BDSBAS-B2a	3GEO
国际搜救服务		UHF(上行)	6MEO
		B2b(下行)	3IGSO+24MEO
精密单点定位服务(区域)		B2b	3GEO

(1) 基本导航服务。为全球用户提供服务，空间信号精度将优于 0.5m；全球定位精度将优于 10m，测速精度优于 0.2m/s，授时精度优于 20ns；亚太地区定位精度将优于 5m，测速精度优于 0.1m/s，授时精度优于 10ns，整体性能大幅提升。

(2) 短报文通信服务。中国及周边地区短报文通信服务，服务容量提高 10 倍，用户机发射功率降低到原来的 1/10(约 3W)，单次通信能力为 1000 个汉字或 14000bit。目前正在推动建设区域短报文服务平台，促进短报文与移动通信服务的有机融合，进一步发挥北斗系统的特色优势。全球短报文通信服务，单次通信能力为 40 个汉字或 560bit。系统通过 14 颗 MEO 卫星，为全球用户提供短报文通信服务。

(3) 星基增强服务(区域)。按照国际民航组织标准，北斗卫星导航系统服务中国及周边国家或地区的用户，支持单频及双频多星座两种增强服务模式，满足国际民航组织相关性能要求。目前正在开展星基增强系统服务平台建设。

(4) 国际搜救服务。按照国际海事组织及国际搜索和救援卫星系统标准，北斗卫星导航系统为全球用户提供国际搜救服务。北斗卫星导航系统与其他卫星导航系统共同组成全球中轨搜救系统，同时提供反向链路，极大地提升搜救效率和能力。

(5) 精密单点定位服务(区域)。根据精密单点定位理论，北斗卫星导航系统向用户提供高精度数据产品，以提升用户定位精度。系统利用 3 颗 GEO 卫星播发精密单点定位信号，服务中国及周边地区用户，具备动态分米级、静态厘米级的精密定位服务能力。

1.5　北斗卫星导航系统的特色和优势

北斗系统的建设实践，实现了在区域快速形成服务能力，逐步扩展为全球服务的发展路径，丰富了世界卫星导航事业的发展模式。总体而言，北斗系统具有以下特点。

一是空间段采用三种轨道卫星组成的混合星座，与其他卫星导航系统相比高轨卫星更多，抗遮挡能力强，尤其在低纬度地区性能优势更为明显。

二是提供多个频点的导航信号，能够通过多频信号组合使用等方式提高服务精度。

三是创新融合了导航与通信能力，具备基本导航、短报文通信、星基增强、国际搜救、精密单点定位等多种服务能力。

1.5.1　混合星座设计提高用户可见卫星数

北斗星座采用 GEO+IGSO+MEO 三种轨道类型。相比传统仅采用 MEO 星座的导航系统，北斗系统增加了 GEO 和 IGSO 两类高轨卫星。由于地球自转，MEO 卫星对于地面用户平均每天只有 5h 可观测。GEO 卫星定点在赤道上空，对其服务范围内的用户，全天 24h 可观测。IGSO 的星下点轨迹(卫星运行轨道在地面上的投影)呈南北对称的“8”字形，如图 1.18 所示。对于北半球的用户，除了卫星处于南半球最南端的数小时(约为 6h)，其服务范围内的用户有约 18h 可观测。3 颗均匀分布且重复轨迹的 IGSO 卫星，即可实现覆盖区连续不间断服务。换句话说，通过合理设计，少数几颗 GEO 卫星和 IGSO 卫星就可以对区域用户(如我国广大用户)实现全天时覆盖。

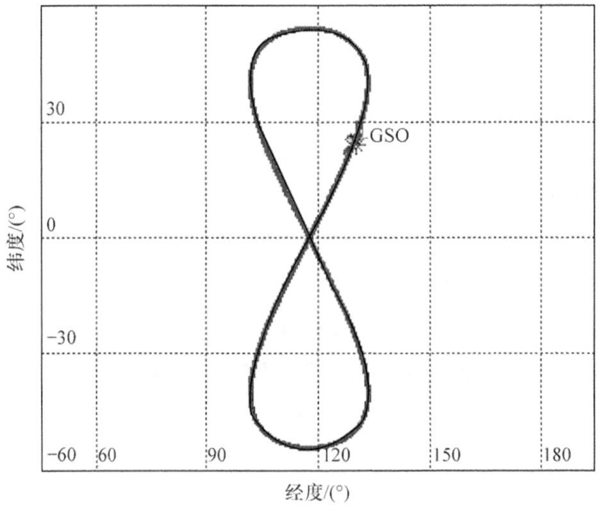

图 1.18　IGSO 卫星地面星下点轨迹

对于低纬度用户，由于 GEO 卫星和 IGSO 卫星几乎处于用户头顶正上方(天顶方向)，因此，可以避开周围建筑、树木或高地等遮挡，具有抗遮挡能力强的优点。

1.5.2　导航与通信一体化设计提供多种服务

北斗系统从北斗一号开始就采用导航与通信一体化设计，既可以实现导航定位功能，又支持用户之间的短报文通信。用户进行定位后，可以将定位结果发送给相关单位或其他用户。不仅解决了“我在哪”的问题，还可以“告诉别人我在哪”。

除此之外，利用 GEO 卫星的通信功能，可以实现星基增强信息(卫星完好性、广域差分信息等)和精密单点定位所需信息(精密星历、精密钟差、电离层延迟改正信息等)的播发，进一步提高用户定位精度。

1.5.3　星间链路实现星座灵活管控与自主运行

北斗三号配置了星间链路，实现星间双向精密测距和通信。通过星间链路测距与通信技术，实现星座内卫星之间高精度距离测量和相关信息的交换。其主要用途如下。

(1) 利用星间测量信息自主计算并修正卫星的轨道位置和时钟系统，实现星座不依赖地面的自主运行能力。

(2) 通过星间和星地联合测量，实现星-星-地联合精密定轨，提高卫星定轨和时间同步的精度，进而提高整个系统的定位和服务精度。

与此同时，通过星间和星地链路，还可以实现对境外卫星的监测、注入功能，以及对境外卫星“一站式测控”的测控管理。由于星间链路将星座内的卫星组成了互联互通的网，因此，只要地面上一个观测站与其中一颗卫星能够进行通信，再通过该卫星与其他卫星进行通信，就可以实现地面与整个卫星网的通信，即“一星通、整网通”，如图 1.19 所示。

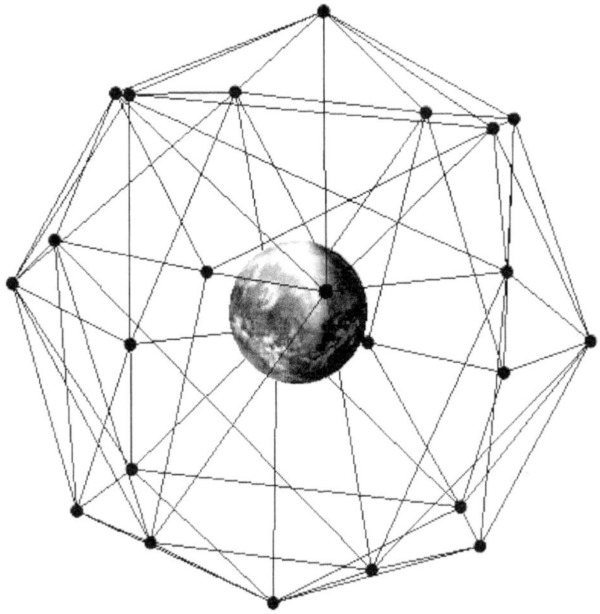

图 1.19　“一星通、整网通”示意图

1.5.4　多频点导航信号增加用户可选择性

卫星导航信号是卫星传播位置和时间信息的载体，又是测量位置和时间的标尺，是卫星系统提供定位、导航与授时服务的关键，其质量是衡量导航卫星水平和工程系统服务性能的重要标志。

为了进一步改善北斗导航卫星信号的性能，提高信号利用效率和兼容性、互操作性，在北斗三号系统全球服务范围内，系统在继承和保留北斗二号卫星 B1I、B3I 信号的基础上，新增了 B1C 公开信号，并对 B2 信号进行了升级。新设计的 B2a 信号替代原 B2I 信号，实现了信号性能的提升，同时充分考虑了与其他卫星导航系统的兼容与互操作。

1.6　北斗卫星导航定位的典型应用

卫星导航应用产业已逐步成为一个全球性的高新技术产业，普遍应用于高精度测量、地理数据采集、地面车辆监控调度和导航服务、航海、航空、航天、军用、时间同步、机械控制、无人驾驶及大众消费应用等方面。如今，“唯一能限制卫星导航技术应用的只有我们的想象力”已成为一句名言。本节通过举例说明，罗列一些北斗卫星导航定位的典型应用，供读者参考。

1.6.1　精密测量

卫星导航应用给测绘界带来了一场革命，现已广泛应用在大地测量、资源勘查、地壳运动、地籍测量及工程测量等领域，在海洋测量和海洋工程中的应用也已经兴起。与传统的测量手段相比，卫星导航应用有巨大的优势：测量精度高、操作简便、仪器体积小、便于携带、全天候操作、观测点之间无须通视。

高精度测量的一个典型应用是灾害监测。例如，大坝形变监测(图 1.20)、山体滑坡或泥石流监测、桥梁或高层建筑摆动监测等。

图 1.20　大坝形变监测

1.6.2　地理测绘

据统计，人类 80%的活动与空间信息有关。地理测绘是卫星导航最基本的专业应用，用来确认航点、航线和航迹。国土、矿产和环境调查等需要确定采样的点位信息，铁路、公路、电力、石油、水利等需要确定管线位置信息，房地产、资产、设备巡检需要面积和航迹位置信息。地理信息系统(GIS)数据采集产品正在成为满足各行业对空间地理数据需求的常用工具。

1.6.3　车辆导航

随着我国经济和人民生活水平的不断提升，我国居民汽车保有量增长迅速，同时具有前装导航功能的智能车载终端已经越来越普及，如图 1.21 所示。据统计，我国每年乘用车辆出货量超过 2000 万辆，其中越来越多的车辆将卫星导航作为前装功能。北斗系统提供的导航定位服务与其他卫星导航系统组合使用后，可以大幅度提升车辆在城市复杂路段的导航性能。

图 1.21　车辆前装导航设备示意图

车辆监控调度应用系统通过卫星导航定位技术，利用通信信道，将移动车辆的位置数据传送到监控中心，实现 GIS 的图形化监视、查询、分析功能，对车辆进行调度和管理。

车载导航系统结合了卫星导航技术、地理信息技术和汽车电子技术，可在显示器上精确显示汽车的位置、速度和方向，为驾驶人提供实时的道路引导，如图 1.22 所示。

图 1.22　结合 GIS 的车辆导航应用

基于北斗的驾驶人考训系统(图 1.23)由三维可视化监控系统、车载分系统、考试监控平台、无线网络、测绘分系统等组成。该系统采用高精度动态差分(RTK)技术、卫星导航与惯性导航融合技术，准确测定车辆的运动姿态，使系统能够在考训全过程中及时、准确、完整地掌握驾驶人、车辆、考场的动态信息，并通过网络实现信息联通共享、综合研判、全过程可追溯、可监管等功能。

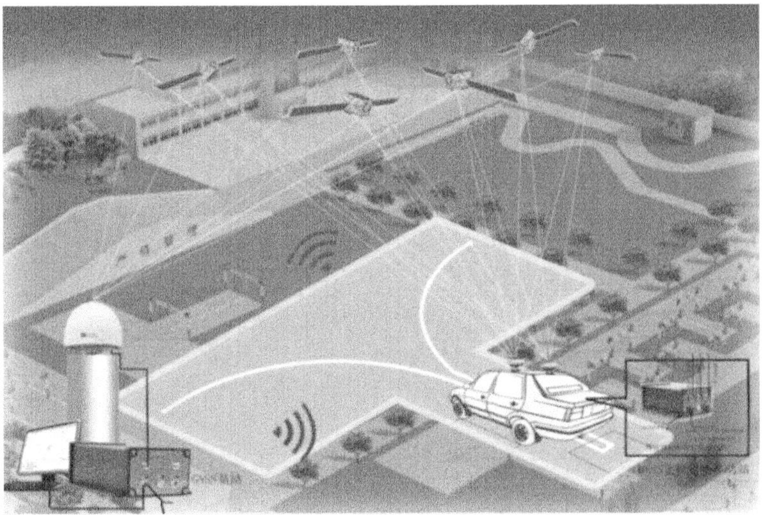

图 1.23　基于北斗的驾驶人考训系统

1.6.4　航海应用

航海应用主要包括救援、导航和港口运作。1992 年 2 月 1 日，国际海事组织在全世界范围内实施全球海上遇险和安全系统(GMDSS)方案，利用国际海事卫星组织(INMARSAT)改善海上遇险与安全通信，建立新的全球卫星通信搜救网络。使用了全球卫星导航系统后，搜救网络弥补了 GMDSS 在确定位置方面的不足。

海洋和河道运输是当今世界上应用最广泛的运输方式，效率、安全和最优化是海洋与河道运输的重点。卫星导航技术的应用，有效地解决了最小航行交通冲突，最有效地利用了拥挤的航路，保证了航行安全，提高了交通运输效益。

卫星导航广泛应用于港口船舶进出港导航、现场调度指挥监控、GIS 建库和维护、信息管理系统建设等方面，对加速港口现代化建设起到了不可替代的作用。

1.6.5 航空应用

为满足日益增长的空中运输量需求、适应新型飞机航程的扩展与航速的提高、克服陆基空中交通管理系统的局限性，国际民用航空组织(ICAO)决定实施基于卫星导航、卫星通信和数据通信技术的新的空中交通管理系统，即新航行系统。根据 ICAO 的要求，新系统和原系统在 2005 年前同时使用，到 2010 年全球范围内的陆基系统将逐步停止使用，2010 年以后新系统作为唯一手段在全世界范围内运行。

1.6.6 航天应用

人类越来越依赖于太空资源。各类航天发射、载人飞行、高精度对地观测等航天活动越来越频繁。进入 21 世纪以来，商业航天异军突起。目前已经实施或正在规划的商业航天卫星数以万计。这些卫星为地面提供服务的重要前提是能够确定卫星自身的轨道(位置和速度)信息。传统的由地面测控系统确定卫星轨道的方法，其服务的卫星数量有限，且实时性和精度均存在不足。利用卫星导航系统为低轨卫星用户提供定位、测速和授时服务，显然是一种有效手段。宇航级商用卫星定位设备及其应用对象——低轨卫星星座如图 1.24 所示。

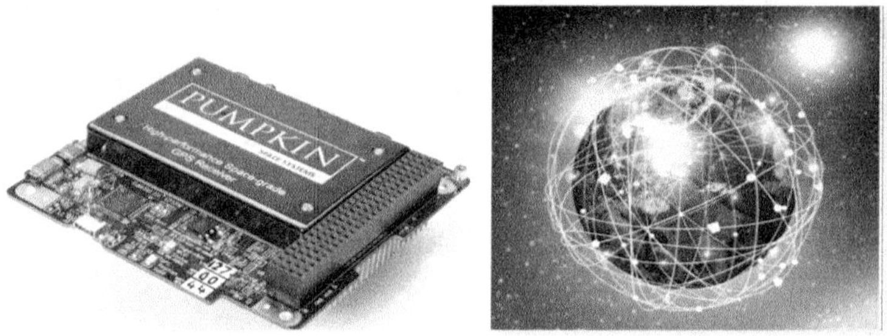

(a) 宇航级商用卫星定位设备　　(b) 低轨卫星星座

图 1.24　卫星导航用于低轨卫星自主定轨

1.6.7 军事应用

美国 GPS 当初是为了军事目的而建的，建成之后在 1991 年(海湾战争期间)、1995 年(波黑战争期间)、1998 年(沙漠之狐行动期间)、2003 年开始的“盟军行动”等历次局部战争中发挥了重要作用。卫星导航在战争中的重大作用引起世界各军事大国、强国的重视。

卫星导航在军事上具有广泛的用途。卫星导航已成为单兵、编队、信息化武器平台(特别是无人机)、精确制导武器等装备的主要导航手段之一。其主要功能体现在如下几个方面。

(1) 为车、船、飞机等机动工具提供导航定位信息。

(2) 为精确制导武器提供精确位置、速度和姿态等信息。

(3) 为野战或机动作战部队提供定位服务。

(4) 为救援人员指引方向。

1.6.8　北斗授时

卫星导航系统的每颗卫星都装有世界上最先进的原子钟，导航卫星通过下发导航电文将时间信息传递给世界上所有有需求的用户。无线通信网络可以利用卫星导航提供的时间信息进行管理、标识并在多频率之间进行同步。电力设备及网络使用时间信息作为时间基准，进行时间标记，而且作为通用参考，用于所有系统的监控和控制。

以电力行业为例，随着我国电力行业的迅速发展，电网运行的智能化程度越来越高，电力系统的安全稳定运行对时间同步精度有了更高的要求，如时间顺序记录、继电保护、故障录波、电能计费、实时信息采集等都需要一个统一的、高精度的时间基准。

2009 年 9 月，国家正式确立“天地互备，以北斗为主的电力授时体系”。中国科学院国家授时中心通过北斗卫星共视将国家时间频率体系引入智能电网中。一方面，通过溯源比对系统为电网系统建立统一的时间基准和高精度的时间同步；另一方面，通过电力时间应用评估系统实现对电力应用时间的评估，保障中国标准时间在电力时间的可靠运行。

在金融领域，银行、保险、财政、证券、期货交易等诸多机构中，都存在大量实时的交易数据、电子回单、电子对账单等电子化交易凭证，而此类电子文件要求具有唯一性、确定性和不可篡改性，而只有可信时间戳服务能够为其提供安全、可靠、有效的技术保障。

把金融系统时间融入国家时间频率体系中，利用北斗授时系统，采用一个标准时间，真正实现时间信息的安全和高精度授时的自主化，将促进国家北斗产业基础设施建设进一步完善，形成竞争力较强的时间服务产业链。

1.6.9　机械控制

卫星导航技术的应用推进了机械工业自动化、产业化的发展进程，使用卫星导航技术辅助控制的机械可用于：防浪海堤建筑施工系统，道路桥梁建筑施工系统，航道疏浚系统，露天矿山和铁路、公路隧道开挖，精准农业(图 1.25)等。

图 1.25　精准农业

1.6.10　大众消费

娱乐、人/动物跟踪、车辆跟踪、车载导航系统及通信应用为消费应用。与专业性应用相比，消费应用由于消费群体广泛，发展潜力更大。

在移动互联网时代，人们创造出了层出不穷的便捷服务。我们可以通过大众点评寻找周围的好饭馆，通过高德地图寻找离自己最近的公交车站，可以用滴滴出行软件召唤离自己最近的出租车。这些基于位置服务(location based service，LBS)的应用都离不开对用户时空位置的精准确定，可以说获得用户的时空位置信息已经成为很多互联网服务的基础。

智能手机是卫星导航系统最大的大众消费领域。北斗在以智能手机为代表的消费电子市场具有非常广阔的应用前景。2018 年 1 月，工业和信息化部电子信息司组织完成北斗在智能手机中的应用推广，突破了北斗服务及芯片在手机领域大规模应用的瓶颈问题，并通过了千万级应用的检验。

在登山、野外探险、越野滑雪、汽车拉力赛、自驾旅游、穿越沙漠及原始森林等活动中，带有卫星导航系统的终端已成为户外娱乐的首选装备。此外，将卫星导航模块与多媒体娱乐单元结合形成的娱乐平台可以提供基于位置的多种游戏方式。

卫星导航技术在人/动物跟踪方面的应用，方便对老人、孩子以及其他需要被保护的特殊群体的监护；可以实时地得到被监护人/动物的运动轨迹、习性等信息。

带有卫星导航功能的通信设备可以提供用户需要的所有导航定位服务，如信息与导航服务、紧急帮助、跟踪服务、网络相关服务等，这将是通信业的一次飞跃。

总之，若想穷尽北斗系统的应用领域，是十分困难的。因为它每一天都在产生新的应用领域和分类。以上列举的应用领域仅仅是其应用的冰山一角，希望能够从这些现有应用中为读者启迪思维、拓展探索的方向，从而开发出北斗系统更多的应用领域。

第2章
北斗卫星导航定位基本原理

本章简要介绍卫星导航定位的基本原理和涉及的基本要素，目的是让读者对卫星导航定位有个大体的了解，为后续各章的学习打下基础。本章涉及的卫星导航相关概念在后续各章中都会有进一步的阐述，因此，可以将本章看作全书理论部分的浓缩。

2.1 无线电测距定位原理

2.1.1 利用到达时间测距的原理

利用到达时间(TOA)测距定位需要测量信号从位置已知的辐射源(如无线电信标、卫星等)发出至到达用户所经历的时间，将信号传播时间乘以信号的传播速度，便得到从辐射源到接收机的距离。接收机通过测量从多个位置已知的辐射源(导航台)所广播信号的传播时间，便能确定自己的位置。

2.1.2 平面内二维位置的确定

下面通过一个例子说明平面内二维位置的确定。

【例 2.1】如图 2.1 所示的坐标系中，已知 O 点坐标为(0,0)，A 点坐标为(2,2)。求到 O 点距离为 $\sqrt{5}$ ，到 A 点距离为 1 的点的坐标。

【解】假设所求位置在该坐标系中的坐标为 (x,y) ，即 P 点。由已知条件 P 点“到 O 点距离为 $\sqrt{5}$ ”可知，P 点必定在以 O 为圆心、半径为 $\sqrt{5}$ 的圆上，即满足圆的方程：

$$x^2+y^2=(\sqrt{5})^2 \tag{2.1}$$

同理，由已知条件 P 点“到 A 点距离为 1”可知，P 点必定在以 A 为圆心、半径为 1 的圆上，即满足圆的方程：

$$(x-2)^2+(y-2)^2=1 \tag{2.2}$$

式(2.1)和式(2.2)构成了二元二次方程，方程有解，其解如图 2.2 所示，即 P 点位于两个圆相交的两点之一上，即 P 点的坐标为(2,1)或(1,2)。多解问题要剔除多解，则需要事先已知关于 P 点的一些信息(称为先验信息)，如大概位置或大概方位。以大概方位为例，若事先已知 P 点位于 A 点的南边(假定图中 y 轴为正北方向)，则很容易得到 P 的位置坐标为(2,1)。若没有先验信息，则只需要再找一个参考点(基准点)进行测量即可。这种通过测量用户与三个基准点的距离，然后确定用户位置的方法，称为三边测量定位方法。

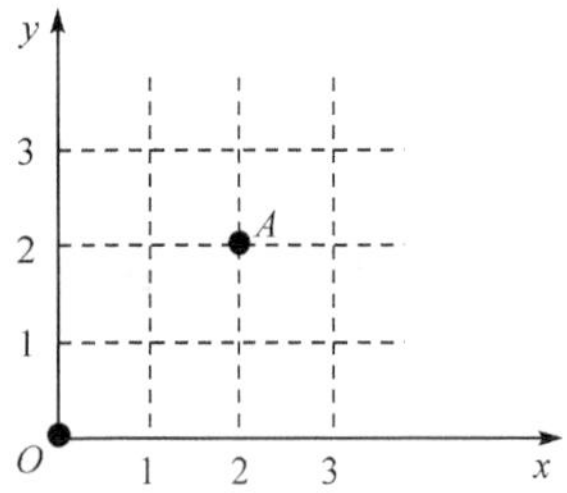

图 2.1　已知两点位置的平面坐标系

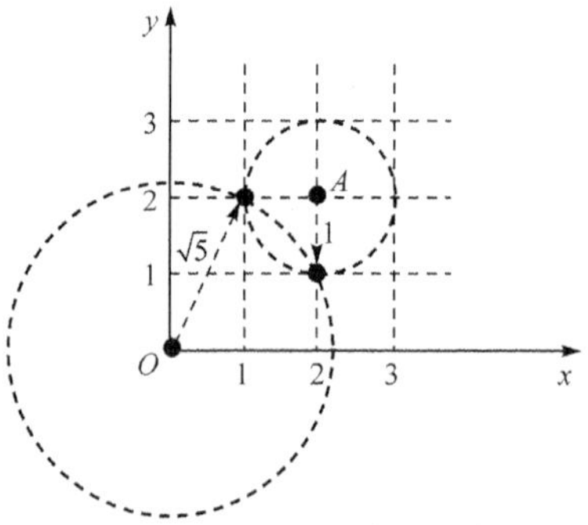

图 2.2　位于两个圆相交的两点之一上

从上述解题过程中，我们可以将定位的过程大体上分为三个步骤。

(1) **确定基准**。理论上，已知坐标的点位都可以看作导航定位的基准。但实际操作中，还要求这个基准是相对稳定的。

(2) **实施测量**。有了基准点只是必要条件，还要具备将基准点与待定点的坐标联系起来的手段。通过测量，可以建立待定点与基准点之间的联系。例如，利用到达时间即可计算出基准点和待定点的距离。例 2.1 中，这个距离满足下列方程。

$$(x-a)^2+(y-b)^2=R^2 \tag{2.3}$$

其中，(a,b)为基准点的坐标；R为利用到达时间测得的待定点到基准点的距离。由式(2.3)可知，这个距离R就隐含了待定点的坐标信息，从而可以通过距离反解出位置坐标。反之，若一个观测量与待定点的未知参数无关，则不能从该观测量中解算出未知参数，也称测量对未知参数不敏感。

除了距离，还可以进行距离变化率、方位角度等物理量的测量。但这些量必须与待定点的未知参数(如位置、速度、时间等)有关。

(3) **定位解算**。根据待定点未知参数的数量，进行足够的测量。根据测量方程建立定位方程。一般情况下，观测量与待定点的未知参数不是简单的线性关系，因此，需要借助解方程的方法进行解算。如例 2.1 中，需要借助解二元二次方程的方法。

至此，读者不难理解 TOA 测量及其在定位中的应用。但在实际定位中，我们是要确定三维位置坐标的。下面讨论通过三球交会确定三维位置的原理，即三球交会定位原理。

2.1.3　三球交会确定三维位置

假设有三颗卫星同时发射测距信号，卫星上的一个时钟控制着测距信号广播的时间，星座内的每一颗卫星上的这个时钟与北斗时(参考时间)同步。用户接收机也包含一个时钟，假定与北斗时同步。信号以光速传播，即每秒运行 3×10^8m。时间信息内嵌在卫星的测距信号中，使接收机能够计算出信号离开卫星的时刻(基于卫星时钟)。记下每颗卫星测距信号的接收时刻，便可以算出卫星至用户的传播时间，将其乘以光速便可求得卫星至用户的距离。如果用户测量到与某一颗卫星的距离R，那么用户必定在以该卫星为中心、半径为R的球面上。若用户同时测得与三颗卫星的距离，那么用户必定在三个球面相交的某一个位置上，即三个球面相交于两点(特殊情况下交于一点)之中的一个点上，根据用户接收机的先验位置信息，即可得到用户接收机的真实位置。此即三球交会定位原理。

我们先来看一个球的情况。如图 2.3(a)所示，地球上的用户接收到从卫星 A 发射的导航信号，通过 TOA 测得距离为 R_A，那么用户位置必定在以 A 为球心、R_A 为半径的球面上，即满足以下球面方程。

$$(x-x_A)^2+(y-y_A)^2+(z-z_A)^2=R_A^2 \tag{2.4}$$

其中，(x,y,z) 为用户的坐标；(x_A,y_A,z_A) 为卫星 A 的坐标。

对于北斗卫星而言，由于卫星位于离地 20000km 以上的太空中，所以从卫星到地面用户的距离至少也有 20000km。以 20000km 为半径的球面比地球球面还大许多倍(地球半径约为 6378km)，因此，必须再增加观测才能确定用户的位置。

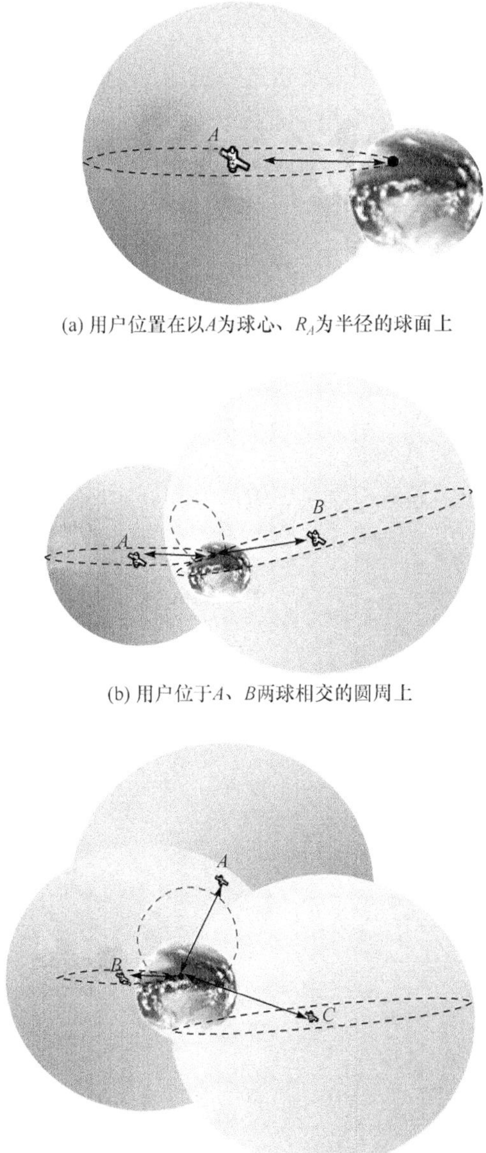

(a) 用户位置在以 A 为球心、R_A 为半径的球面上

(b) 用户位于 A、B 两球相交的圆周上

(c) 用户位于圆周 C 球相交的两点之一上

图 2.3 卫星测距三维定位示意图

用户同时接收另一颗卫星 B 的导航信号，通过 TOA 测得距离为 R_B。同理可知，用户位置必定在以 B 为球心、R_B 为半径的球面上。由图 2.3(b)不难想象，用户位于 A、B 两球相交的圆周上，不确定性还是很大。

再同时接收第三颗卫星 C 的导航信号，通过 TOA 测得距离为 R_C。那么以 C 为球心、R_C 为半径的球面必与 A、B 两球的公共部分(一个圆圈)相交于两点。如图 2.3(c)所示，用户位于圆周与 C 球相交的两点之一上。有一个点在地面(或近地)，另一个点位于外太空。因此，很容易判断用户的位置。

2.2 卫星导航定位基本要素

根据 2.1.3 节的三球交会原理可知，确定某一点的位置坐标，需要已知发射信号的基准、测量信号的到达时间等信息。对于卫星导航定位，**导航卫星**即发射信号的基准。相对于静止的固定基准，卫星这个基准是随着时间运动的。因此需要将卫星随时间变化的位置告知用户。卫星的实时位置是通过卫星和接收机之间的通信，由卫星发给用户的。卫星发给用户的信息称为**导航电文**。导航电文除了包含卫星位置，还包含信号发射时刻以及辅助用户定位的其他信息。导航电文调制在无线电载波信号上。已调制的无线电载波信号称为**导航信号**。导航信号以光的传播速度(光速)在空间中传播。用户接收机接收到该信号后，记录接收信号的时间，再减去由导航电文得到的卫星信号发射时刻，就能算出信号从卫星传播到用户的时间，称为信号到达时间。由该时间乘以光速，即可得到卫星至用户的**距离**。

根据三球交会原理，只要获得三个这样的距离信息，即可实现定位。因此，卫星导航定位基本要素包括导航卫星、导航电文、导航信号和到达时间测量(距离测量)。卫星导航定位基本过程如图 2.4 所示。

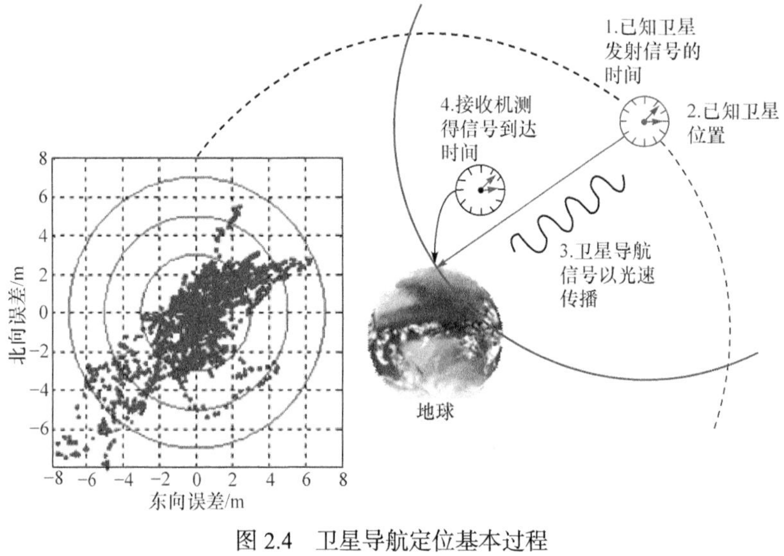

图 2.4 卫星导航定位基本过程

2.2.1 导航卫星

导航卫星是用户定位的时间和空间基准。导航卫星组成结构分解图如图 2.5 所示。不难看出，卫星主要由两部分组成：有效载荷和卫星平台。每一部分按照功能划分，又可细分为 7 个模块。对于导航卫星，我们只关注导航的有效载荷。每颗导航卫星的有效载荷主要包括信号发射与接收天线(S 波段、L 波段)、导航信号发射机(双频或三频，L 波段)、导航电文存储器、星上计算机、高稳定频率标准(铯钟、铷钟、氢钟等)。

导航卫星的主要任务如下。

(1) 接收和存储由地面注入站发来的导航信息。

(2) 接收并执行主控站的控制指令(如调整卫星的姿态、启用备用时钟或启用备用卫星等)。

(3) 卫星上设有微处理机，进行必要的数据处理。

(4) 通过星载高精度原子钟产生基准信号和提供精确的时间标准。

(5) 向用户连续不断地发送导航定位信息(载波信号、导航电文)。

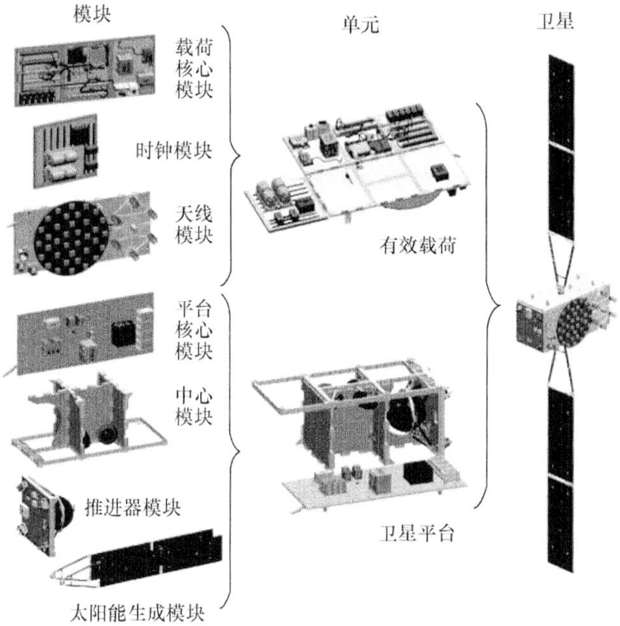

图 2.5　导航卫星组成结构分解图

2.2.2　导航信号

导航卫星所发射的信号从结构上可分为三个层次：载波、测距码和数据码。在这三个层次中，测距码和数据码先通过调制而依附在正弦波形式的载波上，然后卫星将调制后的载波信号播发出去，从而实现在一个载波上同时测量和通信的功能，如图 2.6 所示。

载波就是用于发射无线电信号的正弦波。北斗三号的载波有三个频点：B1、B2 和 B3。B1 的中心频率为 1561.098MHz，B2 的中心频率为 1176.45MHz，B3 的中心频率为 1268.52MHz。

测距码是一组二进制伪随机噪声码，英文缩写为 PRN 码。PRN 码可以实现码分多址(CDMA)通信，同时具有抗干扰和良好的保密性等优点。

数据码是卫星以二进制码的形式发送给用户的导航定位数据，故又称为导航电文或 D 码。它包括的内容主要有：卫星星历、卫星钟差参数、电离层延迟改正参数以及全部卫星的概略星历等信息。

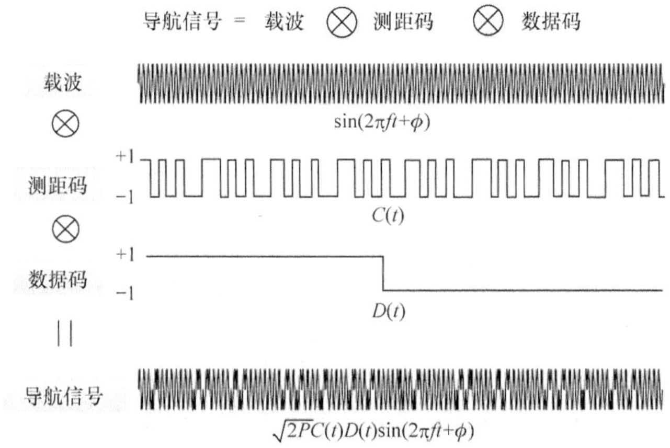

图 2.6　卫星导航信号生成原理图

接收机接收信号的过程正好与卫星生成发射信号的过程相反，需要从调制的载波信号中解调出测距码和数据码。北斗卫星采用的是码分多址的通信技术，每个卫星的测距码不同。为了识别出卫星的测距码，北斗接收机采用了码相关的技术进行测距码的捕获和跟踪。关于导航信号以及码相关等内容的具体介绍见第8章，关于信号捕获和跟踪的内容见第9章。

2.2.3　导航电文

导航电文，即 2.2.2 节中的数据码。一般包含本卫星基本导航信息、全部卫星历书信息及与其他系统时间同步信息。其中，本卫星基本导航信息包括周内秒计数、整周计数、用户距离精度指数、卫星自主健康标识、电离层延迟模型改正参数、卫星星历参数及数据龄期、卫星钟差参数及数据龄期、星上设备时延差等。导航电文主帧结构及信息内容如图 2.7 所示。子帧 1～子帧 3 播发基本导航信息；子帧 4 和子帧 5 分为 24 个页面，播发全部卫星历书信息及与其他系统时间同步信息。其中，用户定位所需的主要信息为卫星星历、卫星钟差参数以及电离层延迟改正参数，其他信息为辅助信息。

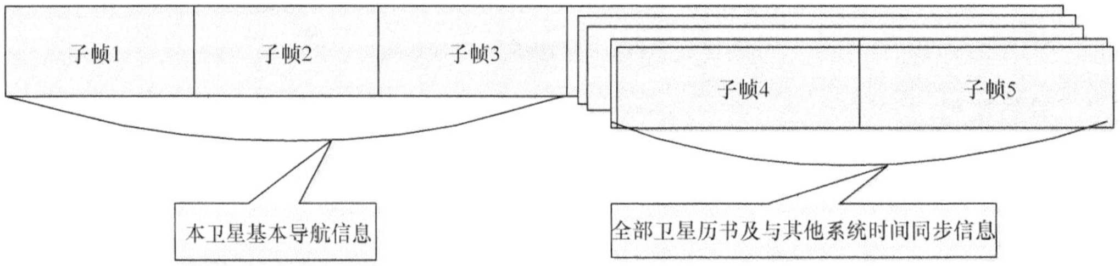

图 2.7　导航电文帧结构示意图

卫星星历是一组描述卫星运动轨道的参数，由轨道参数可以计算任意时刻的卫星位置。典型的卫星轨道参数示意图如图 2.8 所示。不难看出，卫星轨道是一个椭圆曲线，椭圆的一个焦点位于地心。描述一个椭圆轨道，首先是一组表示轨道形状的参数：椭圆的长半轴 a 和偏心率 e 。其次是二组表示轨道相对于地球的定向参数：轨道倾角 i ，升交点赤经 Ω 和近地点角距 ω 。最后是三组表示卫星在轨道上的位置参数：真近点角 ν 。可见，描述一个椭圆轨道需要六个参数，因此，也称这六个参数为轨道六根数或经典轨道根数。由轨道六根数可以计算任意时刻卫星的位置和速度。轨道根数中各参数的具体含义以及由轨道根数计算卫星位置等相关内容详见第 4 章。

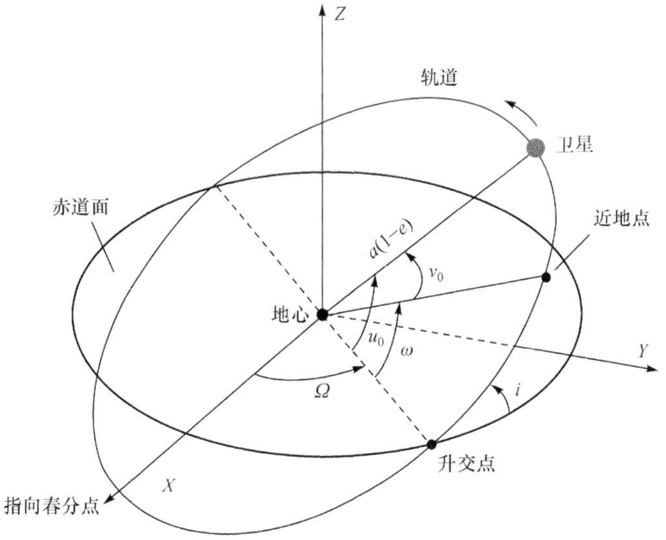

图 2.8　典型的卫星轨道参数示意图

由卫星星历可以计算卫星位置，再通过测量得到用户与卫星的距离，就可以利用三球交会方法确定用户位置。

2.2.4　距离测量

卫星在播发导航信号时，在导航电文中标记了信号发射时刻t^{S}，由信号空间传播时延τ计算得到信号接收时刻t_{R}。根据无线电传播理论，卫星和接收机之间的距离为

$$\rho = c\left(t_{\mathrm{R}} - t^{\mathrm{S}}\right) \tag{2.5}$$

其中，ρ为接收机测得的距离；c为光速；t^{S}表示卫星发射信号的时刻；t_{R}表示信号到达接收机的时刻。

2.3　卫星导航定位方程

2.3.1　伪距方程

前面假定用户接收机和卫星的时间是严格同步的，都与系统参考时钟(北斗时，见 3.4 节)一致。但在现实中，接收机和卫星的时钟都与参考时钟存在偏差，这种偏差称为钟差。接收机测得的距离中由于包含了钟差，就不是真实的距离，因此称为**伪距**，其英文为 pseudorange，如图 2.9 所示。于是，将式(2.5)改写为

$$\begin{aligned}\rho &= c\left[\left(t_{\mathrm{R}} + \Delta t_{\mathrm{R}}\right) - \left(t^{\mathrm{S}} + \Delta t^{\mathrm{S}}\right)\right] \\ &= c\left(t_{\mathrm{R}} - t^{\mathrm{S}}\right) + c\Delta t_{\mathrm{R}} - c\Delta t^{\mathrm{S}} \\ &= c\left(t_{\mathrm{R}} - t^{\mathrm{S}}\right) + b_u - B\end{aligned} \tag{2.6}$$

其中，Δt^{S}表示卫星钟差，其等效距离(钟差乘以光速)用B表示；Δt_{R}表示接收机钟差，其

等效距离用 b_u 表示。卫星钟差由导航电文中的钟差参数计算得到，因此，下面只关注接收机钟差。

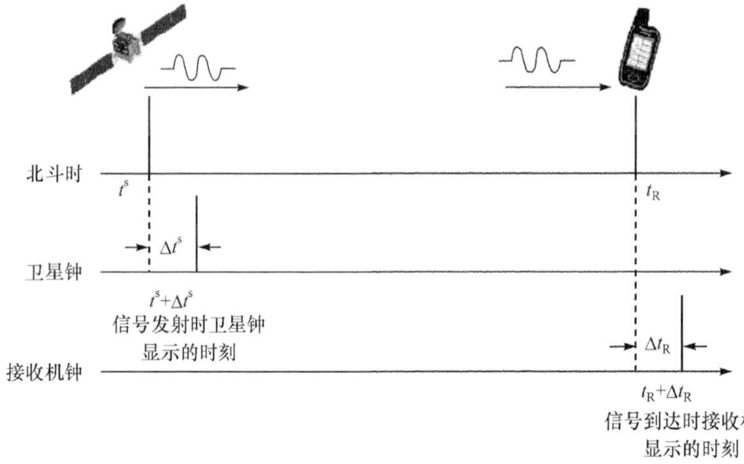

图 2.9　伪距测量原理图

假设 $\left(x^{(k)}, y^{(k)}, z^{(k)}\right)$ 表示卫星 k 的位置坐标，$\rho^{(k)}$ 表示卫星 k 至接收机的伪距，$k=1,2,\cdots,n$。其中，n 为接收机可观测到的卫星个数；$\left(x_u, y_u, z_u\right)$ 表示接收机位置坐标。接收机钟差对每颗卫星伪距的影响都是一样的，都是使伪距变短或变长，如图 2.10 所示。于是将式(2.6)展开为

$$\rho^{(k)}=\sqrt{(x^{(k)}-x_u)^2+(y^{(k)}-y_u)^2+(z^{(k)}-z_u)^2}+b_u+\varepsilon^{(k)} \tag{2.7}$$

其中，ε 表示测量中的未知误差，如接收机的测量噪声等。

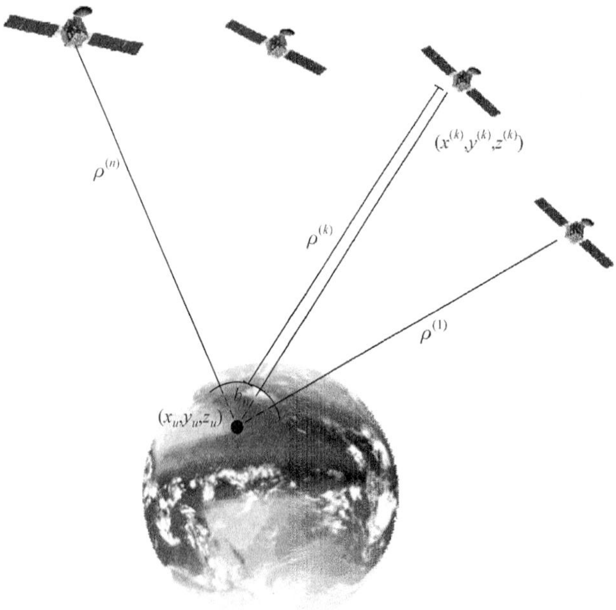

图 2.10　卫星导航原理图

为了方便描述，定义卫星与接收机的实际距离为 R，也称为几何距离，则卫星 k 至

接收机的几何距离 $R^{(k)}$ 可表示为

$$R^{(k)} = \sqrt{(x^{(k)} - x_u)^2 + (y^{(k)} - y_u)^2 + (z^{(k)} - z_u)^2} \tag{2.8}$$

可见，伪距的主要部分可看作几何距离与接收机钟差的叠加。

2.3.2　定位方程

根据三球交会原理，用户只需要观测三颗导航卫星即可实现定位。但由于伪距中包含的接收机钟差也是未知的，接收机钟差与接收机的三维位置一起，构成 4 个未知数，因此，需要增加一个观测方程，才能进行定位。即至少同时观测 4 颗卫星，才能实现用户(接收机)的定位。

于是，接收机同时观测 n 颗卫星时，就可以建立如下定位方程。

$$\begin{cases} \rho^{(1)} = \sqrt{\left(x^{(1)} - x_u\right)^2 + \left(y^{(1)} - y_u\right)^2 + \left(z^{(1)} - z_u\right)^2} + b_u + \varepsilon^{(1)} \\ \rho^{(2)} = \sqrt{\left(x^{(2)} - x_u\right)^2 + \left(y^{(2)} - y_u\right)^2 + \left(z^{(2)} - z_u\right)^2} + b_u + \varepsilon^{(2)} \\ \rho^{(3)} = \sqrt{\left(x^{(3)} - x_u\right)^2 + \left(y^{(3)} - y_u\right)^2 + \left(z^{(3)} - z_u\right)^2} + b_u + \varepsilon^{(3)} \\ \rho^{(4)} = \sqrt{\left(x^{(4)} - x_u\right)^2 + \left(y^{(4)} - y_u\right)^2 + \left(z^{(4)} - z_u\right)^2} + b_u + \varepsilon^{(4)} \\ \cdots\cdots \\ \rho^{(n)} = \sqrt{\left(x^{(n)} - x_u\right)^2 + \left(y^{(n)} - y_u\right)^2 + \left(z^{(n)} - z_u\right)^2} + b_u + \varepsilon^{(n)} \end{cases} \tag{2.9}$$

观察式(2.9)，不难看出，当 $n < 4$ 时，方程个数小于未知数个数，方程无解；当 $n \geqslant 4$ 时，方程有解。方程有解时，又可以分为两种情况。

(1) 当 $n = 4$ 时，方程个数正好等于未知数个数。虽然 ε 也是未知的，但一般认为，相对于未知位置，ε 是一个小量，此时，认为 $\varepsilon = 0$ 。

(2) 当 $n > 4$ 时，方程个数大于未知数个数。此时，将 ε 看作测量噪声，解方程的目的是寻找一组解 $\left(x_u, y_u, z_u, b_u\right)$ ，使这组解在某种意义上最逼近观测数据。

第(2)种情况的定位方程有多种解决方法，其中最著名的是由高斯提出的最小二乘法。为了说明最小二乘法的基本内涵，定义残差为

$$v^{(k)} = \sqrt{(x^{(k)} - x_u)^2 + (y^{(k)} - y_u)^2 + (z^{(k)} - z_u)^2} + b_u - \rho^{(k)} \tag{2.10}$$

其中，公式右边前两项由卫星位置、接收机概略位置和概略钟差计算得到，称为伪距计算值，用 C 表示；$\rho^{(k)}$ 为实际观测值，用 O 表示。因此，残差就是观测值与计算值之差(O–C)。式(2.10)也称为伪距观测误差方程。利用最小二乘法求得的解，就是使残差平方和最小的解，即

$$\begin{aligned} & \min \sum_{k=1}^{n} \left(v^{(k)}\right)^2 \\ & = \min \sum_{k=1}^{n} \left[\sqrt{(x^{(k)} - x_u)^2 + (y^{(k)} - y_u)^2 + (z^{(k)} - z_u)^2} + b_u - \rho^{(k)} \right]^2 \end{aligned} \tag{2.11}$$

实际上，式(2.9)是一个非线性方程组，一般需要进行线性化才能求解。具体方法详见6.1节。

2.4 定位结果精度及误差分析

式(2.9)的解，即定位方程组的解，就是我们需要的导航解，也称为单点绝对定位解。导航解由接收机的位置坐标和接收机钟差组成，一般记为$\left(\hat{x}_u,\hat{y}_u,\hat{z}_u,\hat{b}_u\right)$。符号“^”表示估计值，以区别于真实接收机位置$\left(x_u,y_u,z_u\right)$和钟差$b_u$。

2.4.1 定位结果的精度

人们在获得一个定位结果后，往往还想知道该结果是否正确；与真实的位置相比，误差是多少；为什么不能得到真实的(实际的)定位结果等。这就涉及定位结果的评估问题。定位精度是定位结果评估中最直观，也是关注度最高的指标之一。

为了描述定位误差，下面以射击打靶为例，做一个简单的类比。评价一次射击的成绩，一般可以有两个指标：准确度和精度。准确度表示弹着点的位置偏离靶心位置的程度，离靶心越近，准确度越高；反之越低。精度表示弹着点位置的离散程度，离散程度越低(密度高)，精度越高；反之越低。如图2.11所示，图2.11(a)表示准确度高，但精度不够；图2.11(b)表示精度很高，但准确度不够；图2.11(c)表示准确度和精度俱佳。

(a) 准确但不够精确　　(b) 精确但不够准确　　(c) 既准确又精确

图2.11　准确度和精度示意图

对于定位结果，我们也可以画出类似打靶弹着点的图。首先将定位结果分解成水平方向和垂直方向，然后将水平方向(二维)定位结果画在一张平面图上，以所有点的中心位置为圆心，画一组同心圆，圆的半径就表示水平定位的误差。垂直方向的误差可直接统计均值和方差。如图2.12所示，不同的接收机定位精度可能会有差别。一般而言，性能好的接收机定位精度高，价格也贵。

2.4.2 定位误差源

在卫星导航定位中，影响观测量精度的主要误差来源，可分为三类：与卫星有关的误差；与信号传播有关的误差；与接收机有关的误差。

图2.13给出了定位误差来源示意图。下面简要说明这些误差来源及其影响量级，具体讨论详见第5章。

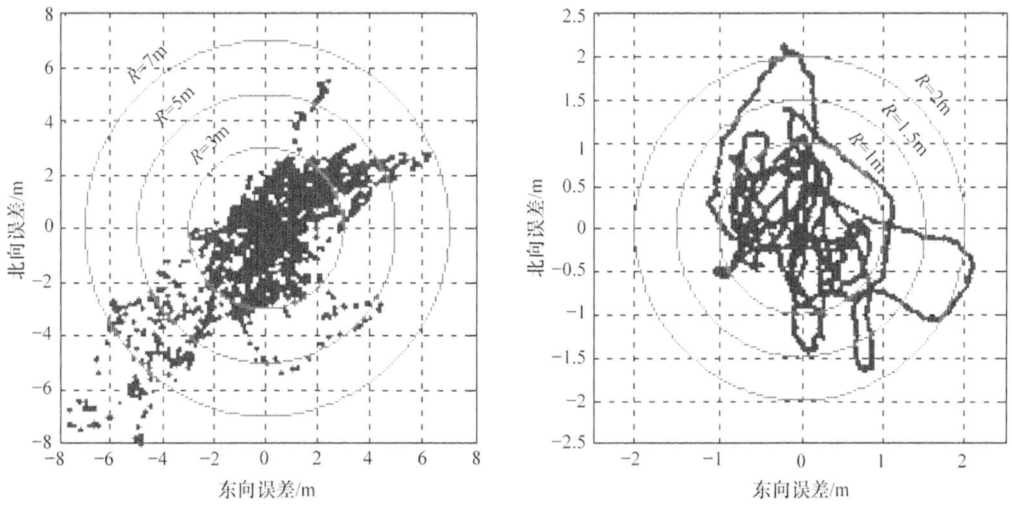

图 2.12　定位误差示意图(低精度 VS 高精度)

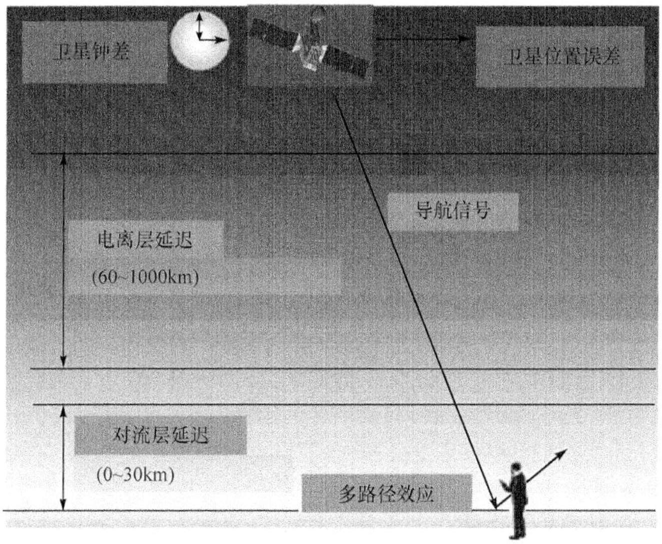

图 2.13　定位误差来源示意图

1) 与卫星有关的误差

与卫星有关的误差，主要包括卫星的轨道误差和卫星钟的误差。回顾前面的讨论，我们知道在定位中，要求卫星钟与接收机钟保持严格同步。实际上，尽管导航卫星均设有高精度的原子钟(如铯钟、铷钟或氢钟)，但它们与理想的北斗时(见第 3 章)之间仍存在着难以避免的偏差或漂移。这种偏差的总量在 1ms 以内，由此引起的等效距离误差，约可达 300km。卫星播发的导航电文中，给出了用于改正卫星钟差的参数。经钟差模型改正后，各卫星钟之间的同步差，可保持在 20ns 以内，由此引起的等效距离偏差将不会超过 6m。

在卫星导航发展早期，对卫星轨道运动的规律及其影响因素认识不够全面，导致卫星轨道精度较差。轨道误差成为导航定位的主要误差源之一。实际上，估计与处理卫星的轨道误差一般比较困难，其主要原因是卫星在运行中要受到多种摄动力的复杂影响，而通过地面监测站又难以充分可靠地测定这些作用力，并掌握它们的作用规律。目前，用户通过导航电文所得到的卫星轨道信息，其相应的位置误差约为 5m。轨道误差随时间的变化特性如图 2.14 所示。

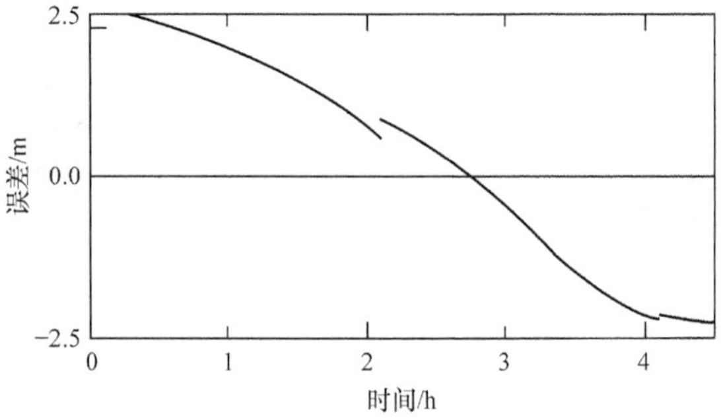

图 2.14　轨道误差随时间的变化特性

2) 与信号传播有关的误差

与卫星信号传播有关的误差，主要包括大气折射误差和多路径效应误差。大气折射误差又可分为电离层延迟误差和对流层延迟误差。

电离层是高度位于 50～1000km 的大气层。由于太阳的强辐射，电离层中的部分气体分子被电离而形成大量的自由电子和正离子。当电磁波信号穿过电离层时，传播速度会发生变化，所以信号传播时间乘以真空中的传播速度 c 就不等于信号的实际传播距离，从而引起测距误差。因此，该误差也称为电离层延迟误差。电离层延迟误差可以通过导航电文中给出的电离层改正模型或双频观测值改正模型进行修正，修正后残余的误差为 5～10m。残余的电离层延迟误差特性如图 2.15 所示。

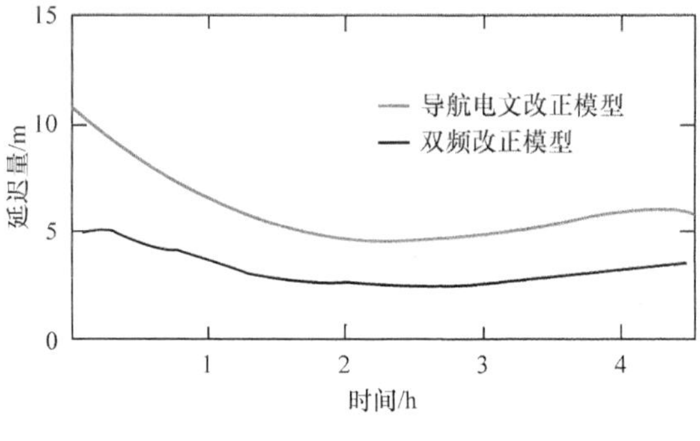

图 2.15　残余的电离层延迟误差特性

对流层是高度为 40km 以下的大气层。由于其离地面近，所以大气密度较电离层的密度大，且大气状态随地面的气候变化而变化。电磁波通过对流层时，传播速度将产生变化，从而引起传播延迟。对流层延迟与卫星高度角有关，大部分情况下并不大，约 5m，如图 2.16 所示，但在卫星升起或降落时，可达到数十米。

在实际测量中，接收机天线除接收直接来自卫星方向的信号外，还接收其他物体反射回来的信号。因此，接收的信号是直射波和反射波产生干涉后的组合信号。由于直射波和各反射波路径不同，所以信号变形，产生测量误差，称为多路径效应误差。多路径效应误差在开阔地较小，在城市、峡谷等地方很大，达到数十米之多。多路径效应引起的测距误差典型值大约为 2.5m，如图 2.17 所示。

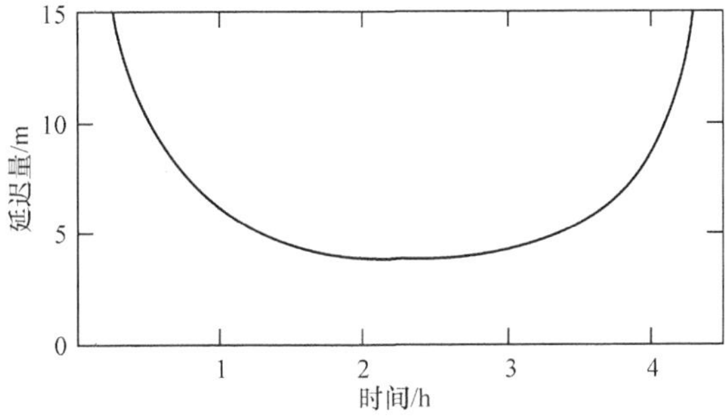

图 2.16　对流层延迟误差特性

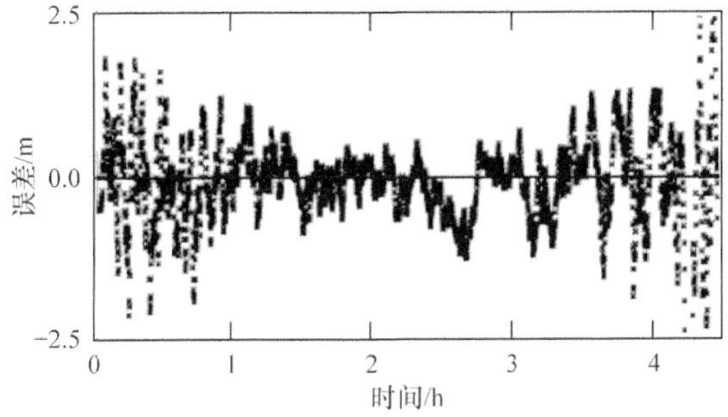

图 2.17　多路径效应误差特性

3) 与接收机有关的误差

与接收机有关的误差主要是测距码的分辨误差和测量噪声。分辨误差取决于码元的宽度，通常认为可达码元宽度的 1/100。因此，精密测距码(P 码)和粗捕获码(C/A 码)的分辨误差分别为 0.3m 和 3.0m。

测量的噪声涉及的因素较多，主要取决于接收机质量、信号品质(码特性、调制方式、信噪比等)和码元宽度等。一般估计 P 码的测量噪声为 1.5m 左右，C/A 码为 7.0m 左右。随着测距技术的提升，实际测量精度均小于上述值。一般认为，C/A 码伪距测量噪声约为 1.0m。

2.5　差 分 定 位

由以上讨论可知，在单点绝对定位中，各种误差对定位精度影响较大，特别是卫星星历误差、卫星钟差、电离层延迟误差以及对流层延迟误差等。为了消除或减弱各误差的影响，提高定位精度，人们提出并采用差分定位的方法。

差分定位就是在两个或多个点上，同时设置定位接收机，各接收机同步观测相同的导航卫星，以确定两点间的相对位置。因此，要确定各点的绝对坐标，必须至少已知其中一点的精确坐标，即基准点。

由于差分定位是在两站或多站同步跟踪相同的导航卫星，所以卫星的星历误差、卫星钟差、电离层延迟误差、对流层延迟误差，对同一颗卫星的两站观测值的影响是相同或基本相同的，因此，通过差分定位可有效地消除或减弱这些误差的影响，提高定位精度，如图 2.18 所示。

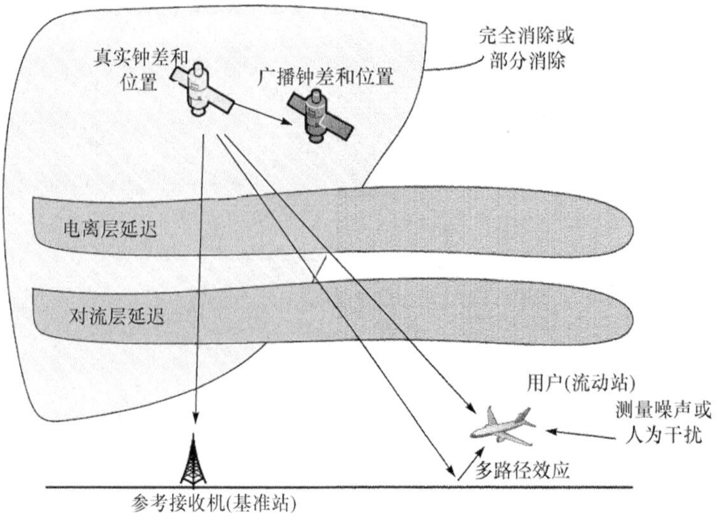

图 2.18　通过差分可以消除的误差

根据使用的观测值不同，可以分为伪距差分定位、载波相位平滑伪距差分定位和载波相位差分定位，如图 2.19 所示。伪距差分定位受限于伪距本身的观测精度，其定位结果可以达到米级精度。载波相位平滑伪距差分定位由于利用高精度的载波相位观测值平滑观测噪声较大的伪距，提高了观测值精度，因此其定位结果达到了分米量级。载波相位观测精度最高，理论上可达到毫米量级，因此，载波相位差分定位的结果也最高，达到了厘米甚至亚厘米量级。载波相位差分定位是目前精度最高的定位方法，它广泛应用于大地测量、精密工程测量、地球动力学的研究和精密导航中。有关伪距差分定位的内容详见第 6 章，有关载波相位差分定位的内容详见第 7 章。

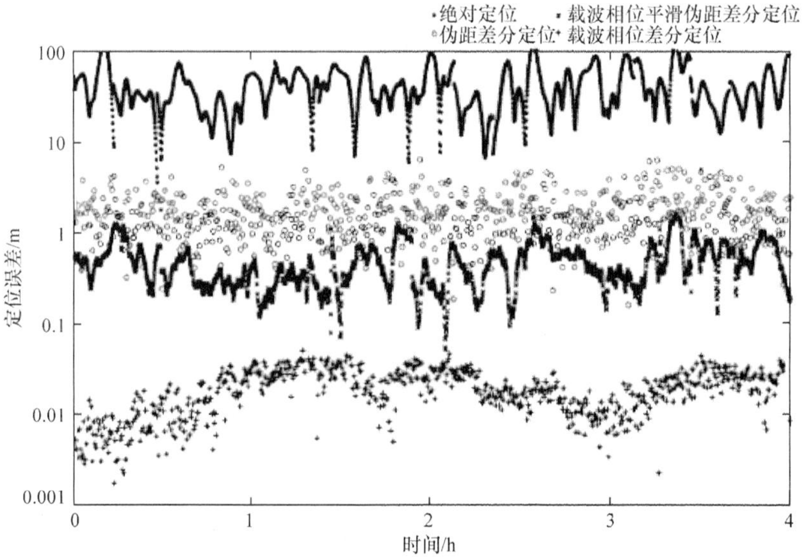

图 2.19　差分定位误差示意图

第 3 章
北斗的坐标系统和时间系统

卫星导航的核心服务内容就是为用户提供时空位置信息，具体表现为用户在某一时刻所处的位置、速度或经度、纬度、高度等信息。“某一时刻”是相对于参考时间系统而言的。同样地，“所处的位置、速度或经度、纬度、高度”信息是相对于参考坐标系统而言的。在卫星导航系统中，坐标系统与时间系统是描述卫星运动、处理观测数据和表达观测站或用户位置的数学与物理基础。所以，了解北斗定位中的一些常用坐标系统和时间系统，熟悉它们各自间的转换关系，对北斗用户来说，是极为重要的。本章将主要介绍北斗坐标系统及其与其他地球坐标系统之间的转换模型，以及有关时间系统的概念。

3.1 地球坐标系统

卫星导航定位中常用两类坐标系：一类是地球坐标系，另一类是天球坐标系。本书将前一类统称为地球坐标系统，后一类统称为天球坐标系统。

在研究地面点间几何关系的问题中，一般使用地球坐标系。地球坐标系固定在地球上，它跟随地球自转而不断地运动，相对地球却不存在运动，因此，地球坐标系也称地固坐标系。所有和地球保持固定关系的点，如地面点，它们在地球坐标系中的坐标值是不变的，在地球坐标系中研究它们之间的几何关系是方便的。

天文学研究天体间的几何学和动力学问题，天体(如恒星)是不随地球自转而运动的。只有不随地球自转运动、在空中固定的坐标系，诸多天体(如恒星)的坐标可以保持不变。使用在空中固定的坐标系便于研究天体间几何学问题。此外不随地球运动的天球坐标系可以看作惯性坐标系，这对研究天体动力学问题也是十分重要的条件。卫星也是不随地球运动的天体，适合采用天球坐标系研究其运动问题。

地球坐标系往往与人们的日常生活紧密相关，也较容易理解，因此本节先讨论地球坐标系，3.2 节再讨论天球坐标系。

3.1.1 大地水准面与地球椭球

确定地球表面上不同地点(点位坐标)之间的关系，这一看似简单的任务，其实现过程并不简单。因为地球表面起伏不平，是一个极其复杂的曲面，所以建立精确的数学模型来描述这样一个曲面是不现实的。由于海洋面积占地球总面积的 71%，人们就想到，用一个与处于流体静平衡状态的海洋面重合并延伸到大陆内部的水准面作为地球表面的模型，称为大地水准面，如图 3.1 所示。显然，大地水准面的形状和大小是最接近于地球真实形状和大小的，而且大地水准面上的重力处处相等并与其上的重力方向处处正交。

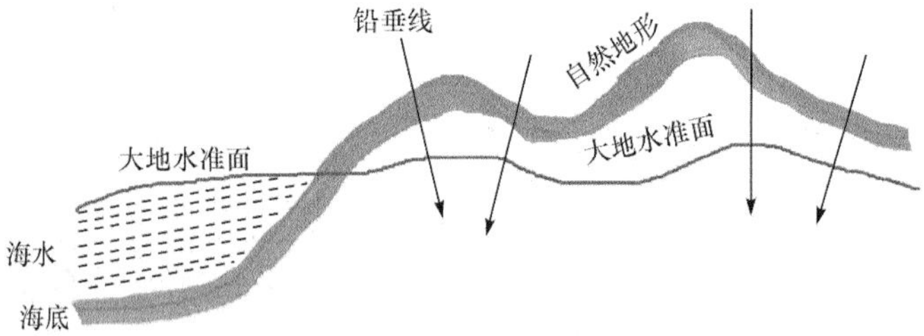

图 3.1　大地水准面示意图

由于地面起伏不平和地球内部物质分布不均匀，各点的重力方向产生不规则的变化。因此，大地水准面的形状和重力场都是不规则的。所以，大地水准面不能用一个简单的几何形状和数学公式来表述。

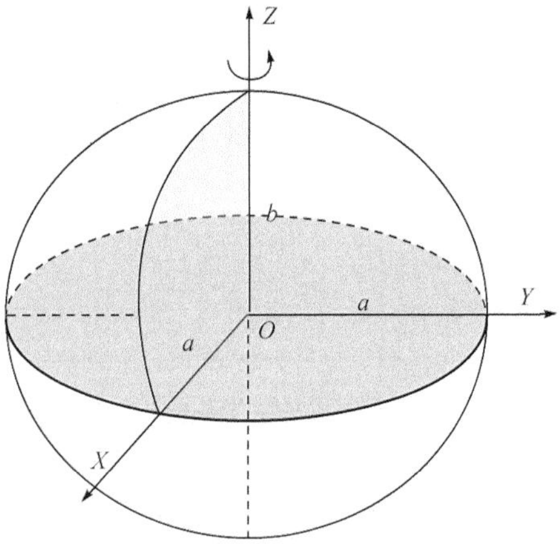

图 3.2　地球椭球示意图

为了建立统一的、精密的地球坐标系，人们自然要寻求一个在形状和大小上与大地体非常接近，并且与大地体有着固定关系的数学体来代替大地体，作为建立地球坐标系的基准。根据长期研究和实测结果证明，能模拟地球的最简单的数学体是旋转椭球体，称为地球椭球，如图 3.2 所示。旋转椭球的短半轴与地球自转轴重合，长半轴的大小与赤道半径相等。

描述地球椭球几何特性(形状和大小)的参数有两个，即通常采用的椭球长半轴 a 和扁率 f 。扁率 f 与长半轴 a 、短半轴 b 的关系为

$$f=\frac{a-b}{a} \tag{3.1}$$

长半轴 a 和扁率 f 仅反映地球椭球的几何特性，为研究地球的物理特性，还必须有物理参数。为此，国际上明确规定采用以下四个参数来综合表示地球椭球的几何和物理特性，即地球椭球的长半轴 a 、引力常数与地球质量的乘积 GM (通常用 μ 来表示)、地球重力场二阶带谐系数 J_2 、地球自转角速度 ω 。由此 4 个参数，可导出地球椭球的其他参数。

3.1.2　地心大地坐标系

先来看地心大地坐标系采用的地球椭球的定义：地球椭球的中心与地球质心重合，椭球的短轴与地球自转轴重合，椭球的起始子午面与格林尼治子午面重合，如图 3.3 所示。

图 3.3 中，O 是参考椭球的中心，Z 轴为椭球旋转轴，XOZ 平面为起始子午面，XOY 平面为赤道面。过空间中任意一点 K 作椭球的法线与椭球面相交于点 P，该法线在赤道平面上的投影为 ON。过点 K 的法线与赤道面的交角称为该点的大地纬度，以 B 表示，由赤道面为分界，向北为北纬，以正数表示，向南为南纬，以负数表示。过点 P 的子午面与起始子午面的夹角称为该点的大地经度，以 L 表示，起始子午面以东称为东经(0°～180°)，其值为正，以西称为西经(0°～180°)，其值为负。点 K 到点 P 的距离称为大地高，用 H 表示。用大地坐标形式表示点 K 的坐标为 $K(B, L, H)$。北斗定位结果所表示的经度、纬度就是在这

个坐标系下的。因此，地心大地坐标系是卫星导航定位中应用最为广泛的坐标系。

经度和纬度是定位中常用的坐标。除了经纬度，我们还会关心另外一个维度——高程。关于高程，有几个相近的概念容易混淆，即大地高、正常高和正高。在这里简要说明一下它们之间的关系。如图 3.4 所示，地面一点 P 的大地高 H 是由该点沿椭球法线到椭球面的距离；正高 H_g 是由该点沿铅垂线到大地水准面的距离；正常高 H_γ 是沿铅垂线到似大地水准面的距离。其中，似大地水准面是大地水准面的一个近似。似大地水准面在海洋面与大地水准面吻合，而在陆地部分则与大地水准面略有差异。

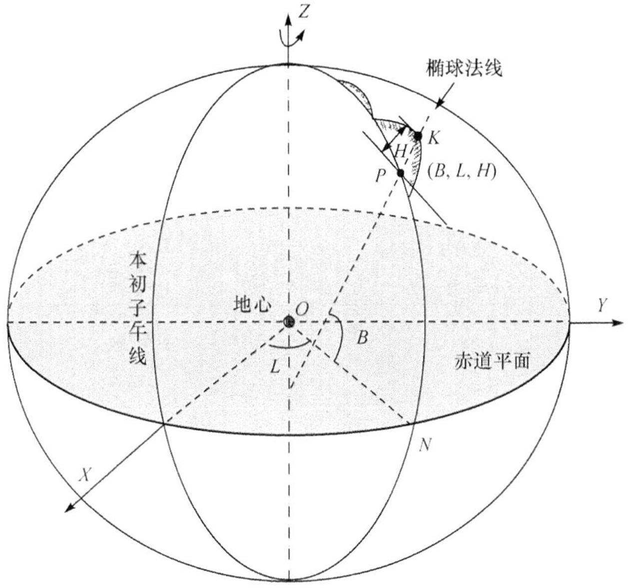

图 3.3　地心大地坐标系示意图

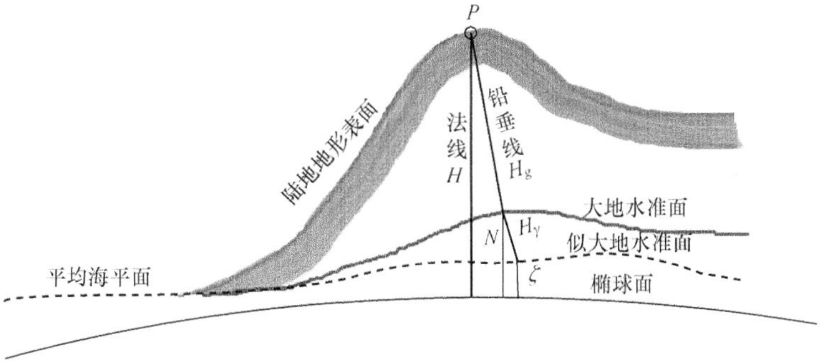

图 3.4　大地高、正常高、正高的关系

严格来讲，法线与铅垂线方向不一致，但二者差异很小，在实用上可忽略不计。由图 3.4 可得

$$\begin{cases} H = H_g + N \\ H = H_\gamma + \zeta \end{cases} \tag{3.2}$$

其中，N 为大地水准面至椭球面的距离，称为大地水准面差距或大地水准面高；ζ 为似大

地水准面至椭球面的距离，称为高程异常。高程异常通常用天文水准或天文动水准方法求得。

3.1.3 地心地固直角坐标系

地心地固直角坐标系，简称为地心地固坐标系，其定义是：原点 O 与地球质心重合，Z 轴与地球自转轴重合并指向北极，X 轴指向格林尼治子午面与赤道面的交点，Y 轴垂直于 XOZ 平面并与 X、Z 轴构成右手坐标系，如图 3.5 所示。任意一点的位置用 (x,y,z) 坐标表示。

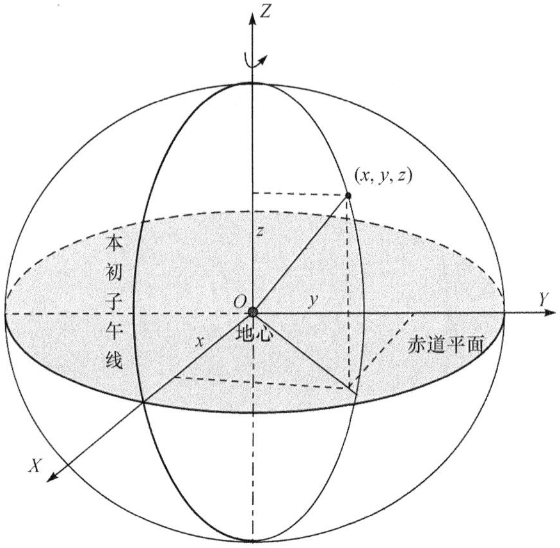

图 3.5 地心地固坐标系示意图

虽说用 (x,y,z) 表示地球上点位的坐标不如经度、纬度和高程那么直观，但是对于求两点之间的距离、两点间的角度关系等数学运算却很方便，因此导航定位方程中，用户和卫星的坐标都采用该坐标系描述。下面给出直角坐标 (x,y,z) 与大地坐标 (B,L,H) 的转换关系。

1. 地心大地坐标转换成地心地固直角坐标

已知某一点 P 的大地纬度 B 、经度 L 和高度 H ，计算该点的地心地固直角坐标 (x,y,z) ，转换公式如下。

$$\begin{cases} x=(N+H)\cos B\cos L \\ y=(N+H)\cos B\sin L \\ z=[N(1-e^2)+H]\sin B \end{cases} \tag{3.3}$$

其中，N 为参考椭球的卯酉圈曲率半径，即

$$N=\frac{a}{\sqrt{1-e^2\sin^2 B}} \tag{3.4}$$

a 为参考椭球长半轴；e^2 为参考椭球第一偏心率平方。

$$e^2=\frac{a^2-b^2}{a^2} \tag{3.5}$$

若已知参考椭球的扁率 f ，e^2 也可由 f 计算，即 $e^2=2f-f^2$ 。

2. 地心地固直角坐标转换成地心大地坐标

已知某一点 P 的地心地固直角坐标 (x,y,z) ，计算该点的地心大地坐标 (B,L,H) ，转换公式如下。

$$\begin{cases} B=\arctan\left(\dfrac{z+e^2N\sin B}{\sqrt{x^2+y^2}}\right) \\ L=\arctan\left(\dfrac{y}{x}\right) \\ H=\dfrac{\sqrt{x^2+y^2}}{\cos B}-N \end{cases} \tag{3.6}$$

其中，N 和 e^2 分别由式(3.4)和式(3.5)计算得到。

不难看出，采用式(3.6)计算大地纬度 B 时，由于公式中含有待求量 B ，因此需要进行迭代计算。但由于 e^2 是一个小量，因此收敛很快。迭代步骤如下。

(1) 由于 e^2 是一个小量，可以先将其忽略，得到初始值 B_0 。

$$B_0=\arctan\left(\frac{z}{\sqrt{x^2+y^2}}\right)$$

(2) 将 B_0 分别代入式(3.4)和式(3.6)，得到 N 和 B_1 。

$$N=\frac{a}{\sqrt{1-e^2\sin^2 B_0}} \tag{3.7}$$

$$B_1=\arctan\left(\frac{z+e^2N\sin B_0}{\sqrt{x^2+y^2}}\right) \tag{3.8}$$

(3) 若 $|B_1-B_0|\geqslant\varepsilon$ ，则用 B_1 更新 B_0 ，即 $B_0=B_1$ ，重新代入式(3.7)和式(3.8)；否则算法收敛，即 $|B_1-B_0|<\varepsilon$ ，此时计算得到的 B_1 即所求的大地纬度 B 。其中，ε 为一个小量，一般可以取为 1×10^{-13} 。

上述迭代一般只需进行 3～4 次循环即可收敛。收敛后，再将大地纬度 B 代入式(3.7)，即可得到准确的参考椭球的卯酉圈曲率半径 N 。

需要注意的是，计算高程 H 需要用到大地纬度 B 和参考椭球的卯酉圈曲率半径 N ，因此在计算得到大地纬度 B 和参考椭球的卯酉圈曲率半径 N 之后，方可计算高程 H 。经度 L 的计算则不受此限制。

3.1.4　地极移动

地球自转轴相对于地球并不是固定不变的，地球南北两个极点在地球表面以每年几米的速度大致沿一个半径十几米的小圆移动。这种运动称为地极移动，简称极移，如图 3.6 所示。

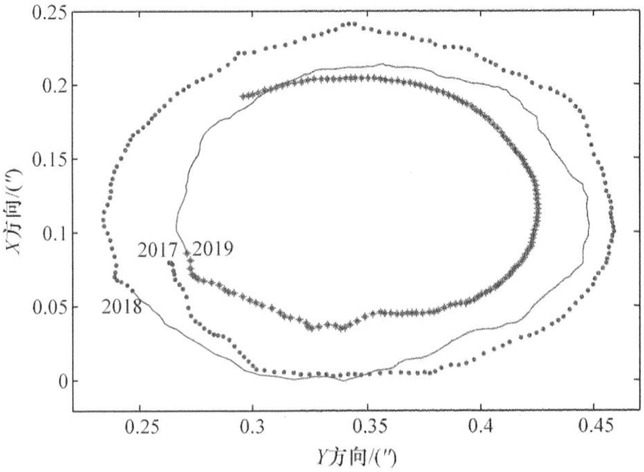

图 3.6　极移的变化(2017～2019 年)

极移是地球自转轴在其本体内的移动，地极的这种运动，既涉及地球内部复杂的地球物理过程如地幔对流等，又与地球表面和大气层内发生的季节性气象过程如海潮、洋流等有关，地球自转轴在地球体内的位置在不断变化，导致地极在地面上的位置也在不断移动。

通过对大量观测资料的分析表明，地极运动主要包含两种周期性运动的叠加：一种变化周期约为一年，振幅约为 0.1″；另一种变化周期约为 435 天，振幅约为 0.2″，这种周期变化又称为钱德勒(Chandler)运动。

由于极移的量较小，为了描述地极移动的规律，通常取一平面直角坐标系来表达地极的瞬时位置。如图 3.7 所示，P_0 为地极的某一平均位置，称为平均极(或平极)，以 P_0 为原点，以过 P_0 的切平面建立 OX_PY_P 坐标系，X_P 轴指向格林尼治子午线方向，Y_P 轴指向格林尼治子午面以西 90°的子午线方向。该坐标系称为地极坐标系，任一时刻 t 的瞬时极 P 的位置用坐标 $\left(x_p, y_p\right)$ 表示。

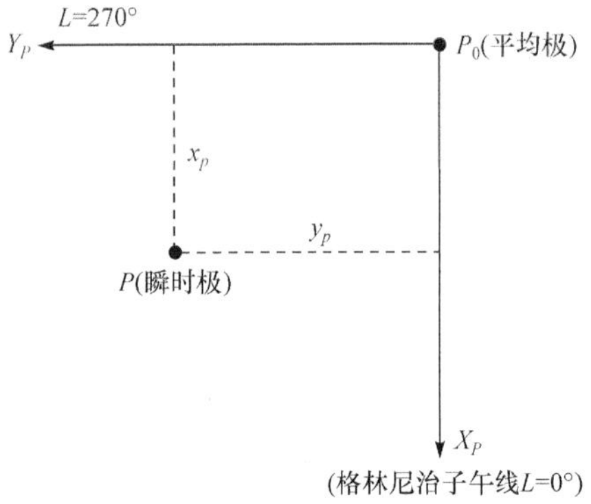

图 3.7　地极坐标系

由于极移将使地球自转轴的轴向发生变化，因此根据地球自转轴所定义的地球坐标系也将发生变化，这将给实际工作造成许多困难。为了解决这一问题，通常选定某一固定的平极来建立地球坐标系。1967 年国际天文学联合会(IAU)和国际大地测量协会(IAG)联合确定将 1900～1905 年地极位置的平均值作为地极坐标系的原点，称为国际协议原点(Conventional International Origin, CIO)，也称为协议地极(conventional terrestrial pole, CTP)。与协议地极相对应的地球赤道称为平赤道或协议赤道面。

1968 年国际时间局(Bureau International de I′Heure, BIH)决定将通过国际习用原点和格林尼治天文台的子午线作为起始子午线，该起始子午线与协议赤道面的交点作为经度零点。故该起始子午线称为 BIH 零子午线，它是与协议地极相对应的。

1988 年，国际大地测量与地球物理学联合会(IUGG)和国际天文学联合会建立了国际地球自转服务(IERS)，用以取代国际时间局的地球自转服务部分以及原有的国际极移服务

(IPMS)。IERS 的职能之一就是为当前应用和长期研究提供及时准确的地球定向参数(EOP)。

3.1.5　协议地球坐标系

协议地球坐标系(conventional terrestrial system, CTS)是以协议地极定义的坐标系，其坐标系原点在地球质心，Z 轴指向地球的协议地极，X 轴指向 BIH 经度零点，Y 轴与 X、Z 轴构成右手坐标系。

以协议地极和 BIH 经度零点来定义的地心地固坐标系通常都是协议地球坐标系。卫星导航系统的参考坐标系一般采用协议地球坐标系，如美国 GPS 采用 WGS-84 坐标系，中国北斗卫星导航系统采用 CGCS2000 坐标系，即 2000 国家大地坐标系。下面分别对这两个坐标系进行说明。

1. WGS-84 坐标系

GPS 定位结果是在 WGS-84 坐标系中给出的。WGS-84 使用 BIH 定义的 1984.0 年新纪元参考框架，其坐标系原点定义于地球质心，Z 轴指向 $BIH_{1984.0}$ 协议地极，X 轴指向 $BIH_{1984.0}$ 的零子午面和 CTP 相应赤道的交点，Y 轴与 X、Z 轴构成右手坐标系。WGS-84 坐标系如图 3.8 所示，其参考椭球的基本常数如表 3.1 所示。

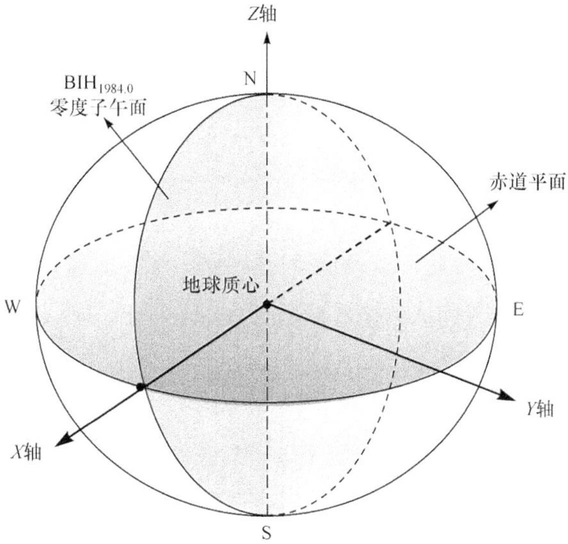

图 3.8　WGS-84 坐标系

表 3.1　WGS-84 坐标系参考椭球的基本常数

序号	参数	定义
1	长半轴	$a = 6378137.0\text{m}$
2	扁率	$f = 1/298.257223563$
3	地球引力常数	$\mu = 3.986005 \times 10^{14}\,\text{m}^3/\text{s}^2$
4	地球自转角速度	$\omega_e = 7.2921151467 \times 10^{-5}\,\text{rad/s}$

2. 2000 国家大地坐标系(CGCS2000)

2000 国家大地坐标系(China Geodetic Coordinate System 2000，CGCS2000)的原点为包括海洋和大气的整个地球的质量中心，Z 轴由原点指向历元 2000.0 的地球参考极。该历元的指向由国际时间局给定的历元 1984.0 作为初始指向来推算，定向的时间演化保证相对于地壳不产生残余的全球旋转；X 轴由原点指向格林尼治参考子午线与地球赤道面(历元 2000.0)的交点；Y 轴与 Z 轴、X 轴构成右手坐标系。历元 2000.0 的地球参考极及其对应的赤道面与 IERS 定义的一致,因此,也称为 IERS 参考极(IRP)和 IERS 参考子午面(IRM)。2000 国家大地坐标系如图 3.9 所示。

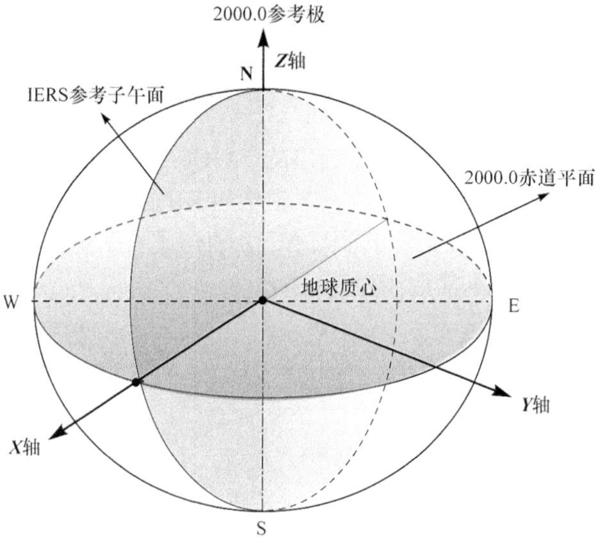

图 3.9　2000 国家大地坐标系

2000 国家大地坐标系参考椭球的基本常数如表 3.2 所示。

表 3.2　2000 国家大地坐标系参考椭球的基本常数

序号	参数	定义
1	长半轴	$a = 6378137.0\text{m}$
2	扁率	$f = 1/298.257222101$
3	地球引力常数	$\mu = 3.986004418 \times 10^{14}\,\text{m}^3/\text{s}^2$
4	地球自转角速度	$\omega_e = 7.2921150 \times 10^{-5}\,\text{rad/s}$

3.1.6　北斗坐标系的定义

北斗系统采用北斗坐标系(Beidou coordinate system, BDCS)。北斗坐标系的定义符合国际地球自转服务组织规范，与 2000 国家大地坐标系定义一致(具有完全相同的参考椭球参数)，具体定义如下。

(1) 原点、轴向及尺度定义：原点位于地球质心；Z 轴指向 IERS 定义的参考极(IRP)方向；X 轴为 IERS 定义的参考子午面(IRM)与通过原点且与 Z 轴正交的赤道面的交线；Y 轴

与 Z、X 轴构成右手直角坐标系；长度单位是国际单位制(SI)米。

(2) 参考椭球定义：BDCS 参考椭球的几何中心与地球质心重合，参考椭球的旋转轴与 Z 轴重合。BDCS 参考椭球定义的基本常数见表 3.2。

需要注意的是，北斗坐标系与 GPS 采用的坐标系 WGS-84 参考椭球不同，因此，其基本参数的取值略有差别。这是在应用中需要特别注意的地方。

3.1.7　地固坐标系之间的转换

由前面的讨论可知，不同的地固坐标系采用不同历元的协议地球坐标系，可能会导致同一个点位在不同坐标系中取值略有差别。因此，需要建立不同坐标系之间的转换关系。坐标转换模型很多，目前广泛使用的地固坐标系转换模型是布尔莎(Bursa)模型。该模型中，所有地固坐标系之间的转换都可以通过 7 个参数进行转换：3 个平移参数、3 个旋转参数和 1 个尺度因子(坐标尺度定义不一致引起的改正数)。

假设某一点在两个地固坐标系的坐标矢量分别为 $\boldsymbol{X}^{(1)}$ 和 $\boldsymbol{X}^{(2)}$，则两个坐标的转换关系为

$$\boldsymbol{X}^{(2)} = \boldsymbol{T}_{1,2} + \lambda_{1,2} \cdot \boldsymbol{R}_{1,2} \cdot \boldsymbol{X}^{(1)} \tag{3.9}$$

其中，$\boldsymbol{T}_{1,2}$ 为平移矢量；$\lambda_{1,2}$ 为尺度因子；$\boldsymbol{R}_{1,2}$ 为旋转矩阵。

实际应用中，一般采用式(3.9)的线性化的形式，即

$$\boldsymbol{X}_2 = \boldsymbol{X}_1 + \boldsymbol{T} + D\boldsymbol{X}_1 + \boldsymbol{R}\boldsymbol{X}_1 \tag{3.10}$$

其中，$\boldsymbol{T} = \boldsymbol{T}_{1,2}$；$D = \lambda_{1,2} - 1$；$\boldsymbol{R} = \boldsymbol{R}_{1,2} - \boldsymbol{I}$ ($\boldsymbol{I}$ 为单位矩阵)。矢量 $\boldsymbol{T}$ 和矩阵 $\boldsymbol{R}$ 具有如下形式。

$$\boldsymbol{T} = \begin{bmatrix} T_X \\ T_Y \\ T_Z \end{bmatrix}, \quad \boldsymbol{R} = \begin{bmatrix} 0 & -R_Z & R_Y \\ R_Z & 0 & -R_X \\ -R_Y & R_X & 0 \end{bmatrix}$$

根据式(3.10)，若已知转换前地固坐标系的位置 (X_0, Y_0, Z_0)，则可以得到目标地固坐标系的位置 (X, Y, Z) 为

$$\begin{bmatrix} X \\ Y \\ Z \end{bmatrix} = \begin{bmatrix} X_0 \\ Y_0 \\ Z_0 \end{bmatrix} + \begin{bmatrix} T_X \\ T_Y \\ T_Z \end{bmatrix} + D\begin{bmatrix} X_0 \\ Y_0 \\ Z_0 \end{bmatrix} + \begin{bmatrix} 0 & -R_Z & R_Y \\ R_Z & 0 & -R_X \\ -R_Y & R_X & 0 \end{bmatrix}\begin{bmatrix} X_0 \\ Y_0 \\ Z_0 \end{bmatrix} \tag{3.11}$$

其中，T_X、T_Y、T_Z 为 3 个平移参数；R_X、R_Y、R_Z 为 3 个旋转参数；D 为尺度因子。

对式(3.10)求导，可以得到速度矢量的转换关系为

$$\dot{\boldsymbol{X}}_2 = \dot{\boldsymbol{X}}_1 + \dot{\boldsymbol{T}} + \dot{D}\boldsymbol{X}_1 + D\dot{\boldsymbol{X}}_1 + \dot{\boldsymbol{R}}\boldsymbol{X}_1 + \boldsymbol{R}\dot{\boldsymbol{X}}_1 \tag{3.12}$$

由于 D 和 $\boldsymbol{R}$ 的量级为 10^{-5}，对地面站而言，$\dot{\boldsymbol{X}}$ 的量级约为 10cm/a，因此，$\dot{D}\boldsymbol{X}_1$ 和 $\dot{\boldsymbol{R}}\boldsymbol{X}_1$ 的量级约为 0.1mm/百年，可忽略不计。故速度矢量的转换关系可简化为

$$\dot{\boldsymbol{X}}_2 = \dot{\boldsymbol{X}}_1 + \dot{\boldsymbol{T}} + D\dot{\boldsymbol{X}}_1 + \boldsymbol{R}\dot{\boldsymbol{X}}_1 \tag{3.13}$$

下面以 WGS-84 坐标系与 CGCS2000 坐标系转换为例，说明地固坐标系之间转换参数的取值情况。在定义上，CGCS2000 坐标系与 WGS-84 是一致的，即坐标系原点、尺度、定向及定向演变的定义都是相同的。比较表 3.1 和表 3.2 可知，两个坐标系使用的参考椭球也非常接近，只有扁率有微小差异。

但因 CGCS2000 坐标系的坐标定义在 2000 年那一时刻，而大多数应用实际上是不同时间进行定位的，且地球上的板块是在不断运动的，不同时刻位于地球不同板块上站点的实际位置是在变化的，已经偏离了 2000 年的位置。因此不同时间定位得到的坐标不是严格意义下的 CGCS2000 坐标系。

例如，已知某一历元时刻，某点在 WGS-84 坐标系的位置为 (X,Y,Z)，求该点在 CGCS2000 坐标系中的位置 (X_1,Y_1,Z_1)，则式(3.11)中的转换参数为 $T_X=-1.9\text{mm}$，$T_Y=-1.7\text{mm}$，$T_Z=-10.5\text{mm}$，$D=1.34\times10^{-9}$，$R_X=R_Y=R_Z=0$。上述参数的取值会随时间变化而变化。

3.2 天球坐标系统

在空间静止或做匀速直线运动的坐标系统称为惯性坐标系，也称为空固坐标系或天球坐标系。牛顿万有引力定律建立在惯性坐标系中，因而惯性坐标系对于描述地球引力作用下的天体和人造卫星的运动状态相当方便。本书在不特指的情况下，将天球坐标系看作惯性坐标系，以便与 3.1 节的地球坐标系相对应。

3.2.1 天球的基本概念

就像定义地球坐标系需要将地球椭球作为基准一样，在定义天球坐标系时，同样要找一个基准。这个基准就是天球。天球是指以地球质心为中心，任意长度为半径的一个假想的球体。为了建立天球坐标系统，必须确定如图 3.10 所示球面上的一些参考点、线、面和圈。在北斗系统中，描述卫星的位置也将涉及这些概念。为此，现按图 3.10 介绍如下。

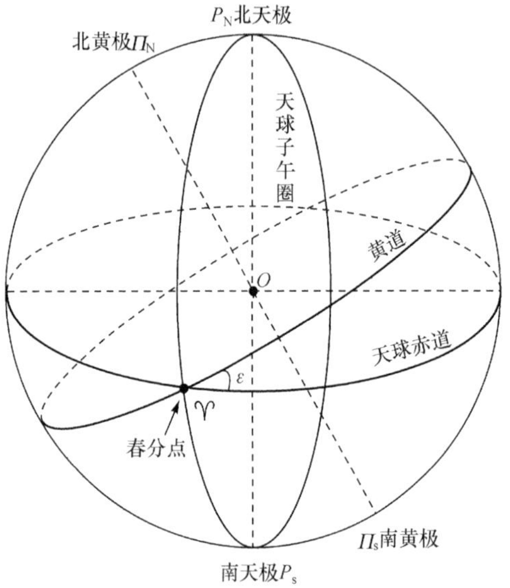

图 3.10　天球的概念

(1) 天极。地球自转轴的延伸直线为天轴，天轴与天球的交点 P_N、P_S 称为天极，其中 P_N 称为北天极，P_S 称为南天极。

(2) 天球赤道。通过地球质心与天轴垂直的平面，称为天球赤道面。这时天球赤道面与地球赤道面相重。该赤道面与天球相交的大圆称为天球赤道。

(3) 天球子午圈。包含天轴并通过任一点的平面，称为天球子午面，而天球子午面与天球相交的大圆称为天球子午圈。

(4) 黄道。地球绕太阳公转的轨道平面与地球表面相交的大圆称为黄道，黄道面与赤道面相交的夹角，称为黄赤交角，约为 23.5°。通过天球中心，且垂直于黄道面的直线与天球的交点，称为黄极。其中靠近北天极的交点 Π_N 称为北黄极，靠近南天极的交点 Π_S 称为南黄极。

(5) 春分点。黄道与赤道的两个交点称为春分点和秋分点。其中，太阳在黄道上从南半球向北半球运动时，黄道与天球赤道的交点称为春分点，用♈表示。

因为从地心到春分点的方向并不随着地球的自转或公转等发生变化，所以春分点称为天文学和大地测量学中的一个重要空间基准点。天文学中和在研究卫星运动时，春分点和天球赤道面是建立参考系的重要基准点和基准面。

3.2.2　坐标系

图 3.11 是一个坐标中心在地球质心的地心天球坐标系，该坐标系的 Z 轴与地球自转轴重合并指向北天极，X 轴指向春分点，Y 轴垂直于 XOZ 平面并与 X、Z 轴构成右手直角坐标系。为了区别于地球坐标系，我们用 $OX_IY_IZ_I$ 表示天球坐标系，任一点的坐标用 (x_I, y_I, z_I) 表示。

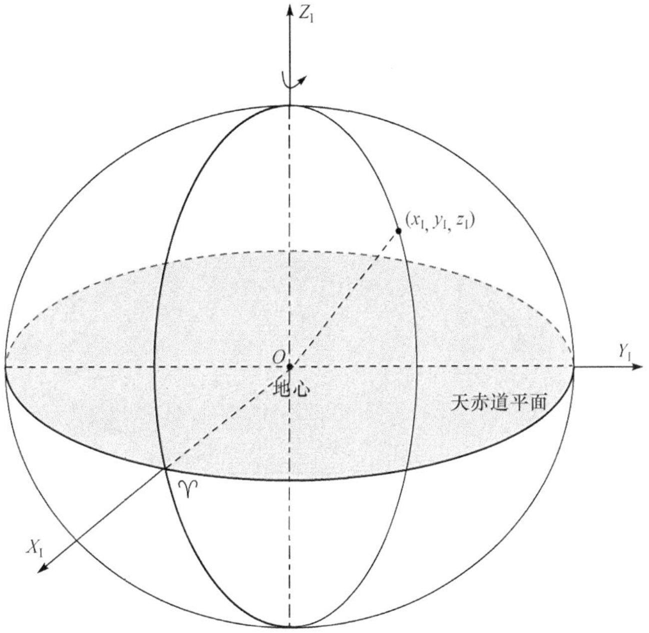

图 3.11　地心天球坐标系

由于天球坐标系和地球的自转无关，所以描述天体和人造地球卫星的位置与运动状态是很方便的。特别是当选定的基本参考点北天极和春分点固定时，该天球坐标系基本上是一个惯性系，非常适于研究卫星运动。

3.2.3　岁差和章动

由前面章节可知，天球坐标系是以天轴为基准轴、以春分点为基准点而定义的坐标系。这样建立坐标系统是基于假设地球为均质的球体，并且没有其他天体摄动力影响的理想情况，即假定地球的自转轴在空间的方向是固定的，因而春分点在天球上的位置保持不变。但是，实际上地球的形体接近于一个赤道隆起的椭球体，因此，在日月引力和其他天体引力对地球隆起部分的作用下，地球在绕太阳运行时，自转轴的方向不再保持不变，从而使春分点在黄道上产生缓慢的西移。这种现象在天文学中称为岁差。在岁差的影响下，地球自转轴在空间绕北黄极产生缓慢的旋转(从北天极上方观察为顺时针方向，以下同)，因而使北天极以同样的方式在天球上绕北黄极产生旋转。

岁差按照其产生的原因可分为赤道岁差(原来称为日、月岁差)和黄道岁差(原来称为行星岁差)。日、月对地球非球形(主要是赤道隆起部分)的引力作用，使地球像陀螺那样，自转轴在空间摆动。从北黄极上方观察，地球北极在空间的运动轨迹是一个近似于以北黄极为中心的顺时针方向旋转的圆周，圆周半径等于黄赤交角ε，旋转周期大约为 25800 年，运动速度为 50.39″/a 或 0.0139972°/a。黄道岁差是地球和月球受到除了日月引力，太阳系中的其他行星产生万有引力，影响地月系质心绕日公转的轨道平面，黄道面产生变化，发生的春分点移动。黄道岁差造成春分点在天球赤道上每年约东移 0.1″，还会使黄赤交角ε变化。岁差示意图见图 3.12。

月球和太阳与地球的相对位置在不断变化，同时各行星相对于地球的位置也在不断变化，引力不断变化，从而使黄道面产生周期性变化。这使春分点、北天极、黄赤交角等在黄道总岁差的基础上产生额外的周期性摆动，我们将这种周期性摆动称为章动。章动周期大约为 18.6 年，转动的轨迹接近于小椭圆，椭圆长半轴约等于9.2″。在岁差和章动的共同作用下，真北天极将沿着波浪形的曲线运动，如图 3.13 所示。

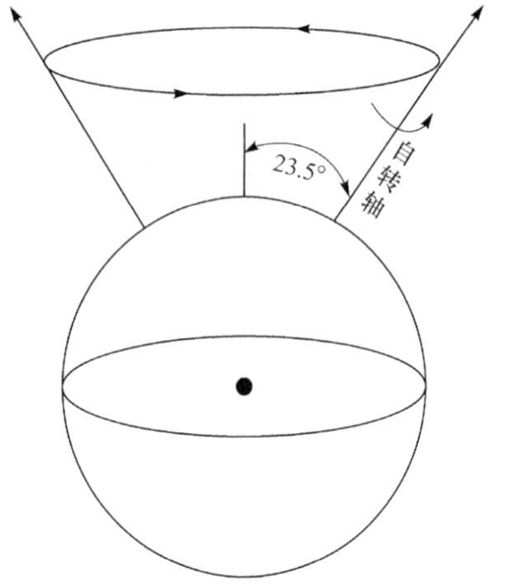

图 3.12　岁差示意图

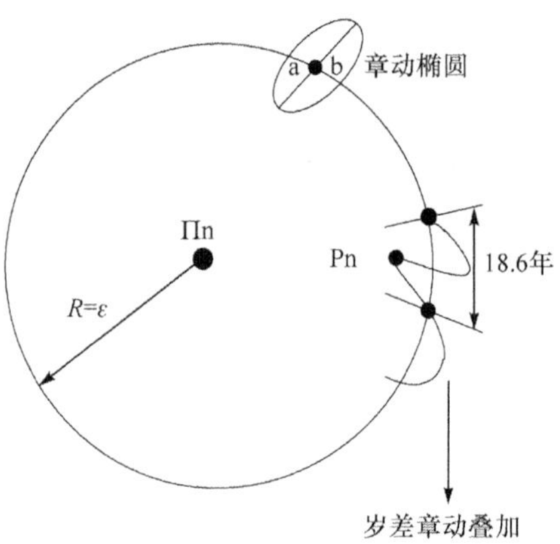

图 3.13　岁差章动叠加示意图

为了便于讨论，我们通常把仅有岁差影响的北天极称为瞬时平北天极，而与其相应的天球赤道和春分点，称为瞬时天球平赤道和瞬时平春分点；把观测时的北天极称为瞬时真天极，而与之相应的天球赤道和春分点称为瞬时真天球赤道和瞬时真春分点。

3.2.4　协议天球坐标系

以瞬时真北天极和瞬时真春分点为基准建立的天球坐标系，称为瞬时真天球坐标系。以瞬时平北天极和瞬时平春分点为基准的天球坐标系，称为瞬时平天球坐标系。由以上讨论可知，在岁差和章动的影响下，瞬时天球坐标系的坐标轴指向在不断地变化。在这种非惯性坐标系统中，不能直接根据牛顿力学定律来研究卫星的运动规律。

在实际操作中，要建立一个严格意义上的惯性坐标系相当困难，通常根据统一的约定建立近似的惯性坐标系，称为协议惯性坐标系。国际大地测量协会和国际天文学联合会决定，从 1984 年 1 月 1 日起采用以 J2000.0 历元(2000 年 1 月 1 日 11:58:56 UTC，UTC 即协调世界时，见 3.4.4 节)的平赤道和平春分点为依据的协议天球坐标系(CIS)。该协议天球坐标系的 X 轴指向 J2000.0 历元的平春分点，Z 轴与 J2000.0 历元的平赤道面垂直，称为 J2000.0 协议天球坐标系或 J2000.0 地心惯性坐标系。有时为了简便，也写成 J2000 协议天球坐标系、J2000 地心惯性坐标系，如图 3.14 所示。

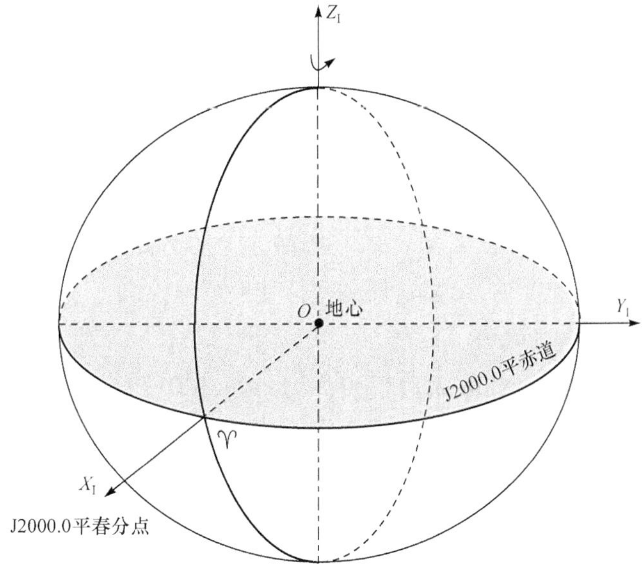

图 3.14　J2000.0 协议天球坐标系

3.2.5　协议天球坐标系与协议地球坐标系的转换

卫星运动方程解算和卫星位置计算一般在协议天球坐标系中进行，而导航定位得到的用户位置是在协议地球坐标系中表示。因此，在实际工作中常常需要进行这两种坐标系间的坐标转换。

由这两种坐标系的定义可得，其坐标系的原点均为地球质心，但其坐标轴的指向不同。两坐标转换的基本方法是：首先，将协议天球坐标系转换成瞬时天球坐标系；然后，将瞬时天球坐标系转换为瞬时地球坐标系；最后，将瞬时地球坐标系转换为协议地球坐标系。转换过程中涉及的中间坐标系及其转换流程，如图 3.15 所示。

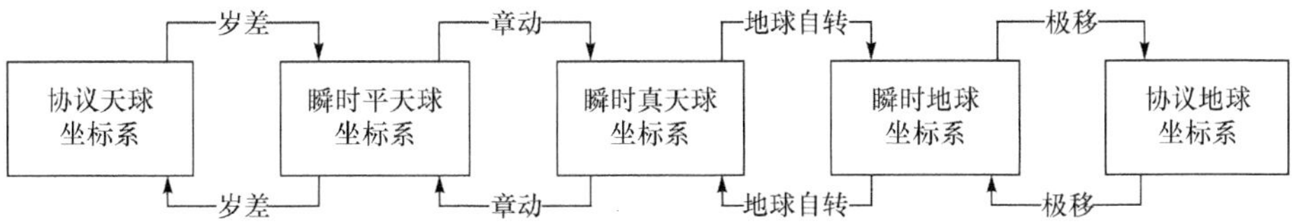

图 3.15　协议天球坐标系与协议地球坐标系的转换关系

因此，协议天球坐标系与协议地球坐标系的转换关系为

$$\begin{bmatrix} x \\ y \\ z \end{bmatrix}_{\text{CTS}} = [\text{HG}]\begin{bmatrix} x \\ y \\ z \end{bmatrix}_{\text{CIS}} \tag{3.14}$$

$$\begin{bmatrix} x \\ y \\ z \end{bmatrix}_{\text{CIS}} = [\text{HG}]^{-1} \begin{bmatrix} x \\ y \\ z \end{bmatrix}_{\text{CTS}} \tag{3.15}$$

其中

$$[\text{HG}]=[\text{EP}]\cdot[\text{ER}]\cdot[\text{NR}]\cdot[\text{PR}] \tag{3.16}$$

PR、NR、ER、EP 分别为岁差矩阵、章动矩阵、自转矩阵、极移矩阵。

1. 协议天球坐标系与瞬时平天球坐标系的转换

协议天球坐标系与瞬时平天球坐标系的差别是岁差的影响，因此，两者的转换通过岁差矩阵实现。岁差矩阵计算模型为

$$[\text{PR}] = \boldsymbol{R}_Z(-Z_A)\cdot \boldsymbol{R}_Y(\theta_A)\cdot \boldsymbol{R}_Z(-\zeta_A) \tag{3.17}$$

其中，$\boldsymbol{R}_Y$ 、$\boldsymbol{R}_Z$ 分别表示绕 Y 轴、Z 轴旋转的坐标变换矩阵；ζ_A 、θ_A 、Z_A 为赤道岁差角，根据 IERS 规范其计算式分别为

$$\begin{cases} \zeta_A = 2306''.2181T + 0''.30188T^2 + 0''.017998T^3 \\ \theta_A = 2004''.3109T + 0''.42665T^2 + 0''.041833T^3 \\ Z_A = 2306''.2181T + 1''.09468T^2 + 0''.018203T^3 \end{cases} \tag{3.18}$$

其中，T 是从 J2000.0 历元起算的归化时间，即

$$T = \frac{\text{JD(TDB)} - 2451545.0}{36525.0} \tag{3.19}$$

其中，JD(TDB) 表示由质心动力学时 (TDB) 表示的儒略日。关于质心动力学时和儒略日见 3.4 节相关时间系统和概念的介绍。

为了计算 $\boldsymbol{R}_Y$ 、$\boldsymbol{R}_Z$ ，这里统一进行说明。绕 X 轴、Y 轴、Z 轴旋转的坐标变换矩阵分别为 $\boldsymbol{R}_X$ 、$\boldsymbol{R}_Y$ 、$\boldsymbol{R}_Z$ 。不失一般性，以旋转角度 θ 为例，说明三个旋转矩阵的计算方法。

(1) 绕 X 轴旋转 θ 的变换矩阵为

$$\boldsymbol{R}_X(\theta) = \begin{bmatrix} 1 & 0 & 0 \\ 0 & +\cos\theta & +\sin\theta \\ 0 & -\sin\theta & +\cos\theta \end{bmatrix} \tag{3.20}$$

(2) 绕 Y 轴旋转 θ 的变换矩阵为

$$\boldsymbol{R}_Y(\theta) = \begin{bmatrix} +\cos\theta & 0 & -\sin\theta \\ 0 & 1 & 0 \\ +\sin\theta & 0 & +\cos\theta \end{bmatrix} \tag{3.21}$$

(3) 绕 Z 轴旋转 θ 的变换矩阵为

$$R_Z(\theta) = \begin{bmatrix} +\cos\theta & +\sin\theta & 0 \\ -\sin\theta & +\cos\theta & 0 \\ 0 & 0 & 1 \end{bmatrix} \tag{3.22}$$

由于矩阵 $\boldsymbol{R}_Y$ 与矩阵 $\boldsymbol{R}_X$ 、$\boldsymbol{R}_Z$ 中正余弦函数符号略有区别，为了避免在应用中出错，在

正余弦函数前均标示了“+”或“−”号加以强调。

2. 瞬时平天球坐标系与瞬时真天球坐标系的转换

瞬时平天球坐标系与瞬时真天球坐标系的差别是章动的影响，因此，两者的转换通过章动矩阵实现。章动矩阵计算模型为

$$[\mathrm{NR}] = \boldsymbol{R}_X(-\varepsilon_S - \Delta\varepsilon)\cdot \boldsymbol{R}_Z(-\Delta\psi)\cdot \boldsymbol{R}_X(\varepsilon_S) \tag{3.23}$$

其中，$\Delta\psi$、$\Delta\varepsilon$ 分别为黄经章动和交角章动；ε_S 为平黄赤交角，可以表示成

$$\varepsilon_S = 84381''.448 - 46''.8150T - 0''.00059T^2 + 0''.001813T^3 \tag{3.24}$$

黄经章动和交角章动由 IAU 提供的章动模型(IAU 1980 模型)进行计算。

$$\begin{cases} \Delta\psi = \sum\limits_{i=1}^{106}(A_i + A_i'T)\sin f_i \\ \Delta\varepsilon = \sum\limits_{i=1}^{106}(B_i + B_i'T)\cos f_i \end{cases} \tag{3.25}$$

$$f_i = \sum_{j=1}^{5} N_j F_j = N_1 l + N_2 l' + N_3 F + N_4 D + N_5 \Omega \tag{3.26}$$

其中

$$\begin{cases} F_1 = l = \text{月球的平近点角} \\ \quad = 134.96340251^\circ + 1717915923.2178''T + 31.8792T + 0.051635''T^3 - 0.000244704''T^4 \\ F_2 = l' = \text{太阳的平近点角} \\ \quad = 357.052910918^\circ + 129596581.0481''T - 0.5532''T^2 + 0.000136''T^3 - 0.00001149''T^4 \\ F_3 = F = L - \Omega = 93.27209062^\circ + 1739527262.8474''T - 12.7512''T^2 - 0.001037''T^3 \\ \qquad + 0.00000417''T^4 \\ F_4 = D = \text{日月间的平角距} \\ \quad = 297.85019547^\circ + 1602961601.2090''T - 6.3706''T^2 + 0.006593''T^3 - 0.00003169''T^4 \\ F_5 = \Omega = \text{月球升交点的平黄经} \\ \quad = 125.04455501^\circ - 6962890.2665''T + 7.4722''T^2 + 0.007702''T^3 - 0.00005969''T^4 \end{cases}$$

黄经章动、交角章动、乘系数参数由 IAU 1980 章动序列系数表给出，部分参数如表 3.3 所示。

表 3.3　IAU 1980 章动序列系数表(部分)

乘系数 N_i					周期/天	黄经章动 (0.001″)	交角章动 (0.001″)		
N_1	N_2	N_3	N_4	N_5		A_i	A_i'	B_i	B_i'
0	0	0	0	1	6798.4	171996	174.2	92025	8.9
0	0	2	2	2	182.6	13187	1.6	5736	3.1
0	0	2	0	2	13.7	2774	0.2	977	0.5
N_1	N_2	N_3	N_4	N_5	—	A_i	A_i'	B_i	B_i'

续表

乘系数 N_i					周期/天	黄经章动 (0.001")	交角章动 (0.001")		
0	0	0	0	2	3399.2	2062	0.2	895	0.5
0	1	0	0	0	365.3	1426	3.4	54	0.1
1	0	0	0	0	27.6	712	0.1	7	0.0
0	1	2	2	2	121.7	517	1.2	224	0.6
0	0	2	0	1	13.6	386	0.4	200	0.0
1	0	2	0	2	9.1	301	0.0	129	0.1
0	1	2	2	2	365.2	217	0.5	95	0.3

虽然 IAU 1980 章动理论考虑了固体地核、液体外核以及地球弹性参数的影响，但所求得的协议天极的位置与高精度的 VLBI、LLR 实测数据仍存在微小差异。该差异值(也称天极偏移)由 IERS 监测并在公报 B 中公布。

黄经章动和交角章动的差异值分别用$\delta\Delta\psi$和$\delta\Delta\varepsilon$表示，考虑这两个微小偏差后，得到章动的计算公式为

$$
\begin{aligned}
\Delta\psi &= \Delta\psi_{(\mathrm{IAU1980})} + \delta\Delta\psi \\
\Delta\varepsilon &= \Delta\varepsilon_{(\mathrm{IAU1980})} + \delta\Delta\varepsilon
\end{aligned}
\tag{3.27}
$$

3. 瞬时真天球坐标系与瞬时地球坐标系的转换

瞬时真天球坐标系与瞬时地球坐标系的 Z 轴均指向瞬时地球自转轴的极点，故两者指向相同；X 轴指向不同：前者 X 轴指向春分点，后者 X 轴指向格林尼治平均子午面与赤道的交点。春分点♈和格林尼治平均子午面与赤道的交点的夹角为格林尼治真恒星时(GAST)。格林尼治真恒星时随地球自转不断变化，因此，两者之间的转换为

$$
[\mathrm{ER}] = \boldsymbol{R}_Z(\theta_g) \tag{3.28}
$$

其中，[ER]称为地球自转矩阵；θ_g 为格林尼治真恒星时，可表示成$\theta_g = \bar{\theta}_g + \Delta\psi\cos\varepsilon_S$。

$$
\begin{aligned}
\bar{\theta}_g = 2\pi[&\frac{67310.54841}{86400.0} + \left(\frac{876600}{24} + \frac{8640184.812866}{86400.0}\right)T_U \\
&+ \frac{0.093104}{86400.0}T_U{}^2 - \frac{6.2\times10^{-6}}{86400.0}T_U{}^3]
\end{aligned}
\tag{3.29}
$$

其中，$T_U = \dfrac{\mathrm{JD}(\mathrm{UT1}) - 2451545.0}{36525.0}$，JD(UT1)表示当前时刻的世界时 UT1 对应的儒略日，详见 3.4 节。

4. 瞬时地球坐标系与协议地球坐标系的转换

瞬时地球坐标系与协议地球坐标系的差别是极移的影响，因此，两者的转换通过极移矩阵实现。极移矩阵计算模型为

$$
[\mathrm{EP}] = \boldsymbol{R}_Y(-x_p)\boldsymbol{R}_X(-y_p) \tag{3.30}
$$

其中，x_p、y_p 为极移量，可通过 IERS 网站获取其发布的 EOP。

IERS 发布的 EOP 数据包括公报 A(Bulletin A)、公报 B(Bulletin B)、公报 C(Bulletin C)和公报 D(Bulletin D)。这些数据的存储格式为 ASCII 文本格式，可使用标准的文本编辑器进行查看和编辑。IERS 官网(http://www.iers.org)公布这些数据和详细的数据格式说明。下面对四个公报进行简要说明。

(1) 公报 A 包含地极坐标(x、y)和 UT1–UTC 以及它们的误差。公报 A 的数据时间间隔为一天，一周更新一次。公布一周的 EOP 数据及此后一年的预报 EOP 数据。

(2) 公报 B 提供 IERS 参考系统下最新的地球指向信息，包括 UT、地极坐标和天极偏移(包括黄经章动和交角章动的差异值)。公报 B 一月更新一次。公布一月的 EOP 数据及此后一个月的预报 EOP 数据。

(3) 公报 C 公布 UTC 的跳秒和 UTC–TAI 信息。公报 C 每 6 个月公布一次。关于 UTC 跳秒及 TAI 等时间系统相关概念见 3.4 节。

(4) 公报 D 公布 DUT1 (DUT1=UT1–UTC)的值及其精度。关于 UT1 的定义见 3.4 节。

3.2.6　国际参考坐标系及其转换关系

为提供一个精确稳定且国际通用的参考系和框架，以方便在天文、地理等领域的研究和工作，IERS 定义了国际天球参考系(ICRS)和国际地球参考系(ITRS)，并实现和维持遵从 ICRS 规定的国际天球参考框架(ICRF)和遵从 ITRS 规定的国际地球参考框架(ITRF)。

1. 国际地球参考系及其参考框架

根据 IERS 2010 协议，国际地球参考系的定义满足以下条件。

(1) 坐标原点与地球质心重合，地球质心是整个地球(含海洋和大气)的质量中心。

(2) 长度单位是 m，符合国际天文学联合会和 IUGG(1991)决议，由相对论模型得到。

(3) 坐标定向采用国际时间局给出的 BIH 1984.0 方向。

(4) 定向随时间的演变采用相对于整个地球的水平板块运动无净旋转(No-Net-Rotation)条件。

ITRF 的实现，即 ITRF 的建立与维持，是基于卫星激光测距(SLR)、甚长基线干涉测量技术(VLBI)、星载多普勒接收机定位和地面站跟踪定轨集成系统(DORIS)、全球卫星导航系统(GNSS)等空间大地测量技术组合得到的。这些观测数据首先由不同技术各自的技术中心——IVS(International VLBI Service)、ILRS(International Laser Ranging Service)、IGS(International GNSS Service)和 IDS(International DORIS Service)进行处理，然后由 IERS 根据各技术中心的处理结果进行加权得出 ITRF 的最终结果。

自 1988 年起，IERS 已经发布了 ITRF88、ITRF89、ITRF90、ITRF91、ITRF92、ITRF93、ITRF94、ITRF96、ITRF97、ITRF2000、ITRF2005 和 ITRF2008 共 12 个版本的参考框架。其中，ITRF2005 和 ITRF2008 是参考框架中最具有代表性的两个，标志着 ITRF 的日益成熟。ITRF2005 首次采用了时间序列作为输入数据，首次采用紧组合方法，即同时估计测站坐标和地球定向参数，给出了 608 个站的位置和速度，以及与参考框架一致的地球自转参数。ITRF2008 基本沿用了 ITRF2005 数据处理策略和方法，它的改进主要表现在输入数据采用的是重新处理的坐标时间序列，以 SINEX 格式存储。并且它以新模型和软件重新处理了所有历史数据，获得了高精度、长期的测站坐标时间序列。

2. 国际天球参考系及其参考框架

国际天球参考系是基于运动学定义的参考系，以太阳系质心为坐标原点，其坐标轴相对于一组河外射电源是固定的。X 轴指向春分点，Z 轴平行于地球自转轴，Y 轴与 X、Z 轴构成右手坐标系。其 XOY 平面(基本平面)平行于 J2000.0 平赤道面，X 轴指向接近 J2000.0 平春分点。将坐标原点平移到地球质心，即可得到以地球质心为原点的天球参考系，称为地心天球参考系(GCRS)。

国际天球参考系由河外射电源、类星体以及几个活动星系的精确坐标所定义的国际天球参考框架实现。与银河系中的恒星不同，河外射电源距太阳的距离十分遥远，目前精度下观测不到它们的运动，因此假设没有自行。在此假设前提下，利用这些遥远的河外射点源的坐标，就可以建立一个运动学无旋转的与历元无关的准惯性参考系。

3. 地心天球坐标系与国际地球参考系的转换关系

在 IAU2000 规范下，地心天球坐标系与国际地球参考系的转换方法目前主要有两种：一是基于春分点的转换方法；二是基于天球中间零点(CIO)的转换方法。

1) 基于春分点的 GCRS 与 ITRS 转换方法

在基于春分点的转换方法中，GCRS 转化到 ITRS 的流程如图 3.16 所示。

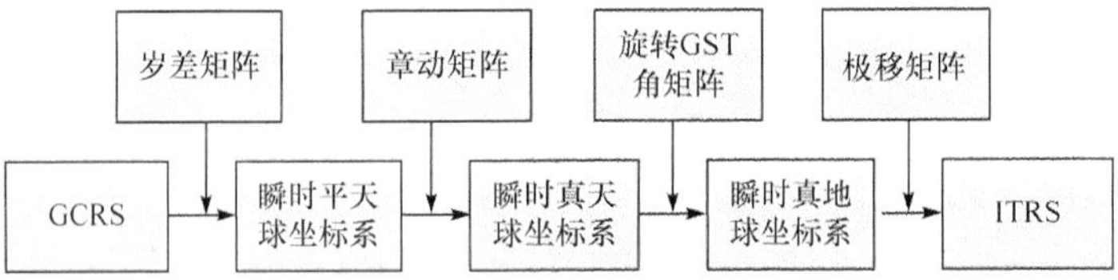

图 3.16　基于春分点的坐标转换

$$\boldsymbol{X}_{[\mathrm{ITRS}]}=\boldsymbol{W}\cdot\boldsymbol{R}_{(\mathrm{GAST})}\cdot\boldsymbol{N}\cdot\boldsymbol{P}\cdot\boldsymbol{B}\cdot\boldsymbol{X}_{[\mathrm{GCRS}]} \tag{3.31}$$

其中，$\boldsymbol{X}_{[\mathrm{ITRS}]}$ 为 ITRF 下的坐标；$\boldsymbol{X}_{[\mathrm{GCRS}]}$ 为 GCRF 下的坐标；$\boldsymbol{W}$ 为极移矩阵；$\boldsymbol{R}_{(\mathrm{GAST})}$ 为将瞬时天球坐标系统绕 Z 轴旋转 GAST 得到瞬时地球坐标系的旋转矩阵，GAST 表示真春分点的格林尼治恒星时角；$\boldsymbol{N}$、$\boldsymbol{P}$、$\boldsymbol{B}$ 分别为章动、岁差和参考框架偏差矩阵。其中，参考框架偏差矩阵 $\boldsymbol{B}$ 是由于 GCRS 与 J2000.0 参考系之间存在微小偏差引起的。

2) 基于 CIO 的 GCRS 与 ITRS 转换方法

在基于 CIO 的系统中，由于不依赖于春分点，采用了新的岁差章动模型以及改进的极移改正模型，与传统的基于春分点的系统相比，GCRS 与 ITRS 的相互转换的方法与过程有所不同。新转换方法主要包括 GCRS 转为天球中间参考系、天球中间参考系转换为瞬时地球坐标系、瞬时地球坐标系转换为 ITRS 三个过程。转换主要流程如图 3.17 所示。

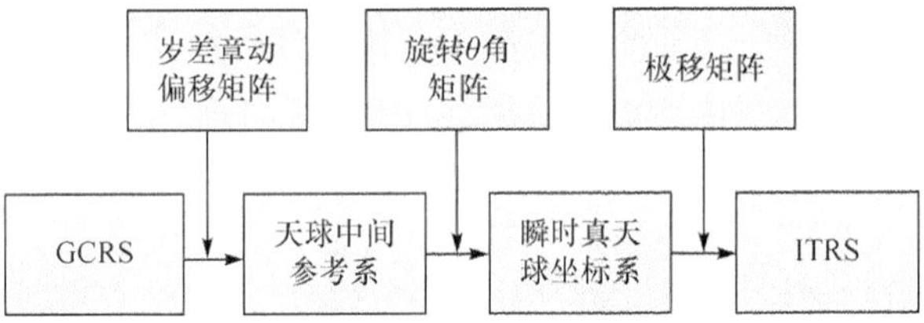

图 3.17　基于 CIO 的坐标系统转换

$$X_{[\mathrm{ITRS}]} = W \cdot R_{(\theta)} \cdot C_{[\mathrm{GCRS}]} \cdot X_{[\mathrm{ICRS}]} \tag{3.32}$$

其中，$R_{(\theta)}$ 为将瞬时天球参考系坐标转换为瞬时地球坐标系坐标的旋转矩阵；θ 为地球自转角距(ERA)；C 为将国际天球坐标系转换为天球中间参考系的岁差章动偏移矩阵。

上述两种转换方法涉及的旋转角度的计算，在 IERS 规范中都有明确定义，并在天文标准函数库(SOFA)中都有实现代码，此处不再赘述。

3.3　测站坐标系统

3.1 节、3.2 节分别介绍了地球坐标系统和天球坐标系统。地球坐标系统以地球椭球为参考基准建立坐标系，天球坐标系统则以天球为参考基准建立坐标系。本节要讨论的测站坐标系统以观测站(或地面上某一个观测点)为中心建立坐标系统。本书将这类坐标系称为测站坐标系统。

3.3.1　测站坐标系的定义

测站坐标系通常以用户所在的位置点 P 为坐标原点，三个坐标轴分别是相互垂直的东向、北向和天向，因而测站坐标系又称为东北天(ENU)坐标系。如图 3.18 所示，测站坐标系的天向与大地坐标系在此点的高程方向一致。测站坐标系固定在地球上，本质上是一种地固坐标系。

如图 3.18 所示，测站坐标系的空间直角表示形式如下。

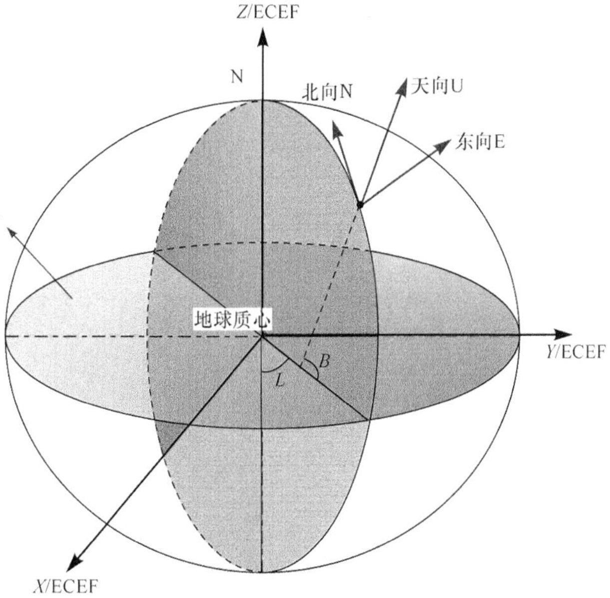

图 3.18　测站坐标系

(1) 以站心为坐标原点。

(2) Z 轴与站心点的椭球法线重合，向上为正(或称为天顶方向)。

(3) X 轴为站心点的正东向。

(4) Y 轴为站心点的正北向。

由于测站坐标系以站心为坐标原点，因此也称为站心坐标系。

3.3.2 测站坐标系与地心地固坐标系的转换

由测站坐标系的定义可知，测站坐标系与地心地固坐标系的坐标原点不重合，坐标轴指向也不一致。因此，地心地固坐标系与测站坐标系之间的转换涉及两种变换：坐标原点平移和坐标轴旋转。

1. 地心地固坐标系转到测站坐标系

已知测站 F 在地心地固坐标系中的坐标为 $\left(x_f, y_f, z_f\right)$，某一待转换点 S 在地心地固坐标系中的坐标为 (x, y, z)，将 S 由地心地固坐标系转换到测站 F 的测站坐标系具体步骤如下。

(1) 坐标原点平移。将坐标原点由地心平移到站心，得到平移后的坐标 $\left(x', y', z'\right)$。

$$\begin{bmatrix} x' \\ y' \\ z' \end{bmatrix} = \begin{bmatrix} x - x_f \\ y - y_f \\ z - z_f \end{bmatrix} \tag{3.33}$$

(2) 计算测站的大地坐标。将测站的地心直角坐标 $\left(x_f, y_f, z_f\right)$ 转换为大地坐标 (B, L, H)，具体过程参见 3.1.3 节。

(3) 计算坐标旋转矩阵。由测站的经度、纬度计算得到坐标旋转矩阵为

$$[\mathbf{FH}] = \boldsymbol{R}_X(90^\circ - B)\boldsymbol{R}_Z(L + 90^\circ) \tag{3.34}$$

(4) 坐标轴旋转。利用旋转矩阵，将平移后的坐标 $\left(x', y', z'\right)$ 转到测站坐标系，得到测站坐标系下的位置坐标 (e, n, u) 为

$$\begin{bmatrix} e \\ n \\ u \end{bmatrix} = [\mathbf{FH}] \begin{bmatrix} x' \\ y' \\ z' \end{bmatrix} \tag{3.35}$$

综上所述，可以将上述过程合成一个公式，即

$$\begin{bmatrix} e \\ n \\ u \end{bmatrix} = \boldsymbol{R}_X(90^\circ - B)\boldsymbol{R}_Z(L + 90^\circ) \begin{bmatrix} x - x_f \\ y - y_f \\ z - z_f \end{bmatrix} \tag{3.36}$$

需要说明的是，若已知的是测站 F 的大地坐标 (B, L, H)，而不是 F 在地心地固坐标系中的坐标 $\left(x_f, y_f, z_f\right)$，那么可以省略上述第(2)步，只需在坐标平移前，将大地坐标 (B, L, H) 转换成直角坐标 $\left(x_f, y_f, z_f\right)$(具体过程参见 3.1.3 节)，其余过程与上述过程一致。

2. 测站坐标系转到地心地固坐标系

已知测站 F 在地心地固坐标系中的坐标为 $\left(x_f, y_f, z_f\right)$，某一待转换点 S 在测站坐标系中的坐标为 (e, n, u)，则将 S 由测站坐标系转换到地心地固坐标系的具体步骤如下。

(1) 计算测站的大地坐标。将测站的地心直角坐标$\left(x_f, y_f, z_f\right)$转换为大地坐标$(B,L,H)$，具体过程参见 3.1.3 节。

(2) 计算坐标旋转矩阵。由于从测站坐标系转换到地心地固坐标系是从地心地固坐标系转换到测站坐标系的逆过程，因此可以由式(3.34)求逆得到坐标旋转矩阵，即

$$[\mathbf{FH}]^{-1}=\left[\boldsymbol{R}_X(90^{\circ}-B)\boldsymbol{R}_Z(L+90^{\circ})\right]^{-1} \tag{3.37}$$

由于旋转矩阵是正交对称矩阵，其逆矩阵等于矩阵的转置，因此，有

$$[\mathbf{FH}]^{-1}=[\mathbf{FH}]^{\mathrm{T}}=\left[\boldsymbol{R}_X(90^{\circ}-B)\boldsymbol{R}_Z(L+90^{\circ})\right]^{\mathrm{T}} \tag{3.38}$$

(3) 坐标轴旋转。利用旋转矩阵，将测站坐标(e,n,u)旋转到坐标轴与地心地固坐标系一致的坐标$\left(x',y',z'\right)$。

$$\begin{bmatrix} x' \\ y' \\ z' \end{bmatrix}=[\mathbf{FH}]^{-1}\begin{bmatrix} e \\ n \\ u \end{bmatrix} \tag{3.39}$$

(4) 坐标原点平移。将坐标$\left(x',y',z'\right)$的原点平移至地心，得到转换点 S 在地心地固坐标系中的坐标(x,y,z)。

$$\begin{bmatrix} x \\ y \\ z \end{bmatrix}=\begin{bmatrix} x' \\ y' \\ z' \end{bmatrix}+\begin{bmatrix} x_f \\ y_f \\ z_f \end{bmatrix} \tag{3.40}$$

同样地，也可以将上述过程合成一个公式，即

$$\begin{bmatrix} x \\ y \\ z \end{bmatrix}=\left[\boldsymbol{R}_X(90^{\circ}-B)\boldsymbol{R}_Z(L+90^{\circ})\right]^{\mathrm{T}}\begin{bmatrix} e \\ n \\ u \end{bmatrix}+\begin{bmatrix} x_f \\ y_f \\ z_f \end{bmatrix} \tag{3.41}$$

3.3.3　方位角和高度角的计算

测站坐标系的一个重要应用在于计算卫星在用户(观测者)处的观测矢量，进而得到卫星相对于用户的方位角和高度角(也称为仰角)。高度角可用于判断卫星是否对用户可见：高度角小于 0°，说明卫星位于地平线以下，不可见；反之，高度角大于 0°时，卫星可见。高度角等于 90°时，表示卫星位于用户的天顶正上方。

如图 3.19 所示，假设卫星在测站坐标系中的坐标为(e,n,u)，则卫星高度角的计算公式为

$$E=\arcsin\left(\frac{u}{\sqrt{e^2+n^2+u^2}}\right) \tag{3.42}$$

卫星的方位角定位为由北向顺时针转到观测矢量在水平面内的投影方向上的角度，其计算公式为

$$A=\arctan\left(\frac{e}{n}\right) \tag{3.43}$$

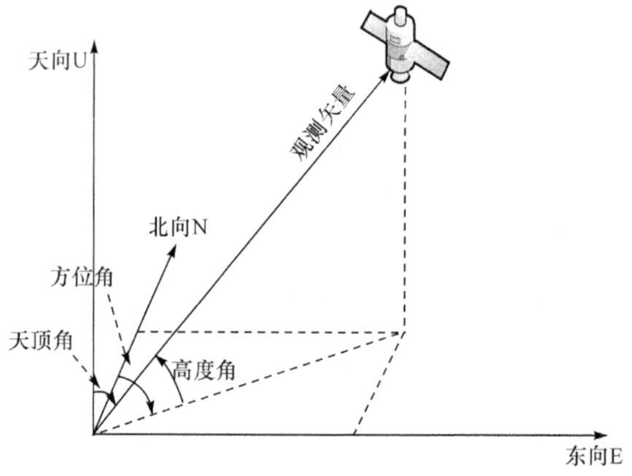

图 3.19　方位角和高度角

3.4　时 间 系 统

时间是北斗卫星导航系统的核心。北斗接收机与卫星之间的距离通过测量信号传播时间与精确标记的卫星信号发射时刻得到。卫星信号发射时刻的精确标记要求卫星时钟与系统参考时间严格同步。时间的测量精度以及卫星时钟同步精度将直接影响距离的精度，进而影响定位结果的精度。粗略地说，要想获得米级的定位精度，首先必须获得米级的距离测量精度；米级的距离测量精度则要求纳秒级的卫星钟同步精度和纳秒级的到达时间测量精度。因此，了解时间的定义和相关概念对理解卫星导航定位具有重要意义。

3.4.1　时间系统概述

时间是 7 大基本物理单位之一，它反映了物质运动的顺序性和连续性，人们在生产、科学研究和日常生活中都离不开时间。时间有两种含义：①时间间隔，即指事物运动处于两个(瞬间)状态之间所经历的时间过程，它描述了事物运动在时间上的持续状况；②确定时刻，即开始计量时刻，也就是客观物质运动某种运动状态发生在哪一瞬间。上述两点可通过以下三点要求得以体现。

(1) 物质的运动规律应当是已知的，并且它的运动状态可观测。

(2) 物质运动中的某一过程可作为时间计量基本单位。

(3) 物质运动的某一状态可作为计量时间的起算点。

根据选取参考运动的物质不同，时间系统可以分为 4 类。

(1) 世界时系统：以地球自转运动为依据建立的计时系统，根据选取的特定点不同可分为恒星时、真太阳时、平太阳时、地方时、世界时和区时。

(2) 历书时系统：以地球公转运动为依据建立的计时系统，是 1960～1966 年的时间计量基准，后被力学时代替，此处只做简单了解。

(3) 力学时系统：包括两种，一是太阳系质心力学时(简称质心力学时)，为相对于太阳系质心的运动方程所采用的时间变量；二是地球质心力学时，为相对于地球质心的运动方程所采用的时间变量。

(4) 原子时系统：以原子内部电子能级跃迁时，辐射电磁波的振荡频率为依据建立的计时系统。

各类时间系统中又有不同的计量或参考标准，各类时间系统又可分为多种具体时间系统，如图 3.20 所示。

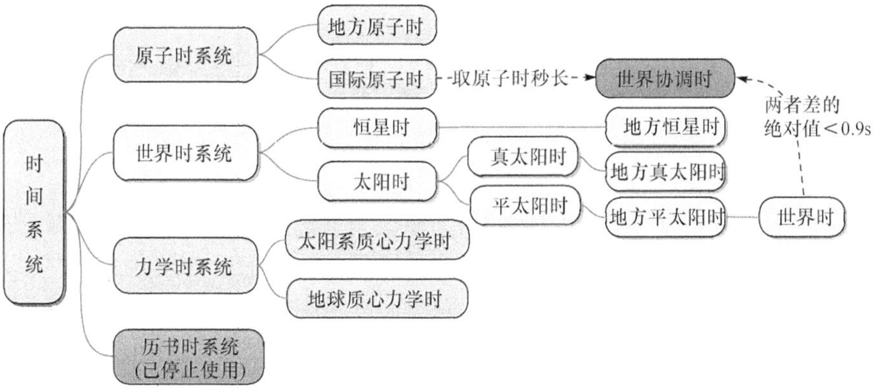

图 3.20　时间系统

由于卫星导航定位过程中，主要涉及世界时和原子时，因此，本书主要介绍这两个时间系统。

3.4.2　世界时系统

世界时系统是以地球自转为基础的一个时间系统，由于观察地球自转运动时所选的空间参考点不同，世界时系统又包括恒星时、太阳时和世界时。

1. 恒星时

以春分点为参考点，由春分点的周日视运动所确定的时间称为恒星时(sidereal time, ST)。春分点连续两次经过本地子午圈的时间间隔为一恒星日，分为 24 个恒星时，所以恒星时在数值上等于春分点相对于本地子午圈的时角。因为恒星时是以春分点通过本地子午圈时为原点计算的，同一瞬间对不同测站的恒星时各异，所以恒星时具有地方性，有时也称为地方恒星时。

由于岁差和章动的影响，地球自转轴的指向在空间是变化的，从而导致春分点位置的变化，相应于某一时刻瞬时极的春分点称为真春分点，相应于平极的春分点称为平春分点，据此把恒星时分为真恒星时和平恒星时。真恒星时等于真春分点的地方时角(LAST)，平恒星时等于平春分点的地方时角(LMST)。真春分点的格林尼治时角(GAST)、平春分点的格林尼治时角(GMST)与 LAST、LMST 之间的关系为

$$\begin{aligned} \text{LAST} - \text{LMST} = \text{GAST} - \text{GMST} = \Delta\Psi\cos\varepsilon \\ \text{GMST} - \text{LMST} = \text{GAST} - \text{LAST} = \lambda \end{aligned} \tag{3.44}$$

其中，$\Delta\Psi$ 为黄经章动；ε 为黄赤交角；λ 为天文经度。

2. 太阳时

利用太阳的视运动来确定时间基准，得到的时间称为太阳时(solar time, ST)。太阳时分

为真太阳时和平太阳时两种。

1) 真太阳时

以真太阳作为参考点，由它的周日视运动所确定的时间称为真太阳时，简称真时或视时，记为m_0。真太阳连续两次上中天(过顶)的时间间隔称为真太阳日。同样，每一个真太阳日等分成 24 个真太阳时，每一个真太阳时再等分为 60 个真太阳分，每一个真太阳分又等分为 60 个真太阳秒，所有这些单位称为计量时间的真太阳时单位。显然，真太阳时就是真太阳视圆面中心的时角。但为了照顾生活的习惯，实际上把真太阳时定义为$m_0 = t_0 + 12$(其中t_0为真太阳的时角，若$t_0 > 12$，则应减去 24h，真太阳时要求每天的中午 12 时，太阳处在头顶最高，传统上确定时辰，需要使用真太阳时)。

我们知道，地球沿着椭圆形轨道运动，太阳位于该椭圆的一个焦点上，因此，在一年中，日地距离不断改变。根据开普勒第二定律，行星在轨道上运动的方式是它和太阳所连接的直线在相同时间内所划过的面积相等，可见，地球在轨道上做的是不等速运动，这样一来一年之内真太阳日的长度便不断改变，其在使用上并不方便；另外，真太阳时以真太阳时角表示，而时角是沿着天赤道的弧长量度的，实际上真太阳是沿黄道运行的，所以由于黄赤交角的存在，即使太阳周年视运动的速度是均匀的，反映在天赤道上时角变化也是不均匀的。通过观测发现，最长的和最短的真太阳日相差 51s 之多。

2) 平太阳时

为了弥补真太阳时长度不一，不宜选作计时单位的缺陷，引入假想的参考点——平太阳时，简称平时。

首先设想在黄道上有一个做等速运动的假想点，其运动速度等于太阳周年视运动的平均速度，因此这个假想点在黄道上的运动速度是均匀的，并且与真太阳同时经过近地点和远地点。再引入一个在赤道上做等速运动的第二个假想点，它的运动速度和黄道上的假想点相同，并且与其同时通过春分点。这个在天赤道上的第二假想点称为平太阳。平太阳在天赤道上周日视运动是均匀的。

以平太阳作为参考点，由它的周日视运动所确定的时间称为平太阳时，平太阳时简称平时。平太阳上中天(位于观测者头顶正上方)的时刻称为平正午，下中天的时刻称为平子夜。平太阳连续两次下中天的时间间隔为一个平太阳日。一个平太阳日分为 24 个平太阳时，一个平太阳时再分为 60 个平太阳分，一个平太阳分又再分为 60 个平太阳秒。1960 年国际单位制的时间单位秒定义为平太阳秒，即一个平太阳日的 1/86400。

3. 世界时

格林尼治地方平太阳时定义为世界时(UT)，有 UT0、UT1、UT2 之分。其中 UT0 为直接观测恒星得到的世界时，对应于瞬时极的子午圈；UT1 为 UT0 加入极移改正$\Delta\lambda$之后的修正时；UT2 为 UT1 加入地球自转引起的季节性变化ΔT_S的修正时。它们之间的关系是

$$\begin{cases} \mathrm{UT1} = \mathrm{UT0} + \Delta\lambda \\ \mathrm{UT2} = \mathrm{UT1} + \Delta T_S = \mathrm{UT0} + \Delta\lambda + \Delta T_S \end{cases} \tag{3.45}$$

一般地，季节性改正ΔT_S较小，而 UT1 直接与地极瞬时位置相联系，因此对于一般的精度要求，就可用 UT1 作为统一的时间系统。

3.4.3　原子时系统

以物质内部原子运动的特征为基础建立的时间系统为原子时系统。人们发现原子内部的稳定性远比地球自转运动高得多，原子内部的电子在能级之间跃迁所吸收或发射的电磁波，其频率具有很高的稳定性和复现性。

(1) 地方原子时。据原子时秒的定义，任何原子钟在确定起始历元后，都可以提供原子时。由各实验室用足够精确的铯原子钟导出的原子时称为地方原子时。

(2) 国际原子时(TAI)。许多国家都建有各自的原子时，它们之间存在必然的差异。为了创建统一的原子时系统，国际上对位于 50 多个国家的共计约 200 座原子钟产生的原子时采取加权平均，进而形成了国际原子时。国际原子时是一个高度精确、均匀的时间系统。取 1958 年 1 月 1 日 0 时 UT1 的瞬间作为起算点，即调整原子时所指示的时刻与该时刻的世界时的钟面所指示的时刻一致。但是，由于技术上的原因，当时人们并没有能够做到这一点。事后发现，在这一瞬间，两者存在一个微小的差值，即

$$\mathrm{UT1} - \mathrm{TAI} = 0.0039\mathrm{s} \tag{3.46}$$

这一差值后来被保留下来。

3.4.4　协调世界时

原子时虽然是秒长均匀、稳定度很高的时间系统，但它却与地球自转无关，而且有很多问题涉及计算地球的瞬时位置，这又需要世界时。然而，因为国际原子时与地球自转无关，所以它与 UT1 的差距逐年增大，这使国际原子时不适于我们在地球上对太阳、月亮和星际等天文现象准时地进行观测。因此，为了兼顾对世界时时刻和原子时秒长两者的需要，人们建立了一种折中的时间系统，称为协调世界时(UTC)。

UTC 简称协调时，一方面，UTC 严格地以精确的国际原子时秒长为基础；另一方面，UTC 采用闰秒的方式使其在时刻上尽量接近 UT1。当 UTC 与 UT1 的差距超过 0.9s 时，UTC 采用闰秒(或称跳秒)的方法在每年的 7 月 1 日或 1 月 1 日加/减一秒，使协调时在时刻上尽量接近世界时，这使得 UTC 与 UT1 的差异始终保持在 0.9s 之内。

目前，UTC 为几乎所有国家实行的标准时间。因此，处于不同时区的国家和地区的地方时与 UTC 之间的差异为整数小时。

3.4.5　北斗时(BDT)的定义

北斗系统的时间基准为北斗时(BDT)。BDT 采用国际单位制秒为基本单位连续累计，不闰秒，起始历元为 2006 年 1 月 1 日 00 时 00 分 00 秒 UTC。BDT 通过 UTC(NTSC)与国际 UTC 建立联系，BDT 与 UTC 的偏差保持在 50ns 以内(模 1s)。BDT 与 UTC 之间的闰秒信息在导航电文中播报。

3.4.6　时间系统之间的转换

1. TAI 与 UTC 转换

1972 年以前 TAI 与 UTC 的关系式为

$$TAI = UTC + 4.21317s + (UTC - JD_{1965.12.31}) \times 0.002592s \tag{3.47}$$

1972 年以后 TAI 与 UTC 的关系式为

$$UTC = TAI - LeapSec \tag{3.48}$$

其中，LeapSec 为跳秒调整，由 IERS 公布。截至 2019 年 6 月，UTC 与 TAI 之间的跳秒 LeapSec 为 37s。

2. UT1 与 UTC 转换

UT1 与 UTC 的关系式为

$$UT1 = UTC + \Delta UT1 \tag{3.49}$$

ΔUT1 的绝对值小于 0.9s，由观测决定。IERS 负责综合处理全球各种观测资料，对地球自转参数(ΔUT1 和极移量)进行测定。IERS 每周公布一次公报 A，给出 ΔUT1 和极移量的近似值与预报值；每月发布一次公报 B，给出 ΔUT1 和极移量事后处理的最终结果。

3. GPS 时(GPST)与 TAI 转换

GPST 属于原子时系统，其起始点为 1980 年 1 月 6 日 0 时 0 分 0 秒(UTC)，其秒长与原子时相同，但与国际原子时具有不同的原点，任一瞬间 GPST 与 TAI 间均有一个常量偏差(19s)，GPST 与 TAI 的关系式为

$$GPST = TAI - 19s \tag{3.50}$$

4. BDT 与 TAI 转换

BDT 与 GPST 一样同属于 TAI，其起始点为 2006 年 1 月 1 日 0 时 0 分 0 秒(UTC)，以周和周内秒为单位连续计数，通过北斗导航电文播发。BDT 通过中国维持的协调世界时 UTC(NTSC)与国际 UTC 建立联系，由于闰秒的影响，从 1980 年 1 月 6 日～2006 年 1 月 1 日共有 14s 的正闰秒，所以 BDT 与 GPST 间相差 14s 的整数差。

BDT 与 TAI 之间的关系式为

$$BDT = TAI - 19s - 14s \tag{3.51}$$

5. GLONASS 时(GLONASST)与 TAI 转换

GLONASST 属于 UTC 时间系统，起始时间是 1996 年，其产生基于 GLONASS 同步中心时间。由于 GLONASS 控制部分的特性，GLONASST 与俄罗斯维持的协调世界时 UTC(SU)存在 3h 的整数差，此外它们还存在 1ms 以内的系统差 tr。

GLONASST 与 TAI 的关系式为

$$GLONASST = TAI - LeapSec + 3h - tr \tag{3.52}$$

6. Galileo 时与 TAI 转换

Galileo 时简称 GST，其起始点为 1999 年 8 月 22 日 0 时 0 分 0 秒(UTC)。GST 与 TAI 的关系式为

$$GST = TAI - 19s - 13s \tag{3.53}$$

7. GPST 与 UTC 转换

GPST 属于原子时系统，其秒长与原子时相同。UTC 在本质上还是一种原子时，因为它的秒长规定和原子时秒长相等，只是在时刻上，通过人工干预(闰秒)。

随着时间的积累，两者之间的差别将表现为秒的整倍数。1980～2019 年已经实施正闰秒 18 次，如表 3.4 所示。

表 3.4　GPST 与 UTC 之差

跳秒时间	(GPST−UTC)/s
1981.7.1	1
1982.7.1	2
1983.7.1	3
1985.7.1	4
1988.1.1	5
1990.1.1	6
1991.1.1	7
1992.7.1	8
1993.7.1	9
1994.7.1	10
1996.1.1	11
1997.7.1	12
1999.1.1	13
2006.1.1	14
2009.1.1	15
2012.7.1	16
2015.7.1	17
2017.1.1	18

3.4.7　时间标示法及其转换关系

时间标示法指的是表示时间的方法，它有别于定义时间尺度的时间系统。时间标法是建立在时间系统之上的时间表达方法。在全球卫星导航系统的应用和数据处理中，常常会涉及许多不同的时间标示法。以北斗系统为例，北斗系统内部采用北斗时标示法。北斗测量应用中经常采用年积日标示法，科学领域普遍采用儒略日标示法，日常生活中普遍采用历法标示法等。这些不同的时间标示法，实际上是出于不同的目的而人为定义出来的，是可以通过一定的方法进行相互转换的。

时间的表示形式有以下几种。

(1) 历法：历法规定了年的起始时间、长度和分划，制定了日及更长时间分划单位的编排规则，用年、月、日来标示时间。这种时间标示方法符合人们的日常生活习惯，能够很容易地反映季节信息，但由于其不是采用连续数值来标示时间的，因而不适合直接用于科学计算。目前世界上广泛采用的历法是格里高利历，其在标示时间时采用年、月、日、时、分、秒的方法，如 2000 年 1 月 1 日 22 时 13 分 45 秒。本书中历法采用格里高利历时间标示法。

(2) 儒略日：儒略日(JD)是一种连续数值标示时间的方法，特别适合用于科学计算。儒略日是公元前 4713 年 1 月 1 日 12 时开始计算的天数，例如，2006 年 1 月 1 日零时的儒略日为 2453736.5。不同时间标示法所标示的时间可以通过它进行转换。但由于儒略日无法直接反映季节信息，因此，通常不在日常生活中使用。由于儒略日的计时起点距今较为久远，采用约化儒略日(MJD)对其进行改进，即 MJD = JD−2400000.5。

(3) 周+周内时间：GPS、BD、Galileo 系统的时间标示法采用周(week number, WN)+周内时间(time of week, TOW)的形式，但是它们的起始历元不同。例如，2006 年 1 月 1 日零时 UTC 用 GPS 时间标示法为第 1356 周第 14 秒，用北斗时间标示法为第 0 周第 0 秒，用 Galileo 时间标示法为第 332 周第 33 秒。

(4) 年+年积日：在全球卫星导航应用中，还常会用到年积日(day of year, DOY)的时间标示法。年积日表示的是某一天在当年的位置，即从每年 1 月 1 日开始累计的天数，从 1 开始计数，范围为 1～365(或者 366)，如 2 月 1 日的年积日为 32。仅通过年积日无法确定实际日期，必须结合年份信息。

(5) GLONASST 计时：采用四年一个循环，循环内按天计时法，表示形式定义为 N_4:N_T:h:m:s，如 3:325:13:12:32，其中 N_4 表示始于 1996 年的 4 年期间的时间间隔数，即从 1996 年开始，4 年一次计数；N_T 表示 4 年期间的日历序号，即在当年的 4 年循环期间，当前是第几天；h、m、s 分别对应时、分、秒。

下面介绍不同时间标示法的转换关系。

1. 格里高利历与儒略日转换

格里高利历日期格式为年(Y)+月(M)+日(D)+时(h)+分(m)+秒(s)；儒略日格式为儒略日(JD)、约化儒略日(MJD)。不同时间系统的格里高利历标示法与儒略日标示法之间的转换公式相同，具体转换公式如下。

1) 格里高利历日期转成儒略日

由格里高利历日期计算 JD 有两种方法，如下。

(1) 方法一。

$$\begin{aligned}\mathrm{JD}=&\mathrm{D}-32075+\left[1461\times\left(\mathrm{Y}+4800+\left[\frac{\mathrm{M}-14}{12}\right]\right)\div4\right]+\left[367\times\left(\mathrm{M}-2-\left[\frac{\mathrm{M}-14}{12}\right]\times12\right)\div12\right]\\&-\left[3\times\left[\left(\mathrm{Y}+4900+\left[\frac{\mathrm{M}-14}{12}\right]\right)\div100\right]\div4\right]-0.5+\frac{\mathrm{h}}{24}+\frac{\mathrm{m}}{1440}+\frac{\mathrm{s}}{86400}\end{aligned}\tag{3.54}$$

说明：[ ]表示取实数的整数部分，下同。

(2) 方法二。

$$\mathrm{JD}=[365.25y]+[30.6001(\mathrm{m}+1)]+\mathrm{D}+1720981.5+\frac{\mathrm{h}}{24}+\frac{\mathrm{m}}{1440}+\frac{\mathrm{s}}{86400}\tag{3.55}$$

若 $\mathrm{M}\leqslant2$，则 $y=\mathrm{Y}-1$，$\mathrm{m}=\mathrm{M}+12$；若 $\mathrm{M}>2$，则 $y=\mathrm{Y}$，$m=\mathrm{M}$。

2) 儒略日转换成格里高利历日期

$$J=[\mathrm{JD}+0.5]$$

$$N=\left[\frac{4(J+68569)}{146097}\right]$$

$$L_1=J+68569-\left[\frac{N\times146097+3}{4}\right]$$

$$\mathrm{Y}_1=\left[\frac{4000(L_1+1)}{1461001}\right]$$

$$L_2=L_1-\left[\frac{1461\times Y_1}{4}\right]+31$$

$$\mathrm{M}_1=\left[\frac{80\times L_2}{2447}\right]$$

$$\mathrm{D}=L_2-\left[\frac{2447\times\mathrm{M}_1}{80}\right]$$

$$L_3=\left[\frac{\mathrm{M}_1}{11}\right]$$

$$\mathrm{M}=\mathrm{M}_1+2-12L_3$$

$$\mathrm{Y}=[100(N-49)+\mathrm{Y}_1+L_3]$$

$$T=\mathrm{mod}\big[(\mathrm{JD}+0.5-[\mathrm{JD}])\times24,24\big]\text{(mod 表示求余数)}$$

$$\mathrm{h}=[T]$$

$$T_1=(T-\mathrm{h})\times60$$

$$\mathrm{m}=[T_1]$$

$$\mathrm{s}=(T_1-\mathrm{m})\times60$$

其中，Y、M、D、h、m、s 分别对应格里高利历的年、月、日、时、分、秒。

2. 年+年积日+天内秒与儒略日之间转换

不同时间系统的年+年积日+天内秒标示法与儒略日标示法之间的转换公式相同，具体转换公式如下。

1) 年+年积日+天内秒转为儒略日

(1) 计算当年 1 月 1 日的儒略日 JD1。

(2) 年积日加 JD1 减 1 得儒略日 JD2。

(3) JD2 加天内秒/86400 即可得到儒略日。

2) 儒略日转为年+年积日+天内秒

(1) 计算出当年 1 月 1 日的儒略日。

(2) 两个儒略日求差加 1，得出年积日。

(3) 根据格里高利历的时分秒计算出天内秒。

年+年积日+天内秒的时间标示法具有如下约束条件。

(1) 天内秒：小于 86400，大于等于 0。

(2) 年积日：闰年不大于 366，平年不大于 365，年积日从 1 开始。

3. 儒略日与 GPS 周+周内秒之间转换

1) GPS 周+周内秒转为儒略日

$$\mathrm{JD}=2444244.5+\text{周数}\times 7+\frac{\text{周内秒}}{86400} \tag{3.56}$$

2) 儒略日转换到 GPS 周+周内秒

周数为

$$\mathrm{WN}=\left[\frac{\mathrm{JD}-2444244.5}{7}\right] \tag{3.57}$$

周内秒为

$$\text{周内秒}=\left(\frac{\mathrm{JD}-2444244.5}{7}-\mathrm{WN}\right)\times 604800 \tag{3.58}$$

GPS 周+周内秒时间标示法具有如下约束条件。

(1) 周(WN)： $\mathrm{WN}\geqslant 0$ 。

(2) 周内秒(WeekSec)： $0\leqslant \mathrm{WeekSec}<604800$ 。

根据 GPS 周+周内秒得到的儒略日具有约束条件：JD 对应的儒略日大于(1980,1,6,0,0,0.0)对应的儒略日，即 $\mathrm{JD}\geqslant 2444244.5$ 。

4. 儒略日与 BD 周+周内秒之间转换

1) BD 周+周内秒转为儒略日

$$\mathrm{JD}=2453736.5+\text{周数}\times 7+\frac{\text{周内秒}}{86400} \tag{3.59}$$

2) 儒略日转换到 BD 周+周内秒

周数为

$$\mathrm{WN}=\left[\frac{\mathrm{JD}-2453736.5}{7}\right] \tag{3.60}$$

周内秒为

$$\text{周内秒}=\left(\frac{\mathrm{JD}-2453736.5}{7}-\mathrm{WN}\right)\times 604800 \tag{3.61}$$

BD 周+周内秒时间标示法具有如下约束条件。

(1) 周： $\mathrm{WN}\geqslant 0$ 。

(2) 周内秒： $0\leqslant \mathrm{WeekSec}<604800$ 。

根据 BD 周+周内秒得到的儒略日具有如下约束条件：JD 对应的儒略日大于(2006,1,1,0,0,0.0)对应的儒略日，即 $\mathrm{JD}\geqslant 2453736.5$ 。

5. 儒略日与 Galileo 周+周内秒之间转换

1) Galileo 周+周内秒转为儒略日

$$\mathrm{JD}=2451412.5+\text{周数}\times 7+\frac{\text{周内秒}}{86400} \tag{3.62}$$

2) 儒略日转换到 Galileo 周+周内秒

周数为

$$\mathrm{WN}=\left[\frac{\mathrm{JD}-2451412.5}{7}\right] \tag{3.63}$$

周内秒为

$$\text{周内秒}=\left(\frac{\mathrm{JD}-2451412.5}{7}-\mathrm{WN}\right)\times 604800 \tag{3.64}$$

Galileo 周+周内秒时间标示法具有如下约束条件。

(1) 周：$\mathrm{WN}\geqslant 0$。

(2) 周内秒：$0\leqslant \mathrm{WeekSec}<604800$。

根据 GPS 周+周内秒得到的儒略日具有约束条件：JD 对应的儒略日大于(1999,8,22,0,0,0.0)对应的儒略日，即 $\mathrm{JD}\geqslant 2451412.5$。

6. 儒略日与 GLONASST 之间转换

1) GLONASST 计时转换到儒略日

(1) 计算出 $1996+4\times(N_4-1)$ 年 1 月 1 日对应的儒略日 JD_N。

(2) $\mathrm{JD}=N_T-1+\mathrm{JD}_N+h/24+m/1440+s/86400$。

2) 儒略日转换到 GLONASST 计时

(1) 儒略日转换成格里高利历，求解出 Y、D、M、h、m、s。

(2) $N_4=\left[\dfrac{Y-1996}{4}\right]+1$。

(3) 计算出 $1996+4\times(N_4-1)$ 年 1 月 1 日对应的儒略日 JD_N。

(4) $N_T=\mathrm{JD}-\mathrm{JD}_N+1$。

第 4 章

北斗卫星轨道运动基础

由第 2 章可知，卫星位置是由卫星星历计算得到的，卫星星历是描述卫星轨道运动的一组参数。了解卫星轨道运动原理是理解卫星星历的基础。本章首先从比较直观的开普勒行星运动三大定律入手，由浅入深地介绍卫星轨道运动的理论。然后介绍北斗混合星座的三种轨道类型和星座的一般描述方法。最后，给出由卫星星历计算卫星位置的方法。

4.1 开普勒行星运动三大定律

人们对卫星绕地球运动的理解，最初来源于对天体运动的观测和分析，尤其是太阳系行星绕太阳运动的观测。德国天文学家、物理学家约翰尼斯 · 开普勒(1571—1630 年)，在分析处理另一位天文学家第谷 · 布拉赫(1546—1601 年)对行星运动的长期观测数据时，发现了行星运动的规律，总结形成了行星运动三大定律。

第一定律：所有行星运动轨迹都是椭圆形，太阳位于椭圆的一个焦点上。行星(以地球为例)绕太阳运动的椭圆轨道如图 4.1 所示。

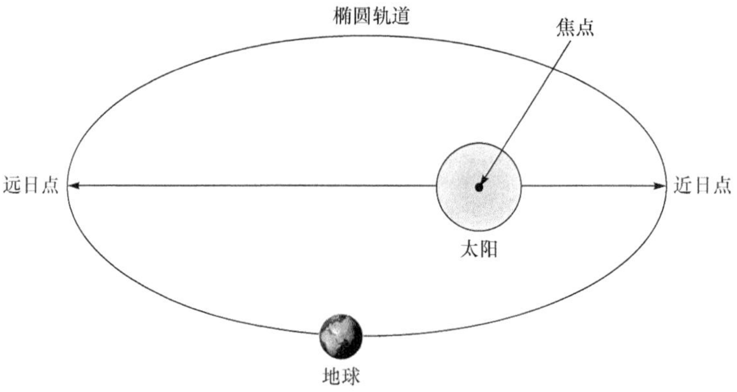

图 4.1 行星绕着太阳运动

第二定律：太阳中心到行星中心的连线，在相等时间内所扫过的面积相等。由第二定律可知，行星绕太阳运动的速度是随着时间变化的(图 4.2)，在近日点最快，远日点最慢。这一定律符合能量守恒定理：地球在近日点时势能最小、动能最大，因此速度最快；在远日点时，势能最大、动能最小，因此速度最慢。

第三定律：行星绕太阳的公转周期的平方与它们轨道长半轴的立方成正比。因此，有

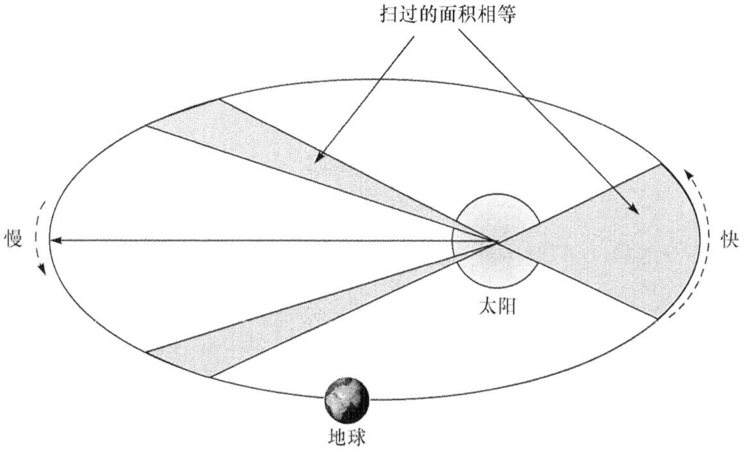

图 4.2　相等时间内所扫过的面积相等

$$T^2 = ka^3 \tag{4.1}$$

其中，T 为轨道周期；a 为轨道长半轴；k 为比例系数。

根据开普勒行星运动三大定律，可以将卫星绕地球运动的一般规律描述为：卫星绕地球运动的轨迹是椭圆形，地球位于椭圆的一个焦点上，如图 4.3 所示；卫星质心与地心的连线，在相等时间内所扫过的面积相等；卫星绕地球运动的周期的平方与轨道长半轴的立方成正比。

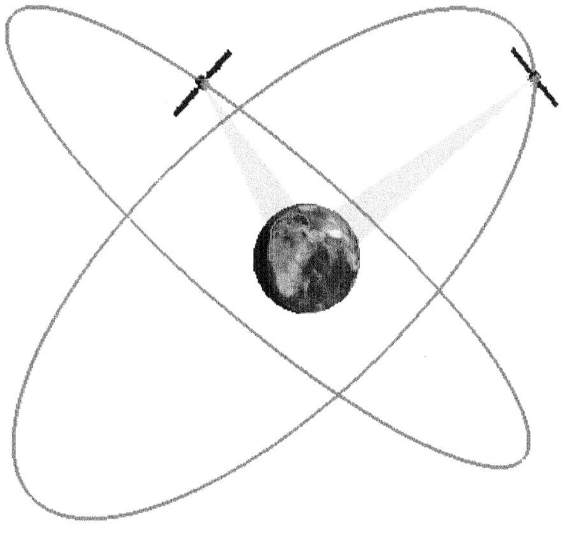

图 4.3　卫星绕地球运动的轨道

4.2　卫星轨道无摄运动

开普勒行星运动三大定律从运动学的角度描述了天体绕中心引力体运动的情况，但没能揭示天体运动背后的动力学问题。这一任务则由英国数学家、科学家牛顿(1642—1727 年)完成。在开普勒的基础上，牛顿发现了万有引力定律，从而建立了天体力学的数学基础。

4.2.1 二体问题

设地球的质量为M，卫星的质量为m，卫星在地心惯性坐标系中的位置矢量为$\boldsymbol{r}$，根据万有引力定律，卫星受到地球的引力为

$$\boldsymbol{F}=-\frac{GMm}{r^2}\frac{\boldsymbol{r}}{r} \tag{4.2}$$

其中，G为万有引力常数($6.673\times10^{-11}\,\mathrm{m^3/kg/s^2}$)；$r$为地心距，有$r=\|\boldsymbol{r}\|$。

在天球坐标系中，假设地球的位置矢量为$\boldsymbol{r}_E$，卫星的位置矢量为$\boldsymbol{r}_s$，由牛顿第三定律可知，两个相互作用的物体，其受力大小相等、方向相反；因此，地球受到卫星的引力是$-\boldsymbol{F}$。再根据牛顿第二定律，可得

$$M\ddot{\boldsymbol{r}}_E=-\boldsymbol{F}=\frac{GMm}{r^2}\frac{\boldsymbol{r}}{r} \tag{4.3}$$

$$m\ddot{\boldsymbol{r}}_s=\boldsymbol{F}=-\frac{GMm}{r^2}\frac{\boldsymbol{r}}{r} \tag{4.4}$$

不难看出，式(4.3)左右两边的质量M、式(4.4)左右两边的质量m都可以消掉。

根据矢量叠加法，卫星在地心惯性坐标系中的位置矢量$\boldsymbol{r}$可由地球的位置矢量$\boldsymbol{r}_E$和卫星的位置矢量$\boldsymbol{r}_s$计算得到。

$$\boldsymbol{r}=\boldsymbol{r}_s-\boldsymbol{r}_E \tag{4.5}$$

加速度可以由速度对时间求导得到，速度可由位置对时间求导得到，于是有

$$\ddot{\boldsymbol{r}}=\frac{\mathrm{d}^2\boldsymbol{r}}{\mathrm{d}^2t}=\frac{\mathrm{d}^2\left(\boldsymbol{r}_s-\boldsymbol{r}_E\right)}{\mathrm{d}^2t}=\ddot{\boldsymbol{r}}_s-\ddot{\boldsymbol{r}}_E \tag{4.6}$$

将式(4.3)和式(4.4)两边相同质量消掉后，代入式(4.6)，从而得到卫星运动的加速度为

$$\ddot{\boldsymbol{r}}=-\frac{G(M+m)}{r^3}\boldsymbol{r} \tag{4.7}$$

式(4.7)中，由于$m\ll M$，因而可简化为

$$\ddot{\boldsymbol{r}}=-\frac{GM}{r^3}\boldsymbol{r} \tag{4.8}$$

其中，$GM=398600.4418\times10^9\,\mathrm{m^3/s^2}$，称为地球的引力常数。

由万有引力定律可知，除了受地球引力的作用，卫星同样会受到来自太阳、月球以及太阳系内其他行星的引力作用。因此，万有引力定律揭示了卫星运动的根本原因。

对于地球附近的卫星，地球是对卫星影响最大且占绝对优势地位的天体。因此，为了便于对轨道的理解，我们做如下假设：①只考虑地球引力的影响；②将地球看作一个质量集中在地心、均匀致密的质点。在这两个假设条件下研究卫星轨道运动的问题，称为二体问题。式(4.8)就是二体问题的动力学描述。

4.2.2 轨道根数

在二体问题假设下，设卫星在地心惯性坐标系中的位置矢量$\boldsymbol{r}=(x,y,z)$，于是，式(4.8)可写成分量形式为

$$\begin{cases} \ddot{x} = -\dfrac{GM}{\left(\sqrt{x^2+y^2+z^2}\right)^3}x \\ \ddot{y} = -\dfrac{GM}{\left(\sqrt{x^2+y^2+z^2}\right)^3}y \\ \ddot{z} = -\dfrac{GM}{\left(\sqrt{x^2+y^2+z^2}\right)^3}z \end{cases} \tag{4.9}$$

不难看出，式(4.9)是一个三元二阶微分方程。根据微积分理论可知，每积分一个二阶微分方程需要两个积分常数，因此，积分式(4.9)需要 6 个相互独立的积分常数。实用中，大多采用轨道 6 根数 $(a,e,i,\Omega,\omega,\nu)$ 来表征，此即二体问题的解。关于由式(4.9)得到轨道 6 根数的过程可参考航天器轨道动力学相关文献，此处不再赘述。

二体问题的解也称为开普勒轨道根数。如图 4.4 所示，在地心惯性坐标系中，a 为轨道长半轴，e 为偏心率，i 为轨道倾角，Ω 为升交点赤经，ω 为近地点角距，ν 为 t 时刻的真近点角。

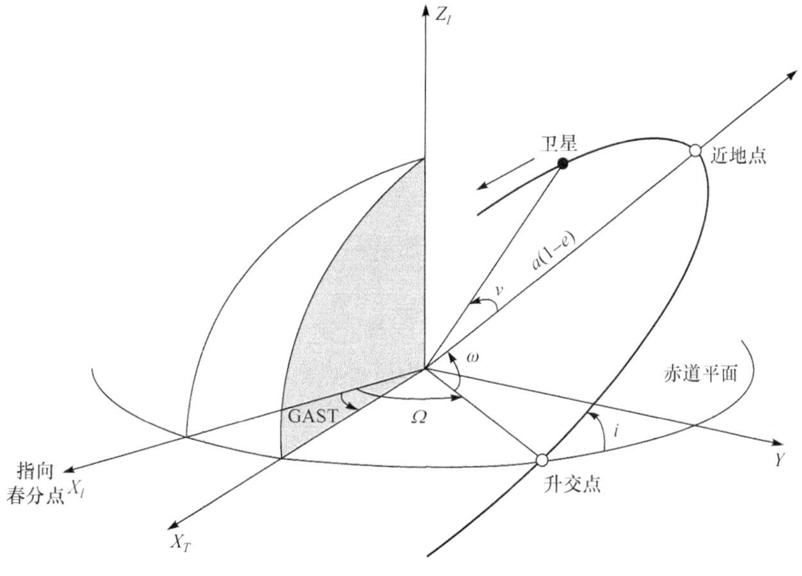

图 4.4　开普勒轨道根数

实际上，开普勒轨道 6 根数可分为 3 组：①形状参数，即长半轴 a 和偏心率 e；②定向参数，即倾角 i、升交点赤经 Ω 和近地点角距 ω；③位置参数，即真近点角 ν。下面分别对这 3 组参数进行说明。

1. 形状参数

如图 4.5 所示，地球位于椭圆的焦点 F，故 P 为近地点，A 为远地点。根据椭圆的定义，椭圆中心 C 到焦点 F 的距离为长半轴 a 和偏心率 e 的乘积，因此，不难得到近地点的地心

距r_p和远地点的地心距r_a为

$$r_p = a - ae = a(1-e) \tag{4.10}$$

$$r_a = a + ae = a(1+e) \tag{4.11}$$

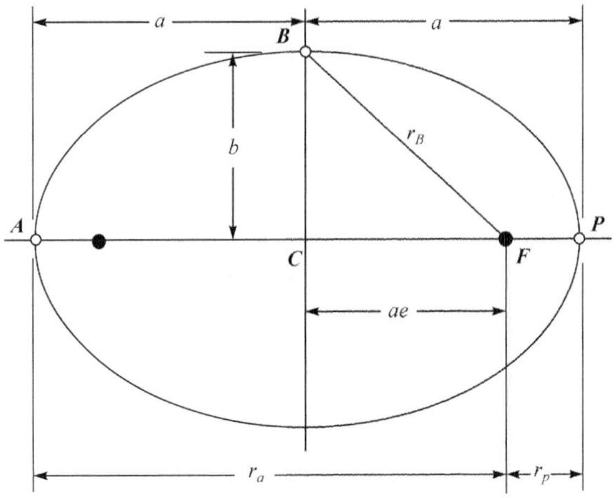

图 4.5　椭圆轨道形状参数

由于椭圆的长半轴a和偏心率e决定了椭圆的形状大小，因此称为形状参数。

2. 定向参数

如图 4.6 所示，轨道倾角i是轨道平面与赤道平面的夹角(二面角)。轨道倾角决定了轨道平面与赤道平面的空间关系。

升交点赤经Ω是指在地球赤道平面内，升交点与春分点之间的地心夹角。升交点是指当卫星由南向北运行时，其轨道与地球赤道面的一个交点。升交点赤经Ω确定了轨道平面与赤道平面相交点的位置。

近地点角距ω是指在轨道平面上，升交点与近地点之间的地心夹角。近地点角距确定了近地点在轨道中的位置。近地点角距也称为近地点幅角。

由图 4.6 可知，轨道倾角i和升交点赤经Ω唯一地确定了卫星轨道平面与地球体之间的相对定向；近地点角距ω则确定了椭圆在轨道平面内的定向。可见，这 3 个参数唯一描述了卫星轨道在三维空间中的方向，故称为定向参数。

3. 位置参数

事实上，有 3 个参数可以描述卫星的位置：真近点角ν、偏近点角E和平近点角M。下面分别对 3 个角度的定义及相互间的计算关系进行说明。

1) 真近点角ν

真近点角ν的定义为从近地点起算，近地点地心矢量与卫星位置矢量的夹角。真近点角ν明确了t时刻卫星在轨道上的位置，因此称为位置参数。由椭圆轨道的长半轴a、偏心率e和真近点角ν，可以给出椭圆轨道的标准方程为

$$r = \frac{a\left(1-e^2\right)}{1-e\cos\nu} \tag{4.12}$$

其中，r 为卫星地心距。该方程是由解二体运动方程(式(4.8))得到的。

有时为了表示从升交点起算的卫星位置，采用升交点角距来描述。由于真近点角 ν 是由近地点起算的，而近地点角距 ω 是从升交点起算，故不难得到升交点角距 u 为

$$u = \nu + \omega \tag{4.13}$$

由于升交点在赤道(0°纬线)上，因此，升交点角距也称为纬度幅角。

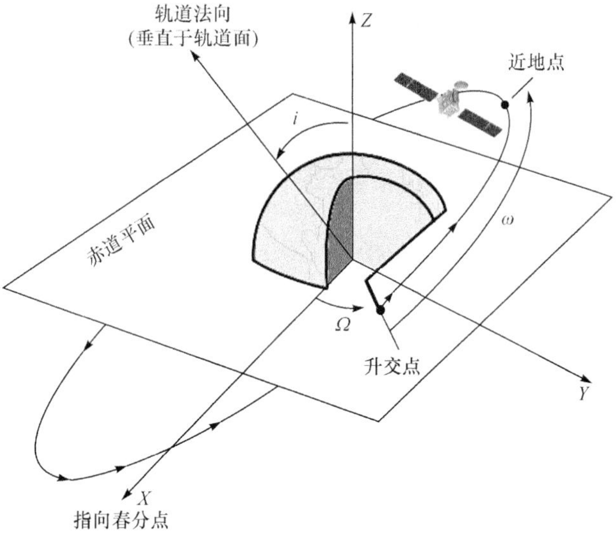

图 4.6　轨道倾角、升交点赤经及近地点角距示意图

2) 偏近点角 E

偏近点角和真近点角的关系如图 4.7 所示。偏近点角 E 的定义是：以卫星椭圆轨道中心 C 为圆心、以长半轴 a 为半径作椭圆的外接圆；过卫星位置 S 作平行于短半轴的直线 SH，SH 的延长线交外接圆于 S'；CS'与 CP(P 为近地点)间的夹角即偏近点角 E 。

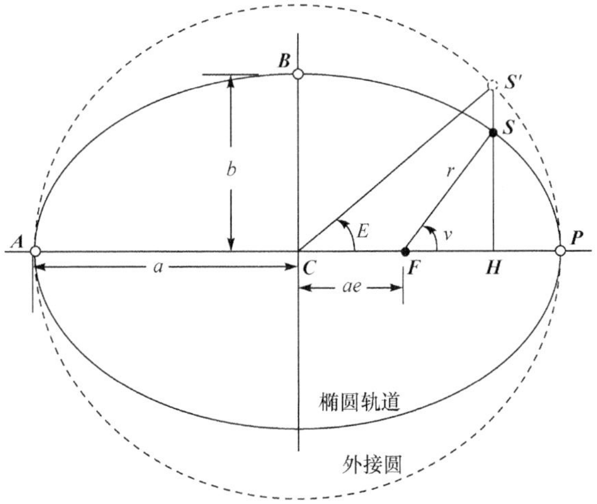

图 4.7　偏近点角和真近点角的关系

由图 4.7 可知，偏近点角 E 和真近点角 ν 有如下关系式。

$$a\cos E - ae = r\cos\nu \tag{4.14}$$

于是

$$\cos\nu = \frac{a}{r}(\cos E - e) \tag{4.15}$$

将式(4.15)代入式(4.12)，得

$$r = a(1 - e\cos E) \tag{4.16}$$

由式(4.12)和式(4.15)，可得真近点角与偏近点角之间的关系为

$$\begin{cases} \cos\nu = \dfrac{\cos E - e}{1 - e\cos E} \\ \sin\nu = \dfrac{\sqrt{1-e^2}\sin E}{1 - e\cos E} \end{cases} \tag{4.17}$$

或者根据式(4.17)，写出基于半角公式的常用形式为

$$\tan\left(\frac{\nu}{2}\right) = \sqrt{\frac{1+e}{1-e}}\tan\left(\frac{E}{2}\right) \tag{4.18}$$

式(4.18)之所以常用，是因为相比式(4.17)需要根据正弦和余弦判断象限，式(4.18)可以直接根据下式计算得到真近点角 ν 为

$$\nu = 2\arctan\left[\sqrt{\frac{1+e}{1-e}}\tan\left(\frac{E}{2}\right)\right] \tag{4.19}$$

3) 平近点角 M

平近点角是一个假设量，如果卫星在轨道上运动的平均角速率为 n，则平近点角的定义为

$$M = n(t - t_0) \tag{4.20}$$

其中，t_0 为卫星过近地点的时刻；t 为某一时刻(或观测卫星的时刻)。平均运动角速率 n 的定义为

$$n = \frac{2\pi}{T} \tag{4.21}$$

其中，T 为卫星运动的周期，即卫星绕地球运行一周所需的时间。由开普勒行星运动第三定律数学表达式得

$$\frac{T^2}{a^3} = \frac{4\pi^2}{GM} \tag{4.22}$$

解得

$$T = 2\pi\sqrt{\frac{a^3}{GM}} \tag{4.23}$$

从而

$$n = \sqrt{\frac{GM}{a^3}} \tag{4.24}$$

于是

$$M = \sqrt{\frac{GM}{a^3}}(t - t_0) \tag{4.25}$$

可见，卫星轨道确定后，平近点角 M 只与时间 t 有关，是时间的线性函数。因此，在卫星星历中，通常用平近点角 M 描述卫星在 t 时刻的位置。

虽然平近点角 M 便于计算，却与椭圆轨道无直接关系。为此，需要建立平近点角 M 与真近点角 ν 之间的关系。此时，偏近点角 E 就起到中间量的作用。

首先，偏近点角 E 与平近点角 M 之间的重要关系为

$$E = M + e\sin E \tag{4.26}$$

式(4.26)称为**开普勒方程**，它是一个超越方程。已知偏近点角 E 求解平近点角 M 很容易，但已知平近点角 M 求偏近点角 E 却比较困难，通常采用迭代法求解。

迭代法的初值可取为

$$E_0 = M$$

然后进行迭代计算，第 i 次迭代公式为

$$E_i = M + e\sin\left(E_{i-1}\right)$$

当 $\left|E_i - E_{i-1}\right| < \varepsilon$ 时，迭代算法收敛。其中，ε 为某一预定微小量，如 1×10^{-13}。对北斗卫星而言，由于 e 是一个小量，一般在迭代 2～3 次后就会收敛。

至此，我们便可根据卫星的平近点角 M，先由式(4.26)采用迭代方法计算得到相应的偏近点角 E，再由式(4.17)或式(4.18)计算相应的真近点角 ν。

4.2.3　卫星位置和速度的计算

虽然轨道 6 根数很形象地描述了卫星运动的情况，但是我们通常在直角坐标系中描述卫星的位置和速度。为此，我们定义如图 4.8 所示的轨道坐标系 $OX_SY_SZ_S$：坐标原点与地心重合，X_S 轴由地心指向近地点，Z_S 轴过地心垂直于轨道平面，即 Z_S 轴平行于轨道法向。Y_S 轴与 X_S 轴、Z_S 轴构成右手坐标系。

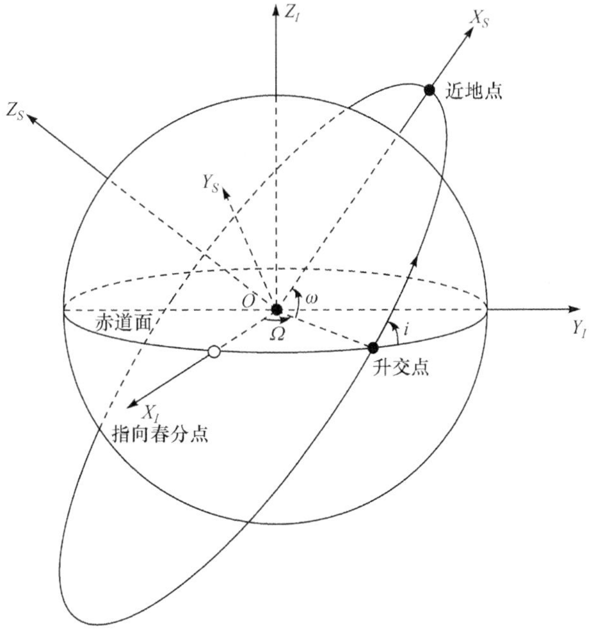

图 4.8　轨道坐标系

由轨道坐标系的定义，结合图 4.7，可知卫星在轨道坐标系中位置坐标为

$$\begin{bmatrix} x_S \\ y_S \\ z_S \end{bmatrix} = \begin{bmatrix} r\cos\nu \\ r\sin\nu \\ 0 \end{bmatrix} \tag{4.27}$$

1. 卫星位置的计算

为了在地心惯性坐标系中表示卫星的位置，需要将卫星的位置由轨道坐标系转换到地心惯性坐标系。由图 4.8 容易得到，由轨道坐标系到地心惯性坐标系的转换顺序为：先绕 Z_S 轴旋转 $-\omega$，将 X_S 轴转到赤道平面；再绕新的 X_S 轴旋转 $-i$，将 Z_S 轴转到与地心惯性坐标系的 Z_I 轴重合；最后绕新的 Z_S 轴旋转 $-\Omega$，将新的 X_S 轴旋转到与地心惯性坐标系的 X_I 轴重合。上述过程写成转换矩阵为

$$\boldsymbol{M} = R_z(-\Omega)R_x(-i)R_z(-\omega) \tag{4.28}$$

于是，卫星在地心惯性坐标系的坐标可由轨道坐标系的坐标转换得到

$$r = \begin{bmatrix} x \\ y \\ z \end{bmatrix} = R_z(-\Omega)R_x(-i)R_z(-\omega)\begin{bmatrix} r\cos\nu \\ r\sin\nu \\ 0 \end{bmatrix} \tag{4.29}$$

进一步推导，则有

$$\boldsymbol{r} = r\cos\nu\cdot\boldsymbol{P} + r\sin\nu\cdot\boldsymbol{Q} \tag{4.30}$$

其中，向量 $\boldsymbol{P}$、$\boldsymbol{Q}$ 分别为 X_S 轴、Y_S 轴的单位向量，即

$$\boldsymbol{P} = R_z(-\Omega)R_x(-i)R_z(-\omega)\begin{bmatrix} 1 \\ 0 \\ 0 \end{bmatrix} = \begin{bmatrix} \cos\Omega\cos\omega - \sin\Omega\sin\omega\cos i \\ \sin\Omega\cos\omega + \cos\Omega\sin\omega\cos i \\ \sin\omega\sin i \end{bmatrix} \tag{4.31}$$

$$\boldsymbol{Q} = R_z(-\Omega)R_x(-i)R_z(-\omega-90^\circ)\begin{bmatrix} 0 \\ 1 \\ 0 \end{bmatrix} = \begin{bmatrix} -\cos\Omega\sin\omega - \sin\Omega\cos\omega\cos i \\ -\sin\Omega\sin\omega + \cos\Omega\cos\omega\cos i \\ \cos\omega\sin i \end{bmatrix} \tag{4.32}$$

结合式(4.16)和式(4.17)，式(4.30)的等价形式为

$$\boldsymbol{r} = a(\cos E - e)\cdot\boldsymbol{P} + a\sqrt{1-e^2}\sin E\cdot\boldsymbol{Q} \tag{4.33}$$

2. 卫星速度的计算

式(4.33)左右两边对时间求导可得到速度，由于 a、e、$\boldsymbol{P}$、$\boldsymbol{Q}$ 与时间无关，故可得

$$\dot{\boldsymbol{r}} = -a\sin E\frac{\mathrm{d}E}{\mathrm{d}t}\cdot\boldsymbol{P} + a\sqrt{1-e^2}\cos E\frac{\mathrm{d}E}{\mathrm{d}t}\cdot\boldsymbol{Q} \tag{4.34}$$

由开普勒方程 $n(t-t_0) = E - e\sin E$，可得

$$\frac{\mathrm{d}E}{\mathrm{d}t} = \frac{n}{1-e\cos E} = \frac{\sqrt{GM/a^3}}{1-e\cos E} \tag{4.35}$$

将式(4.35)代入(4.34)，可得卫星的速度计算公式为

$$\dot{\boldsymbol{r}} = \frac{\sqrt{GM}}{\sqrt{a}(1-e\cos E)}\left(-\sin E\cdot\boldsymbol{P} + \sqrt{1-e^2}\cos E\cdot\boldsymbol{Q}\right) \tag{4.36}$$

4.3　卫星轨道受摄运动

卫星实际运动并不是简单的二体问题，而是受各种摄动力的作用。总的来说，这些作用力可以分为两大类：一是保守力；二是非保守力(即发散力)。其中，保守力包括二体引力、日月对卫星的引力、地球非球形引力以及地球潮汐现象引起的引力场变化等，非保守力包括太阳光压作用、大气阻力、地球红外辐射以及卫星姿态控制的动力等。保守力力系可以使用位函数来描述，而非保守力力系不存在位函数，只能直接使用这些力的表达式。

在惯性坐标系中，卫星的运动方程为

$$\ddot{\boldsymbol{r}} = \boldsymbol{a}_{\mathrm{TB}} + \boldsymbol{a}_{\mathrm{NB}} + \boldsymbol{a}_{\mathrm{NSP}} + \boldsymbol{a}_{\mathrm{TD}} + \boldsymbol{a}_{\mathrm{RL}} + \boldsymbol{a}_{\mathrm{SRP}} + \boldsymbol{a}_{\mathrm{AL}} + \boldsymbol{a}_{\mathrm{DG}} + \boldsymbol{a}_{\mathrm{TH}} \tag{4.37}$$

其中，$\boldsymbol{r}$ 为卫星在惯性坐标系中的位置矢量；$\boldsymbol{a}_{\mathrm{TB}}$ 为由二体引力产生的加速度；$\boldsymbol{a}_{\mathrm{NB}}$ 为日、月和除地球之外其他行星引力产生的加速度，也称为 N 体(或第三体)引力加速度；$\boldsymbol{a}_{\mathrm{NSP}}$ 为地球非球形部分对卫星的引力产生的加速度，称为地球非球形摄动加速度；$\boldsymbol{a}_{\mathrm{TD}}$ 为地球潮汐摄动(包括海潮、固体潮汐和大气潮汐)对卫星引力产生的加速度；$\boldsymbol{a}_{\mathrm{RL}}$ 为相对论效应的影响，也称后牛顿效应摄动；$\boldsymbol{a}_{\mathrm{SRP}}$ 为太阳光压作用力对卫星的压力产生的加速度；$\boldsymbol{a}_{\mathrm{AL}}$ 为地球红外辐射和地球反射太阳光对卫星的压力产生的加速度；$\boldsymbol{a}_{\mathrm{DG}}$ 为地球大气对卫星的阻力产生的加速度；$\boldsymbol{a}_{\mathrm{TH}}$ 为作用在卫星上的其他力(如卫星姿态控制力等)产生的加速度。

由于北斗卫星轨道高度在 20000km 以上，大气阻力影响较小，可以不用考虑。除主要受到地球中心引力的作用外，北斗卫星主要受到的摄动力如图 4.9 所示，即包括如下摄动力。

(1) 地球非球形摄动力。

(2) 太阳的引力和月球的引力。

(3) 太阳的直接与间接的辐射压力。

(4) 地球潮汐的作用力，尤其是固体潮汐作用力。

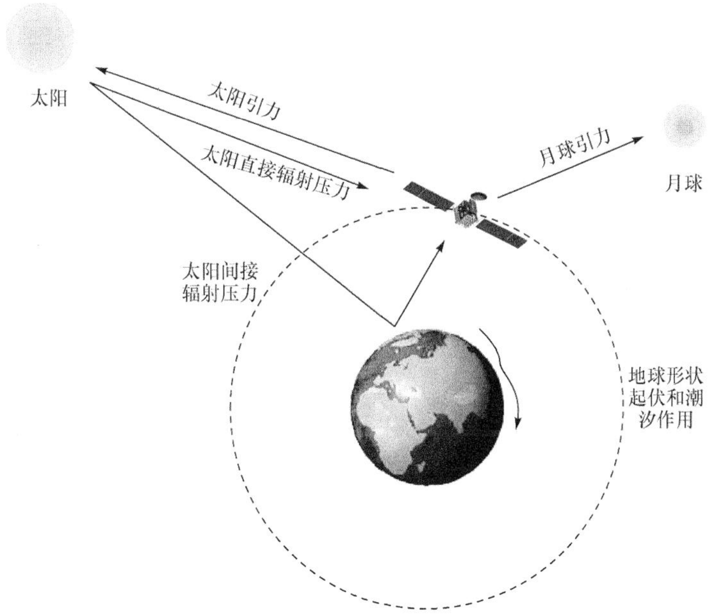

图 4.9　北斗卫星受力示意图

在上述摄动加速度的影响下，卫星运行的开普勒轨道根数不再保持常数而变为时间的函数。北斗卫星所受的主要作用力及其产生的加速度量级如表 4.1 所示。

表 4.1　北斗卫星所受的主要作用力及其产生的加速度量级

主要作用力	加速度/(m/s^2)
地球中心体引力	0.56
地球扁率摄动(J_2 项)	5×10^{-5}
日月引力	5×10^{-6}
太阳光压	10^{-7}

根据分析，在数小时和数日内，北斗卫星运行的轨道因各种摄动力加速度影响而产生的偏差三小时内将达到 2km，两天内将大于 14km。这将很难满足定位精度小于 10m 的要求。因此，了解各种摄动力模型，以满足精密定轨的要求，具有重要意义。下面简要介绍这些摄动力对北斗卫星轨道的影响。

4.3.1　地球非球形摄动

地球是一个密度分布不均匀的非球形天体，设卫星的经、纬度为 λ 、 φ ，则地球引力位在地固坐标系中的球谐函数展开式为

$$\begin{aligned} V_{\mathrm{s}} &= V_0 + \Delta V \\ &= \frac{GM}{r} + \frac{GM}{r}\sum_{n=2}^{N}\sum_{m=0}^{n}\left(\frac{a_e}{r}\right)^n \mathrm{P}_{nm}(\sin\varphi)\left[C_{nm}\cos(m\lambda)+S_{nm}\sin(m\lambda)\right] \end{aligned} \tag{4.38}$$

其中， V_0 为二体引力位； ΔV 为非球形摄动引力位； a_e 为地球赤道的平均半径； $\mathrm{P}_{nm}(\sin\varphi)$ 为 n 阶 m 次勒让德多项式； C_{nm} 、 S_{nm} 为引力场球谐系数； N 为预定的某一最高阶次。

为了便于计算，将式(4.38)进行规则化，则地球非球形部分的摄动函数为

$$\Delta V = \frac{GM}{r}\sum_{n=2}^{N}\sum_{m=0}^{n}\left(\frac{a_e}{r}\right)^n \bar{\mathrm{P}}_{nm}(\sin\varphi)\left[\bar{C}_{nm}\cos(m\lambda)+\bar{S}_{nm}\sin(m\lambda)\right] \tag{4.39}$$

其中， $\bar{C}_{nm}$ 、 $\bar{S}_{nm}$ 为归一化的引力场系数； $\bar{\mathrm{P}}_{nm}$ 为归一化的勒让德多项式。 ΔV 的梯度即地球非球形引力摄动加速度。

$$\ddot{\boldsymbol{r}}_{\mathrm{NSP}} = [\mathrm{HG}]^{\mathrm{T}}\cdot\frac{\partial(\Delta V)}{\partial \boldsymbol{r}(x,y,z)_f} = [\mathrm{HG}]^{\mathrm{T}}\cdot\left(\frac{\partial\Delta V}{\partial x},\frac{\partial\Delta V}{\partial y},\frac{\partial\Delta V}{\partial z}\right)_f^{\mathrm{T}} \tag{4.40}$$

其中， $\boldsymbol{r}(x,y,z)_f$ 表示卫星在地心地固坐标系中的坐标；[HG]为地心惯性坐标系到地心地固坐标系的转换矩阵。

由式(4.39)可知，随高度的增加，地球非球形引力的影响将迅速减小。由于北斗卫星的轨道较高(20000km 以上)，所以只要应用展开式的较少项数，便可以满足确定北斗卫星轨道的精度要求。

地球引力场摄动位的影响主要是由与地球扁率有关的二阶球谐系数项($\bar{C}_{20}$ ，在归一化之前称为 J_2 项)所引起的，主要表现在对轨道升交点赤经、近地点角距和平近点角的影响上。

1. J_2项对升交点赤经的影响

J_2项对升交点赤经的影响主要表现为升交点沿赤道产生缓慢的进动，从而使升交点赤经Ω产生周期性变化。其变化的速率约为

$$\dot{\Omega}=-\frac{3}{2}nJ_2\left[\frac{a_e}{a\left(1-e^2\right)}\right]^2\cos i \tag{4.41}$$

其中，J_2为地球引力场二阶带谐项系数；a_e为地球椭球长半轴，其他为轨道根数。由于北斗卫星的轨道偏心率e为小量，因此，由式(4.41)可知，升交点赤经Ω变化导致的轨道旋转速度主要取决于卫星轨道长半轴a和轨道倾角i。

将北斗 MEO 卫星的轨道根数代入式(4.41)，并考虑到$J_2=1.08263\times10^{-3}$，则升交点赤经的进动速度约为–0.03°/d。如果已知某一参考时刻t_0的升交点赤经为$\Omega\left(t_0\right)$，则任一时刻t的升交点赤经计算式为

$$\Omega(t)=\Omega\left(t_0\right)+\dot{\Omega}\left(t-t_0\right) \tag{4.42}$$

需要注意的是，由于引起$\dot{\Omega}$变化的除J_2摄动外，还有其他摄动力因素，因此，$\dot{\Omega}$不是常数。

2. J_2项对近地点角距的影响

J_2项同样使卫星轨道近地点角距发生缓慢变化，其变化的速率约为

$$\dot{\omega}=-\frac{3}{4}nJ_2\left[\frac{a_e}{a\left(1-e^2\right)}\right]^2\left(1-5\cos^2 i\right) \tag{4.43}$$

由$1-5\cos^2 i=0$不难计算，当$i=63.4°$时，$\dot{\omega}$近似为 0，近地点在椭圆轨道内近似不动。类似地，任一时刻t的近地点角距计算式为

$$\omega(t)=\omega\left(t_0\right)+\dot{\omega}\left(t-t_0\right) \tag{4.44}$$

3. J_2项对平近点角的影响

在J_2项影响下，平近点角的变化率约为

$$\dot{M}=-\frac{3}{4}nJ_2\left[\frac{a_e}{a\left(1-e^2\right)}\right]^2\sqrt{1-e^2}\left(1-3\cos^2 i\right) \tag{4.45}$$

任一时刻t的近地点角距计算式为

$$M(t)=M\left(t_0\right)+\dot{M}\left(t-t_0\right)+n\left(t-t_0\right) \tag{4.46}$$

若令$\Delta n=\dot{\omega}+\dot{M}$，则对于北斗 MEO 卫星，$\Delta n$约为–0.01°/d。上述这些影响在下面介绍卫星星历时，都会有所考虑。

4.3.2　日月引力摄动

卫星在围绕地球运行时，不仅受到中心天体地球引力的影响，而且受到太阳、月球和

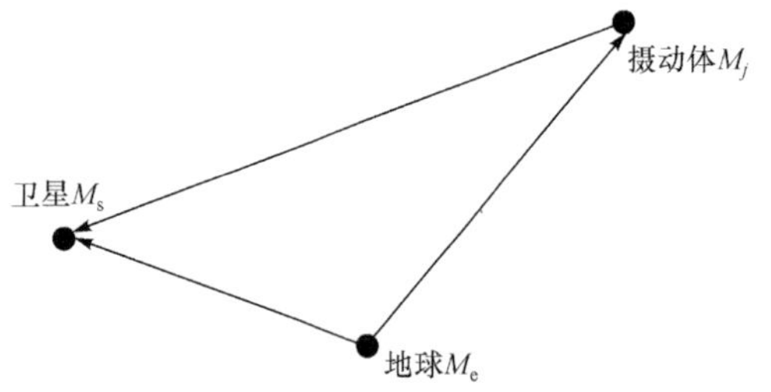

图 4.10　地球 M_e 与卫星 M_s 及摄动体 M_j 的位置关系

其他行星引力的影响，称为 N 体摄动问题，如图 4.10 所示。对于北斗卫星，只需顾及太阳和月球的引力作用即可满足一般定位精度要求。

基于牛顿第二运动定律和万有引力定律建立日月引力摄动模型。由于太阳和月球距离北斗卫星很远，所以只需考虑摄动体点质量的影响。从而可得北斗卫星的日月引力摄动加速度为

$$\ddot{r}_{\mathrm{NB}} = -\sum_{j=\mathrm{S,L}} GM_j \left(\frac{\boldsymbol{\varDelta}_j}{\varDelta_j^3} + \frac{\boldsymbol{r}_j}{r_j^3} \right) \tag{4.47}$$

其中，M_j 为摄动体 j 的质量；$\boldsymbol{\varDelta}_j = \boldsymbol{r} - \boldsymbol{r}_j$；$\varDelta_j$ 为摄动体至卫星的中心距，即 $\varDelta_j = \|\boldsymbol{\varDelta}_j\|$；$\boldsymbol{r}_j$、$\boldsymbol{r}$ 分别为摄动体 j 和卫星在地心惯性坐标系中的位置矢量，$\boldsymbol{r}_j$ 可由 JPL 行星历表计算得到；S 和 L 分别代表太阳和月球。

太阳和月球对卫星的摄动影响主要呈长周期性变化，并且与卫星轨道对太阳和月球的定向有关。对于北斗卫星，日月引力产生的加速度量级为10^{-6} m/s^2，外推三小时轨道误差达到 50～100m，因此，不能忽视该摄动力影响。

4.3.3　太阳光压摄动

太阳光压是太阳辐射压力的简称，是指太阳光辐射到卫星上对卫星产生的压力。太阳光压对卫星轨道的影响称为太阳光压摄动。因此，只有当卫星位置处于地球和月球的阴影之外时才有光压摄动。

如果把卫星看作一个球体，那么太阳光压摄动加速度为

$$\ddot{\boldsymbol{r}}_{\mathrm{SPR}} = -F\rho_{\mathrm{SR}} C_{\mathrm{R}} \left(\frac{A_{\mathrm{U}}}{\varDelta_{\mathrm{S}}} \right)^2 \left(\frac{A}{m} \right) \frac{\boldsymbol{\varDelta}_{\mathrm{s}}}{\varDelta_{\mathrm{s}}} \tag{4.48}$$

其中，F 为阴影因子(表示是否处于地影或月影中或影响的程度)；$\rho_{\mathrm{SR}} = 4.5605 \times 10^{-6}\,\mathrm{N/m^2}$，为太阳常数，是完全吸收的物体在距太阳一天文单位处单位面积上所受的辐射力；A_{U} 为天文单位长度；C_{R} 为太阳光压系数，它与卫星受照表面的反射情况有关，在轨道估值过程中进行估计；A/m 为卫星的面积与质量比(面质比)。

对于北斗卫星，太阳光压产生的加速度量级为10^{-7} m/s^2，外推三小时轨道误差为 5～10m。虽然比日月引力大约小一个数量级，但由于太阳光压是耗散力(非保守力)，其影响造成轨道的长期偏移；且太阳光压与卫星表面形状、物理材质、日月位置等因素相关，其影响随时间会发生变化。因此，不但不能忽视该摄动力影响，在轨道估计中，还需将其作为重点建模因素和待估参数进行考虑。

应该指出，上述三种摄动力只是作用在北斗卫星上的主要摄动力。随着人们对定位精度的要求越来越高，对轨道精度的要求越来越高，从而要求所考虑的摄动力因素更多、精度要求更高。读者可以参考卫星精密定轨等相关文献。

4.4　北斗卫星星历

北斗卫星发射含有轨道信息的导航电文，用户接收机接收到导航信号后，经过解码便可获得所需要的卫星星历，因此，这种星历也称为广播星历。广播星历一般包括相对某一参考历元的开普勒轨道根数和轨道摄动改正项参数。

北斗系统在发展过程中，采用了两种相似但又有区别的广播星历。为了便于区分，我们根据其使用的阶段，将其命名为北斗二号广播星历和北斗三号广播星历。实际上，在从北斗二号到北斗三号的平稳过渡期中，北斗卫星均播发这两种星历。

4.4.1　北斗二号广播星历

由前面章节的分析可知，开普勒轨道根数只有在二体假设下，才能保持不变(除了表示卫星位置的三个近点角)。在摄动力作用下，开普勒轨道根数随时间发生长期、长周期或短周期等变化。因此，为了描述轨道摄动，我们必须扩展轨道 6 根数，增加一些轨道摄动改正项参数，从而能够借由这些参数更准确地计算卫星位置。

北斗二号广播星历由 6 个开普勒轨道根数、3 个摄动线性改正项和 6 个周期改正项系数等一共 15 个描述轨道特征的参数和 1 个星历参考时间组成，其广播星历参数的更新时间是 1h。北斗二号星历参数定义如表 4.2 所示。

表 4.2　北斗二号星历参数定义

序号	参数	定义
1	t_{oe}	星历参考时间
2	$\sqrt{A}$	卫星轨道长半轴的平方根
3	e	轨道偏心率
4	i_0	t_{oe} 时的轨道倾角
5	Ω_0	周历元零时刻计算的升交点经度
6	ω	轨道近地点角距
7	M_0	t_{oe} 时的平近点角
8	Δn	平均运动角速率改正值
9	$\dot{\Omega}$	升交点赤经变化率
10	$\dot{i}$	轨道倾角变化率
11	C_{uc}	升交点角距余弦调和改正项振幅
12	C_{us}	升交点角距正弦调和改正项振幅
13	C_{rc}	卫星地心距余弦调和改正项振幅
14	C_{rs}	卫星地心距正弦调和改正项振幅
15	C_{ic}	轨道倾角余弦调和改正项振幅
16	C_{is}	轨道倾角正弦调和改正项振幅

在北斗二号广播星历的 16 个参数中，t_{oe} 表示星历参考时间，从每星期六/星期日子夜零点起算，即星期六的 24:00:00 或者星期日的 00:00:00 起算。其余 15 个参数表示的轨道运动情况如图 4.11 所示。

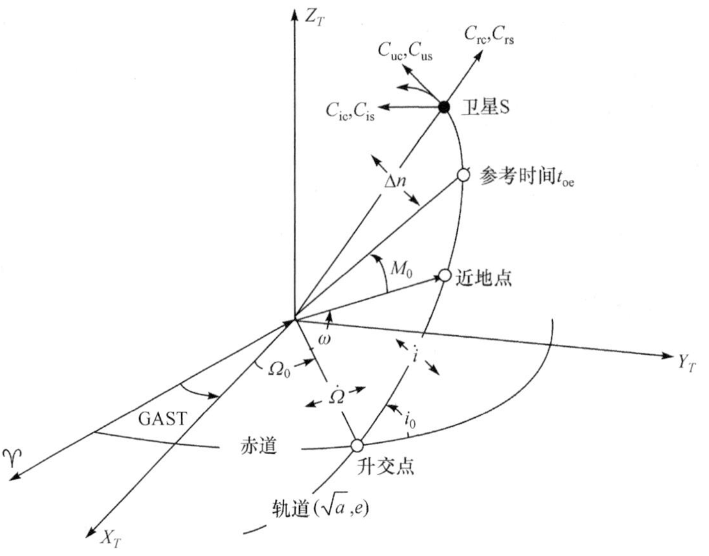

图 4.11　北斗二号广播星历示意图

6 个开普勒轨道根数前面已经介绍了，需要注意的是 Ω_0 不是参考时刻的升交点赤经，而是根据参考时间计算的轨道升交点经度，其具体应用见 4.5 节。其余 9 个参数可以分为两组。

1) 3 个摄动线性改正项

(1) 平均运动角速率改正值 Δn，或称为卫星平均运动角速度与计算值之差。它是在 J_2 项摄动、日月引力摄动和太阳光压摄动作用下，近地点角距的变化率 $\dot{\omega}$ 长期漂移的结果。

(2) 升交点赤经的变化率 $\dot{\Omega}$ 是升交点赤经摄动量中的长期漂移项，主要是由 J_2 项摄动和极移运动造成的。

(3) 轨道倾角变化率 $\dot{i}$，是摄动力对轨道面法向正反两个方向综合作用的结果。

2) 6 个周期改正项系数

分别由升交点角距、卫星地心距和轨道倾角组成三对余弦和正弦(C_c，C_s)调和改正项振幅。这些周期改正项主要是由 J_2 项摄动和地球引力场高阶带谐系数的周期项影响，以及月球引力摄动等其他摄动力影响造成的。

4.4.2　北斗三号广播星历

为了提高卫星星历的精度，北斗三号采用了由 18 个轨道参数组成的广播星历。北斗三号的广播星历包括轨道六根数(ΔA、e、i_0、ω_0、M_0、Ω_0)、长期项($\dot{A}$、Δn、$\Delta\dot{n}$、$\Delta\dot{\Omega}$、$\dot{i}$)和短周期项(C_{rs}、C_{rc}、C_{is}、C_{ic}、C_{uc}、C_{us})。与 16 个参数的北斗二号广播星历相比，主要变化如下：①轨道六根数中的长半轴的平方根 $\sqrt{A}$ 改成了长半轴的改变量 ΔA；②长期项增加了长半轴的变化率 $\dot{A}$ 和平均运动角速率改正量的变化率 $\Delta\dot{n}$。其中，$\dot{A}$ 吸收了长半轴 A 因 J_{22} 摄动影响短周期项转变成的长周期项以及一部分 e 的长周期项，$\Delta\dot{n}$ 对变化量 M 、ω 沿迹方向的长期项和长周期项进行了改进。北斗三号星历参数定义如表 4.3 所示。

表 4.3　北斗三号星历参数定义

序号	参数	定义
1	t_{oe}	星历参考时间
2	ΔA	参考时刻长半轴相对于参考值的偏差
3	e	轨道偏心率
4	i_0	t_{oe} 时的轨道倾角
5	Ω_0	周历元零时刻计算的升交点经度
6	ω	近地点角距
7	M_0	t_{oe} 时的平近点角
8	$\dot{A}$	长半轴变化率
9	Δn	参考时刻卫星平均运动角速率与计算值之差
10	$\Delta\dot{n}$	参考时刻卫星平均运动角速率与计算值之差的变化率
11	$\dot{\Omega}$	升交点赤经变化率
12	$\dot{i}$	轨道倾角变化率
13	C_{uc}	升交点角距(纬度幅角)余弦调和改正项振幅
14	C_{us}	升交点角距(纬度幅角)正弦调和改正项振幅
15	C_{rc}	卫星地心距余弦调和改正项振幅
16	C_{rs}	卫星地心距正弦调和改正项振幅
17	C_{ic}	轨道倾角余弦调和改正项振幅
18	C_{is}	轨道倾角正弦调和改正项振幅

4.5　利用卫星星历计算北斗卫星位置

卫星星历是描述卫星轨道运动的一组参数，根据这组参数能够计算出卫星任意时刻的位置和速度。

4.5.1　北斗二号卫星位置计算方法

用户接收机根据接收到的北斗二号卫星星历参数可以计算卫星在 CGCS2000 坐标系中的坐标，北斗二号卫星星历用户算法见表 4.4。

表 4.4　北斗二号卫星星历用户算法

参数的计算公式	公式的含义
$\mu = 3.986004418\times10^{14}\,\text{m}^3/\text{s}^2$	CGCS2000 坐标系下的地球引力常数
$\dot{\Omega}_e = 7.292115\times10^{-5}\,\text{rad}/\text{s}$	CGCS2000 坐标系下的地球自转速率
$\pi = 3.1415926535898$	圆周率
$A = (\sqrt{A})^2$	长半轴的计算
$n_0 = \sqrt{\dfrac{\mu}{A^3}}$	卫星平均运动角速率的计算
$t_k = t - t_{oe}$	观测历元到参考历元的时间差的计算
$n = n_0 + \Delta n$	平均运动角速率的改正
$M_k = M_0 + nt_k$	平近点角的计算
$E_k = M_k + e\sin E_k$	偏近点角的迭代计算
$\begin{cases}\sin v_k = \dfrac{\sqrt{1-e^2}\sin E_k}{1-e\cos E_k} \\ \cos v_k = \dfrac{\cos E_k - e}{1-e\cos E_k}\end{cases}$	真近点角的计算
$\phi_k = v_k + \omega$	纬度幅角的计算
$\begin{cases}\delta u_k = C_{us}\sin(2\phi_k) + C_{uc}\cos(2\phi_k) \\ \delta r_k = C_{rs}\sin(2\phi_k) + C_{rc}\cos(2\phi_k) \\ \delta i_k = C_{is}\sin(2\phi_k) + C_{ic}\cos(2\phi_k)\end{cases}$	纬度幅角改正项 地心距改正项 轨道倾角改正项
$u_k = \phi_k + \delta u_k$	计算改正后的纬度幅角
$r_k = A(1 - e\cos E_k) + \delta r_k$	计算改正后的地心距
$i_k = i_0 + \dot{i}\cdot t_k + \delta i_k$	计算改正后的倾角
$\begin{cases}x_k = r_k\cos u_k \\ y_k = r_k\sin u_k\end{cases}$	计算卫星在轨道平面内的坐标
$\Omega_k = \Omega_0 + (\dot{\Omega} - \dot{\Omega}_e)t_k - \dot{\Omega}_e t_{oe}$ $\begin{cases}X_k = x_k\cos\Omega_k - y_k\cos i_k\sin\Omega_k \\ Y_k = x_k\sin\Omega_k + y_k\cos i_k\cos\Omega_k \\ Z_k = y_k\sin i_k\end{cases}$	对于 MEO/IGSO 卫星： 1) 计算历元升交点的经度 2) 计算 MEO/IGSO 卫星在 CGCS2000 坐标系中的坐标
$\Omega_k = \Omega_0 + \dot{\Omega}t_k - \dot{\Omega}_e t_{oe}$ $\begin{cases}X_{GK} = x_k\cos\Omega_k - y_k\cos i_k\sin\Omega_k \\ Y_{GK} = x_k\sin\Omega_k + y_k\cos i_k\cos\Omega_k \\ Z_{GK} = y_k\sin i_k\end{cases}$ $\begin{bmatrix}X_K \\ Y_K \\ Z_K\end{bmatrix} = R_z(\dot{\Omega}t_k)R_X(-5^\circ)\begin{bmatrix}X_{GK} \\ Y_{GK} \\ Z_{GK}\end{bmatrix}$	对于 GEO 卫星： 1) 计算历元升交点的经度 2) 计算 GEO 卫星在自定义坐标系中的坐标 3) 计算 GEO 卫星在 CGCS2000 坐标系中的坐标

表达式中，t 是信号发射时刻的北斗时。t_k 是信号发射时刻 t 和星历参考时间 t_{oe} 之间的

时间差，并考虑到跨过一周开始或结束的时间，其计算公式为

$$t_k = \begin{cases} t_k - 604800, & t_k > 302400 \\ t_k + 604800, & t_k < -302400 \end{cases} \tag{4.49}$$

利用星历参数计算北斗卫星在某一时刻的空间位置是北斗导航接收机实现定位而必须完成的重要一步，本节通过一个实际例子来详细介绍这一计算方法和步骤。在实际计算中通常采用双精度浮点数进行计算，但限于篇幅，这里只显示各个参数和变量小数点后的若干位数字。

【例 4.1】表 4.5 是北斗 MEO、IGSO、GEO 三种类型的卫星在某日播发的星历 16 参数。根据星历 16 参数，计算各卫星在信号发射时刻 t(北斗时)为 442905.999988(周内秒)时的空间位置。

表 4.5　卫星播发星历参数

序号	参数	(1 号)MEO	(2 号)IGSO	(3 号)GEO
1	t_{oe}	442800.000	442800.000	442800.000
2	$\sqrt{A}$	5.2826148453×10^{3}	6.4938471184×10^{3}	6.4933521786×10^{3}
3	e	5.4440624081×10^{4}	$2.2022804478\times10^{-3}$	$6.0682639014\times10^{-4}$
4	ω	$5.7881541403\times10^{-1}$	−3.1044395142	−1.7565309926
5	Δn	$4.3508955180\times10^{-9}$	$2.6429672331\times10^{-10}$	$3.1362020640\times10^{-9}$
6	M_0	$5.6272281923\times10^{-1}$	$-5.7922761607\times10^{-1}$	$-8.7599676490\times10^{-2}$
7	Ω_0	1.7181679965	$2.1211615069\times10^{-1}$	−2.0985582171
8	$\dot{\Omega}$	$-7.4153088774\times10^{-9}$	$-1.3861291664\times10^{-9}$	$-2.1250885185\times10^{-9}$
9	i_0	$9.5650413261\times10^{-1}$	$9.6173119304\times10^{-1}$	$1.1135424329\times10^{-1}$
10	$\dot{i}$	$2.2286642614\times10^{-10}$	$-2.9286934204\times10^{-10}$	$1.4429172462\times10^{-10}$
11	C_{uc}	$2.0307488740\times10^{-6}$	$-1.9911676645\times10^{-6}$	$3.2282900065\times10^{-5}$
12	C_{us}	$1.6172416508\times10^{-6}$	$3.2806769013\times10^{-5}$	$-5.6810677052\times10^{-8}$
13	C_{rc}	326.0781	−752.0469	8.2031
14	C_{rs}	40.1250	−47.1719	980.3281
15	C_{ic}	$-1.8626451492\times10^{-9}$	$5.4668635130\times10^{-7}$	$8.5216015577\times10^{-8}$
16	C_{is}	$1.3969838619\times10^{-8}$	$-4.0978193283\times10^{-7}$	$4.6566128731\times10^{-9}$

参照《北斗卫星导航系统空间信号接口控制文件——公开服务信号(2.1 版)》中的星历用户算法，我们将计算过程分解为以下几步。

(1) **计算归化时间 t_k**。卫星星历给出的轨道参数是以星历参考时间 t_{oe} 作为基准的，为了得到各个轨道参数在 t 时刻的值，我们必须求出 t 时刻与星历参考时刻 t_{oe} 之间的差异，公式为

$$t_k = t - t_{oe}$$

t_k 称为相对于 t_{oe} 的归化时间。本例中，计算可得，$t_k = 105.9999885$。

(2) **计算卫星的平均运动角速率 n**。根据星历中的 $\sqrt{A}$，计算平均运动角速率为

$$n_0 = \sqrt{\frac{\mu}{A^3}}$$

校正后的卫星平均运动角速率 n 计算公式为

$$n = n_0 + \Delta n$$

北斗各类型卫星校正后的平均运动角速率值如表 4.6 所示。

表 4.6　北斗各类型卫星校正后的平均运动角速率值

卫星	MEO	IGSO	GEO
平均运动角速率/(rad/s)	1.354366×10^{-4}	7.290617×10^{-5}	7.292571×10^{-5}

(3) **计算信号发射时刻的平近点角 M_k**。将星历中给出的 M_0 代入以下的线性模型公式。

$$M_k = M_0 + nt_k$$

可得北斗各类型卫星在 t_k 时刻的平近点角 M_k 如表 4.7 所示。

表 4.7　北斗各类型卫星在 t_k 时刻的平近点角 M_k

卫星	MEO	IGSO	GEO
M_k/rad	0.577079	−0.571410	−0.079870

M_k 的值一般要转化为 0～2π 的范围。

(4) **计算信号发射时刻的偏近点角 E_k**。根据 M_k 和星历中的 e，采用迭代法计算偏近点角。E_k 的迭代初始值 E_0 可置为 M_k，计算公式为

$$\begin{cases} E_0 = M_k \\ E_{k+1} = M_k + e\sin E_k \end{cases}$$

当 E_k 前后两次的计算值小于设定的阈值(如 10^{-13})时结束迭代，一般经过 2～3 次迭代后即可获得相当精确的解。

北斗各类型卫星在 t_k 时刻的偏近点角 E_k 如表 4.8 所示。

表 4.8　北斗各类型卫星在 t_k 时刻的偏近点角 E_k

卫星	MEO	IGSO	GEO
E_k/rad	0.577376	−0.572693	−0.079918

(5) **计算信号发射时刻的真近点角 v_k**。根据 E_k 和星历中的 e，真近点角的计算公式为

$$\begin{cases} \sin v_k = \dfrac{\sqrt{1-e^2}\sin E_k}{1-e\cos E_k} \\ \cos v_k = \dfrac{\cos E_k - e}{1-e\cos E_k} \\ v_k = \arctan\dfrac{\sqrt{1-e^2}\sin E_k}{\cos E_k - e} \end{cases}$$

北斗各类型卫星在 t_k 时刻的真近点角 v_k 如表 4.9 所示。

表 4.9　北斗各类型卫星在 t_k 时刻的真近点角 v_k

卫星	MEO	IGSO	GEO
v_k/rad	0.577673	−0.573887	−0.079966

注意：真近点角的值为−π～π，计算时可使用 atan2(y, x)函数。

(6) **计算信号发射时刻的纬度幅角 ϕ_k**。根据 v_k 和星历中的ω，计算纬度幅角：

$$\phi_k = v_k + \omega$$

北斗各类型卫星在 t_k 时刻的纬度幅角 ϕ_k 如表 4.10 所示。

表 4.10　北斗各类型卫星在 t_k 时刻的纬度幅角 ϕ_k

卫星	MEO	IGSO	GEO
ϕ_k/rad	1.156489	−3.678327	−1.836497

(7) **计算信号发射时刻的摄动校正项**。根据第(6)计算得到的 ϕ_k 和星历参数中的 C_{uc}、C_{us}、C_{rc}、C_{rs}、C_{ic}、C_{is} 计算纬度幅角改正项 δu_k、地心距改正项 δr_k、轨道倾角改正项 δi_k，计算公式为

$$\begin{cases} \delta u_k = C_{us}\sin(2\phi_k) + C_{uc}\cos(2\phi_k) \\ \delta r_k = C_{rs}\sin(2\phi_k) + C_{rc}\cos(2\phi_k) \\ \delta i_k = C_{is}\sin(2\phi_k) + C_{ic}\cos(2\phi_k) \end{cases}$$

北斗各类型卫星在 t_k 时刻的摄动校正项如表 4.11 所示。

表 4.11　北斗各类型卫星在 t_k 时刻的摄动校正项

卫星类型 / 参数类型	MEO	IGSO	GEO
δu_k/rad	-1.806771×10^{-7}	-2.978252×10^{-5}	-2.785979×10^{-5}
δr_k/m	−190.823324	−317.327957	489.702247
δi_k/rad	1.155467×10^{-8}	6.209536×10^{-7}	-7.1104801×10^{-8}

(8) **计算摄动校正后的纬度幅角 u_k、卫星地心距 r_k、轨道倾角 i_k**。将第(7)步计算得到的摄动校正量代入以下各式。

$$u_k = \phi_k + \delta u_k$$

$$r_k = A(1 - e\cos E_k) + \delta r_k$$

$$i_k = i_0 + \dot{i} \cdot t_k + \delta i_k$$

北斗各类型卫星在 t_k 时刻的摄动校正后纬度幅角 u_k、卫星地心距 r_k、轨道倾角 i_k 如表 4.12 所示。

表 4.12　北斗各类型卫星在 t_k 时刻的摄动校正后纬度幅角 u_k 、卫星地心距 r_k 、轨道倾角 i_k

卫星类型 / 参数类型	MEO	IGSO	GEO
u_k/rad	1.156489	−3.678357	−1.836525
r_k/m	27893099.262400	42091680.735802	42138607.882682
i_k/rad	0.956504	0.961732	0.111354

(9) **计算卫星在轨道平面内的坐标**。通过以下公式将极坐标(r_k,u_k)转换成在轨道平面直角坐标系中的坐标(x'_k,y'_k)。

$$x'_k = r_k \cos u_k$$
$$y'_k = r_k \sin u_k$$

北斗各类型卫星 t_k 时刻在轨道平面内的坐标如表 4.13 所示。

表 4.13　北斗各类型卫星 t_k 时刻在轨道平面内的坐标

卫星类型 / 参数类型	MEO	IGSO	GEO
x'_k/m	11228540.917027	−36172237.763455	−11066134.979573
y'_k/m	25533210.830930	21523912.338344	−40659598.262947
z'_k/m	0	0	0

注：此处卫星轨道平面直角坐标系的 X' 轴是由地心指向卫星的升交点，而不是指向近地点。

(10) **计算信号发射时刻的升交点经度 Ω_k** 。针对 MEO/IGSO 卫星，升交点经度的线性模型为

$$\Omega_k = \Omega_0 + (\dot{\Omega} - \dot{\Omega}_e)t_k - \dot{\Omega}_e t_{\text{oe}}$$

针对 GEO 卫星，升交点经度的线性模型为

$$\Omega_k = \Omega_0 + \dot{\Omega} t_k - \dot{\Omega}_e t_{\text{oe}}$$

该式得到的升交点经度是在自定义坐标系中的经度。

北斗各类型的卫星 t_k 时刻的升交点经度如表 4.14 所示。

表 4.14　北斗各类型卫星 t_k 时刻的升交点经度

卫星	MEO	IGSO	GEO
升交点经度/rad	−30.579048	−32.085099	−34.388044

注：Ω_k 一般要转化为 0～2π范围。

(11) **计算卫星在 CGCS2000 地心地固直角坐标系中的坐标**。针对 MEO/IGSO 卫星，轨道平面直角坐标系先绕 X' 轴旋转($-i_k$)，再绕旋转后的 Z' 轴旋转($-\Omega_k$)，即可转换成 CGCS2000 地心地固直角坐标系，公式为

$$\begin{cases} x_k = x_k' \cos\Omega_k - y_k' \cos i_k \sin\Omega_k \\ y_k = x_k' \sin\Omega_k + y_k' \cos i_k \cos\Omega_k \\ z_k = y_k' \sin i_k \end{cases}$$

针对 GEO 卫星，轨道平面直角坐标系经过上述旋转后可得到 GEO 卫星在自定义坐标系中的坐标，再进一步经过下列转换，即可得到 GEO 卫星在 CGCS2000 地心地固直角坐标系中的坐标。

$$\begin{bmatrix} x_{\mathrm{GK}} \\ y_{\mathrm{GK}} \\ z_{\mathrm{GK}} \end{bmatrix} = \boldsymbol{R}_Z(\dot{\Omega} t_k)\boldsymbol{R}_X(-5°)\begin{bmatrix} x_k \\ y_k \\ z_k \end{bmatrix}$$

其中

$$\boldsymbol{R}_X(\varphi) = \begin{bmatrix} 1 & 0 & 0 \\ 0 & +\cos\varphi & +\sin\varphi \\ 0 & -\sin\varphi & +\cos\varphi \end{bmatrix}, \quad \boldsymbol{R}_Z(\varphi) = \begin{bmatrix} +\cos\varphi & +\sin\varphi & 0 \\ -\sin\varphi & +\cos\varphi & 0 \\ 0 & 0 & 1 \end{bmatrix}$$

代入数值后，最终得到了 t 时刻(归化时间 t_k 时刻)各类型卫星在 CGCS2000 地心地固直角坐标系中的坐标，如表 4.15 所示。

表 4.15　各卫星在 CGCS 2000 地心地固直角坐标系中的坐标

卫星类型 / 参数类型	MEO	IGSO	GEO
$x_k(x_{\mathrm{GK}})$/m	−3407386.754226	−20732434.649100	4416182.565271
$y_k(y_{\mathrm{GK}})$/m	18194921.458568	32097158.754371	41897586.705448
$z_k(z_{\mathrm{GK}})$/m	20865271.028332	17653558.864496	−867083.675338

其中，GEO 卫星在自定义坐标系中的坐标(x_k, y_k, z_k)为(4092200.557285, 41695340.822706, −4518265.437951)。

4.5.2　北斗三号卫星位置计算方法

用户接收机根据接收到的星历参数，可以计算卫星在北斗坐标系(Beidou coordinate system，BDCS)中的位置，算法如表 4.16 所示。

表 4.16　北斗三号卫星星历用户算法

公式	说明
$\mu = 3.986004418\times10^{14}\,\mathrm{m^3/s^2}$	BDCS 下的地心引力常数
$\dot{\Omega}_e = 7.292115\times10^{-5}\,\mathrm{rad/s}$	BDCS 下的地球自转角速度
π=3.1415926535898	圆周率
$t_k = t - t_{\mathrm{oe}}$	计算与参考时刻的时间差
$A_0 = A_{\mathrm{ref}} + \Delta A$	计算参考时刻的长半轴
$A_k = A_0 + (\dot{A})t_k$	计算长半轴
$n_0 = \sqrt{\dfrac{\mu}{A_0^3}}$	计算参考时刻的卫星平均运动角速率

续表

公式	说明
$\Delta n_A = \Delta n_0 + 1/2\Delta \dot{n}_0 t_k$	计算卫星平均运动角速率的偏差
$n_A = n_0 + \Delta n_A$	计算改正后的卫星平均运动角速率
$M_k = M_0 + n_A t_k$	计算平近点角
$E_k = M_k + e\sin E_k$	迭代计算偏近点角
$\begin{cases} \sin v_k = \dfrac{\sqrt{1-e^2}\sin E_k}{1-e\cos E_k} \\ \cos v_k = \dfrac{\cos E_k - e}{1-e\cos E_k} \end{cases}$	计算真近点角
$\phi_k = v_k + \omega$	计算纬度幅角
$\begin{cases} \delta u_k = C_{us}\sin(2\phi_k) + C_{uc}\cos(2\phi_k) \\ \delta r_k = C_{rs}\sin(2\phi_k) + C_{rc}\cos(2\phi_k) \\ \delta i_k = C_{is}\sin(2\phi_k) + C_{ic}\cos(2\phi_k) \end{cases}$	计算纬度幅角改正项 计算地心距改正项 计算轨道倾角改正项
$u_k = \phi_k + \delta u_k$	计算改正后的纬度幅角
$r_k = A(1 - e\cos E_k) + \delta r_k$	计算改正后的地心距
$i_k = i_0 + \dot{i}_0 \cdot t_k + \delta i_k$	计算改正后的轨道倾角
$\begin{cases} x_k = r_k\cos u_k \\ y_k = r_k \sin u_k \end{cases}$	计算卫星在轨道平面内的坐标
$\Omega_k = \Omega_0 + (\dot{\Omega} - \dot{\Omega}_e)t_k - \dot{\Omega}_e t_{oe}$	计算改正后的升交点经度
$\begin{cases} X_k = x_k\cos\Omega_k - y_k\cos i_k \sin\Omega_k \\ Y_k = x_k \sin\Omega_k + y_k\cos i_k\cos\Omega_k \\ Z_k = y_k\sin i_k \end{cases}$	计算 MEO/IGSO 卫星在 BDCS 坐标系中的坐标

注：t 是信号发射时刻的 BDT 时间，即修正信号传播时延后的系统时间。t_k 是 t 和星历参考时刻 t_{oe} 之间的总时间差，并考虑了跨过一周开始或结束的时间，即如果 t_k 大于 302400，就从 t_k 中减去 604800；而如果 t_k 小于–302400，就对 t_k 加上 604800。

长半轴参考值：A_{ref}=27906100m(MEO)，A_{ref}=42162200m(IGSO/GEO)

【例 4.2】表 4.17 是北斗三号 MEO 卫星在某日播发的星历 18 参数，根据这 18 参数计算 MEO 卫星在信号发射时刻 t(北斗时)为 172810(周内秒)时的空间位置。

表 4.17　北斗三号 MEO 卫星在某日播发的星历 18 参数

序号	参数	参数取值
1	t_{oe}	$1.728000000000\times10^{5}$
2	ΔA	–29.99218750000
3	$\dot{A}$	$-3.354261313149\times10^{-14}$
4	e	$1.014769659378\times10^{-4}$
5	ω	1.742683660307
6	Δn_0	$4.160173287916\times10^{-9}$
7	$\Delta \dot{n}_0$	$-1.053772269961\times10^{-13}$
8	M_0	–1.278362820234
9	Ω_0	1.844942331859
10	$\dot{\Omega}$	$-7.095652705274\times10^{-9}$
11	i_0	$9.567195685131\times10^{-1}$

续表

序号	参数	参数取值
12	IDOT	$2.705469836535\times10^{-10}$
13	C_{uc}	$4.138797521591\times10^{-6}$
14	C_{us}	$6.177462637424\times10^{-6}$
15	C_{rc}	$2.321757812500\times10^{2}$
16	C_{rs}	83.27343750000
17	C_{ic}	$1.862645149231\times10^{-9}$
18	C_{is}	$-4.842877388000\times10^{-8}$

参照《北斗卫星导航系统空间信号接口控制文件——公开服务信号 B1C(1.0 版)》中的星历用户算法，我们将计算过程分解为以下几步。

(1) **计算归化时间 t_k**。卫星星历给出的轨道参数是以星历参考时间 t_{oe} 作为基准的，为了得到各个轨道参数在 t 时刻的值，必须求出 t 时刻与星历参考时刻 t_{oe} 之间的差异，公式为

$$t_k = t - t_{oe}$$

根据 t 和星历中的 t_{oe} 可得 t_k=10s。

(2) **计算长半轴**。星历 18 参数中没有直接提供长半轴的值，而是提供了参考时刻 t_{oe} 长半轴相对于参考值的偏差和长半轴的变化率，据此计算长半轴的过程如下。

首先，计算参考时刻 t_{oe} 的长半轴 A_0。

$$A_0 = A_{ref} + \Delta A$$

其中，A_{ref} 为长半轴的参考值，MEO 卫星为 27906100m，IGSO/GEO 卫星为 42162200m。

然后计算 t(归化时间 t_k)时刻的长半轴 A_k。

$$A_k = A_0 + (\dot{A})t_k$$

代入数据后计算得到 A_0=27906070.007813m，A_k=27906070.007813m。

(3) **计算卫星的平均运动角速率 n**。根据 A_0 可得

$$n_0 = \sqrt{\frac{\mu}{A_0^3}}$$

卫星的平均运动角速率的偏差为

$$\Delta n_A = \Delta n_0 + \frac{1}{2}\Delta\dot{n}_0 t_k$$

校正后的卫星平均运动角速率计算公式为

$$n_A = n_0 + \Delta n_A$$

代入数据后，计算得到卫星在 t_k 时刻校正后的平均运动角速率(单位：rad/s)为 0.000135436。

(4) **计算信号发射时刻的平近点角 M_k**。将星历中给出的 M_0 代入以下公式。

$$M_k = M_0 + n_A t_k$$

代入数据后，计算得到卫星在 t_k 时刻的平近点角 M_k(单位：rad)为–1.277008。

(5) **计算信号发射时刻的偏近点角 E_k**。根据 M_k 和星历中的 e，采用迭代法计算偏近点角。E_k 的迭代初始值 E_0 可置为 M_k，计算公式为

$$\begin{cases} E_0 = M_k \\ E_{k+1} = M_k + e\sin E_k \end{cases}$$

当 E_k 前后两次的计算值小于设定的阈值(如 10^{-13})时结束迭代，一般经过 2～3 次迭代后即可获得相当精确的解。

代入数据后，计算得到卫星在 t_k 时刻的偏近点角 E_k(单位：rad)为−1.277106。

(6) **计算信号发射时刻的真近点角 v_k**。根据 E_k 和星历中的 e，真近点角的计算公式为

$$\begin{cases} \sin v_k = \dfrac{\sqrt{1-e^2}\sin E_k}{1-e\cos E_k} \\ \cos v_k = \dfrac{\cos E_k - e}{1-e\cos E_k} \\ v_k = \arctan\dfrac{\sqrt{1-e^2}\sin E_k}{\cos E_k - e} \end{cases}$$

代入数据后，计算得到卫星在 t_k 时刻的真近点角 v_k(单位：rad)为−1.277203。

(7) **计算信号发射时刻的纬度幅角 ϕ_k**。根据 v_k 和星历中的 ω，计算纬度幅角。

$$\phi_k = v_k + \omega$$

代入数据后，计算得到卫星在 t_k 时刻的纬度幅角 ϕ_k(单位：rad)为 0.465481。

(8) **计算信号发射时刻的摄动校正项**。根据第(7)步计算得到的 ϕ_k 和星历参数中的 C_{uc}、C_{us}、C_{rc}、C_{rs}、C_{ic}、C_{is} 计算纬度幅角改正项 δu_k、地心距改正项 δr_k、轨道倾角改正项 δi_k，计算公式为

$$\begin{cases} \delta u_k = C_{us}\sin(2\phi_k) + C_{uc}\cos(2\phi_k) \\ \delta r_k = C_{rs}\sin(2\phi_k) + C_{rc}\cos(2\phi_k) \\ \delta i_k = C_{is}\sin(2\phi_k) + C_{ic}\cos(2\phi_k) \end{cases}$$

代入数据后，计算得到卫星在 t_k 时刻的摄动校正项如表 4.18 所示。

表 4.18　t_k 时刻的摄动校正项

δu_k/rad	δr_k/m	δi_k/rad
7.426649×10^{-6}	205.424990	-3.773719×10^{-8}

(9) **计算摄动校正后的纬度幅角 u_k、卫星地心距 r_k、轨道倾角 i_k**。将第(8)步计算得到的摄动校正量代入以下各式。

$$u_k = \phi_k + \delta u_k$$

$$r_k = A_k(1 - e\cos E_k) + \delta r_k$$

$$i_k = i_0 + \dot{i}\cdot t_k + \delta i_k$$

代入数据后，计算得到卫星在 t_k 时刻的摄动校正后的纬度幅角 u_k、卫星地心距 r_k、轨道倾角 i_k 如表 4.19 所示。

表 4.19　摄动校正后的纬度幅角、卫星地心距、轨道倾角

u_k/rad	r_k/m	i_k/rad
0.465488	27905455.657068	0.956720

(10) **计算卫星在轨道平面内的坐标**。通过以下公式将极坐标(r_k, u_k)转换成在轨道平面直角坐标系(X', Y')中的坐标(x'_k, y'_k)。

$$x'_k = r_k \cos u_k$$
$$y'_k = r_k \sin u_k$$

代入数据后，计算得到卫星 t_k 时刻在轨道平面内的坐标计算为(24936384.003833，12525622.070058)。

(11) **计算信号发射时刻的升交点经度 $\boldsymbol{\Omega_k}$**。播发星历 18 参数的卫星为 MEO 或 IGSO，升交点经度的线性模型为

$$\Omega_k = \Omega_0 + (\dot{\Omega} - \dot{\Omega}_e)t_k - \dot{\Omega}_e t_{oe}$$

代入数据后，计算得到卫星 t_k时刻的升交点经度为−10.756562(单位：rad)。

(12) **计算卫星在 BDCS 地心地固直角坐标系中的坐标**。第(9)步计算得到了卫星在轨道平面内的坐标，轨道平面直角坐标系先绕 X' 轴旋转$-i_k$，再绕旋转后的 Z' 轴旋转 $-\Omega_k$，即可转换成 BDCS 地心地固直角坐标系，公式为

$$\begin{cases} x_k = x'_k \cos\Omega_k - y'_k \cos i_k \sin\Omega_k \\ y_k = x'_k \sin\Omega_k + y'_k \cos i_k \cos\Omega_k \\ z_k = y'_k \sin i_k \end{cases}$$

代入数据后，得到 t 时刻(归化时间 t_k 时刻)卫星在 BDCS 地心地固直角坐标系中的坐标(单位：m)为(−12915669.009428，22518845.369529，10237262.949185)。

4.6 北斗卫星星座及其可见性

4.6.1 北斗星座的卫星轨道类型组成

由于用户定位至少需要同时观测 4 颗卫星，要在全球范围内实现如此密度的覆盖要求，需要从经济的角度考虑星座的部署问题。卫星轨道的选择将决定卫星的设计、全球覆盖所需的卫星总数、卫星的发射和运行维护等问题。因此需要进行权衡。下面针对全球导航的需求，对几种典型卫星的优劣进行比较分析。

(1) 低轨卫星(LEO)：轨道高度低于 2000km，地面可见时间只有 10～20min，因此，接收机需要不停地捕获新的卫星。多普勒效应引起的距离变化率很大，大气阻力摄动对轨道的影响也非常显著。需要 100～200 颗低轨卫星才能够实现全球覆盖。优势是由于距地面较近，卫星发射成本较低；卫星以较低的功率发射信号，用户就可以接收到。

(2) MEO 卫星：轨道高度 5000～20000km，每天绕地球飞行 2～4 圈。地面可见时间长达几小时。卫星发射成本比 LEO 高，但只需较少的卫星数(24～36 颗)就可以实现全球覆盖。

(3) GEO 卫星：轨道高度 36000km，位于赤道上空，相对地球静止。由于卫星相对地面静止，如果地面用户能够观测到该卫星，那么用户就可以一直观测到该卫星。利用高轨优势(站得高，望得远)，只需要少数几颗(典型情况下是 3 颗)就可以实现全球覆盖。劣势是 GEO 对高纬度地区的覆盖性能较差，而且发射成本也比 MEO 和 LEO 高。

北斗系统在充分考虑我国国情和我国用户导航服务需求的基础上，提出了由多种轨道混合的星座构建方案。该方案由 GEO、IGSO 和 MEO 组成。其中，MEO 的卫星按照 Walker 星座构型组成全球覆盖星座。下面分别对这 3 种轨道类型进行说明。

1. 地球静止轨道

地球静止轨道是一类特殊的轨道，其轨道倾角为 0°(位于赤道上空)、轨道周期正好等于一个地球自转周期(86164.09s)，因此，相对于地球上的观测者保持静止，故称为地球静止轨道。

由椭圆轨道周期计算公式(4.23)可知，当轨道周期 T =86164.09s 时，轨道长半轴 a 为

$$a=\sqrt[3]{\frac{T^2}{4\pi^2}GM}=\sqrt[3]{\frac{86164.09^2}{4\times3.1415926535898^2}\times398600.4418}\approx42164.17 \tag{4.50}$$

其中，地球引力场数 GM 的单位为 km³/s²，轨道长半轴 a 的单位为 km。

显然，地球静止轨道必然是一个圆轨道(椭圆轨道速度不均匀，不可能相对地球静止)。由圆轨道的轨道长半轴等于地心距可知，地球静止轨道距离地面的高度 H =42164.17−6378.137≈35786km(约 3.6 万千米)。

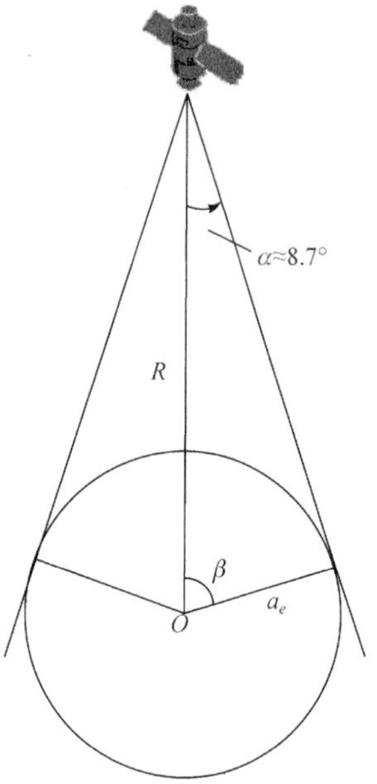

图 4.12　GEO 卫星对地覆盖示意图

位于距地面约 3.6 万千米高的北斗 GEO 卫星，对地球具有很好的覆盖特性，充分发挥其“站得高、看得远”的优势。如图 4.12 所示，$R=a$ =42164.17km，a_e = 6378.137km，不难得出，GEO 卫星对地观测的最小张角(半角) $\alpha=\arcsin(a_e/R)\approx8.7°$。对应的地心角半角 $\beta=90°-\alpha\approx81.3°$。从而可以估算出其覆盖面积占整个地球表面积的百分比为 $2\beta/360°\times100\%\approx45.17\%$。即赤道上空两颗间隔 2β (约 160°)的 GEO 卫星就能覆盖地球 90%以上的面积。因此，理论上只需在赤道上空以 120°为间隔布置 3 颗 GEO 卫星就能覆盖整个地球。

实际上，由于地球非球形引力等摄动力对 GEO 卫星的作用，并不存在“静止不动的卫星”，只能要求卫星位置“静止”在一定范围内。发射“静止卫星”时，选择适宜的轨道椭圆长半轴(称为定点选择)，可以达到在一定范围内“静止不动的”目的。

北斗三号系统采用至少 3 颗 GEO 卫星，其对地覆盖范围如图 4.13 所示。不难看出，这些 GEO 卫星对中国和亚太地区具有很好的覆盖效果。

2. 倾斜地球同步轨道

地球同步轨道，是一种卫星运行周期与地球自转周期(86164.09s 或 23h56min04.09s)相同的轨道。地球静止轨道是一种轨道倾角和偏心率均为零的地球同步轨道。倾斜地球同步轨道是一类倾角不为零的地球同步轨道。北斗系统采用的倾斜地球同步轨道是倾角为 55°、偏心率为 0 的地球同步轨道，英文缩写为 IGSO。

IGSO 卫星有一个特性，其星下点轨迹是一个纬度范围为[−*i*,*i*]（*i* 为轨道倾角）、南北对称的“8”字形，如图 4.14 所示(图中所示并不是北斗卫星的星下点轨迹，只是为了说明 IGSO 星下点轨迹的形状特性)。星下点是指卫星和地心连线与地球表面的相交点，各个星下点的连线就称为星下点轨迹。显然，IGSO 的星下点轨迹是每日重复的，这种轨道称为回归轨道。IGSO 是回归周期为 1 天(恒星日)的回归轨道。

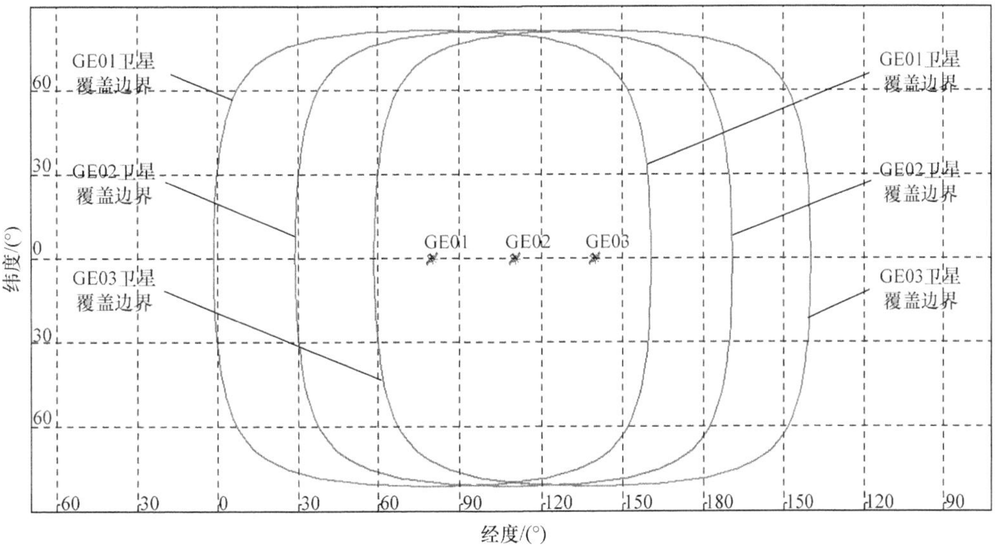

图 4.13　3 颗北斗 GEO 卫星对地覆盖范围

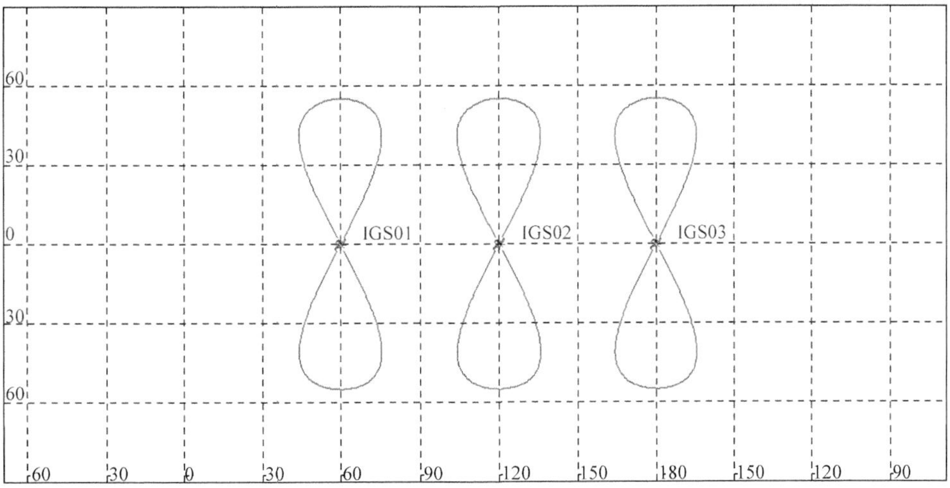

图 4.14　IGSO 卫星星下点轨迹

IGSO 星下点轨迹的回归特性，使得地球上的用户能够在固定的时间内看到同一颗卫星(由于卫星运行周期比 1 个太阳日短 4min，因此，第二天比第一天提前约 4min)。鉴于 IGSO 在区域覆盖方面具有极大的优势，北斗二号区域系统的 14 颗卫星中有 5 颗是 IGSO，从而对中国和亚太地区形成良好的覆盖。

3. 地球中圆轨道及 Walker 星座

1) 地球中圆轨道

轨道高度在 5000～20000km 范围的圆轨道称为地球中圆轨道。北斗 MEO 卫星的轨道高度为 21528km，轨道倾角为 55°，其星下点轨迹如图 4.15 所示。

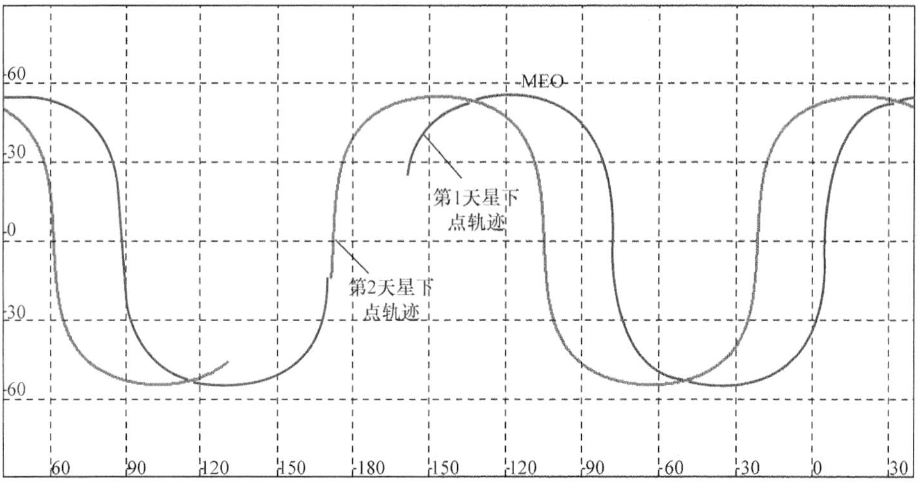

图 4.15 MEO 卫星星下点轨迹

由图 4.15 可知，北斗 MEO 卫星不是星下点轨迹每日重复的回归轨道。实际上，北斗 MEO 卫星是 7 天(13 圈)回归轨道。因此，为了实现全球覆盖(这里指任一点同时可见 4 颗以上卫星)，必须利用多颗(如 24～30 颗)同样的卫星组成卫星星座。

2) Walker 星座

卫星星座是指诸多卫星部署在轨道上，卫星轨道形成稳定的空间几何结构，同时卫星之间保持固定的时空关系，从而形成具有特定航天任务的卫星系统。1971 年，英国科学家 J.G.Walker 首次提出实现地面连续覆盖的卫星星座，称为 Walker 星座，也称 Delta 星座。Walker 星座是一类均匀对称的星座，其特点如下。

(1) 所有卫星采用高度相同、倾角相同的圆轨道。

(2) 轨道平面沿赤道均匀分布。

(3) 卫星在轨道面内均匀分布。

(4) 不同轨道面之间卫星的相位存在一定关系。

Walker 星座的重要优势在于其均匀性、对称性，在卫星数量确定的情况下，使覆盖面积最优化，因此得到了广泛的重视。Walker 星座在北斗、GPS、GLONASS 和 Galileo 等系统中都得到了应用。

可以用 $T/P/F$ 来标记一个 Walker 星座，称为 Walker 星座的描述符，如图 4.16 所示，其中，T 为卫星总个数；P 为轨道面数，每个轨道面包含 T/P 颗均匀分布的卫星；F 为整数，满足 $0 \leqslant F \leqslant P-1$，$F$ 代表相邻轨道面的相位参数。即当一颗卫星的相位是零时，其东面相邻轨道面内的一颗卫星的相位是 $2\pi F/T$。

在 Walker 星座中，T 颗卫星均匀分布在 P 个轨道面上，轨道平面的升交点沿赤道等间隔排列，即相邻轨道平面升交点赤经之差为 $\Delta\Omega=\dfrac{2\pi}{P}$。每个轨道平面内的各卫星以 $\dfrac{2\pi}{T/P}$ 角度等间隔分布。为了保证各轨道面上的卫星均匀分布在不同的位置，还定义了各轨道面相邻两颗卫星的相对位置关系 $\Delta\omega_{\mathrm{f}}=\dfrac{2\pi}{T}F$。

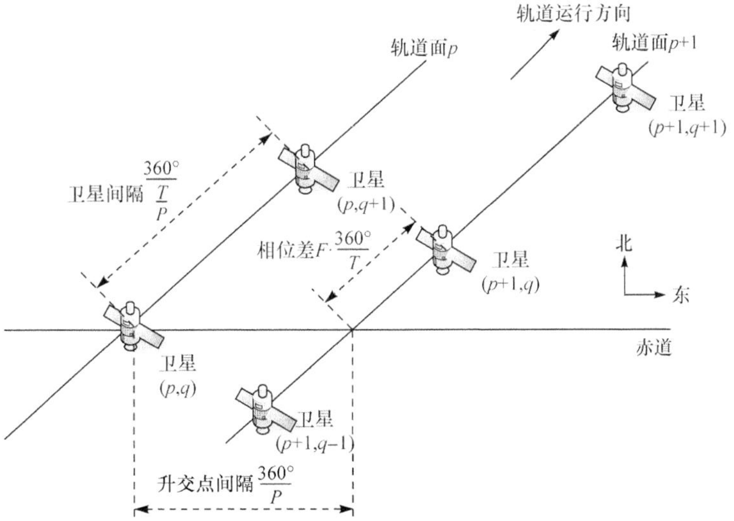

图 4.16　以 T/P/F 描述的 Walker 星座卫星分布示意图

在地心惯性坐标系中，星座中的卫星用其轨道根数(a、e、i、ω、Ω、M)表示。由于 Walker 星座中所有卫星采用高度相同、倾角相同的圆轨道，因此每一颗卫星的初始轨道由基准项(a_0、e_0、i_0)、第 i 颗卫星的升交点赤经 Ω_i^0 和相位 $\omega_i^0+M_i^0$ 确定。圆轨道的相位 $\omega+M$ 可记为 u，也称纬度幅角。因此，区分 Walker 星座中的卫星只需两个参数，即升交点赤经 Ω 和纬度幅角 u。其中，升交点赤经 Ω 实际上代表轨道面，纬度幅角 u 代表轨道面内的相位。

设某基准卫星(也称为种子卫星)的升交点赤经 Ω_0 和相位角 u_0，则星座中第 j 个轨道面上第 k 颗卫星的升交点赤经和相位为

$$\Omega_j=\Omega_0+(j-1)\frac{2\pi}{P} \tag{4.51}$$

$$u_{jk}=u_0+(j-1)\frac{2\pi}{T}F+(k-1)\frac{2\pi}{T/P} \tag{4.52}$$

其中，$j=1,2,\cdots,P$；$k=1,2,\cdots,T/P$。

北斗三号采用 24/3/1 的 Walker 星座。根据上述 Walker 星座的特点，可以算出北斗三号 MEO 星座的一些特征参数。

(1) 各轨道平面升交点赤经之差 $\Delta\Omega$ 为

$$\Delta\Omega=\frac{2\pi}{P}=\frac{360^\circ}{3}=120^\circ$$

(2) 每个轨道平面的卫星数 n_{s} 为

$$n_{\mathrm{s}}=\frac{T}{P}=\frac{24}{3}=8$$

(3) 每个轨道平面内卫星之间的间隔 Δu 为

$$\Delta u=\frac{2\pi}{n_s}=\frac{360^\circ}{8}=45^\circ$$

(4) 相邻轨道相邻卫星的相位差 $\Delta\omega_f$ 为

$$\Delta\omega_f=\frac{2\pi}{T}F=\frac{360^\circ}{24}\times 1=15^\circ$$

由上述计算结果可知，北斗三号 MEO 星座 3 个轨道面以 120°等间隔均匀分布，每个轨道面有 8 颗卫星，轨道面内卫星以 45°间隔均匀分布，邻轨道相邻卫星的相位差为 15°。如图 4.17 所示，当第 2 轨道面的 S_{21} 卫星经过升交点时，与其相邻的第 1 轨道面的卫星 S_{11} 相位为−15°，第 3 轨道面相邻卫星 S_{31} 的相位为 15°。这样设计的好处是当某一轨道面的卫星向地平线以下运行时，相邻轨道的卫星能够很快补充上来，从而保证足够的卫星数，提高服务的连续性。

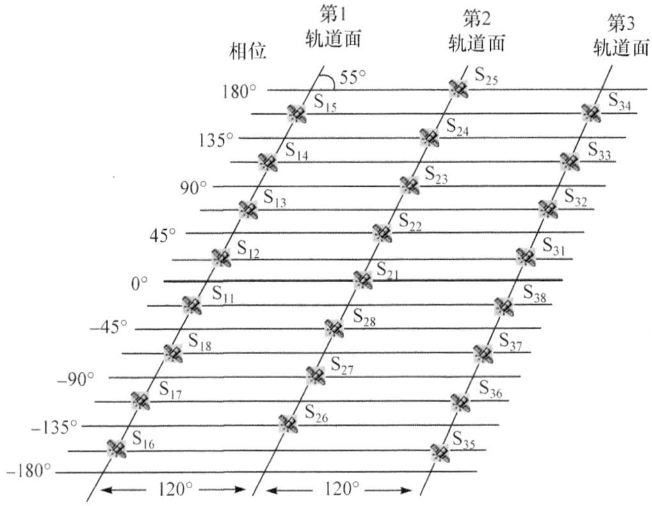

图 4.17 北斗三号 MEO 星座卫星分布示意图

4.6.2 北斗星座的卫星可见性

下面以 3GEO+3IGSO+24MEO 的星座构型为例，说明北斗三号星座的可见性。

1. GEO 可见性

根据北斗 ICD 文件(公开服务)，3 颗 GEO 的经度分别为：80°、110.5°、140°；北京站位置为经度 116.388°E、纬度 39.9289°N，则北京站 1 天内对 3 颗 GEO 卫星的观测高度角如图 4.18 所示。

由图 4.18 可知，北京站对 3 颗 GEO 卫星全天可见(高度角大于 5°)，其中，对 GEO1(80°)高度角范围为 30.60°～30.74°；对 GEO2(110.5°)高度角范围为 43.35°～43.52°；对 GEO3(140°)高度角范围为 37.72°～37.86°。

2. IGSO 可见性

根据北斗 ICD 文件(公开服务)，3 颗 IGSO 的轨道高度为 35786km，轨道倾角为 55°，

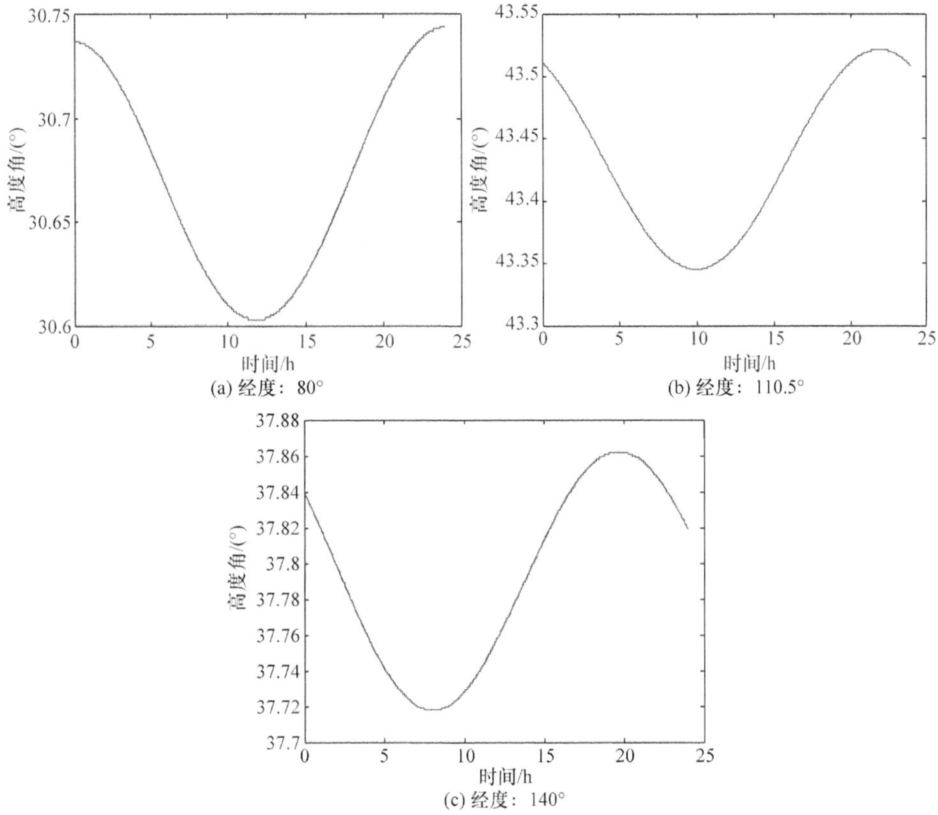

图 4.18　北京站 1 天内对 3 颗 GEO 卫星的观测高度角

升交点经度为 118°，3 颗卫星的相位间隔 120°。由于 IGSO 是 1 天回归轨道，因此，在起始时间固定的情况下，3 颗相位间隔 120°的 IGSO 卫星都回归到北京站的时间共需要 36h，如图 4.19 所示。由图 4.19 可知，3 颗卫星的高度角随时间变化的规律是一样的，只是时间平移了 8h，因为 120°/360°×24h=8h。

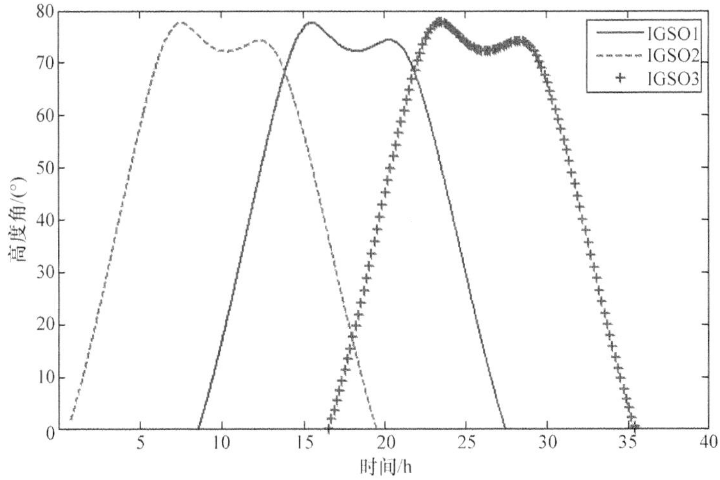

图 4.19　北京站对 3 颗 IGSO 卫星的观测高度角

每颗 IGSO 的观测时长约为 18h，如图 4.20 所示。图中不可见的弧段约为 6h，此时卫星处于“8”字形的南部弧段，如图 4.21 所示。

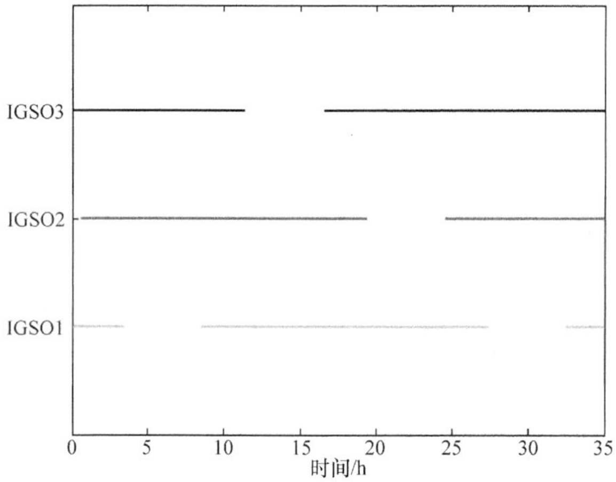

图 4.20　3 颗 IGSO 卫星的观测弧段

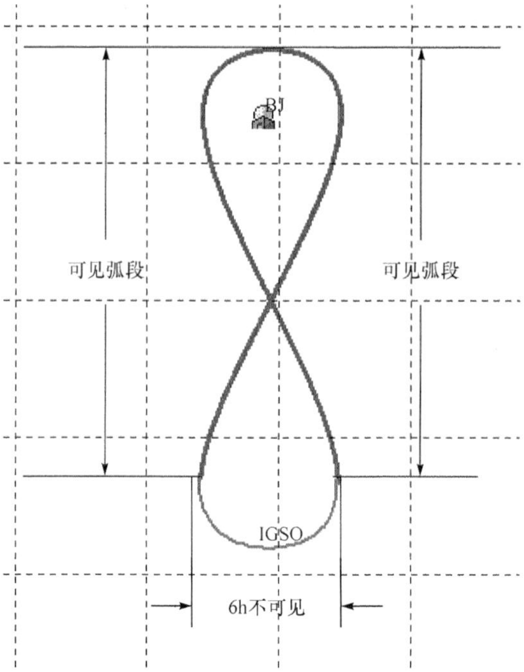

图 4.21　IGSO 卫星可观测弧段不可观测弧段

3. MEO 可见性

MEO 星座采用北斗 ICD 文件中定义的 24/3/1 Walker 星座。1 天内，北京站可观测到的 MEO 卫星个数如图 4.22 所示。

由图 4.22 可知，北京站最多可同时观测 11 颗 MEO 卫星，最少也可观测到 6 颗 MEO 卫星。由于 Walker 星座的对称性，全球其他地方也应该具有类似的卫星可见性。每颗卫星对应的观测弧段如图 4.23 所示。不难看出，1 天内，大部分 MEO 卫星可观测 2 次，至少可观测 1 次。这与 MEO 卫星的轨道回归特性有关。

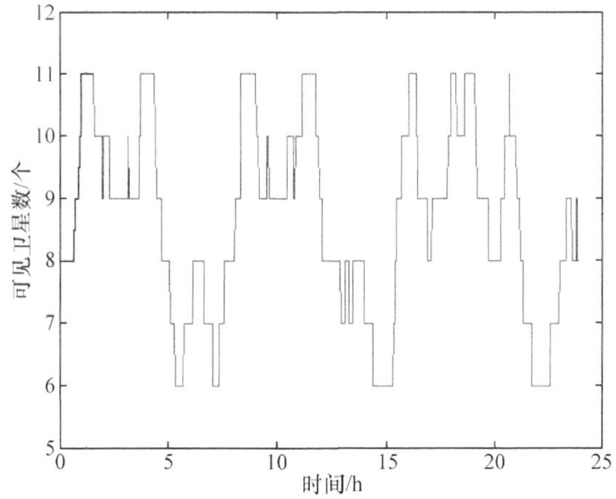

图 4.22　北京站对 24 颗 MEO 卫星的可见卫星个数

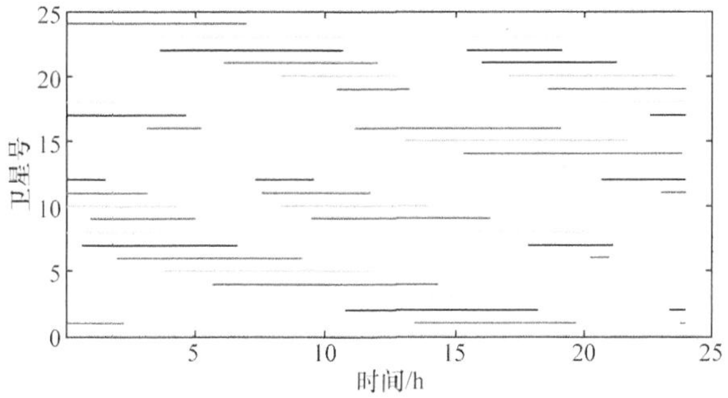

图 4.23　北京站对 24 颗 MEO 卫星的观测弧段

若以卫星从地平线上升起再到从地平线降落计算，每颗 MEO 的平均可见时长为 4.73h，大部分卫星的可见时长在 5h 以上，如图 4.24 所示。

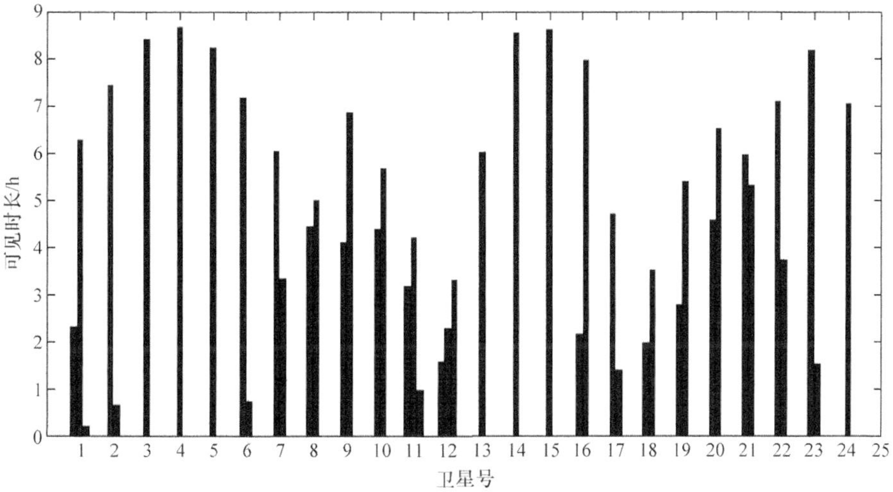

图 4.24　各颗 MEO 卫星的可见时长

第 5 章 北斗测量模型及定位误差源分析

在卫星位置已知的条件下，只需测量用户接收机至卫星的距离，即可进行定位解算。本章主要阐述距离测量模型以及测量中包含的误差。为了获得高精度的定位结果，用户必须尽量消除测量中的误差，因此，本章在介绍各类误差源的同时，给出消除误差或减弱误差影响的方法。本章关于伪距测量及误差改正模型等内容将在第 6 章中应用；关于载波相位测量及误差改正模型等内容将在第 7 章中应用。

5.1 北斗测量模型

北斗系统为用户提供两种测量：伪距测量和载波相位测量。伪距测量通过信号到达时间进行测量；载波相位测量通过接收信号(卫星发射的信号)与接收机本地信号的相位差进行测量。

5.1.1 伪距测量模型

用户接收机通过测距码(一组伪随机码)匹配来进行测距。接收机生成与卫星一致的伪随机码(称为本地码)。本地码可视为卫星伪随机码的一个副本。当接收到某颗卫星的伪随机码时，就将该卫星的本地码与接收码进行匹配运算(相关运算)。由于本地码必须与接收码完全对齐才能获得最高的相关值，即匹配成功，因此，本地码需要移动码片(码的最小组成单元，详见第 8 章)以完成匹配操作。传输一个码片对应的传播时延是固定的，于是，根据移动码片的个数就可以计算出卫星信号发送至接收机的传播时延，如图 5.1 所示。

伪距随机码测距原理如图 5.2 所示。由卫星钟控制的伪随机码 $S(t)$ 自卫星天线播发，经过传播时延 τ 后到达接收机。接收机于 t 时刻所接收的卫星信号为 $S(t-\tau)$。由接收机时钟控制的本地码发生器产生一个与卫星码相同的本地码 $S(t+\delta t)$，δt 为接收机时钟与卫星时钟的钟差。经码移位电路将本地码延迟(移位) τ' 后得到 $S(t+\delta t-\tau')$，送至相关器与所接收到的卫星信号 $S(t-\tau)$ 进行相关运算，经积分器即可得到相关输出。

$$R(\Delta\tau)=\int S(t-\tau)S(t+\delta t-\tau')\mathrm{d}t \tag{5.1}$$

其中

$$\Delta\tau=(t+\delta t-\tau')-(t-\tau) \tag{5.2}$$

如果调整本地码时延，使相关输出达到最大值，则根据伪随机码的自相关特性得

$$R(\Delta\tau)=\max,\quad \Delta\tau=nT,\quad n=0,1,2,\cdots \tag{5.3}$$

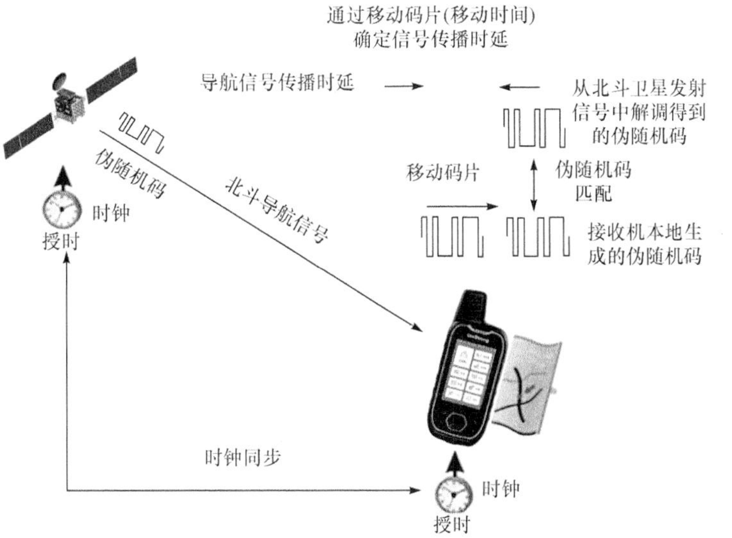

图 5.1　距离测量原理图

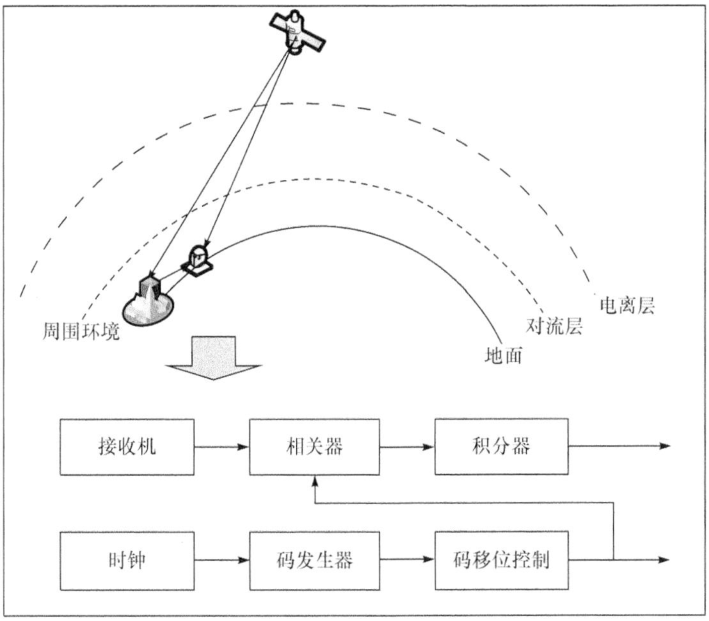

图 5.2　伪距随机码测距原理图

因此，有

$$\tau' = \tau + \delta t - nT \tag{5.4}$$

其中，T 为伪随机码序列的周期；n 为整周期数，$n = 0,1,2,\cdots$；τ' 为所测定的本地码时延。

由式(5.4)可得

$$P = \rho + c\delta t - n\lambda \tag{5.5}$$

其中，P 为所测定的距离观测值，$P = c\tau'$；ρ 为信号传播距离，$\rho = c\tau$；c 为信号传播速度；λ 为码序列的波长，$\lambda = cT$。

式(5.5)即伪随机码测距的基本方程，其中 $n\lambda$ 称为测距模糊度。当使用单一周期信号测距，信号波长小于所测距离时，均存在测距模糊度问题。当卫星至接收机的概略距离精确到伪随机码序列的波长时，即可确定 n 值，此时所测定的伪距 P 也就没有模糊度问题，即

$$P = \rho + c\delta t \tag{5.6}$$

由式(5.6)可以看出，P 包含两个分量：信号在空间的传播距离 ρ 和星地钟差等效距离 $c\delta t$ 。

事实上，信号在空间的传播过程中，受到大气和地面环境的影响，会产生电离层折射、对流层折射以及多路径效应等(见 5.3 节)，从而引起测量误差。此外，接收机内部噪声也会导致测量误差。综合考虑这些因素后，式(5.6)可进一步细化为

$$P = \rho_0 + c\left(\Delta t_u - \Delta t^s\right) + I_\rho + T_\rho + \varepsilon \tag{5.7}$$

其中，ρ_0 为发射时刻的卫星位置至接收时刻用户位置间的几何距离；I_ρ、T_ρ 分别为由于电离层、对流层折射引起的误差；ε 为测量噪声以及其他未建模因素引起的误差；Δt_u 为接收机钟与系统基准时间(北斗时)的偏差，即接收机钟差；Δt^s 为卫星钟与系统基准时间的偏差，即卫星钟差。

式(5.7)就是**伪距基本观测方程**，其中，ρ_0 是卫星位置和用户位置的函数，故第 j 颗卫星的伪距可以表示为

$$\begin{aligned}
P^{(j)} &= c\left(\tau + \delta t\right) \\
&= \rho^{(j)} + c\left(\Delta t_u - \Delta t^j\right) + I_\rho + T_\rho + \varepsilon^{(j)} \\
&= \sqrt{\left(x^{(j)} - x_u\right)^2 + \left(y^{(j)} - y_u\right)^2 + \left(z^{(j)} - z_u\right)^2} + c\left(\Delta t_u - \Delta t^j\right) \\
&\quad + I_\rho + T_\rho + \varepsilon^{(j)}
\end{aligned} \tag{5.8}$$

其中，$\left(x^{(j)}, y^{(j)}, z^{(j)}\right)$ 表示卫星 j 的位置坐标；$\rho^{(j)}$ 表示卫星 j 至接收机的几何距离；$\left(x_u, y_u, z_u\right)$ 表示接收机位置坐标。其中，接收机位置坐标 $\left(x_u, y_u, z_u\right)$ 和钟差 Δt_u 为未知量，因此，至少需要同时观测 4 颗卫星，式(5.8)才能求解。

式(5.1)中，接收机本地时间 t 的确定是相对简单而直接的，卫星发射时刻 $t-\tau$ 的确定却相对困难一些。卫星发射信号时，将发射信号的时间写入导航电文，并随导航电文一起播发给用户。北斗卫星导航系统的导航电文直接给出了当前子帧的起始发射时刻；GPS 采用称为 Z-计数的时间变量进行衡量，Z-计数是以 1.5s 进行计时的时间变量，也称为周内时间计数，由于一周有 604800s 且 604800/1.5=403200，故 Z-计数的取值范围为 0～403199。即每周开始时置成零，然后从 0 开始累加到 403199，到下一周开始时再置为零，如此往复。在导航电文中，Z-计数与每个子帧开始的上升沿对齐，在每 6s 一个子帧中有 4 个连续的 Z-计数。通过确定 Z-计数所处的子帧，以及子帧内的字和字中的比特数，一起组装成卫星发射时刻。计算信号发射时刻的详细流程见第 10 章。

5.1.2 载波相位测量模型

从前面章节可知，伪距的测量实际上是对码相位的测量得到的，其测量精度与码元宽

度(见第 8 章)有关。由于伪码(C/A 码)的码元宽度长达 300m，假设码分辨率为 1%，其测量精度也只有 3m。即将介绍的载波相位是比码相位精度更高的测量方法，其精度理论上可达到毫米甚至亚毫米量级。

载波相位测量是测量接收机接收到的具有多普勒频移的载波信号与接收机产生的参考载波信号之间的相位差。因此有必要先了解一下载波相位的表示方法。某一载波在 t 时刻的相位可表示为

$$\phi(t)=\phi(t_0)+\int_{t_0}^{t} f(s)\mathrm{d}s \tag{5.9}$$

其中，$f(s)$ 为随时间变化的载波频率；$\phi(t_0)$ 表示初始时刻 t_0 的相位，假设关于 t_0 和 t 的测量都是精确的。如果积分时间间隔 $t-t_0$ 较短，且信号频率稳定性高，则式(5.9)可表示为

$$\phi(t)=\phi(t_0)+f(t-t_0) \tag{5.10}$$

其中，f 为载波频率。若以 $\phi^s(t-\tau)$ 表示卫星 s 于历元 $t-\tau$ 发射的载波信号相位，$\phi_u(t)$ 表示接收机于历元 t 的参考信号相位，则它们的相位差可表示为

$$\Delta\phi(t)=\phi_u(t)-\phi^s(t-\tau) \tag{5.11}$$

由式(5.11)得到的是不足一周(载波的一个周期)的相位。实际上，从卫星至用户的传播过程中，导航信号将经历很多个载波周期，但这个载波周期是无法测量的，因此称为整周模糊度。一般用 N 表示整周模糊度，则以周为单位的载波相位测量值为

$$\phi(t)=\phi_u(t)-\phi^s(t-\tau)+N \tag{5.12}$$

由式(5.10)可知，$\phi^s(t-\tau)$ 可表示为

$$\phi^s(t-\tau)=\phi^s(t)-f\tau \tag{5.13}$$

再由 $\phi_u(t)=\phi^s(t)$，于是，式(5.12)可改写为

$$\phi(t)=\phi_u(t)-\phi^s(t)+f\tau+N=f\tau+N \tag{5.14}$$

由 $f=c/\lambda$，λ 为载波波长，c 为光速，可得

$$\phi(t)=f\tau+N=\frac{c\tau}{\lambda}+N=\frac{\rho}{\lambda}+N \tag{5.15}$$

考虑钟差、空间传播误差、测量噪声等误差，以周为单位的载波相位观测方程可以表示为

$$\phi(t)=\lambda^{-1}\left(\rho_0+I_\phi+T_\phi\right)+\frac{c}{\lambda}\left(\Delta t_u-\Delta t^s\right)+N+\varepsilon_\phi \tag{5.16}$$

其中，N 为整周模糊度；I_ϕ、T_ϕ 分别为电离层和对流层延迟；ε_ϕ 为载波相位测量噪声，其他参数同式(5.7)。

式(5.16)即**载波相位基本观测方程**。显然，利用载波相位进行定位，除了必须消除钟差与传播误差等影响，还涉及整周模糊度的解算问题。此外，在载波相位测量中，由于接收机故障和外界干扰等因素的影响，被跟踪的卫星经常会出现跟踪暂时中断，从而产生周跳问题。整周模糊度和周跳是载波相位测量的两个主要问题，给数据处理工作增加不少麻烦和困难。

5.1.3 伪距和载波相位的关系

由前面的讨论可知，伪距是通过接收机的复制码与其接收的卫星测距码进行相关运算得到的。根据经验，接收机的复制码与其接收的相应码的相关(对齐)精度，约为码元宽度的 1%，对 C/A 码来说，由于其码元宽度约为 293m，所以其观测精度约为 2.9m；而 P 码的码元宽度为 29.3m，其观测精度约为 0.29m，比 C/A 码的观测精度约高 10 倍。

由于载波的波长远小于码的波长(码元宽度)，所以在分辨率相同的情况下，载波相位的观测精度，远比码相位的观测精度高。例如，对载波 B1 而言，其波长为 19cm，所以相应的观测误差约为 2.0mm。

这两种测量方法可以用图 5.3 进行解释。对于卫星和用户之间的距离，伪距测量相当于用一个已知刻度且每个刻度的长约 300m 的尺子去量；而载波相位测量是用一个没有刻度标记，只知道每个刻度之间的长度约 20cm 的尺子去量。伪距测量由于刻度已知，从而可以直接测量出距离；载波相位测量由于刻度未知，因而不能得到直接的距离，但可以知道在某一刻度里面的相对位置，即相位。因此，伪距测量不存在模糊度问题，而载波相位测量则存在整周模糊度问题。

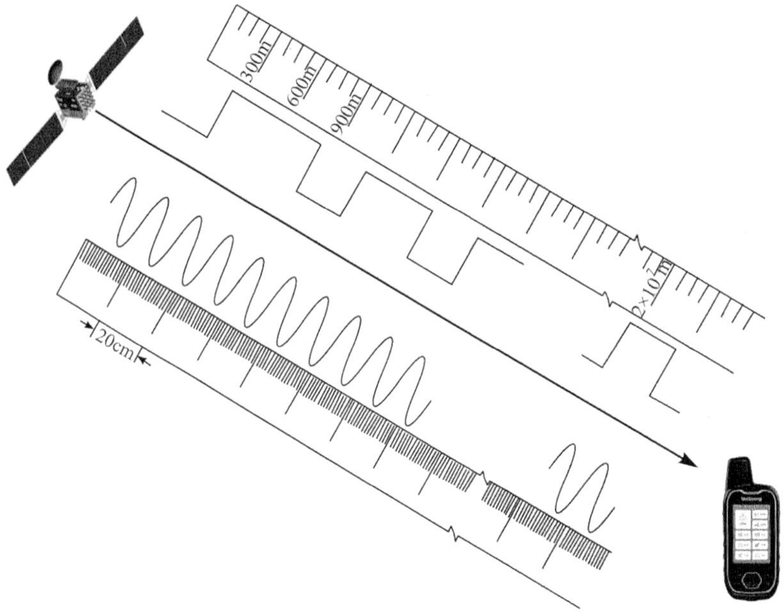

图 5.3 伪距与载波相位的关系示意图

5.1.4 测量中包含的误差

在北斗卫星导航定位中，影响定位精度的主要误差来源，可分为 3 类。

(1) 与卫星有关的误差：主要包括卫星星历误差和卫星钟误差。

(2) 与信号传播有关的误差：卫星发出的导航信号传播到接收机需要穿过大气层，大气层对信号传播的影响表现为大气延迟，主要包括电离层延迟和对流层延迟。此外，在信号进入接收机天线前，导航信号被天线周围的建筑物或水面等反射，造成多路径效应。

(3) 与接收机及测站有关的误差：主要有接收机钟差、接收机天线相位中心偏移、接收机噪声等误差。

根据误差的性质，上述误差还可分为系统误差与随机误差两类。系统误差主要包括卫星的轨道误差、卫星钟误差、接收机钟差以及大气折射的误差(主要包括电离层延迟和对流层延迟)等。为了减弱和修正系统误差对观测量的影响，一般根据系统误差产生的原因而采取不同的措施，其中包括以下几种。

(1) 引入相应的未知参数，在数据处理中连同接收机位置、钟差等其他未知参数一并解算。

(2) 建立系统误差模型，对观测量加以修正。

(3) 对同步观测的测量值求差，以减弱或消除系统误差公共项的影响。

(4) 简单地忽略某些系统误差的影响。

随机误差主要包括信号的多路径效应引起的误差和观测噪声误差等。由于这些误差具有随机性质，一般很难建立相应的模型进行修正，因此，只能通过适当的方法减弱或忽略其影响。

对于单频接收机，经过上述模型改正后，各类误差源典型的等效测距误差如表 5.1 所示。

表 5.1　各类误差源典型的等效测距误差　　单位：m

误差源	等效测距误差(1σ)
卫星钟差	2.0
卫星星历误差	1.0
电离层延迟	5.0
对流层延迟	1.0
多路径效应	1.2
测量噪声	1.0

虽然电离层延迟误差较大，但各颗卫星之间的电离层残留误差相关，因此其对定位误差的影响小于等效测距误差。

5.2　与卫星相关的误差

卫星的星历和钟差是地面运控系统主控站根据监测站的观测数据，进行轨道参数和钟差参数估计，然后利用估计值进行预报得到的结果。因此，卫星的星历和钟差既包含参数估计不准确引入的误差，也包含预报模型的不精确引入的误差。这些误差包含在导航电文中，用户在不修正的情况下，直接用于定位，必然导致定位结果出现偏差。因此，与卫星相关的误差主要包括卫星星历误差和钟差误差。

5.2.1　星历误差

由卫星星历计算得到的卫星轨道与实际轨道之间的差值称为星历误差，即导航电文中的广播星历外推卫星轨道带来的误差，如图 5.4 所示。图中 R、T、N 分别表示轨道的径向、切向和法向，以卫星质心为原点，构成 *RTN* 坐标系。星历误差一般在 *RTN* 坐标系中进行描述。图中，ΔR 、ΔT 、ΔN 分别表示轨道的径向、切向和法向的轨道误差。

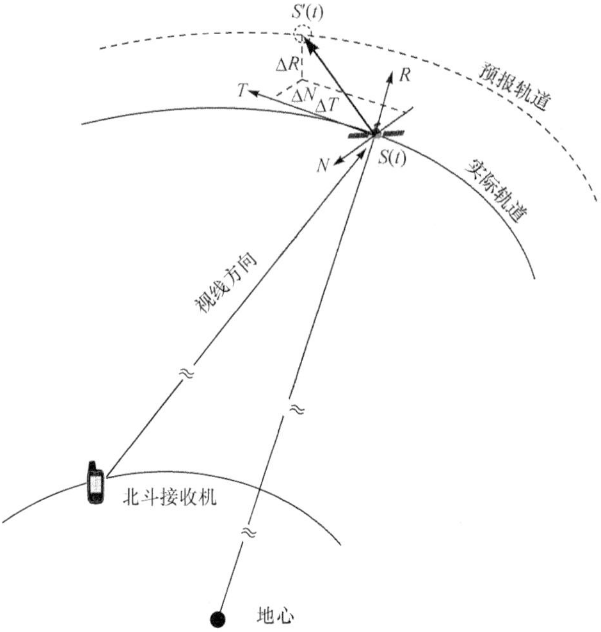

图 5.4　星历误差示意图

星历误差的大小取决于轨道计算的数学模型、定轨软件、地面观测站的分布及观测站数据观测时长等因素。目前，广播星历的精度大约为 2.5m，与卫星升起再到降落的过程吻合，是轨道误差在视线方向的投影，并且每一小时或者两小时有一个跳变，与星历更新频度相关。

在北斗导航定位中，根据不同的要求，处理卫星轨道误差的方法原则上有以下 3 种。

(1) 忽略轨道误差。这时简单地认为，由导航电文所获知的卫星轨道信息是不含误差的。很明显，这时卫星轨道实际存在的误差，将成为影响定位精度的主要因素之一。这一方法广泛地应用于实时单点定位工作。

(2) 采用轨道改进法处理观测数据。这一方法的基本思想是，在数据处理过程中引入表征卫星轨道偏差的改正参数，并假设在短时间内这些参数为常量，将其作为待估量与其他未知参数一并求解。轨道改进法一般用于精度要求较高的定位工作，需要在观测完成后才能进行处理。

(3) 同步观测值求差。该方法是在两个或多个观测站上，对同一可见卫星的同步观测值求差，以减弱卫星轨道误差的影响。由于同一卫星的位置误差对不同观测站同步观测量的影响具有系统性质，所以通过上述求差的方法，可以明显地减弱卫星轨道误差的影响，尤其当基线较短时，其有效性甚为明显。这种方法对于精密相对定位具有极其重要的意义。

5.2.2　钟差误差

尽管卫星上均设有高精度原子钟，但是它们与理想的原子时仍存在偏差或漂移，卫星

钟的偏差一般用一个二阶多项式来表示，即

$$\Delta t = a_0 + a_1\left(t - t_{\mathrm{oc}}\right) + a_2\left(t - t_{\mathrm{oc}}\right)^2 \tag{5.17}$$

其中，a_0 为卫星钟在参考历元 t_{oc} 的钟差；a_1 为卫星钟的钟速；a_2 为卫星钟的钟漂(即钟速变化率)。这些参数由主控站测定并通过卫星的导航电文发送给用户。

卫星钟差通过多项式模型修正后，仍不可避免地存在误差，利用钟差参数计算得到的钟差与实际钟差存在差别，通过广播星历改正的卫星钟差精度为 5～10ns，在相对定位中，可通过测站间的观测量求差来消除。

5.2.3　用户测距误差

对导航星座来说，评价其导航精度的指标一般为用户等效测距误差(user equivalent range error, UERE)。UERE 包含用户测距误差(user range error, URE)和用户设备误差(user equipment error, UEE)。URE 主要取决于卫星的位置和星钟的精度，不会因为用户的飞行高度而变化；而 UEE 取决于电离层时延、对流层时延等与空间物理环境相关的误差以及多路径、接收机噪声等与用户设备相关的误差，会因为空间用户的飞行高度的不同而不同。

对于某一颗卫星来说，URE 被视为与该卫星相关联的每个误差源所产生的影响的统计和。对于 GPS 来说，由于轨道和钟差是一起计算的，所以其轨道的径向误差和钟差是负相关的，因此 GPS 的 URE 可以表示为

$$\mathrm{URE} = \sqrt{(cT - \sqrt{\lambda_R}R)^2 + \lambda_A A^2 + \lambda_C C^2} \tag{5.18}$$

其中，c 为光速；R、A、C、T 分别为广播星历与事后精密星历作差求得的卫星径向、切向、法向轨道误差和卫星钟差误差。钟差的影响是全方位的且各方向大小相同。λ_R、λ_A、λ_C 分别为广播星历径向、切向、法向轨道误差的投影系数，投影系数的大小与卫星和用户的相对位置有关。美国国防部发布的 GPS 标准定位服务性能规范(GPS SPS PS)给出了 $\mathrm{URE}_{\mathrm{GPS}}$ 的计算方法。

$$\mathrm{URE}_{\mathrm{GPS}} = \sqrt{(cT)^2 + (0.980R)^2 + (0.141A)^2 + (0.141C)^2 - 1.960cTR} \tag{5.19}$$

由于北斗广播钟差是采用星地双向时间比对方法得到的，其径向和钟差的相关性是很弱的，所以北斗的 URE 计算公式与 GPS 略有不同。北斗的 URE 计算公式为

$$\mathrm{URE} = \sqrt{(cT)^2 + \lambda_R R^2 + \lambda_A A^2 + \lambda_C C^2} \tag{5.20}$$

空间信号 URE 示意图如图 5.5 所示。图中 D_e 为地球平均半径，D_s 为卫星轨道半径。假设在 t 时刻卫星所在的精密位置为 S_P，广播位置为 S_B，观测站在地球表面位置为 M 和 R。S_PM 为卫星观测地球视线与地球的切线，$\overrightarrow{S_PS_B}$ 为卫星轨道误差和卫星钟钟差矢量，S_M、S_R 是 S_B 分别在 S_PM 和 S_PR 的投影点。$\overrightarrow{S_PS_B}$ 在 S_PM 方向上的投影矢量为 $\overrightarrow{S_PS_M}$，$\overrightarrow{S_PS_B}$ 在 S_PR 方向上的投影矢量为 $\overrightarrow{S_PS_R}$。

根据 URE 的定义，对观测站 M 来说 $\mathrm{URE}_M = \overrightarrow{S_PS_M} = \overrightarrow{S_PS_B}\cos\angle MS_PS_B$，对观测站 R 来说 $\mathrm{URE}_R = \overrightarrow{S_PS_R} = \overrightarrow{S_PS_B}\cos\angle RS_PS_B$。因为 $\angle MS_PS_B < \angle RS_PS_B$，所以 $\overrightarrow{S_PS_M} > \overrightarrow{S_PS_R}$。由此可知 URE 的取值和卫星半张角有关，在卫星覆盖地球范围内的不同位置，URE 值大小不一致。

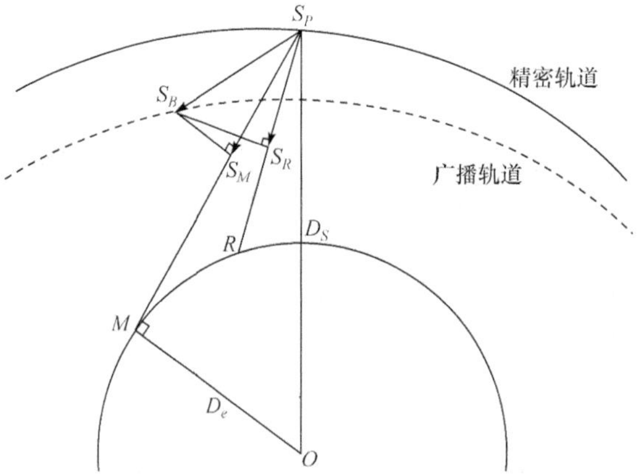

图 5.5　空间信号 URE 示意图

如图 5.6 所示，卫星对地覆盖半张角为 α ，卫星覆盖区域形成的球冠对地心的张角 $\beta_{\max} = \dfrac{\pi}{2} - \alpha = \arccos\dfrac{D_e}{D_s}$ 。假设用户在卫星覆盖范围形成的球冠上均匀分布，则可以在卫星覆盖范围内均匀分布的大量空间点处评估瞬时 URE 值，然后将全局平均 URE 值计算为每个空间点处的瞬时 URE 值的均方根值，即 R 、A 、C 三个方向的卫星轨道误差的投影系数满足如下等式。

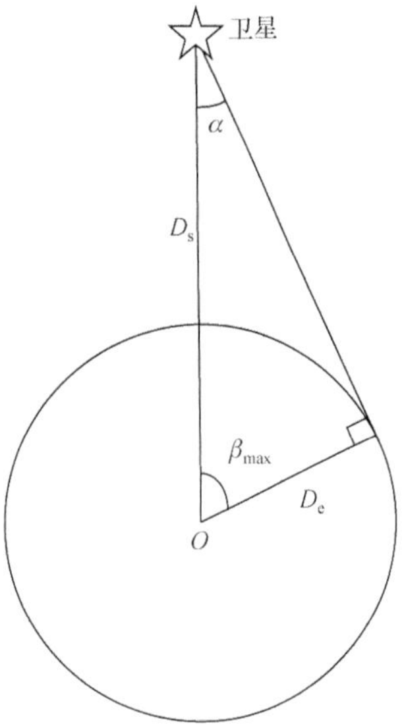

图 5.6　卫星最大覆盖范围

$$
\begin{aligned}
\lambda_R &= \frac{1}{S_\Sigma}\iint_\Sigma \left(\frac{\boldsymbol{R}\cdot\boldsymbol{\rho}}{|\boldsymbol{R}||\boldsymbol{\rho}|}\right)^2 \mathrm{d}S \\
\lambda_A &= \frac{1}{S_\Sigma}\iint_\Sigma \left(\frac{\boldsymbol{A}\cdot\boldsymbol{\rho}}{|\boldsymbol{A}||\boldsymbol{\rho}|}\right)^2 \mathrm{d}S \\
\lambda_C &= \frac{1}{S_\Sigma}\iint_\Sigma \left(\frac{\boldsymbol{C}\cdot\boldsymbol{\rho}}{|\boldsymbol{C}||\boldsymbol{\rho}|}\right)^2 \mathrm{d}S
\end{aligned} \tag{5.21}
$$

其中，$\boldsymbol{R}$ 、$\boldsymbol{A}$ 、$\boldsymbol{C}$ 、$\boldsymbol{\rho}$ 分别为卫星轨道 R 、A 、C 方向和卫星到用户观测方向的方向矢量；Σ 为卫星覆盖区域构成的球面；S_Σ 为覆盖区域的面积。

不考虑卫星截止仰角，将北斗卫星高度和地球半径代入式(5.21)可计算得到北斗 MEO 卫星和 GEO/IGSO 卫星的 URE 计算公式分别为

$$\mathrm{URE}_{\mathrm{BDS(MEO)}} = \sqrt{(cT)^2 + 0.9631R^2 + 0.0184(A^2 + C^2)} \tag{5.22}$$

$$\mathrm{URE}_{\mathrm{BDS(GEO/IGSO)}} = \sqrt{(cT)^2 + 0.9842R^2 + 0.0079(A^2 + C^2)} \tag{5.23}$$

在《北斗卫星导航系统公开服务性能规范(2.0 版)》中，采用空间信号测距误差(SISRE)来描述用户测距误差。SISRE 包含卫星钟差、星历和群时延误差，但不包括单频电离层时延误差、传输误差和用户段误差。因此，SISRE 与 URE 类似。根据该规范，北斗三号 B1I、B3I 信号的 SISRE≤1.0m，B1C、B2a 信号的 SISRE≤0.6m。

5.3　信号空间传播误差

信号在空间中传播的主要误差有电离层延迟误差、对流层延迟误差和多路径效应误差。

5.3.1　电离层延迟及其修正方法

1. 电离层延迟误差的特性

距离地面60～1000km的大气层区域，在太阳紫外线辐射和X射线的光化离解及太阳风和银河宇宙射线中高能粒子的撞击离解的共同作用下，这部分大气被电离，形成一个整体上呈电中性但其中包含大量自由电子和正负离子的区域，称为电离层。

电离层作为一种弥散性介质，主要对无线电信号产生折射、反射、散射以及吸收等作用，直接影响到电波的传播。电离层中的大量自由电子，使无线电波的传播方向、速度、相位及振幅等参量发生变化，对不同频率的电磁波传播产生不同的影响。高频电磁波主要受到电离层的反射作用。特高频乃至更高频率的电磁波则会穿透电离层，主要受到折射作用。导航卫星信号的载波频率(>1GHz)属于特高频段，在穿过电离层时，受到电离层折射效应的影响，测距码和载波相位的速度发生改变，信号的传播路径发生弯曲，产生几米甚至几十米的时延效应，称为电离层延迟误差。这种时延误差给卫星导航定位造成了严重的精度损失，成为卫星导航定位、授时、测速等应用中最主要的误差源之一。

若 S 为卫星导航信号穿过电离层的路径，则其受到的以米为单位的电离层延迟为

$$I = \pm 40.28\frac{N_e}{f^2} \tag{5.24}$$

其中，f 为卫星导航信号的载波频率。对于伪距观测，式(5.24)取正号，载波相位观测则相反，这是电离层的码相位-载波相位的反向特性。

$$N_e = \int_S n_e \mathrm{d}l \tag{5.25}$$

式(5.25)清楚地表示了 N_e 的物理意义：n_e 表示电子密度，N_e 是在信号传播路径 S 上的、横截面积为 1m^2 的管状通道空间里所包含的电子数总量(TEC)，通常以电子数/m^2 或以电子数/cm^2 为单位。同时，还可采用 10^{16} 个电子/m^2 作为TEC的单位，并将其称为1TECu。

可见，电离层延迟误差与TEC成正比，与载波频率的平方成反比。

由于电离层中的自由电子含量密度在离地面350～450km的区域达到最大，通常认为所有的自由电子都集中在350～450km某一高度处的一个无限薄的球面上，如图5.7所示。

在图5.7中，电离层薄层高度为 H_{ion}，地球平均半径为 R_e，O 点表示地心，用户接收机 R 至卫星 S 的连线与电离层薄层交于 P 点，α 为卫星在穿刺点 P 处的天顶距，即地心 O 到穿刺点 P 方向与接收机至卫星方向的夹角。α' 表示卫星在接收机 R 处的天顶距。ρ 表示卫星至接收机的几何距离。

信号从卫星 S 传播到接收机 R，电离层延迟 I 可具体表示为

$$I = \pm\frac{40.28}{f^2}\text{VTEC}\frac{1}{\cos\alpha} \tag{5.26}$$

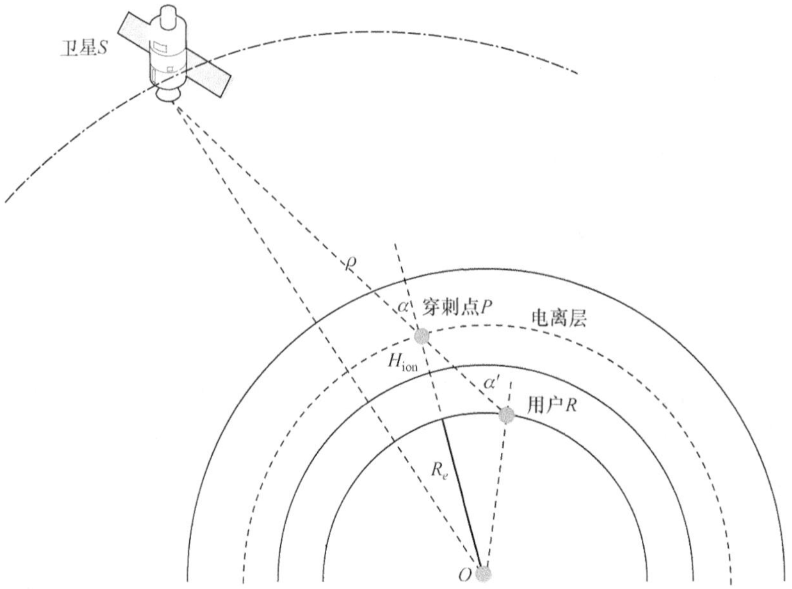

图 5.7　卫星、电离层、接收机的几何空间关系

其中，VTEC 为穿刺点 P 处的垂直电子总含量；f 为信号频率；$1/\cos\alpha$ 为投影函数。

电离层受到太阳辐射、地磁活动及其他控制因素的影响，电离程度和电子密度等参量一直处于变化的状态，因此，电离层的 TEC 会表现出与这些控制因素类似的变化规律。地球自转产生了昼夜交替现象，电离层的电子浓度受到太阳辐射的影响随着地球自转而不断发生变化，使电离层 TEC 产生了周日变化规律。为了表征电离层的周日变化特征，分别从高、中、低三个纬度带各选一个点，通过计算连续两天的 TEC 值，说明 TEC 的周日变化特性，如图 5.8 所示。

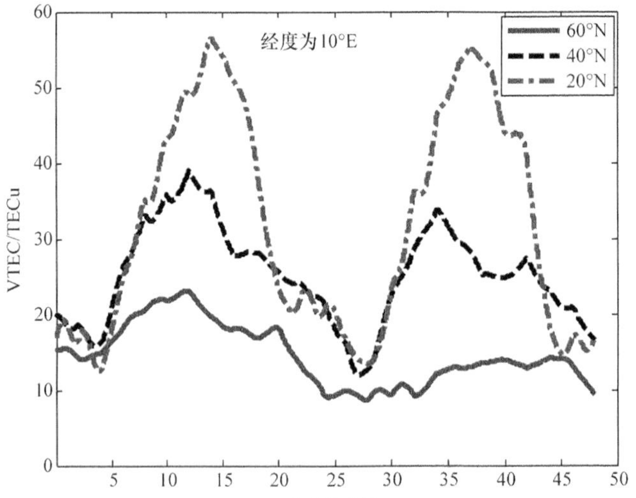

图 5.8　电离层 TEC 周日变化曲线

由图 5.8 可知，电离层 TEC 表现出了明显的周日变化规律。电离层 TEC 一般在当地下

午 2 时(14 时)达到峰值。而 TEC 越高，表明电离层自由电子含量越大，对无线电波折射效应越明显。因此，在定位前，用户必须想办法消除电离层误差的影响。

对于北斗单频接收机，其电离层延迟改正方法有两种：一是用相对定位或差分定位的方法，当两站相距不远时，两站观测同一卫星的电离层延迟误差可认为基本相同，因此通过相对定位或差分定位可以基本消除；二是模型改正的方法。模型改正也有两种方法：一是直接采用导航电文所提供的电离层延迟改正 T_{gd}，该值是卫星在天顶方向的电离层延迟改正数，需将 T_{gd} 投影到视线方向才能获得用户与卫星视线方向(斜方向)改正数；二是依据导航电文提供的电离层延迟改正参数进行计算。目前，北斗二号采用 8 参数的 Klobuchar 修正模型，北斗三号采用 9 参数的低阶球谐改正模型。下面将给出这两种模型的计算方法。

对于北斗多频(双频以上)接收机，则可以根据式(5.24)，利用电离层延迟误差与载波频率平方成反比的关系，进行消除。具体计算方法后面介绍。

2. 北斗二号单频接收机修正方法

首先，简要介绍一下 Klobuchar 修正模型。此模型是根据电离层延迟随地方时的变化规律，将夜晚电离层延迟看作一个常数，而将白天看作半个周期的余弦波，如图 5.9 所示。夜晚的电离层延迟取 5×10^{-9}s，换算成距离为 1.5m。白天的电离层延迟则由 3 个参数描述：余弦曲线的幅度 A_2、余弦曲线的周期 A_4 和余弦曲线的波峰对应的时间 50400s(14h)。其中，A_2 和 A_4 由导航电文中电离层延迟修正参数 α_0、α_1、α_2、α_3 和 β_0、β_1、β_2、β_3 计算得到，具体计算方法见下面的介绍。

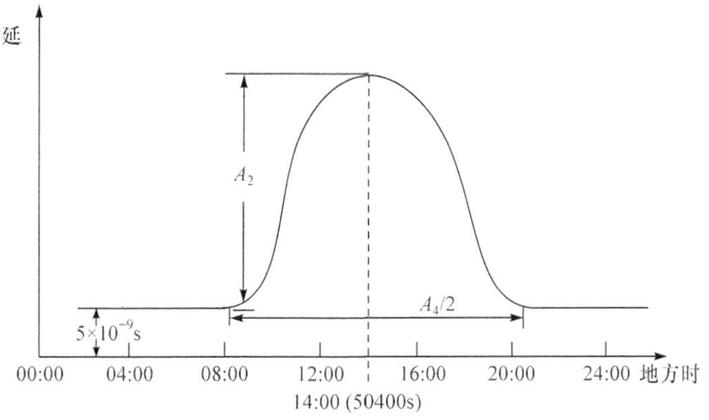

图 5.9　Klobuchar 模型表示的电离层延迟

单频接收机通过接收导航电文中播发的电离层延迟改正参数对电离层延迟进行修正。用户利用 8 参数和 Klobuchar 模型计算 B1I 信号的电离层垂直延迟改正 $I'(t)$，单位为 s，具体为

$$I'(t)=\begin{cases}5\times10^{-9}+A_2\cos\left[\dfrac{2\pi(t-50400)}{A_4}\right], & |t-50400|<A_4/4\\[2ex] 5\times10^{-9}, & |t-50400|\geqslant A_4/4\end{cases} \tag{5.27}$$

其中，t 是接收机至卫星连线与电离层交点(穿刺点 M)处的地方时(取值范围为 0～86400)，

单位为 s。其计算公式为

$$t=\left(t_E+\lambda_M\times 43200/\pi\right)\left[\text{模}86400\right] \tag{5.28}$$

其中，t_E 是用户测量时刻的 BDT，取周内秒计数部分；λ_M 是电离层穿刺点的地理经度，单位为 rad。模 86400 表示取模运算，即求解除以 86400 后得到的余数。

A_2 为白天电离层延迟余弦曲线的幅度，用 α_n 系数求得

$$A_2=\begin{cases}\sum_{n=0}^{3}\alpha_n\left|\phi_M\right|^n, & A_2\geqslant 0\\ 0, & A_2<0\end{cases} \tag{5.29}$$

A_4 为余弦曲线的周期，单位为 s，用 β_n 系数求得

$$A_4=\begin{cases}172800, & A_4\geqslant 172800\\ \sum_{n=0}^{3}\beta_n\left|\phi_M\right|^n, & 172800>A_4\geqslant 72000\\ 72000, & A_4<72000\end{cases} \tag{5.30}$$

式(5.29)和式(5.30)中的 ϕ_M 是电离层穿刺点的地理纬度，单位为 rad，穿刺点 M 的地理纬度 ϕ_M、地理经度 λ_M 计算公式为

$$\begin{aligned}\phi_M&=\arcsin(\sin\phi_u\cdot\cos\psi+\cos\phi_u\cdot\sin\psi\cdot\cos A)\\ \lambda_M&=\lambda_u+\arcsin\left(\frac{\sin\psi\cdot\sin A}{\cos\phi_M}\right)\end{aligned} \tag{5.31}$$

其中，ϕ_u 为用户地理纬度，λ_u 为用户地理经度，单位均为 rad；A 为卫星方位角，单位为 rad；ψ 为用户和穿刺点的地心张角，单位为 rad，其计算公式为

$$\psi=\frac{\pi}{2}-E-\arcsin\left(\frac{R}{R+h}\cdot\cos E\right) \tag{5.32}$$

其中，R 为地球半径，取值 6378km；E 为卫星高度角，单位为 rad；h 为电离层单层高度，取值 375km。

$$I_{\mathrm{B1I}}(t)=\frac{1}{\sqrt{1-\left(\frac{R}{R+h}\cdot\cos E\right)^2}}\cdot I_Z'(t) \tag{5.33}$$

可将 $I_Z'(t)$ 转化为 B1I 信号传播路径上的电离层延迟 $I_{\mathrm{B1I}}(t)$，单位为 s。

对于 B3I 信号，其传播路径上的电离层延迟 $I_{\mathrm{B3I}}(t)$ 需在 $I_{\mathrm{B1I}}(t)$ 的基础上乘以一个与频率有关的因子 $k_{1,3}(f)$，其值为

$$k_{1,3}(f)=\frac{f_1^2}{f_3^2}=\left(\frac{1561.098}{1268.520}\right)^2 \tag{5.34}$$

其中，f_1 表示 B1I 信号的标称载波频率；f_3 表示 B3I 信号的标称载波频率，单位为 MHz。

通过电离层延迟改正后，电离层延迟的改正效果一般在 60%～75%，剩余的误差为 1～5m。

3. 北斗二号双频接收机修正方法

若存在多频观测值，可利用双频改正法消除电离层延迟。但是只能消除一阶项，剩余的高阶项影响在 2～4cm。

电离层延迟和信号频率的平方成反比，因此在有双频观测值的条件下，可以直接利用双频组合的方式计算得到电离层延迟。设 P_1 和 P_2 分别代表双频接收机用户在同一时刻对同一颗卫星发射的频率 f_1 信号和频率 f_2 信号的伪距观测值，不考虑卫星硬件延迟、接收机硬件延迟、噪声等，则有

$$\begin{cases} P_1 = r + I_1 + \delta \\ P_2 = r + I_2 + \delta \end{cases} \tag{5.35}$$

其中，r 为卫星至接收机的几何距离；I_1 和 I_2 分别为相应频率信号上的电离层延迟；δ 为其他与频率无关的综合项。

将 P_1 和 P_2 作差，消去频率无关项得

$$P_1 - P_2 = I_1 - I_2 \tag{5.36}$$

结合电离层延迟和频率之间的比率关系，对式(5.36)进行解算可得

$$\begin{cases} I_1 = \dfrac{f_2^2}{f_2^2 - f_1^2}(P_1 - P_2) \\ I_2 = \dfrac{f_1^2}{f_2^2 - f_1^2}(P_1 - P_2) \end{cases} \tag{5.37}$$

需要注意的是，由于各种因素的影响，实测数据中不可避免地存在周跳和不良数据，并且由于载波相位观测值比伪距观测值的精度高 1～2 个量级，所以在实际数据处理中通常利用载波相位平滑伪距的方法来提高伪距观测值的精度。

在实际计算中，考虑到设备时延等问题，可结合接收到的导航电文解算电离层延迟。例如，对于 B1I 和 B3I 双频用户，采用 B1I/B3I 双频消电离层组合伪距公式来修正电离层延迟效应，具体计算方法为

$$\mathrm{PR} = \frac{\mathrm{PR_{B3I}} - k_{1,3}(f)\cdot \mathrm{PR_{B1I}}}{1 - k_{1,3}(f)} + \frac{c \cdot k_{1,3}(f) \cdot T_{\mathrm{GD1}}}{1 - k_{1,3}(f)} \tag{5.38}$$

其中，PR 为经过电离层修正后的伪距；$\mathrm{PR_{B1I}}$ 为 B1I 信号的观测伪距(经卫星钟差修正但未经 T_{GD1} 修正)；$\mathrm{PR_{B3I}}$ 为 B3I 信号的观测伪距；T_{B1I} 为 GD1 信号的星上设备时延差，通过导航电文向用户播发；c 为光速，$k_{1,3}(f) = \dfrac{f_1^2}{f_3^2} = \left(\dfrac{1561.098}{1268.520}\right)^2$。

4. 北斗三号单频接收机修正方法

北斗三号全球电离层延迟修正模型(BDGIM)包含 9 个参数，用于单频用户接收机修正信号传播过程中的电离层延迟效应。BDGIM 以改进的球谐函数为基础，用户接收机根据 BDGIM 计算电离层延迟改正值的具体公式为

$$T_{\mathrm{ion}} = M_F \cdot \frac{40.28 \times 10^{16}}{f^2}\left[A_0 + \sum_{i=1}^{9} \alpha_i A_i\right] \tag{5.39}$$

其中，T_{ion} 为卫星与接收机视线方向的电离层延迟改正值，单位为 m；M_F 为投影函数，用于垂向和斜向电离层 TEC 之间的转换，计算公式见式(5.50)；f 为当前信号对应的载波频率，单位为 Hz；$\alpha_i\left(i=1,9\right)$ 为电离层延迟改正模型参数，单位为 TECu (10^{16} 个电子/m^2)；$A_i\left(i=1,9\right)$ 为根据式(5.44)计算得到的数值；A_0 为根据式(5.47)计算得到的电离层延迟预报值，单位为 TECu。

用户接收机采用 BDGIM 计算卫星与接收机视线方向电离层延迟的具体步骤如下。

1) 电离层穿刺点位置的计算

以 ψ 表示用户和电离层穿刺点之间的地心张角，单位为 rad，其计算公式为

$$\psi=\frac{\pi}{2}-E-\arcsin\left(\frac{R_e}{R_e+H_{\text{ion}}}\cos E\right) \tag{5.40}$$

其中，E 表示卫星高度角，单位为 rad；H_{ion} 表示电离层薄层高度；R_e 表示地球平均半径。

电离层穿刺点在地球表面投影的地理纬度 φ_g 和地理经度 λ_g 的计算公式为

$$\begin{cases}\varphi_g=\arcsin\left(\sin\varphi_u\cos\psi+\cos\varphi_u\sin\psi\cos A\right)\\ \lambda_g=\lambda_u+\arctan\left(\dfrac{\sin\psi\sin A\cos\varphi_u}{\cos\psi-\sin\varphi_u\sin\varphi_g}\right)\end{cases} \tag{5.41}$$

其中，φ_u 表示用户地理纬度；λ_u 表示用户地理经度；A 表示卫星方位角，单位均为 rad。

在地固坐标系下，电离层穿刺点在地球表面投影的地磁纬度 φ_m 和地磁经度 λ_m 的计算公式为

$$\begin{cases}\varphi_m=\arcsin\left[\sin\varphi_M\sin\varphi_g+\cos\varphi_M\cos\varphi_g\cos\left(\lambda_g-\lambda_M\right)\right]\\ \lambda_m=\arctan\left[\dfrac{\cos\varphi_g\sin\left(\lambda_g-\lambda_M\right)\cos\varphi_M}{\sin\varphi_M\sin\varphi_m-\sin\varphi_g}\right]\end{cases} \tag{5.42}$$

其中，φ_M 为地磁北极的地理纬度；λ_M 为地磁北极的地理经度，单位均为 rad。

在日固坐标系下，电离层穿刺点的地磁纬度 φ' 和地磁经度 λ' 的计算公式为

$$\begin{cases}\varphi'=\varphi_m\\ \lambda'=\lambda_m-\arctan\left[\dfrac{\sin\left(S_{\text{lon}}-\lambda_M\right)}{\sin\varphi_M\cos\left(S_{\text{lon}}-\lambda_M\right)}\right]\end{cases} \tag{5.43}$$

其中，S_{lon} 为平太阳地理经度，单位为 rad；S_{lon} 的计算公式为 $S_{\text{lon}}=\pi\left[1-2\left(t-\text{int}(t)\right)\right]$。其中，$t$ 表示计算时刻，以约化儒略日表示，单位为天；$\text{int}(\cdot)$ 表示向下取整。

2) $A_i\left(i=1,9\right)$ 的计算

A_i 的具体计算公式为

$$A_i=\begin{cases}\tilde{\text{P}}_{|n_i|,|m_i|}(\sin\varphi')\cdot\cos(m_i\cdot\lambda'), & m_i\geqslant 0\\ \tilde{\text{P}}_{|n_i|,|m_i|}(\sin\varphi')\cdot\sin(-m_i\cdot\lambda'), & m_i<0\end{cases} \tag{5.44}$$

其中，n_i 和 m_i 对应取值见表 5.2。

表 5.2　n_i 和 m_i 对应取值

i	1	2	3	4	5	6	7	8	9
n_i / m_i	0/0	1/0	1/1	1/−1	2/0	2/1	2/−1	2/2	2/−2

φ' 与 λ' 根据式(5.43)计算得到，$\tilde{\mathrm{P}}_{n,m}$ 表示 n 度 m 阶的归化勒让德函数，$\tilde{\mathrm{P}}_{n,m} = N_{n,m} \cdot \mathrm{P}_{n,m}$（$\tilde{\mathrm{P}}_{n,m}$ 计算时，n、m 均取绝对值）；$N_{n,m}$ 为正则化函数，其计算公式为

$$\begin{cases} N_{n,m} = \sqrt{\dfrac{(n-m)! \cdot (2n+1) \cdot (2-\delta_{0,m})}{(n+m)!}} \\ \delta_{0,m} = \begin{cases} 1, m=0 \\ 0, m>0 \end{cases} \end{cases} \tag{5.45}$$

$\mathrm{P}_{n,m}$ 为标准的勒让德函数，其递推计算公式为

$$\begin{cases} \mathrm{P}_{n,m}(\sin\varphi') = (2n-1)!!(1-(\sin\varphi')^2)^{n/2}, & n=m \\ \mathrm{P}_{n,m}(\sin\varphi') = \sin\varphi'(2m+1)\mathrm{P}_{m,m}(\sin\varphi'), & n=m+1 \\ \mathrm{P}_{n,m}(\sin\varphi') = \dfrac{(2n-1)\sin\varphi'\mathrm{P}_{n-1,m}(\sin\varphi') - (n+m-1)\mathrm{P}_{n-2,m}(\sin\varphi')}{n-m}, & 其他 \end{cases} \tag{5.46}$$

其中，$(2n-1)!!=(2n-1)\cdot(2n-3)\cdots\cdot 1$，且 $\mathrm{P}_{0,0}(\sin\varphi')=1$。

3) 电离层延迟预报值 A_0 的计算

A_0 的具体计算公式为

$$\begin{cases} A_0 = \sum\limits_{j=1}^{17} \beta_j B_j \\ B_j = \begin{cases} \tilde{\mathrm{P}}_{n_j,m_j}(\sin\varphi')\cdot\cos(m_j\cdot\lambda'), & m_j \geqslant 0 \\ \tilde{\mathrm{P}}_{n_j,m_j}(\sin\varphi')\cdot\sin(-m_j\cdot\lambda'), & m_j < 0 \end{cases} \end{cases} \tag{5.47}$$

其中，n_j 及 m_j 的具体取值参见附录 A。$\tilde{\mathrm{P}}_{n_j,m_j}(\sin\varphi')$ 计算参照式(5.45)和式(5.46)，$\beta_j (j=1\sim17)$ 计算式为

$$\begin{cases} \beta_i = a_{0,j} + \sum\limits_{k=1}^{12}\left[a_{k,j}\cos(\omega_k t_p) + b_{k,j}\sin(\omega_k t_p)\right] \\ \omega_k = \dfrac{2\pi}{T_k} \end{cases} \tag{5.48}$$

其中，$a_{k,j}$ 与 $b_{k,j}$ 为 BDGIM 模型的非发播系数，具体参见附录 ABDGIM 模型的非发播系数预报周期表，单位为 TECu；T_k 为附录 A 给出的 BDGIM 模型非发播数及预报周期表中各非发播系数对应的预报周期；t_p 对应当天约化儒略日的奇数整点时刻(01: 00: 00，03: 00: 00，05: 00: 00，…，23: 00: 00)，单位为天，用户计算时选取距离当前计算时刻最近的 t_p 使用。

4) 穿刺点处垂直方向电离层延迟的计算

穿刺点处垂直方向电离层延迟 VTEC(单位为 TECu)的计算公式为

$$\mathrm{VTEC} = A_0 + \sum_{i=1}^{9} \alpha_i A_i \tag{5.49}$$

5) 穿刺点电离层投影函数 M_F 的计算

电离层穿刺点处的投影函数 M_F 的计算公式为

$$M_F = \frac{1}{\sqrt{1-\left(\dfrac{R_e}{R_e + H_{\text{ion}}}\cos E\right)^2}} \tag{5.50}$$

其中，E 表示卫星高度角，单位为 rad；H_{ion} 表示电离层薄层高度；R_e 表示地球平均半径。

6) 计算信号传播路径上的电离层延迟改正值

结合穿刺点处的垂直方向电离层延迟及投影函数，按式(5.39)即可计算得到信号传播路径上电离层延迟改正值。

上述计算中，相关参数取值建议如下。

电离层薄层高度：$H_{\text{ion}} = 400\text{km}$。

地球平均半径：$R_e = 6378\text{km}$。

地磁北极的地理经度：$\lambda_M = \dfrac{-72.58°}{180°}\cdot\pi \quad \text{rad}$。

地磁北极的地理纬度：$\varphi_M = \dfrac{80.27°}{180°}\cdot\pi \quad \text{rad}$。

5. 北斗三号双频接收机修正方法

对于使用 B1C 和 B2a 信号的双频用户，采用双频无电离层组合伪距算法来修正电离层延迟的影响，计算方法如下。

(1) 对于使用 B1C 导频分量和 B2a 导频分量的双频用户。

$$\mathrm{PR}_{\text{B1Cp-B2ap}} = \frac{\mathrm{PR}_{\text{B2ap}} - k_{12}\mathrm{PR}_{\text{B1Cp}}}{1-k_{12}} - \frac{C\left(T_{\text{GDB2ap}} - k_{12}T_{\text{GDB1Cp}}\right)}{1-k_{12}} \tag{5.51}$$

(2) 对于使用 B1C 导频分量和 B2a 数据分量的双频用户。

$$\mathrm{PR}_{\text{B1Cp-B2ad}} = \frac{\mathrm{PR}_{\text{B2ad}} - k_{12}\mathrm{PR}_{\text{B1Cp}}}{1-k_{12}} - \frac{C\left(T_{\text{GDB2ap}} + \mathrm{ISC}_{\text{B2ad}} - k_{12}T_{\text{GDB1Cp}}\right)}{1-k_{12}} \tag{5.52}$$

(3) 对于使用 B1C 数据分量和 B2a 导频分量的双频用户。

$$\mathrm{PR}_{\text{B1Cd-B2ap}} = \frac{\mathrm{PR}_{\text{B2ap}} - k_{12}\mathrm{PR}_{\text{B1Cd}}}{1-k_{12}} - \frac{C\left(T_{\text{GDB2ap}} - k_{12}T_{\text{GDB1Cp}} - k_{12}\mathrm{ISC}_{\text{B1Cd}}\right)}{1-k_{12}} \tag{5.53}$$

(4) 对于使用 B1C 数据分量和 B2a 数据分量的双频用户。

$$\begin{aligned}\mathrm{PR}_{\text{B1Cd-B2ad}} = &\frac{\mathrm{PR}_{\text{B2ad}} - k_{12}\mathrm{PR}_{\text{B1Cd}}}{1-k_{12}} \\ &- \frac{C\left(T_{\text{GDB2ap}} + \mathrm{ISC}_{\text{B2ad}} - k_{12}T_{\text{GDB1Cp}} - k_{12}\mathrm{ISC}_{\text{B1Cd}}\right)}{1-k_{12}}\end{aligned} \tag{5.54}$$

其中，$k_{12}=\left(\dfrac{1575.42}{1176.45}\right)^2$ 为与频率有关的因子；$PR_{B1Cp\text{-}B2ap}$ 为 B1C 导频分量和 B2a 导频分量的双频无电离层组合伪距；$PR_{B1Cp\text{-}B2ad}$ 为 B1C 导频分量和 B2a 数据分量的双频无电离层组合伪距；$PR_{B1Cd\text{-}B2ap}$ 为 B1C 数据分量和 B2a 导频分量的双频无电离层组合伪距；$PR_{B1Cd\text{-}B2ad}$ 为 B1C 数据分量和 B2a 数据分量的双频无电离层组合伪距；PR_{B1Cp} 为 B1C 导频分量的观测伪距(经钟差修正但不经 T_{GDB1Cp} 修正)；PR_{B1Cd} 为 B1C 数据分量的观测伪距(经钟差修正但不经 T_{GDB1Cp}、ISC_{B1Cd} 修正)；PR_{B2ap} 为 B2a 导频分量的观测伪距(经钟差修正但不经 T_{GDB2ap} 修正)；PR_{B2ap} 为 B2a 数据分量的观测伪距(经钟差修正但不经 T_{GDB2ap}、ISC_{B2ad} 修正)；T_{GDB1Cp} 为 B1C 导频分量时延差；T_{GDB2ap} 为 B2a 导频分量时延差；ISC_{B1Cd} 为 B1C 数据分量相对于 B1C 导频分量的时延修正项；ISC_{B2ad} 为 B2a 数据分量相对于 B2a 导频分量的时延修正项，具体定义参见《北斗卫星导航系统空间信号接口控制文件公开服务信号 B2a(1.0 版)》。

5.3.2　对流层延迟及其修正方法

对流层是从地面开始延伸至以上约 50km 的大气层。当卫星导航信号从中穿越时，会改变信号的传播速度和传播路径，我们称这一现象为对流层延迟。对流层延迟对导航信号的影响，在天顶方向的延迟为 1.9～2.5m；随着高度角不断减小，对流层延迟将增加至 20～80m。

目前已经发展了多种对流层延迟模型，其中改进的 Hopfield 模型、Saastamoinen 模型和 Hopfield 简化模型给出的分量结果与美国标准大气层所计算的结果的偏差在几毫米以内。在天顶方向，各种模型的延迟改正结果误差都在 20mm 以内，而湿分量部分的残余影响还比较大。

根据对流层天顶延迟模型可以得到与测站垂直方向上的对流层延迟信息，但不能求得斜路径上的大气延迟。此时需要选择合适的映射函数，将由对流层天顶延迟模型计算的改正值投影到任意斜方向。二者之间的数学关系式为

$$D_{tro}=D_{tro}^{z}\cdot MF(E) \tag{5.55}$$

如果进一步划分对流层天顶延迟模型，式(5.55)可表示为

$$D_{tro}=D_{dry}^{z}\cdot MF_{dry}(E)+D_{wet}^{z}\cdot MF_{wet}(E) \tag{5.56}$$

其中，D_{tro} 表示对流层任意方向的总延迟；D_{dry}^{z}、D_{wet}^{z} 分别表示对流层天顶延迟方向的干、湿延迟；$MF(E)$ 表示总体映射函数，$MF_{dry}(E)$、$MF_{wet}(E)$ 分别表示干、湿映射函数，E 表示信号路径的高度角。

1. Hopfield 模型

Hopfield 模型是 Hopfield 于 1969 年提出的。该模型将整个大气层仅分为电离层和对流层两层，并假定对流层的大气温度下降率为一个常数，即高程每上升 1000m，温度下降 6.8℃。天顶总延迟认为是天顶干延迟和天顶湿延迟的总和。Hopfield 利用全球 18 个台站的一年平

均资料拟合得到了以下经验公式，即

$$\Delta D_{\text{tro}}^{z}=\Delta D_{\text{dry}}^{z}+\Delta D_{\text{wet}}^{z} \tag{5.57}$$

其中，$\Delta D_{\text{tro}}^{z}$ 为 ZTD 总延迟；$\Delta D_{\text{dry}}^{z}$ 为干延迟部分；$\Delta D_{\text{wet}}^{z}$ 为湿延迟部分。

干延迟的计算式为

$$\Delta D_{\text{dry}}^{z}=10^{-6}\int_{h_0}^{h_{\text{dry}}}N_{\text{dry}}\mathrm{d}h=1.552\times10^{-5}\times\frac{P_0}{T_0}\times(h_{\text{dry}}-h_0) \tag{5.58}$$

湿延迟的计算式为

$$\Delta D_{\text{wet}}^{z}=10^{-6}\int_{h_0}^{h_{\text{wet}}}N_{\text{wet}}\mathrm{d}h=7.46512\times10^{-2}\times\frac{e_0}{T_0^2}\times(h_{\text{wet}}-h_0) \tag{5.59}$$

式(5.58)和式(5.59)中，P_0 为测站的大气压强(mbar①)；T_0 为测站温度(K)；h_0 为测站高程；h_{dry}、h_{wet} 分别表示干、湿大气的层顶高度，e_0 为水汽压，Hopfield 建议采用以下经验公式。

$$\begin{cases}h_{\text{dry}}=40136+148.72(T_0-273.16)\\ h_{\text{wet}}=11000\\ e_0=\text{RH}\times10^{-37.2465+0.213166T-0.000256908T^2}\end{cases} \tag{5.60}$$

其中，RH 为测站的相对湿度。

在实测气象参数(用户在计算时，要先获取测站的气压 P_0、气温 T_0 和相对湿度 RH)作为输入时，Hopfield 模型的精度能够达到厘米级。但是，相关研究表明，由于 Hopfield 模型的分层特性，将对流层中的温度下降率设定为常数，在较高测站情况下，该模型会出现较大计算偏差。

为了进一步提高 Hopfield 模型的精度，1972 年，Hopfield 又提出了 Hopfield 的改进模型。该模型的干、湿延迟计算公式为

$$\Delta D_i^{z}=10^{-6}N_i\sum_{k=1}^{9}\frac{f_{k,i}}{k}r_i^k,\quad i=\text{dry},\text{wet} \tag{5.61}$$

其中，$N_{\text{dry}}=\dfrac{77.64P}{T}$，$N_{\text{wet}}=-\dfrac{12.96e_0}{T}+\dfrac{371800e_0}{T^2}$；$f_{1,i}=1$，$f_{2,i}=4a_i$，$f_{3,i}=6a_i^2+4b_i$，$f_{4,i}=4a_i(a_i^2+3b_i)$，$f_{5,i}=a_i^4+12a_i^2b_i+6b_i^2$，$f_{6,i}=4a_ib_i(a_i^2+3b_i)$，$f_{7,i}=b_i^2(6a_i^2+4b_i)$，$f_{8,i}=4a_ib_i^3$，$f_{9,i}=b_i^4$；$r_i=\sqrt{(R_e+h_i)^2-R_e^2\sin^2 z}-R_e\cos z$，$R_e=6378137\text{m}$。

变量 a_i，b_i 定义为

$$a_i=-\frac{\cos z}{h_i},\quad b_i=-\frac{\sin^2 z}{2h_iR_e}$$

其余符号的定义与 Hopfield 模型相同。

Hopfield 于 1972 年总结了干、湿大气层的高度和大气折射率误差模型后，将映射函数简单表示为高度角的正割函数，为了更加符合大气廓线的规律，后人对其做了改进，改进后的较精确的 Hopfield 映射函数模型为

① 1mbar=100Pa。

$$M_F(E)=\frac{1}{\sin\sqrt{E^2+\theta^2}} \tag{5.62}$$

其中，当计算干分量映射函数时，$\theta=2.5°$；当计算湿分量映射函数时，$\theta=1.5°$。

2. Saastamoinen 模型

Saastamoinen 模型依然将对流层延迟分为干、湿分量进行计算。不同于 Hopfield 模型和改进的 Hopfield 模型的是，该模型将对流层分成两层积分：地表到 11～12km 的对流层和 12～50km 的平流层，并认为对流层的温度递减率为 6.5℃/km，平流层的大气温度假设为常数，而水汽压则是基于回归线的气压廓线对折射指数的湿项积分。

干分量和湿分量可分别表示为

$$\Delta D_{\text{dry}}^{z}=10^{-6}k_1\frac{R_{\text{dry}}}{g_m}P_0 \tag{5.63}$$

$$\Delta D_{\text{wet}}^{z}=10^{-6}(k_2'+k_3/T)\frac{R_{\text{dry}}}{(\lambda+1)g_m}e_0 \tag{5.64}$$

其中，各参数值为 $k_1=77.642\text{K/hPa}$，$k_2=64.7\text{K/hPa}$，$k_2'=k_2-0.622k_1\text{K/hPa}$，$k_3=371900\text{K}^2/\text{hPa}$，$R_{\text{dry}}=287.04\text{m}^2/(\text{s}^2\text{K})$，$g_{\text{m}}=9.784\text{m/s}^2$，$\lambda=3$。

由式(5.63)和式(5.64)，并考虑测站的地理位置和高程，可得基于 Saastamoinen 模型的对流层天顶延迟为

$$\Delta D_{\text{tro}}^{z}=2.277\times10^{-3}\left[P_0+\left(\frac{1255}{T_0}+0.05\right)e_0\right]/f(B,H) \tag{5.65}$$

$$f(B,H)=1-0.266\times10^{-2}\times\cos(2B)-0.28\times10^{-3}\times H \tag{5.66}$$

其中，B 为测站纬度；H 为测站高程(km)，其余符号的含义与 Hopfield 模型相同。

Saastamoinen 映射函数的建立需要知道大气折射廓线及干、湿对流层和干平流层的边界值，三角函数用泰勒级数进行展开，最后可得基于 Saastamoinen 模型及映射函数的对流层斜方向总延迟计算式为

$$D_{\text{tro}}=2.277\times10^{-3}\sec z_0\left[P_0+\left(\frac{1255}{T_0}+0.05\right)e_0-B\tan^2 z_0\right] \tag{5.67}$$

其中，z_0 表示卫星天顶距，其余参数与 Hopfield 模型定义相同。

5.3.3　多路径效应

多路径现象指的是接收机天线除了接收到一个从卫星发射后经直线传播的电磁波信号，还可能接收到一个或多个由该电磁波经周围地物反射后的信号，而每个反射信号又可能是经过一次或多次反射后到达天线的，如图 5.10 所示。接收机天线接收一个直射波和一个经一次反射后的反射波。事实上，多路径与大家所熟悉的光的反射属于同一种现象。对于处于 L 波段上的载波信号而言，金属和水面等均是良好的反射体。

这种由多路径引起的使接收机对信号的测量值产生误差和对信号的跟踪造成困难的影响，称为多路径效应。不同强度、时延与相位状态的反射波会引起不同程度的多路径效应。

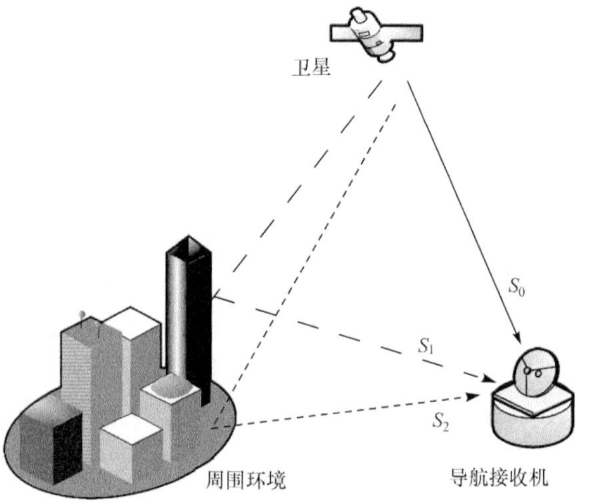

图 5.10　多路径产生示意图

一般来说，短时延多路径的效应难以被接收机抑制或消除，它比时延长的多路径更具有危害性。对于动态接收机来说，多路径误差的大小显得非常随机；对于静态接收机来说，多路径误差并不呈现正态分布，而是随着卫星的移动略呈周期为几分钟的正弦波动。由多路径引起的伪距误差一般为 1～5m，载波相位误差为 1～5cm，但在城市峡谷等地方很大，达到数十米之多。

多路径误差不同于其他类型的观测误差，它不仅与接收机天线周围反射物体的介质和远近距离有关，而且会随时间发生改变。因此多路径效应误差具有时变的复杂多样性，在实际应用中，也很难用统一的模型进行描述。

减弱多路径效应影响的措施，主要有以下几种。

(1) 在安置接收机天线的时候，应避开较强的反射面，如水面、平坦光滑的地面和平整的建筑物表面等，尽量将天线安置在最高点。

(2) 选择造型适宜且屏蔽良好的天线，例如，采用扼流圈天线等。

(3) 适当延长观测时间，削弱多路径效应的周期性影响。

(4) 改善接收机的电路设计，以减弱多路径效应的影响。

5.4　与接收机相关的误差

5.4.1　接收机噪声

接收机噪声主要源于天线噪声和环路噪声。天线噪声是由客体噪声和背景噪声组成的，客体噪声是因为各种电机火花放电，以及电台、电视和雷达的高频射电而致。背景噪声不仅包括因雷电和大气涨落引起的天电干扰噪声，而且包括银河噪声和太阳噪声。到达接收天线的卫星信号弱达 3.5×10^{-16} W，极易受到天线噪声的干扰，形成一个被噪声干扰的卫星信号而进入后续电路，予以放大和测量。环路噪声是指接收机的伪随机码跟踪环路和载波跟踪环路等电路因信号电流在其内的流通及变换而产生热噪声与磁起伏噪声，其中以热噪声为主。

观测噪声与码相关模式、接收机动态以及卫星高度截止角有关。以北斗二号为例，C/A 码观测噪声一般在 1.5～3m 变化，P 码观测噪声一般在 0.1～0.3m 变化，载波相位的噪声一般为波长的 1%。

5.4.2 天线相位中心误差

在北斗导航定位中，无论伪距观测值还是载波相位观测值，都是以接收机天线的相位中心位置为准的，而天线的相位中心与其几何中心，在理论上应保持一致。可是，实际上天线的相位中心位置随着信号输入的强度和方向不同而有所变化，即观测时相位中心的瞬时位置(一般称为视相位中心)与理论上的相位中心位置将有所不同。天线相位中心的偏差对相对定位结果的影响，根据天线性能的好坏可达数毫米至数厘米。因此对于精密相对定位来说，由天线相位中心造成的误差也是不容忽视的。

令 $\boldsymbol{r}_{\text{ant}}$ 和 $\boldsymbol{r}_E$ 分别表示地固坐标系中接收机天线相位中心和几何中心的位置矢量，则相位中心偏离矢量定义为

$$\Delta\boldsymbol{r}_{\text{ant}} = \boldsymbol{r}_{\text{ant}} - \boldsymbol{r}_E \tag{5.68}$$

一般而言，接收机相位中心偏移常在当地水平坐标系中表示，即天线相位中心相对几何中心的垂直方向偏离 ΔH 、北向偏离 ΔN 和东向偏离 ΔE ，将 $(\Delta E,\Delta N,\Delta H)^{\mathrm{T}}$ 转换到地固坐标系中，即可得到偏移矢量。

$$\Delta\boldsymbol{r}_{\text{ant}} = \begin{bmatrix}\Delta x\\ \Delta y\\ \Delta z\end{bmatrix} = R_3(270° - L)R_1(B - 90°)\begin{bmatrix}\Delta E\\ \Delta N\\ \Delta H\end{bmatrix} \tag{5.69}$$

其中， L 和 B 分别为接收机的大地经度和大地纬度。

将式(5.69)展开，可得 $\Delta\boldsymbol{r}_{\text{ant}}$ 计算公式为

$$\begin{cases}\Delta x = -\Delta E\sin L - \Delta N\cos L\sin B + \Delta H\cos L\cos B\\ \Delta y = \Delta E\cos L - \Delta N\sin L\sin B + \Delta H\sin L\cos B\\ \Delta z = \Delta N\cos B + \Delta H\sin B\end{cases} \tag{5.70}$$

在地固坐标系中将相位中心偏移投影到接收机到卫星的方向矢量上，得到接收机天线相位中心偏移引起的距离误差为

$$\Delta\rho_r = \Delta\boldsymbol{r}_{\text{ant}} \cdot \frac{(\boldsymbol{r}_s - \boldsymbol{r}_E)}{\left|\boldsymbol{r}_s - \boldsymbol{r}_E\right|} \tag{5.71}$$

其中， $\boldsymbol{r}_s$ 为卫星在地固坐标系中的位置矢量。

5.5 其 他 误 差

除上述 3 类误差的影响外，还有其他一些可能的误差来源，如相对论以及地球自转效应的影响。

5.5.1 相对论效应

卫星导航信号测量中的相对论效应是由卫星钟和接收机钟在惯性空间中的运动速度不

同以及这两台钟所处位置的地球引力位的不同而引起的。前者称为狭义相对论效应，后者称为广义相对论效应。

由于卫星钟安置在高速运动的卫星上，按照狭义相对论的观点，会产生时间膨胀的现象，若某卫星钟在惯性空间中处于静止状态时的钟频为 f ，那么当它被安置在以 V_s 的速度运动的卫星上时，其频率将变为

$$f_s = f\left[1-\left(\frac{V_s}{c}\right)^2\right]^{1/2} \approx f\left(1-\frac{V_s^2}{2c^2}\right) \tag{5.72}$$

其频率变化为

$$\Delta f_1 = f_s - f = -\frac{V_s^2}{2c^2} f \tag{5.73}$$

广义相对论指出若卫星所处位置的地球引力位为 W_S ，地面测站处的地球引力位为 W_K ，那么同一台时钟放在地面测站和卫星上时其频率将相差 Δf_2 。

$$\Delta f_2 = \frac{W_S - W_K}{c^2} f \tag{5.74}$$

由于广义相对论效应数量很小，因而可把地球的重力位看作一个质点位，于是有

$$\begin{cases} W_S = -\dfrac{\mu}{r} \\ W_K = -\dfrac{\mu}{R} \end{cases} \tag{5.75}$$

其中， μ 为地球引力常数； R 为测站至地心的距离； r 为卫星至地心的距离。将式(5.75)代入式(5.74)得

$$\Delta f_2 = \frac{\mu}{c^2} \cdot f\left(\frac{1}{R} - \frac{1}{r}\right) \tag{5.76}$$

在狭义相对论效应和广义相对论效应的综合影响下，卫星钟和地面钟的频率差值为

$$\Delta f = \Delta f_1 + \Delta f_2 = \left[\frac{\mu}{c^2}\right]\left(\frac{1}{R} - \frac{1}{r}\right) - \frac{V_s^2}{2c^2} \cdot f \tag{5.77}$$

根据卫星轨道理论有

$$\begin{cases} \dfrac{V_s^2}{2} = \dfrac{\mu}{r} - \dfrac{\mu}{2a} \\ r = \dfrac{(1-e^2)a}{1+e\cos\theta} \\ \cos\theta = \dfrac{\cos E - e}{1 - e\cos E} \end{cases} \tag{5.78}$$

其中， a 为卫星椭圆轨道长半轴； e 为轨道的偏心率； θ 为卫星的真近点角； E 为卫星的偏近点角。

将式(5.78)代入式(5.77)，整理可得

$$\frac{\Delta f}{f} = \frac{\mu}{c^2}\left[\frac{1}{R} + \frac{1}{2a} - \frac{2}{(1-e^2)a} - \frac{2e(\cos E - e)}{(1-e^2)a(1-e\cos E)}\right] \tag{5.79}$$

由式(5.79)可看出，右端前 3 项是固定值，第 4 项是随时间 t 变化的值。根据

$$\begin{aligned} M &= E - e\sin E \\ M &= t \cdot \sqrt{\mu / a^3} \end{aligned} \tag{5.80}$$

可得

$$(1 - e\cos E) = \sqrt{\mu / a^3} \cdot \frac{\mathrm{d}t}{\mathrm{d}E} \tag{5.81}$$

将式(5.81)代入式(5.79)可得

$$\frac{\Delta f}{f} = \frac{\mu}{c^2}\left[\frac{1}{R} + \frac{1}{2a} - \frac{2}{(1-e^2)a} - \frac{2e(\cos E - e)}{(1-e^2)a}\sqrt{a^3 / \mu}\frac{\mathrm{d}E}{\mathrm{d}t}\right] \tag{5.82}$$

设由相对论效应引起的卫星时间偏差为 $\Delta\tau$ ，则有

$$\Delta\tau = \int \frac{\Delta f}{f}\mathrm{d}t = \frac{\mu}{c^2}\left(\frac{1}{R} + \frac{1}{2a} - \frac{2}{(1-e^2)a}\right)t - \frac{\mu 2e}{c^2(1-e^2)a}\sqrt{a^3 / \mu}(\sin E - eE) \tag{5.83}$$

整理化简后得

$$\Delta\tau = \frac{\mu}{c^2}\left(\frac{1}{R} - \frac{3}{2a}\right)t - \frac{2\sqrt{a\mu}}{c^2}e\sin E \tag{5.84}$$

这就是卫星为椭圆轨道时的相对论效应公式。

当卫星轨道为圆 $(e=0)$ 时，有

$$\Delta\tau = \frac{\mu}{c^2}\left(\frac{1}{R} - \frac{3}{2a}\right)t \tag{5.85}$$

相对论效应使钟走快，其钟速 $\Delta\tau / t$ 是固定不变的，而钟速实际上为 $\Delta f / f$ 。

$$\frac{\Delta\tau}{t} = \frac{\Delta f}{f} = \frac{\mu}{c^2}\left(\frac{1}{R} - \frac{3}{2a}\right) \tag{5.86}$$

对于卫星导航系统，此值为固定值，因此可以采取将卫星中的频率降低的办法来解决。这样就可以消去式(5.84)中第 1 项的影响。

对于非圆轨道，相对论效应的改正项为

$$\Delta\rho_{\mathrm{Rel}} = -\frac{2}{c}\sqrt{a\mu} \cdot e\sin E \tag{5.87}$$

其中，μ 为地球引力常数；c 为光速。

5.5.2　地球自转效应

假设卫星信号发射时刻为 t ，接收机接收到信号的时刻为 $t+\tau$ ，由于地球自转，信号发射时刻和信号接收时刻处于空间上不再重合的地固坐标系中，如图 5.11 所示。信号在传输时间 τ 内由于地球自转引起的距离改变称为地球自转改正效应(Sagnac 效应)。若不考虑该改正项，所能引起的定位误差在 30m 左右。

卫星导航的平均传播时间 τ 约为 75ms，在如此短的时间内可以忽略极移的影响，所以认为在时间段 τ ，地心地固坐标系围绕 z 轴旋转了 $\omega_e\tau$ ，其中 ω_e 为地球自转角速度。若卫星发射时刻 t 在地心地固坐标系中的坐标为 $(x_t,\ y_t,\ z_t)$，则该坐标值转换到接收时刻 $t+\tau$ 时的地心地固坐标系中的坐标 $(x_{t+\tau},\ y_{t+\tau},\ z_{t+\tau})$ 为

$$\begin{bmatrix} x_{t+\tau} \\ y_{t+\tau} \\ z_{t+\tau} \end{bmatrix} = \boldsymbol{R}_z(\omega_e\tau)\begin{bmatrix} x_t \\ y_t \\ z_t \end{bmatrix} = \begin{bmatrix} \cos\omega_e\tau & \sin\omega_e\tau & 0 \\ -\sin\omega_e\tau & \cos\omega_e\tau & 0 \\ 0 & 0 & 1 \end{bmatrix}\begin{bmatrix} x_t \\ y_t \\ z_t \end{bmatrix} \tag{5.88}$$

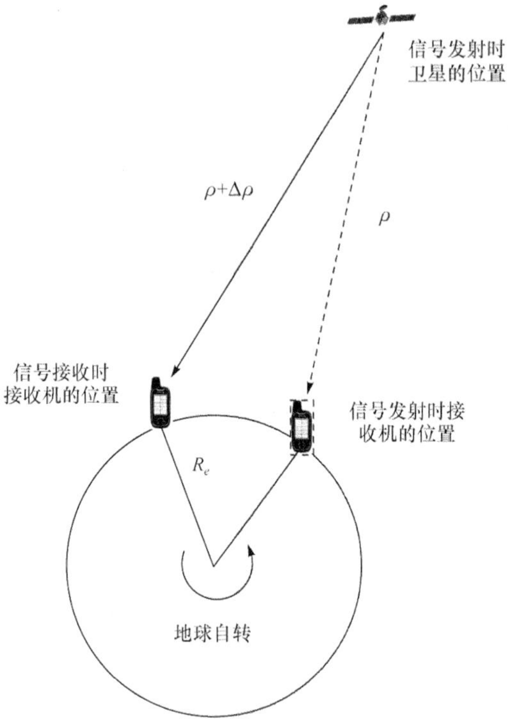

图 5.11　地球自转效应

第 6 章
北斗伪距定位、测速与授时方法

北斗系统之所以能够为全球用户提供全天候、全天时、高精度的定位、导航和授时服务，其原理就是利用第 4 章的卫星星历和第 5 章的伪距或载波相位观测值，求解用户的位置、速度和时间。本章将介绍利用伪距及伪距变化率求解用户位置、速度和时间的方法。

6.1 伪距单点定位方法

6.1.1 定位方法的分类

1. 按参考点的位置划分

1) 绝对定位(或单点定位)

绝对定位(或单点定位)是指在一个待定点上利用卫星导航接收机观测 4 颗及以上可见卫星，在地球协议坐标系中确定观测站相对地球质心的位置。这时，可认为参考点与地球质心相重合。

绝对定位的优点是，只需用一台接收机即可独立定位，观测的组织与实施简便，数据处理简单。其主要问题是，受卫星星历误差和卫星信号在传播过程中的大气延迟误差等因素的影响显著，定位精度较低。

2) 相对定位

相对定位即在地球协议坐标系中确定观测站与某一地面参考点之间的相对位置。与绝对定位不同，相对定位至少需要两台卫星导航接收机，需要在两个或若干个测量站上，设置卫星导航接收机，同步跟踪观测相同的可见卫星，测定它们之间的相对位置。在相对定位中，至少其中一点或几个点的位置必须是已知的，称为基准点。

在相对定位中，待测点是结合一个或几个基准站的同步观测北斗卫星的数据进行定位，因此可以有效地消除或减弱许多相同或基本相同的误差，如卫星钟的误差、卫星星历误差、卫星信号在大气中的传播延迟误差等，从而可获得很高的相对定位精度。但相对定位要求基准站和待测点接收机必须同步跟踪观测相同的卫星，因而其作业组织和实施较为复杂，并且卫星信号在大气中的传播延迟使得两点间的距离受到限制，一般在 1000km 以内。

2. 按用户接收机在作业过程中所处的状态划分

1) 静态定位

静态定位即在定位过程中，接收机的天线处于静止状态，位置保持固定不变。不过，严格来说，静止状态只是相对的。在卫星大地测量学中，静止状态通常是指待定点的位置相对其周围的点位没有发生变化或变化极其缓慢，以致在观测期内(如数天或数星期)可以忽略。

2) 动态定位

动态定位即接收机天线在定位过程中处于运动状态。动态定位根据应用目的的不同可划分为两种情况：一种是导航动态定位，它要求在用户运动时，实时地确定用户的位置和速度，并根据预先选定的终点和运动路线，引导用户沿预定航线到达目的地，如舰船、飞机和车辆等的导航以及武器的制导。另一种是精密动态定位，其主要目的不是导航，而是精确确定用户各个时刻的位置和速度，如应用北斗测定航天器轨道，航空摄影测量定位，导弹、火箭试验的外弹道测量等。

6.1.2 伪距观测方程的线性化

根据第 2 章卫星导航定位原理可知，用户至少接收到 4 颗卫星的伪距才能进行定位。考虑接收机钟差、卫星钟差、电离层延迟、对流层延迟及随机噪声等测量误差，则由伪距观测量建立的定位方程为

$$\begin{cases}\rho^{(1)}=\sqrt{\left(x^{(1)}-x_u\right)^2+\left(y^{(1)}-y_u\right)^2+\left(z^{(1)}-z_u\right)^2}+b_u-B^{(1)}+I_\rho^{(1)}+T_\rho^{(1)}+\varepsilon^{(1)}\\ \rho^{(2)}=\sqrt{\left(x^{(2)}-x_u\right)^2+\left(y^{(2)}-y_u\right)^2+\left(z^{(2)}-z_u\right)^2}+b_u-B^{(2)}+I_\rho^{(2)}+T_\rho^{(2)}+\varepsilon^{(2)}\\ \rho^{(3)}=\sqrt{\left(x^{(3)}-x_u\right)^2+\left(y^{(3)}-y_u\right)^2+\left(z^{(3)}-z_u\right)^2}+b_u-B^{(3)}+I_\rho^{(3)}+T_\rho^{(3)}+\varepsilon^{(3)}\\ \rho^{(4)}=\sqrt{\left(x^{(4)}-x_u\right)^2+\left(y^{(4)}-y_u\right)^2+\left(z^{(4)}-z_u\right)^2}+b_u-B^{(4)}+I_\rho^{(4)}+T_\rho^{(4)}+\varepsilon^{(4)}\\ \qquad\cdots\cdots\\ \rho^{(n)}=\sqrt{\left(x^{(n)}-x_u\right)^2+\left(y^{(n)}-y_u\right)^2+\left(z^{(n)}-z_u\right)^2}+b_u-B^{(n)}+I_\rho^{(n)}+T_\rho^{(n)}+\varepsilon^{(n)}\end{cases}\tag{6.1}$$

由式(6.1)不难看出，每个伪距测量方程都是关于用户位置的非线性函数，不能通过直接解方程求得用户位置。

在实际定位解算中，首先对观测方程进行线性化。设定接收机的概略坐标为 (x_0,y_0,z_0)，取相应的改正数为 $(\Delta x,\Delta y,\Delta z)$，将 $x_u=x_0+\Delta x$、$y_u=y_0+\Delta y$、$z_u=z_0+\Delta z$ 代入式(6.1)，进行泰勒(Taylor)级数展开，并略去高阶项后，可将第 j 颗卫星观测方程线性化为

$$e_x^{(j)}\Delta x+e_y^{(j)}\Delta y+e_z^{(j)}\Delta z+b_u=\rho^{(j)}-R_0^{(j)}+B^{(j)}-I_\rho^{(j)}-T_\rho^{(j)}-\varepsilon^{(j)}\tag{6.2}$$

其中，$R_0^{(j)}=\sqrt{(x_0-x^{(j)})^2+(y_0-y^{(j)})^2+(z_0-z^{(j)})^2}$ 为第 j 颗卫星至接收机的近似距离；$(e_x^{(j)},e_y^{(j)},e_z^{(j)})$ 为第 j 颗卫星视线方向上(line of sight, LOS)的单位向量，可表示为

$$\begin{cases}e_x^{(j)}=\dfrac{\partial R_0^{(j)}}{\partial x_0}=\dfrac{(x_0-x^{(j)})}{R_0^{(j)}}\\ e_y^{(j)}=\dfrac{\partial R_0^{(j)}}{\partial y_0}=\dfrac{(y_0-y^{(j)})}{R_0^{(j)}}\\ e_z^{(j)}=\dfrac{\partial R_0^{(j)}}{\partial z_0}=\dfrac{(z_0-z^{(j)})}{R_0^{(j)}}\end{cases}\tag{6.3}$$

根据接收机概略位置(x_0,y_0,z_0)、接收机可见卫星的信息，式(6.2)右边各项及左边各项的系数$e^{(j)}$值均可通过计算获得，式(6.2)右边各项标记为

$$l^{(j)}=\rho^{(j)}-R_0^{(j)}+B^{(j)}-I_\rho^{(j)}-T_\rho^{(j)} \tag{6.4}$$

由于观测量$\rho^{(j)}$已知，$R_0^{(j)}$可以根据接收机概略位置(x_0,y_0,z_0)和卫星位置$(x^{(j)},y^{(j)},z^{(j)})$计算，卫星钟差$B^{(j)}$、电离层延迟$I_\rho^{(j)}$和对流层延迟$T_\rho^{(j)}$可根据相关模型进行计算，因此称$l^{(j)}$为观测方程的常数项或自由项。

式(6.2)可改写为

$$\varepsilon^{(j)}=e_x^{(j)}\Delta x+e_y^{(j)}\Delta y+e_z^{(j)}\Delta z+b_\mathrm{u}-l^{(j)} \tag{6.5}$$

写成矩阵形式为

$$\boldsymbol{V}=\boldsymbol{A}\boldsymbol{X}-\boldsymbol{L} \tag{6.6}$$

其中，$\boldsymbol{X}$为待定参数矢量

$$\boldsymbol{X}=[\Delta x,\Delta y,\Delta z,b_\mathrm{u}]^\mathrm{T}$$

$\boldsymbol{A}$为未知参数的系数矩阵，也称为方向余弦阵。

$$\boldsymbol{A}=\begin{bmatrix} e_x^{(1)} & e_y^{(1)} & e_z^{(1)} & 1 \\ e_x^{(2)} & e_y^{(2)} & e_z^{(2)} & 1 \\ \vdots & \vdots & \vdots & 1 \\ e_x^{(n)} & e_y^{(n)} & e_z^{(n)} & 1 \end{bmatrix}$$

$\boldsymbol{L}$为自由项矢量。

$$\boldsymbol{L}=[l^{(1)},l^{(2)},\cdots,l^{(n)}]^\mathrm{T}$$

$\boldsymbol{V}$为残差矢量。

$$\boldsymbol{V}=[\varepsilon^{(1)},\varepsilon^{(2)},\cdots,\varepsilon^{(n)}]^\mathrm{T}$$

显然只有当$n\geqslant 4$时，方程才可能有解。下面根据观测到的可见卫星数分两种情况进行说明。

(1) 当观测的可见卫星数n=4时，此时只能忽略观测随机误差，即式(6.6)表示为

$$\boldsymbol{A}\boldsymbol{X}-\boldsymbol{L}=0 \tag{6.7}$$

根据线性方程求解方法，即可得到未知参数的解为

$$\hat{\boldsymbol{X}}=\boldsymbol{A}^{-1}\boldsymbol{L} \tag{6.8}$$

由于接收机的概略坐标(x_0,y_0,z_0)可能有较大误差，这样，在进行方程线性化时略去高阶项会引起线性化误差；另外，在根据卫星星历计算卫星坐标时使用的时间参数也不准确，这些均会引起未知参数解算误差。此时，可以利用迭代解算，即得到第一次解后，用它作为近似值再重新解算。

(2) 当观测的卫星数n>4时，针对式(6.6)最常用的解算方法是最小二乘法。下面对最小二乘法的原理进行简要介绍。

6.1.3 最小二乘法

根据最小二乘原理可知，式(6.6)的解应该使观测残差平方和最小。于是，建立下列代价函数。

$$J(\boldsymbol{X})=\boldsymbol{V}^{\mathrm{T}}\boldsymbol{V}=(\boldsymbol{AX}-\boldsymbol{L})^{\mathrm{T}}(\boldsymbol{AX}-\boldsymbol{L}) \tag{6.9}$$

满足最佳估值的条件为

$$\left.\frac{\partial J}{\partial \boldsymbol{X}}\right|_{\hat{X}}=2\boldsymbol{A}^{\mathrm{T}}(\boldsymbol{A}\hat{\boldsymbol{X}}-\boldsymbol{L})=0 \tag{6.10}$$

即

$$2\boldsymbol{A}^{\mathrm{T}}\boldsymbol{A}\hat{\boldsymbol{X}}-2\boldsymbol{A}^{\mathrm{T}}\boldsymbol{L}=0 \tag{6.11}$$

$\hat{\boldsymbol{X}}$ 就是未知参数 $\boldsymbol{X}$ 的最优估值。

于是，可解得未知参数 $\boldsymbol{X}$ 的最佳估值为

$$\hat{\boldsymbol{X}}=(\boldsymbol{A}^{\mathrm{T}}\boldsymbol{A})^{-1}\boldsymbol{A}^{\mathrm{T}}\boldsymbol{L} \tag{6.12}$$

由于每个可见卫星观测量的精度可能不一样，这时，需要对不同观测量赋予一个权重系数，称为加权。设第 j 个观测量的权系数为 w_j，则式(6.6)变为

$$\boldsymbol{WV}=\boldsymbol{WAX}-\boldsymbol{WL} \tag{6.13}$$

其中，$\boldsymbol{W}$ 是一个 $n\times n$ 的对角阵，称为权矩阵

$$\boldsymbol{W}=\begin{bmatrix} w_1 & & & \\ & w_2 & & \\ & & \ddots & \\ & & & w_n \end{bmatrix} \tag{6.14}$$

同样地，根据最小二乘原理，将式(6.13)代入式(6.9)，经过与式(6.10)类似的推导，可得

$$\boldsymbol{A}^{\mathrm{T}}\boldsymbol{W}^{\mathrm{T}}\boldsymbol{WA}\hat{\boldsymbol{X}}=\boldsymbol{A}^{\mathrm{T}}\boldsymbol{W}^{\mathrm{T}}\boldsymbol{WL} \tag{6.15}$$

于是，得到观测值加权后未知参数 $\boldsymbol{X}$ 的最优估值为

$$\hat{\boldsymbol{X}}=(\boldsymbol{A}^{\mathrm{T}}\boldsymbol{W}^{\mathrm{T}}\boldsymbol{WA})^{-1}\boldsymbol{A}^{\mathrm{T}}\boldsymbol{W}^{\mathrm{T}}\boldsymbol{WL} \tag{6.16}$$

上式称为式(6.6)未知参数 $\boldsymbol{X}$ 的加权最小二乘解。

6.1.4 卡尔曼滤波技术

卡尔曼滤波用一套数学递推公式对系统状态进行最优估计，使系统状态的估计值有最小均方误差(MMSE)。标准卡尔曼滤波模型为

$$\begin{cases}\boldsymbol{X}_k=\boldsymbol{\phi}_{k,k-1}\boldsymbol{X}_{k-1}+\boldsymbol{\Gamma}_k\boldsymbol{\omega}_k \\ \boldsymbol{L}_k=\boldsymbol{H}_k\boldsymbol{X}_k+\boldsymbol{v}_k\end{cases} \tag{6.17}$$

其中，k 表示历元时刻；$\boldsymbol{X}_k$、$\boldsymbol{X}_{k-1}$ 分别表示 k 历元、k–1 历元的 n 维状态向量；$\boldsymbol{\phi}_{k,k-1}$ 表示 $n\times n$ 维的一步状态转移矩阵；$\boldsymbol{\Gamma}_k$ 表示 $n\times p$ 维动态噪声矩阵；$\boldsymbol{\omega}_k$ 表示 p 维系统动态噪声向量，$\{\boldsymbol{\omega}_k\}$ 为零均值白噪声序列，即 $E\{\boldsymbol{\omega}_k\}=0$，$E\{\boldsymbol{\omega}_k\cdot\boldsymbol{\omega}_l^{\mathrm{T}}\}=\boldsymbol{Q}_k\delta_{kl}$，其中 Q_k 为一个已知的非负矩阵，δ_{kl} 为克罗内克 δ 函数；$\boldsymbol{L}_k$ 表示 m 维观测向量；$\boldsymbol{H}_k$ 表示 $m\times n$ 维观测矩阵；$\boldsymbol{v}_k$ 表

示 m 维观测噪声向量，$\{\boldsymbol{v}_k\}$ 表示与系统动态噪声 $\{\boldsymbol{\omega}_k\}$ 不相关的零均值白噪声序列，即 $E\{\boldsymbol{\omega}_i \cdot \boldsymbol{v}_j^{\mathrm{T}}\}=0$，$E\{\boldsymbol{v}_k\}=0$，$E\{\boldsymbol{v}_k \cdot \boldsymbol{v}_k^{\mathrm{T}}\}=\boldsymbol{R}_k\delta_{kl}$，其中 $\boldsymbol{R}_k$ 为一个已知的正定矩阵。

将伪距定位方程线性化写成矩阵形式如式(6.6)，当观测的可见卫星多于 4 颗时，组成观测误差方程为

$$\boldsymbol{L}=\boldsymbol{A}\boldsymbol{X}+\boldsymbol{V} \tag{6.18}$$

式(6.18)即卡尔曼滤波中的观测方程。其中 $\boldsymbol{A}$ 为观测矩阵，$\boldsymbol{V}$ 为观测噪声向量，$\boldsymbol{X}$ 为接收机初始位置和钟差的修正值，其具体求解方法与最小二乘法相同。

对于静态的伪距定位，状态转移矩阵可采用单位矩阵，即

$$\boldsymbol{\phi}_{k,k-1}=\begin{bmatrix}1&0&0&0\\0&1&0&0\\0&0&1&0\\0&0&0&1\end{bmatrix} \tag{6.19}$$

得到线性化后的状态转移矩阵和观测方程的观测矩阵后，即可进行滤波递推过程，具体步骤如下。

(1) 计算预报值 $\hat{\boldsymbol{X}}_{k,k-1}$ 及其方差 $\boldsymbol{P}_{k/k-1}$。

首先根据前一次的滤波值 $\hat{\boldsymbol{X}}_{k-1/k-1}$ (或初值)计算预测值为

$$\hat{\boldsymbol{X}}_{k,k-1}=\boldsymbol{\phi}_{k,k-1}\hat{\boldsymbol{X}}_{k-1/k-1} \tag{6.20}$$

然后根据前一次的滤波误差方差阵 $\boldsymbol{P}_{k-1/k-1}$ (或初值)及系统噪声的方差阵 $\boldsymbol{Q}_{k-1}$ 计算预测误差方差阵为

$$\boldsymbol{P}_{k/k-1}=\boldsymbol{\phi}_{k/k-1}\boldsymbol{P}_{k-1/k-1}\boldsymbol{\phi}_{k/k-1}^{\mathrm{T}}+\boldsymbol{\Gamma}_{k-1}\boldsymbol{Q}_{k-1}\boldsymbol{\Gamma}_{k-1}^{\mathrm{T}} \tag{6.21}$$

(2) 计算增益矩阵 $\boldsymbol{K}_k$。

$$\boldsymbol{K}_k=\boldsymbol{P}_{k/k-1}\boldsymbol{H}_k^{\mathrm{T}}\left[\boldsymbol{H}_k\boldsymbol{P}_{k/k-1}\boldsymbol{H}_k^{\mathrm{T}}+\boldsymbol{R}_k\right] \tag{6.22}$$

(3) 计算滤波估计值 $\hat{\boldsymbol{X}}_{k/k}$ 和方差阵 $\boldsymbol{P}_{k/k}$。

$$\begin{aligned}\hat{\boldsymbol{X}}_{k/k}&=\hat{\boldsymbol{X}}_{k/k-1}+\boldsymbol{K}_k(\boldsymbol{L}_k-\boldsymbol{H}_k\hat{\boldsymbol{X}}_{k/k-1})\\\boldsymbol{P}_{k/k}&=\left[\boldsymbol{I}-\boldsymbol{K}_k\boldsymbol{H}_k\right]\boldsymbol{P}_{k/k-1}\end{aligned} \tag{6.23}$$

(4) 根据计算得到的 k 时刻修正值 $\hat{\boldsymbol{X}}_{k/k}$，即可对接收机位置和钟差进行修正。

6.1.5　伪距定位算法及步骤

下面通过一个例子，说明伪距定位算法及其解算步骤。

【例 6.1】　如果接收机有四颗或四颗以上可见卫星的伪距测量值，那么观测方程组由 4 个或 4 个以上方程式组成，接收机就可以求解出方程组中的这四个未知量(三维位置和接收机钟差)，从而实现接收机的定位、授时。采用静态的北斗接收机接收真实的卫星信号，使用其中的 4 颗可见卫星进行上述四元非线性方程组的求解。4 颗卫星的广播星历如表 6.1 所示。用户接收机对这 4 颗卫星在信号接收时刻(2019,3,22,3,2,42.990989)(北斗时)对 B1 频点(1561.098MHz)的观测伪距如表 6.2 所示。试求接收机的位置。

表 6.1　卫星广播星历参数

序号	参数	(1 号)MEO	(2 号)IGSO	(3 号)GEO	(4 号)MEO
1	t_{oe}/s	442800.000	442800.000	442800.000	442800.000
2	$\sqrt{A}$/m	5.2826148453×10^{3}	6.4938471184×10^{3}	6.4933521786×10^{3}	5.2826234379×10^{3}
3	e	$5.4440624081\times10^{-4}$	$2.2022804478\times10^{-3}$	$6.0682639014\times10^{-4}$	$2.1063630702\times10^{-3}$
4	ω/rad	$5.7881541403\times10^{-1}$	−3.1044395142	−1.7565309926	−2.0266842488
5	Δn/(rad/s)	$4.3508955180\times10^{-9}$	$2.6429672331\times10^{-10}$	$3.1362020640\times10^{-9}$	$3.9019482461\times10^{-9}$
6	M_0/rad	$5.6272281923\times10^{-1}$	$-5.7922761607\times10^{-1}$	$-8.7599676490\times10^{-2}$	$-9.7958246846\times10^{-1}$
7	Ω_0/rad	1.7181679965	$2.1211615069\times10^{-1}$	−2.0985582171	$-3.9557165886\text{E}\times10^{-1}$
8	$\dot{\Omega}$/(rad/s)	$-7.4153088774\times10^{-9}$	$-1.3861291664\times10^{-9}$	$-2.1250885185\times10^{-9}$	$-6.9785049685\times10^{-9}$
9	i_0/rad	$9.5650413261\times10^{-1}$	$9.6173119304\times10^{-1}$	$1.1135424329\times10^{-1}$	$9.5908082289\times10^{-1}$
10	$\dot{i}$/(rad/s)	$2.2286642614\times10^{-10}$	$-2.9286934204\times10^{-10}$	$1.4429172462\times10^{-10}$	$-7.4110229846\times10^{-10}$
11	C_{uc}/rad	$2.0307488740\times10^{-6}$	$-1.9911676645\times10^{-6}$	$3.2282900065\times10^{-5}$	$-5.2321702242\times10^{-6}$
12	C_{us}/rad	$1.6172416508\times10^{-6}$	$3.2806769013\times10^{-5}$	$-5.6810677052\times10^{-8}$	$8.9094974101\times10^{-6}$
13	C_{rc}/m	326.0781	−752.0469	8.2031	177.2031
14	C_{rs}/m	40.1250	−47.1719	980.3281	−102.7500
15	C_{ic}/rad	$-1.8626451492\times10^{-9}$	$5.4668635130\times10^{-7}$	$8.5216015577\times10^{-8}$	$-8.3353370428\times10^{-8}$
16	C_{is}/rad	$1.3969838619\times10^{-8}$	$-4.0978193283\times10^{-7}$	$4.6566128731\times10^{-9}$	$7.2177499533\times10^{-8}$

表 6.2　B1 频点的观测量

卫星号 / 观测量	1 号	2 号	3 号	4 号
伪距/m	19566929.637	33210758.237	34896777.475	20014157.621
载波相位/周	101890106.956	172937102.670	181716641.527	104218947.105
多普勒频移/(m/s)	−691.714	−299.060	−315.563	−2827.888

采用最小二乘法的定位解算可以分解为以下几步。

1) 设置初始值

采用牛顿迭代法进行上述四元非线性方程组的求解，在开始进行牛顿迭代之前，需要给出接收机当前位置坐标的初始估计值 $\boldsymbol{X}_0(x_0, y_0, z_0)$ 与接收机钟差初始估计值 $b_{u,0}$。假设接收机在上一个定位时刻已经成功地解算出定位结果，那么这次定位的初始值自然就可以采用上一个定位结果，包括接收机的位置坐标和钟差值。如果还知道用户上一个时刻的运动速度，那么据此推算出接收机当前位置的估计值也未尝不可。类似地，如果知道接收机时钟的频漂，可以对钟差初值进行类似的推算。这种情况对于接收机来说不仅最经常发生，而且通常也是最简单、最理想的一种情况。

然而，如果接收机在此刻的前一段时间内尚未实现定位，那么此刻对接收机来说是首次定位。对于首次定位，钟差初始值一般可设置为 0，而接收机坐标初始值的估算可分为以下几种情况。

(1) 接收机一般允许用户输入其所在的位置和时间，如果用户确信其输入的位置坐标是大致正确的，那么该输入值可作为接收机位置坐标的初始估计值。

(2) 接收机此时已完成了对多颗可见卫星的跟踪、测量，并计算了它们的空间位置，这样，我们可以计算出所有这些可见卫星位置坐标的平均值，然后将此平均值在地面上的投影作为接收机位置坐标的初始估计值。

(3) 接收机初始位置的各个坐标分量也可全部简单地设置为 0，此时，牛顿迭代法一般也只需要迭代几次就可以得到收敛。

在例 6.1 中，我们设接收机初始位置的各个坐标分量为 0，即 $\boldsymbol{X}_0=(0,0,0)^{\mathrm{T}}$，接收机钟差初始值 $b_{\mathrm{u},0}=0$。

2) 准备数据

对于可见卫星 j，收集它们在同一测量时刻的伪距测量值 $\rho^{(j)}$，同时，根据它们的星历可计算经地球自转改正后的卫星空间位置 $(x^{(j)},y^{(j)},z^{(j)})$。根据卫星钟差、卫星空间位置、接收机位置计算伪距中的各项偏差、误差成分的校正量 $B^{(j)}$、$I^{(j)}$ 和 $T^{(j)}$，进而计算得到误差校正后的伪距测量值 $\rho_c^{(j)}$。

卫星位置的计算时刻可根据信号接收时刻、伪距测量值计算得到

$$T=t-\tau=t-\frac{\rho^{(j)}}{c}$$

其中，t 为接收时刻，τ 为信号传播时延，c 为光速，其值为 299792458.0m/s。

根据卫星星历计算得到 T 时刻的卫星位置 (x',y',z') 后，对其进行地球自转效应改正，得到卫星的空间位置为

$$\begin{cases}x^{(j)}=x'\cos(\Delta\alpha)+y'\sin(\Delta\alpha)\\ y^{(j)}=y'\cos(\Delta\alpha)-x'\sin(\Delta\alpha)\\ z^{(j)}=z'\end{cases}$$

其中，$\Delta\alpha=\omega_e\tau$，$\omega_e$ 为地球自转角速度。

经地球自转改正后的卫星空间位置、误差校正后的伪距测量值计算如表 6.3 所示。

表 6.3　卫星空间位置和伪距测量值

参数 / 卫星	卫星位置			$\rho_c^{(n)}$
	$x^{(n)}$	$y^{(n)}$	$z^{(n)}$	
1 号	−3501164.4247624385	18096268.946411040	20935502.015219782	19411770.155310530
2 号	−20722331.752807729	32171131.848932069	17529826.201774850	33088022.136527
3 号	4416318.7445811965	41897481.481002741	−870721.99694307055	34779237.633855
4 号	−10222097.351585606	25693261.016747408	−3498758.7406342928	20236705.949171

3) 非线性方程组线性化

我们用 k 表示当前历元正在进行的牛顿迭代次数，即 $k-1$ 是在当前历元已经完成的迭代次数，$k=1$ 是第一次迭代。

在当前历元的第 k 次牛顿迭代中，四元非线性方程组中的各个非线性方程可在 $\left[x_{k-1}, b_{u,k-1}\right]$ 处进行线性化。以方程组中的第 j 个方程式为例，求第一项对 x 的偏导，得

$$
\begin{aligned}
\frac{\partial R^{(j)}}{\partial x} &= \frac{-(x^{(j)}-x)}{\sqrt{(x^{(j)}-x)^2+(y^{(j)}-y)^2+(z^{(j)}-z)^2}} \\
&= \frac{-(x^{(j)}-x)}{R^{(j)}} = \frac{-(x^{(j)}-x)}{\left\|x^{(j)}-x\right\|} \\
&= -e_x^{(j)}
\end{aligned}
$$

其中，$R^{(j)}$ 是卫星 j 在用户接收机处的观测矢量的长度；$x^{(j)}-x$ 是此观测矢量在 X 方向的分量，因此，$\dfrac{x^{(j)}-x}{R^{(j)}}$ 就等于单位观测矢量 $\boldsymbol{e}^{(j)}$ 的 X 分量 $e_x^{(j)}$。

类似地，我们可求出第一项对 y、z 的偏导数，它们分别等于单位观测矢量 $\boldsymbol{e}^{(j)}$ 的 Y 和 Z 分量的反向，即

$$
\begin{bmatrix} \dfrac{\partial R^{(j)}}{\partial x} \\ \dfrac{\partial R^{(j)}}{\partial y} \\ \dfrac{\partial R^{(j)}}{\partial z} \end{bmatrix} = \frac{-1}{R^{(j)}} \begin{bmatrix} x^{(j)}-x \\ y^{(j)}-y \\ z^{(j)}-z \end{bmatrix} = -\boldsymbol{e}^{(j)} = \begin{bmatrix} -e_x^{(j)} \\ -e_y^{(j)} \\ -e_z^{(j)} \end{bmatrix}
$$

四元非线性方程组在 $\left[X_{k-1}, b_{u,k-1}\right]^{\mathrm{T}}$ 处线性化后的矩阵方程式为

$$
\boldsymbol{A}\begin{bmatrix} \Delta x \\ \Delta y \\ \Delta z \\ b_u \end{bmatrix} = \boldsymbol{L}
$$

其中

$$
\boldsymbol{A} = \begin{bmatrix} -e_x^{(1)}\left(\boldsymbol{X}_{k-1}\right) & -e_y^{(1)}\left(\boldsymbol{X}_{k-1}\right) & -e_z^{(1)}\left(\boldsymbol{X}_{k-1}\right) & 1 \\ -e_x^{(2)}\left(\boldsymbol{X}_{k-1}\right) & -e_y^{(2)}\left(\boldsymbol{X}_{k-1}\right) & -e_z^{(2)}\left(\boldsymbol{X}_{k-1}\right) & 1 \\ \vdots & \vdots & \vdots & 1 \\ -e_x^{(n)}\left(\boldsymbol{X}_{k-1}\right) & -e_y^{(n)}\left(\boldsymbol{X}_{k-1}\right) & -e_z^{(n)}\left(\boldsymbol{X}_{k-1}\right) & 1 \end{bmatrix}
$$

$$
\boldsymbol{L} = \begin{bmatrix} \rho_c^{(1)} - R^{(1)}(\boldsymbol{X}_{k-1}) \\ \rho_c^{(2)} - R^{(2)}(\boldsymbol{X}_{k-1}) \\ \vdots \\ \rho_c^{(n)} - R^{(n)}(\boldsymbol{X}_{k-1}) \end{bmatrix}
$$

矩阵 $\boldsymbol{A}$ 称为雅可比矩阵，其只与各颗卫星相对于用户接收机的几何位置有关，因此 $\boldsymbol{A}$ 通常称为几何矩阵。

将卫星的星历数据、钟差数据及其对应的观测伪距代入上述公式中，计算得到观测时刻的雅可比矩阵 $\boldsymbol{A}$ 、$\boldsymbol{L}$ 为

$$\boldsymbol{A}=\begin{bmatrix} 0.125521 & -0.648771 & -0.750560 & 1 \\ 0.4923167 & -0.764315 & -0.416470 & 1 \\ -0.104805 & -0.994278 & 0.020663 & 1 \\ 0.366745 & -0.921814 & 0.125527 & 1 \end{bmatrix},\quad \boldsymbol{L}=\begin{bmatrix} -8481389.341945 \\ -9003444.509091 \\ -7359354.920959 \\ -7635793.914766 \end{bmatrix}$$

4) 求解线性方程组

采用最小二乘法对线性化后的矩阵方程式进行求解，最小二乘解为

$$\begin{bmatrix} \Delta x \\ \Delta y \\ \Delta z \\ b_u \end{bmatrix}=(\boldsymbol{A}^{\mathrm{T}}\boldsymbol{A})^{-1}\boldsymbol{A}^{\mathrm{T}}\boldsymbol{L}$$

将第 3)步中计算得到的 $\boldsymbol{A}$ 、$\boldsymbol{L}$ 代入上述公式，解得第一次迭代后的位置改正向量(单位：m)和钟差修正量(单位：m)为

$$\begin{bmatrix} \Delta x \\ \Delta y \\ \Delta z \\ b_u \end{bmatrix}=\begin{bmatrix} -2742545.340559 \\ 7954690.968015 \\ 7954690.968015 \\ 175613.360271 \end{bmatrix}$$

5) 更新非线性方程组的解

在第 4)步的基础上，更新接收机的位置坐标和钟差值。

$$\boldsymbol{X}_k=\boldsymbol{X}_{k-1}+\begin{bmatrix} \Delta x \\ \Delta y \\ \Delta z \end{bmatrix}$$

代入数据，得到更新后的接收机的位置坐标(单位：m)和钟差(单位：s)为

$$\begin{cases} \boldsymbol{X}_k=(-2742545.340559,7954690.968015,7954690.968015)^{\mathrm{T}} \\ b_u=0.000585783 \end{cases}$$

6) 判断牛顿迭代的收敛

判断牛顿迭代是否收敛，一般可检查此次迭代计算得到的位置改正向量的长度 $\|\Delta\boldsymbol{X}\|=\sqrt{(\Delta x)^2+(\Delta y)^2+(\Delta z)^2}$ 或者 $\sqrt{\|\Delta x\|^2+b_u^2}$ 的值是否小于预先设定的门限值，即达到了所需要的精度，终止循环运算，并将此次迭代计算后的更新值作为接收机在信号接收时刻的定位、定时结果；否则，k 值增加 1，并返回至第 2)步再重复进行一次牛顿迭代计算。

该算例中经过 7 次迭代后，$\|\Delta\boldsymbol{X}\|$ 的值小于预先设定的门限值 10^{-4}，最终得到接收机的位置坐标(单位：m)和钟差(单位：s)为

$$\begin{cases} \boldsymbol{X}_k=(-2195918.389474,5177431.528224,2998868.507702)^{\mathrm{T}} \\ b_u=-0.00911121 \end{cases}$$

6.2 单点定位精度评估

利用北斗系统进行单点定位，其精度主要取决于以下两个因素：一是所测卫星在空间的几何分布，通常称为卫星的几何分布图形；二是观测量的精度。其中，观测量的精度与卫星轨道和钟差、大气传播延迟、接收机噪声等因素有关，已在第 5 章介绍。此处主要介绍在导航学中单点定位精度的评价方法、卫星的几何分布图形对定位精度的影响，以及观测卫星的选择问题。

6.2.1 精度衰减因子

根据最小二乘原理，我们可以简便地对如下定位结果进行精度评估。

$$\hat{\boldsymbol{X}}=\left(\boldsymbol{A}^{\mathrm{T}}\boldsymbol{A}\right)^{-1}\boldsymbol{A}^{\mathrm{T}}\boldsymbol{L}$$

$\hat{\boldsymbol{X}}$ 的方差阵为

$$\boldsymbol{D}=\sigma_0^2\boldsymbol{Q}=\sigma_0^2\left(\boldsymbol{A}^{\mathrm{T}}\boldsymbol{A}\right)^{-1} \tag{6.24}$$

其中，σ_0^2 为伪距观测量的方差；$\boldsymbol{Q}=\left(\boldsymbol{A}^{\mathrm{T}}\boldsymbol{A}\right)^{-1}$ 称为 $\hat{X}$ 的协方差阵或权逆阵，有

$$\boldsymbol{Q}=\begin{bmatrix} Q_{11} & Q_{12} & Q_{13} & Q_{14} \\ Q_{21} & Q_{22} & Q_{23} & Q_{24} \\ Q_{31} & Q_{32} & Q_{33} & Q_{34} \\ Q_{41} & Q_{42} & Q_{43} & Q_{44} \end{bmatrix} \tag{6.25}$$

从而

$$\boldsymbol{D}=\sigma_0^2\begin{bmatrix} Q_{11} & Q_{12} & Q_{13} & Q_{14} \\ Q_{21} & Q_{22} & Q_{23} & Q_{24} \\ Q_{31} & Q_{32} & Q_{33} & Q_{34} \\ Q_{41} & Q_{42} & Q_{43} & Q_{44} \end{bmatrix}=\begin{bmatrix} \sigma_x^2 & \sigma_{xy} & \sigma_{xz} & \sigma_{xt} \\ \sigma_{yx} & \sigma_y^2 & \sigma_{yz} & \sigma_{yt} \\ \sigma_{zx} & \sigma_{zy} & \sigma_z^2 & \sigma_{zt} \\ \sigma_{tx} & \sigma_{ty} & \sigma_{tz} & \sigma_t^2 \end{bmatrix} \tag{6.26}$$

于是，用均方差表示三维位置分量和时间分量的精度为

$$\sigma_x=\sigma_0\sqrt{Q_{11}},\quad \sigma_y=\sigma_0\sqrt{Q_{22}},\quad \sigma_z=\sigma_0\sqrt{Q_{33}},\quad \sigma_t=\sigma_0\sqrt{Q_{44}} \tag{6.27}$$

由式(6.24)可看出，定位精度取决于两个因素：①观测值的精度 σ_0，它是由观测中各项误差所决定的；②观测卫星的几何图形。权逆阵由系数阵 $\boldsymbol{A}$ 所决定，而 $\boldsymbol{A}$ 由观测矢量的方向余弦 $\left(e_x,e_y,e_z\right)$ 所构成。因此它取决于观测卫星的几何图形的结构。所以，权逆阵的各元素 Q_{11}、Q_{22}、Q_{33} 等是由观测卫星几何图形的结构所决定的。

在导航和定位中，我们使用精度衰减因子(dilution of precision，DOP)来衡量定位精度。DOP 值可细分为位置精度衰减因子(position dilution of precision，PDOP)、水平精度衰减因子(horizontal dilution of precision，HDOP)、垂直精度衰减因子(vertical dilution of precision，VDOP)、时间精度衰减因子(time dilution of precision，TDOP)和几何精度衰减因子(geometric dilution of precision，GDOP)。

(1) 位置精度衰减因子。由式(6.26)可知三维位置的定位精度(均方差)为

$$\sigma_p = \sqrt{\sigma_x^2 + \sigma_y^2 + \sigma_z^2} \tag{6.28}$$

将式(6.27)代入式(6.28)，可得

$$\sigma_p = \sigma_0 \sqrt{Q_{11} + Q_{22} + Q_{33}} \tag{6.29}$$

我们定义仅与卫星几何结构有关的量 $\sqrt{Q_{11} + Q_{22} + Q_{33}}$ 为三维位置的精度衰减因子，用符号 PDOP 表示，即

$$\text{PDOP} = \sqrt{Q_{11} + Q_{22} + Q_{33}} \tag{6.30}$$

(2) 水平精度衰减因子和垂直精度衰减因子。实际应用中，为了估算测站点的位置精度，常采用其在大地坐标系中的表达形式。假设在大地坐标系中相应点位坐标的权系数阵为

$$\boldsymbol{Q}_B = \begin{bmatrix} g_{11} & g_{12} & g_{13} \\ g_{21} & g_{22} & g_{23} \\ g_{31} & g_{32} & g_{33} \end{bmatrix} \tag{6.31}$$

$\boldsymbol{Q}_B$ 由方差协方差传播定律，可得

$$\boldsymbol{Q}_B = \boldsymbol{H}\boldsymbol{Q}_X\boldsymbol{H}^{\mathrm{T}} \tag{6.32}$$

其中，$\boldsymbol{Q}_X$ 是 $\boldsymbol{Q} = \left(\boldsymbol{A}^{\mathrm{T}}\boldsymbol{A}\right)^{-1}$ 的前 3 行和前 3 列，即

$$\boldsymbol{Q}_X = \begin{bmatrix} Q_{11} & Q_{12} & Q_{13} \\ Q_{21} & Q_{22} & Q_{23} \\ Q_{31} & Q_{32} & Q_{33} \end{bmatrix} \tag{6.33}$$

$\boldsymbol{H}$ 是由测站点大地纬度 B、经度 L 确定的地球协议坐标系至大地坐标系的坐标转换矩阵。

$$\boldsymbol{H} = \begin{bmatrix} -\sin L & \cos L & 0 \\ -\sin B\cos L & -\sin B\sin L & \cos B \\ \cos B\cos L & \cos B\sin L & \sin B \end{bmatrix} \tag{6.34}$$

于是，HDOP 定义为

$$\text{HDOP} = \sqrt{g_{11} + g_{22}} \tag{6.35}$$

VDOP 定义为

$$\text{VDOP} = \sqrt{g_{33}} \tag{6.36}$$

(3) 时间精度衰减因子。时间精度因子定义为

$$\text{TDOP} = \sqrt{Q_{44}} \tag{6.37}$$

(4) 几何精度衰减因子。几何精度衰减因子定义为

$$\text{GDOP} = \sqrt{Q_{11} + Q_{22} + Q_{33} + Q_{44}} = \sqrt{\text{PDOP}^2 + \text{TDOP}^2} \tag{6.38}$$

即表示所测卫星的几何分布对解算用户接收机三维位置和时钟钟差的综合影响。

DOP 值作为评估卫星导航系统定位性能的重要手段之一，不仅具有测量意义，还具有

明确的数学意义。在测量方面，DOP 反映了由于观测卫星与接收机空间几何布局的影响造成的伪距误差与用户位置误差间的比例系数，是评估用户位置精度的重要指标。在数学方面，DOP 作为基于最小二乘平差解的权逆阵对角线的重要组成部分，同时也是未知参数协方差对角线元素与伪距等效方差的比值，反映了观测信息对于解算的未知参数的贡献程度。几何分布越好，DOP 值就越小，而在同等用户等效距离误差下，DOP 值越小，代表星座分布结构越好，定位精度就越高。

为了说明 DOP 值的大小，我们以北京站为例，给出北京站随时间变化的 DOP 值。此处，北斗星座采用和前面各章一致的构型，即 24MEO+3GEO+3IGSO 构型。计算得到的北京站的 GDOP 和 PDOP 如图 6.1 所示，北京站的 HDOP 和 VDOP 如图 6.2 所示。

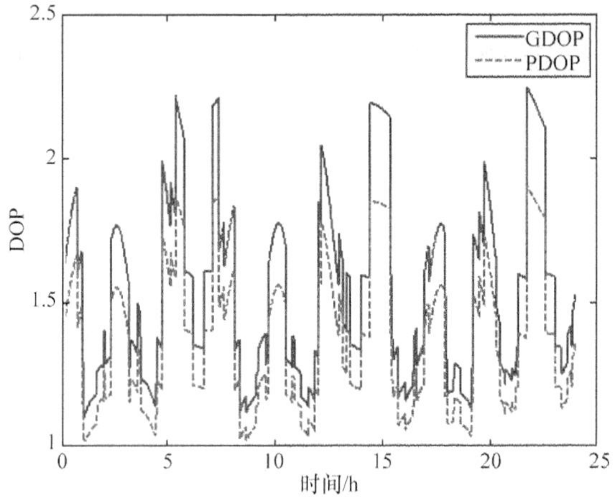

图 6.1　北京站的 GDOP 和 PDOP

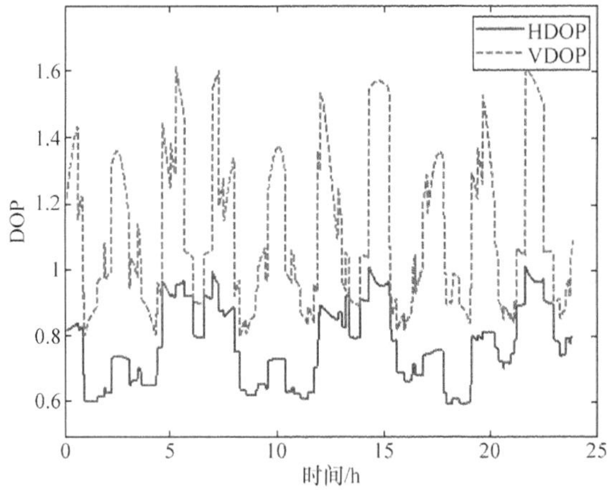

图 6.2　北京站的 HDOP 和 VDOP

由图 6.1 可知，北京站的 GDOP 值为 1.0～2.5，不超过 2.5；PDOP 值为 1.0～2.0，不超过 2。

由图 6.2 可知，北京站的 HDOP 值在 0.6～1.0；VDOP 值在 0.8～1.6。因此，一般情况下，HDOP 比 VDOP 小。如图 6.3 所示，北京站的 VDOP 与 HDOP 的比值为 1.1～1.9。这是因为，对于地面上的用户，其接收到的卫星都是在该用户的地平线以上(上半球)，地平线以下(下半球)的卫星由于地球遮挡，无法接收信号。因此，对于垂直方向而言，只有上半球有观测约束，下半球没有。但是对于水平方向而言，360°全方位都可能观测到卫星，即都有观测约束。因此水平方向的几何图形自然要优于垂直方向的几何图形。

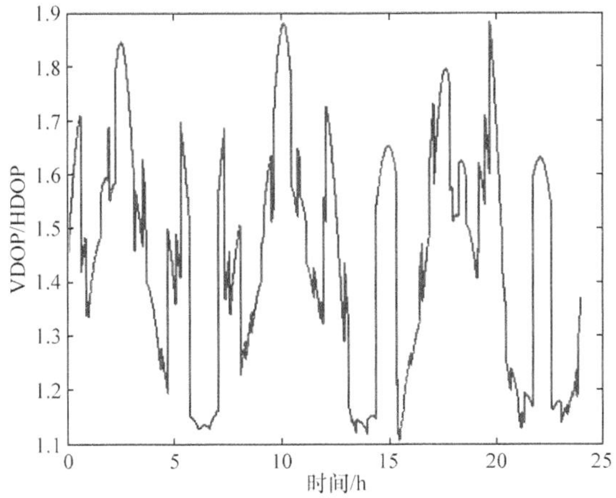

图 6.3　北京站的 VDOP 与 HDOP 之比

6.2.2　卫星的几何分布对 DOP 值的影响

由以上讨论可知，精度因子实际上就是误差比例因子，即由于接收机与卫星间几何结构的影响，伪距观测误差被放大 PDOP 和 TDOP 倍，得到三维位置误差和钟差误差。因此，精度因子对定位和钟差精度有着重要的影响。

定位误差中的权系数矩阵完全取决于可见卫星的数量及其相对于用户的几何分布，与信号的强弱或接收机的好坏无关。权系数中的元素值越小，则测量误差被放大成定位误差的程度就越低。可见，卫星-用户之间的几何构型对定位精度影响非常大。以二维测距定位情况为例说明。如图 6.4 所示，图中弧线表示测距的均值和误差区间，阴影处表示定位解算的不确定范围，箭头方向表示从用户到卫星信号的视线矢量。在测距精度一定的情况下，当视线矢量互相垂直时，定位误差最小。

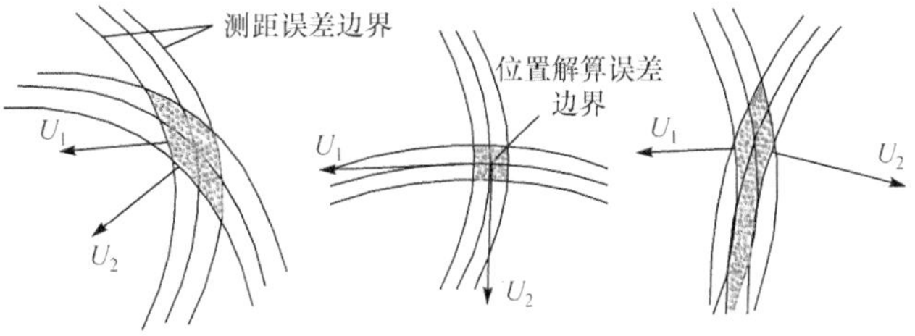

图 6.4　星站几何构型对二维定位精度的影响

既然 DOP 值对定位精度具有直接影响，那么可以应用 DOP 来进行如下几个方面的工作。

(1) 卫星星座设计：通过设计星座参数(*T*/*P*/*F* 参数)，使任何时间、任何地点满足 DOP 值最小的目标。

(2) 误差分析：用户在一些特殊情况下(如飞机侧飞、城市峡谷、卫星信号中断等)的误差分析。

(3) 实时误差估计：根据 DOP 值实时给出用户定位误差。

(4) 实时选星：选择 DOP 值最小的几颗星(四颗以上)进行定位。

6.2.3 最佳星座的选择问题

由前面的分析可知，精度因子的数值与所测卫星的几何分布图形有关。理论分析表明，在由观测站至四颗卫星的观测方向中，当任意两方向之间的夹角接近 109.5°时，其六面体的体积最大，如图 6.5 所示。但是，在实际观测中，为了减弱大气折射的影响，可见卫星高度角的设置不能过低。所以必须在这一条件下，尽可能使所测卫星与观测站所构成的六面体的体积接近最大，即

$$\mathrm{DOP} \propto \frac{1}{V} \tag{6.39}$$

其中，V 为六面体的体积。

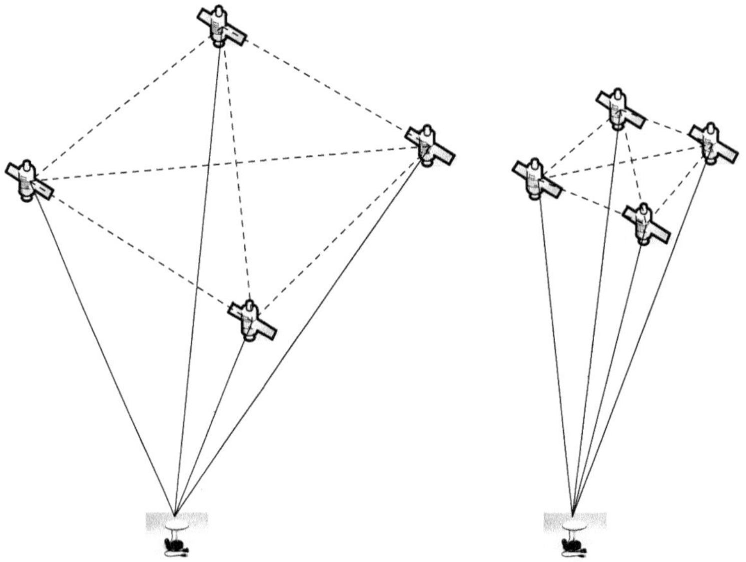

(a) GDOP较小

(b) GDOP较大

图 6.5 卫星的几何分布与 GDDP 的关系示意图

一般认为，在高度角满足上述要求的条件下，当 1 颗卫星处于天顶，而其余 3 颗卫星相距约 120°时，所构成的六面体体积接近最大。实际工作中这可作为选择和评价观测卫星分布图形的参考。

选择能取得最佳定位精度的 4 颗卫星进行观测，称为最佳星座的选择。最佳星座选择有两条基本原则：一是观测卫星的高度角(仰角)不得小于 5°，以减小大气折射误差的影响；二是 4 颗卫星的 GDOP 值最小，以保证获得最高的定位和定时精度。

6.3 伪距差分定位方法

由第 5 章可知，在伪距单点定位中，各种误差对定位精度影响较大，特别是卫星星历误差，卫星钟差和电离层、对流层延迟误差等。尽管其中一些系统性误差可以通过模型加

以削弱，但其残差仍是不可忽略的。为了消除或减弱各误差的影响，提高定位精度，本节进一步提出差分定位的方法。

6.3.1　差分定位基本原理

差分定位，也称为相对定位，其基本工作原理是依据卫星钟差、星历误差、电离层延迟、对流层延迟对处于同一区域的不同接收机具有高度相关性这一事实，位置坐标已知的点位可以反解这些误差，并将这些改正量播发给用户，用户用于误差修正，从而提高定位精度。

差分定位就是在两个或多个点上，同时设置北斗接收机，同步观测相同的北斗卫星，以确定两点在 CGCS2000 地固坐标系的相对位置或两点间的基线矢量。因此，要确定各点在 CGCS2000 坐标系的绝对坐标，必须至少已知其中一点在 CGCS2000 坐标系中的精确坐标，作为基准点(或基准站)。布置在基准点上的接收机称为基准接收机；待测定点上的接收机称为用户接收机。

根据用户接收机在定位过程中所处的状态不同，差分定位可以分为静态差分定位和动态差分定位。

静态差分定位，即基准接收机和用户接收机都是固定不动的，这样便可以通过连续观测，取得充分的观测数据，以改善定位的精度。

动态差分定位，将基准接收机布设在基准站上固定不动，用户接收机安装在运动的载体上，两台接收机同步观测北斗卫星，以确定运动点相对于基准站的实时位置。

1. *差分定位组成结构*

不论静态差分定位还是动态差分定位，其基本组成结构均包含基准站、用户、数据链 3 部分。如图 6.6 所示，即单站差分的情形，其结构和算法都十分简单，技术也较为成熟，特别适用于小范围内的差分定位工作。用户接收机离基准站接收机越近，同一卫星信号到这两个接收机的传播路径也越近，两接收机之间的测量误差的相关性通常就越强(即相似度很高)，差分系统的工作效果随之也就越好。

1) 基准站

基准站为差分定位提供误差改正数，一般需要配备能同时跟踪视场中可见北斗卫星所有信号的接收机，以保证播发的差分改正数能满足所有用户的需要。当然，基准站上还应配置能计算差分改正数并能对其编码和播发的软硬件。因此，基准站应满足下列条件。

(1) 站坐标已准确测定，测站位于地质条件良好、点位稳定的地方。

(2) 视野开阔，周围无高度角超过 10°的障碍物，以保证观测能顺利进行。

(3) 周围无信号反射物(如大面积水域、大型建筑物等)，以消除或削弱多路径误差。

(4) 能方便地播发或传送差分改正信号。

2) 用户

用户根据需要配备北斗接收机，同时为了接收和处理差分改正信号，用户需要配备差分改正信号接收装置、信号解调器、处理软件及相应的接口。用户可以是静止的，也可以是流动的，后者也称为流动站。

3) 数据链

数据链指的是将差分改正信号传送给用户的通信设备以及相应的软件。它由信号调制器、信号发射机及发射天线、用户差分信号接收机及信号解调器等部件和相应的软件组成。

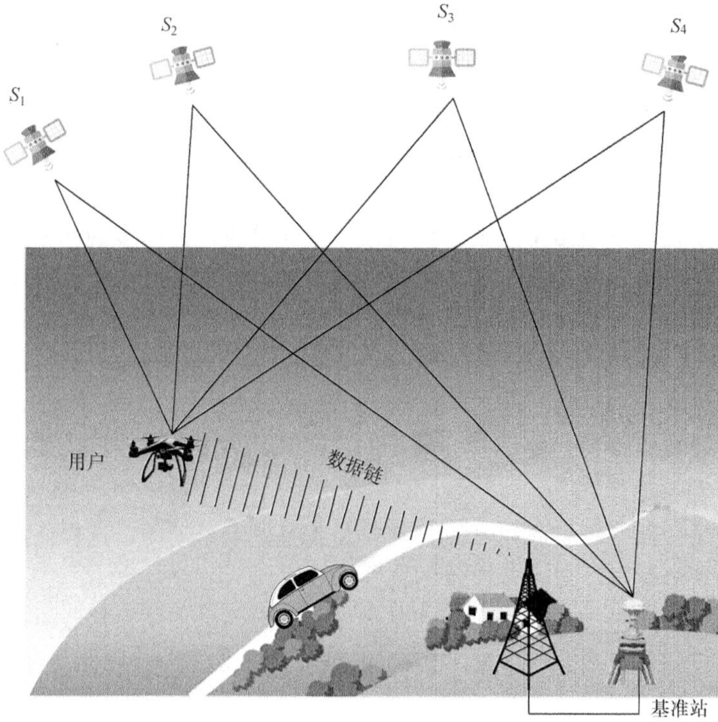

图 6.6 单站差分定位示意图

数据链发送的差分数据，是按一定数据格式编码的数据流。目前，差分数据链一般都采用 RTCM SC-104 数据格式，它是美国航海无线电技术委员会 104 特委会(Radio Technical Commission for Maritime Services Special Committee No. 104)制定的差分数据通用格式，为卫星导航定位接收机制造厂商广泛采用。RTCM SC-104 具体数据格式见附录 B。

2. *差分定位模式*

差分技术按照播发差分信息的不同可以分为两类：一是基准站播发差分校正量，对观测值进行直接校正；二是基准站播发自己的观测值，用户站综合基准站和自己的观测值进行定位解算。

1) 基准站播发差分校正量模式

基准站坐标通常精确已知，而在某固定时刻卫星的坐标可以根据卫星播发的导航电文计算得到，进而可以计算得到基准站与卫星之间的几何距离，而基准站通过对卫星进行测量也可得到一个距离观测值，二者作差的结果即距离校正量，基准站实时播发校正量，用户站的观测值直接加上校正量就可以得到相对准确的距离量，从而提高定位结果精度。

2) 基准站播发观测值模式

播发观测值模式中，基准站直接将观测值发送给用户站，用户站综合基准站和自身两部分观测数据进行定位解算，也可获得高精度的定位结果。一般需要用户站与基准站之间的距离在较小的范围内，如 20km 之内，可以保证较高的定位精度。随着用户与基准站的距离增加，定位精度也随之下降。

3. 差分系统

为了克服单基准站伪距差分测量的精度随着站间距离的增长而降低的问题，可采用多个地面基准站组成地面基准网而生成差分改正数据。生成差分改正数据的系统称为差分系统，根据作用范围，差分系统可分为局域差分系统和广域差分系统。

1) 局域差分系统

局域差分系统是在局部区域中应用差分技术，在该区域中布设 1 个差分网，该网由若干个差分基准站组成，还包括 1 个或数个监控站。位于该局域网中的用户根据多个基准站所提供的改正消息，经过平差后求得自己的改正数。

该技术原理是根据基准站和用户站在一定距离内对北斗卫星同步观测值之间存在的相关性，使用户站利用基准站提供的定位误差的综合改正信息，来提高定位精度。局域差分系统的作用半径比较小，如通常伪距差分的作用半径不超过 150km，这时用户站的实时定位精度一般为 3～5m。

典型的局域差分定位系统如图 6.7 所示。

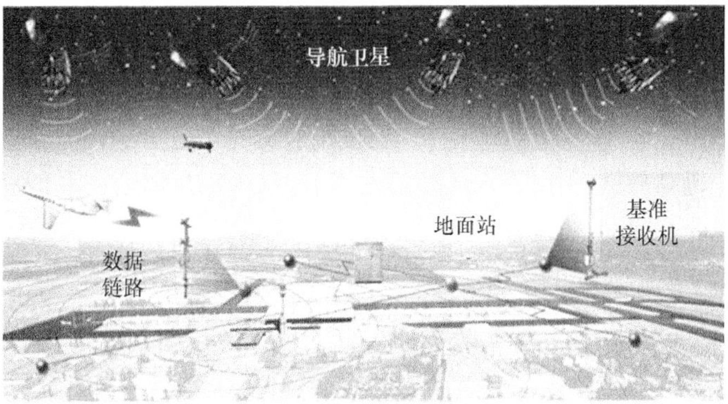

图 6.7　典型的局域差分定位系统

2) 广域差分系统

广域差分技术原理是对卫星观测量的各误差源分别加以区分和模型化，然后将每一个计算出来的误差源的修正值(差分值)通过数据通信链传输给用户。用户在定位时利用误差改正数或改正模型参数加以修正，以达到削弱这些误差源和改善用户定位精度的目的。这种方法不仅削弱了局域差分技术中基准站和用户站之间定位误差对时空的相关性，而且保持了局域差分系统的定位精度。因此，在广域差分系统中，只要数据通信链有足够能力，基准站和用户站间的距离原则上是没有限制的。

在误差源的细分和模型化方面，广域差分系统通常将误差分离成电离层延迟改正、卫星星历改正、卫星钟差改正，以及对流层效应延迟改正等。

目前，较典型的广域差分定位系统主要为美国的 WAAS 系统和欧洲的 EGNOS 系统。

6.3.2 北斗差分定位方法

根据差分校正的目标参数不同，我们将差分定位分为位置差分定位、伪距静态差分定位、伪距动态差分定位等。

1. 位置差分定位

将基准站根据可见卫星得到的导航解与已知的位置之差作为改正值修正用户点的导航解，是一种比较简单的差分定位模式。基准站向用户发送的位置校正量为

$$\Delta \boldsymbol{X} = \boldsymbol{X}_R - \boldsymbol{X}_{R0} \tag{6.40}$$

其中，$\boldsymbol{X}_R$ 表示基准站接收机根据可见卫星信息解算得到的基准站三维坐标；$\boldsymbol{X}_{R0}$ 表示基准站精确已知的三维坐标，注意这里 $\boldsymbol{X}_R$ 与 $\boldsymbol{X}_{R0}$ 必须是同一个坐标系，若不是，则需要进行坐标转换。

用户接收到位置改正数后，对接收机所测得的三维坐标 $\boldsymbol{X}'_u$ 进行改正，得到更精确的三维坐标 $\boldsymbol{X}_u$。

$$\boldsymbol{X}_u = \boldsymbol{X}'_u - \Delta \boldsymbol{X} \tag{6.41}$$

位置差分定位简单易实现，基准站只需向用户发送三维坐标改正数，计算过程与数据传输都相对简单，当基准站与用户之间距离较短(不超过 100km)时，能够比较显著地提高用户的定位精度。其缺点是用户定位所用的卫星必须与基准站定位时应用的卫星保持一致。

2. 伪距静态差分定位

伪距静态差分定位也称为相对定位，是在两点或多点(一般为静止的固定点)同时设置北斗接收机，同步观测相同的卫星，以确定两点在 CGCS2000 坐标系的相对位置或两点间的基线矢量。

设 $\boldsymbol{X}^{(j)}$ 为卫星 j 的位置矢量，$\boldsymbol{X}_R$、$\boldsymbol{X}_u$ 分别为基准站和用户的位置矢量。用 ρ_R、ρ_u 分别表示基准站、用户的观测量，I、T、b、B、v 分别表示电离层延迟误差、对流层延迟误差、接收机钟差、卫星钟差和测量噪声。于是有

$$\rho_u = \left|\boldsymbol{X}^{(j)} - \boldsymbol{X}_u\right| + I_u + T_u + b_u - B^{(j)} + v_u \tag{6.42}$$

$$\rho_R = \left|\boldsymbol{X}^{(j)} - \boldsymbol{X}_R\right| + I_R + T_R + b_R - B^{(j)} + v_R \tag{6.43}$$

式(6.42)和式(6.43)作差，得

$$\rho_u - \rho_R = \left|\boldsymbol{X}^{(j)} - \boldsymbol{X}_u\right| - \left|\boldsymbol{X}^{(j)} - \boldsymbol{X}_R\right| + \Delta I + \Delta T + b_u - b_R + v_u - v_R \tag{6.44}$$

其中，$\Delta I = I_u - I_R$；$\Delta T = T_u - T_R$。

由于

$$\left|\boldsymbol{X}^{(j)} - \boldsymbol{X}_u\right| - \left|\boldsymbol{X}^{(j)} - \boldsymbol{X}_R\right| = -\Delta \boldsymbol{X}_{u,R} \cdot \boldsymbol{e}_u^{(j)} \tag{6.45}$$

其中，$\Delta \boldsymbol{X}_{u,R}$ 为用户相对于基准站的位置偏差，即用户相对于基准站的相对位置；$\boldsymbol{e}_u^{(j)}$ 为用户与卫星 j 的方向余弦矢量。

于是，式(6.44)可改写为

$$\rho_u-\rho_R=-\Delta\boldsymbol{X}_{u,R}\cdot e_u^{(j)}+\Delta I+\Delta T+\Delta b_{u,R}+v_{u,R} \tag{6.46}$$

其中，$\Delta b_{u,R}=b_u-b_R$； $v_{u,R}=v_u-v_R$。

当用户与基准站共同观测 n 颗卫星时，有

$$\begin{bmatrix}\rho_u^{(1)}-\rho_R^{(1)}\\ \rho_u^{(2)}-\rho_R^{(2)}\\ \vdots\\ \rho_u^{(n)}-\rho_R^{(n)}\end{bmatrix}=\boldsymbol{A}\begin{bmatrix}\Delta x_{u,R}\\ \Delta y_{u,R}\\ \Delta z_{u,R}\\ \Delta b_{u,R}\end{bmatrix}+\begin{bmatrix}\Delta I^{(1)}+\Delta T^{(1)}\\ \Delta I^{(2)}+\Delta T^{(2)}\\ \vdots\\ \Delta I^{(n)}+\Delta T^{(n)}\end{bmatrix}+\begin{bmatrix}v_{u,R}^{(1)}\\ v_{u,R}^{(2)}\\ \vdots\\ v_{u,R}^{(n)}\end{bmatrix} \tag{6.47}$$

其中，$\boldsymbol{A}$ 为用户与 n 颗卫星之间的方向余弦阵。当用户与基准站距离较近时(如 10km)，可认为 $\Delta I=0$， $\Delta T=0$。或者在差分运算前，用户和基准站已经用双频改正方法修正了电离层延迟；用高精度对流层延迟模型修正了对流层延迟。因此，差分后剩下的部分即电离层、对流层延迟的残差之差。此时，ΔI 、ΔT 也可近似看为零。

根据最小二乘法，可得用户的相对位置 $\Delta\boldsymbol{X}_{u,R}$ 和钟差之差 $\Delta b_{u,R}$ 为

$$\begin{bmatrix}\Delta x_{u,R}\\ \Delta y_{u,R}\\ \Delta z_{u,R}\\ \Delta b_{u,R}\end{bmatrix}=\left(\boldsymbol{A}^{\mathrm{T}}\boldsymbol{A}\right)^{-1}\begin{bmatrix}\rho_u^{(1)}-\rho_R^{(1)}\\ \rho_u^{(2)}-\rho_R^{(2)}\\ \vdots\\ \rho_u^{(n)}-\rho_R^{(n)}\end{bmatrix} \tag{6.48}$$

用户的相对位置 $\Delta\boldsymbol{X}_{u,R}$ 也称为用户相对于基准站的基线，其长度称为基线长度。不难看出，伪距相对定位具有如下两个特点。

(1) 求解相对位置，而不是直接求解用户的位置。

(2) 通过差分消除或减弱公共误差项。尤其是卫星钟差，被完全消除。

因此，要想获得用户的绝对位置和钟差，只需在相对位置 $\Delta\boldsymbol{X}_{u,R}$ 和相对钟差 $\Delta b_{u,R}$ 的基础上叠加基准站的位置坐标和接收机钟差，即

$$\begin{bmatrix}x_u\\ y_u\\ z_u\\ b_u\end{bmatrix}=\begin{bmatrix}\Delta x_{u,R}\\ \Delta y_{u,R}\\ \Delta z_{u,R}\\ \Delta b_{u,R}\end{bmatrix}+\begin{bmatrix}x_R\\ y_R\\ z_R\\ b_R\end{bmatrix} \tag{6.49}$$

可见，静态差分定位时，基准站要将自身测量的伪距、精确位置和接收机钟差发送给用户，用户才能解算得到绝对位置。

由于上述定位结果是通过式(6.44)对用户和基准站的伪距进行一次差分解算得到的，因此，也称为伪距单差定位。式(6.44)即伪距单差方程。同理，可以进行伪距双差运算，推导如下。

伪距单差是在用户和基准站之间，对相同卫星的伪距进行差分，也称站际差分。单差用符号“∇”表示，即

$$\nabla\rho^{(i)} = \rho_u^{(i)} - \rho_R^{(i)} = -\Delta \boldsymbol{X}_{u,R} \cdot \boldsymbol{e}_u^{(i)} + \Delta I^{(i)} + \Delta T^{(i)} + \Delta b_{u,R} + v_{u,R} \tag{6.50}$$

$$\nabla\rho^{(j)} = \rho_u^{(j)} - \rho_R^{(j)} = -\Delta \boldsymbol{X}_{u,R} \cdot \boldsymbol{e}_u^{(j)} + \Delta I^{(j)} + \Delta T^{(j)} + \Delta b_{u,R} + v_{u,R} \tag{6.51}$$

伪距双差是在单差的基础上，对不同卫星之间的单差伪距进行差分，也称星际差分。双差用符号“$\Delta\nabla$”表示，即

$$\Delta\nabla\rho^{(ij)} = \nabla\rho^{(i)} - \nabla\rho^{(j)} = -\Delta \boldsymbol{X}_{u,R} \cdot \left(e_u^{(i)} - e_u^{(j)}\right) + \delta I^{(ij)} + \delta T^{(ij)} + \Delta v_{u,R} \tag{6.52}$$

由式(6.52)可知，伪距双差消除了接收机钟差的影响，同时进一步减弱了电离层、对流层延迟的影响。

对式(6.52)应用最小二乘法，也能得到用户的相对位置 $\Delta \boldsymbol{X}_{u,R}$。但由于伪距双差与接收机钟差无关，故只能用于定位，不能解算出接收机钟差。

3. 伪距动态差分定位

伪距动态差分定位，一般简称伪距差分定位，是在已知基准点精确位置坐标和接收机钟差的基础上，求得每一颗卫星的伪距修正值，用于待定点(流动站)修正其所测卫星的伪距观测值。

设基准站在某一时刻测得接收机至第 j 颗卫星的伪距为

$$\rho_R^{(j)} = D_R^{(j)} + \Delta\rho^{(j)} \tag{6.53}$$

其中，$D_R^{(j)}$ 为在该时刻基准站至第 j 颗卫星的真实距离，由精确已知的基准站坐标及卫星星历计算得到；$\Delta\rho^{(j)}$ 为伪距改正数。

流动站接收到伪距改正数后，对本地测量的伪距进行改正，得到修正后的伪距为

$$\rho_u^{(j)} = \rho_{u0}^{(j)} - \Delta\rho^{(j)} \tag{6.54}$$

其中，$\rho_{u0}^{(j)}$ 为流动站对第 j 颗卫星的伪距测量值。

当观测了四颗及以上的共视卫星后，可求解得到用户的三维位置。其算法与 6.1 节单点定位一致，区别只在于伪距经过了改正，精度更高。

伪距动态差分比位置差分、静态差分更灵活，它发送的是视场内所有导航卫星的伪距校正值，用户只需要选用其中四颗及以上的卫星伪距校正值，即可实现高精度的定位。

在实际差分定位中，基准站连续跟踪观测所有可见的北斗卫星，播发其伪距差分改正量。在其控制区域内，所有的流动站接收基准站发来的差分改正量，根据其所观测的北斗卫星，选用相应的差分改正数进行差分定位。这样，一个基准站就可以为许多流动站提供差分定位服务。因此，伪距动态差分定位得到了广泛的应用。

6.3.3 伪距差分定位误差分析

由前面的分析和讨论可知，差分定位能消除大部分的误差，提高定位精度，具体包括以下几点。

(1) 卫星钟差可以完全消除，卫星钟差对差分定位的影响与用户至基准站的距离无关。

(2) 星历误差可以大部分消除，由于星历误差在基准站和流动站的投影有微小差别(取

决于两站距离)，卫星星历误差对差分定位的影响可视为与用户至基准站的距离成正比，因此不能完全消除。

(3) 电离层、对流层可以大部分消除，取决于基线长度。

(4) 多路径效应和内噪声不能消除。

差分定位与单点定位在同等条件下的定位误差估算如表 6.4 所示。

表 6.4　差分定位与单点定位在同等条件下的定位误差估算

误差源	单点定位/m	差分定位/m
卫星钟差	2.0	0
卫星星历误差	2.0	0.1
电离层延迟	1.0～5.0	0.2
对流层延迟	1.0	0.2
多路径效应	1.2	1.2
测量噪声	1.0	1.0
定位误差(DOP=2.0)	10.0～15.0	1.0～5.0

单站差分建立在用户的位置和距离误差与基准站的误差具有高度相关性的基础上，当用户与基准站之间的距离不断增加时，这种误差相关性将变得越来越弱，从而使用户的定位精度不断下降。当距离不超过 20km 时，单站差分定位精度可达亚米级；当距离增加至 200km 时，定位精度将下降到 5m 左右。

6.4　北斗测速解算方法

对某些用户(尤其是运动中的用户)来说，除了位置的确定，还需要航速的测定，即测定接收机(用户)的运动速度。事实上，卫星导航定位系统除了可以向用户提供位置和时间信息，还可以向用户提供速度信息。

理论上，可以利用相邻时刻的定位结果求得这一段时间的平均速度。

$$\boldsymbol{v}=\frac{\Delta \boldsymbol{r}}{\Delta t}=\frac{\boldsymbol{r}(t_2)-\boldsymbol{r}(t_1)}{t_2-t_1} \tag{6.55}$$

其中，$\boldsymbol{r}(t_1)$、$\boldsymbol{r}(t_2)$分别为用户在t_1、t_2时刻的位置。

利用式(6.55)求解用户速度的问题在于，若间隔时间 Δt 过短，所求的平均速度精度较低；若间隔时间 Δt 过长，又难以用平均速度代替实际的用户运动速度。

事实上，北斗卫星导航系统除了可以进行伪距测量，还可以获得用户相对于卫星的伪距变化率。伪距变化率反映了用户与卫星的相对运动，若已知卫星运动速度，即可通过伪距变化率求得用户速度。

6.4.1 伪距变化率测速方法

在北斗卫星导航系统中，伪距变化率是通过多普勒效应求得的。根据多普勒效应产生原理，由于用户与卫星之间存在相对速度，因此用户接收到的信号频率与卫星发射信号的标称频率存在偏移，该频率偏移称为多普勒频移。若已知多普勒频移 $f_d^{(j)}$ 和卫星发射的载波信号的频率 f_s，可以计算得到伪距变化率为

$$\dot{\rho}^{(j)} = \frac{c}{f_s} \cdot f_d^{(j)} \tag{6.56}$$

即接收机测量得到多普勒频移 $f_d^{(j)}$ 后，通过式(6.56)即可计算伪距变化率 $\dot{\rho}^{(j)}$。

同时，也可对伪距求导得到距离变化率。事实上，经过电离层延迟和对流层延迟修正后的伪距为

$$P^{(j)} = \rho^{(j)} + c\left(\Delta t_u - \Delta t^s\right) + \varepsilon \tag{6.57}$$

其中，$\rho^{(j)} = \sqrt{\left(x^{(j)} - x_u\right)^2 + \left(y^{(j)} - y_u\right)^2 + \left(z^{(j)} - z_u\right)^2}$。

考虑到卫星钟差可由导航电文中给出的有关参数加以修正，所以由式(6.57)可得伪距的时间变化率为

$$\dot{P}^{(j)} = \dot{\rho}^{(j)} + c \cdot \Delta\dot{t}_u + \dot{\varepsilon} \tag{6.58}$$

其中，$\dot{\rho}^{(j)}$ 实际上是卫星与用户相对速度在视线(径向)方向的投影，故可得

$$\dot{P}^{(j)} = \begin{bmatrix} e_x^{(j)} & e_y^{(j)} & e_z^{(j)} \end{bmatrix} \begin{bmatrix} \dot{x}^{(j)} - \dot{x}_u \\ \dot{y}^{(j)} - \dot{y}_u \\ \dot{z}^{(j)} - \dot{z}_u \end{bmatrix} + c \cdot \Delta\dot{t}_u + \dot{\varepsilon} \tag{6.59}$$

其中，$\begin{bmatrix} e_x^{(j)} & e_y^{(j)} & e_z^{(j)} \end{bmatrix}$是方向余弦阵，与定位算法中的方向余弦阵完全一致。

令 $\delta f = -c \cdot \Delta\dot{t}_u$，其中 $\Delta\dot{t}_u$ 表示接收机时钟频漂，并将式(6.59)写成误差方程的形式为

$$\dot{\varepsilon} = \begin{bmatrix} e_x^{(j)} & e_y^{(j)} & e_z^{(j)} & 1 \end{bmatrix} \begin{bmatrix} \dot{x}_u \\ \dot{y}_u \\ \dot{z}_u \\ \delta f \end{bmatrix} + l^{(j)} \tag{6.60}$$

其中，自由项 $l^{(j)}$ 为

$$l^{(j)} = \left(\dot{P}^{(j)} - \begin{bmatrix} e_x^{(j)} & e_y^{(j)} & e_z^{(j)} \end{bmatrix} \begin{bmatrix} \dot{x}^{(j)} \\ \dot{y}^{(j)} \\ \dot{z}^{(j)} \end{bmatrix} \right)$$

同时观测 4 颗及以上卫星时，可将式(6.60)写成如下矩阵形式。

$$\boldsymbol{V} = \boldsymbol{G}\dot{\boldsymbol{X}} + \boldsymbol{L} \tag{6.61}$$

其中，矩阵 $\boldsymbol{G}$ 与单点定位中的系数矩阵 $\boldsymbol{A}$ 完全一致。

根据最小二乘法，可以计算用户的速度和接收机时钟频漂，即

$$\begin{bmatrix} \dot{x}_{\mathrm{u}} \\ \dot{y}_{\mathrm{u}} \\ \dot{z}_{\mathrm{u}} \\ \delta f \end{bmatrix} = \left(\boldsymbol{G}^{\mathrm{T}} \boldsymbol{G} \right)^{-1} \boldsymbol{G}^{\mathrm{T}} \boldsymbol{L} \tag{6.62}$$

由于方向余弦矩阵 $\boldsymbol{G}$ 与定位算法中的方向余弦矩阵 $\boldsymbol{A}$ 完全一致，因此，一般是先定位后定速。

6.4.2　卫星速度的计算方法

由式(6.60)可知，利用伪距变化率求解用户速度时，需已知卫星速度$\left[\dot{x}^{(j)}, \dot{y}^{(j)}, \dot{z}^{(j)} \right]^{\mathrm{T}}$。下面介绍根据卫星星历计算卫星速度的方法。

由 4.5 节可知，根据卫星星历，最后计算得到的卫星位置为

$$\begin{cases} X_k = x_k \cos \varOmega_k - y_k \cos i_k \sin \varOmega_k \\ Y_k = x_k \sin \varOmega_k + y_k \cos i_k \cos \varOmega_k \\ Z_k = y_k \sin i_k \end{cases} \tag{6.63}$$

式(6.63)中的符号定义见 4.5 节。对式(6.63)进行求导，可得

$$\begin{bmatrix} \dot{X}_k \\ \dot{Y}_k \\ \dot{Z}_k \end{bmatrix} = \boldsymbol{R} \begin{bmatrix} \dot{x}_k \\ \dot{y}_k \\ \dot{\varOmega}_k \\ \dot{i}_k \end{bmatrix} \tag{6.64}$$

其中，矩阵 $\boldsymbol{R}$ 可由卫星星历参数和 x_k 、y_k 直接计算得到

$$\boldsymbol{R} = \begin{bmatrix} \cos \varOmega_k & -\sin \varOmega_k \cos i_k & -\left(x_k \sin \varOmega_k + y_k \cos \varOmega_k \cos i_k \right) & y_k \sin \varOmega_k \sin i_k \\ \sin \varOmega_k & \cos \varOmega_k \cos i_k & \left(x_k \cos \varOmega_k - y_k \sin \varOmega_k \cos i_k \right) & -y_k \cos \varOmega_k \sin i_k \\ 0 & \sin i_k & 0 & y_k \cos i_k \end{bmatrix}$$

因此，根据式(6.64)计算卫星速度，需计算 $\dot{x}_k$ 、$\dot{y}_k$ 、$\dot{\varOmega}_k$ 和 $\dot{i}_k$ 。下面分别介绍它们的计算方法。

(1) 计算 $\dot{x}_k$ 和 $\dot{y}_k$ 。轨道平面内卫星位置为

$$\begin{cases} x_k = r_k \cos u_k \\ y_k = r_k \sin u_k \end{cases} \tag{6.65}$$

求导得到轨道平面内卫星速度计算公式为

$$\begin{bmatrix} \dot{x}_k \\ \dot{y}_k \end{bmatrix} = \begin{bmatrix} \cos u_k & -r_k \sin u_k \\ \sin u_k & r_k \cos u_k \end{bmatrix} \begin{bmatrix} \dot{r}_k \\ \dot{u}_k \end{bmatrix} \tag{6.66}$$

(2) 计算 $\dot{r}_k$ 和 $\dot{u}_k$ 。由 $r_k = a\left(1 - e\cos E_k\right) + \delta r$ ，$u_k = \varPhi_k + \delta u$ ，$\delta r = C_{\mathrm{rc}} \cos 2\varPhi_k + C_{\mathrm{rs}} \sin 2\varPhi_k$ ，$\delta u = C_{\mathrm{uc}} \cos 2\varPhi_k + C_{\mathrm{us}} \sin 2\varPhi_k$ ，求导可得

$$\dot{r}_k = ae\sin E_k \cdot \dot{E}_k + 2\left(C_{\mathrm{rs}}\cos 2\Phi_k - C_{\mathrm{rc}}\sin 2\Phi_k\right)\dot{\Phi}_k \tag{6.67}$$

$$\dot{u}_k = \left[1 + 2\left(C_{\mathrm{us}}\cos 2\Phi_k - C_{\mathrm{uc}}\sin 2\Phi_k\right)\right]\dot{\Phi}_k \tag{6.68}$$

(3) 计算 $\dot{E}_k$ 和 $\dot{\Phi}_k$。由 $\Phi_k = f_k + \omega$，$\tan\dfrac{f_k}{2} = \sqrt{\dfrac{1+e}{1-e}}\tan\dfrac{E_k}{2}$，并且 $\dot{\omega} = 0$，得

$$\dot{\Phi}_k = \dot{f}_k + \dot{\omega} = \sqrt{\frac{1+e}{1-e}}\,\frac{\cos^2\left(\dfrac{f_k}{2}\right)}{\cos^2\left(\dfrac{E_k}{2}\right)}\dot{E}_k \tag{6.69}$$

由 $E_k = M_k + e\sin E_k$，$M_k = M_0 + \left(n_0 + \Delta n\right)t_k$，得

$$\dot{E}_k = \frac{n_0 + \Delta n}{1 - e\cos E_k} \tag{6.70}$$

(4) 计算 $\dot{\Omega}_k$ 和 $\dot{i}_k$。对于 MEO/IGSO，由 $\Omega_k = \Omega_0 + \left(\dot{\Omega} - \omega_{\mathrm{e}}\right)t_k - \omega_{\mathrm{e}}t_{\mathrm{oe}}$，可得

$$\dot{\Omega}_k = \dot{\Omega} - \omega_{\mathrm{e}} \tag{6.71}$$

对于 GEO，由 $\Omega_k = \Omega_0 + \dot{\Omega}t_k - \omega_{\mathrm{e}}t_{\mathrm{oe}}$，可得

$$\dot{\Omega}_k = \dot{\Omega} \tag{6.72}$$

由 $i_k = i_0 + \delta i + \dot{i}t_k$，$\delta i = C_{\mathrm{ic}}\cos 2\Phi_k + C_{\mathrm{is}}\sin 2\Phi_k$，可得

$$\dot{i}_k = \dot{i} + 2\left(C_{\mathrm{is}}\cos 2\Phi_k - C_{\mathrm{ic}}\sin 2\Phi_k\right)\dot{\Phi}_k \tag{6.73}$$

其中，$\dot{\Phi}_k$ 可由式(6.69)计算得到。

至此，根据式(6.66)、式(6.71)～式(6.73)，计算得到 $\dot{x}_k$、$\dot{y}_k$、$\dot{\Omega}_k$ 和 $\dot{i}_k$ 后，代入式(6.64)，即可计算得到 MEO/IGSO 卫星速度。

对于 GEO 卫星，还需进一步计算。由

$$\begin{bmatrix} X_{\mathrm{GK}} \\ Y_{\mathrm{GK}} \\ Z_{\mathrm{GK}} \end{bmatrix} = R_Z(\dot{\Omega}t_k)R_X(-5°)\begin{bmatrix} X_K \\ Y_K \\ Z_K \end{bmatrix} \tag{6.74}$$

可得

$$\begin{bmatrix} \dot{X}_{\mathrm{GK}} \\ \dot{Y}_{\mathrm{GK}} \\ \dot{Z}_{\mathrm{GK}} \end{bmatrix} = R_Z(\dot{\Omega}t_k)R_X(-5°)\begin{bmatrix} \dot{X}_K \\ \dot{Y}_K \\ \dot{Z}_K \end{bmatrix} + \dot{\Omega}\begin{bmatrix} -\sin\left(\dot{\Omega}t_k\right) & \cos\left(\dot{\Omega}t_k\right) & 0 \\ -\cos\left(\dot{\Omega}t_k\right) & -\sin\left(\dot{\Omega}t_k\right) & 0 \\ 0 & 0 & 0 \end{bmatrix} R_X(-5°)\begin{bmatrix} X_K \\ Y_K \\ Z_K \end{bmatrix} \tag{6.75}$$

6.5　北斗授时解算方法

除了导航用户，还有一些用户对时间测定与时间同步提出了要求。在航天器发射中，必须有统一的、精确的时间系统，如各测控站与航天器的时间必须严格同步，才能保证发射、跟踪和控制等工作的正确实施。

授时包含两方面的工作：①精确确定用户时钟相对于标准时(UTC)的钟差；②两个或两个以上不同地点的时间同步，称为时间比对。其实质就是要精确测定站间钟差。授时在经济、军事、科技和社会生活中有着广泛的应用。

用卫星导航信号进行时间传递，不仅可以获得较高的定时精度(±10ns)，而且设备简单，具有全球覆盖、全天候等优点。因此，卫星导航授时被人们广泛采用，成为国际时间比对的主要手段。例如，手机通信网络的时间同步；银行交易的时间同步；仪器设备网的时间同步，如地震监测网；国家电网的时间同步等。

通过北斗系统进行授时，主要有两种技术：①单向测量授时技术；②共视测量授时技术。下面分别进行介绍。

6.5.1　单向测量授时

用户接收机时钟产生的时间通常与系统时间不同步。假设对应于信号接收时间 t_u 的系统时间实际上为 t ，那么可将系统时间为 t 时的接收机时钟 t_u 记为 $t_u(t)$ ，并将此时的接收机时钟与系统时间的差记为 $\Delta t_u(t)$ ，即

$$t_u(t) = t + \Delta t_u(t) \tag{6.76}$$

其中，$\Delta t_u(t)$ 通常称为接收机钟差。当观测卫星数≥4 时，通过定位解算可以得到接收机钟差，以此实现与系统时间的同步。

在接收机位置已知的情况下，也可以只观测一颗卫星实现授时。即利用一台卫星导航接收机在已知点上测量定时。

根据伪距测量公式有

$$P^{(j)} = \sqrt{\left(x^{(j)} - x_u\right)^2 + \left(y^{(j)} - y_u\right)^2 + \left(z^{(j)} - z_u\right)^2} + b_u - B^{(j)} + I^{(j)} + T^{(j)} + \varepsilon^{(j)} \tag{6.77}$$

由于卫星位置和接收机坐标已知，卫星钟差、电离层延迟和对流层延迟可由导航电文给出的参数或者精确模型进行修正。如果是双频接收机，还可以用双频伪距消除电离层延迟的方法进行电离层延迟修正。因此，只有接收机钟差为未知量。

理论上，单颗卫星就可以确定钟差，即

$$\Delta t_u = \frac{1}{c}\left[P^{(j)} - \rho^{(j)}\right] + \Delta t^{(j)} - \frac{1}{c}\left(I^{(j)} + T^{(j)}\right) \tag{6.78}$$

其中，$\rho^{(j)} = \sqrt{\left(x^{(j)} - x_u\right)^2 + \left(y^{(j)} - y_u\right)^2 + \left(z^{(j)} - z_u\right)^2}$ ；$\Delta t^{(j)}$ 为卫星钟差。

若观测多颗北斗卫星，并进行多次重复观测，则可提高定时精度。在确定用户时钟相对北斗时的偏差后，根据导航电文所给出的信息，计算相应的协调时。所以，由此所确定的协调时的精度，除决定于卫星的轨道误差、观测站的坐标误差、卫星钟差和大气折射改正误差，还决定于根据导航电文给出的参数，即北斗时与 UTC 时差(BDT−UTC)的精度。

6.5.2　共视测量授时

共视测量授时技术的基本原理是在两个观测站上各放置一台北斗接收机，并同步观测同一卫星，来测定两用户时钟的相对偏差。通常称为共视比对定时法。

设两观测站 A 、 B 共同观测卫星 j ，得到的伪距为

$$P_A^{(j)} = \rho_A^{(j)} + c \cdot \Delta t_A - c \cdot \Delta t^{(j)} + I_A + T_A + \varepsilon_A \tag{6.79}$$

$$P_B^{(j)} = \rho_B^{(j)} + c \cdot \Delta t_B - c \cdot \Delta t^{(j)} + I_B + T_B + \varepsilon_B \tag{6.80}$$

两式作差，得

$$P_B^{(j)} - P_A^{(j)} = \left(\rho_B^{(j)} - \rho_A^{(j)}\right) + c\left(\Delta t_B - \Delta t_A\right) + \delta I_{AB} + \delta T_{AB} + \varepsilon_{AB} \tag{6.81}$$

其中， $\delta I_{AB} = I_B - I_A$ ； $\delta T_{AB} = T_B - T_A$ 。

于是，在测站坐标已知的情况下，两站用户时钟的相对钟差为

$$\Delta t_{AB} = \frac{1}{c}\left[\left(P_B^{(j)} - P_A^{(j)}\right) - \left(\rho_B^{(j)} - \rho_A^{(j)}\right)\right] - \frac{1}{c}\left(\delta I_{AB} + \delta T_{AB}\right) \tag{6.82}$$

可见，共视法可以消除卫星钟差的影响。同时卫星的轨道误差以及大气折射误差的影响也将明显减弱。因此，利用共视法进行时间对比，所得相对钟差的精度较高。

第 7 章
北斗载波相位精确定位原理与方法

由于载波相位测量值的精度比伪距测量值的精度高两个数量级以上，因而基于载波相位的差分系统通常具有最高的定位精度，可以用来实现精密定位。本章将介绍利用载波相位测量值进行精确定位的原理，详细阐述实时动态差分定位和精密单点定位的方法。考虑到整周模糊度的解算在高精度定位中的重大意义，本章还将介绍解算整周模糊度的方法。

7.1 载波相位差分观测值

载波相位差分定位技术是在已知精确位置的基准站上安置一台卫星导航接收机，对卫星进行连续不间断的观测，并通过无线电传输设备实时地将基准站的观测数据及坐标信息传输给用户站。流动站一方面接收卫星信号，另一方面通过无线接收设备接收基准站发送的信息，根据相对定位原理实时处理数据并给出用户站厘米级精度的三维坐标。

载波相位差分定位技术可采用非差法和求差法。非差法就是直接利用相位测量观测值，组成观测误差方程，在已知一点坐标的条件下，求解另一点的坐标。求差法是通过观测值作差，消除一些多余参数，使法方程阶数减少，解算工作量减少。目前，载波相位测量相对定位普遍采用求差法。

下面给出载波相位的非差观测值，以及以两点同步观测为例，说明单差观测值、双差观测值和三差观测值的计算方法。

7.1.1 非差观测值

载波相位测量的观测量是接收机所接收的卫星载波信号与本地参考信号的相位差。一般的相位测量只是给出一周以内的相位值(以周为单位，计量周的小数部分)。如果对整周进行计数，则自某一初始采样时刻以后就可以取得连续的相位测量值。

当接收机第一次捕获到卫星信号时，只能获得不足整周的小数部分 $\delta\varphi(t_0)$，存在一个整周模糊度 N_0 不能确定，当接收机锁定卫星信号获得连续观测数据时，第 i 次观测量包括相对第一次观测量的整周变化 $\Delta N(t_i)$ 和不足整周的小数部分 $\delta\varphi(t_i)$，如图 7.1 所示，即第 1 次：$\varphi(t_0)=N_0+\delta\varphi(t_0)$。第 i 次：$\varphi(t_i)=N_0+\Delta N(t_i)+\delta\varphi(t_i)$。

当导航信号失锁后再捕获时，载波相位观测值就归零到第一次捕获状态，存在一个新的整周模糊度。

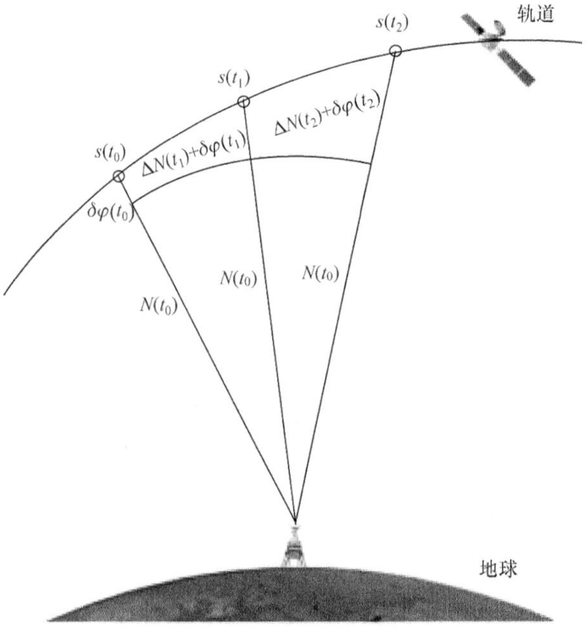

图 7.1　载波相位观测值

当考虑钟差、传播延迟、测量噪声等误差时，以 m 为单位的载波相位观测方程可以表示为

$$\Phi_{r,i}^{j} = \lambda_i \phi_{r,i}^{j} = \rho_r^j + \lambda_i N_{r,i}^j + c(\delta t_r - \delta t^j) - I_{r,1}^j + T_r^j + \varepsilon_{r,i,\Phi}^j \tag{7.1}$$

以周为单位的载波相位观测方程可以表示为

$$\begin{aligned}\phi_{r,i}^{j} &= \lambda_i^{-1}[\rho_r^j + c(\delta t_r - \delta t^j) + T_r^j - I_{r,i}^j] + N_{r,i}^j + \varepsilon_{r,i,\Phi}^j \\ &= \lambda_i^{-1}(\rho_r^j - I_{r,i}^j + T_r^j) + f_i(\delta t_r - \delta t^j) + N_{r,i}^j + \varepsilon_{r,i,\phi}^j\end{aligned} \tag{7.2}$$

其中，$\Phi_{r,i}^j$ 和 $\phi_{r,i}^j$ 分别表示频率 f_i 上对卫星 j 以米和周为单位的载波相位观测值；ρ_r^j 为接收机和卫星 j 之间的几何距离；$I_{r,i}^j$ 为接收机和卫星 j 之间频率 f_i 上的信号传输电离层延迟；T_r^j 为接收机和卫星 j 之间的信号传输对流层延迟；λ_i 为频率为 f_i 的载波信号波长；$N_{r,i}^j$ 表示频率 f_i 上的整周模糊度；$\varepsilon_{r,i,\Phi}^j$ 和 $\varepsilon_{r,i,\phi}^j$ 分别表示以米和周为单位的载波相位观测噪声。

7.1.2　单差观测值

两个相距不远的用户接收机 u 和基准站接收机 r 同时跟踪一颗编号为 j 的可见卫星，接收机 u 和 r 对卫星 j 的以周为单位的载波相位测量值 ϕ_u^j 与 ϕ_r^j 可以分别写成

$$\phi_u^j = \lambda^{-1}(\rho_u^j - I_u^j + T_u^j) + f(\delta t_u - \delta t^j) + N_u^j + \varepsilon_{\phi,u}^j \tag{7.3}$$

$$\phi_r^j = \lambda^{-1}(\rho_r^j - I_r^j + T_r^j) + f(\delta t_r - \delta t^j) + N_r^j + \varepsilon_{\phi,r}^j \tag{7.4}$$

单差模型如图 7.2 所示，其测量值可表示为

$$\phi_{ur}^j = \phi_u^j - \phi_r^j = \lambda^{-1}(\rho_{ur}^j - I_{ur}^j + T_{ur}^j) + f\delta t_{ur} + N_{ur}^j + \varepsilon_{\phi,ur}^j \tag{7.5}$$

其中

$$\delta t_{ur} = \delta t_u - \delta t_r$$
$$I_{ur}^j = I_u^j - I_r^j$$
$$T_{ur}^j = T_u^j - T_r^j$$
$$\rho_{ur}^j = \rho_u^j - \rho_r^j$$
$$N_{ur}^j = N_u^j - N_r^j$$
$$\varepsilon_{\phi,ur}^j = \varepsilon_u^j - \varepsilon_r^j$$

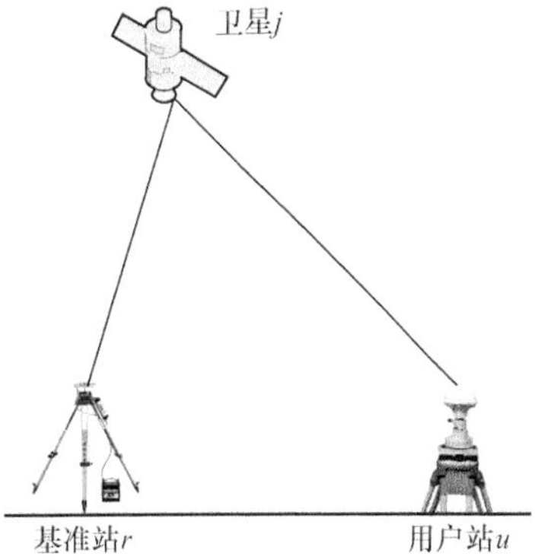

图 7.2　单差模型

显然，由两个整数相减得到的单差整周模糊度 N_{ur}^j 仍然是个整数。由式(7.5)可知，通过单差后卫星钟差 δt^j 被彻底消除，然而单差测量噪声 $\varepsilon_{\phi,ru}^j$ 的均方差却增大到原来载波相位测量噪声 $\varepsilon_{\phi,u}^j$ (或 $\varepsilon_{\phi,r}^j$)均方差的 $\sqrt{2}$ 倍。接收机钟差 δt_{ur} 对不同的卫星来说是相同的，可通过进一步的双差予以消除。若用户与基准站相距不远，则单差电离层延迟 I_{ru}^j 约等于零，当用户与基准站的高度基本相同时，单差对流层延迟 T_{ru}^j 也会接近于零。这样对于短基线系统来说，单差载波相位观测方程可简写为

$$\phi_{ur}^j = \lambda^{-1}\rho_{ur}^j + f\delta t_{ur} + N_{ur}^j + \varepsilon_{\phi,ur}^j \tag{7.6}$$

即单差可以大幅度地消除卫星轨道误差、卫星钟差、电离层和对流层误差。类似地，在短基线下也可以得出单差伪距测量值为

$$P_{ur}^j = P_u^j - P_r^j = \rho_{ur}^j + c\delta t_{ur} + \varepsilon_{P,ur}^j \tag{7.7}$$

7.1.3　双差观测值

双差观测值涉及两个接收机在同一时刻对两颗卫星的测量值，对两颗不同卫星的单差结果进行差分，即站间和星间各求一次差分，双差能进一步消除测量值中的接收机钟差，如图 7.3 所示。

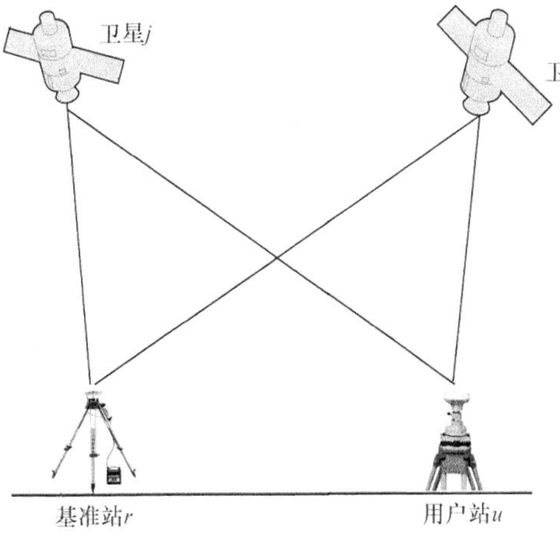

图 7.3　双差模型

根据式(7.6)，卫星 k 的单差载波相位测量值 ϕ_{ur}^{k} 为

$$\phi_{ur}^{k} = \lambda^{-1}\rho_{ur}^{k} + f\delta t_{ur} + N_{ur}^{k} + \varepsilon_{\phi,ur}^{k} \tag{7.8}$$

根据同一个测量时刻的单差 ϕ_{ur}^{j} 和 ϕ_{ur}^{k}，双差载波相位测量值 ϕ_{ur}^{jk} 定义为

$$\phi_{ur}^{jk} = \phi_{ur}^{j} - \phi_{ur}^{k} = \lambda^{-1}\rho_{ur}^{jk} + N_{ur}^{jk} + \varepsilon_{\phi,ur}^{jk} \tag{7.9}$$

其中

$$\begin{aligned} \rho_{ur}^{jk} &= \rho_{ur}^{j} - \rho_{ur}^{k} = (\rho_{u}^{j} - \rho_{u}^{k}) - (\rho_{r}^{j} - \rho_{r}^{k}) \\ N_{ur}^{jk} &= N_{ur}^{j} - N_{ur}^{k} \\ \varepsilon_{\phi,ur}^{jk} &= \varepsilon_{\phi,ur}^{j} - \varepsilon_{\phi,ur}^{k} \end{aligned} \tag{7.10}$$

双差伪距测量值为

$$P_{ur}^{jk} = P_{ur}^{j} - P_{ur}^{k} = \rho_{ur}^{jk} + \varepsilon_{P,ur}^{jk} \tag{7.11}$$

7.1.4 三差观测值

双差能够消除单差中的接收机钟差误差，然而双差载波相位测量值中仍存在双差整周模糊度。当用户和基准站两端的接收机均持续锁定卫星信号时，这些未知的双差整周模糊度值会保持不变，故不同时刻的双差载波相位测量值之差可抵消双差整周模糊度。如图 7.4 所示，在双差的基础上再进行一次历元间的差分，即可得到三差观测值。

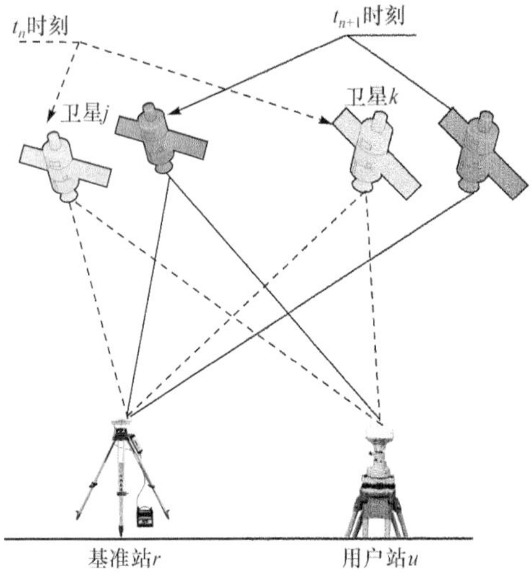

图 7.4 三差模型

我们将 t_n 时刻的双差载波相位测量值 ϕ_{ur}^{jk} 记为 $\phi_{ur,n}^{jk}$，那么该时刻的三差观测值定义为 t_n 与 t_{n-1} 时刻的双差之差异。

$$\begin{aligned} \Delta\phi_{ur,n}^{jk} &= \phi_{ur,n}^{jk} - \phi_{ur,n-1}^{jk} \\ &= \lambda^{-1}\Delta\rho_{ur,n}^{jk} + \Delta\varepsilon_{\phi,ur,n}^{jk} \end{aligned} \tag{7.12}$$

其中

$$\Delta\rho_{ur,n}^{jk}=\rho_{ur,n}^{jk}-\rho_{ur,n-1}^{jk}$$

$$\Delta\varepsilon_{\phi,ur,n}^{jk}=\varepsilon_{\phi,ur,n}^{jk}-\varepsilon_{\phi,ur,n-1}^{jk}$$

三差方程是对双差方程的进一步增强，通过两个历元相减消除了载波中的整周模糊度常数，但也由于经过 3 次差分导致测量噪声放大水平较大，所以通常不用三差做精密定位解算，但可以作为精密定位的概略解。另外，三差也可以用于周跳探测与修复算法中。

7.2　实时动态差分定位方法

从目前卫星导航实际应用情况看，动态差分定位比静态差分定位具有更加广阔的应用市场。动态差分定位又分为实时动态差分定位和后处理动态差分定位。实时动态差分定位需要建立无线电差分数据传输，根据导航观测数据和差分数据解算出载体的位置，如飞机的精密进场着陆以及航船进港等。后处理动态差分定位无须实时传输差分数据，而是在观测完成之后进行测后的联合处理，如卫星导航航空摄影测量。

实时动态差分定位技术，英文为 RTK(real time kinematic)，是一项以载波相位观测量为基础的实时差分精密相对定位技术，它能获得厘米级的定位精度，在农业、建筑和工程测绘等方面有着重要应用。RTK 根据基准站的个数及数据处理方式又可分为单基准站 RTK (常规 RTK)和多基准站 RTK(网络 RTK)，网络 RTK 在 7.2.3 节进行介绍。在 RTK 作业模式下，基准站通过通信数据链将其观测值和测站坐标信息一起传送给移动站。移动站不仅通过通信数据链接收来自基准站的差分数据，而且接收采集卫星信号观测数据，在系统内组成差分观测值进行实时处理，同时给出厘米级甚至亚毫米级的定位结果，历时不到一秒钟。因此，RTK 技术在高精度导航定位领域得到了广泛的应用。

在 RTK 技术中，移动站可处于静止状态，也可处于运动状态；移动站可在固定点上先进行初始化后求解得到整周模糊度再进入动态作业，也可在动态条件下直接开机，然后在动态环境下完成整周模糊度的搜索求解。在求解得到固定的整周未知数解后，即可进行每个历元的实时处理，在保持四颗以上卫星载波相位观测值的连续跟踪和较小的 DOP 值条件下，移动站可随时给出厘米级甚至亚毫米级的定位结果。RTK 技术受外界条件限制小，只要满足工作条件，就能快速、高精度地完成定位作业。

7.2.1　RTK 组成原理

RTK 系统主要由基准站、流动站和数据通信链 3 部分组成，如图 7.5 所示。RTK 能够顺利实施，关键是无线电数据链传输的稳定性和可靠性，它与发射天线类型、基准站的选址、设备架设情况以及无线电电磁环境、基准站与流动站间距离有关。实际上无线电波传播的有效距离只有极限距离的 70%，基准站、流动站的天线架设较高，理想情况下的有效距离少于 10km，很少超过 20km。

一般数据链电台采用 UHF 频段(400～480MHz，为分米波，我国一般选用的频率范围是 470～806MHz，在某地区作业时应注意与当地无线电管理部门联系以方便工作)，高频无线电信号是沿直线传播的，理想条件下要求基准站发射天线和流动站接收天线之间没有遮挡信号的障碍物。

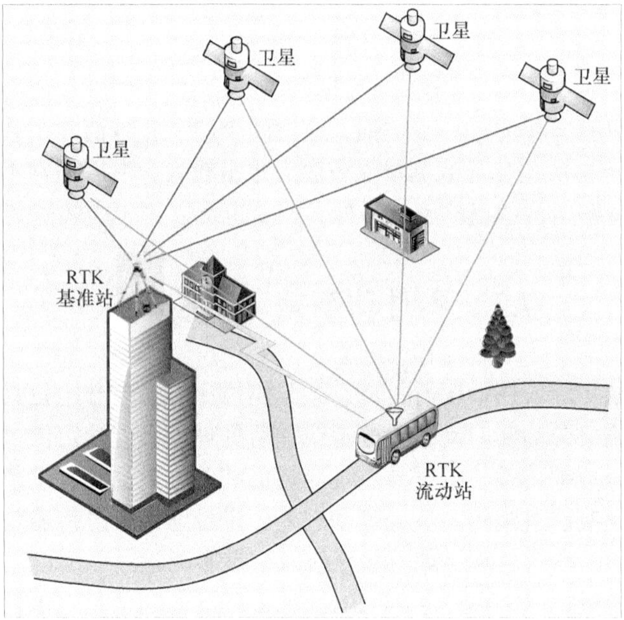

图 7.5　RTK 系统组成图

基准站为差分定位提供基准(改正数)，坐标位置必须是已知的，应满足下列条件。

(1) 站坐标已准确测定，测站位于地质条件良好、点位稳定的地方。

(2) 视野开阔，周围无高度角超过 10°的障碍物，以保证观测能顺利进行。

(3) 周围无信号反射物(如大面积水域、大型建筑物等)，以消除或削弱多路径误差。

(4) 能方便地播发或传送差分改正信号。

基准站一般需要配备能同时采集视场中所有导航卫星信号的接收机，以保证播发的差分改正数能满足所有用户的需要。同时，基准站上还应配置能计算差分改正数并能对其进行编码和播发的软硬件。

用户(可以是流动站，也可以是固定站)根据需要配备导航接收机，同时为了接收和处理差分改正信号，流动站还需要配备差分改正信号接收装置、信号解调器及相关的处理软件。

流动站接收机离基准站接收机越近，同一卫星信号到这两个接收机的传播路径也越接近，两接收机之间测量误差的相关性通常就越强，差分系统的工作效果随之就越好，即流动站解算得到的位置坐标精度越高。

1. RTK 基准站

基准站架设在视野开阔的地方，周围无信号反射物(如大型建筑物、大面积水域等)，截止高度角的设置应超过 15°。根据基准站为流动站提供信息的不同，RTK 又可分为改正法和差分法。改正法中基准站根据载波相位的观测值和自身已知坐标解算载波相位的相位改正量，把改正量发送给流动站，流动站接收到载波相位改正量后修正其载波相位观测值，然后解算自身位置坐标。而差分法向流动站发送的不是改正量，而是基准站的载波相位观测值等，流动站接收到观测值后进行双差解算自身坐标。

改正法中基准站需完成大部分计算量，流动站只进行少量的改正计算，同时这种方法传输的数据量很小，对数据传输链路的容量和质量要求较低；而差分法要传输的数据量很大，并且大部分计算转移到了流动站，对传输链路和流动站接收机的要求都较高。在一般的应用中主要以改正法为主。数据传输的协议遵循 RTCM 协议，见附录 B。

RTK 基准站主要包括卫星导航接收机、控制器、卫星接收天线、电台及发射天线、直流电源等，构成图如图 7.6 所示。基准站主要负责将接收机获取的载波相位观测值或处理得到的实时相位差分改正值及时传递给流动站用以精化其卫星导航观测值，进而得到更为精确的实时位置信息。若基准站与流动站间使用电台进行通信，为了尽量避免基准站设备之间的干扰，在作业时，大于 25W 的数据链电台的发射天线，应距离卫星导航接收天线至少 2m，最好在 6m 以上；同时，发射天线与电台的连接电缆必须展开，以免形成新的干扰源。

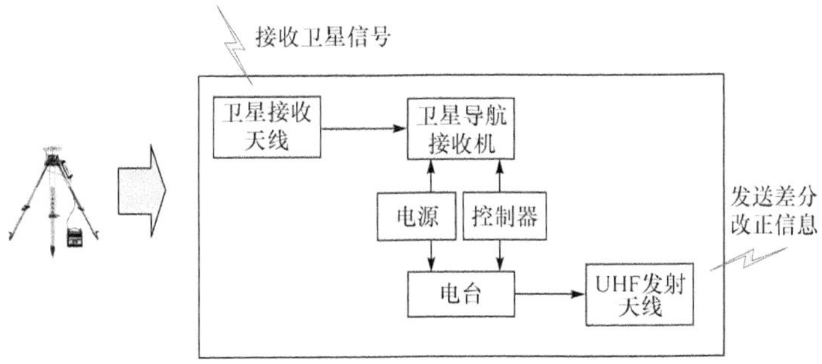

图 7.6　RTK 基准站构成图

2. RTK 流动站

流动站的 UHF 电台接收基准站的信号，卫星导航天线接收与基准站相同的可见卫星的信号，使用配备的控制器进行实时位置解算。流动站主要包括载体、卫星导航接收机、卫星导航接收天线、电台及接收天线、直流电源等，构成图如图 7.7 所示。

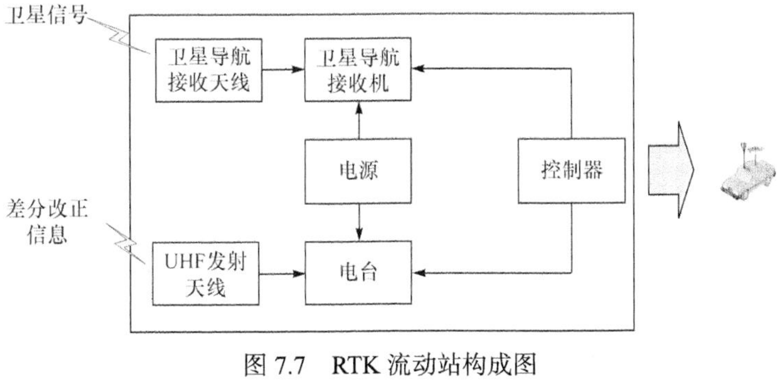

图 7.7　RTK 流动站构成图

在城市测量中，有时为了控制更远和更大的范围，可根据需要将基准站安置在未知点上。为了保证流动站的测量精度和可靠性，应在整个测区选择高精度的控制点进行检测校对，定位测量的精度和已知控制点的等级、个数有关。选择的控制点应有代表性，并均匀地分布在整个测区。在放置好基准站后，将流动站分别安置到坐标已知的控制点上进行定位测量，求得该点坐标，与该点的原有坐标比较，校正基准站的位置坐标。

7.2.2 RTK 解算方法

1. RTK 流动站相对定位方法

已知基准站 r 坐标为 (X_r,Y_r,Z_r)，设流动站 u 坐标为 (X_u,Y_u,Z_u)，卫星 j、k 的坐标分别为 (X^j,Y^j,Z^j)，(X^k,Y^k,Z^k)。由式(7.9)可得双差观测方程为

$$\phi_{ur}^{jk}=\lambda^{-1}[(\rho_u^j-\rho_r^j)-(\rho_u^k-\rho_r^k)]+N_{ur}^{jk}+\varepsilon_{\phi,ru}^{jk} \tag{7.13}$$

式(7.13)为非线性方程，在流动站近似坐标 (X_{u0},Y_{u0},Z_{u0}) 处一阶泰勒展开并忽略误差项，相应的坐标改正数为 $(\delta X_u,\delta Y_u,\delta Z_u)$，则 ρ_u^j 和 ρ_u^k 可以线性化为

$$\rho_u^j=\rho_{u0}^j-(l_u^j\delta X_u+m_u^j\delta Y_u+n_u^j\delta Z_u) \tag{7.14}$$

$$\rho_u^k=\rho_{u0}^k-(l_u^k\delta X_u+m_u^k\delta Y_u+n_u^k\delta Z_u) \tag{7.15}$$

其中

$$\rho_r^j=\sqrt{(X^j-X_r)^2+(Y^j-Y_r)^2+(Z^j-Z_r)^2}$$
$$\rho_r^k=\sqrt{(X^k-X_r)^2+(Y^k-Y_r)^2+(Z^k-Z_r)^2}$$
$$\rho_{u0}^j=\sqrt{(X^j-X_{u0})^2+(Y^j-Y_{u0})^2+(Z^j-Z_{u0})^2}$$
$$\rho_{u0}^k=\sqrt{(X^k-X_{u0})^2+(Y^k-Y_{u0})^2+(Z^k-Z_{u0})^2}$$

将式(7.14)、式(7.15)代入式(7.13)可得到双差观测方程的线性化形式为

$$\phi_{ur}^{jk}=\lambda^{-1}[(\rho_{u0}^j-\rho_r^j)-(\rho_{u0}^k-\rho_r^k)]-\lambda^{-1}\begin{bmatrix}l_u^j-l_u^k\\ m_u^j-m_u^k\\ n_u^j-n_u^k\end{bmatrix}[\delta X_u,\delta Y_u,\delta Z_u]+N_{ur}^{jk} \tag{7.16}$$

令

$$\begin{bmatrix}l_u^{jk}\\ m_u^{jk}\\ n_u^{jk}\end{bmatrix}=\begin{bmatrix}l_u^j-l_u^k\\ m_u^j-m_u^k\\ n_u^j-n_u^k\end{bmatrix}=\begin{bmatrix}\dfrac{X^j-X_{u0}}{\rho_{u0}^j}-\dfrac{X^k-X_{u0}}{\rho_{u0}^k}\\ \dfrac{Y^j-Y_{u0}}{\rho_{u0}^j}-\dfrac{Y^k-Y_{u0}}{\rho_{u0}^k}\\ \dfrac{Z^j-Z_{u0}}{\rho_{u0}^j}-\dfrac{Z^k-Z_{u0}}{\rho_{u0}^k}\end{bmatrix} \tag{7.17}$$

则双差方程又可以写为

$$\phi_{ur}^{jk}=-\lambda^{-1}[l_u^{jk}\delta X_u+m_u^{jk}\delta Y_u+n_u^{jk}\delta Z_u]+N_{ur}^{jk}+\lambda^{-1}[(\rho_{u0}^j-\rho_r^j)-(\rho_{u0}^k-\rho_r^k)] \tag{7.18}$$

记 $L_{ur}^{jk}=\phi_{ur}^{jk}-\lambda^{-1}[(\rho_{u0}^j-\rho_r^j)-(\rho_{u0}^k-\rho_r^k)]$，则式(7.18)又可写为误差方程形式。

$$v^k=\lambda^{-1}[l_u^{jk},m_u^{jk},n_u^{jk}]\begin{bmatrix}\delta X_u\\ \delta Y_u\\ \delta Z_u\end{bmatrix}-N_{ur}^{jk}+L_{ur}^{jk} \tag{7.19}$$

若有 n+1 个卫星编号为 0,1,2,…,n，并选取 0 号卫星作为基准卫星，则可组成一个历元的观测方程矩阵为

$$\begin{bmatrix} v^1 \\ v^2 \\ \vdots \\ v^n \end{bmatrix} = \frac{1}{\lambda}\begin{bmatrix} l_u^{01} & m_u^{01} & n_u^{01} \\ l_u^{02} & m_u^{02} & n_u^{02} \\ \vdots & \vdots & \vdots \\ l_u^{0n} & m_u^{0n} & n_u^{0n} \end{bmatrix}\begin{bmatrix} \delta X_u \\ \delta Y_u \\ \delta Z_u \end{bmatrix} + \begin{bmatrix} 1 & 0 & \cdots & 0 \\ 0 & 1 & \cdots & 0 \\ \vdots & \vdots & \ddots & \vdots \\ 0 & 0 & \cdots & 1 \end{bmatrix}\begin{bmatrix} N_{ur}^{01} \\ N_{ur}^{02} \\ \vdots \\ N_{ur}^{0n} \end{bmatrix} + \begin{bmatrix} L_{ur}^{01} \\ L_{ur}^{02} \\ \vdots \\ L_{ur}^{0n} \end{bmatrix} \tag{7.20}$$

式(7.20)方程个数为 n，未知数个数为 3+n，在不发生周跳和失锁的情况下，双差整周模糊度不变，则用多个历元的数据组成误差方程即可对各待估参量进行估值和求解。

设历元时刻为 t，式(7.20)可以写为

$$\boldsymbol{v}(t) = \boldsymbol{a}(t)\delta\boldsymbol{X}_u(t) + \boldsymbol{b}(t)\Delta\nabla\boldsymbol{N} + \Delta\nabla\boldsymbol{L}(t) \tag{7.21}$$

其中

$$\boldsymbol{v}(t) = [v^1, v^2, \cdots, v^n]^{\mathrm{T}} \tag{7.22}$$

$$\underset{n\times 3}{\boldsymbol{a}(t)} = \lambda^{-1}\begin{bmatrix} l_u^{01}(t), & m_u^{01}(t), & n_u^{01}(t) \\ l_u^{02}(t), & m_u^{02}(t), & n_u^{02}(t) \\ \vdots & \vdots & \vdots \\ l_u^{0n}(t), & m_u^{0n}(t), & n_u^{0n}(t) \end{bmatrix} \tag{7.23}$$

$$\delta\boldsymbol{X}_u(t) = [\delta X_u(t), \delta Y_u(t), \delta Z_u(t)]^{\mathrm{T}} \tag{7.24}$$

$$\underset{n\times n}{\boldsymbol{b}(t)} = \begin{bmatrix} 1 & 0 & \cdots & 0 \\ 0 & 1 & \cdots & 0 \\ \vdots & \vdots & \ddots & \vdots \\ 0 & 0 & \cdots & 1 \end{bmatrix} \tag{7.25}$$

$$\Delta\nabla\boldsymbol{N} = [N_{ur}^{01}, N_{ur}^{02}, \cdots, N_{ur}^{0n}]^{\mathrm{T}} \tag{7.26}$$

$$\Delta\nabla\boldsymbol{L}(t) = [L_{ur}^{01}(t), L_{ur}^{02}(t), \cdots, L_{ur}^{0n}(t)]^{\mathrm{T}} \tag{7.27}$$

若同步观测的历元的个数为 m，则相应误差方程组为

$$\boldsymbol{V} = (\boldsymbol{A}, \boldsymbol{B})\begin{bmatrix} \delta\boldsymbol{X} \\ \Delta\nabla\boldsymbol{N} \end{bmatrix} + \boldsymbol{L} \tag{7.28}$$

其中

$$\underset{(n\cdot m)\times(3)}{\boldsymbol{A}} = [\boldsymbol{a}(t_1), \boldsymbol{a}(t_2), \cdots, \boldsymbol{a}(t_m)]^{\mathrm{T}} \tag{7.29}$$

$$\underset{(n\cdot m)\times(n)}{\boldsymbol{B}} = [\boldsymbol{b}(t_1), \boldsymbol{b}(t_2), \cdots, \boldsymbol{b}(t_m)]^{\mathrm{T}} \tag{7.30}$$

$$\underset{(n\cdot m)\times(1)}{\boldsymbol{L}} = [\Delta\nabla\boldsymbol{L}(t_1), \Delta\nabla\boldsymbol{L}(t_2), \cdots, \Delta\nabla\boldsymbol{L}(t_m)]^{\mathrm{T}} \tag{7.31}$$

$$\underset{(3\cdot m)\times(1)}{\delta\boldsymbol{X}} = [\delta\boldsymbol{X}_u(t_1), \delta\boldsymbol{X}_u(t_2), \cdots, \delta\boldsymbol{X}_u(t_m)]^{\mathrm{T}} \tag{7.32}$$

$$\underset{(n\cdot m)\times(1)}{\boldsymbol{V}} = [\boldsymbol{v}(t_1), \boldsymbol{v}(t_2), \cdots, \boldsymbol{v}(t_m)]^{\mathrm{T}} \tag{7.33}$$

设

$$G = [A, B] \tag{7.34}$$

$$\delta X = [\delta X, \Delta\nabla N] \tag{7.35}$$

因此，相应的法方程的解为

$$\delta X = -(G^{\mathrm{T}} P G)^{-1} G^{\mathrm{T}} P L \tag{7.36}$$

其中，P 为观测值的权矩阵。

式(7.36)求解的 δX 是用最小二乘求得的浮点解，即解出来的估值中双差整周模糊度是浮点数，因而此解是不准确的，要想得到最优解，首先需要想办法求解出方程中卫星的整周模糊度的整数值，然后对用户坐标进行估值，这样求解的是最优解，即整数解，是在整周模糊度为整数解的前提下得到的。所以要想准确求解 RTK 的双差方程，首要的问题是求解方程中的双差整周模糊度。RTK 定位解算的基本操作流程如图 7.8 所示。

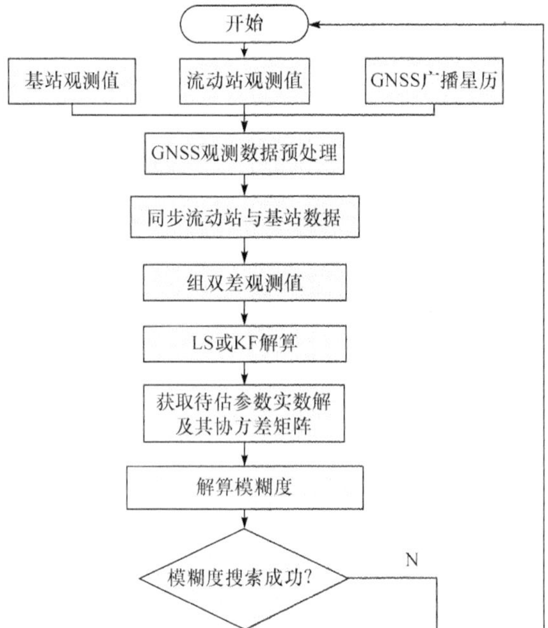

图 7.8　RTK 定位解算的基本操作流程

2. RTK 流动站整周模糊度解算方法

RTK 技术是基于载波相位差分的实时动态定位技术，从双差模型式(7.9)中可以看出，除了位置参数外双差整周模糊度也未知。因此要想实现高精度 RTK 定位，必须设法求解出双差整周模糊度，双差整周模糊度的求解称为 RTK 的初始化过程。根据初始化时间长短，可将 RTK 技术分为两大类：有初始化法和无初始化法。有初始化法要求移动站在进行动态定位前先固定观测一段时间(如 15min)，同时利用各种静态相对定位算法，解算出整周模糊度后即可进入实时动态定位；无初始化法实际上仍要初始化，只不过初始化时间比较短(如 3～5min)，利用快速逼近(FARA)算法、整周模糊度在航解算(OTF)算法快速求解出整周模糊度，然后进入实时动态定位。在保持对卫星信号的连续跟踪及较好的几何图形的条件下，可实时获得厘米级定位结果。因此，如何快速准确地求解整周模糊度是实现 RTK 的关键。由于整周模糊度参数的整数约束，其求解过程异常复杂，这正是 RTK 数据处理过程中最关键、最复杂的问题。关于整周模糊度的解算方法见 7.4 节。

7.2.3　网络 RTK 系统服务技术

常规 RTK 获得高精度定位结果的前提是流动站距离基准站较近(一般在 20km 以内)，信号传播路径上的电离层和对流层等误差一致或相似，但作业距离限制了常规 RTK 的应用范围。为了克服这一缺点，实现大范围内的实时高精度定位，网络 RTK 技术应运而生。网络 RTK 也称多基准站 RTK，是近年来在常规 RTK、计算机技术、网络通信技术等基础上发展起来的一种实时动态定位新技术。网络 RTK 系统由基准站网、数据处理播发中心、数据通信链路和用户部分组成，如图 7.9 所示。在某一区域内建立多个(3 个及以上)卫星导航基准站，对该地区形成网状覆盖，基准站接收机对可见卫星进行连续观测，通过数据通信链路实时地将观测数据传送给数据处理播发中心，数据处理播发中心对各个站的数据进行预处理和质量分析，然后对整个基准站网的数据进行统一解算，实时估计出网内的各种系统误差的改正项，为该地区卫星导航用户的高精度实时定位提供误差改正信息。网络 RTK 与常规 RTK 相比，扩大了作业范围，降低了作业成本，提高了定位精度，减少了用户定位的初始化时间。

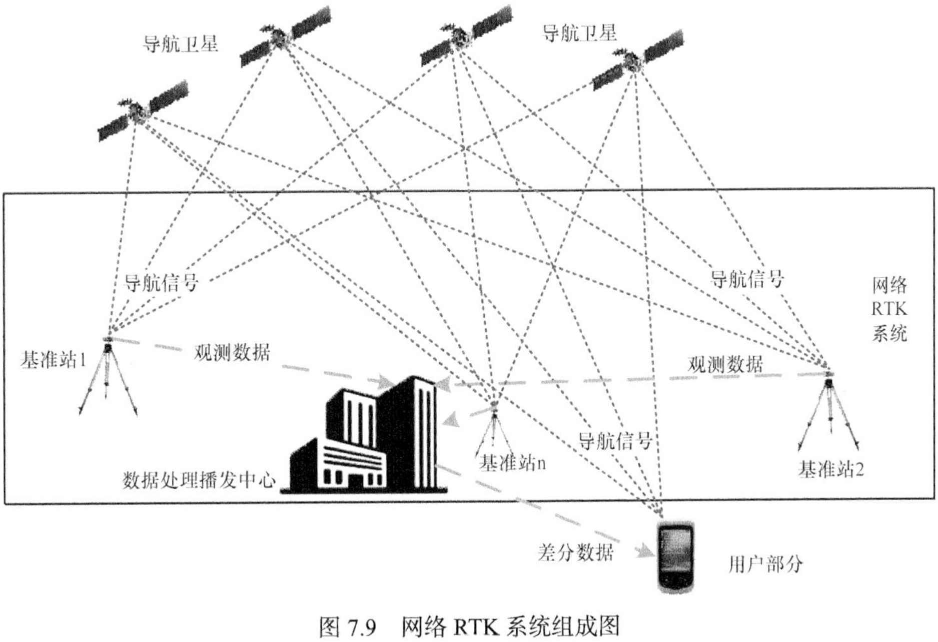

图 7.9　网络 RTK 系统组成图

网络 RTK 解算时至少采用 3 个以上基准站的数据，并结合用户的位置和环境情况进行差分解算，极大地提高了差分解算的精度。相较于常规 RTK 技术，网络 RTK 的服务范围更广，可靠性更高，网络 RTK 测量时，在网络覆盖的整网范围内任何地点的 RTK 定位精度都是一样的；常规 RTK 解算时一旦基准站出现问题，用户将不能得到该基准站的差分改正信息，导致可靠性很低，网络 RTK 差分解算采用多个基准站信息，某一个基准站出现意外时不影响网内用户的定位，可靠性较高。

连续运行参考站系统(continuously operating reference system, CORS)也称为连续运行卫星定位服务系统，是基于卫星导航定位系统，结合计算机、数据通信和互联网等技术，根据需求在 1 个城市、1 个地区或 1 个国家按照一定距离布设若干个固定基准站而建立起来的常年连续运行的网络系统。CORS 有一个或多个数据处理中心，通过网络从各基准站采集数据，然后进行数据预处理和质量分析，对整个基准站网数据进行统一解算，实时估计出网内各种系统误差的改正项。CORS 能够全年、全天候连续不断地运行，为用户提供卫星导航原始数据和各项误差改正数据，用户只需一台支持差分定位的卫星导航接收机即可进行高精度的实时定位。CORS 不仅能够满足覆盖区域范围内的各种测绘、基准需求，还能满足环境变迁动态信息监测等多种需求。目前，发达国家基本上每几十公里就有 1 个基准站，发展中国家也在陆续建立自己的参考站系统。例如，我国的千寻位置，基于北斗卫星系统(兼容 GPS、GLONASS、Galileo)，利用遍及全国的超过 2200 个地基增强站，通过互联网技术进行大数据运算，为遍布全国的用户提供精准定位及延展服务。

1. 虚拟参考站技术

用 RTK 系统来进行高精度的测量作业，意味着在测区附近必须先建立一个基准站，然后移动站才能在基准站的有效半径范围内通过接收卫星信号和基准站数据来精确测得该点的坐标。Herbert Landau 等(2002)提出了虚拟参考站(virtual reference station, VRS)的概念和技术。这种全新的 RTK 定位方法从根本上提高了作业效率和测量的质量。它不再要求建立参考站，从而可以节省时间，也节约了投资。在 VRS 网内，等于已经建立了公用的控制点，消除了不精确的控制点所产生的误差传播。

VRS 利用固定参考站上的数据对工作区域内的误差进行模型化处理，该模型用来生成一个靠近用户测量位置的虚拟参考站，它能向流动站接收机提供本地化、标准化格式的修正信息。其工作原理图如图 7.10 所示。固定参考站的可见卫星观测数据通过通信链不停地被传送到 VRS 中央服务器，中央服务器对所有数据进行质量检测，去除大的粗差并修正周跳，完成对数据的完善性检测，通过分析双差观测量来计算电离层误差、对流层误差和星历误差。这些误差对网内任一流动站的影响也被模型化，因此常规 RTK 定位的系统误差能被明显地剔除。网络内流动用户为得到虚拟参考站，必须向中央服务器提供自身的近似位置，可以通过蜂窝通信采用标准的 NMEA GGA 数据串来完成。中央服务器接收该近似位置信息，并对给定的位置进行几何替代处理，通过内插修正过的星历误差、电离层和对流层误差，为该流动站生成一个虚拟参考站。然后生成一组标准格式的改正信息，并通过数据通信设备传送给流动站。流动站接收机接收 VRS 中央服务器给出的修正信息，就像常规 RTK 一样。

VRS 使流动站在测区内任一测点上只需几秒钟就能获得 RTK 的测量结果，而且精度一直保持在厘米级。此外，更为重要的一点是，VRS 系统是容错的。即如果某个参考站有误差，中央处理器会自动把它从网络中去除，并用其他站的数据进行补偿，从而确保精度和效率的可靠性，这些测量结果比标准的 RTK 更为可靠。VRS 技术的应用领域将逐渐涵盖陆地测量、地籍测量、航空摄影测量、GIS、设备控制、电子和煤气管道、变形监测、精准农业、水上测量、环境应用等诸多领域。

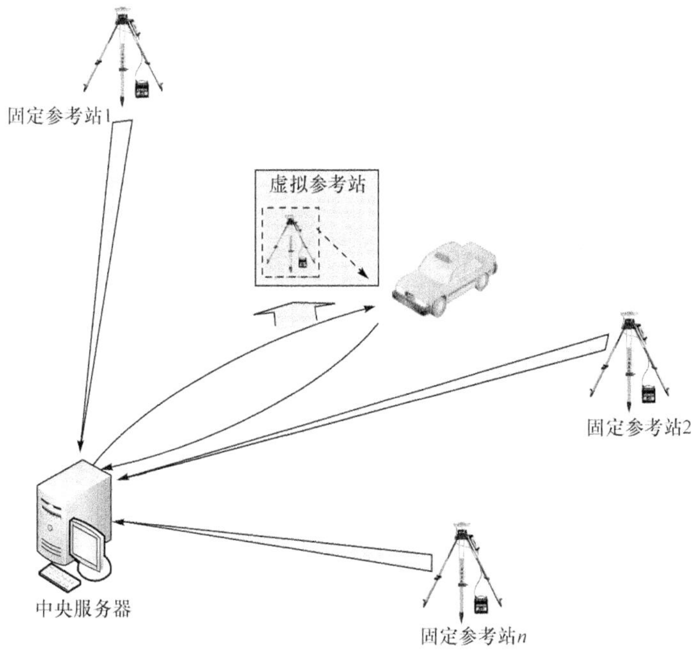

图 7.10　VRS 工作原理图

2. 主辅站技术

主辅站技术(master auxiliary concept, MAC)是瑞士徕卡公司基于主辅站概念推出的新一代参考站网软件 Spider 的技术基础。MAC 技术的基本思想是计算出辅站相对于主站的弥散性和非弥散性的差分改正数，利用主站的改正数和辅站的相对改正数计算流动站的误差，流动站观测值改正后，进行高精度定位计算。主辅站技术工作原理图如图 7.11 所示，MAC 包括 1 个由基准站(1,2,⋯,n)组成的基准站网络单元，网络处理中心和流动站 3 部分，在基准站网络单元中，1 号基准站为主站，其他站为辅站，网络处理中心和 1 个流动站，网络处理中心首先进行基准站网的数据处理，如固定基准站网模糊度、计算辅站相对于主站的改正数之差，然后把主站的改正数、辅站与主站的改正数之差发送给流动站。

主辅站技术的基本要求就是将参考站的相位距离简化为 1 个公共的整周未知数水平。如果相对于某 1 个卫星与接收机对而言，相位距离的整周未知数已经被消去或被平差过，那么当组成双差时，整周未知数就被消除了，此时，我们就可以说两个参考站具有 1 个公共的整周未知数水平。网络处理软件的主要任务就是将网络中(或子网络中)所有参考站相位距离的整周未知数归算到 1 个公共的水平。一旦此项任务得以完成，就有可能为每 1 对卫星-接收机及为每 1 个频率分别计算出弥散性的和非弥散性的误差(吴星华等，2005)。

主辅站技术可以使用单向数据通信和双向数据通信两种方式，徕卡称单向数据通信方式下的主辅站技术为 MAX 技术，双向数据通信方式下的主辅站技术为 i-MAX 技术。MAX 技术中同一个网络单元中以 RTCM 3.X 的格式播发同一组数据。i-MAX 技术与 VRS 技术一样，流动站必须播发自己的概略位置给网络处理中心，网络处理中心根据其位置计算出流动站的改正数，再以标准差分协议格式播发给流动站。

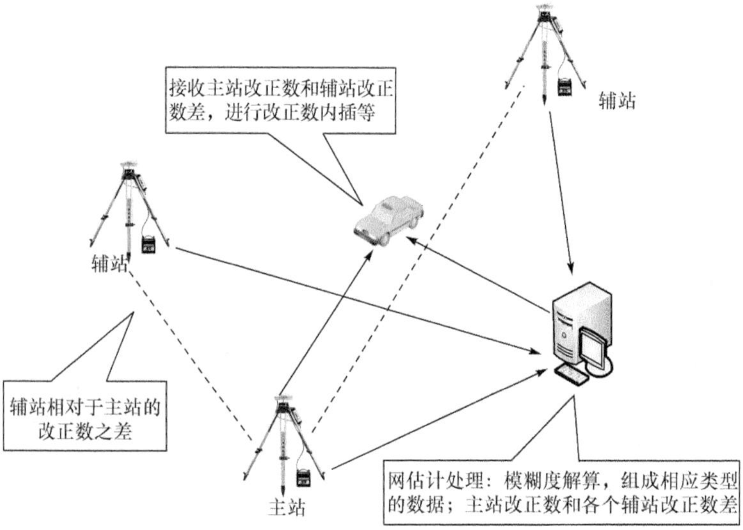

图 7.11　MAC 工作原理图

3. 区域改正参数方法

区域改正参数(FKP 来源于德语 Flächenkorrekturparameter=area correction parameter)方法最早由德国的 Geo GmbH 提出，该方法基于状态空间模型，采用整体的网络解，其主要过程如下。

(1) 数据处理中心计算出网内电离层和几何信号的误差影响，产生一个 KFP 的网络地区修正参数，即把误差影响描述成南北方向和东西方向区域参数。

(2) 数据处理中心将 KFP 的网络地区修正参数通过扩展的 RTCM 信息，以广播的方式播发出去。

(3) 流动站根据 KFP 的网络地区修正参数和自身具备的数据计算误差改正数。

FKP 以 RTCM59 格式向 RTK 流动站提供与距离相关的误差分量，数据处理程序计算每颗卫星的覆盖区域，并按一定的时间间隔(低于 10s)播发电离层、对流层、轨道等的影响。FKP 方法的优点在于当基准站受到多路径反射或高楼的信号遮挡等影响时，自动重新组成 FKP 的平面，同时单向数据通信降低了用户的作业成本，保持了用户的隐蔽性。FKP 中用一个线性的区域多项式表示与位置相关的误差，它的参考面平行于 WGS-84 椭球面，高度为参考站的高程。

点(φ,λ)的距离相关的误差为

$$\delta r_0 = 6.37\left(N_0(\varphi-\varphi_R)+E_0(\lambda-\lambda_R)\cos(\varphi_R)\right)$$

$$\delta r_1 = 6.37H\left(N_1(\varphi-\varphi_R)+E_1(\lambda-\lambda_R)\cos(\varphi_R)\right)$$

$$H = 1+16(0.53-E/\pi)^3$$

其中，δr_0为几何信号(无电离层)的距离相关误差(m)；δr_1为电离层信号(窄巷)的距离相关误差(m)；N_0、E_0为南北方向和东西方向几何信号区域改正参数(无电离层)(10^{-6})；N_1、E_1分别为南北方向和东西方向电离层区域误差改正参数(对窄巷)(10^{-6})；(φ_R,λ_R)为参考站在

WGS-84 坐标系下的地理坐标(rad)；E 为卫星高度角(rad)。L_1、L_2 信号的距离相关误差计算公式为

$$\delta r_{L_1} = \delta r_0 + \frac{120}{154}\delta r_1$$

$$\delta r_{L_2} = \delta r_0 + \frac{154}{120}\delta r_1$$

FKP 和 VRS 的区别在于：FKP 是一种广播模式。Herber Landau(2003)认为，FKP 的参数是通过基准站之间的残差计算出来的，为了计算这些残差，必须使用轨道信息和一个对流层模型，否则难以确定网络 RTK 的模糊度。

7.3　精密单点定位方法

7.2 节主要关注利用载波相位差分观测值，精确测定用户相对于基准站的位置。载波相位差分定位技术给用户提供高精度定位服务的同时，是以牺牲用户独立性为代价的，即用户必须依赖基准站。因此，人们一直寻找在没有基准站的情况下，也能达到高精度的单点定位(绝对定位)的方法。

精密单点定位(precise point positioning, PPP)是一种利用单台导航接收机、精密星历和卫星钟差，基于载波相位观测值进行定位的高精度定位方法，精度可达厘米级甚至毫米级。它集成了标准单点定位和相对定位的技术优点，是导航定位技术中继实时动态定位技术后出现的又一次技术革命。

7.3.1　精密单点定位解算方法

精密单点定位中，其观测量主要有测码伪距和载波相位两种。对于接收机 r 观测到的卫星 s，其伪距 p 和载波相位 L 观测值(单位为 m，φ 为对应以周为单位的相位观测值)的观测方程为

$$\begin{aligned} p_{r,j}^s &= \rho_r^s + c\left(\delta t_r - \delta t^s\right) + T_r^s + I_{r,j}^s + b_{r,j} - b_j^s + e_{r,j}^s \\ L_{r,j}^s &\equiv \lambda_j \varphi_{r,j}^s = \rho_r^s + c\left(\delta t_r - \delta t^s\right) + T_r^s - I_{r,j}^s + \lambda_j\left(N_{r,j}^s + B_{r,j} - B_j^s\right) + \varepsilon_{r,j}^s \end{aligned} \tag{7.37}$$

其中，下标 j 代表信号频率；ρ 是卫星与测站间的几何距离；c 为真空中的光速；δt_r 和 δt^s 分别为接收机和卫星钟误差；T_r^s 表示倾斜路径上的对流层延迟；$I_{r,j}^s$ 表示频率 f_j 倾斜路径上的电离层延迟；$N_{r,j}^s$ 为整周模糊度；$B_{r,j}$、B_j^s 分别为接收机端和卫星端频率 f_j 上的相位硬件延迟；λ_j 为频率为 f_j 的载波波长；$b_{r,j}$ 为接收机天线与信号相关器之间频率 f_j 上的伪距硬件延迟；b_j^s 为卫星端信号发射器至卫星天线之间频率 f_j 上的伪距硬件延迟；$e_{r,j}^s$ 表示伪距测量误差；$\varepsilon_{r,j}^s$ 表示载波相位测量误差。此外，GNSS 观测值还受到其他误差项，如天线相位中心偏移和变化、相位缠绕、相对论效应、潮汐改正等的影响。

无电离层组合模型是精密单点定位中最为常用的函数模型，通过形成无电离层组合观测值，消除了伪距和载波测量中的一阶电离层延迟。其组合观测值的观测方程为

$$
\begin{aligned}
p_{r,\mathrm{IF}}^{s} &= \rho_r^s + c\left(\delta t_r - \delta t^s\right) + T_r^s + b_{r,\mathrm{IF}} - b_{\mathrm{IF}}^s + e_{r,\mathrm{IF}}^s \\
L_{r,\mathrm{IF}}^{s} &= \rho_r^s + c\left(\delta t_r - \delta t^s\right) + T_r^s + \lambda_{\mathrm{IF}}\left(N_{r,\mathrm{IF}}^s + B_{r,\mathrm{IF}} - B_{\mathrm{IF}}^s\right) + \varepsilon_{r,\mathrm{IF}}^s
\end{aligned}
\tag{7.38}
$$

其中

$$
\begin{aligned}
b_{r,IF} &= \left(f_1^2 b_{r,1} - f_2^2 b_{r,2}\right) \Big/ \left(f_1^2 - f_2^2\right) \\
b_{IF}^s &= \left(f_1^2 b_1^s - f_2^2 b_2^s\right) \Big/ \left(f_1^2 - f_2^2\right) \\
\lambda_{IF} N_{r,IF}^s &= c\left(f_2 f_1^2 N_{r,1}^s - f_1 f_2^2 N_{r,2}^s\right) \Big/ f_1 f_2 \left(f_1^2 - f_2^2\right) \\
\lambda_{IF} B_{r,IF} &= c\left(f_2 f_1^2 B_{r,1} - f_1 f_2^2 B_{r,2}\right) \Big/ f_1 f_2 \left(f_1^2 - f_2^2\right) \\
\lambda_{IF} B_{IF}^s &= c\left(f_2 f_1^2 B_1^s - f_1 f_2^2 B_2^s\right) \Big/ f_1 f_2 \left(f_1^2 - f_2^2\right)
\end{aligned}
$$

依据 IGS 处理规范，各分析中心使用无电离层组合观测值估计精密卫星钟差改正数，其实际改正数 $c \cdot \delta t^s$ 吸收了卫星端无电离层组合伪距硬件延迟 b_{IF}^s。而在用户端由于式(7.38)中伪距观测值提供接收机钟差绝对基准，因此实际估计的接收机钟差吸收了接收机端无电离层组合伪距硬件延迟 $b_{r,\mathrm{IF}}$。此外，由于相位延迟与模糊度参数线性相关，并且通常假定具有极高的时间稳定性，因此在模糊度浮点解 PPP 数据处理中，相位延迟将被模糊度参数吸收。

改正精密卫星钟差及对流层干延迟分量后，省略下标 IF，式(7.38)可改写成

$$
\begin{aligned}
p_r^s &= \rho_r^s + c\bar{\delta} t_r + m \cdot T_z + e_r^s \\
L_r^s &= \rho_r^s + c\bar{\delta} t_r + m \cdot T_z + \lambda\ \overline{N}_r^s + \varepsilon_{r,\mathrm{IF}}^s
\end{aligned}
\tag{7.39}
$$

其中，m 为对流层延迟映射函数；T_z 为对流层天顶延迟(m)；$\bar{\delta} t_r$、N^s 分别为重参数化接收机钟差和模糊度参数，满足以下关系。

$$
\begin{aligned}
c\bar{\delta} t_r &= c\delta t_r + b_{r,\mathrm{IF}} \\
\overline{N}_r^s &= N_{r,\mathrm{IF}}^s + B_{r,\mathrm{IF}} - B_{\mathrm{IF}}^s
\end{aligned}
\tag{7.40}
$$

该模型通过双频线性组合消除了电离层延迟一阶项的影响。由于 PPP 一般采用精密星历与精密卫星钟差产品，所以上述模型已经消除了卫星轨道误差、卫星钟误差。对流层延迟分为干分量和湿分量两部分分别处理。其中天顶对流层干延迟可用 Saastamoinen 模型进行改正，天顶湿延迟分量(zenith wet delay, ZWD)则需要附加参数进行估计，同时需要使用投影函数将天顶对流层延迟投影至斜路径方向。单系统接收机钟差通常当作白噪声逐历元估计，在多系统组合 PPP 模型中，则可将某一系统接收机钟差当作白噪声估计，将其他系统相对该系统接收机钟差系统差当作随机游走参数进行估计。由于 $B_{r,\mathrm{IF}}$ 和 B_{IF}^s 与模糊度参数线性相关，并且通常较为稳定，因此在浮点解 PPP 中 $B_{r,\mathrm{IF}}$ 和 B_{IF}^s 会被模糊度参数吸收，而模糊度当作浮点参数进行估计。对于模糊度固定 PPP 解，无电离层组合模糊度通常分解为宽巷和窄巷模糊度依次尝试固定。

当接收机采集一颗卫星的观测值时，式(7.39)的未知参数有 6 个，$\boldsymbol{X} = [x, y, z, t_r, T_z, N]$，分别对应于接收机的 3 个坐标：接收机钟差、对流层延迟和组合整周模糊度。式(7.39)在 $\boldsymbol{X}_0 = [x_0, y_0, z_0, t_{r0}, T_{z0}, N_{\mathrm{if}}]$ 处线性化，可得

$$
\begin{aligned}
p_r^s &= p_r^s|_{X=\boldsymbol{X}_0} + \varepsilon_P \\
L_r^s &= L_r^s|_{X=\boldsymbol{X}_0} + \varepsilon_L
\end{aligned}
\tag{7.41}
$$

其中

$$\rho^s = \sqrt{(X^s - x_0)^2 + (Y^s - y_0)^2 + (Z^s - z_0)^2}$$

$$p_r^s|_{X=X_0} = \rho^s + c\delta_{r_0} + \text{trpo}_0 + \frac{x_0 - X^s}{\rho_0}d_x + \frac{y_0 - Y^s}{\rho_0}d_y + \frac{z_0 - Z^s}{\rho_0}d_z + d_{(c\delta r)} + m\Delta\text{trop}$$

$$L_r^s|_{X=X_0} = \rho^s + c\delta_{r_0} + \text{trpo}_0 + \lambda_1 N_{\text{if}\,0} + \frac{x_0 - X^s}{\rho_0}d_x + \frac{y_0 - Y^s}{\rho_0}d_y + \frac{z_0 - Z^s}{\rho_0}d_z + d_{(c\delta r)} + m\Delta\text{trop} + \lambda_1\Delta N$$

将线性化后的方程写成矩阵的形式为

$$\boldsymbol{L} = \boldsymbol{A} \cdot \boldsymbol{\delta X} + \boldsymbol{v} \tag{7.42}$$

其中

$$\boldsymbol{L} = [p_r^s - p_r^s\big|_{x=x_0} \quad L_r^s - L_r^s\big|_{x=x_0}]^{\mathrm{T}}$$

$$\boldsymbol{A} = \begin{bmatrix} \dfrac{x_0 - X^s}{\rho^s} & \dfrac{y_0 - Y^s}{\rho^s} & \dfrac{z_0 - Z^s}{\rho^s} & 1 & m & 0 \\ \dfrac{x_0 - X^s}{\rho^s} & \dfrac{y_0 - Y^s}{\rho^s} & \dfrac{z_0 - Z^s}{\rho^s} & 1 & m & \lambda \end{bmatrix}$$

$$\boldsymbol{\delta X} = \begin{bmatrix} \Delta x & \Delta y & \Delta z & \Delta\delta_r & \Delta T_z & \Delta N \end{bmatrix}^{\mathrm{T}}$$

$$\boldsymbol{v} = \begin{bmatrix} \varepsilon_P & \varepsilon_L \end{bmatrix}^{\mathrm{T}}$$

如果某一历元同时观测到 n 颗卫星，则需要求解的未知参数有 n+5 个。将所有卫星的伪距和载波相位观测值组合并进行线性化，写成矩阵的形式，则有

$$\underset{2n\times 1}{\boldsymbol{L}} = \underset{2n\times(n+5)}{\boldsymbol{A}} \cdot \underset{(5+n)\times 1}{\boldsymbol{\delta X}} + \underset{2n\times 1}{\boldsymbol{v}} \tag{7.43}$$

其中

$$\boldsymbol{L} = [p_r^1 - p_r^1\big|_{x=x_0} \quad L_r^1 - L_r^1\big|_{x=x_0} \quad \cdots \quad p_r^n - p_r^n\big|_{x=x_0} \quad L_r^n - L_r^n\big|_{x=x_0}]^{\mathrm{T}}$$

$$\boldsymbol{A} = \begin{bmatrix} \dfrac{x_0 - X^1}{\rho^1} & \dfrac{y_0 - Y^1}{\rho^1} & \dfrac{z_0 - Z^1}{\rho^1} & 1 & m^1 & 0 & 0 & \cdots & 0 \\ \dfrac{x_0 - X^1}{\rho^1} & \dfrac{y_0 - Y^1}{\rho^1} & \dfrac{z_0 - Z^1}{\rho^1} & 1 & m^1 & \lambda & 0 & \cdots & 0 \\ \vdots & \vdots & \vdots & \vdots & \vdots & \vdots & \vdots & & \vdots \\ \dfrac{x_0 - X^n}{\rho^n} & \dfrac{y_0 - Y^n}{\rho^n} & \dfrac{z_0 - Z^n}{\rho^n} & 1 & m^n & 0 & 0 & \cdots & 0 \\ \dfrac{x_0 - X^n}{\rho^n} & \dfrac{y_0 - Y^n}{\rho^n} & \dfrac{z_0 - Z^n}{\rho^n} & 1 & m^n & 0 & 0 & \cdots & \lambda \end{bmatrix}$$

$$\boldsymbol{\delta X} = \begin{bmatrix} \Delta x & \Delta y & \Delta z & \Delta\delta_r & \Delta T_z & \Delta N^1 & \Delta N^2 & \cdots & \Delta N^n \end{bmatrix}^{\mathrm{T}}$$

$$\boldsymbol{v} = \begin{bmatrix} \varepsilon_p^1 & \varepsilon_L^1 & \cdots & \varepsilon_p^n & \varepsilon_L^n \end{bmatrix}^{\mathrm{T}}$$

PPP 的参数估计方法目前主要有最小二乘法和卡尔曼滤波估计两种。为了解决高阶矩阵求逆困难、节省计算机资源、提高运算效率，一般不直接采用最小二乘的方法，通常采用将待估参数进行分类的递归最小二乘或序贯最小二乘估计方法。卡尔曼滤波是最优估计理论中的一种最小方差估计，它采用递推算法由参数的先验信息(包括估值及其方差协方差)和新的测量数据进行状态参数的更新，一般只需存储前一历元的状态参数的估值及其方差协方差信息，无须同时存储所有历史观测信息，具有较高的计算效率。

7.3.2 PPP 有关的误差

伪距单点定位中给出了星历误差、卫星钟差、电离层延迟误差、对流层延迟误差以及多路径效应等误差对定位精度的影响量级。在利用改正模型进行修正后，在考虑上述误差的情况下，伪距单点定位精度达到了米级，伪距差分定位则可以达到 1m 量级。对于 PPP，这些误差做了如下处理。

(1) 星历误差和卫星钟差：广播星历的位置误差为 2～3m，利用 IGS 事后处理精密星历精度可提高约 2 个数量级，即星历误差小于 5cm，卫星钟差小于 1ns。但事后精密星历延迟 1～2 个星期，对于实时用户不可用。IGS 提供的实时星历和钟差产品可作为替代，实时星历误差小于 10cm，卫星钟差小于 5ns，给 PPP 带来了可能性。

(2) 电离层延迟误差：在 PPP 中，电离层延迟采用双频改正，其残留误差只有厘米量级。

(3) 对流层延迟误差：在 PPP 中，对流层延迟干分量利用模型进行校正；湿分量写成 $T_z \cdot m$，其中，m 为映射函数，T_z 为对流层天顶延迟，作为待估参数，参与 PPP 解算。

(4) 多路径效应：PPP 也无法消除多路径效应的影响。但相对于差分定位，PPP 中不用考虑基准站的多路径效应问题。

尽管上述这些误差处理可以显著提高定位精度，但若要使定位精度达到厘米级，则还要考虑更加精细的误差，包括卫星天线相位中心偏移、接收机天线相位中心偏移、相位缠绕和固体潮改正等。下面对这些误差及其改正模型进行说明。

1. 卫星天线相位中心模型

相位中心在美国电气和电子工程师协会(IEEE)的标准中的定义是：与天线相关的某点，若以该点为辐射远场球面的圆心，则辐射球面上给定分量的相位是一个常数，至少在辐射的关键区域满足。物理意义上讲，可以认为从辐射远场区往天线方向看，所有的电磁波都是从这一点发出的。数学上，相位中心可认为是天线远场区等相位面的曲率中心。若天线远场等相位面为球面，则该天线有唯一相位中心，否则不同等相位面对应不同曲率中心，天线存在多个相位中心。

实际上，除点源外的天线远场辐射球面上的相位都不是常数，任何天线在有限范围内都是像散的，这与场点到源点距离和口径场分布等有关。所以天线在整个波束空间没有唯一的相位中心，在接收不同方向的信号时会存在额外的相位差，导致测量误差。

天线相位中心偏差示意图如图 7.12 所示，天线几何中心，又称为天线参考点(antenna reference point, ARP)，整个天线波束空间远场的实际等相位面用理想等相位球面来拟合，使拟合残差的平方和最小，则拟合球面的球心即天线的平均相位中心，PCO(phase center offset)表示天线相位中心偏移量，指天线参考点和天线平均相位中心的偏移；PCV(phase center variation)表示天线相位中心变化，是指瞬时相位中心和天线平均相位中心的偏差。

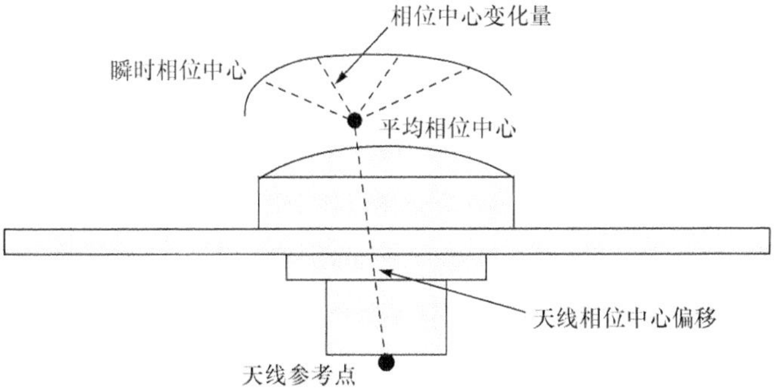

图 7.12　天线相位中心偏差示意图

卫星天线相位中心偏差是指卫星天线质量中心和相位中心之间的偏差。IGS 等组织提供的精密星历所计算的卫星位置是卫星质心的位置，而接收机观测量参考点为卫星天线相位中心。卫星质心与相位中心不一致引入的误差即卫星端天线相位中心偏差，通常分为两部分：①天线参考点与天线平均相位中心的偏差，称为天线相位中心偏移；②天线瞬时相位中心与平均相位中心的偏差，称为天线相位中心变化，如图 7.13 所示。

IGS 提供的 antex 文件给出了 GPS 和 GLONASS 各颗卫星不同频率的 PCO 和 PCV 改正信息。从 GPS1400 周(2006 年 11 月 5 日)起，IGS 采用新的绝对天线相位中心改正模型 igs05.atx 取代原来的 igs_01 相对天线相位中心改正模型(包括 igs_01.txt 和 igs_01.pcv)，并于 GPS1632 周(2011 年 4 月 17 日)起，更新为最新的 igs08.atx 模型。自 GPS1854 周开始，也开始提供 BDS、GALILEO、QZSS 以及 IRNSS 卫星系统的 PCO 及 PCV 值。PPP 数据处理时，为保持与精密产品的一致性，需要使用相同的卫星端 PCO 和 PCV 误差改正值及改正策略。

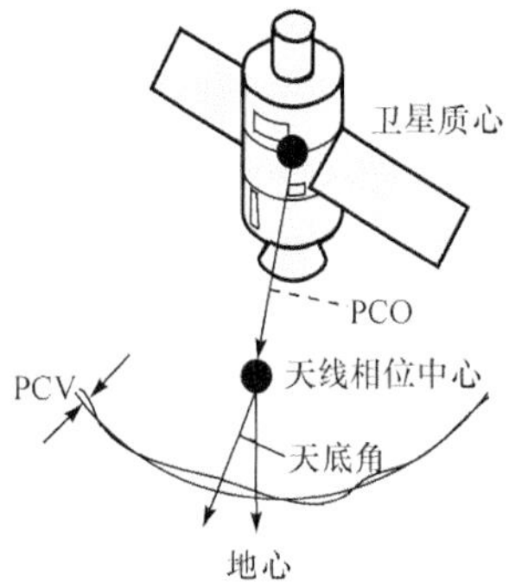

图 7.13　卫星天线相位中心

卫星天线的 PCO 通常在原点为卫星质心的星固坐标系中给出，因此，在星固坐标系中卫星天线 PCO $(\Delta X,\Delta Y,\Delta Z)$ 必须转换到 ECEF 坐标系 $(\Delta x,\Delta y,\Delta z)$ 中。

$$\Delta\boldsymbol{r}_{\text{sant}}=\begin{pmatrix}\Delta x\\ \Delta y\\ \Delta z\end{pmatrix}=\boldsymbol{E}_s\begin{pmatrix}\Delta X\\ \Delta Y\\ \Delta Z\end{pmatrix} \tag{7.44}$$

其中，$\boldsymbol{E}_s$ 为星固坐标系至 ECEF 坐标系的转换矩阵，公式为

$$\begin{gathered}\boldsymbol{e}_z^s=-\frac{\boldsymbol{r}^s}{|\boldsymbol{r}^s|},\quad \boldsymbol{e}_s=\frac{\boldsymbol{r}_{\text{sun}}-\boldsymbol{r}^s}{|\boldsymbol{r}_{\text{sun}}-\boldsymbol{r}^s|},\quad \boldsymbol{e}_y^s=\frac{\boldsymbol{e}_z^s\times\boldsymbol{e}_s}{|\boldsymbol{e}_z^s\times\boldsymbol{e}_s|}\\ \boldsymbol{e}_x^s=\boldsymbol{e}_y^s\times\boldsymbol{e}_z^s,\quad \boldsymbol{E}_s=(\boldsymbol{e}_x^s,\boldsymbol{e}_y^s,\boldsymbol{e}_z^s)\end{gathered} \tag{7.45}$$

其中，$\boldsymbol{r}^s$ 为卫星在 ECEF 坐标系中的位置矢量；$\boldsymbol{r}_{\text{sun}}$ 为太阳在 ECEF 坐标系中的位置矢量。

在地固坐标系中将相位中心偏移投影到接收机到卫星的方向矢量上，得到接收机天线

相位中心偏差为

$$\Delta\rho_r = \frac{(\boldsymbol{r}_s - \boldsymbol{r}_E)\cdot\Delta\boldsymbol{r}_{\text{sant}}}{|\boldsymbol{r}_s - \boldsymbol{r}_E|} \tag{7.46}$$

其中，$\boldsymbol{r}_E$ 为卫星质心在 ECEF 坐标系中的位置矢量。

2. 接收机天线相位中心模型

使用卫星导航接收机测量时，测量的是天线相位中心的位置，而天线高则一般量取至天线参考点的位置，这两个点位一般并不重合，这种偏差称为接收机天线相位中心偏差，并且不同频点的天线相位中心偏差也不一致。在 PPP 数据处理中，必须予以考虑。接收机端天线相位中心偏差分为 PCO 和 PCV 改正两部分，如图 7.14 所示。

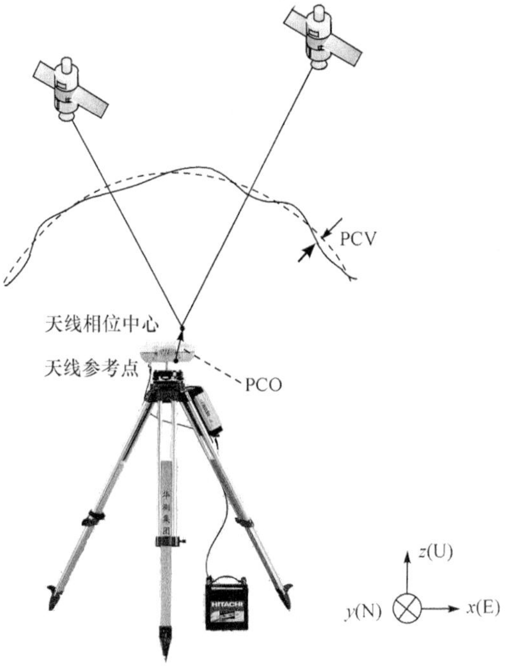

图 7.14　接收机天线相位中心

IGS 提供的 antex 文件给出了接收机相应于 GPS 和 GLONASS 不同载波频率的 PCO 和 PCV 改正信息，其中 PCV 值考虑了方位角和高度角因素，给出了高度角和方位角各以 5° 为间隔，高度角 0°～90°、方位角 0°～360°范围的 PCV 节点改正值，PCV 的值采用插值的方式计算得到。PPP 数据处理时，为保持与精密产品的一致性，需要使用相同的接收机端 PCO 和 PCV 误差改正值及改正策略。关于接收机天线相位中心偏移的计算参见 5.4.2 节，此处不再赘述。

3. 相位缠绕

卫星发射的是右旋极化(RCP)的电磁波信号，接收机观测到的相位值依赖于卫星天线与接收机天线间的相互方位关系。接收机天线或卫星天线绕极化轴向的旋转会改变相位观测值，最大可达一周(天线旋转一周)。接收机端天线通常指向某一固定参考方向(通常为北方向)，而卫星为使太阳能帆板始终指向太阳会使信号发射天线随着卫星的运动缓慢旋转。这种由于卫星或接收机天线的相对旋转而产生的相位观测值的改变称为相位缠绕。

对于接收机天线来讲，如果是静态观测，天线不发生旋转。但是对于卫星天线，卫星为了保持其太阳帆板指向太阳，卫星天线相应地会发生缓慢旋转，而且站星之间的几何关系也不断变化。

高精度相对定位中，对于几百公里以内的基线，双差后，相位缠绕对定位结果的影响通常可忽略不计。但是对于固定卫星轨道和卫星钟的非差相位精密单点定位，相位缠绕不能消除，其影响可带来分米级的定位误差，需加以改正。相位缠绕的改正公式为

$$\Delta\varphi = \mathrm{sign}(\zeta)\arccos\left(\boldsymbol{D}'\cdot\boldsymbol{D}/|\boldsymbol{D}'||\boldsymbol{D}|\right) \tag{7.47}$$

其中，$\zeta = \boldsymbol{k}\cdot(\boldsymbol{D}'\times\boldsymbol{D})$，$\boldsymbol{k}$ 是卫星到接收机的单位向量；$\boldsymbol{D}'$、$\boldsymbol{D}$ 分别为卫星和接收机天线的有效偶极矢量，且分别对应于星固坐标系和测站局部坐标系，可由式(7.48)计算得到。

$$\begin{aligned}\boldsymbol{D}' &= \boldsymbol{x}' - \boldsymbol{k}(\boldsymbol{k}\cdot\boldsymbol{x}') - \boldsymbol{k}\times\boldsymbol{y}' \\ \boldsymbol{D} &= \boldsymbol{x} - \boldsymbol{k}(\boldsymbol{k}\cdot\boldsymbol{x}) - \boldsymbol{k}\times\boldsymbol{y}\end{aligned} \tag{7.48}$$

$\boldsymbol{x}'$、$\boldsymbol{y}'$ 为星固坐标系下的坐标轴指向；$\boldsymbol{x}$、$\boldsymbol{y}$ 为测站局部坐标系下的坐标轴指向。

4. 固体潮改正

摄动天体(月球、太阳)对弹性地球的引力作用使地球表面产生周期性的涨落，称为固体潮现象。固体潮的影响会导致测站产生位移，在径向可达 30cm，水平方向可达 5cm。固体潮包括与纬度有关的长期偏移项和主要由日周期、半日周期组成的周期项。通过 24h 的静态观测可以平均掉大部分的周期影响，但是长期项部分不能完全消除，对径向造成的影响可达 12cm。对于短基线(<100km)相对定位的情况，两个测站之间的固体潮影响几乎一致，可通过差分消除，但是对于精密单点定位来说，不能用差分的方法进行消除，必须利用模型进行改正。固体潮对测站的影响可用下面的公式表达：

$$\begin{aligned}\Delta\boldsymbol{r} = &\sum_{j=2}^{3}\frac{\mathrm{GM}_j}{\mathrm{GM}}\cdot\frac{r^4}{R_j^3}\left\{3l_2(\boldsymbol{R}_j\cdot\boldsymbol{r})\boldsymbol{R}_j + \left[3\left(\frac{h_2}{2}-l_2\right)(\boldsymbol{R}_j\cdot\boldsymbol{r})^2 - \frac{h_2}{2}\right]\boldsymbol{r}\right\} \\ &+\left[-0.025\sin B\cos B\sin(\theta_g + L)\right]\boldsymbol{r}\end{aligned} \tag{7.49}$$

其中，GM 为地球引力常数；GM_j 分别为月球($j=2$)、太阳($j=3$)的引力常数；r、R_j 分别为地球、月球、太阳至地心的距离；$\boldsymbol{r}$、$\boldsymbol{R}_j$ 分别为地球、月球、太阳到地心的单位矢量；l_2、h_2 分别为二阶 Love 数和 Shida 数($l_2 = 0.609$、$h_2 = 0.0852$)；B、L 分别为测站的纬度、经度；θ_g 为格林尼治恒星时。

至此，只要获得卫星精密星历和精密钟差，根据上述模型进行误差修正，就有望获得实时分米级、事后厘米级的单接收机精密定位结果。

7.4 整周模糊度解算

无论实时动态差分定位，还是精密单点定位，整周模糊度的正确求解都是获取高精度

定位结果的关键问题。准确和快速地解算整周模糊度，对于提高定位精度、缩短观测时间以提高作业效率，以及开拓高精度动态定位应用的新领域，都是极其重要的。因此，对整周模糊度的研究，尤其是对整周模糊度快速解算方法的研究，得到了卫星导航接收机的制造厂家、数据处理软件的开发和设计人员，以及广大卫星导航用户的广泛重视，发展甚为迅速。本节在介绍整周模糊度解算原理的基础上，给出求解整周模糊度的常用方法。

7.4.1 整周模糊度解算原理

模糊度的解算一般分两步：首先通过一定的算法求解出整周模糊度，然后验证所解得的整周模糊度的正确性。为简化表达，我们将 $\boldsymbol{\delta X}$ 记为 $\boldsymbol{X}$，$\Delta\nabla \boldsymbol{N}$ 记为 $\boldsymbol{N}$，式(7.28)可表示为如下形式。

$$\boldsymbol{V}=(\boldsymbol{A},\boldsymbol{B})\begin{bmatrix}\boldsymbol{X}\\ \boldsymbol{N}\end{bmatrix}+\boldsymbol{L} \tag{7.50}$$

根据最小二乘准则，有

$$(\boldsymbol{AX}+\boldsymbol{BN}+\boldsymbol{L})^{\mathrm{T}}\boldsymbol{P}(\boldsymbol{AX}+\boldsymbol{BN}+\boldsymbol{L})=\min \quad (\boldsymbol{N}\in\mathbf{Z}^m,\boldsymbol{X}\in\mathbf{R}^n) \tag{7.51}$$

由于模糊度整数约束 $\boldsymbol{N}\in\mathbf{Z}^m$，式(7.51)实际上属于整数最小二乘问题，求解过程一般可分为 3 个步骤。

首先解算模糊度的实数解，相应法方程为

$$\begin{bmatrix}\boldsymbol{A}^{\mathrm{T}}\boldsymbol{PA} & \boldsymbol{A}^{\mathrm{T}}\boldsymbol{PB}\\ \boldsymbol{B}^{\mathrm{T}}\boldsymbol{PA} & \boldsymbol{B}^{\mathrm{T}}\boldsymbol{PB}\end{bmatrix}\begin{bmatrix}\hat{\boldsymbol{X}}\\ \hat{\boldsymbol{N}}\end{bmatrix}=\begin{bmatrix}-\boldsymbol{A}^{\mathrm{T}}\boldsymbol{PL}\\ -\boldsymbol{B}^{\mathrm{T}}\boldsymbol{PL}\end{bmatrix} \tag{7.52}$$

可简写为

$$\begin{bmatrix}\boldsymbol{N}_{11} & \boldsymbol{N}_{12}\\ \boldsymbol{N}_{21} & \boldsymbol{N}_{22}\end{bmatrix}\begin{bmatrix}\hat{\boldsymbol{X}}\\ \hat{\boldsymbol{N}}\end{bmatrix}=\begin{bmatrix}\boldsymbol{U}_1\\ \boldsymbol{U}_2\end{bmatrix} \tag{7.53}$$

解法方程可获得 $\boldsymbol{X}$ 和 $\boldsymbol{N}$ 的实数估值及其协方差矩阵。

$$\begin{aligned}
&\hat{\boldsymbol{N}}=(\boldsymbol{N}_{22}-\boldsymbol{N}_{21}\boldsymbol{N}_{11}^{-1}\boldsymbol{N}_{12})^{-1}\cdot(\boldsymbol{U}_2-\boldsymbol{N}_{21}\boldsymbol{N}_{11}^{-1}\boldsymbol{U}_1)\\
&\boldsymbol{Q}_{\hat{N}}=(\boldsymbol{N}_{22}-\boldsymbol{N}_{21}\boldsymbol{N}_{11}^{-1}\boldsymbol{N}_{12})^{-1}\\
&\hat{\boldsymbol{X}}=\boldsymbol{N}_{11}^{-1}(\boldsymbol{U}_1-\boldsymbol{N}_{12}\hat{\boldsymbol{N}})\\
&\boldsymbol{Q}_{\hat{X}}=\boldsymbol{N}_{11}^{-1}+\boldsymbol{N}_{11}^{-1}\boldsymbol{N}_{12}\textstyle\sum_{\hat{a}}\boldsymbol{N}_{21}\boldsymbol{N}_{11}^{-1}\\
&\boldsymbol{Q}_{\hat{X}\hat{N}}=-\boldsymbol{N}_{11}^{-1}\boldsymbol{N}_{12}\textstyle\sum_{\hat{N}}
\end{aligned} \tag{7.54}$$

其次，将模糊度实数解 $\hat{\boldsymbol{N}}$ 通过下式固定为整数 $\boldsymbol{N}$。

$$(\hat{\boldsymbol{N}}-\boldsymbol{N})^{\mathrm{T}}\boldsymbol{Q}_{\hat{N}}^{-1}(\hat{\boldsymbol{N}}-\boldsymbol{N})=\min \quad (\boldsymbol{N}\in\mathbf{Z}^m) \tag{7.55}$$

最后，将整数模糊度 $\hat{\boldsymbol{N}}$ 回代，计算整数模糊度条件下的非模糊度参数解 $\boldsymbol{X}$。

$$\begin{aligned}
\boldsymbol{X}&=\boldsymbol{N}_{11}^{-1}(\boldsymbol{U}_1-\boldsymbol{N}_{12}\hat{\boldsymbol{N}})\\
&=\hat{\boldsymbol{X}}+\boldsymbol{N}_{11}^{-1}\boldsymbol{N}_{12}(\hat{\boldsymbol{N}}-\boldsymbol{N})\\
&=\hat{\boldsymbol{X}}-\textstyle\sum_{\hat{X}\hat{N}}\sum_{\hat{N}}(\hat{\boldsymbol{N}}-\boldsymbol{N})\\
\boldsymbol{Q}_X&=\boldsymbol{N}_{11}^{-1}=\boldsymbol{Q}_{\hat{X}}-\boldsymbol{Q}_{\hat{X}\hat{N}}\boldsymbol{Q}_{\hat{N}}^{-1}\boldsymbol{Q}_{\hat{N}\hat{X}}
\end{aligned} \tag{7.56}$$

式(7.56)显示了固定模糊度对其他参数的影响。

目前已有的模糊度解算方法大致可分为 4 类。

(1) 专门操作的模糊度求解。即通过一些特殊操作来获得整周模糊度，典型方法包括已知基线法、交换天线法以及两次设站等，目前已很少使用。

(2) 观测域内的模糊度搜索。随着宽巷、超宽巷技术的出现，该方法的使用得到巨大发展，宽巷(B1、B2 组合)、超宽巷(B3、B2 组合)观测值的波长分别达到 84.967cm 和 488.42cm，因此短时平滑就可得到正确模糊度。但这类方法需要双频观测数据，因此系统的硬件成本较高，不利于系统普及。

(3) 坐标域内的模糊度搜索。典型方法是模糊度函数法，它利用余弦函数对 2π 整数倍不敏感的特性，将模糊度域内的搜索转化为坐标域内的搜索，但计算量通常较大。

(4) 模糊度域内的模糊度搜索。这类方法的理论基础是整数最小二乘估计，典型算法包括快速求解模糊度法(FARA 法)、最小二乘模糊度搜索算法(LSAST 法)、快速模糊度搜索滤波法(FASF 法)及 LAMBDA 法。

7.4.2　整周模糊度解算方法

由于快速解算整周模糊度带来的巨大应用潜力，国内外卫星导航专家一直在寻找能在运动过程中求解整周模糊度的方法，即整周模糊度的在航解算(ambiguity resolution on the fly 或 on the fly, AROF 或 OTF)。下面介绍的 LAMBDA 法就是具有代表性的一种方法。同时，随着北斗系统、GPS 和 Galileo 都提供三频及以上的观测数据，一种基于三频及以上观测数据实时解算整周模糊度的方法，也成为快速解算整周模糊度的有效方法。

1. LAMBDA 算法

LAMBDA(least-squares ambiguity decorrelation adjustment)算法，全称为最小二乘模糊度降相关判定，其核心思想是对整周模糊度的协方差矩阵进行整周高斯变换，通过 Z 变换降低各个模糊度参数之间的相关性，从而减少模糊度搜索空间的大小，提高搜索的成功率和效率。LAMBDA 不但有较好的性能，而且它的理论体系也较完善，因此被广为接受。LAMBDA 算法可以分为 5 步，如图 7.15 所示，下面分别对每个步骤进行详细说明。

1) 忽略模糊度的整数特性求解待估参数的浮点解及其协方差

对式(7.3)直接用最小二乘或卡尔曼滤波算法解出待估参数及其协方差为

$$\begin{bmatrix} \boldsymbol{X} \\ \boldsymbol{N} \end{bmatrix} = \begin{bmatrix} \hat{\boldsymbol{X}} \\ \hat{\boldsymbol{N}} \end{bmatrix}, \quad \boldsymbol{Q}_{[\hat{X},\hat{N}]} = \mathrm{Cov}\begin{bmatrix} \hat{\boldsymbol{X}} \\ \hat{\boldsymbol{N}} \end{bmatrix} = \begin{bmatrix} \boldsymbol{Q}_{\hat{X}} & \boldsymbol{Q}_{\hat{X},\hat{N}} \\ \boldsymbol{Q}_{\hat{N},\hat{X}} & \boldsymbol{Q}_{\hat{N}} \end{bmatrix} \tag{7.57}$$

其中，$\boldsymbol{Q}_{\hat{X}}$ 为 $\hat{\boldsymbol{X}}$ 的协方差矩阵；$\boldsymbol{Q}_{\hat{N}}$ 为 $\hat{\boldsymbol{N}}$ 的协方差矩阵；$\boldsymbol{Q}_{\hat{X},\hat{N}}$ 和 $\boldsymbol{Q}_{\hat{N},\hat{X}}$ 为 $\hat{\boldsymbol{X}}$ 和 $\hat{\boldsymbol{N}}$ 的互协方差矩阵。

2) 模糊度降相关处理

由上步求解的模糊度浮点解 $\hat{\boldsymbol{N}}$ 及其协方差矩阵 $\boldsymbol{Q}_{\hat{N}}$，根据模糊度残差平方和最小为原则构造目标函数为

$$\breve{\boldsymbol{N}} = \arg\min_{\boldsymbol{N}\in Z} \left\| \boldsymbol{N} - \hat{\boldsymbol{N}} \right\|_{\boldsymbol{Q}_{\hat{N}}}^2 \tag{7.58}$$

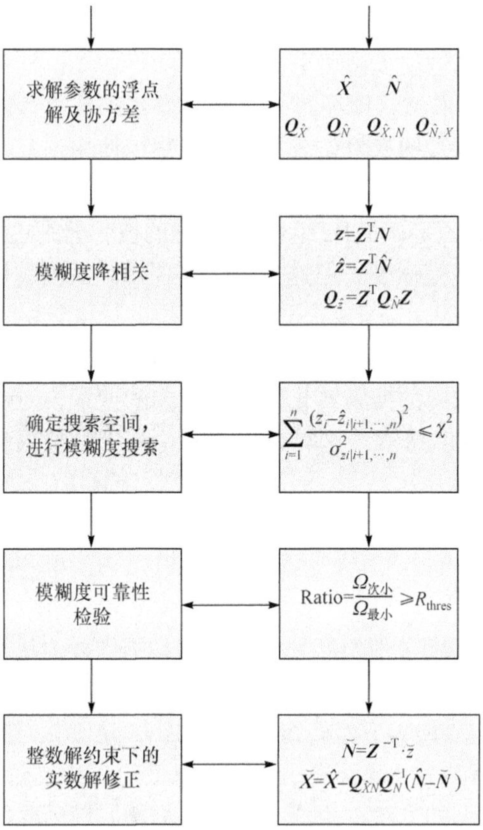

图 7.15　LAMBDA 算法流程

根据目标函数确定的搜索空间表示为

$$(\boldsymbol{N}-\hat{\boldsymbol{N}})^{\mathrm{T}}\boldsymbol{Q}_{\hat{N}}^{-1}(\boldsymbol{N}-\hat{\boldsymbol{N}})\leqslant\chi^2 \tag{7.59}$$

搜索空间是一个多维超椭球体，椭球维数为向量 $\boldsymbol{N}$ 的维数，椭球中心为模糊度浮点解 $\hat{\boldsymbol{N}}$，椭球的大小由阈值 χ^2 决定，椭球形状由协方差 $\boldsymbol{Q}_{\hat{N}}$ 决定。若 $\boldsymbol{Q}_{\hat{N}}$ 是对角矩阵，则搜索空间是一个正椭球，椭球的各维长短轴都与坐标主轴平行，此时模糊度的求取直接对浮点解四舍五入取整即可，但是由于经过双差处理，模糊度浮点解之间具有较强的相关性，导致协方差 $\boldsymbol{Q}_{\hat{N}}$ 并非对角阵，此时搜索椭球不是正椭球，各维长短轴都与坐标主轴相倾斜，整个椭球呈一个相对于坐标轴倾斜的狭长姿态，这将非常不利于模糊度搜索工作，不仅会引入大量冗余的模糊度组，导致计算量激增，甚至会使搜索空间偏离真实值导致搜索失败。为了减小搜索空间、提高模糊度搜索的效率和质量，必须降低模糊度之间的相关性，采用降相关的方法将多维超椭球体转换为近似正椭球，从而大大缩小搜索空间，提高搜索效率，示意图如图 7.16 所示。

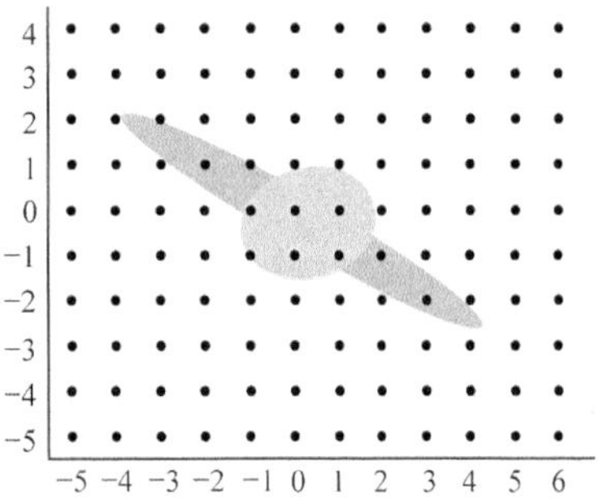

图 7.16　LAMBDA 算法搜索空间示意图

对模糊度协方差矩阵进行 Z 变换，形式为

$$z = Z^{\mathrm{T}} N, \quad \hat{z} = Z^{\mathrm{T}} \hat{N}, \quad Q_{\hat{z}} = Z^{\mathrm{T}} Q_{\hat{N}} Z \tag{7.60}$$

其中，z 为变换后的模糊度；$\hat{z}$ 为变换后的模糊度浮点解；$Q_{\hat{z}}$ 为变换后的模糊度浮点解协方差矩阵；Z 为降相关变换矩阵。降相关后的搜索空间可以表示为

$$\begin{gathered} \breve{z} = \arg\min_{N \in Z} \|z - \hat{z}\|_{Q_{\hat{z}}}^2 \\ (z - \hat{z})^{\mathrm{T}} Q_{\hat{z}}^{-1} (z - \hat{z}) \leqslant \chi^2, \quad z \in Z^n \end{gathered} \tag{7.61}$$

为了保证变换前后模糊度的整数特性，变换过程应该是可逆的，并且不能因为 Z 变换而使原来搜索空间的体积发生变化，而使整数格网点丢失或增加。z 矩阵应满足下列条件：①z 可逆，且 Z 和 Z^{-1} 的所有元素都为整数；②z 矩阵的行列式 $|\det(Z)| = 1$。

Z 矩阵的特殊性，使得经过 Z 变换后的协方差矩阵 $Q_{\hat{z}}^{-1}$ 并不是一个绝对的对角阵，而是一个接近于对角阵的主对角线占优矩阵，但是由于模糊度之间的相关性已降至很小，所以搜索空间基本接近于正椭球。Z 矩阵的获取方法有多种：整数高斯变换法、高斯迭代法、联合去相关法、白化滤波法等，下面主要介绍具有代表性的高斯迭代法和联合去相关法。

(1) 高斯迭代法。将对称正定矩阵 Q 进行如下分解。

$$\begin{gathered} D = L_1 Q L_1^{\mathrm{T}} \\ Q_1' = [L_1] Q_1 [L_1]^{\mathrm{T}} \end{gathered} \tag{7.62}$$

其中，D 为对角阵；L_1 为单位下三角矩阵；$[\cdot]$ 表示对矩阵元素进行就近取整运算。同理，将对称正定矩阵 Q_1' 进行分解。

$$\begin{gathered} D' = U_1 Q_1' U_1^{\mathrm{T}} \\ Q_2 = [U_1] Q_1' [U_1]^{\mathrm{T}} \end{gathered} \tag{7.63}$$

其中，D' 为对角阵；U_1 为单位上三角矩阵。反复进行上述下三角和上三角矩阵分解，直到 $[L_n]$、$[U_n]$ 为单位阵，可得

$$\begin{gathered} Q_n = \big[[U_n][L_n]\cdots[U_1][L_1]\big] Q \big[[U_n][L_n]\cdots[U_1][L_1]\big]^{\mathrm{T}} \\ Z = [U_n][L_n]\cdots[U_1][L_1] \end{gathered} \tag{7.64}$$

(2) 联合去相关法。对于对称正定矩阵 Q，存在交换矩阵 P_1，使得变换后的 Q_1 是将原 Q 的对角线元素按从小到大顺序排列的矩阵，P_1 可以通过矩阵的初等行列变换得到，即

$$Q_1 = P_1 Q P_1^{\mathrm{T}} \tag{7.65}$$

将对称正定矩阵 Q_1 进行如下变换。

$$\begin{gathered} D = L_1 Q_1 L_1^{\mathrm{T}} \\ Q_2 = [L_1] Q_1 [L_1]^{\mathrm{T}} = \big[[L_1] P_1\big] Q \big[[L_1] P_1\big]^{\mathrm{T}} = Z_1 Q Z_1^{\mathrm{T}} \end{gathered} \tag{7.66}$$

反复进行上述转换过程，直到 $[L_n]$、P_n 都为单位阵为止，可得

$$\begin{aligned} Q_n &= \big[[L_n] P_n \cdots [L_1] P_1\big] Q \big[[L_n] P_n \cdots [L_1] P_1\big]^{\mathrm{T}} \\ &= \big[Z_n \cdots Z_1\big] Q \big[Z_n \cdots Z_1\big]^{\mathrm{T}} \end{aligned} \tag{7.67}$$

最终可得 Z 矩阵为

$$Z = Z_n \cdots Z_1 = [L_n] P_n \cdots [L_1] P_1 \tag{7.68}$$

搜索空间阈值 χ^2 的设定一般采取下述方法，对于 $n\times1$ 维向量 $\hat{z}$，构建 $n+1$ 个向量 $\boldsymbol{A}_0,\boldsymbol{A}_1,\cdots,\boldsymbol{A}_n$，其中 $\boldsymbol{A}_0$ 中所有元素分别对应 $\hat{z}$ 中元素进行四舍五入取整后的值，$\boldsymbol{A}_1$ 中的第一个元素为 $\hat{z}$ 中第一个元素进行四舍五入取整后的值，其他元素与 $\hat{z}$ 中其他元素保持相等，依次类推，$\boldsymbol{A}_n$ 中的第 n 个元素取 $\hat{z}$ 中第 n 个元素进行四舍五入取整后的值，其他元素与 $\hat{z}$ 中其他元素保持相等，赋值规则如式(7.69)所示。分别将 $\boldsymbol{A}_0,\boldsymbol{A}_1,\cdots,\boldsymbol{A}_n$ 代入式(7.61)可以得到 $n+1$ 个 χ^2 值，排序后选择其中的次小值，从而既能保证搜索空间不至于过大，也能保证搜索空间的有效性，使搜索结果至少能包含两组解，可以进行模糊度的可靠性校验。

$$
\begin{cases}
\boldsymbol{A}_0=\left[[\hat{z}_1],[\hat{z}_2],\cdots,[\hat{z}_n]\right]^{\mathrm{T}}\\
\boldsymbol{A}_1=\left[[\hat{z}_1],\hat{z}_2,\cdots,\hat{z}_n\right]^{\mathrm{T}}\\
\boldsymbol{A}_2=\left[\hat{z}_1,[\hat{z}_2],\cdots,\hat{z}_n\right]^{\mathrm{T}}\\
\qquad\cdots\cdots\\
\boldsymbol{A}_n=\left[\hat{z}_1,\hat{z}_2,\cdots,[\hat{z}_n]\right]^{\mathrm{T}}
\end{cases}
\tag{7.69}
$$

3) 模糊度搜索

模糊度搜索采用序贯的方式进行，首先对降相关后的协方差矩阵 $\boldsymbol{Q}_{\hat{z}}^{-1}$ 进行乔列斯基(Cholesky)分解。

$$
\begin{gathered}
\boldsymbol{Q}_{\hat{z}}^{-1}=\boldsymbol{LDL}^{\mathrm{T}},\quad \boldsymbol{D}=\operatorname{diag}(d_1,d_2,\cdots,d_n)\\
\boldsymbol{L}=\begin{bmatrix}1&0&\cdots&0\\ l_{21}&1&\cdots&0\\ \vdots&\vdots&&0\\ l_{n1}&l_{n2}&\cdots&1\end{bmatrix}
\end{gathered}
\tag{7.70}
$$

将分解后的 $\boldsymbol{Q}_{\hat{z}}^{-1}$ 代入式(7.61)表示的模糊度搜索空间，可以转化为

$$
\sum_{i=1}^{n}d_i\left[(z_i-\hat{z}_i)+\sum_{j=i+1}^{n}l_{ji}(z_j-\hat{z}_j)\right]^2\leqslant\chi^2 \tag{7.71}
$$

设 $\hat{z}_{i|i+1,\cdots,n}$ 为条件估值，表示 $\hat{z}_i$ 在 $\hat{z}_j$，$j=i+1,i+2,\cdots,n$ 确定的条件下的估计值，并设 $\sigma_{\hat{z}i|i+1,\cdots,n}^2$ 为条件估值的方差，条件估值及其方差计算公式为

$$
\hat{z}_{i|i+1,\cdots,n}=\hat{z}_i-\sum_{j=i+1}^{n}l_{ji}(z_j-\hat{z}_j) \tag{7.72}
$$

$$
\sigma_{\hat{z}_{i|i+1,\cdots,n}}^2=1/d_i \tag{7.73}
$$

代入条件估值及其方差后，式(7.71)的搜索空间可以简化为

$$
\sum_{i=1}^{n}\frac{(z_i-\hat{z}_{i|i+1,\cdots,n})^2}{\sigma_{\hat{z}_{i|i+1,\cdots,n}}^2}\leqslant\chi^2 \tag{7.74}
$$

模糊度搜索采用从后往前的顺序依次求取，先确定 $\hat{z}_n$ 最后确定 $\hat{z}_1$，相当于把模糊度分成了 n 级，先确定上一级的模糊度，然后以此为基础确定下一级的模糊度边界，以此类推，各级模糊度的搜索边界为

$$
\begin{aligned}
&\underbrace{(z_n-\hat{z}_n)^2}_{\text{left}_n} \leqslant \underbrace{\sigma_{\hat{z}n}^2\chi^2}_{\text{right}_n}\\
&\underbrace{(z_{n-1}-\hat{z}_{n-1|n})^2}_{\text{left}_{n-1}} \leqslant \underbrace{\sigma_{\hat{z}n-1|n}^2[\chi^2-(z_n-\hat{z}_n)^2/\sigma_{\hat{z}n}^2]}_{\text{right}_n}\\
&\qquad\vdots\\
&\underbrace{(z_1-\hat{z}_{1|2,\cdots,n})^2}_{\text{left}_1} \leqslant \underbrace{\sigma_{\hat{z}1|2,\cdots,n}^2[\chi^2-\sum_{j=2}^{n}(z_j-\hat{z}_{j|j+1,\cdots,n})^2/\sigma_{\hat{z}j|j+1,\cdots,n}^2]}_{\text{right}_1}
\end{aligned}
\tag{7.75}
$$

当搜索过程进行到第 i 级时，模糊度边界可以写为

$$
\hat{z}_{i|i+1,\cdots,n}-\sqrt{\text{right}_i} \leqslant z_i \leqslant \hat{z}_{i|i+1,\cdots,n}+\sqrt{\text{right}_i} \tag{7.76}
$$

由以上模糊度的搜索边界确定过程可知，模糊度的条件估值描述了在一个搜索分支中，已确定的更高级的模糊度估值对当前级的制约关系，条件方差决定了当前级模糊度的搜索范围，条件方差越小，搜索范围就越小。

整个模糊度的搜索过程呈一个多叉树的形态，但所有子树没有共同的根，如图 7.17 所示。首先确定第 n 级 z_n 的左右边界，可以得到多个模糊度候选整数值，从中选择一个并以此为基础确定下一级 z_{n-1} 的左右边界，也可以得到 $n-1$ 级的多个模糊度候选整数值，从中选择一个为基础依次往下进行，若进行到第 i 级时发现 z_i 没有整数值可取，则说明本搜索分支无效，退回到第 $i+1$ 级，并从 z_{i+1} 的候选值中再选一个候选值，继续往下搜索。当搜索到达第 1 级确定一个 z_1 后，意味着这条搜索分支的终结，此时可以得到一组完整的模糊度候选矢量。当不断向上回溯到第 n 级并遍历完所有候选值后，就可以得到搜索空间内的所有组模糊度候选矢量，搜索全部结束，并且可以得到每组候选矢量的目标值残差平方和，最小残差平方和最小的那组候选矢量在通过可靠性检验后即可确定为最终的模糊度解。

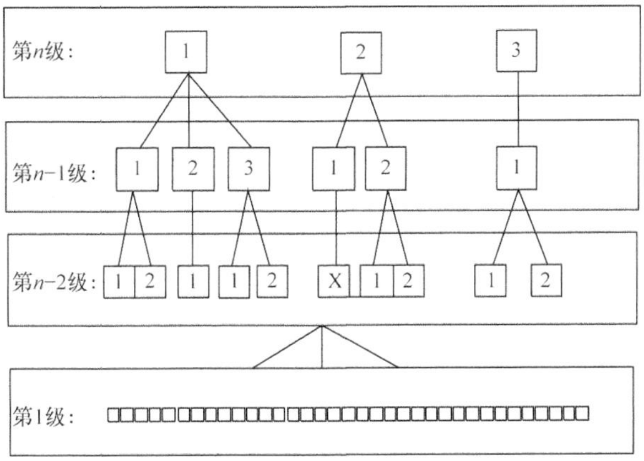

图 7.17　LAMBDA 算法的搜索过程

对于同级的所有候选模糊度值，搜索顺序有多种，若采用由左至右的顺序，则候选值的选择顺序由边界左边依次滑动到边界右边；若采用围绕中心的交互式搜索，则以 $\hat{z}_{i|i+1,\cdots,n}$ 为中心向两边延伸，顺序为 $[\hat{z}_{i|i+1,\cdots,n}]$、$[\hat{z}_{i|i+1,\cdots,n}]-1$、$[\hat{z}_{i|i+1,\cdots,n}]+1$、$[\hat{z}_{i|i+1,\cdots,n}]-2$、$[\hat{z}_{i|i+1,\cdots,n}]+2$、⋯。搜索的目的是找到使目标函数达到最小值的模糊度矢量，为了快速找到这个矢量，可以对

搜索空间进行不断的压缩，每得到一组模糊度候选矢量，也会得到一个目标函数值，将该值与当前的 χ^2 进行比较，若该值小于当前值，则将该值作为新的搜索空间边界赋给 χ^2 。若在反复压缩搜索空间后，模糊度取不到一组完整的候选矢量，则上一个候选矢量即最终所求解。

4) 模糊度可靠性检验

模糊度可靠性检验是指对搜索得到的一组模糊度矢量进行假设检验以确定最终拒绝还是接受。为了检验过程的简便性一般都采用 Ratio 法，选取搜索取得的模糊度候选矢量及其对应的残差平方和的次小值和最小值，计算二者的比值即 Ratio 值，并且设定阈值进行检测：

$$\text{Ratio} = \frac{\Omega_{\text{次小}}}{\Omega_{\text{最小}}} \geqslant R_{\text{thres}} \tag{7.77}$$

Ratio 是一个大于 1 的数，阈值 R_{thres} 一般可设为 2 或 3，若 Ratio 大于阈值，则表明搜索取得的最优解具有较高的可靠性，应选择接受为正确解，反之，则表明最优解可靠性较低，应选择拒绝。

5) 整数解约束下的实数解修正

模糊度检验通过后，需进行反变换恢复原始的模糊度值，即

$$\breve{\boldsymbol{N}} = \boldsymbol{Z}^{-\mathrm{T}} \cdot \breve{z} \tag{7.78}$$

整周模糊度确定后需对待估参数中的实数参数 $\boldsymbol{X}$ 进行重新修正，用户坐标及其协方差计算公式为

$$\begin{aligned} \breve{\boldsymbol{X}} &= \hat{\boldsymbol{X}} - \boldsymbol{Q}_{\hat{X}\hat{N}} \boldsymbol{Q}_{\hat{N}}^{-1} (\hat{\boldsymbol{N}} - \breve{\boldsymbol{N}}) \\ \boldsymbol{Q}_{\breve{X}} &= \boldsymbol{Q}_{\hat{X}} - \boldsymbol{Q}_{\hat{X}\hat{N}} \boldsymbol{Q}_{\hat{N}}^{-1} \boldsymbol{Q}_{\hat{X}\hat{N}} \end{aligned} \tag{7.79}$$

2. TCAR 算法

TCAR(three-carrier cascade ambiguity resolution，三频逐级模糊度确定)算法是基于波长越长，整周模糊度越容易固定的思想，利用组合观测值波长较长的特点，逐级确定超宽巷(EWL)、宽巷(WL)、窄巷(NL)组合观测值的整周模糊度，在求解过程中，都采用无几何模型，消除了几何有关项的影响。TCAR 求解模糊度的过程主要分为以下 4 步。

1) 以伪距观测值为距离量计算超宽巷模糊度

为简化表达，我们将省略在双差载波相位测量值中的一对接收机下标 ur 和一对卫星上标 jk，为掌握线性组合而成的测量值中的各项误差成分，在以下介绍中保留各项测量误差，添加表示载波频率的下标，我们用 1、2、3 分别表示北斗系统的 B1、B2、B3 的三个载波频率。某个三频接收机在某一时刻的三频载波相位测量值为

$$\begin{aligned} \phi_1 &= \lambda_1^{-1}(\rho + c(\delta t_r - \delta t^j) + T - I_1) + N_1 + \varepsilon_1 \\ \phi_2 &= \lambda_2^{-1}(\rho + c(\delta t_r - \delta t^j) + T - I_2) + N_2 + \varepsilon_2 \\ \phi_3 &= \lambda_3^{-1}(\rho + c(\delta t_r - \delta t^j) + T - I_3) + N_3 + \varepsilon_3 \end{aligned} \tag{7.80}$$

双频双差载波相位测量值组成的双差宽巷载波相位测量值 ϕ_w 定义为

$$\begin{aligned}\phi_w &= \phi_i - \phi_j \\ &= \lambda_w^{-1}(\rho + c(\delta t_r - \delta t^j) + T) - I_w + N_w + \varepsilon_w\end{aligned} \tag{7.81}$$

载波频率和波长分别为

$$\begin{aligned}f_w &= f_i - f_j \\ \lambda_w &= \frac{c}{f_w} = \frac{c}{f_i - f_j}\end{aligned} \tag{7.82}$$

北斗卫星导航系统的 B1、B2、B3 三个频点的频率值分别为 1561.098MHz、1207.140MHz、1268.520MHz，可形成以下 3 种频率差异。

$$\begin{aligned}f_1 - f_2 &= 353.958\text{MHz} \\ f_1 - f_3 &= 292.578\text{MHz} \\ f_3 - f_2 &= 61.38\text{MHz}\end{aligned} \tag{7.83}$$

相应的波长分别为 84.967cm、102.466cm 和 488.42cm，根据波长的长短，称 B1 和 B3 频点的组合为宽巷组合，B1 和 B2 频点的组合为中巷组合，B3 和 B2 频点的组合为超宽巷组合。

双差超宽巷载波相位测量值的观测方程为

$$\begin{aligned}\phi_{w32} &= \phi_3 - \phi_2 \\ &= \lambda_{w32}^{-1}(\rho + c(\delta t_r - \delta t^j) + T) - I_{w32} + N_{w32} + \varepsilon_{w32}\end{aligned} \tag{7.84}$$

则超宽巷载波相位测量值的整周模糊度值为

$$\begin{aligned}N_{w32} &= \left[\phi_{w32} - \frac{\rho + c(\delta t_r - \delta t^j) + T}{\lambda_{w32}} + I_{w32} - N_{w32} - \varepsilon_{w32}\right] \\ &= \left[\phi_{w32} - \frac{\rho_2}{\lambda_{w32}}\right]\end{aligned} \tag{7.85}$$

ρ_2 为 B2 频点的双差伪距测量值，在短基线的情况下，双差电离层延迟残余可忽略。因为超宽巷组合载波波长为 488.42cm，所以在测量值正常的情况下，取整算法通常能得到整周模糊度的正确解。解得超宽巷载波相位测量值的整周模糊度后，可获得高精度的双差距离测量值 ρ_{w32} 为

$$\rho_{w32} = \lambda_{w32}(\phi_{w32} - N_{w32}) \tag{7.86}$$

2) 采用超宽巷距离量计算宽巷模糊度

双差宽巷载波相位测量值的观测方程如下。

$$\begin{aligned}\phi_{w13} &= \phi_1 - \phi_3 \\ &= \lambda_{w13}^{-1}(\rho + c(\delta t_r - \delta t^j) + T) - I_{w13} + N_{w13} + \varepsilon_{w13}\end{aligned} \tag{7.87}$$

利用超宽巷距离测量值可得到宽巷载波相位测量值中的整周模糊度值如下。

$$\begin{aligned}N_{w13} &= \left[\phi_{w13} - \frac{\rho + c(\delta t_r - \delta t^j) + T}{\lambda_{w13}} + I_{w13} - N_{w13} - \varepsilon_{w13}\right] \\ &= \left[\phi_{w13} - \frac{\rho_{w32}}{\lambda_{w13}}\right]\end{aligned} \tag{7.88}$$

也可利用多个时刻的 ρ_{w32} 和 ϕ_{w13} 值正确求解宽巷载波相位测量值中的整周模糊度。由于宽巷波长要小于超宽巷，可获得进一步精化的双差距离测量值 ρ_{w13}。

$$\rho_{w13}=\lambda_{w13}(\phi_{w13}-N_{w13}) \tag{7.89}$$

3) 采用宽巷距离量计算窄巷模糊度

与上面两步类似，借助双差距离测量值 ρ_{w13}，可以确定双差载波相位测量值 ϕ_3 中的整周模糊度 N_3 为

$$N_3=\left[\phi_3-\frac{\rho_{w13}}{\lambda_3}\right] \tag{7.90}$$

4) 计算原始载波模糊度

考虑到整周模糊度之间存在如下关系。

$$\begin{aligned}N_{w32}&=N_3-N_2\\N_{w13}&=N_1-N_3\end{aligned} \tag{7.91}$$

可以求解出整周模糊度 N_1、N_2 的值。

采用 Henkel 和 Gunther(2012)对 GPS 和 BDS 的观测噪声假设，令伪距噪声为 0.3m，载波噪声为 0.01 周，则北斗系统和 GPS 利用 TCAR 解算模糊度所用的各组合系数以及求解过程中受到的电离层和测量噪声误差如表 7.1 所示。

表 7.1 GPS 和 BDS 在 TCAR 中组合系数及误差影响

系统	组合观测值	组合系数	组合波长/m	电离层延迟/周	观测噪声/周
BDS	EWL	(0,−1,1)	4.884	$-0.0030\Delta I_1/\lambda_1$	0.1260
	WL	(1,0,−1)	1.025	$0.0678\Delta I_1/\lambda_1$	0.1639
	NL	(1,0,0)	0.248	$2.2815\Delta I_1/\lambda_1$	0.1023
GPS	EWL	(0,1,−1)	5.861	$0.0024\Delta I_1/\lambda_1$	0.1061
	WL	(1,−1,0)	0.862	$0.0961\Delta I_1/\lambda_1$	0.1924
	NL	(1,0,0)	0.248	$2.2975\Delta I_1/\lambda_1$	0.0968

对表 7.1 分析可知，GPS 和 BDS 在利用 TCAR 求解模糊度时，第一步的超宽巷模糊度非常容易固定，不仅波长较长，而且电离层和观测噪声都较小；第二步的宽巷模糊度固定时，所受到的电离层延迟和观测噪声都有所增加，对宽巷模糊度的固定有一定的影响，但是在短基线情形下影响不会太大；第三步的窄巷模糊度最难固定，虽然窄巷组合的观测噪声较小，但是电离层延迟急剧增大，如果双差后的电离层残差较大，则窄巷模糊度的正确固定就很难得到保证，这也决定了无几何的 TCAR 算法只适用于短基线模糊度解算，在长基线情形下需设法消除电离层的影响。TCAR 算法对模糊度的逐级求解，使得当前步骤的模糊度正确性非常依赖于上一步模糊度的正确性，一旦有一步出错，则最终求得的模糊度就一定是不正确的。

7.5 周跳探测与处理问题

在载波相位测量中，载波相位观测值由不足一周的小数部分和整周部分组成。小数部分直接读取，而整周部分则通过计数器累计获得。在整个观测时间内，如果整周计数保持

连续、不产生错误，则相位观测值的初始模糊度保持不变。然而，建筑物或树木等的遮挡、电离层电子活动剧烈、多路径效应、低仰角卫星、接收机内置软件的设计不周全等原因，可能会导致信号失锁，引起整周计数错误，从而使载波相位观测值较正常值出现 1 个整周的跳跃，如图 7.18 所示，该跳跃称为周跳。由于动态测量环境比较复杂，有时候可能只有 1 颗卫星失锁，有时候可能多颗甚至所有卫星都失锁；有时候信号失锁时间比较短，有时候信号失锁时间可能好几分钟。

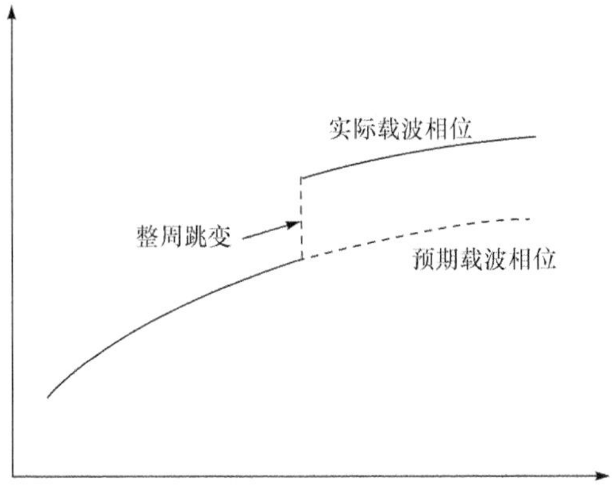

图 7.18　周跳示意图

周跳给载波相位观测值的初始模糊度引入了整周数的偏差，如果不能及时发现并正确处理周跳，将严重影响定位结果，如数值仅为一周的周跳就会导致数十厘米的定位误差。这对于高精度测量是无法接受的，因此需建立一种可靠的周跳探测及处理方法。

周跳的探测主要解决两个问题。本历元是否存在周跳？如果存在周跳，是哪颗或哪些卫星的哪个或哪些频率存在周跳？在实际中，周跳的探测通常在数据预处理阶段进行，周跳的探测方法有很多种，通常可分为以下 3 类。

(1) 基于观测值随时间变化规律的方法：该类方法主要用于静态数据处理，同时还需考虑卫星钟差、接收机钟差、对流层折射及电离层折射随时间的变化，如果上述因素在时间上发生突变，则可能造成周跳探测失败。

(2) 基于不同观测值组合的方法：该类方法利用观测值之间的关系进行周跳探测，通常为与接收机-卫星间几何关系无关的线性组合。该类方法一般不受卫星钟差、接收机钟差、接收机运动状态等的影响。

(3) 基于观测值估值残差的方法：该类方法根据参数估计后得到的观测值的估计残差来确定周跳。

周跳修复的关键在于正确确定周跳发生的历元以及周跳的数值，任何不正确的修复都将对数据处理结果造成严重影响。周跳的处理方法有两种：一是修复周跳，即直接求解周跳值。周跳修复后，相位观测值的初始模糊度仍保持不变；二是引入新的模糊度参数，重新解算整周模糊度。对于短基线动态测量，由于模糊度解算时间短，可靠性高，我们可采用第二种方法将周跳设为模糊度参数来重新解算。但是，对于中长基线而言，由于模糊度解算时间长，成功率低，所以此时修复周跳就显得特别重要。

第 8 章 北斗导航信号基础

用户接收机实现定位的前提是能够接收到来自卫星的信号。本章主要介绍北斗导航信号结构及其特征，包括载波信号与频率、伪随机噪声码(测距码)和导航电文(数据码)，以及由载波、测距码和数据码生成导航信号所需的调制方法。本章的目的是让读者了解北斗导航信号，为后续介绍北斗接收机工作原理及其设计方法打下基础。

8.1 北斗信号概述

北斗卫星所发射的信号从结构上可以分为三个层次：载波、测距码(伪码)和数据码。在这 3 个层次中，首先使用测距码对数据码进行扩频调制，然后经过调制而依附在正弦形式的载波上，最后卫星将调制后的载波信号播发出去，如图 8.1 所示。

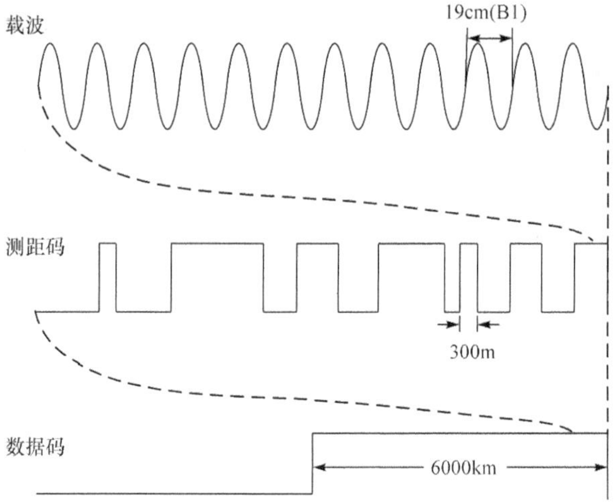

图 8.1 北斗信号由载波、测距码和导航电文调制而成

由此可见，北斗导航信号是一种调制波，它不仅采用高频率波段的载波，而且采用扩频技术传送卫星导航电文。扩频，是将原来打算发送的几十比特速率的电文变换成几兆甚至几十兆比特速率的由电文和伪随机噪声码(伪码)组成的组合码。采用扩频技术可将信号淹没在噪声之中而不易被他人捕获，使信号具有极强的保密性。

下面按照载波、测距码和数据码的顺序介绍北斗信号的基本特征，在此基础上，介绍由 3 者结合而成的北斗信号结构，以及为了将三者结合所需的信号调制方法，即将测距码和数据码调制在载波上的方法。由于北斗二号和北斗三号在信号组成上有所区别，下面涉及两者区别时，都将分别进行阐述。读者可以将两者进行相互比较。

8.2　载波及其频率

无线电技术将声音信号或其他信号经过转换，利用无线电波传播。承载声音信号或其他信号的无线电波即载波。或者说，未经调制的周期性振荡信号称为载波，一般为正弦波。载波受调制后称为已调信号，它含有调制信号的全部特征。一般要求正弦载波的频率远高于调制信号的带宽，否则会发生混叠，使传输信号失真。没有加载普通信号的高频载波，其波幅是固定的。加载之后波幅就随着普通信号的变化而变化(调幅)，还可以调相、调频。

将源信号调制到载波上的作用包括：减小传输中的噪声；频分复用，即同一频率之间同一信道传输多路信号而不混叠；可传播更远的距离，有利于接收。

尽管将信号调制在载波上具有上述所列优势，但并不是任何频率的载波都能够用来传输卫星导航信号。下面先介绍关于无线电频率的相关知识，然后给出北斗信号的载波频率。

8.2.1　无线电频谱

为防止不同用户之间的干扰，无线电波的产生和传输受国际法律的严格管制，并由国际电信联盟(ITU)负责协调。ITU 为不同的无线电传输技术和应用分配了无线电频谱，无线电频谱和波段划分及主要应用如表 8.1 所示。

表 8.1　无线电频谱和波段划分及主要应用

<table>
<tr><th>段号</th><th>频段名称</th><th>频率范围</th><th>波段</th><th colspan="2">波长范围</th><th>用法</th></tr>
<tr><td>1</td><td>极低频(ELF)</td><td>3～30Hz</td><td>极长波</td><td colspan="2">10000～100000km</td><td>潜艇通信或直接转换成声音</td></tr>
<tr><td>2</td><td>超低频(SLF)</td><td>30～300Hz</td><td>超长波</td><td colspan="2">1000～10000km</td><td>直接转换成声音或交流输电系统</td></tr>
<tr><td>3</td><td>特低频(ULF)</td><td>300～3000Hz</td><td>特长波</td><td colspan="2">100～1000km</td><td>矿场通信或直接转换成声音</td></tr>
<tr><td>4</td><td>甚低频(VLF)</td><td>3～30kHz</td><td>甚长波</td><td colspan="2">10～100km</td><td>直接转换成声音、超声、地球物理学研究</td></tr>
<tr><td>5</td><td>低频(LF)</td><td>30～300kHz</td><td>长波</td><td colspan="2">1～10km</td><td>国际广播、全向信标</td></tr>
<tr><td>6</td><td>中频(MF)</td><td>300～3000kHz</td><td>中波</td><td colspan="2">100～1000m</td><td>调幅(AM)广播、全向信标、海事及航空通信</td></tr>
<tr><td>7</td><td>高频(HF)</td><td>3～30MHz</td><td>短波</td><td colspan="2">10～100m</td><td>短波、民用电台</td></tr>
<tr><td>8</td><td>甚高频(VHF)</td><td>30～300MHz</td><td>超短波</td><td colspan="2">1～10m</td><td>调频广播、电视广播、航空通信</td></tr>
<tr><td>9</td><td>特高频(UHF)</td><td>300～3000MHz</td><td>分米波</td><td colspan="2">1～10dm</td><td>电视广播、无线电话通信、无线网络、微波炉</td></tr>
<tr><td>10</td><td>超高频(SHF)</td><td>3～30GHz</td><td>厘米波</td><td rowspan="3">微波</td><td>1～10cm</td><td>无线网络、雷达、人造卫星接收</td></tr>
<tr><td>11</td><td>极高频(EHF)</td><td>30～300GHz</td><td>毫米波</td><td>1～10mm</td><td>射电天文学、遥感、人体扫描安检</td></tr>
<tr><td>12</td><td>至高频</td><td>300～3000GHz</td><td>丝米波</td><td>0.1～1mm</td><td>—</td></tr>
</table>

卫星导航一般采用处于 L 波段的载波频率。L 波段是指频率在 1.0～2.0GHz 的无线电波波段，可用于数字音频广播、卫星导航系统等。选择 L 波段作为卫星导航信号的频率，主要原因有以下 3 点。

(1) 减少拥挤，避免冲突，彼时 L 波段的频率占用率低于其他波段，与其他工作频率不易冲突。

(2) 适应扩频，能够传送宽带信号，北斗卫星导航系统采用扩频技术发送导航电文，其频带高达 20MHz 左右，在占用率较低的 L 波段上易于传送扩频后的宽带信号。

(3) 大气衰减小，避开了大气的谐振吸收，并且电离层延迟的影响小，有利于用较经济的接收设备测量卫星信号：①往低频方向，电离层延迟越来越大，以至于无法建模；而且与地面的无线电通信、广播等接近，易受人为干扰；②往高频方向，电离层延迟虽然越来越小，但对雨衰和大气吸收较为敏感；而且用小型天线很难接收信号。

8.2.2 北斗的频率

由第 5 章关于电离层延迟误差的相关介绍可知，卫星信号穿过电离层时，将受到电离层的折射影响，并且与频率的平方成反比。因此，北斗卫星发射了具有 3 种频率的电磁波信号，以便应用双频或多频观测技术计算电离层延迟改正，提高定位的精度。另外，北斗卫星发射的电磁波还具有较高的频率，这样既提高了计算电离层折射修正量的精度，也满足了用户通过测量电磁波的多普勒频移，进行高精度测速的要求。

同一颗卫星发射的导航信号的载波频率在卫星上由共同的基准时钟源产生。B1I、B2I、B3I 信号的标称载波频率分别为 1561.098MHz、1207.140MHz、1268.520MHz。

B1C、B2a 信号的标称载波频率分别为 1575.42MHz、1176.45MHz。B1C、B2a 信号只在北斗三号 MEO 卫星和 IGSO 卫星上播发，提供公开服务，GEO 卫星不播发。

北斗卫星导航系统导航信号对应的载波频率如表 8.2 所示。

表 8.2 北斗卫星导航系统导航信号对应的载波频率

北斗导航信号	载波频率/MHz
B1I	1561.098
B2I	1207.140
B3I	1268.520
B1C	1575.42
B2a	1176.45

8.3 北斗的测距码

北斗采用伪随机噪声码测距技术，具有良好的抗干扰性和保密性。本节主要介绍伪随机噪声码及其在北斗二号和北斗三号中的应用。

8.3.1 伪随机噪声码

伪随机噪声码(pseudo-random noise code)是一种可以预先确定并可重复地产生和复制，具有白噪声随机统计特性的二进制码序列，简称为伪随机码或伪噪声码或 PRN 码。20 世纪 40 年代末和 50 年代初，香农(Shannon)等建立了噪声通信理论，证明具有白噪声统计特性的信号对充分利用信道的容量与信号的功率、抗多径干扰和测定距离等具有明显的优点。到 20 世纪 60 年代中期，噪声通信理论获得实际应用和发展。利用伪随机码信号可以实现低信噪比接收，可实现码分多址通信，具有良好的保密性。现在，伪随机码已广泛应用于通信、无线电测距等领域。

1. 伪随机码的表述形式

伪随机码是一种表达信息的二进制数及其集合，是一组二进制的数码序列。例如，对 2、3 取两位二进制数的不同组合表示为 10、11，这些二进制数的组合形式称为码，其中每一位二进制数称为 1 个码元(码片)或 1 比特(bit)。比特是码的度量单位，也是信息量的度量单位。

伪随机码有两种表述方式：一是用 1 和 0 表述；二是用−1 和 1 表述。应用哪种表述方式，可根据讨论问题的方便来选择。一般是在理论探讨时采用前者较方便，而在另一些问题或形象化图形表示时，采用后者较适用。故称前者表述的序列为二进符号序列，用 $\{x\}$ 表示；后者称为二进信号波形，以 $x(t)$ 表示。图 8.2 表示一种极简单的伪随机码。

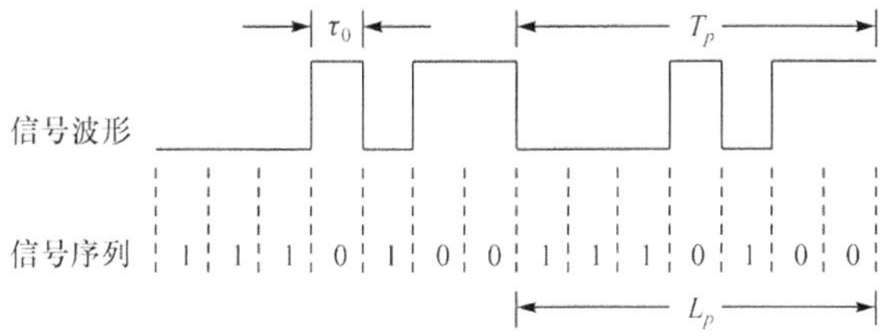

图 8.2　伪随机码的表述形式

图 8.2 中的 τ_0 为一个码元对应的时间，以秒为单位表示，称为码元宽度；L_p 为一个周期内的码元数，称为码长，常用 bit 作为码长的单位，如 L_p=7bit；T_p 为以 s 为单位的时间周期，$T_p = L_p \cdot \tau_0$。

2. 伪随机码的运算规则

对二进符号序列的运算采用模 2 运算。模 2 运算可以看作不进位的二进制运算。对于加法(模 2 和运算)，通常用符号 ⊕ 表示，其运算规则为

$$1 \oplus 1 = 0,\quad 1 \oplus 0 = 1$$

$$0 \oplus 0 = 0,\quad 0 \oplus 1 = 1$$

对于二进信号波形，采用普通乘法运算，其规则为

$$(-1)\times(-1) = 1,\quad (-1)\times 1 = -1$$

$$1\times 1 = 1,\quad 1\times(-1) = (-1)$$

显然，上述两种方法是等效的，记作

$$\{x\}\oplus\{y\} \sim x(t)\times y(t) \tag{8.1}$$

其中，$\{x\}$ 和 $\{y\}$ 分别表示两个二进符号序列；$x(t)$ 和 $y(t)$ 则分别表示两个二进信号波形。

8.3.2 m 序列

m 序列是目前广泛应用的一种伪随机序列，其在通信领域有着广泛的应用，如扩频通信，卫星通信的码分多址，数字数据中的加密、加扰、同步、误码率测量等领域。m 序列在出现概率、游程分布和自相关函数等特性上与随机噪声码十分相似，因此我们将 m 序列称为伪随机码。

1. m 序列的产生

m 序列是由一个称为多级反馈移位寄存器的装置产生的。这种移位寄存器由一组连接在一起的存储单元组成，每个存储单元只有 0 或 1 两种状态。移位寄存器是产生伪随机码的基础电路。移位寄存器不仅具有暂时存放数据和指令的功能，而且具有移位功能。移位功能，是寄存器中所存放的数据，可以在移位脉冲的作用下，逐次向左移动或向右移动。

移位寄存器的控制脉冲有两个：钟脉冲和置 1 脉冲。移位寄存器是在钟脉冲的驱动及置 1 脉冲的作用下工作的。为了说明其工作原理，现举例如下。

假设移位寄存器是由 4 个存储单元组成的 4 级反馈移位寄存器，如图 8.3 所示。当钟脉冲加到该移位寄存器之后，每个存储单元的内容，都顺序地由上一单元转移到下一单元，而最后一个存储单元的内容便输出。与此同时，将其中某几个存储单元，如单元 3 和 4 的内容进行模 2 和运算，再作为输入，反馈给第一个存储单元。

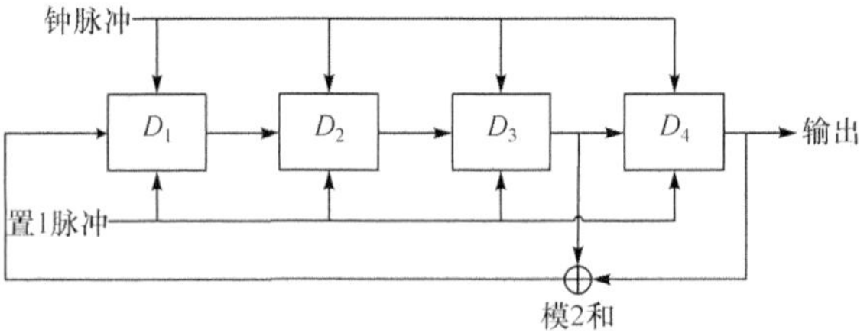

图 8.3　4 级反馈移位寄存器

移位寄存器在开始工作时，由于置 1 脉冲的作用，各级存储单元的内容全处于 1 状态；此后在钟脉冲的驱动下，将可能经历 15 种不同的状态。由于全 0 状态不能通过反馈转移到其他状态，输出便持续地为 0。所以，不允许移位寄存器出现全 0 状态。因此，4 级线性反馈移位寄存器可能经历的 15 种状态，如表 8.3 所示。

表 8.3　4 级线性反馈移位寄存器状态序列

状态编号	各级状态				模 2 和反馈	末级输出的序列
	D_1	D_2	D_3	D_4	$D_3 \oplus D_4$	
1	1	1	1	1	0	1
2	0	1	1	1	0	1
3	0	0	1	1	0	1
4	0	0	0	1	1	1
5	1	0	0	0	0	0
6	0	1	0	0	0	0
7	0	0	1	0	1	0

续表

状态编号	各级状态				模2和反馈 $D_3 \oplus D_4$	末级输出的序列
	D_1	D_2	D_3	D_4		
8	1	0	0	1	1	1
9	1	1	0	0	0	0
10	0	1	1	0	1	0
11	1	0	1	1	0	1
12	0	1	0	1	1	1
13	1	0	1	0	1	0
14	1	1	0	1	1	1
15	1	1	1	0	1	0

由表8.3可知，移位寄存器经历了所列的15种可能状态之后，再重复全1状态。因此，该序列具有周期性，一周期内包含15个码元，此为码长。由于4级移位寄存器最多有2^4=16种不同状态，但其中全0状态不允许出现，因为处于全0状态，输出将持续地为0，因此，最多有15个状态。以上序列是4级移位寄存器的最长线性移位寄存器序列，简称为m序列。上述4级反馈移位寄存器所产生的m序列，是一个码长包含15个码元的周期性序列。

在一般情况下，对于一个r级反馈移位寄存器来说，将会产生更为复杂的周期性m序列。这时，移位寄存器可能经历的状态有

$$L_p = 2^r - 1 \tag{8.2}$$

即在一个m序列周期中，最多可能包含L_p个码元，因此，L_p也称为码长。

不难看出，m序列的结构取决于反馈的连接方式。对于一个4级移位寄存器而言，在各种可能的反馈方式中，只有两种方式：除了表8.3的$D_3 \oplus D_4$，还有一种是$D_1 \oplus D_4$。这两种方式均可获得结构不同，但周期相同的m序列。而其他的反馈方式所产生的数码序列，因周期不同，故不是m序列。

2. m序列的特征多项式

为了简单明确地表示反馈逻辑，采用特征多项式表示，即

$$F(x) = C_0x^0 + C_1x^1 + \cdots + C_rx^r = \sum_{i=0}^{r} C_ix^i \tag{8.3}$$

其中，C_i表示第i级移位寄存器馈线。C_i=0表示馈线不存在，C_i=1表示馈线存在。其中C_0应始终取1，因为C_0=0表示总反馈线不存在，即无反馈。此时，将退化为静态移位寄存器，无法产生m序列。

图8.3所示的反馈逻辑特征多项式为$F(x) = 1 + x^3 + x^4$。而另一种反馈逻辑$D_1 \oplus D_4$的特征多项式为$F(x) = 1 + x^1 + x^4$。由此可见，特征多项式最高阶次的系数C_r一般均为1，否则将退化为$r-1$级。

如图8.4所示，a、b两种反馈连接方式的5级反馈移位寄存器电路，虽然连接方式不同，但是它们均为周期为31码片的m序列，a、b两种反馈连接方式的特征多项式分别如下。

a：$F_1(x)=1+x+x^2+x^3+x^5$

b：$F_2(x)=1+x^3+x^5$

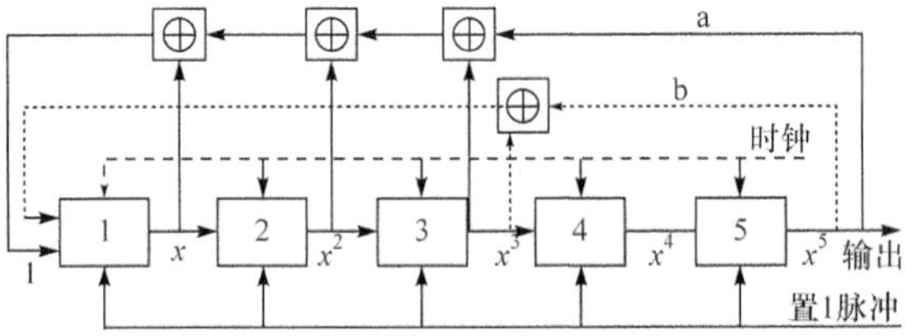

图 8.4　5 级反馈移位寄存器

3. m 序列的统计特性和相关特性

1) 统计特性

m 序列具有与随机事件相似的统计特性。

(1) 均衡性:在 m 序列的一个周期中,值为 1 和值为 0 的码片出现的概率均约等于 0.5，并且值为 1 的码片比值为 0 的码片多出现一次，不允许存在全 0 状态。

(2) 游程特性：在序列中，相同的码元连在一起称为一个游程。一般来说，长度为 1 的游程占总数的 1/2，长度为 2 的游程占总数的 1/4，以此类推。连 1 的游程和连 0 的游程各占一半。

(3) 移位可加性：两个彼此移位等价的相异 m 序列，按模 2 相加所得的序列仍为 m 序列，并与原 m 序列等价。

(4) 伪噪声特性：如果对随机噪声取样，并将每次取样按次序排成序列，可以发现其功率谱为正态分布，由此形成的随机码具有噪声码的特性。

2) 相关特性

两个周期同为T 的周期函数$x_1(t)$和$x_2(t)$，其标称互相关函数$\rho(\tau)$的定义为

$$\rho(\tau)=\frac{1}{T}\int_0^T x_1(t)x_2(t-\tau)\mathrm{d}t \tag{8.4}$$

其中，τ 为$x_2(t)$相对于$x_1(t)$的时间延迟。

当$x_1(t)=x_2(t)$时，$\rho(\tau)$就为自相关函数。

$$\rho(\tau)=\frac{1}{T}\int_0^T x_1(t)x_1(t-\tau)\mathrm{d}t \tag{8.5}$$

换句话说，相关函数$\rho(\tau)$表示函数$x_1(t)$和$x_2(t)$的相似程度。对于二进码 m 序列，其自相关和互相关函数为

$$\begin{aligned}\rho(\tau)&=\frac{1}{L_p}\sum_{m=1}^{L_p}a_m a_{m-n(\tau)}\\ \rho(\tau)&=\frac{1}{L_p}\sum_{m=1}^{L_p}a_m b_{m-n(\tau)}\end{aligned} \tag{8.6}$$

其中，L_p为一个周期内的码元数，即码长；m 为码序号；$n(\tau)$为时延τ 对应的码元数。

式(8.6)中$a_m a_{m-n(\tau)}$和$a_m b_{m-n(\tau)}$按二进信号波形乘积法则进行运算求得，因此，a_m和

$b_{m-n(\tau)}$ 的取值为+1 或−1。于是，根据 m 序列的统计特性，得自相关函数为

$$\rho(\tau)=\begin{cases}1, & \tau=0,\pm T_p,\pm 2T_p,\cdots,\pm nT_p \\ -\dfrac{1}{L_p}, & \tau\neq 0,\pm T_p,\pm 2T_p,\cdots,\pm nT_p\end{cases} \tag{8.7}$$

由式(8.7)可知，当 $\tau=0$ 时，$\rho(\tau)=1$，为极大值；当 $\tau\neq 0$ 时，$\rho(\tau)=-1/L_p$，为极小值。m 序列自相关函数的这种特性是周期性的，即自相关函数 $\rho(\tau)$ 不仅在 $\tau=0$ 时为极大值，而且在 τ 等于整周期时也出现极大值。

m 序列自相关函数特性具有重要的意义，是伪随机码测距技术的理论基础。当卫星发射一个伪随机码，而接收机内也产生(复制)一个相同的伪随机码时，假设时间是精确同步的。当卫星信号经过传播距离的延迟 τ 后到达接收机，与本地码进行相关处理；移动本地码，使相关函数达到最大值。这样，本地码所移动的时间延迟值就是卫星信号传播时间 τ，乘以光速值 c 得到所测距离。

8.3.3　截短码和复合码

在由 r 级反馈移位寄存器所产生的周期性 m 序列中，有时可以截取其中的一部分，组成一个新的周期性序列加以利用，这种新的周期较短的序列，称为截短序列或截短码。而相反，实际上有时还需要将多个周期较短的 m 序列按预定的规则构成一个周期较长的序列，这种序列称为复合序列或复合码。

1. 截短码

截短码是将码长为 $L_p=2^r-1$ 的码，截去一段 ΔL_p，从而构成一段码长为 $L_p'=L_p-\Delta L_p$ 的截短码。产生截短码的方法是在移位寄存器反馈线路中加入一个状态检测器，码长为 L_p 的移位寄存器在状态检测器的控制下，经过 L_p' 个状态后，发生一次跳跃，跳过后面 L_p-L_p' 个状态而回到初始状态，从而得到一个码长为 L_p' 的截短码。

4 级移位寄存器产生截短码的示意图如图 8.5 所示。该 4 级移位寄存器产生的 m 码的码长为 $L_p=15$，要将其截去一段 $\Delta L_p=4$，产生一段码长为 $L_p'=11$ 的截短码。为此，选择初始状态 1001，状态检测器的状态设置为 0011，其功能是，当寄存器状态为 0011 时输出 1，而其他状态时均输出 0，将状态检测器输出加入反馈线路中的模 2 加法器中，其效果为当状态检测器输出为 0 时，原模 2 加法器输出不会产生变化；状态检测器输出为 1 时，模 2 加法器的输出产生跳跃，由 0 变为 1 或者 1 变为 0，从而完成一个序列的截短。4 级移位寄存器截短码的序列状态和跳跃点如表 8.4 所示。

表 8.4　4 级移位寄存器截短码的序列状态和跳跃点

序列状态	第 1 级	第 2 级	第 3 级	第 4 级	反馈输出
初始 1	1	0	0	1	1
2	1	1	0	0	0
3	0	1	1	0	1

续表

序列状态	第 1 级	第 2 级	第 3 级	第 4 级	反馈输出
4	1	0	1	1	0
5	0	1	0	1	1
6	1	0	1	0	1
7	1	1	0	1	1
8	1	1	1	0	1
9	1	1	1	1	0
10	0	1	1	1	0
跳跃 11	0	0	1	1	“1”
12	0	0	0	1	—
13	1	0	0	0	—
14	0	1	0	0	—
15	0	0	1	0	—

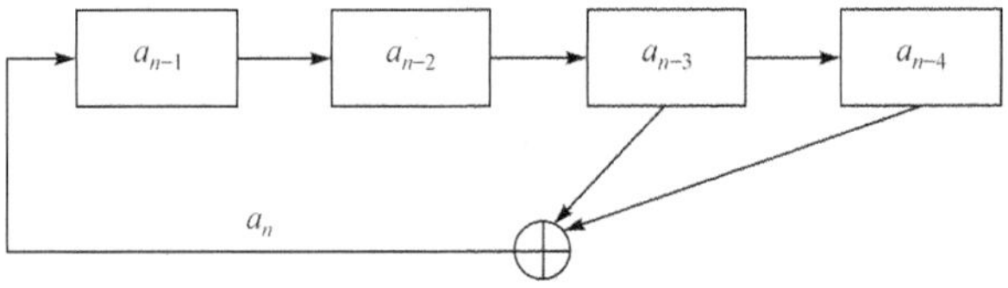

(a) m序列

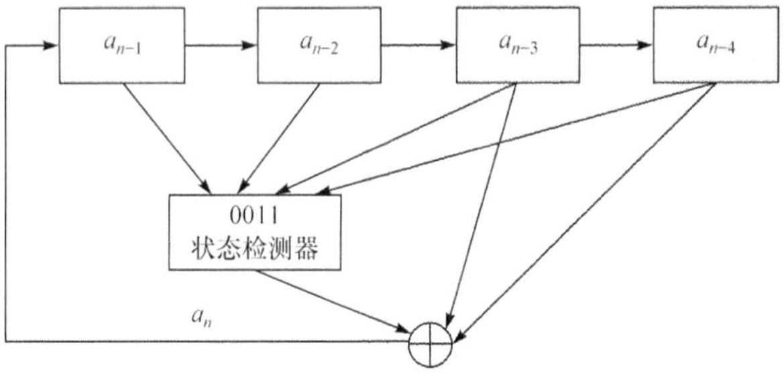

(b) 截短序列

图 8.5　m 序列与截短序列的反馈逻辑

综上所述，截短码是在一个 m 序列中截除一个子序列而形成的，其关键在于选取合适的检测状态(如上例中的 0011 状态)。

2. 复合码

在实际应用中，往往需要长度周期很大的码序列，可以由两个或两个以上的短码构成一个长码，称为复合码，构成复合码的短码称为子码。例如，一个长度周期为 15bit 的短码，若其码元宽度为1×10^{-7}s，则该码的一个时间周期相当于 450m 的距离。当用它进行距离测量时，只能单值地测得 450m 以内的距离。为了单值的测距超过 450m，一般采用复合码。若 n 个子码的码长分别为 $P_1,P_2,\cdots,P_n$ 且 $P_1,P_2,\cdots,P_n$ 互素，则该复合码的码长为

$P = P_1 \times P_2 \times \cdots \times P_n$。

例如，一个码长 $p_a = 3$ 的码序列 $a(0,1,1)$ 和一个码长为 $p_b = 7$ 的码序列 $b(1,1,1,0,1,0,0)$ 取模 2 和，就可以得到一个码长为 $p_a \times p_b = 21$ 的码序列，如图 8.6 所示。

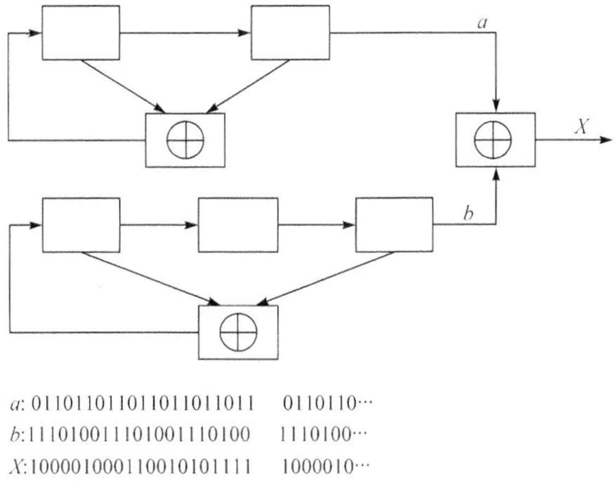

图 8.6　模 2 和复合码

从上例中可以看出，只有在经过 p_a和p_b 的最小公倍数(21)后，a 码和 b 码才会同时处于初始状态。也就是说，该复合码的码长为 21。

构成复合码的方式及所使用的逻辑函数可以是多种多样的，上例中是由子码的模 2 和构成的。这样一类由若干子码的模 2 和构成的复合码称为模 2 和复合码。模 2 和复合码有一个很重要的特性，它的自相关函数可以简单地表示为子码自相关函数的乘积，即

$$\rho_X(\tau) = \rho_a(\tau)\rho_b(\tau) \tag{8.8}$$

表 8.5 给出了子码 a 和 b 构成的模 2 和复合码 X 的自相关函数值，其中 $\rho_a = 7$，$\rho_b = 15$。由表中可以看出，模 2 和复合码在很大程度上改善了自相关函数的特性，从而缩短了寻找最大相关值的过程，即缩短了捕获时间。这是复合码最重要的意义。

表 8.5　模 2 和复合码自相关函数

ρ	τ									
	0	1	2	…	7	…	14	15	…	105
ρ_a	1	$-\frac{1}{7}$	$-\frac{1}{7}$	…	1	…	1	$-\frac{1}{7}$	…	1
ρ_b	1	$-\frac{1}{15}$	$-\frac{1}{15}$	…	$-\frac{1}{15}$	…	$-\frac{1}{15}$	1	…	1
ρ_X	1	$\frac{1}{105}$	$\frac{1}{105}$	…	$-\frac{1}{15}$	…	$-\frac{1}{15}$	$-\frac{1}{7}$	…	1

8.3.4　Gold 码

m 序列虽然性能优良，但同样长度的 m 序列个数不多，并且 m 序列之间的互相关函数

值并不理想(为多值函数)。R.Gold 于 1967 年提出了一种基于 m 序列的码序列，称为 Gold 码序列。这种序列有较优良的自相关和互相关特性，构造简单，产生的序列数多，因而获得了广泛的应用。

Gold 码是由 m 序列派生出的一种伪随机码，它具有类似于 m 序列的伪随机特性，但其长度不同，序列的数目比 m 序列多，适用于多址、扩频这一类通信系统。Gold 码由一对级数相同的 m 序列线性组合而成，但并不是任何一对级数相同的 m 序列都可以产生 Gold 码，我们把能产生 Gold 码的一对 m 序列称为优选 m 序列对。通过调节其中一个 m 序列的延时，一对 n 级 m 序列可组合产生 2^n-1 个不同 Gold 码，再加上它们自身的一对 m 序列，总共有 2^n+1 个 Gold 码。

8.3.2 节中介绍的两个 5 级 m 序列为一个优选 m 序列对，它们能产生 5 级、周期为 31 的 Gold 码，实现方式如图 8.7 所示。它将 $F_2(x)$的平移等价序列与 $F_1(x)$异或相加(模 2 和)后得到 Gold 码。

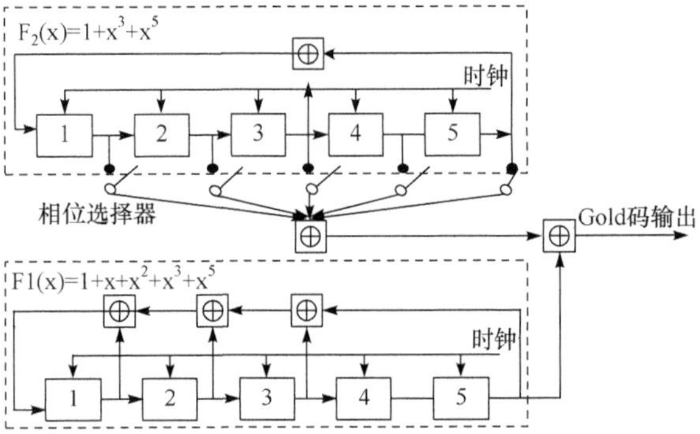

图 8.7　5 级 Gold 码发生器逻辑图

开发 Gold 码的原因是寻找适用于多址、扩频这一类通信系统的伪码，一个 n 级优选 m 序列对可以产生 2^n+1 个不同的 Gold 码，这么多的 Gold 码可以满足系统中大量用户的需求。一方面，由于不同 Gold 码之间只存在很低的互相关性(接近于零)，所以多个不同 Gold 码可以在同一个载波频率上被同时播发出去而互不干扰；另一方面，其良好的自相关性又为接收机精确测量接收到的 Gold 信号相位提供了条件。

8.3.5　北斗二号测距码

B1I 和 B2I 信号测距码(以下简称 C_{B1I}码和 C_{B2I}码)的码速率为 2.046Mcps(码片每秒，chips per second)，码长为 2046。C_{B1I}码和 C_{B2I}码由线性序列 G_1 与 G_2 模 2 和(模 2 加)产生平衡 Gold 码后截短最后 1 码片生成。G_1 和 G_2 序列分别由 11 级线性移位寄存器生成，其生成多项式分别为

$$
\begin{aligned}
G_1(X) &= 1+X+X^7+X^8+X^9+X^{10}+X^{11} \\
G_2(X) &= 1+X+X^2+X^3+X^4+X^5+X^8+X^9+X^{11}
\end{aligned}
\tag{8.9}
$$

G_1和 G_2的初始相位：G_1序列初始相位为 01010101010；G_2序列初始相位为 01010101010。

C_{B1I}码和 C_{B2I}码发生器示意图如图 8.8 所示。

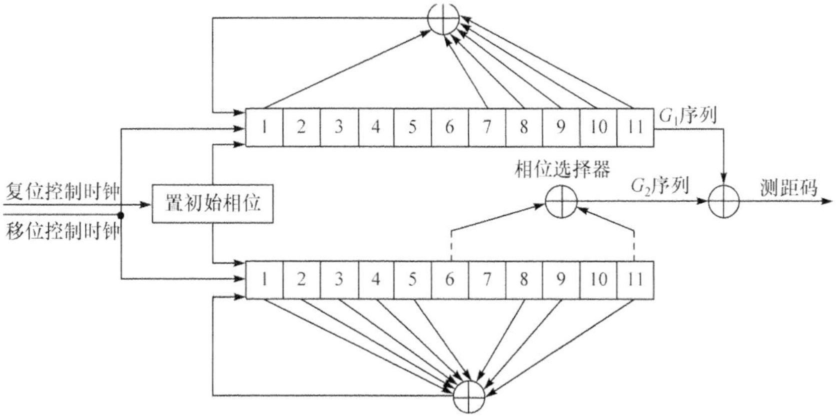

图 8.8　C_{B1I}码和 C_{B2I}码发生器示意图

通过对产生 G_2 序列的移位寄存器不同抽头的模 2 加可以实现 G_2 序列相位的不同偏移，与 G_1 序列模 2 加后可生成不同卫星的测距码。G_2 序列相位分配情况见《北斗卫星导航系统空间信号接口控制文件公开服务信号(2.1 版)》。

B3I 信号测距码(以下简称 C_{B3I} 码)的码速率为 10.23Mcps，码长为 10230。C_{B3I} 码由两个线性序列 G_1 和 G_2 截短、模 2 和(模 2 加)生成 Gold 码后再截短产生。G_1 和 G_2 序列均由 13 级线性移位寄存器生成，周期为 8191 码片，其生成多项式分别为

$$
\begin{aligned}
G_1(X)&=X^{13}+X^4+X^3+X+1 \\
G_2(X)&=X^{13}+X^{12}+X^{10}+X^9+X^7+X^6+X^5+X+1
\end{aligned}
\tag{8.10}
$$

C_{B3I} 码发生器示意图如图 8.9 所示。

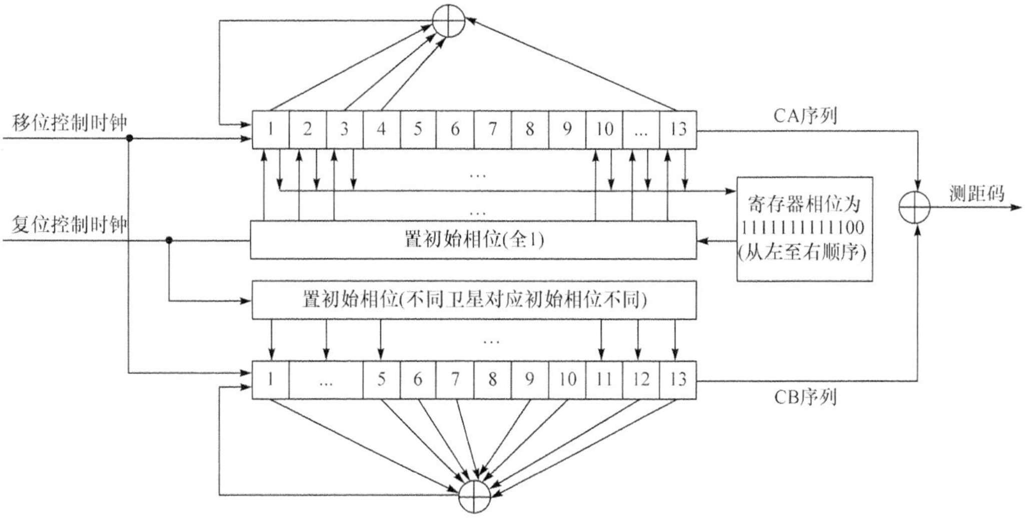

图 8.9　C_{B3I}码发生器示意图

将 G_1 产生的码序列截短 1 码片，使其变成周期为 8190 码片的 CA 序列；G_2 产生周期为 8191 码片的 CB 序列。CA 序列与 CB 序列模 2 加，产生周期为 10230 码片的 C_{B3I} 码。

G_1 序列在每个测距码周期(1ms)起始时刻或 G_1 序列寄存器相位为 1111111111100 时置初

始相位，G_2 序列在每个测距码周期(1ms)起始时刻置初始相位。G_1 序列的初始相位为 1111111111111。G_2序列的初始相位由 1111111111111 经过不同的移位次数形成，不同初始相位对应不同卫星。G_2 序列初始相位详见《北斗卫星导航系统空间信号接口控制文件公开服务信号 B3I(1.0 版)》。

北斗二号卫星三个频点信号的测距码特征如表 8.6 所示。

表 8.6　北斗二号卫星三个频点信号的测距码特征

信号	码长	周期/ms	码速率/Mcps
B1I 信号	2046	1	2.046
B2I 信号	2046	1	2.046
B3I 信号	10230	1	10.23

8.3.6 Weil 码

Weil 码是另一种伪随机码，它由勒让德序列生成。勒让德序列是基于同余理论构建的有限长伪随机序列，具有很理想的伪随机性质和优良的相关性。它的长度为质数，对于长度为 N 的勒让德序列，有如下定义。

$L(0)=0$

$L(k)=1$，存在整数 x 使 $x^2 \bmod N = k$

$L(k)=0$，不存在整数 x 使 $x^2 \bmod N = k$

对于一个奇质数 p 和一个任意正整数 $a<p$，如果等式 $x^2 \bmod p = a$ 有解，则 a 为质数 p 的二次余数。根据欧拉准则，判断二次余数可通过下式计算。

$$f(a) = a^{(p-1)/2} \bmod p \tag{8.11}$$

这个表达式的取值仅可以取 1 和−1，a 是 p 的二次余数则取 1，反之则取−1。勒让德序列基于质数的二次余数产生，序列元素对应赋值后的随机序列可以统一表示为

$$L = \begin{bmatrix} f(1) & f(2) & f(3) & \cdots & f(p-1) \end{bmatrix} \tag{8.12}$$

得到的勒让德序列的周期为 $p-1$，并且与以下序列中心对称。

$$f(k) = (-1)(p-1)/2 f(p-k), \quad (p-1)/2 \leqslant k \leqslant p-1 \tag{8.13}$$

勒让德序列的自相关性质为

$$R(\tau) = \begin{cases} p, & \tau = 0 \\ -1, & \tau \neq 0 \end{cases}, p \equiv 3 \bmod 4 \tag{8.14}$$

$$R(\tau) = \begin{cases} p, & \tau = 0 \\ -3, & f(\tau) = 1 \\ 1, & f(\tau) = -1 \end{cases}, p \equiv 1 \bmod 4 \tag{8.15}$$

其中，“≡”表示同余。

因此，勒让德序列具有良好的自相关性，并且当 $p = 3 \bmod 4$ 时具有和线性移位寄存器

生成 m 码相同的相关性能，不同的是对于固定的序列长度，勒让德序列只有一个。

勒让德序列具有很理想的伪随机性质和优良的相关性，对于固定的长度 N，只存在一个勒让德序列，对于同一个导航系统，每颗卫星的测距码的码长和码速率都应该相同，但码序列并不相同。因此，不能直接使用勒让德序列作为测距码。

为了能够对固定长度设计出多组测距码，在勒让德序列的基础上设计出了 Weil 码。Weil 码由勒让德序列移序异或得到，定义为

$$W(k,w)=L(k)\oplus L((k+w)\bmod N),\quad k=0,1,2,\cdots,N-1$$

其中，w 为勒让德序列的移序值，不同的移序值可产生不同的 Weil 码，由于勒让德序列具有对称性，对于长度 N，可产生 $(N-1)/2$ 组 Weil 码。

通过对上述码长为 N 的 Weil 码序列进行循环截取，可得到码长为 N_0 的测距码，即截断序列为

$$c(n,w,p)=W((n+p-1)\bmod N;w),\quad n=0,1,2,\cdots,N_0-1$$

其中，p 为截取点，表示从 Weil 码的第 p 位开始截取，取值范围为 1～N。

和常用的 Gold 码相比，Weil 码的码长为质数，对于 2^n-1 相差较远的码长要求，可以更容易地通过截短或增长来保持伪码的相关性，减轻选码的复杂度。对于卫星导航系统，由于卫星上原子钟频率的限制，测距码的码长需为 1023 的整数倍。例如，北斗系统的 B1C 信号的测距码码长为 10230，无法找到合适的 n 使 Gold 码的码长接近 10230，而 Weil 码的码长为质数，10223 是与 10230 最接近的质数，故将长度为 10223 的 Weil 码插入 7bit 数据即可生成长度为 10230 的测距码。

8.3.7 北斗三号测距码

B1C 信号和 B2a 信号测距码采用分层码结构，由主码和子码相异或构成。子码的码片宽度与主码的周期相同，子码码片起始时刻与主码第一个码片的起始时刻严格对齐，主码、子码时序关系示意图如图 8.10 所示。

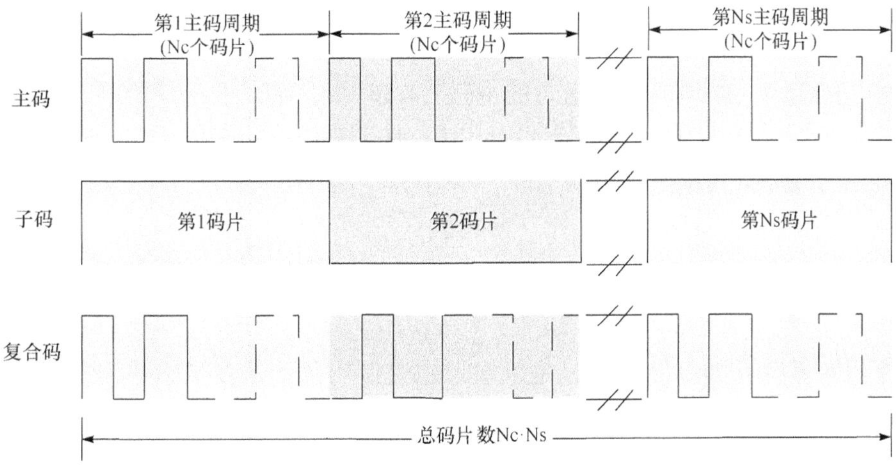

图 8.10 主码、子码时序关系示意图

B1C 信号测距码参数见表 8.7。

表 8.7　B1C 信号测距码参数

信号分量	主码码型	主码码长	主码周期/ms	子码码型	子码码长	子码周期/ms
B1C 数据分量	Weil 码截短	10230	10	—*	—*	—*
B1C 导频分量	Weil 码截短	10230	10	Weil 码截短	1800	18000

*B1C 数据分量不含子码。

B1C 信号主码由 Weil 码通过截短产生，B1C 信号主码的码速率为 1.023Mcps，码长为 10230，由长度为 10243 的 Weil 码通过截短产生，w 取值范围为 1～5121。

B2a 信号测距码参数见表 8.8。

表 8.8　B2a 信号测距码参数

信号分量	主码码型	主码码长	主码周期/ms	子码码型	子码码长	子码周期/ms
B2a 数据分量	Gold	10230	1	固定码	5	5
B2a 导频分量	Gold	10230	1	Weil 码截短	100	100

B2a 信号主码的码速率为 10.23Mcps，码长为 10230，由两个 13 级线性反馈移位寄存器通过移位及模 2 和生成的 Gold 码扩展得到。生成多项式如下所示。

B2a 数据分量主码为

$$G_1(X)=1+X+X^5+X^{11}+X^{13}$$
$$G_2(X)=1+X^3+X^5+X^9+X^{11}+X^{12}+X^{13}$$

B2a 导频分量主码为

$$G_1(X)=1+X^3+X^6+X^7+X^{13}$$
$$G_2(X)=1+X+X^5+X^7+X^8+X^{12}+X^{13}$$

在同一卫星上，B2a 信号两个分量的主码生成多项式不同，但采用相同的初始状态。

对于 MEO 和 IGSO 卫星，每颗卫星对应唯一的测距码编号(PRN 号)，同一颗卫星播发的 B1C 和 B2a 信号采用相同的 PRN 号。

8.4　北斗的数据码

北斗的数据码，即导航电文，是卫星以二进制码的形式发送给用户的导航定位数据，也称为 D 码。它包括的内容主要有卫星星历、卫星星钟改正、电离层延迟改正、工作状态信息、全部卫星的概略星历、差分及完好性信息和格网点电离层信息等。北斗二号数据码和北斗三号数据码在数据组成结构和编排方式上有较大区别，下面分别进行说明。

8.4.1　北斗二号数据码

根据速率和结构不同，北斗二号卫星导航系统公开服务的导航电文分为 D1 导航电文和 D2 导航电文。D1 导航电文速率为 50bit/s，并调制有速率为 1bit/s 的二次编码，内容包含基本导航信息(本卫星基本导航信息、全部卫星历书信息、与其他系统时间同步信息)；D2 导航电文速率为 500bit/s，内容包含基本导航信息和增强服务信息(北斗系统的差分及完好性信息和格网点电离层信息)。MEO/IGSO 卫星的 B1I 和 B2I 信号播发 D1 导航电文，GEO 卫星的 B1I 和 B2I 信号播发 D2 导航电文。按照一定的速率以二进制码的形式发送。

1. D1 导航电文

1) D1 导航电文帧结构

D1 导航电文由超帧、主帧和子帧组成。每个超帧为 36000bit，历时 12min，每个超帧由 24 个主帧组成(24 个页面)；每个主帧为 1500bit，历时 30s，每个主帧由 5 个子帧组成；每个子帧为 300bit，历时 6s，每个子帧由 10 个字组成；每个字为 30bit，历时 0.6s。

每个字由导航电文数据及校验码两部分组成。每个子帧第 1 个字的前 15bit 信息不进行纠错编码，后 11bit 信息采用 BCH(15,11,1)方式进行纠错，信息位共有 26bit；其他 9 个字均采用 BCH(15,11,1)加交织方式进行编码，信息位共有 22bit。

D1 导航电文帧结构如图 8.11 所示。

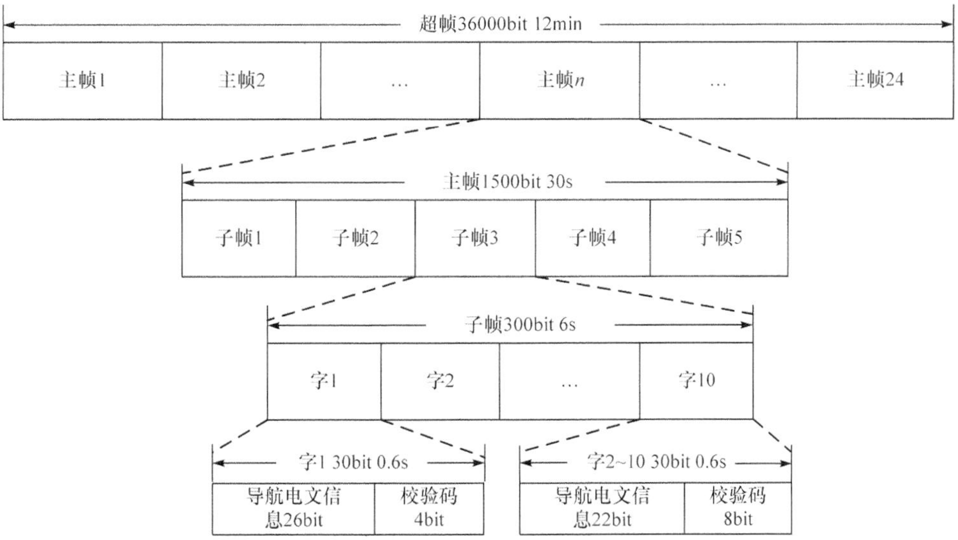

图 8.11　D1 导航电文帧结构

2) D1 导航电文详细结构编排

D1 导航电文包含基本导航信息，包括本卫星基本导航信息(包括周内秒计数、整周计数、用户距离精度、卫星自主健康标识、电离层延迟模型改正参数、卫星星历参数及数据龄期、卫星钟差参数及数据龄期、星上设备时延差)、全部卫星历书及与其他系统时间同步信息(UTC 或其他卫星导航系统的导航时)。整个 D1 导航电文传送完毕需要 12min。

D1 导航电文主帧结构及信息内容如图 8.12 所示。子帧 1～子帧 3 播发基本导航信息；子帧 4 和子帧 5 的信息内容由 24 个页面分时发送，其中子帧 4 的页面 1～24 和子帧 5 的页面 1～10 播发全部卫星历书信息及与其他系统时间同步信息；子帧 5 的页面 11～24 为预留页面。

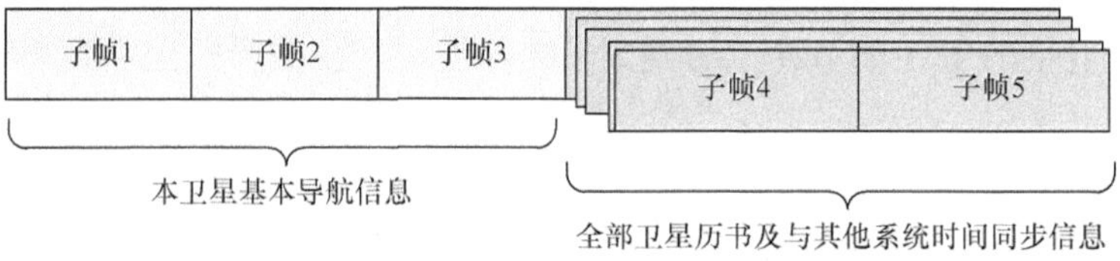

图 8.12　D1 导航电文主帧结构及信息内容

2. D2 导航电文

1) D2 导航电文帧结构

D2 导航电文由超帧、主帧和子帧组成。每个超帧为 180000bit，历时 6min，每个超帧由 120 个主帧组成；每个主帧为 1500bit，历时 3s，每个主帧由 5 个子帧组成；每个子帧为 300bit，历时 0.6s，每个子帧由 10 个字组成；每个字为 30bit，历时 0.06s。

每个字由导航电文数据及校验码两部分组成。每个子帧第 1 个字的前 15bit 信息不进行纠错编码，后 11bit 信息采用 BCH(15,11,1)方式进行纠错，信息位共有 26bit；其他 9 个字均采用 BCH(15,11,1)加交织方式进行编码，信息位共有 22bit。

D2 导航电文帧结构如图 8.13 所示。

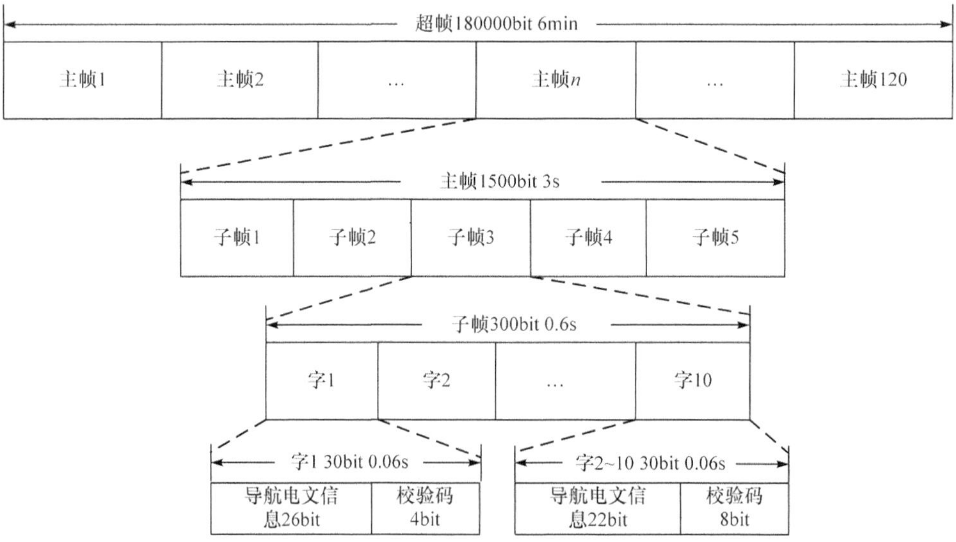

图 8.13　D2 导航电文帧结构

2) D2 导航电文详细结构编排

D2 导航电文包括本卫星基本导航信息、全部卫星历书、与其他系统时间同步信息、北斗完好性及差分信息、格网点电离层信息。

主帧结构及信息内容如图 8.14 所示。子帧 1 播发基本导航信息，由 10 个页面分时发送，子帧 2～4 信息由 6 个页面分时发送，子帧 5 中信息由 120 个页面分时发送。

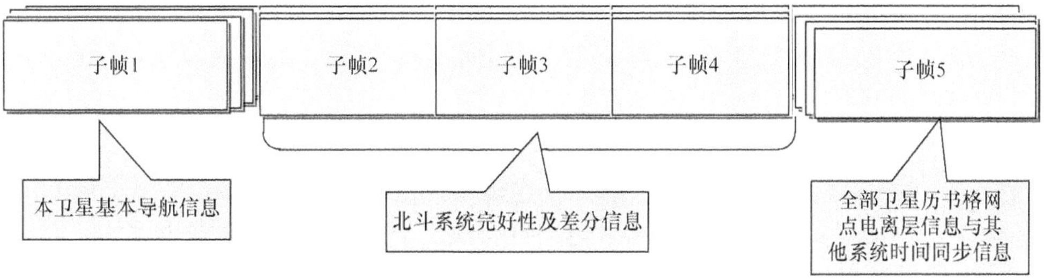

图 8.14　D2 导航电文信息内容

上述子帧的具体编码方式见《北斗卫星导航系统空间信号接口控制文件公开服务信号 B1I(2.0 版)、B3I(1.0 版)》。

8.4.2　北斗三号数据码

北斗三号 B1C 信号采用 B-CNAV1 电文格式，B2a 信号采用 B-CNAV2 电文格式。下面分别进行说明。

1. B-CNAV1 导航电文

B-CNAV1 导航电文在 B1C 信号中播发，电文数据调制在 B1C 数据分量上。每帧电文长度为 1800 符号位，符号速率为 100sps，播发周期为 18s。基本的帧结构定义如图 8.15 所示。

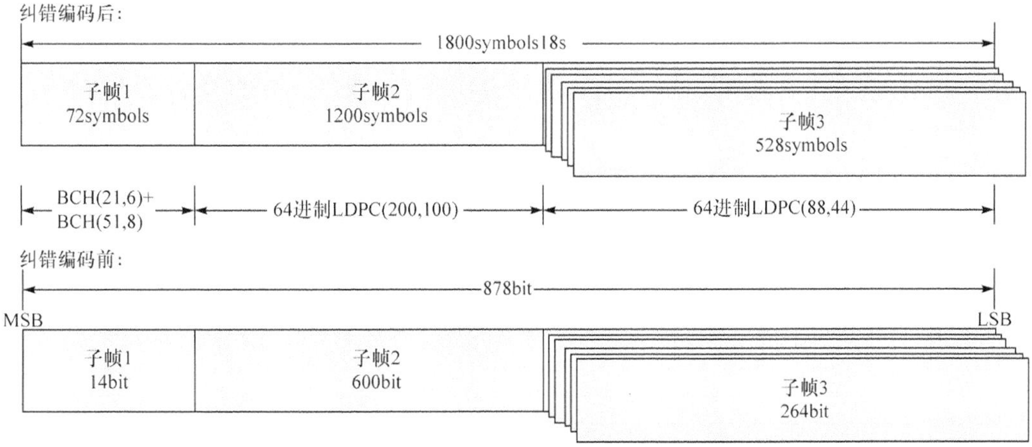

图 8.15　B-CNAV1 帧结构

每帧电文由 3 个子帧组成，各子帧描述如下。

(1) 子帧 1 在纠错编码前的长度为 14bit，包括 PRN 号和小时内秒计数(SOH)。采用 BCH(21,6)+BCH(51,8)编码后，长度为 72 符号位。

(2) 子帧 2 在纠错编码前的长度为 600bit，包括系统时间参数、电文数据版本号、星历参数、钟差参数、群延迟修正参数等信息。采用 64 进制 LDPC(200,100)编码后，长度为 1200 符号位。

(3) 子帧 3 在纠错编码前的长度为 264bit，分为多个页面，包括电离层延迟改正模型参数、地球定向参数(EOP)、BDT-UTC 时间同步参数、BDT-GNSS 时间同步(BGTO)参数、中等精度历书、简约历书、卫星健康状态、卫星完好性状态标识、空间信号精度指数、空间信号监测精度指数等信息。采用 64 进制 LDPC(88,44)编码后，长度为 528 符号位。

子帧 2 与子帧 3 经 LDPC 编码后，再进行交织。上述子帧的具体编码方式、交织方式见《北斗卫星导航系统空间信号接口控制文件公开服务信号 B1C(1.0 版)》。

子帧 1 包含 6bit 的 PRN 和 8bit 的 SOH，共 14bit。B-CNAV1 子帧 1 信息编排格式如图 8.16 所示。

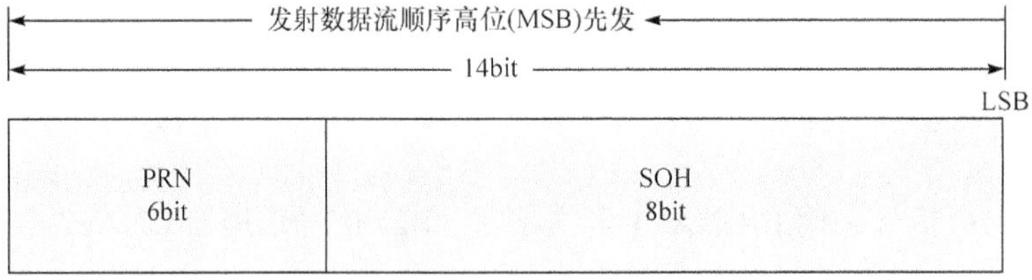

图 8.16　B-CNAV1 子帧 1 信息编排格式

子帧 2 包含系统时间参数、电文数据版本号、星历参数、钟差参数、群延迟修正参数等信息，共 600bit。B-CNAV1 子帧 2 信息编排格式如图 8.17 所示。其中，星历Ⅰ、星历Ⅱ、钟差参数均为一组参数构成的数据块，星历Ⅰ与星历Ⅱ构成一组完整的星历参数。

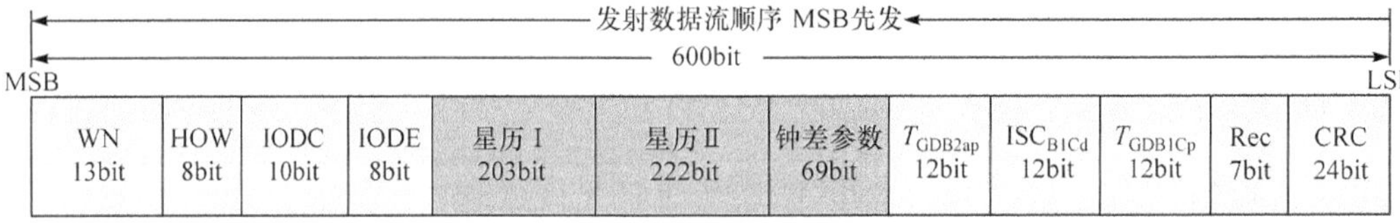

图 8.17　B-CNAV1 子帧 2 信息编排格式

B-CNAV1 子帧 3 信息编排格式如图 8.18 所示。子帧 3 信息长度为 264bit，最高 6bit 为页面类型(PageID)，最后 24bit 为循环冗余校验位(CRC)，其余 234bit 为电文数据。页面类型和电文数据参与循环冗余校验计算。

图 8.18　B-CNAV1 子帧 3 信息编排格式

子帧 3 最多可定义 63 种页面类型，当前定义了四个有效页面类型，分别为页面类型 1、

2、3、4。其中，$SISAI_{oc}$、电离层延迟改正模型参数、BDT-UTC 时间同步参数、简约历书、中等精度历书、EOP 参数、BGTO 参数均为一组参数构成的数据块。

B-CNAV1 导航电文播发的系统时间参数包括 SOH、周内小时计数(HOW)、整周计数(WN)。

SOH 在 B-CNAV1 子帧 1 中播发。SOH 对应的秒时刻表示本子帧 1 起始处第一个脉冲上升沿所对应的秒时刻。SOH 在北斗时每个整点时刻从零开始计数，在每个小时结束(即下一小时开始)时刻被重置为零。

HOW 在 B-CNAV1 子帧 2 中播发。HOW 表示在当前周内的小时计数，在北斗时每周日 00 时 00 分 00 秒从零开始计数，在每周的结束时刻被重置为零。

WN 为北斗时的整周计数，在 B-CNAV1 子帧 2 中播发，共 13bit。WN 以北斗时的起始历元(2006 年 1 月 1 日 00 时 00 分 00 秒 UTC)为起点，从零开始计数。

2. B-CNAV2 导航电文

B-CNAV2 导航电文在 B2a 信号中播发，电文数据调制在 B2a 数据分量上。每帧电文长度为 600 符号位，符号速率为 200sps，播发周期为 3s。B-CNAV2 帧结构如图 8.19 所示。

每帧电文的前 24 符号位为帧同步头(Pre)，其值为 0xE24DE8，即 111000100100110111101000，采用高位先发。

每帧电文在纠错编码前的长度为 288bit，包括 PRN(6bit)、信息类型(MesType)(6bit)、周内秒计数(sow)(18bit)、电文数据(234bit)、CRC(24bit)。PRN、信息类型、周内秒计数、电文数据均参与循环冗余校验计算。采用 64 进制 LDPC(96,48)编码后，长度为 576 符号位。

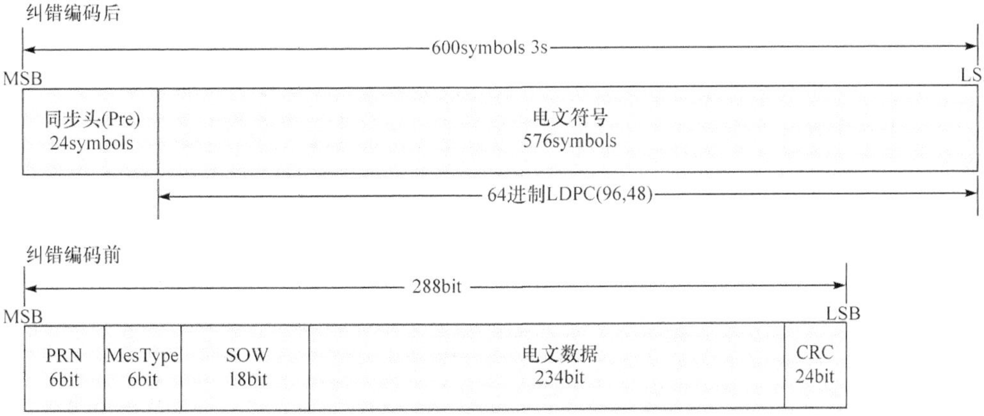

图 8.19　B-CNAV2 帧结构

B-CNAV2 导航电文最多可定义 63 种信息类型，当前定义了 8 个有效信息类型，分别为信息类型 10、11、30、31、32、33、34、40，其编排格式如图 8.20～图 8.27 所示。B-CNAV2 信息类型的播发顺序可动态调整，但信息类型 10 和信息类型 11 保持前后接续播发。用户接收机每次接收到 B-CNAV2 导航电文时，均应识别其信息类型。

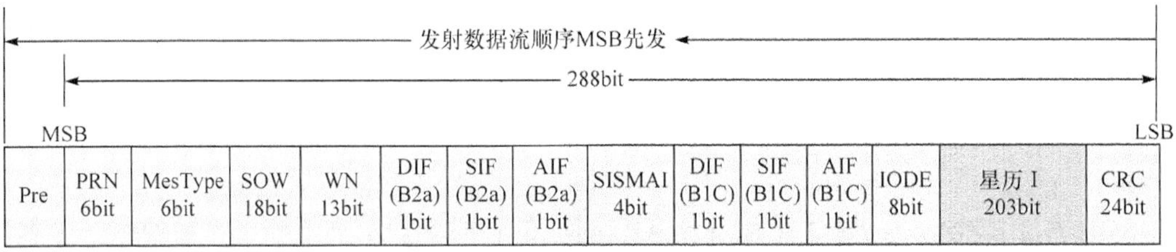

图 8.20　B-CNAV2 信息类型 10 编排格式

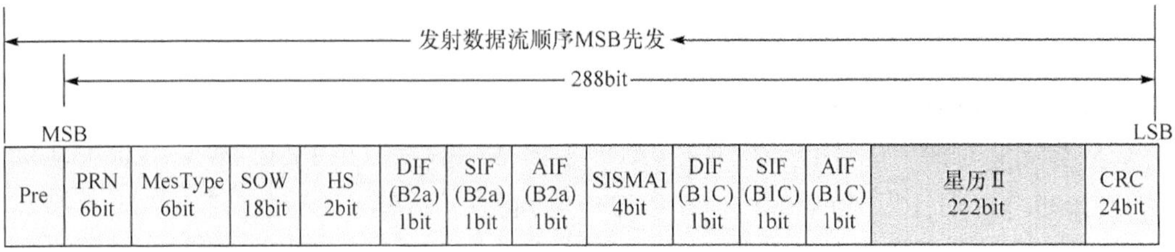

图 8.21　B-CNAV2 信息类型 11 编排格式

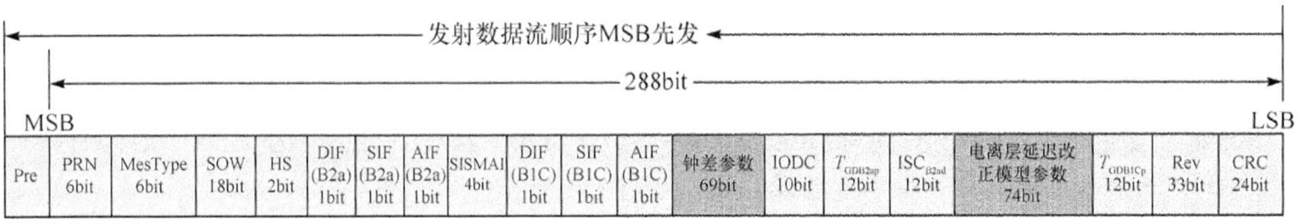

图 8.22　B-CNAV2 信息类型 30 编排格式

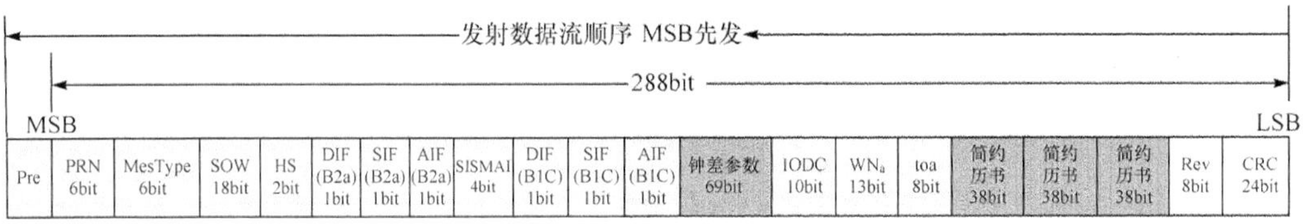

图 8.23　B-CNAV2 信息类型 31 编排格式

信息类型 31 播发 3 颗卫星的简约历书， WN_a 和 t_{oa} 为简约历书对应的参考时间。

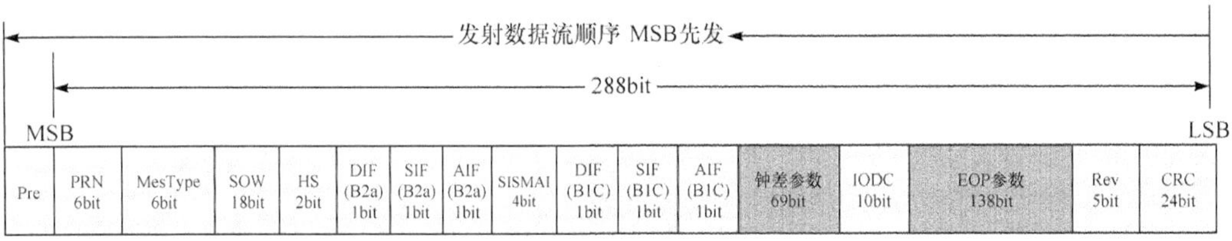

图 8.24　B-CNAV2 信息类型 32 编排格式

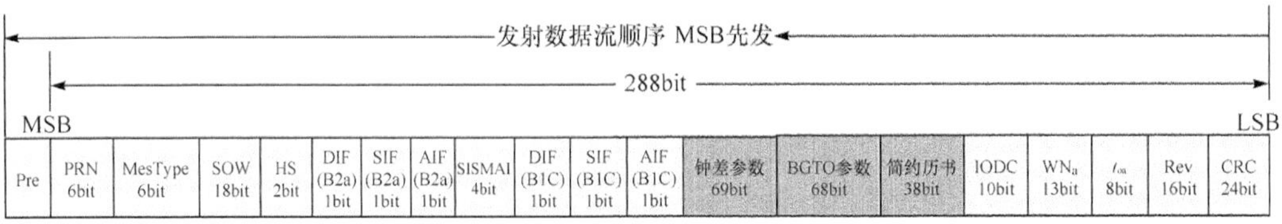

图 8.25　B-CNAV2 信息类型 33 编排格式

信息类型 33 播发 1 颗卫星的简约历书，WN_a 和 t_{oa} 为简约历书对应的参考时间。

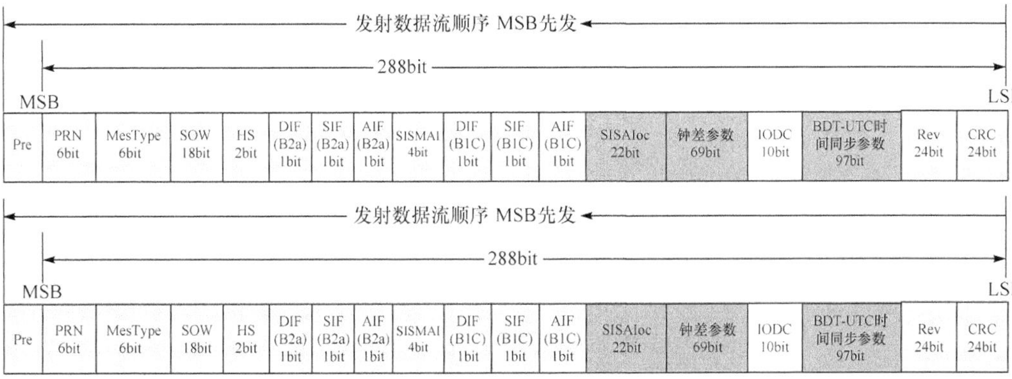

图 8.26　B-CNAV2 信息类型 34 编排格式

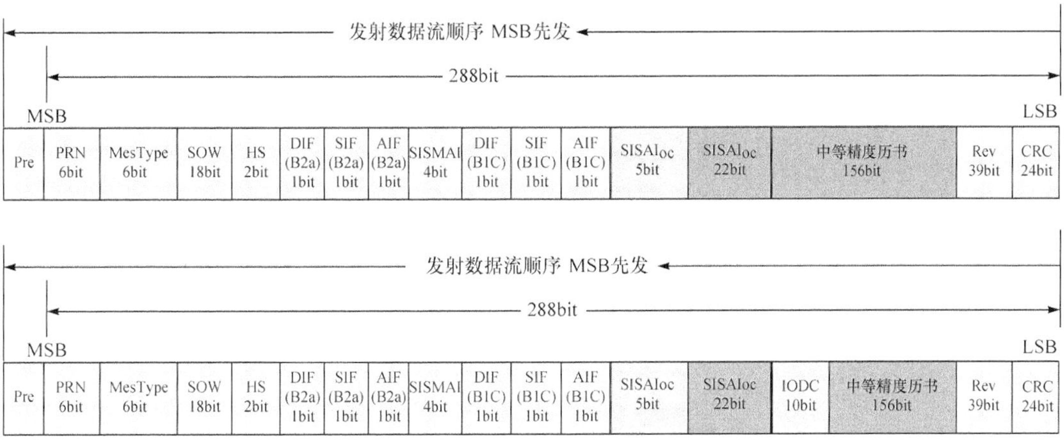

图 8.27　B-CNAV2 信息类型 40 编排格式

其中，星历Ⅰ、星历Ⅱ、钟差参数、$SISAI_{oc}$、电离层延迟改正模型参数、BDT-UTC 时间同步参数、简约历书、EOP 参数、BGTO 参数、中等精度历书均为一组参数构成的数据块，且星历Ⅰ与星历Ⅱ构成一组完整的星历参数。

B-CNAV2 导航电文播发的系统时间参数包括 SOW 和 WN。

SOW 在 B-CNAV2 所有信息类型中播发。SOW 对应的秒时刻表示本帧同步头第一个脉冲上升沿所对应的秒时刻。SOW 在北斗时每周日 00 时 00 分 00 秒从零开始计数，在每周的结束时刻被重置为零。

WN 为北斗时的整周计数，在 B-CNAV2 信息类型 10 中播发，共 13bit。WN 以北斗时的起始历元(2006 年 1 月 1 日 00 时 00 分 00 秒 UTC)为起点，从零开始计数。

8.5　北斗的信号结构

8.2 节～8.4 节分别介绍了构成北斗信号的 3 个基本元素：载波、测距码和数据码。本节重点介绍如何由这 3 个基本元素构建北斗信号。

8.5.1 北斗二号信号结构

北斗二号卫星播发三个民用信号，即 B1I、B2I、B3I 信号。这 3 个信号均由"测距码+导航电文"调制在载波上构成，其信号表达式为

$$S_{\mathrm{B}i\mathrm{I}}^{j}(t)=A_{\mathrm{B}i\mathrm{I}}C_{\mathrm{B}i\mathrm{I}}^{j}(t)D_{\mathrm{B}i\mathrm{I}}^{j}(t)\cos(2\pi f_i t+\varphi_{\mathrm{B}i\mathrm{I}}^{j}) \tag{8.16}$$

其中，上角标 j 表示卫星编号；$i=1,2,3$，BiI 分别表示 B1I、B2I、B3I 信号，$A_{\mathrm{B}i\mathrm{I}}$ 表示 BiI 信号振幅；$C_{\mathrm{B}i\mathrm{I}}$ 表示 BiI 信号测距码；$D_{\mathrm{B}i\mathrm{I}}$ 表示调制在 BiI 信号测距码上的数据码；f_i 表示 BiI 信号载波频率；$\varphi_{\mathrm{B}i\mathrm{I}}$ 表示 BiI 信号载波初相。

北斗二号的 B1I、B2I、B3I 信号发生示意图如图 8.28 所示。

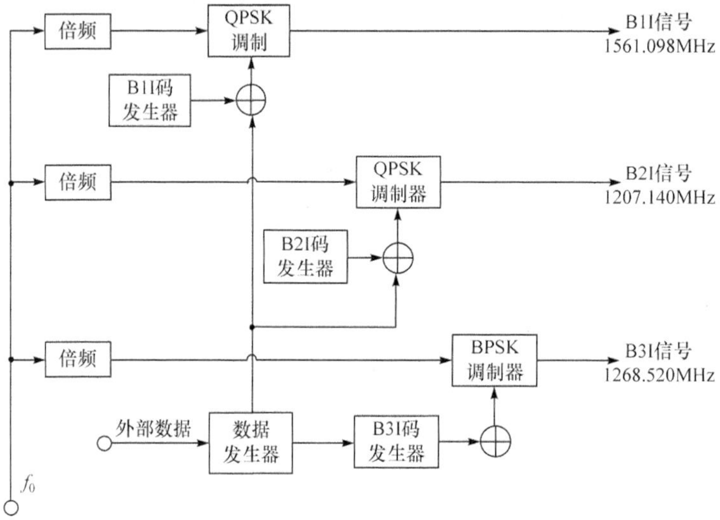

图 8.28　北斗二号信号发生示意图

8.5.2 北斗三号信号结构

北斗三号卫星播发 4 个民用信号，即 B1I 信号、B3I 信号、B1C 信号和 B2a 信号。其中，B1I 信号和 B3I 信号与北斗二号一致，B1C 信号和 B2a 信号结构如表 8.9 所示。

表 8.9　B1C 信号和 B2a 信号结构

信号	信号分量	载波频率/MHz	调制方式	符号速率/sps
B1C	数据分量 B1C_data	1575.42	BOC(1,1)	100
	导频分量 B1C_pilot		QMBOC(6,1,4/33)	0
B2a	数据分量 B2a_data	1176.45	BPSK(10)	200
	导频分量 B2a_pilot		BPSK(10)	0

本节采用功率归一化的复包络形式来描述信号调制方式。

假设一个调制信号的复包络表达式为

$$s_X(t)=s_{X_1}(t)+\mathrm{j}s_{X_2}(t) \tag{8.17}$$

其中，j是虚数单位；$s_{X_1}(t)$是复包络的实部，代表信号的同相分量；$s_{X_2}(t)$是复包络的虚部，代表信号的正交分量。$s_X(t)$描述了调制信号在载波调制之前所真正包含的信号结构与信息内容。

该调制信号也可以表示为带通信号形式，即

$$S_X(t)=\sqrt{2P_X}\left[s_{X_1}(t)\cos(2\pi f_X t)-s_{X_2}(t)\sin(2\pi f_X t)\right] \tag{8.18}$$

其中，f_X为信号载波频率；P_X为信号功率。$S_X(t)$完整地表达了一个经载波调制后的带通信号。

因此，基带信号$s_X(t)$和带通信号$S_X(t)$是同一个信号的两种表达方式，二者可以相互转换。

1. B1C 信号

B1C 信号的复包络可以表示为

$$s_{\mathrm{B1C}}(t)=s_{\mathrm{B1C\_data}}(t)+\mathrm{j}s_{\mathrm{B1C\_pilot}}(t) \tag{8.19}$$

其中，$s_{\mathrm{B1C_data}}(t)$为数据分量，由导航电文数据$D_{\mathrm{B1C_data}}(t)$和测距码$C_{\mathrm{B1C_data}}(t)$经子载波$\mathrm{sc}_{\mathrm{B1C_data}}(t)$调制产生，采用正弦 BOC(1,1)调制方式；$s_{\mathrm{B1C_pilot}}(t)$为导频分量，由测距码$C_{\mathrm{B1C_pilot}}(t)$经子载波$\mathrm{sc}_{\mathrm{B1C_pilot}}(t)$调制产生，采用 QMBOC(6,1,4/33)调制方式；数据分量与导频分量的功率比为 1:3。两个分量的数学表达式为

$$s_{\mathrm{B1C\_data}}(t)=\frac{1}{2}D_{\mathrm{B1C\_data}}(t)\cdot C_{\mathrm{B1C\_data}}(t)\cdot \mathrm{sc}_{\mathrm{B1C\_data}}(t) \tag{8.20}$$

$$s_{\mathrm{B1C\_pilot}}(t)=\frac{\sqrt{3}}{2}C_{\mathrm{B1C\_pilot}}(t)\cdot \mathrm{sc}_{\mathrm{B1C\_pilot}}(t) \tag{8.21}$$

数据分量$s_{\mathrm{B1C_data}}(t)$中$D_{\mathrm{B1C_data}}(t)$的数学表达式为

$$D_{\mathrm{B1C\_data}}(t)=\sum_{k=-\infty}^{\infty} d_{\mathrm{B1C\_data}}[k]p_{T_{\mathrm{B1C\_data}}}(t-kT_{\mathrm{B1C\_data}}) \tag{8.22}$$

其中，$d_{\mathrm{B1C_data}}$为 B1C 信号的导航电文数据码；$T_{\mathrm{B1C_data}}$为相应的数据码片宽度。$P_{T_{\mathrm{B1C\_data}}}(t)=\begin{cases}1, & 0\leqslant t\leqslant T\\ 0, & 其他\end{cases}$，是宽度为$T$的矩形脉冲函数。

测距码$C_{\mathrm{B1C_data}}(t)$和$C_{\mathrm{B1C_pilot}}(t)$的数学表达式为

$$C_{\mathrm{B1C\_data}}(t)=\sum_{n=-\infty}^{\infty}\sum_{k=0}^{N_{\mathrm{B1C\_data}}-1} c_{\mathrm{B1C\_data}}[k]p_{T_{c\_\mathrm{B1C}}}(t-(N_{\mathrm{B1C\_data}}n+k)T_{c\_\mathrm{B1C}}) \tag{8.23}$$

$$C_{\mathrm{B1C\_pilot}}(t)=\sum_{n=-\infty}^{\infty}\sum_{k=0}^{N_{\mathrm{B1C\_pilot}}-1} c_{\mathrm{B1C\_pilot}}[k]p_{T_{c\_\mathrm{B1C}}}(t-(N_{\mathrm{B1C\_pilot}}n+k)T_{c\_\mathrm{B1C}}) \tag{8.24}$$

其中，$c_{\mathrm{B1C_data}}$和$c_{\mathrm{B1C_pilot}}$分别为数据分量和导频分量的测距码序列(取值为±1)；$N_{\mathrm{B1C_data}}$和$N_{\mathrm{B1C_pilot}}$为对应分量的测距码码长，其值均为 10230；$T_{c_\mathrm{B1C}}=1/R_{c_\mathrm{B1C}}$为 B1C 信号的测

距码码片宽度，$R_{c\_\mathrm{B1C}}=1.023\mathrm{Mbit/s}$ 为 B1C 信号的测距码速率。

B1C 数据分量的子载波 $sc_{\mathrm{B1C\_data}}(t)$ 表达式为

$$sc_{\mathrm{B1C\_data}}(t)=\mathrm{sign}(\sin(2\pi f_{\mathrm{sc\_B1C\_a}}t)) \tag{8.25}$$

其中，$f_{\mathrm{sc\_B1C\_a}}$ 为 1.023MHz。

B1C 导频分量的子载波 $sc_{\mathrm{B1C\_pilot}}(t)$ 为 QMBOC(6,1,4/33)复合子载波，由相互正交的 BOC(1,1)子载波和 BOC(6,1)子载波组合构成，二者功率比为 29:4。$sc_{\mathrm{B1C\_pilot}}(t)$ 表达式为

$$sc_{\mathrm{B1C\_pilot}}(t)=\sqrt{\frac{29}{33}}\mathrm{sign}(\sin(2\pi f_{\mathrm{sc\_B1C\_a}}t))-\mathrm{j}\sqrt{\frac{4}{33}}\mathrm{sign}(\sin(2\pi f_{\mathrm{sc\_B1C\_b}}t)) \tag{8.26}$$

其中，$f_{\mathrm{sc\_B1C\_b}}$ 为 6.138MHz。

由于 $sc_{\mathrm{B1C\_pilot}}(t)$ 为复波形，整个 B1C 信号实际包含了 3 个实分量，即

$$\begin{aligned}s_{\mathrm{B1C}}(t)=&\underbrace{\frac{1}{2}D_{\mathrm{B1C\_data}}(t)\cdot\mathrm{sign}[\sin(2\pi f_{\mathrm{sc\_B1C\_a}}t)]}_{s_{\mathrm{B1C\_data}}(t)}\\&+\underbrace{\sqrt{\frac{1}{11}}C_{\mathrm{B1C\_pilot}}(t)\cdot\mathrm{sign}[\sin(2\pi f_{\mathrm{sc\_B1C\_b}}t)]}_{s_{\mathrm{B1C\_pilot\_b}}(t)}\\&+\underbrace{\sqrt{\frac{29}{44}}C_{\mathrm{B1C\_pilot}}(t)\cdot\mathrm{sign}[\sin(2\pi f_{\mathrm{sc\_B1C\_a}}t)]}_{s_{\mathrm{B1C\_pilot\_a}}(t)}\end{aligned} \tag{8.27}$$

表 8.10 给出了 B1C 信号的分量组成，以及各分量的调制方式、相位关系和功率比。

表 8.10　B1C 信号调制特性

分量	调制方式		相位关系	功率比
$s_{\mathrm{B1C\_data}}(t)$	正弦 BOC(1,1)		0	1:4
$s_{\mathrm{B1C\_data\_a}}(t)$	QMBOC(6,1, 4/33)	正弦 BOC(1,1)	90	29:44
$s_{\mathrm{B1C\_data\_b}}(t)$		正弦 BOC(1,1)	0	1:11

2. B2a 信号

B2a 信号的复包络可以表示为

$$s_{\mathrm{B2a}}(t)=s_{\mathrm{B2a\_data}}(t)+\mathrm{j}s_{\mathrm{B2a\_pilot}}(t) \tag{8.28}$$

其中，数据分量 $s_{\mathrm{B2a\_data}}(t)$ 由导航电文数据 $D_{\mathrm{B2a\_data}}(t)$ 和测距码 $C_{\mathrm{B2a\_data}}(t)$ 调制产生；导频分量 $s_{\mathrm{B2a\_pilot}}(t)$ 仅包括测距码 $C_{\mathrm{B2a\_pilot}}(t)$；数据分量与导频分量的功率比为 1:1，二者均采用 BPSK(10)调制方式。两分量的数学表达式为

$$s_{\mathrm{B2a\_data}}(t)=\frac{1}{\sqrt{2}}D_{\mathrm{B2a\_data}}(t)\cdot C_{\mathrm{B2a\_data}}(t) \tag{8.29}$$

$$s_{\mathrm{B2a\_pilot}}(t)=\frac{1}{\sqrt{2}}C_{\mathrm{B2a\_pilot}}(t) \tag{8.30}$$

其中，$D_{\mathrm{B2a\_data}}(t)$ 的数学定义式为

$$D_{\mathrm{B2a\_data}}(t)=\sum_{k=-\infty}^{\infty}d_{\mathrm{B2a\_data}}[k]p_{T_{\mathrm{B2a\_data}}}(t-kT_{\mathrm{B2a\_data}}) \tag{8.31}$$

其中，$d_{\mathrm{B2a\_data}}$ 为 B2a 信号的导航电文数据码；$T_{\mathrm{B2a\_data}}$ 为相应的数据码片宽度。

测距码 $C_{\mathrm{B2a\_data}}(t)$ 和 $C_{\mathrm{B2a\_pilot}}(t)$ 的数学表达式为

$$C_{\mathrm{B2a\_data}}(t)=\sum_{n=-\infty}^{\infty}\sum_{k=0}^{N_{\mathrm{B2a\_data}}-1}c_{\mathrm{B2a\_data}}[k]p_{T_{c\_\mathrm{B2a}}}(t-(N_{\mathrm{B2a\_data}}n+k)T_{c\_\mathrm{B2a}}) \tag{8.32}$$

$$C_{\mathrm{B2a\_pilot}}(t)=\sum_{n=-\infty}^{\infty}\sum_{k=0}^{N_{\mathrm{B2a\_pilot}}-1}c_{\mathrm{B2a\_pilot}}[k]p_{T_{c\_\mathrm{B2a}}}(t-(N_{\mathrm{B2a\_pilot}}n+k)T_{c\_\mathrm{B2a}}) \tag{8.33}$$

其中，$c_{\mathrm{B2a\_data}}$ 和 $c_{\mathrm{B2a\_pilot}}$ 分别为数据分量和导频分量的测距码序列(取值为±1)；$N_{\mathrm{B2a\_data}}$ 和 $N_{\mathrm{B2a\_pilot}}$ 为对应分量的测距码码长，其值均为 10230；$T_{c\_\mathrm{B2a}}=1/R_{c\_\mathrm{B2a}}$ 为 B1C 信号的测距码码片宽度，$R_{c\_\mathrm{B2a}}=10.23\mathrm{Mbps}$ 为 B2a 信号的测距码速率。

表 8.11 给出了 B2a 信号的分量组成，以及各分量的调制方式、相位关系和功率比。

表 8.11 B2a 信号调制特性

分量	调制方式	相位关系	功率比
$s_{\mathrm{B2a\_data}}(t)$	BPSK(10)	0	1:2
$s_{\mathrm{B2a\_pilot}}(t)$	BPSK(10)	90	1:2

8.6 北斗信号的调制方式

北斗卫星采用扩频通信技术向用户发送导航电文。扩频技术即在发射端将基带信号(所播发的信息)先经频谱扩展然后发射出去；在接收端，则通过相关技术来解调这种扩展了的信号，恢复原来的信息。采用伪随机码实现扩展频谱的方法是通过波形相乘(或码的模 2 和)将基带信号调制到伪随机码波形上。由于伪随机码的码频率(如 2.046MHz)比要发送的信号(数据)的码频率(如 50Hz)高很多，所占用的频带也宽很多，所以这种调制是扩频调制。

具体而言，北斗信号的生成包含两个步骤：一是将数据码(导航电文)与测距码进行波形相乘(或码的模 2 和)，得到调制后的码；二是将调制后的码与载波进行波形相乘，得到卫星发射的导航信号。为了便于讨论，前者称为码的调制；后者称为载波调制。码的调制比较简单，根据前面介绍的伪随机码运算规则进行即可。载波调制相对复杂一点。下面简要介

绍一下相关概念，详细内容可参考通信系统相关参考文献。

理论上，载波调制可以分为调幅(AM)、调频(FM)和调相(PM)。调幅是指使载波的振幅按照所需传递信号的变化规律而变化，但频率保持不变；调频是指使载波的瞬时频率按照所需传递信号的变化规律而变化，但幅值保持不变；调相是指使载波的相位对其参考相位的偏离值随调制信号的瞬时值成比例变化。调相与调频密切相关，调相同时有调频伴随发生；调频时，也同时有调相伴随发生。

利用数字信号的离散取值特点通过开关键控载波，从而实现数字调制，这种方法通常称为键控法，如对载波的振幅、频率和相位进行键控，便可得到振幅键控(amplitude shift keying, ASK)、频移键控(frequency shift keying, FSK)、相移键控(phase shift keying, PSK)。

在北斗系统中，B1I、B3I、B2a 信号均采用二进制相移键控(BPSK)调制。目前 B2I 信号采用正交相移键控(QPSK)调制方式，但将逐渐被北斗 B2a 信号替代。B1C 信号的数据分量采用 BOC(binary offset carrier，二进制偏移载波)调制方式，导频分量采用 QMBOC(quadrature multiplexed binary offset carrier，正交复用二进制偏移载波)调制方式。下面分别对北斗信号的载波调制方式进行简要说明。

8.6.1 BPSK 调制方式

当调制信号为二进制数字基带信号时，这种调制为二进制数字调制，在二进制数字调制中，载波的幅度、频率和相位只有两种变化状态。相移键控利用载波的相位变化来传递数字信息，而振幅和频率保持不变。BPSK 通常用初始相位 0 和π分别表示二进制 1 和 0，因此，BPSK 信号的时域表达式为

$$e_{\mathrm{BPSK}}(t) = A\cos(\omega_c t + \varphi_n) \tag{8.34}$$

其中，φ_n 表示第 n 个符号的绝对相位，有

$$\varphi_n = \begin{cases} \pi, & 发送0时 \\ 0, & 发送1时 \end{cases}$$

由于表示信号的两种码元的波形相同，极性相反，故 BPSK 信号一般可以表示为一个双极性全占空矩形脉冲序列与一个正弦载波的相乘。

$$e_{\mathrm{BPSK}}(t) = s(t)\cos(\omega_c t) \tag{8.35}$$

其中，$s(t) = \sum\limits_n a_n g(t - nT_s)$ 。

$g(t)$是脉冲宽度为 T_s 的单个矩形脉冲，而 a_n 的统计特性为

$$a_n = \begin{cases} 1, & 概率为P \\ -1, & 概率为1-P \end{cases}$$

即发送二进制符号 0 时 $e_{\mathrm{BPSK}}(t)$ 取 0 相位，发送二进制符号 1 时 $e_{\mathrm{BPSK}}(t)$ 取π相位。这种以载波的不同相位直接表示相应二进制数字调制信号的调制方式称为二进制绝对相移方式。BPSK 信号的调制原理框图如图 8.29 所示，其中 $s(t)$是双极性的基带信号。

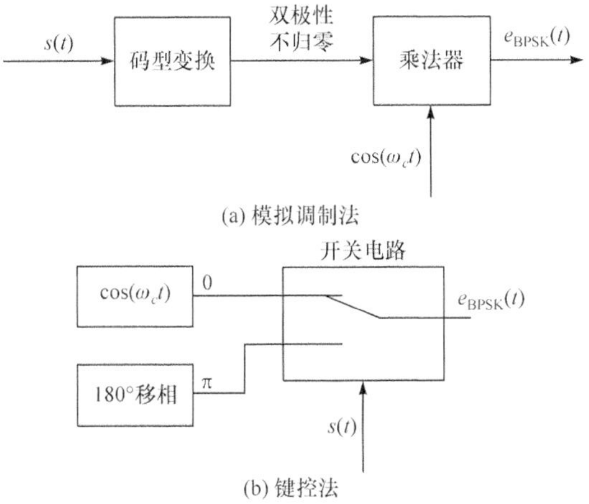

图 8.29　BPSK 信号的调制原理框图

BPSK 信号调制的时间波形如图 8.30 所示。

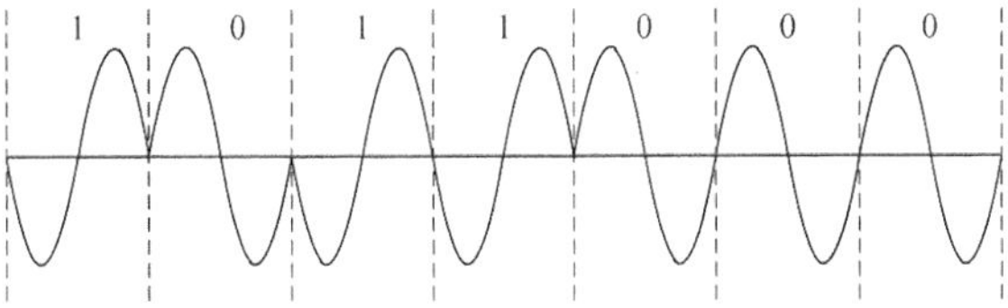

图 8.30　BPSK 信号调制的时间波形

BPSK 信号属于 DSB(Double-Side band)信号，它的解调不能采用包络检测的方法，只能进行相干解调，其解调原理框图如图 8.31 所示，在相干解调中，如何得到与接收的 BPSK 信号同频同相的相干载波是个关键问题。BPSK 信号相干解调各时间点(a,b,c,d,e)的波形如图 8.32 所示。

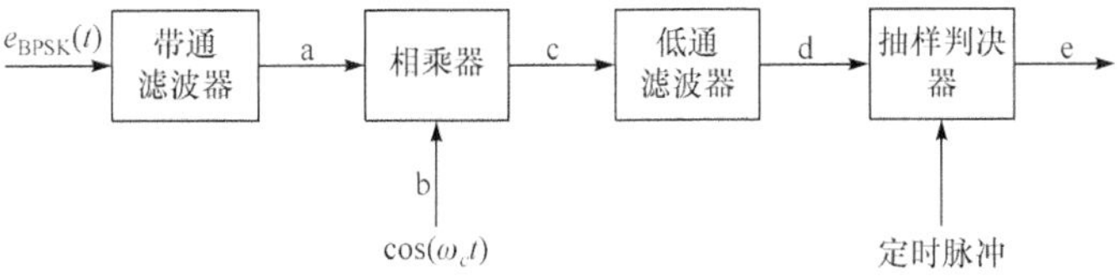

图 8.31　BPSK 信号的解调原理框图

采用 BPSK，由于发送端是以某一个相位作为基准的，因而在接收端也必须有这样一个基准相位作为参考，如果这个参考相位发生变化(0 相位变π相位或者π相位变 0 相位)，则恢复的数字信息就会发生变化(0 变为π或π变为 0)，从而造成错误的恢复，这种现象称为 BPSK 的倒π现象。

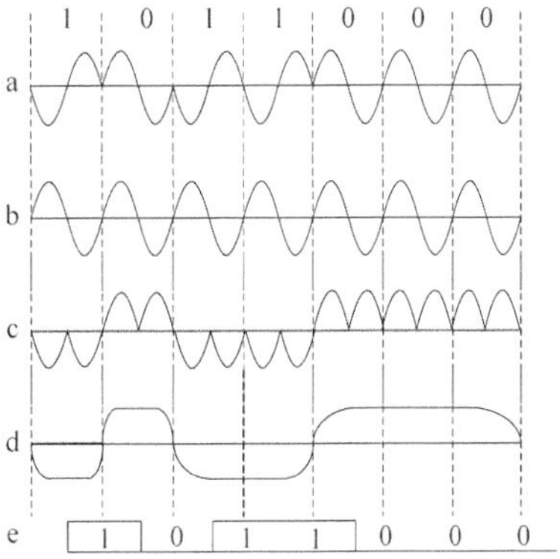

图 8.32　BPSK 信号相干解调各时间点波形图

8.6.2　QPSK 调制方式

QPSK 是一种数字调制方式，通过转换或调制来传达数据，基准信号(载波)的定相。有时候也称为第 4 期或者四相 PSK 或四相位预共享密钥(4-PSK)，QPSK 利用星座图圆周上均匀分布的 4 个点，通过 4 个相位将每个符号编码为两比特。用格林码表示以将误比特率降至最低，如图 8.33 所示。

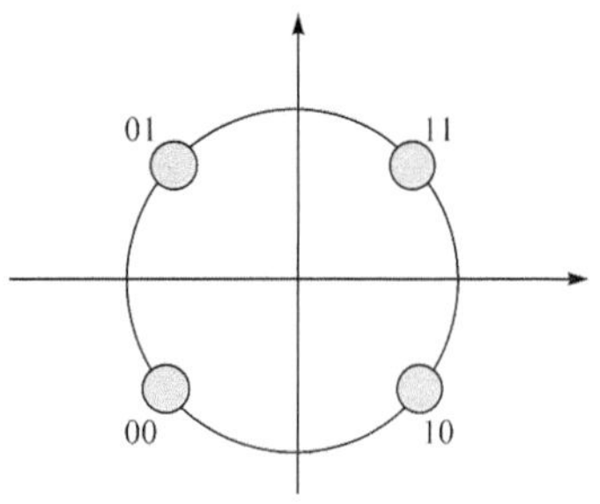

图 8.33　QPSK 相位图

从相位图 8.33 中可以看出，QPSK 规定了 4 种载波相位，分别为 45°、135°、225°、315°。调制器输入的数据是二进制数字序列，为了能和四进制的载波相位配合，则需要把二进制数据变换为四进制数据，这就是说需要把二进制数字序列中每两比特分成一组，共有 4 种组合，即 00、01、10、11，其中每一组称为双比特码元。每一个双比特码元是由两位二进制信息比特组成的，它们分别代表四进制 4 个符号中的一个符号。QPSK 中每次调制可传输两信息比特，这些信息比特是通过载波的 4 种相位来传递的。解调器根据星座图及接收到的载波信号的相位来判断发送端发送的信息比特。

以 π/4 QPSK 信号来分析，其表达式为

$$s(t)=\begin{cases} A\cos\left(2\pi f_c+\dfrac{\pi}{4}\right) & 11 \\ A\cos\left(2\pi f_c+\dfrac{3\pi}{4}\right) & 01 \\ A\cos\left(2\pi f_c-\dfrac{3\pi}{4}\right) & 00 \\ A\cos\left(2\pi f_c-\dfrac{\pi}{4}\right) & 10 \end{cases} \tag{8.36}$$

QPSK 信号产生原理图如图 8.34 所示。其中串/并变换模块是将码元序列进行 I/Q 分离，电平转换模块是将 1 变成幅度为 A 的电平，0 变成幅度为 $-A$ 的电平。

在数字信号的调制方式中，QPSK 是最常用的一种卫星数字信号调制方式，它具有较高的频谱利用率、较强的抗干扰性，在电路上实现也较为简单。

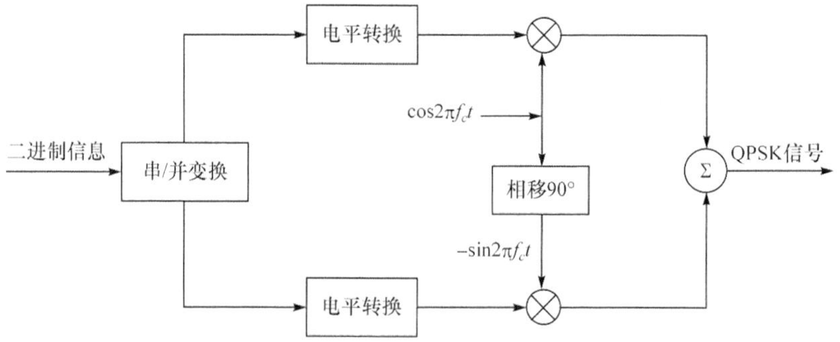

图 8.34　QPSK 信号产生原理图

8.6.3　BOC 调制方式

BOC 调制是随着 GPS 的发展提出的一种调制方式。BOC 调制的概念首先于 2001 年由

MITRE 公司的 John W.Betz 在 *Binary Offset Carrier Modulations for Radio Navigation* 一文中正式提出。设计的初衷是使 GPS 增发的信号能够与先有的信号共享频带资源。其主要思想是把调制之前的扩频基带信号先与一定频率的方波进行预调制，使信号能量在频谱上产生分裂，从而与现有信号的频谱有效隔离。在 GPS 现代化中，BOC 调制主要用于产生新增的军用信号(M 码)。

BOC 调制提出以后引起了其他卫星导航大国的关注，因为随着研究的深入，人们发现 BOC 调制不但实现了频谱分离、频带共用，而且与传统的 BPSK 调制方式相比还具有定位精度高、抑制信号多路径效应误差、减少信号相干损耗、增强信号抗干扰特性的优点，被广泛应用于如 Galileo 等新的卫星导航系统中。

BOC 调制信号实质上是在传统的 BPSK 信号基础上乘以一个方波副载波，从而使其频谱相对中心频率产生适当偏移，这样可以使产生的新信号与中心频率附近已有的信号之间的干扰降到最低。它的产生原理如图 8.35 所示。

BOC 调制信号的表达式为

$$S(t) = \mathrm{e}^{-i\theta} \sum_k a_k \mu_{nT_s}(t - knT_s - t_0) C_{T_s}(t - t_0) \tag{8.37}$$

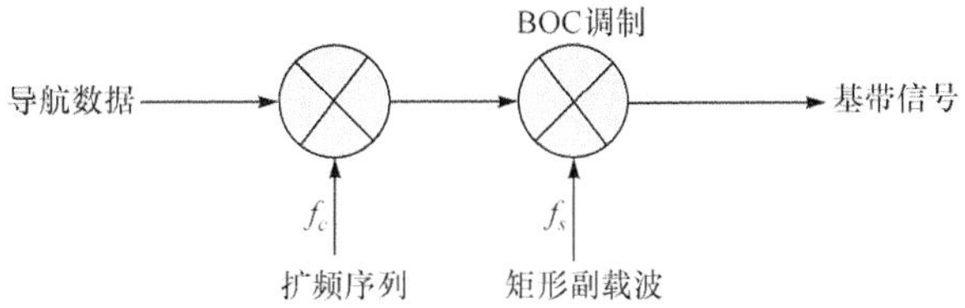

图 8.35　BOC 信号调制示意图

其中，a_k 是经数据调制后的扩频码，幅值为+1 或−1；C_{T_s} 是副载波，是周期为 $2T_s$ 的方波；$\mu_{nT_s}(t)$ 是扩频符号，是持续时间为 nT_s 的矩形脉冲，n 表示在一个扩频符号持续时间内副载波的半周期个数，即 BOC 调制阶数；θ和 t_0 是相对某个基准的相位和时间偏移。

对于 BOC 信号，有

$$q_{nT_s}(t) = \mu_{nT_s}(t - knT_s - t_0) c_{T_s}(t - t_0) = \sum_{m=0}^{n-1} (-1)^m \mu_{T_s}(t - mT_s) \tag{8.38}$$

BOC 的表示形式有两种：一种记为 $\mathrm{BOC}(f_s, f_c)$，其中 f_s 是副载波频率，f_c 是扩频码速率；另一种记为 $\mathrm{BOC}(\alpha, \beta)$，其中 α 表示以 1.023MHz 为基数归一化后的副载波频率，β 表示以 1.023MHz 为基数归一化后的扩频码速率。这几种表示方法和调制阶数 n 的关系如下。

$$f_s = \frac{1}{2T_s} \tag{8.39}$$

$$n = \frac{2f_s}{f_c} = \frac{2\alpha}{\beta} \tag{8.40}$$

BOC 信号不同调制阶数 n 时的功率谱如图 8.36 所示。

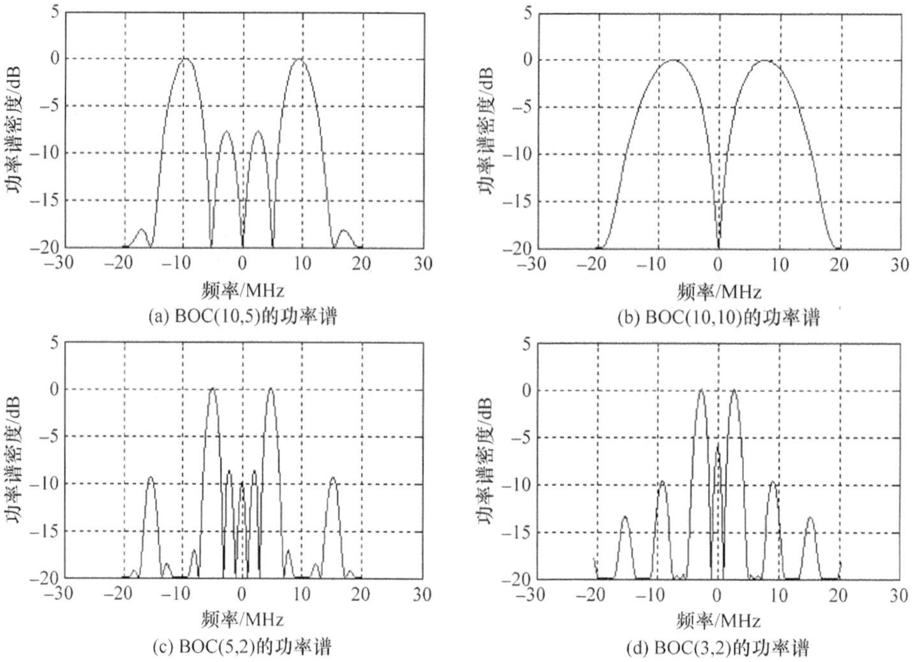

(a) BOC(10,5)的功率谱　(b) BOC(10,10)的功率谱

(c) BOC(5,2)的功率谱　(d) BOC(3,2)的功率谱

图 8.36　BOC 信号不同调制阶数 n 时的功率谱

由图 8.36 可以得出 BOC(α,β) 功率谱形状的 3 个特点。

(1) 主瓣数与主瓣之间的旁瓣数之和等于 n。

(2) 主瓣宽度是扩频码速率的 2 倍，而旁瓣宽度等于扩频码速率，即比主瓣窄一半。

(3) 主瓣的最大值发生在比副载波频率 f_s 稍小一些的地方，这是上下边带之间有相互作用的缘故。

按照副载波的不同，BOC 调制大致又可分为以下 5 个类型。

(1) 正弦相位型(BOCs)：方波子载波相位与正弦函数一致的 BOC 调制方式。

(2) 余弦相位型(BOCc)：方波子载波相位与余弦函数一致的 BOC 调制方式。

(3) 选择型(AltBOC)：与标准 BOC 调制的基本思想类似，但子载波为复指数形式，目前 Galileo 系统的 E5 频段采用 AltBOC 方式进行调制。

(4) 组合型(CBOC)：将两种或多种 BOC 调制方式在时域内相加而构成的调制方式，目前 Galileo 系统的 E1 频段的 OS 服务使用 CBOC。

(5) 时分复用型(TMBOC)：两种或多种类 BOC 调制采用时分的方式进行复用，目前 GPS 的 L1C 使用 TMBOC。

其中 CBOC 和 TMBOC 同属于复用型(MBOC)，MBOC 是美国和欧盟双方对原有 BOC 调制方案进行研究分析后提出的优化方案。

8.6.4　QMBOC 调制方式

在 QMBOC 中，BOC(n,n) 与 BOC(m,n) 分量的合成方式既不同于 GPS 所使用的时分复用，也非 Galileo 采用的空域叠加，而是将两分量分别调制在载波的两个正交相位上，QMBOC(m,n,γ) 信号的基带信号可以表示为

$$s_{\mathrm{QMBOC}}(t)=\sqrt{1-\gamma}s_{\mathrm{BOC}(n,n)}(t)\pm \mathrm{j}\sqrt{\gamma}s_{\mathrm{BOC}(m,n)}(t) \tag{8.41}$$

式(8.41)对应取正负号,分别称为正相 QMBOC 和反相 QMBOC,记作 QMBOC^{+} 和 QMBOC^{-}。

QMBOC 调制的定义式虽然与 CBOC 的定义稍有接近，但二者特性存在很大的不同。无论 QMBOC 取正相或反相，QMBOC 信号的自相关函数均为

$$R_{\mathrm{QMBOC}}(\tau)=(1-\gamma)R_{\mathrm{BOC}(n,n)}(\tau)+\gamma R_{\mathrm{BOC}(m,n)}(\tau) \tag{8.42}$$

由于 $\mathrm{BOC}(n,n)$ 分量和 $\mathrm{BOC}(m,n)$ 分量位于两个正交相位上，因此 QMBOC 信号的自相关函数并未出现互相关项，而且消除了正相和反相信号必须同时等功率出现的限制。当系统同时存在数据和导频两个信道时，这两个信道可以根据需要分配以不同的功率，而且各信道的 QMBOC 调制中的 $\mathrm{BOC}(n,n)$ 分量和 $\mathrm{BOC}(m,n)$ 分量功率比也可以不同。

以数据信道为例，假设使用的是正相 QMBOC，QMBOC 的基带信号可以写作

$$\begin{aligned}s(t)&=c_d(t)D(t)s_{\mathrm{QMBOC}}(t)\\&=\sqrt{1-\gamma}c_d(t)D(t)s_{\mathrm{BOC}(n,n)}+\mathrm{j}\sqrt{\gamma}c_d(t)D(t)s_{\mathrm{BOC}(m,n)}\end{aligned} \tag{8.43}$$

其中，$c_d(t)$ 是数据信道的扩频码；$D(t)$ 是调制的电文。

第9章 北斗接收机原理

卫星导航接收机是一种能够接收、跟踪、变换和测量卫星导航定位信号的无线电接收设备。它是用户实现导航定位的终端设备。从结构上看，接收机可以分为信号接收部分(天线前端)、信号处理部分(数字基带)和导航定位算法部分。关于接收机的导航定位相关算法已在第5章和第6章中介绍。关于接收机的信号处理部分则在第10章中进行专门介绍。本章主要介绍卫星导航接收机天线、接收机的基本结构、工作原理和接收机的一些常用概念。目的是通过本章的介绍，使读者对接收机有一个整体的了解。这对于广大用户选购适宜的接收机和正确地使用接收机，都将是有益的。

9.1 接收机组成原理

卫星导航接收机有多种类型，如北斗接收机有单频与双频、北斗与GNSS兼容、数字与模拟、授时与测量、手持式与车载等很多种分类，它们在形式上可以是单个北斗接收机，也可以集成或者嵌入其他系统中。虽然面向不同应用的接收机在设计构造和实现形式上会存在一些差异，但是它们内部基本软硬件模块的功能和工作原理却大体相近。

北斗接收机的主要任务在于感应、测量北斗卫星相对于接收机本身的伪距以及卫星信号的多普勒频移，并从中解调出导航电文。经过前几章的学习之后，我们可以知道，北斗接收机通过一些码相关运算得到码相位和伪距，又从导航电文中获取用来计算卫星位置和速度的星历参数，根据这两方面的信息，北斗接收机就可以根据不同的算法实现北斗定位，并且进行定位精度的提高等后续工作。

然而，剩下的就是如何从卫星信号中获取北斗测量值和导航电文，本节将以数字单频北斗接收机的设计为例，简单地介绍北斗接收机的基本构造和功能流程，从而使读者对于接收机的工作原理和设计有一个总的认识。

首先，从硬件组成的角度，导航信号接收机可分为天线单元和接收单元两大部分。对于大多数非袖珍式的信号接收机而言，这两个单元被分别封装成两个独立的部件，以便天线单元能够放置在运动载体外部或地面空旷无遮挡的点位上，接收单元能够置于运动载体内部或测站附近的适当地方，进而用长达10～100m的天线电缆将两者连接成一个整机，由一个电源对该机供电。

其次，从信号处理的角度，北斗接收机的内部结构沿其工作流程的先后顺序，通常分为射频前端处理、基带数字信号处理和定位导航运算3大功能模块，如图9.1所示。

射频前端处理将天线接收到的信号放大到某一电平上，同时将高频信号变换到中频，使该信号可以被数字处理器所用。基带数字信号处理和定位导航运算是接收机的核心部分，基带数字信号处理对 N 路接收通道的信号进行捕获、跟踪、解调等处理，从而提取相关的导航电文。定位导航运算通过导航处理器来实现，计算量较大，根据导航电文实现用户的定位解算。

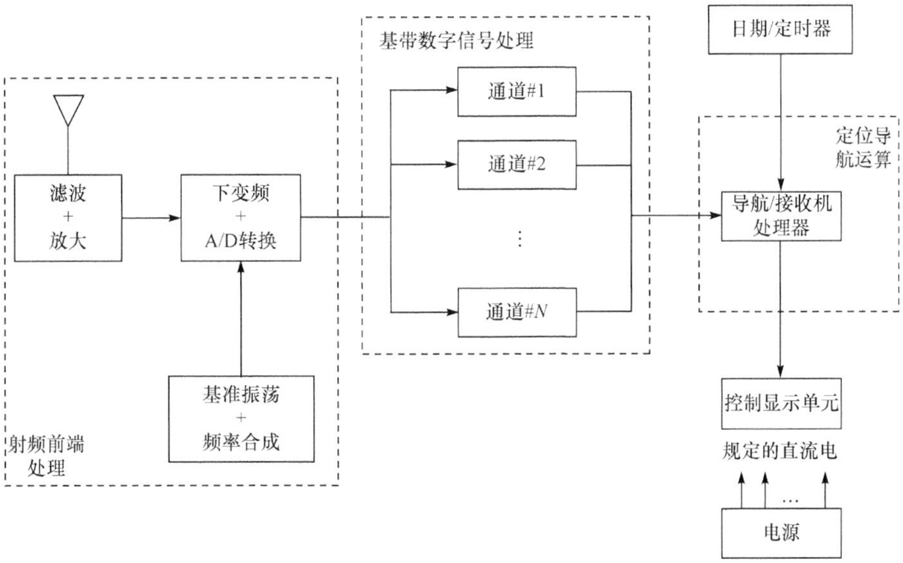

图 9.1　北斗接收机内部结构图

9.2　接收机类型

GNSS 接收机是用于接收卫星导航信号，以便用户进行导航、定位、授时的工具。人们常见并常用的 GNSS 接收机主要有汽车导航仪和 GNSS 手持机两种，但随着人们对导航定位需求的增长及逐步细化，市场上各类 GNSS 接收机层出不穷，接收机的样式和类型都越来越丰富。总的来说，GNSS 接收机可以从图 9.2 所示的 5 方面进行分类。

9.2.1　按用途分类

按用途分类可分为导航型、测地型和授时型接收机

1. 导航型接收机

导航型接收机主要用于运动载体的导航，可以实时给出载体的位置和速度。一般采用伪距测量，单点实时定位精度较低，一般为 10m 左右。接收机价格便宜，应用广泛。根据应用领域的不同，此类接收机还可以进一步分为以下几种。

(1) 手持型。手持型接收机是 GNSS 针对个人用户的一项应用，具有外形小巧、功能简单、使用方便、便于携带等特点。在性能要求方面，手持型接收机对首次定位时间及接收机灵敏度的要求较高，而对重新捕获时间及定位精度的要求相对不高。

(2) 车载型。车载型接收机是当前 GNSS 接收机中应用最广泛的一种，其结构较手持型接收机而言更为复杂。在性能要求方面，车载型接收机因其高动态特性，对首次定位时间、重新捕获时间及接收机灵敏度的要求较高，对定位精度的要求则一般。

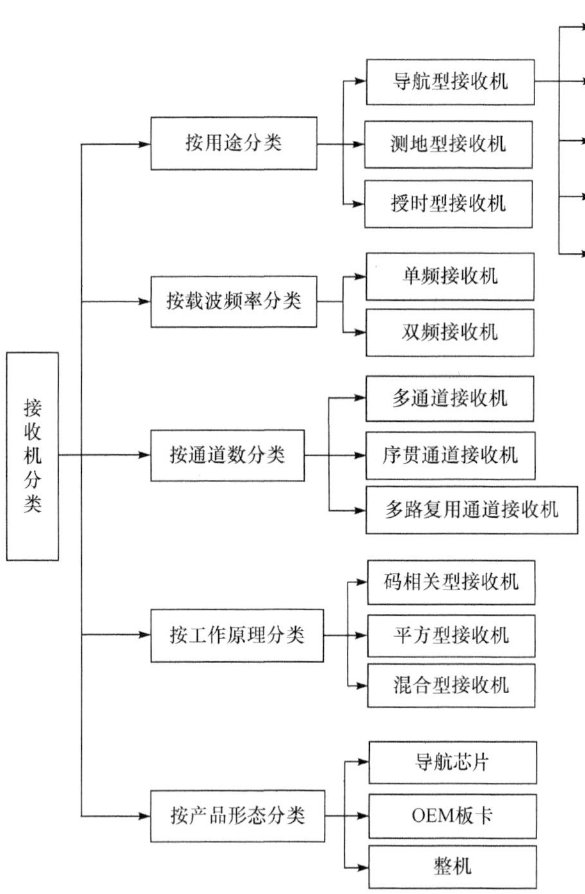

图 9.2　接收机分类图

(3) 航海型。航海型接收机为船只航行提供导航定位服务，航海活动本身具有距离大、周期长、速度相对缓慢等特点，因此其在性能方面要求相对较低，主要对接收机定位精度的要求较高，对首次定位时间、重新捕获时间及接收机灵敏度的要求一般。

(4) 航空型。航空型接收机近年来得到广泛应用，航空活动在空域中进行，相对陆地环境干扰较少，因此航空型接收机对各项性能指标的要求均一般。

(5) 星载型。星载型接收机用于卫星的导航定位。由于卫星的速度高达 7km/s 以上，因此对接收机的要求更高。

2. 测地型接收机

测地型接收机主要用于精密大地测量和精密工程测量。这类仪器主要采用载波相位观测值进行相对定位，定位精度高。一般需要进行测后数据处理，定位精度可以达到厘米级甚至毫米级，但仪器结构复杂，价格较贵。常用接收机厂商的测地型接收机如图 9.3 所示。测地型接收机又分为下列几种形式。

(1) 灵活式：携带方便，适于野外作业。

(2) 动态式：功能齐全，适于机载星载测量。

(3) 全站式(RTK 式)：通信适时，适于施工放样测量。

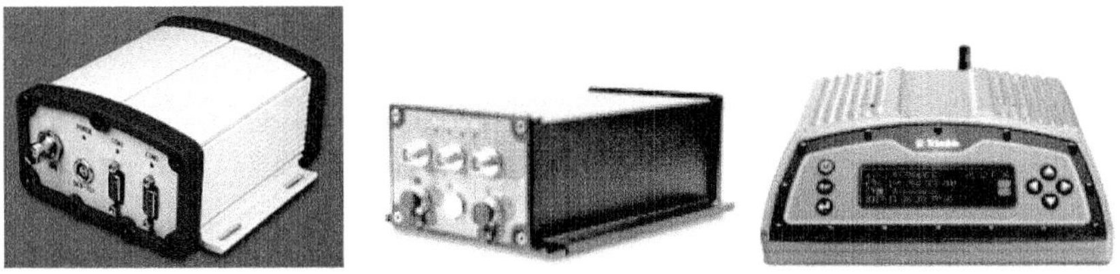

(a) 诺瓦泰接收机　　(b) 上海司南接收机　　(c) 天宝接收机

图 9.3　导航接收机

3. 授时型接收机

授时型接收机主要利用 GNSS 卫星提供的高精度时间标准进行授时，常用于天文台、无线通信及电力网络中的时间同步。

9.2.2　按载波频率分类

按接收机的载波频率分类可分为单频接收机和双频接收机。

(1) 单频接收机：单频接收机只能接收单一频点的载波信号，测定载波相位观测值进行定位。利用导航电文提供的参数对观测量进行电离层修正时，由于修正模型尚不完善，精度较差，不能有效消除电离层延迟影响，所以单频接收机主要用于短基线(<15km)的精密定位。

(2) 双频接收机：双频接收机可以同时接收两个及以上频点的载波信号。利用双频技术可以消除或减弱电离层对电磁波信号延迟的影响，因此双频接收机可用于长达几千公里的精密定位。

9.2.3　按通道数分类

按接收机通道数分类可分为多通道接收机、序贯通道接收机、多路复用通道接收机。

GNSS 接收机能同时接收多颗 GNSS 卫星的信号，为了分离接收到的不同卫星信号，以实现对卫星信号的跟踪、处理和测量，具有这样功能的器件称为天线信号通道。

(1) 多通道接收机具有多个信号通道，并且每个信号通道只连续跟踪一颗卫星信号。对于来自天空中不同卫星的信号，接收机必须首先将它们分离开来，然后分别在不同的通道中测量处理而获得不同卫星信号的观测量。

(2) 序贯通道接收机通常只有 1～2 个信号通道。为了跟踪多颗卫星的信号，需在相应软件的控制下，按时序顺序对各颗卫星的信号进行跟踪和测量。由于按顺序对各颗卫星测量，一个循环所需时间较长(数秒钟)，当对一颗卫星信号进行测量时，将丢失另外一些卫星信号的信息。所以，这类接收机对卫星信号的跟踪是不连续的，并且不能获得完整的导航电文。序贯通道接收机结构简单、体积小、重量轻，在早期导航型接收机中常常采用。

(3) 多路复用通道接收机同样只设一两个通道，也是在相应软件控制下按顺序测量卫星信号。但它测量一个循环所需的时间要短得多，通常不会超过 20ms。因此可保持对卫星信号的连续跟踪，并可同时获得多颗卫星的完整导航电文。这类接收机的信噪比低于多通道接收机。

9.2.4 按工作原理分类

按接收机的工作原理可分为码相关型接收机、平方型接收机、混合型接收机。

(1) 码相关型接收机：采用码相关技术获得伪距观测量，所以这类接收机要求知道伪随机噪声码的结构。这类接收机也称为有码接收机。

(2) 平方型接收机：利用载波信号的平方技术去掉调制码，从而获得载波相位测量所需的载波信号。这类接收机无须知道测距码的结构，所以又称为无码接收机。

(3) 混合型接收机：综合以上两类接收机的优点，既可获取码相位伪距观测量，又可获取精密的载波相位观测量。目前常用的接收机均属于此类。

9.2.5 按产品形态分类

按产品形态可分为导航芯片、OEM 板卡和整机。

1) 导航芯片

导航芯片就是一块芯片，有接收、处理导航信号的能力。其应用主要是做模块、做板卡，进而封装形成终端(定位设备，也称整机)。导航芯片按照精度可分为以下应用。

(1) 米级精度：仅使用伪距观测值，开阔地带能达到 3～5m 的精度，主要用于手机、车载导航仪、平板等领域。该精度类型的芯片一般不做成 OEM 板卡，而是直接嵌入设备主板。

(2) 亚米精度：分米、厘米甚至毫米级精度，需要使用载波相位观测值，一般为双频观测值，主要用于专业领域，如国土、测绘等领域。一般做成 OEM 板卡进行应用。

生产导航芯片的主要厂商及芯片示例如图 9.4 所示。

(a) 和芯星通　(b) 东方联星　(c) 泰斗微电子　(d) U-blox

图 9.4　导航芯片

2) OEM 板卡

OEM 是 original equipment manufacturer(原始设备制造商)的缩写。OEM 板卡集成了导航芯片、通信模块等，有的有内置天线，上电后就是一台没有外壳的接收机整机。OEM 板卡因其体积小、功耗低、性能优良而且价格低廉等优势而被广泛使用。OEM 板卡如图 9.5 所示。

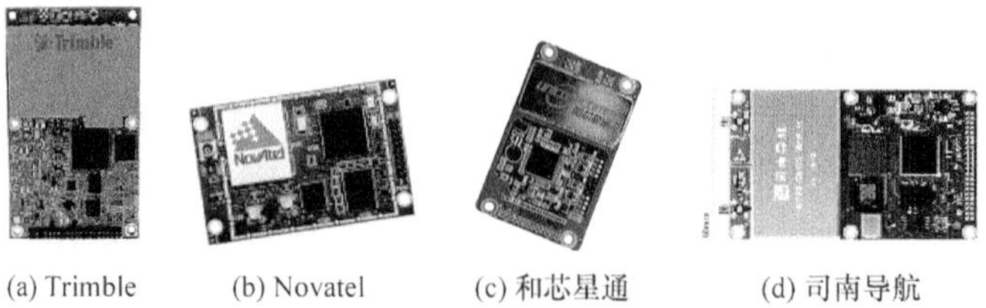

(a) Trimble　(b) Novatel　(c) 和芯星通　(d) 司南导航

图 9.5　OEM 板卡

3) 整机

对 OEM 板卡进一步封装就形成了卫星导航接收机整机设备，用户看不到整机的内部结构及使用的芯片，只需通过外置接口配置好接收机后即可利用整机进行导航、定位、授时。整机根据应用的不同又可分为导航型接收机、定位型接收机、授时型接收机和兼容型接收机。接收机整机如图 9.6 所示。

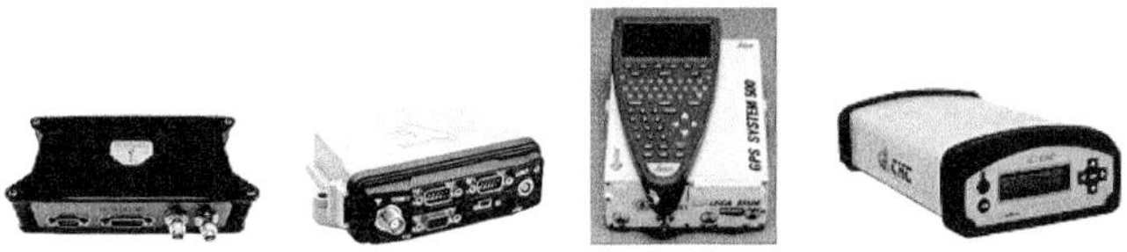

(a) Trimble　(b) Novatel　(c) Leica　(d) 华测

图 9.6　接收机整机

9.3　接收机天线

接收机天线是北斗接收机处理卫星信号的首个元器件，将空间电磁波按照要求转换成微波电信号，供接收机射频前端摄取与处理。由于接收机定位的信息基本全部来自于天线接收到的卫星信号，因此接收天线的性能直接影响整个接收机的定位性能。

9.3.1　天线类型

由于接收机的多样性，其天线也有多种形式。常见的卫星导航天线类型有振子天线、微带天线、螺旋天线等，其中振子天线结构简单、频带宽、易于按需获得方向图；微带天线形状平薄、易于制造、频率较宽，但效率较低；螺旋天线便于电波圆极化。常见的接收机天线如图 9.7 所示。

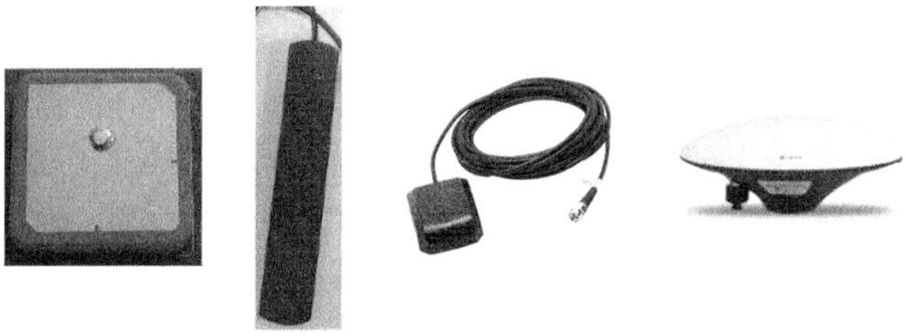

(a) 陶瓷天线　(b) 贴片天线　(c) 紧凑型天线　(d) 测量型天线

图 9.7　常见的接收机天线

9.3.2　天线的方向性及增益

在卫星端，为了提高信号发射效率，发射天线在设计上通常使其信号发射具有一定的指向功能，即原本散发到天线四周各个方向上的信号功率被集中起来朝向地球发射，而天线的这种指向性称为增益。天线增益不仅表征天线在某个方向上辐射能量的集中程度，还表征该天线的换能效率。同样，用来接收信号的天线经常也呈一定的指向性，如果从空间的各个方向都能均匀地接收信号，则天线为全向天线，由于导航卫星通常位于信号接收天线的上空，因此导航天线具有半球形的方向图，只从正仰角范围全方位地接收信号。同时，考虑到多径信号及其他干扰信号通常以低仰角到达，大多数天线设计成接收仰角大于 10°的信号。天线的方向性系数是指在相同辐射功率条件下，天线在最大辐射方向的辐射强度与平均辐射强度之比，它用数字表示天线辐射(或接收)能量在空间的集中程度。在空间某一方向 (θ,ϕ) 上的方向性系数定义为

$$D(\theta,\varphi)=\frac{4\pi P_R}{\varphi_r(\theta,\varphi)} \tag{9.1}$$

其中，P_R 为空间总辐射能量；$\varphi_r(\theta,\varphi)$ 为球坐标系中某一方向上的平均能量密度。

天线在对空间信号进行转换的过程中，其中一部分转换为需要的微波信号，另一部分在转换过程中消耗掉了，因此引入一个辐射效率，则天线增益定义为

$$G(\theta,\varphi)=10\lg D(\theta,\varphi)+10\lg\eta \tag{9.2}$$

其中，η 为不大于 1 的正实数，对于无损耗的理想天线来说 $\eta=1$。

9.3.3 工作频率与带宽

工作频率是指天线的性能指标满足预定工作要求的频率，对应的带宽为满足天线的方向图和阻抗特性等的频率范围。一方面天线的带宽应足够宽，以防止因周围环境变化天线中心频率漂移造成的覆盖频带不够；另一方面从抑制干扰等设计出发并不是越宽越好，在满足工作频带要求的前提下不希望带宽有太大的余量。例如，对北斗卫星的 B1I 信号，天线应使在频率为 1561.098MHz 上传输的信号产生感应电压，并能适应所需信号的带宽。

9.3.4 极化

极化是指射频信号传播过程中电场的指向，分为线极化和椭圆极化。线极化指在极化平面内，电场矢量方向随时间始终在一条直线方向上变化，而椭圆极化的电场矢量可分为两个正交的线极化分量，其合成场在极化平面内的投影为椭圆。

椭圆极化的特性包括轴比和极化旋向。轴比定义为椭圆长轴和椭圆短轴之比，当轴比等于 1 时为圆极化。极化旋向是用眼睛顺着电波传输方向，电场矢量沿顺时针旋转为右旋，反之为左旋。北斗二号卫星发射信号为右旋圆极化(RHCP)，因此接收天线也应设计为 RHCP，从而使极化匹配。

9.3.5 阻抗匹配

天线与接收机通过射频馈线连接，阻抗匹配是衡量天线与接收机相连，沿馈线系统的能量传输效率。阻抗匹配的性能直接影响天线的转换效率，完全匹配时为无反射传输，反射系数 $\Gamma=0$，此时转换效率最高。实际上在工作频段内达到完全匹配是很困难的，一般用天线端口的电压驻波比(VSWR)来衡量，定义为

$$\text{VSRW}=\frac{1+|\Gamma|}{1-|\Gamma|} \tag{9.3}$$

卫星导航接收机天线馈线的阻抗通常为 50Ω，VSRW 典型值≤15，对应的反射系数 $\Gamma\leqslant 0.25$。

9.4　接收机常用概念

接收机使用说明书中，常常涉及一些基本的和常用的概念，了解这些概念，对于正确认识接收机和使用接收机是非常有益的。

9.4.1　系统和频点

无线电技术将声音信号或其他信号经过转换，利用无线电波传播。无线电波在现代技术中被广泛使用，特别是电信领域。为防止不同用户之间的干扰，无线电波的产生和传输受国际法律的严格管制，由 ITU 协调。ITU 为不同的无线电传输技术和应用分配了无线电频谱的不同部分，其制定的无线电规则(RR)定义了约 40 项无线电通信业务。在某些情况下，部分无线电频谱被出售或授权给私人无线电传输业务的运营商(如蜂窝电话运营商或广播电视台)。由于是用户数量不断增加的固定资源，近几十年来无线电频谱已经越来越拥挤，需要更加有效地利用它，推动现代电信的创新。无线电频谱和波段划分及主要应用如表 8.1 所示，频率较低时，信号强度易被环境衰减，信号频率较高时，其指向性强，应用广泛。

频谱是信号/信息内含的频率分量内容，就像家谱是记录家庭成员的档案，频率是无线信号的发射频率，是表示变化频度、速率的一个物理量纲；频点是给固定频率的编号。北斗、GPS 及其他主要卫星导航系统采用的信号及中心载波频率如图 9.8 所示。

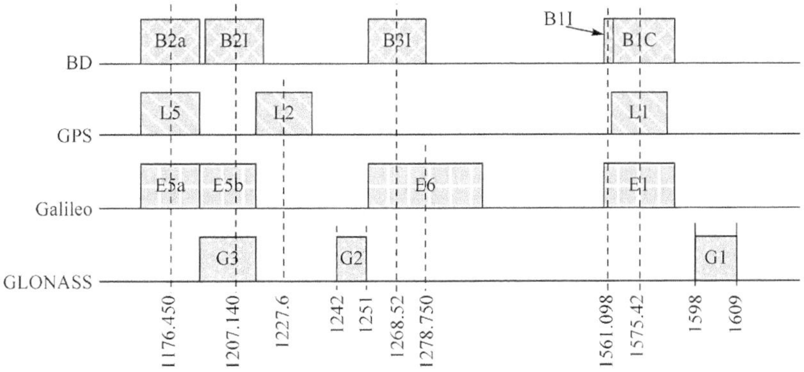

图 9.8　卫星导航系统信号频率分配

9.4.2　卫星信号强度(信噪比)

接收机对卫星信号接收功率的强弱并不能完整地描述信号的清晰程度或者质量。我们需要知道信号相对于噪声的强弱。信号的质量通常用信噪比(signal-noise ratio, SNR 或 S/N)来衡量，它定义为信号功率 P_R 与噪声功率 N 之间的比率，公式为

$$\mathrm{SNR}=\frac{P_R}{N} \tag{9.4}$$

信噪比没有单位，其值通常表示成分贝的形式$\left[10\lg\left(P_R/N\right)\right]$。显然，信噪比越高，信号的质量越好。

利用北斗/GPS 接收机实时接收卫星信号，可见星的实时信噪比柱状图如图 9.9 所示。

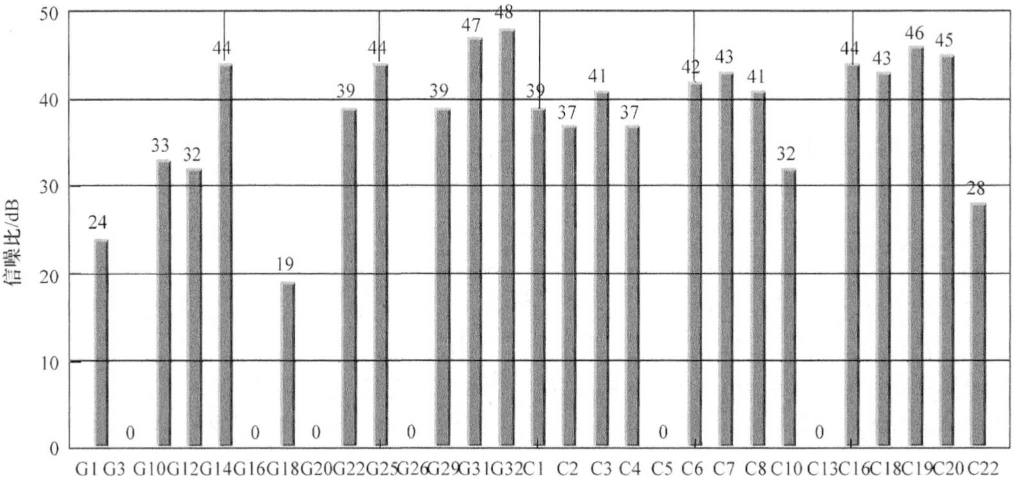

图 9.9　可见星的实时信噪比柱状图

G 表示 GPS，C 表示北斗卫星导航系统，数字表示卫星号

9.4.3　接收机通道

GNSS 接收机接收到 GNSS 卫星信号后，必须首先把这些信号隔离开来，以实现对卫星信号的跟踪、处理和测量，这种对不同卫星信号的隔离，就是通过接收机内若干分离信号的通道来实现的。

接收机的信号通道，可以理解为 GNSS 卫星发射的信号，经由天线进入接收机的路径。它的主要作用是跟踪、处理和测量各种卫星信号，以获得定位所需的信息。通道是由硬件和相应的控制软件组成的，每个通道在某一时刻只能跟踪 1 颗卫星的 1 种频率信号。当接收机同步跟踪多个卫星信号时，原则上可采用两种跟踪方式：一是接收机配置多个分离的硬件通道，每个通道都连续地跟踪 1 个卫星信号；二是接收机配置 1 个信号通道，在相应软件的控制下跟踪多个卫星信号。

9.4.4　接收机的启动

通常一颗可见卫星的星历只有 4h 的有效期，而 1 套历书不但可以保持半年以上有效，而且还包含着所有曾经可见和不可见卫星的轨道参数。虽然历书的轨道精度不如星历那样准确，但是这种准确度对于用来估算卫星的可见性和卫星信号的多普勒频移来说不成问题。事实上，历书是接收机在大多数启动情况下所拥有并且被充分利用的一种资源。同时，接收机均有一个内置的实时时钟，因而即使接收机在关机的情况下，它的实时时钟通常依旧继续运行，以维持对时间信息的掌握。根据接收机启动时具备的各种数据信息状况的不同，启动方式通常可以分为冷启动、温启动、热启动 3 种。

1. *接收机冷启动*

冷启动时，卫星导航接收机首先清空所有历史信息并重启，此时不知道当前的时间及其所处的位置，并且在它的存储器上也没有保存任何有效的卫星星历和历书。然后重新捕获、跟踪卫星，由于没有任何已知的卫星信息，这将需要很长的时间。卫星导航接收机只能处于盲捕状态，即它只能在整个卫星导航星座中逐个依次地搜索所有卫星，并对每颗卫星进行最大范围的二维搜索。在捕获卫星信号后，接收机还需要从接收到的卫星信号中实时解调出卫星星历参数，在至少获得 4 颗卫星的测量值及其星历参数后，接收机才能完成定位。

2. 接收机温启动

温启动也称为暖启动，此时接收机没有有效的星历但具有有效的历书和误差小于 5min 的当前时间、误差小于 100km 的本机概略位置。根据这些信息资源，接收机可以大致地确定三维搜索范围，从而为信号的快速捕获创造一个良好的条件。但是定位解算所必需的星历仍需靠实时解调接收信号中的导航电文数据而一步步获得。

3. 接收机热启动

热启动条件下接收机不但具有温启动的条件，还保存着有效星历数据，此时接收机不但可以准确地计算出各颗卫星的可见性及其相当小的二维搜索范围，而且在捕获了一些卫星信号之后，接收机只要有足够的多个通道完成帧同步而不必等到从接收信号中解调出完整的一套卫星星历参数，就可以凭借已有的星历实现定位。

9.4.5　首次定位收敛时间

卫星导航接收机的首次定位时间(time to first fix, TTFF)是指在给定条件下，接收机从开机到获得首个符合精度要求定位结果所需的时间，它是一个统计量。给定条件包括测距码类型和启动条件，其中测距码分为粗码(C/A 码)和精码(P 码)两种(对 GPS 而言)，启动条件分为冷启动、温启动和热启动 3 种。TTFF 反映了卫星导航接收机使用效能发挥的快速性，是衡量接收机软硬件综合性能的重要指标之一。系统时间、星历、历书、接收机位置是影响卫星导航接收机 TTFF 的 4 个关键因素，但在实际卫星信号环境中无法根据需要对这 4 个因素进行灵活配置，造成 TTFF 指标难以准确测试。该指标一般在专门构建的仿真测试环境中进行量化测试。

9.4.6　卫星方位及星空图

星空图是以接收机当前的位置为中心，根据可见卫星的高度角、方位角显示卫星在天空中的分布。最外面的圆圈表示地平线的位置，此时卫星的高度角为 0°，圆心处对应的卫星高度角为 90°，可设置同心圆表示不同高度角，方便用户直观查看当前接收机可见星的分布状况。在星空图中，离中心越近，表明该卫星的高度角越高。如图 9.10 所示的可见星的星空图中，设置高度角为 30°、60°的同心圆，同时当鼠标的光标指向某颗卫星时，以弹框的形式显示其卫星编号、方位角、高度角。

9.4.7　通信端口和波特率

卫星导航接收机最基本的功能是接收北斗卫星信号，通过解算得到用户位置、速度、时间等信息。为了用户可以方便直观地了解接收数据中蕴含的信息，同时控制接收机根据需要上传测量数据等信息。接收机需要与个人计算机(PC)连接。接收机与 PC 之间根据通信类型和通信协议等的不同主要分为 4 种类型：USB、SPI、UART、I²C。

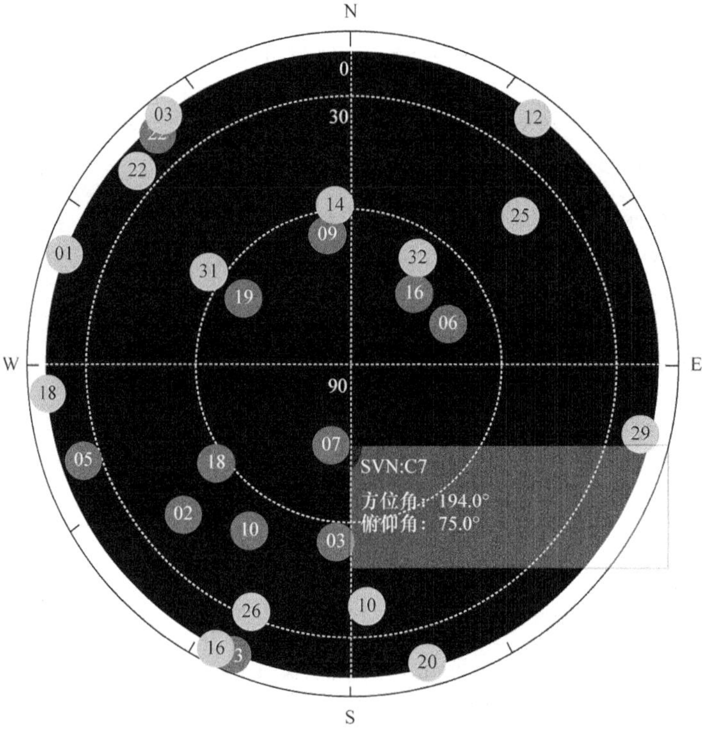

图 9.10　可见星的星空图

USB(universal serial BUS，通用串行总线)：是一个外部总线标准，用于规范 PC 与外部设备的连接和通信，是应用在 PC 领域的接口技术。

SPI(serial peripheral interface，串行外设接口)：MOTOROLA 公司提出的同步串行总线方式。高速同步串行口，3～4 线接口，收发独立、可同步进行。SPI 使用串行通信协议，数据一位一位地传输，甚至允许暂停。

UART(universal asynchronous receiver transmitter，通用异步串行口)：COM 口是 PC 上异步串行通信口的简写。由于历史原因，IBM 的 PC 外部接口配置为 RS-232，成为实际上的 PC 界默认标准。所以，现在 PC 的 COM 口均为 RS-232。若配有多个异步串行通信口，则分别称为 COM1、COM2、…、COM*n*。

I²C(iter IC bus，IC 之间总线)：由 Philips 公司开发的两线式串行总线，用于连接微控制器及其外围设备。I²C 用两条线(SDA 和 SCL)在总线和装置之间传递信息，在微控制器和外部设备之间进行串行通信或在主设备和从设备之间传送双向数据。

波特率指的是单片机或计算机在串口通信时的速率。在信息传输通道中，携带数据信息的信号单元称为码元，每秒钟通过信道传输的码元数称为码元传输速率，简称波特率。波特率是指数据信号对载波的调制速率，它用单位时间内载波调制状态改变的次数来表示(也就是每秒调制的符号数)，其单位是波特(baud，symbol/s)。波特率是传输通道频宽的指标。

9.5 常见接收机及其性能指标

9.4 节给出的接收机常用概念中，有一些也是接收机的常见性能指标。例如，接收机的系统及频点数、通道数、首次定位收敛时间等。当然，最常用的指标还是精度指标，包括定位精度、测速精度和授时精度等。下面结合一些典型的产品，给出其性能指标，以便读者有一个大概的了解。首先声明：①这些产品的相关指标说明，都是来自生产厂商公布的产品说明手册，不代表作者的观点；②这些产品都是常见接收机生产厂商生产的，与作者没有任何利益关系。

目前，接收机生产厂商众多，国外的接收机品牌主要有 Trimble(天宝)、Novatel(诺瓦泰)、Leica(徕卡)、Ashtech(阿什泰克)、U-blox 等，国内的接收机品牌主要有和芯星通、东方联星、司南导航、泰斗微电子、合众思壮等。各接收机生产厂商侧重生产的接收机类型有所不同，如 U-blox 主要侧重生产灵敏轻便的导航芯片，Trimble 主要生产研发 OEM 板卡和整机类型的接收机，和芯星通则在芯片、OEM 板卡、整机方面均有所研发生产。

常见导航芯片及其性能指标如表 9.1 所示。

表 9.1 常见导航芯片及其性能指标

生产厂家	和芯星通	东方联星	泰斗微电子	U-blox
型号	UM482	OTrack-128(2014)	TD1303	M8N
体积	30mm×40mm×4mm	12mm×12mm×1.25mm		16mm×12.2mm×2.4mm
信号	BDS B1/B2 GPS L1/L2 GLONASS L1/L2 Galileo E1/E5b QZSS L1/L5 SBAS L1	BDS B1/B2/B3 GPS L1/L2C/L5 GLONASS F1/F2 Galileo E1/E5	BDS GPS GLONASS QZSS SBAS	BDS B1 GPS L1 C/A SBAS L1 C/A QZSS L1 C/A GLONASS L1OF Galileo E1B/C
信号重捕获	≤1s	≤1s	<1s	—
通道数	432	32	—	72
冷启动	40s	≤35s	<28s	GPS&GLONASS:26s GPS&BD: 27s GPS: 29s
热启动	—	≤1s	<1s	1s
定位精度	单点定位： *H*:1.5m *V*:2.5m DGPS： *H*:0.4m *V*:0.8m RTK： *H*:1cm+1ppm *V*:1.5cm+1ppm	≤10m	3m	自主定位 *V*: 2.5m SBAS *V*: 2.0m
测速精度	0.03m/s	≤0.2m/s	0.1m/s	0.05m/s
授时精度	20ns	≤20ns	—	30ns

常见 OEM 板卡及其性能指标如表 9.2 所示。

表 9.2　常见 OEM 板卡及其性能指标

生产厂家	Trimble	Novatel	和芯星通	司南导航
型号	BD990	OEMStar	UB482	K728
体积	100mm×60mm×11.6mm	71mm×46mm×13mm	46mm×71mm×9mm	60mm×100mm×9.6mm
重量	54g	18g	21g	44.2g
信号	BDS: B1,B2,B3 GPS: L1C/A, L2E, L2C, L5 GLONASS: L1 C/A, L2 C/A, L3 CDMA Galileo:E1, E5A, E5B, E5A AltBOC, E6 QZSS:L1 C/A,L1 SAIF, L2C, L5,LEX SBAS: L1 C/A,L5	GPS GLONASS	BDS: B1/B2 GPS: L1/L2 GLONASS: L1/L2 Galileo: E1/E5b QZSS: L1/L2 SBAS: L1	BDS: B1/B2 GPS: L1/L2 GLONASS: G1/G2
信号重捕获	<2s	<1s	<1s	<1.5s(快速模式) <3.0s(普通模式)
通道数	336	14	432	404
冷启动	<45s	<65s	<25s	<50s
热启动	<30s	<35s	<10s	<15s
定位精度	单点: *H*:1.0m *V*: 1.5m SBAS: *H*: 0.5m *V*: 0.85m DGNSS: *H*: 0.25m *V*: 0.5m RTK: *H*: 0.008m *V*: 0.015m	单点 L1: 1.5m SBAS: 0.7m DGPS: 0.5m	单点定位: *H*: 1.5m *V*: 2.5m DGPS: *H*: 0.4m *V*: 0.8m RTK: *H*:1cm+1ppm *V*:1.5cm+1ppm	单点: 单频 $H \leqslant 3$m,$V \leqslant 5$m 双频 $H \leqslant 1.5$m,$V \leqslant 3$m 静态差分: *H*: 2.5mm+1ppm *V*: 5.0mm+1ppm RTK: *H*: 10mm+1ppm *V*: 20mm+1ppm
测速精度	水平：<0.007m/s 垂直：<0.020m/s	<0.05m/s	0.03m/s	—
授时精度	—	GPS 20ns GLONASS 40ns	20ns	—

常见导航接收机整机及其性能指标如表 9.3 所示。

表 9.3　常见导航接收机整机及其性能指标

生产厂家	Trimble	Novatel	和芯星通	司南导航
型号	BX992	FlexPark-G2	UR4B0	M600
体积	100mm×60mm×11.6mm	147mm×113mm×45mm	222mm×164mm×79mm	209mm×145mm×78mm
重量	0.76kg	0.313kg	1.8kg	1.2kg

续表

生产厂家	Trimble	Novatel	和芯星通	司南导航
信号	BDS: B1,B2,B3 GPS: L1C/A, L2E, L2C, L5 GLONASS: L1 C/A, L2 C/A,L3 CDMA Galileo: E1, E5A, E5B, E5A AltBOC, E6 QZSS: L1 C/A,L1 SAIF, L2C,L5,LEX SBAS: L1 C/A,L5	GPS GLONASS	BDS: B1/B2/B3 GPS: L1/L2/L5 GLONASS: L1/L2 Galileo: E1/E5a/E5b QZSS: L1/L2/L5 SBAS: L1	BDS: B1/B2 GPS: L1/L2 GLONASS: G1/G2
信号重捕获	<2s	<1s	<1s	<1.5s(快速模式) <3.0s(普通模式)
通道数	336	14	432	404
冷启动	<45s	<65s	50s	<50s
热启动	<30s	<35s		<15s
定位精度	单点： *H*:1.0m *V*: 1.5m SBAS: *H*: 0.5m *V*: 0.85m DGNSS: *H*: 0.25m *V*: 0.5m RTK: *H*: 0.008m *V*: 0.015m	单点 L1: 1.5m SBAS: 0.7m DGPS: 0.5m	单点定位： *H*: 1.5m *V*: 3m	单点： 单频 *H*≤3m,*V*≤5m 双频 *H*≤1.5m,*V*≤3m 静态差分： *H*: 2.5mm+1ppm *V*: 5.0mm+1ppm RTK： *H*: 10mm+1ppm *V*: 20mm+1ppm
测速精度	水平：<0.007m/s 垂直：<0.020m/s	<0.05m/s	0.03m/s	—
授时精度	—	GPS 20ns GLONASS 40ns	20ns	—

9.6　接收机检测原理

北斗大规模应用需要以北斗基础产品、终端产品的质量为保证，为了推进北斗产业市场化、全球化建设，必然要加强北斗导航产品的检测系统建设，建立综合性、权威性、公正性、先进性的测试检定系统，覆盖北斗专项产品型谱评测需求，支持北斗专项标准的验证和推广，支撑北斗企业和北斗产品的创新升级，为行业市场准入管理提供依据，为北斗产品质量监督提供技术保障，推动北斗卫星导航产业健康有序地发展。

卫星导航产品检测系统(以下简称检测系统)针对以北斗卫星导航为核心的射频芯片/模块、基带芯片/模块、SOC、OEM 板、各类导航型终端、授时型终端、导航模拟器等产品，涵盖 BDS、GPS、GLONASS、Galileo 信号，采用有线并行和无线方式，在室内完成对各类导航产品性能的遍历测试和边界条件测试，并且由于其测试条件可精确控制，终端测试结果便于量化分析评估。可为卫星导航产品提供产品质量检测和测试的认证服务，为行业市场准入管理提供依据。为北斗系统实现大规模应用推广提供支撑与保障。

9.6.1 检测系统组成及其工作原理

检测系统一般由测试设备、测试环境和测试控制与评估软件 3 部分组成，如图 9.11 所示。测试设备完成系统信号层的仿真、处理和标校，主要包括卫星导航信号模拟器、时频基准、干扰源、通用仪器等。测试环境完成被测终端使用环境的模拟，一般分为室内测试环境和外场测试环境，室内测试环境又分为有线测试环境和无线测试环境；外场测试环境又分为对天静态检测环境和对天动态检测环境。测试控制与评估软件是整个检测系统运行控制的“大脑”，负责完成测试设备控制、测试流程管理、测试状态监测和测试数据管理工作。

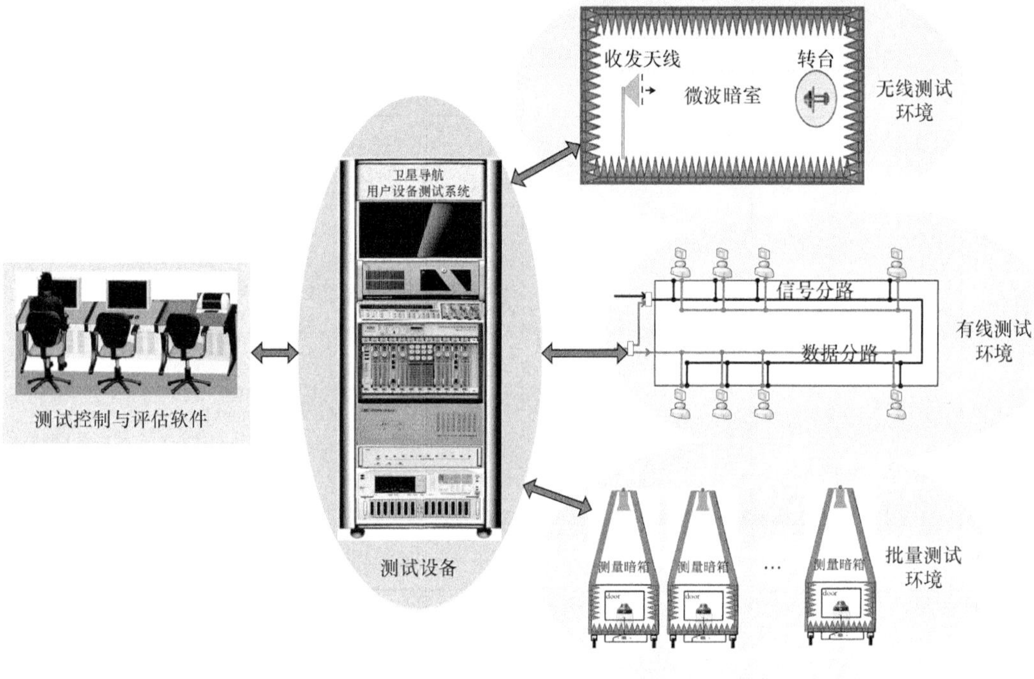

图 9.11 卫星导航用户设备检测系统组成框图

1. 测试设备

下面对常用的测试设备进行说明，包括卫星导航信号模拟器、时频基准源、干扰信号源、导航信号采集回放仪和标准接收机。

1) 卫星导航信号模拟器

卫星导航信号模拟器作为检测系统的核心设备，用于完成高逼真度 GNSS 卫星导航信号仿真，同时为检测系统提供测试评估的基准数据。

卫星导航信号模拟器可实现对 GNSS 星群和全球(大气)测试环境的控制，从而使检测能够在受控的实验室条件下展开。卫星导航信号模拟器能够生成与 GNSS 卫星发送信号特性一致的信号，这样 GNSS 接收机便能够采用与处理实际卫星信号完全相同的方式进行工作。

卫星导航信号模拟器能够针对不同类型的测试很轻松地生成和运行多种不同的场景，并且对下列项目实施完全的控制。

(1) 日期、时间和位置。卫星导航信号模拟器可生成任何地点和时间的 GNSS 星群信号。可实现在实验室中测试全世界任何地点或太空中的场景，并且可以使用过去、现在或未来的任意时间。

(2) 载体运动。卫星导航信号模拟器可以建立飞机、船舶或汽车等载体的运动模型。可实现测试世界上任何地点中涉及不同路径和轨迹的载具动态场景，而且完全不需要移动被测设备。

(3) 环境条件。卫星导航信号模拟器可以建立影响 GNSS 接收机性能的各类效应模型，如大气条件、阻碍、多径反射、天线特性和干扰信号等，可在受控的实验室环境中测试所有这些效应的各种组合和水平。

(4) 信号错误和不精确性。卫星导航信号模拟器可用于控制 GNSS 星群信号的内容和特性。通过运行测试，可以确定设备在各类 GNSS 星群信号错误发生时会有怎样的表现。

典型卫星导航信号模拟器实物图如图 9.12 所示。

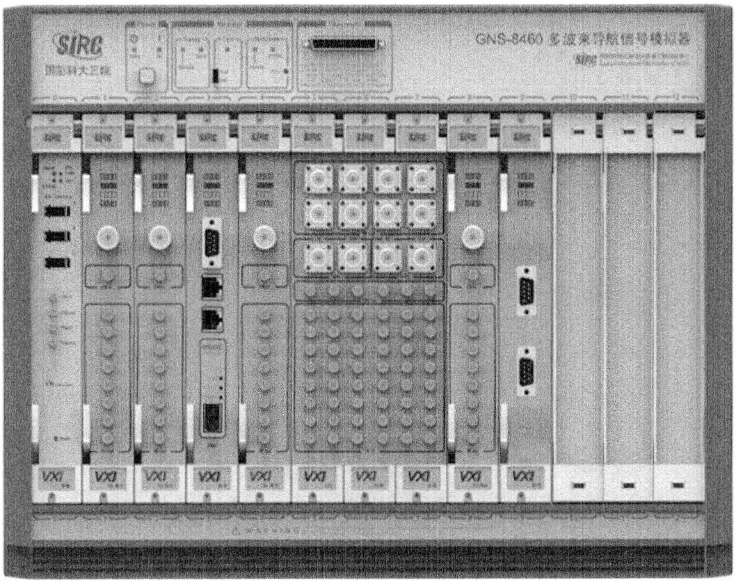

图 9.12　典型卫星导航信号模拟器实物图

2) 时频基准源

时频基准源是保证检测系统具备高精度测试信号的基础设备，用于为系统内各测试设备提供统一、稳定的时频信号，包括 10MHz、1PPS、32PPS 信号。

3) 干扰信号源

导航型干扰信号源能够输出频率覆盖 BDS/GPS/GLONASS/Gailieo 四系统全部 L 波段，包含 1160～1280MHz 和 1510～1630MHz 范围任意一个导航频点干扰信号输出。干扰信号源可配合检测系统构建模拟复杂干扰环境下的用户设备测试条件，满足用户设备干扰相关性能指标测试，其实物图如图 9.13 所示。

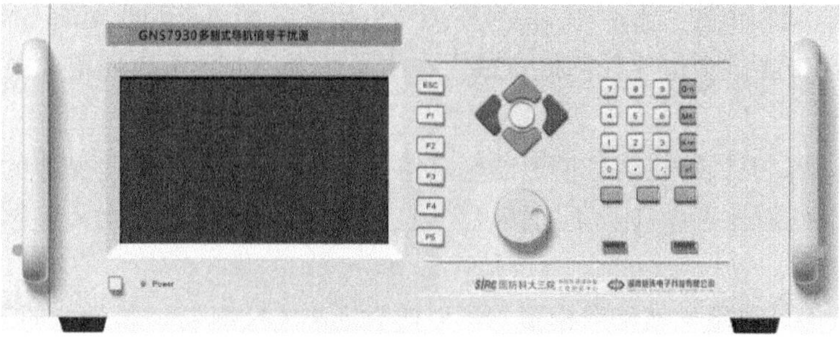

图 9.13　干扰信号源实物图

4) 导航信号采集回放仪

导航信号采集回放仪是一种可以对实际卫星导航信号进行采集、存储并回放的设备。目前，普遍应用于卫星导航终端设备进行实际卫星环境下定性的重复测试和性能试验。

导航信号采集回放仪(图 9.14)通过采集、存储实际卫星导航信号，并在实验室环境下进行回放，能够有效完成卫星导航终端的实际使用性能测试，不仅能够避免实际外场测试时卫星信号的不确定性，而且可以减少外场测试的时间和费用。同时，能够在一定程度上解决卫星导航终端室内仿真环境与真实环境的测试不一致性问题。

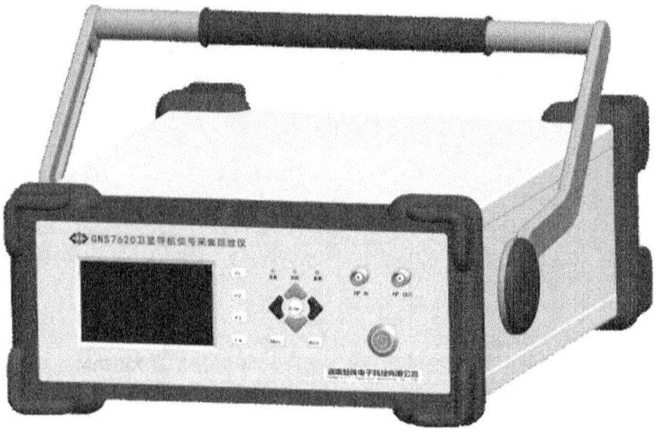

图 9.14　导航信号采集回放仪实物图

5) 标准接收机

标准接收机作为检测系统的状态监测设备，可以在正式测试前，对系统输出信号和检测流程进行正确性验证，保证正式测试时系统状态正常、测试结果有效。同时在用户对系统测试结果有疑异时，标准接收机还可以作为验证手段帮助分析问题。

标准接收机典型指标如下。

(1) 接收信号功率范围：–133～–110dBm。

(2) 接收信号功率测量精度：⩽±0.5dBc, (仰角 25°以上，接收信号功率范围为–133～–110dBm)。

(3) 误码率：1×10^{-6}。

(4) 开机捕获时间：≤4min(从开机到测量数据稳定输出的时间)。
(5) 失锁重捕时间：≤2s。
(6) 测量时刻准确度：≤0.1ms(相对本地钟面时)。
(7) 载波相位测量精度：≤0.01 周。
(8) 通道一致性(通道时延互差)。
(9) 伪距测量均值的最大差值(同频)：≤0.15ns。
(10) 伪距测量均值的最大差值(不同频)：≤0.2ns。
(11) 设备开关机稳定度：≤0.3ns。
(12) 长期时延变化稳定度：≤0.6ns/24h。

2. 测试环境

1) 有线测试环境

有线测试环境基于自身的信号多路分配系统，可将卫星导航信号模拟器仿真信号或室外实际信号提供给并行的多台芯片级/模板级/OEM 板级导航终端，并完成其所需功能、性能检测。

有线测试环境一般由测试工作台、信号多路分配系统和程控电源设备组成。其中测试工作台用于固定被测导航用户设备，并为其测试提供电源、信号、数据接口，如图 9.15 所示；信号多路分配系统用于将测试信号和时频基准信号并行分配给多个测试工位；程控电源设备可通过测试控制与评估软件或人工操作为被测用户设备提供测试用电。可拆分结构测试台效果图如图 9.16 所示。有线测试环境整体实物效果图如图 9.17 所示。

图 9.15　测试工位接口布局图

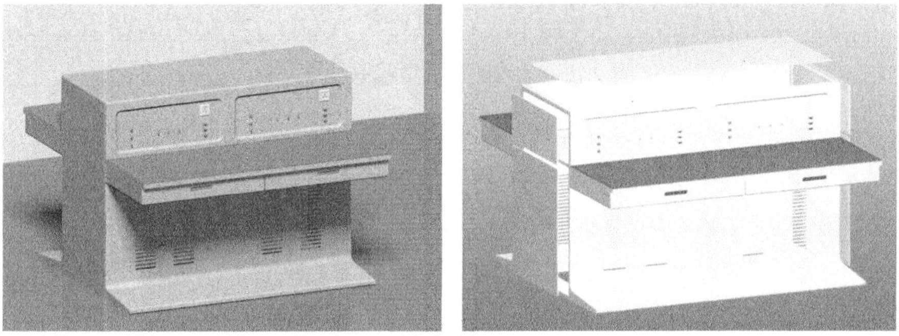

图 9.16　可拆分结构测试台效果图

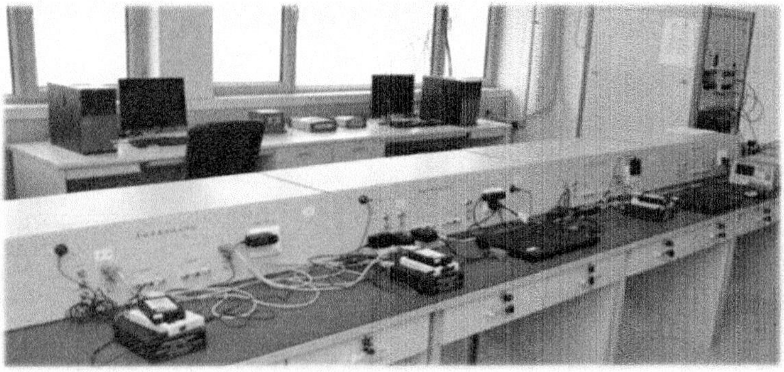

图 9.17　有线测试环境整体实物效果图

2) 无线测试环境

为模拟被测导航用户设备的实际工作环境，屏蔽室外实际信号及干扰因素，量化测试终端性能，需构建适用于导航频段的无线测试环境。

无线测试环境一般包括测试天线、转台、轨道(含伺服系统)及微波屏蔽暗室等，其组成示意图如图 9.18 所示。

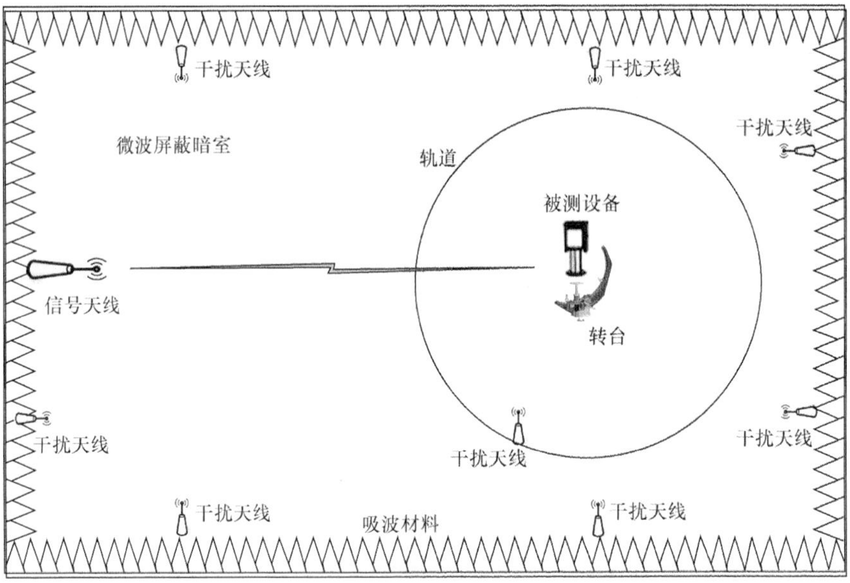

图 9.18　无线测试环境组成示意图

测试天线包括信号天线和干扰天线，信号天线用于在测试过程中向被测设备发送卫星导航射频信号及接收用户机发射信号，干扰天线用于在进行抗干扰测试时向被测设备播发干扰信号。测试天线实物效果图如图 9.19 所示。

转台用于控制被测设备进行方位、俯仰转动；轨道(含伺服系统)用于控制干扰天线的方位。

微波屏蔽暗室用于在有限的测试空间里模拟自由空间环境，消除外界干扰信号和各种反射信号的影响。微波屏蔽暗室及转台实物图如图 9.20 所示。

(a) 信号天线　　　　(b) 干扰天线

图 9.19　测试天线实物效果图

图 9.20　微波屏蔽暗室及转台实物图

3) 对天静态检测环境

对天静态检测环境用于测试被测导航终端在室外静态条件下接收真实信号的定位性能，并能对接收终端的精密定位性能和差分定位性能进行评估。

该环境通过建立多个基准站，并精确测量各个基准站间的基线距离，构建成具备不同基线长度的测试场。测试时分别将被测导航产品安置在各个基准站的测试位置上，待其形成单点/差分定位后，将导航产品上报的定位结果与已知的基准站位置比对，完成导航产品对天静态实际信号的可用性检测。对天静态测试外场实物图如图 9.21 所示，在室外空旷无遮挡的场地建立多个基准站，并准确测量各个基准站间的基线距离，构建静态测试环境。

图 9.21　对天静态测试外场实物图

4) 对天动态检测环境

对天动态检测环境用于测试被测导航终端在真实信号接收条件下的定位性能，并能对接收终端的精密定位性能和差分定位性能进行评估。该环境一般由移动测试车、车载GNSS/INS 组合导航设备(含后处理软件)、实时动态测量系统(RTK)、串口服务器、信号采集回放仪、测试评估软件等设备组成。

导航产品对天动态检测平台测试原理图如图 9.22 所示，通过在移动测试车上安装固定高精度 GNSS/INS 组合导航设备和被测导航产品(支持并行多台测试)，同时获取运动状态下的位置信息。通过专业的 GNSS/INS 事后处理软件得到精确的三维位置、速度和姿态信息，作为待测导航产品性能评价的基准，按照对应的测试标准完成导航产品/模块/芯片、差分测量接收机、惯性/卫星组合导航产品各项功能指标检测。

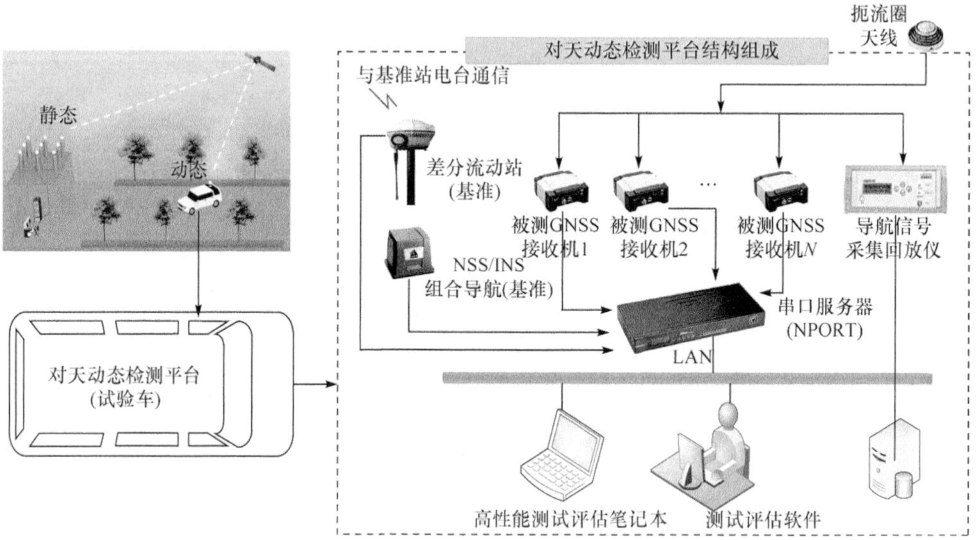

图 9.22　导航产品对天动态检测平台测试原理图

3. 测试控制与评估软件

测试控制与评估软件是卫星导航用户设备检测系统的控制中心，相当于整个系统的“大脑”，是检测系统与用户之间主要的人机交互接口。测试控制与评估软件的主要功能是完成系统自检、测试模式选择、测试环境和测试条件配置、检测流程的规划设计、测试过程中对各分系统和设备的控制以及测试数据的采集、存储和分析评估处理。测试控制与评估软件要求人机界面美观友好，各项状态参数、测量数据、监控信息的显示整洁美观，各项控制操作简便快捷、容错性强。

测试控制与评估软件一般由测试管理、数据采集与评估和数据库 3 部分组成。测试管理部分是测试控制与评估软件对各类测试设备、测试流程进行管理的子系统，主要完成对被测终端信息、测试设备信息、系统操作用户、测试项目模板等的管理维护。数据采集与评估部分的主要功能是对用户终端和参考终端上报的数据进行实时采集，经过预处理后，一方面将数据写入数据库中，便于后续的查看与回放；另一方面对数据进行实时评估，评估结果以报表的形式呈现给用户。数据库是测试系统数据交互的核心，完成系统信息存储、管理分析及重构，用户信息的管理、修改和查询；完成测试系统各模块数据的实时读取和写入，对各模块分析结果以报表形式进行入库管理。

9.6.2　典型指标测试方法

北斗卫星导航产品的典型技术指标主要包括误码率、捕获灵敏度、定位测速精度、自主完好性、首次定位时间、通道时延一致性等一系列参数，下面将针对每个参数测试以及评估方法展开论述。

1. 导航电文误码率测试

接收误码率是指在规定的信号功率电平条件下，卫星导航定位产品恢复卫星导航电文的错误概率。

对接收误码率的测试大致分为以下 3 个步骤。

(1) 卫星导航定位产品接入卫星导航用户设备检测系统。

(2) 卫星导航用户设备检测系统播发卫星导航模拟信号，仿真场景设置为所有卫星可见。

(3) 卫星导航用户设备检测系统设置卫星导航定位产品待测频点各通道捕获跟踪不同卫星信号，并通过串口实时输出导航电文，进行误码率统计。

误码率计算式为

$$\gamma_c = \frac{m_e}{N} \tag{9.5}$$

其中，m_e 为各通道数据误码总数；N 为通道数据码元总数。

误码率统计结果满足指标要求，则判定卫星导航定位产品该频点接收误码率指标合格；否则，判为不合格。

2. 信号跟踪灵敏度测试

跟踪灵敏度是指被测设备在捕获信号后，能够保持稳定输出并符合定位精度要求的最小信号电平。

跟踪灵敏度测试大致分为以下 3 个步骤。

(1) 卫星导航定位产品接入卫星导航用户设备检测系统。

(2) 卫星导航用户设备检测系统播发卫星导航模拟信号，仿真场景设置为所有卫星可见。

(3) 卫星导航用户设备检测系统设置信号功率的降低，并通过卫星导航定位产品串口实时输出定位信息，记录每个信号功率下卫星导航定位产品接收信号的情况。

跟踪灵敏度评估要求卫星导航定位产品最低接收功率值大于–145dBm。卫星导航定位产品最低接收功率值统计结果满足指标要求，则判定卫星导航定位产品该频点跟踪灵敏度指标合格；否则，判为不合格。

3. 信号捕获灵敏度测试

捕获灵敏度测试是指在冷启动条件下，被测设备输出定位信息满足要求时的最低接收信号电平。

捕获灵敏度测试大致分为以下 3 个步骤。

(1) 卫星导航定位产品接入卫星导航用户设备检测系统。

(2) 卫星导航用户设备检测系统播发卫星导航模拟信号，仿真场景设置为所有卫星可见。

(3) 卫星导航用户设备检测系统设置信号功率的升高，并通过卫星导航定位产品串口实时输出定位信息，进行每个信号功率下卫星导航定位产品接收信号的情况。

捕获灵敏度评估要求卫星导航定位产品最低接收功率值小于–138dB。卫星导航定位产品最低接收功率值统计结果满足指标要求，则判定卫星导航定位产品该频点捕获灵敏度指标合格；否则，判为不合格。

4. 定位测速精度测试

定位精度是指卫星导航定位产品接收卫星导航信号进行定位解算得到的位置与真实位置的接近程度，一般表示为水平定位精度和高程定位精度。测速精度是指卫星导航定位产品接收卫星导航信号进行速度解算得到的速度与真实速度的接近程度。定位更新率是指卫星导航定位产品定位结果的输出频率。

定位测速精度测试大致分为以下 3 个步骤。

(1) 卫星导航定位产品接入卫星导航用户设备检测系统。

(2) 卫星导航用户设备检测系统播发卫星导航模拟信号，仿真场景设置为正常定位场景。

(3) 卫星导航用户设备检测系统设置卫星导航定位产品按指定频度输出定位信息以及测速信息。

系统将卫星导航定位产品上报的定位信息与系统仿真的已知位置信息进行比较，计算位置误差。位置误差有两种表示方式：①空间位置误差；②水平误差和高程误差。水平误差计算方法为

$$\varDelta_{\mathrm{r}}=\sqrt{\varDelta_{\mathrm{E}}^{2}+\varDelta_{\mathrm{N}}^{2}} \tag{9.6}$$

其中，$\varDelta_{\mathrm{r}}$ 表示水平误差；$\varDelta_{\mathrm{E}}$ 表示东向位置误差分量；$\varDelta_{\mathrm{N}}$ 表示北向位置误差分量。空间位置误差计算方法为

$$\varDelta_{\mathrm{P}}=\sqrt{\varDelta_{\mathrm{r}}^{2}+\varDelta_{\mathrm{H}}^{2}} \tag{9.7}$$

其中，$\varDelta_{\mathrm{H}}$ 表示高程位置误差。东向位置误差分量、北向位置误差分量、高程位置误差分量计算方法为

$$\varDelta_{i}=\sqrt{\frac{\sum_{j=1}^{n}(x_{i,j}'-x_{i,j})^{2}}{n-1}} \tag{9.8}$$

其中，j 为参加统计的定位信息样本序号；n 为样本总数；$x'_{i,j}$ 为卫星导航定位产品解算出的位置分量值；$x_{i,j}$ 为系统仿真的已知位置分量值；i 取值 E(东向)、N(北向)或 H(高程)。

系统将卫星导航定位产品上报的测速结果与测试系统仿真的已知速度值进行比较，计算测量误差。误差计算方法为

$$\varDelta_{i}=\sqrt{\varDelta_{ix}^{2}+\varDelta_{iy}^{2}+\varDelta_{iz}^{2}} \tag{9.9}$$

检测系统对 n 个测量结果按从小到大的顺序进行排序。取第 $[n\cdot 95\%]$ 个结果为本次检定的定位精度。如果该值小于指标要求，则判定卫星导航定位产品定位精度指标合格；否则，判为不合格。$[n\cdot 95\%]$ 表示不超过 $n\cdot 95\%$ 的最大整数。

定位更新率(ratio)的评估计算公式为

$$\text{ratio}=n/t \tag{9.10}$$

其中，n 为卫星导航定位产品输出的与 BDT 对齐的定位结果数据个数；t 为卫星导航定位产品采集 n 个测试数据所用的时间。

5. 接收机自主完好性测试

要求卫星导航定位产品在接收到故障卫星信号时，能够正确辨别故障状态：如 5 颗可视卫星中有 1 颗故障，卫星导航定位产品能够给出告警信息；可视卫星大于 5 颗，卫星导航定位产品能够识别 1 颗故障卫星并能够正确解算定位结果。

自主完好性测试大致分为以下 3 个步骤。

(1) 卫星导航定位产品接入卫星导航用户设备检测系统。

(2) 卫星导航用户设备检测系统播发卫星导航模拟信号，仿真场景分别设置为五颗可见星 1 颗偶尔有故障场景和 6 颗可见星 1 颗偶尔有故障场景。

(3) 卫星导航用户设备检测系统设置卫星导航定位产品按指定频度输出定位信息和故障卫星检测信息。

5 颗可见星一颗偶尔有故障场景中，卫星有故障时卫星导航定位产品上报卫星故障信息正确，并且卫星无故障时定位结果满足定位精度要求，则卫星导航定位产品该场景测试成功，否则失败。6 颗可见星一颗偶尔有故障场景中，卫星有故障时卫星导航定位产品上报故障卫星号正确，并且该场景下定位结果满足定位精度要求，则卫星导航定位产品该场景测试成功，否则失败。两个场景卫星导航定位产品测试均成功则判定卫星导航定位产品该功能成功，否则失败。

6. 首次定位时间测试

首次定位时间是指卫星导航定位产品从开机到满足定位精度要求所需要的时间。根据卫星导航定位产品开机前的初始化条件，可分为冷启动条件下首次定位时间、温启动条件下首次定位时间和热启动条件下首次定位时间，分别如下。

冷启动：指卫星导航定位产品开机时，没有当前有效的历书、星历和本机概略位置等信息。

温启动：指卫星导航定位产品开机时，没有当前有效的星历信息，但是有当前有效的历书和本机概略位置信息。

热启动：指卫星导航定位产品开机时，有当前有效历书、星历和本机概略位置等信息。

1) 冷启动测试

(1) 卫星导航定位产品接入卫星导航用户设备检测系统。

(2) 卫星导航定位产品卫星导航信号模拟系统播发卫星导航模拟信号，仿真场景设置为正常定位场景。

(3) 卫星导航用户设备检测系统接收到卫星导航定位产品输出的定位结果后，复位卫星导航定位产品。

(4) 卫星导航用户设备检测系统更换测试场景，并按冷启动要求的时间不确定度播发 Q 支路导航信号。

(5) 卫星导航用户设备检测系统打开卫星导航定位产品或给卫星导航定位产品发送复位命令并开始计时，等待接收卫星导航定位产品自动输出的定位信息。如果在 90s 内卫星导航定位产品没有上报定位结果，则终止本次测试。

2) 温启动测试

(1) 卫星导航定位产品接入卫星导航用户设备检测系统。

(2) 卫星导航定位产品卫星导航信号模拟系统播发卫星导航模拟信号，仿真场景设置为正常定位场景。

(3) 卫星导航用户设备检测系统接收到卫星导航定位产品输出的定位结果后，复位卫星导航定位产品。

(4) 卫星导航用户设备检测系统更换测试场景，并按温启动要求的时间不确定度播发 Q 支路导航信号并发送当前的历书和本地的概略位置信息。

(5) 卫星导航用户设备检测系统打开卫星导航定位产品或给卫星导航定位产品发送复位命令并开始计时，等待接收卫星导航定位产品自动输出的定位信息。如果在 60s 内卫星导航定位产品没有上报定位结果，则终止本次测试。

3) 热启动测试

(1) 卫星导航定位产品接入卫星导航用户设备检测系统。

(2) 卫星导航定位产品卫星导航信号模拟系统播发卫星导航模拟信号，仿真场景设置为正常定位场景。

(3) 卫星导航用户设备检测系统接收到卫星导航定位产品输出的定位结果后，复位卫星导航定位产品。

(4) 卫星导航用户设备检测系统更换测试场景，并按热启动要求的时间不确定度播发 Q 支路导航信号并发送当前的历书、星历和本地概略位置信息。

(5) 卫星导航用户设备检测系统打开卫星导航定位产品或给卫星导航定位产品发送复位命令并开始计时，等待接收卫星导航定位产品自动输出的定位信息。如果在 20s 内卫星导航定位产品没有上报定位结果，则终止本次测试。

评估方法选择在某一次试验卫星导航定位产品上报的定位数据中查找满足以下条件的连续 20 个定位结果：连续 20 个结果的水平位置误差和高程位置误差均满足定位精度指标要求；水平位置误差和高程位置误差统计方法同定位精度。以第一个结果上报的时间作为卫星导航定位产品完成首次定位的时刻。该时刻与本次测试中系统开始播发 Q 支路导航信号的时刻之差，即本次测试的首次定位时间。

进行 n 次($n \geqslant 20$)测量，并对每次测量结果按从小到大的顺序进行排序。取第$\left[n \cdot 95\%\right]$个值为首次定位时间。若该值小于指标要求，则判定卫星导航定位产品首次定位时间指标合格；否则，判为不合格。

7. 通道时延一致性测试

通道时延一致性是指同一频点卫星信号经过卫星导航定位产品各通道所需时间的差异程度。

通道时延一致性测试可以大致分为以下 3 个步骤。

(1) 卫星导航定位产品接入卫星导航用户设备检测系统。

(2) 卫星导航用户设备检测系统播发卫星导航模拟信号，仿真场景设置为所有卫星可见。

(3) 卫星导航用户设备检测系统设置卫星导航定位产品待测频点各通道捕获跟踪不同卫星信号，并通过串口实时输出伪距观测值。

在评估阶段首先统计各通道的通道时延一致性，统计方法如下。

设卫星导航定位产品输出的伪距观测值为 $x_{i,j}$ ，i 为通道号，j 为采样时刻。以任一通道的伪距值为基准(如以一通道数据为基准)。相同采样时刻的其他各通道的观测值分别与基准通道值相减，得出的结果再减去检测系统仿真的通道间伪距差值。

$$\varDelta_{i,j}=(x_{i,j}-x_{1,j})-(x'_{i,j}-x'_{1,j}),\quad i\neq 1 \tag{9.11}$$

其中，$x'_{i,j}$ 为检测系统仿真的第 i 通道锁定的卫星在 j 时刻的伪距值。

求通道间的时延一致性 $\varDelta$ ，方法如下。

当 $\max\{\bar{\varDelta}_i\}\geqslant 0$ 且 $\min\{\bar{\varDelta}_i\}\leqslant 0$ 时，有

$$\varDelta=\max\{\bar{\varDelta}_i\}-\min\{\bar{\varDelta}_i\}$$

当 $\min\{\bar{\varDelta}_i\}\geqslant 0$ 时，有

$$\varDelta=\max\{\bar{\varDelta}_i\}$$

当 $\max\{\bar{\varDelta}_i\}\leqslant 0$ 时，有

$$\varDelta=-\min\{\bar{\varDelta}_i\}$$

其中，$\bar{\varDelta}_i=\dfrac{\sum_{j=1}^{n}\varDelta_{i,j}}{n}$ ，n 为 i 通道和基准通道相同伪距采样时刻的数量。$\varDelta$ 小于指标规定时，判定卫星导航定位产品该频点通道一致性合格；否则，判为不合格。

8. 失锁重捕时间测试

失锁重捕时间是指卫星导航定位产品在正常工作状态下，出现所有信号中断播放时，从出站信号重新播放至卫星导航定位产品输出锁定指示并正常定位时所需时间。

在测试阶段，可以大致分为以下 4 步操作。

(1) 卫星导航定位产品接入卫星导航用户设备检测系统。

(2) 卫星导航用户设备检测系统播发卫星导航模拟信号，仿真场景设置为正常定位场景。

(3) 待卫星导航定位产品正常锁定出站信号后，系统中断信号播发。

(4) 出站信号中断 10s 后恢复，测试系统测量从恢复出站信号开始到卫星导航定位产品正确输出锁定指示并正常定位所用时间。

评估阶段可以选择在某一次试验卫星导航定位产品上报的定位数据中查找满足以下条

件的连续 20 个定位结果：连续 20 个结果的水平位置误差和高程位置误差均满足定位精度指标要求；水平位置误差和高程位置误差统计方法同定位精度。以第 1 个结果上报的时间作为卫星导航定位产品失锁重捕的时刻。该时刻与本次测试中恢复出站信号的时刻之差，即本次测试的失锁重捕时间。

多次测量，测得的 n 组结果中，按一定的统计方法得到的统计结果不大于指标要求时，则判定卫星导航定位产品该指标合格；否则，判为不合格。

9. 信号失锁重捕时间测试

信号失锁重捕时间是指卫星导航定位产品在正常工作状态下，出现信号中断播放时，从出站信号重新播放至卫星导航定位产品输出锁定指示并正常定位时所需时间。

信号失锁重捕时间测试可以大致分为以下 4 个步骤。

(1) 卫星导航定位产品接入卫星导航用户设备检测系统。

(2) 卫星导航用户设备检测系统播发卫星导航模拟信号，仿真场景设置为正常定位场景。

(3) 待卫星导航定位产品正常锁定出站信号后，系统中断信号中俯仰度大于 30°的两颗卫星的播发。

(4) 中断的卫星信号 10s 后恢复，测试系统测量从恢复出站信号开始到卫星导航定位产品正确输出锁定被中断的卫星信号指示所用时间。

在某一次试验卫星导航定位产品上报的卫星获取数据中查找被中断信号满足以下条件的连续 20 个载噪比结果：连续 20 个结果的载噪比均满足重捕信号指标要求。以第 1 个结果上报的时间作为卫星导航定位产品信号失锁重捕的时刻。该时刻与本次测试中恢复出站信号的时刻之差，即本次测试的信号失锁重捕时间。

多次测量，测得的 n 组结果中，按一定的统计方法得到的统计结果不大于指标要求时，则判定卫星导航定位产品该指标合格；否则，判为不合格。

10. 伪距测量测试

测距精度指标通过统计伪距测量值与真值之差的均方根进行衡量。

在测试阶段，可以大致分为以下 3 个步骤。

(1) 卫星导航定位产品接入卫星导航用户设备检测系统。

(2) 卫星导航用户设备检测系统播发卫星导航模拟信号，仿真场景设置为所有卫星可见。

(3) 卫星导航用户设备检测系统设置卫星导航定位产品待测频点各通道捕获跟踪不同卫星信号，并通过串口实时输出伪距观测值。

统计待测频点各通道的伪距测量精度。如果各通道伪距测量精度按一定的统计方法得到的统计结果满足指标要求，则判定卫星导航定位产品该指标合格；否则，判为不合格。

各通道的伪距测量精度统计方法同通道时延一致性测试。

求各通道的伪距测量精度 δ_i 为

$$\delta_i = \sqrt{\frac{\sum_{j=1}^{n} \Delta_{ij}^2}{2(n-1)}} \tag{9.12}$$

其中，n 为 i 通道和基准通道相同伪距采样时刻的数量。

11. 授时精度测试

授时精度是指在有线条件下，卫星导航定位产品 B1+B3 双频授时精度，考核用户机授时精度是否满足指标要求。授时精度测试的过程中采用静态且测试系统误差参数设置均采用无时变误差模式的测试场景，其信号组成为 B1、B3 P 码，功率为−133dBm。测试系统连接图如图 9.23 所示。

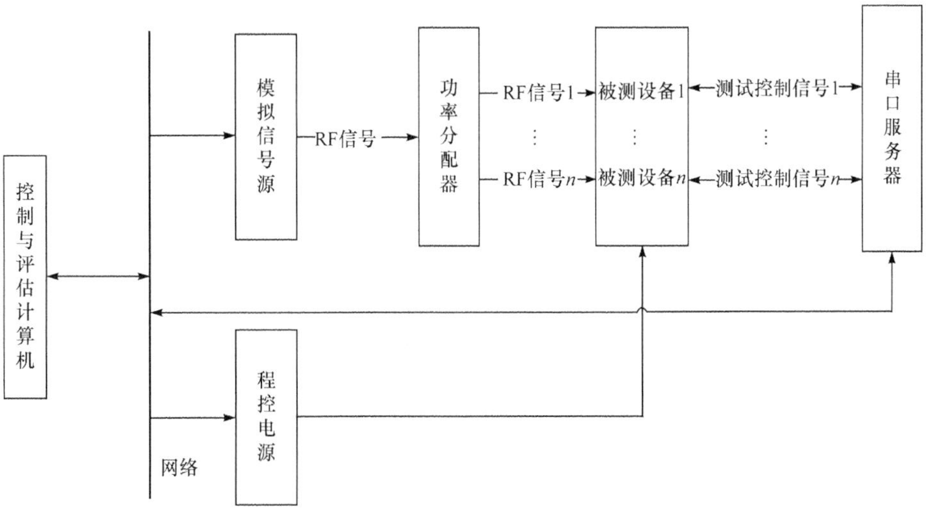

图 9.23　授时精度测试有线测试系统连接图

测试阶段大致分为以下 4 个步骤。

(1) 按测试要求选择仿真场景，初始化测试系统。

(2) 测试系统播发待测频点卫星导航信号，关闭其余频点卫星导航信号。待测频点卫星导航信号功率按要求设定。

(3) 测试系统播发待测频点两颗可见卫星的 I 支路信号和所有可见卫星的 Q 支路信号。

(4) 卫星导航用户设备检测系统设置卫星导航定位产品按指定频度输出定位信息。

如果卫星导航定位产品能正常上报定位结果，则测试系统在播发卫星导航信号 120s 后开始测量卫星导航定位产品输出的 1PPS 上升沿与测试系统时间基准 1PPS 上升沿之间的差值，统计授时精度 δ 为

$$\delta=\sqrt{\frac{\sum_{i=1}^{n}x_i^2}{n}} \tag{9.13}$$

其中，x_i 为测试系统扣除测试电缆等附加设备时延后得到的测量样本值；i 为样本序号；n 为样本总数。

第 10 章 北斗接收机信号处理基础

北斗卫星发射的导航信号传递到接收机天线后，接收机首先需要对信号进行捕获，然后跟踪卫星信号以保证连续测距，同时从导航信号中解调出导航电文，才能够实现连续定位。因此，北斗接收机必须具备码的捕获、码的锁定与测距、电文解调与定位计算等功能。本章主要介绍接收机捕获、跟踪北斗导航信号，进而获得伪距和解调出导航电文的基本原理。通过这些原理的学习，为读者全面掌握接收机工作原理，甚至设计一个接收机打下坚实的基础。

10.1 信号处理的几个概念

本节介绍接收机信号处理的几个相关概念。接收天线接收到卫星发射的电磁波信号，基本上所有用来定位的信息均来自于天线接收到的信号，故天线的性能直接影响定位性能。本节主要介绍信号功率、路径损耗、天线增益、链路预算、信号强度、载噪比等概念，帮助读者了解接收机天线接收卫星信号的相关知识。

10.1.1 信号功率与路径损耗

卫星通过其发射天线向外发射信号，而信号的发射和卫星上各种电子器件的运行所需的电能，全部来自卫星上的太阳能板对太阳能的吸收和转化，其中过多的太阳能可积聚在电池中，以供卫星运行到不处于太阳光的照射的时段使用。

每颗卫星以约 27W 的功率发射信号，信号传播以球面积方式衰减，假设某卫星的发射功率为 P_T(W)，那么在信号传播方向与卫星相距为 R 的地方，接收天线单位面积所拦截的卫星信号功率流密度 ρ (单位为 W/m²)可表示为

$$\rho = \frac{P_T}{4\pi R^2} \tag{10.1}$$

即单位面积上的接收功率等于发射功率除以球面积，如图 10.1 所示。

信号功率迅速衰减给功率描述带来了不便，为了便于描述很小的功率值，一般用 dBW 或者 dBm 为单位计量。

dB、dBW、dBm 三者定义及相互关系如下。

(1) dB：$10\log_{10}(\ )$(功率比值)。

(2) dBW：$10\log_{10}(\ )$(以 W 为单位的功率值)。

(3) dBm：$10\log_{10}(\ )$(以 mW 为单位的功率值)。

记住两个典型值：$10\log_{10}(2)=3\text{dB}$，$10\log_{10}(0.5)=10\log_{10}(2^{-1})=-3\text{dB}$。

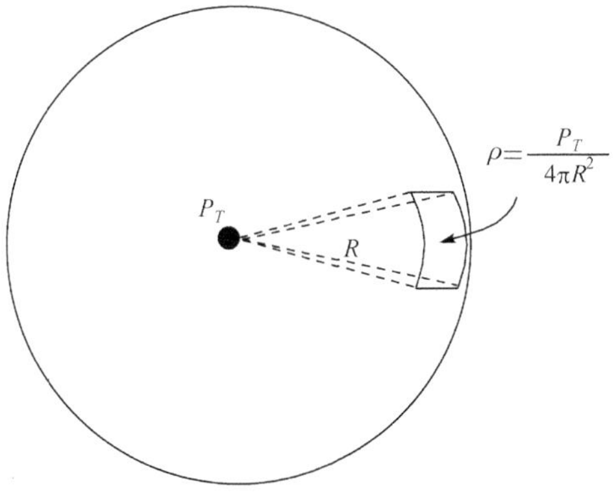

图 10.1　信号功率流密度

10.1.2　天线增益

在 10.1.1 节中，卫星信号功率流密度 ρ 的计算是基于全向性发射天线的，全向性发射天线将发射的信号平均分布于空间各个方向。

为了提高信号发射功率，卫星天线在设计上通常使其信号发射具有一定的指向功能，即原本散发到天线四周各个方向上的信号功率被集中起来朝向地球发射，而天线的这种指向性称为天线增益。

如图 10.2 所示，若卫星的发射角为 2α，即发射信号集中于一个角度为 2α 的范围内，信号集中在以 a 为半径的球冠内，故和全向性天线形成的球面相比，该天线增益等于球面积与接收面积的比值。

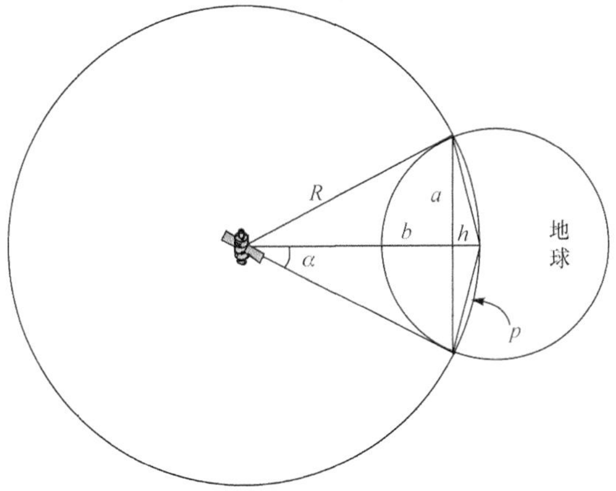

图 10.2　天线增益

由图 10.2 可得

$$
\begin{aligned}
&\text{球面积} = 4\pi R^2 \\
&\text{接收面积}=\pi p^2 = 2\pi Rh \\
&a = R\sin\alpha, b = R\cos\alpha \\
&h = R - b = R(1-\cos\alpha) \\
&p = \sqrt{h^2 + a^2} = R\sqrt{2-2\cos\alpha}
\end{aligned}
\tag{10.2}
$$

因此，得到卫星发射天线增益的表达式为

$$G_T(\alpha)=\frac{2}{1-\cos\alpha} \tag{10.3}$$

由式(10.3)可知，天线增益与卫星发射角有关。

同样，用来接收信号的接收天线通常也呈一定的指向性，接收天线与发射天线原理相同，只是能量传递方向相反，通常用G_R表示接收天线的增益。

10.1.3 链路预算

链路预算就是分析信号从发射到接收的过程中，各种因素对信号的影响；主要影响因素包括发射功率P_T、发射增益G_T、接收增益G_R、自由空间传播损耗、大气损耗、线性极化损耗。

链路预算与卫星高度角有关，表 10.1 给出了天顶方向和高度角为 5°时的链路预算值，从表中可以看出，同等条件下，天顶方向与高度角为 5°时的接收功率竟然相同。

表 10.1 链路预算

链路预算 \ 高度角	天顶方向	高度角为 5°
SV 传输功率 P_T	27W	27W
SV 天线增益 G_T (10.2～12.3dB)	10.5	17.0
辐射向地球的有效功率	283W	460W
自由空间传播损耗($1/4\pi R^2$)	$1.95\times10^{-16}\text{m}^{-2}$	$1.20\times10^{-16}\text{m}^{-2}$
大气损耗，–0.5dB	0.9	0.9
接收功率密度	$4.92\times10^{-14}\text{W/m}^2$	$4.92\times10^{-14}\text{W/m}^2$
接收天线增益，3dBi	2	2
接收天线的有效面积，$\lambda^2/4\pi$	$2.87\times10^{-3}\text{m}^2$	$2.87\times10^{-3}\text{m}^2$
线性极化损耗，–3dB	1/2	1/2
有效接收功率	$1.41\times10^{-16}\text{W}$	$1.41\times10^{-16}\text{W}$
dBm=10log$_{10}$( )(以 mW 为单位的功率值)	–128.5dBm	–128.5dBm

进一步分析信号接收功率与高度角之间的关系，如图 10.3 所示，从图中可以看出高度角为 40°时，接收功率最强。

10.1.4 信号强度与载噪比

事实上，信号接收功率的强弱并不能完整地描述信号的清晰程度或者质量，一般而言，我们还需要知道信号相对于噪声的强弱。通常用信噪比来描述接收机接收信号强度，它定义为信号功率P_R与噪声功率N的比值。

信噪比通常表达成分贝的形式，没有单位。信噪比越高，信号质量越好。信噪比的大小影响接收机的捕获跟踪性能。

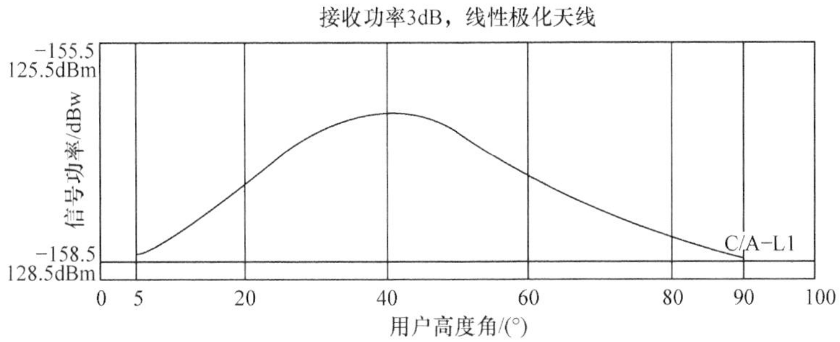

图 10.3　信号接收功率与高度角的关系

电路中带电粒子的热运动形成热噪声，通常将噪声功率 N 用一个大小相同的热噪声功率所对应的噪声温度 T_n 来等价地表示。

$$N = kT_nB_n \tag{10.4}$$

其中，k 为玻尔兹曼常量$\left(1.38\times10^{-23}\,\mathrm{J/K}\right)$；$T$ 的单位为开尔文(K)；B_n 为噪声带宽(Hz)；求得的 N 的单位为 W。

由于噪声功率 N 与噪声带宽 B_n 的取值有关，应用不方便，采用一个与噪声带宽 B_n 的取值无关的指标来表示信号强度，即载波噪声比(简称载噪比)C/N_0，它的表达式为

$$C/N_0 = \frac{P_R}{N_0} \tag{10.5}$$

其中，$N_0 = kT_n$ (单位为 W/Hz 或者 dBW/Hz)；C/N_0 的单位为 Hz；噪声温度 T 可由 Friis 公式计算得到。

根据以上各式，很容易得到信噪比与载噪比之间的关系为

$$C/N_0 = \mathrm{SNR}\times B_n \tag{10.6}$$

噪声温度 T_n 与接收机的结构设计有关，标准接收机结构如图 10.4 所示。

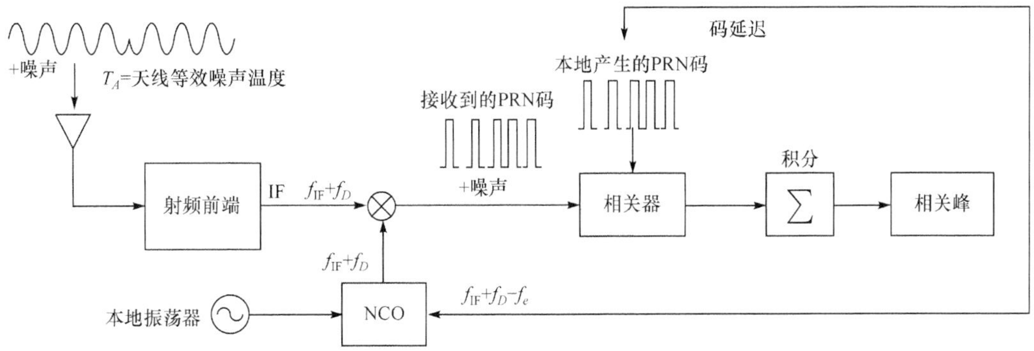

图 10.4　标准接收机结构

其中，具体的接收机前端的物理结构如图 10.5 所示。根据接收机前端的物理结构，可以计算得到噪声温度。

计算噪声温度 T_n 的公式称为 Friis 公式，具体表达式为

$$T_n = T_A + \left(F_1 - 1\right)T + \frac{\left(F_2 - 1\right)T}{G_1} + \frac{\left(F_3 - 1\right)T}{G_1G_2} + \frac{\left(F_4 - 1\right)T}{G_1G_2G_3} \tag{10.7}$$

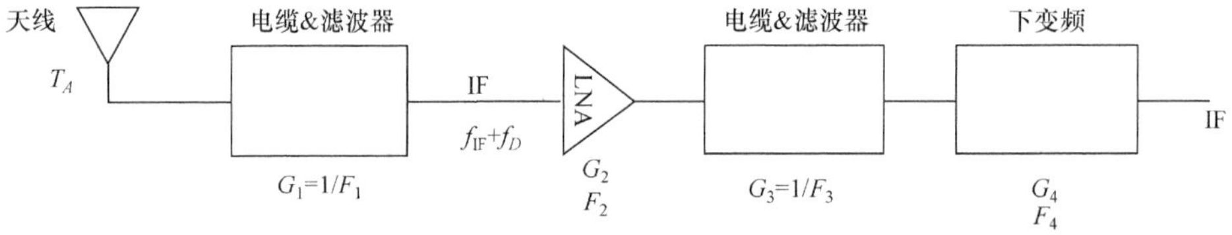

图 10.5　接收机前端的物理结构

其中，T 为周边温度；F 为噪声系数。对于有源元件 F 是特定的，无源元件则 $F=1/G$。

10.2　信号捕获原理

在接收机内对导航信号进行处理的第一步是进行信号捕获。接收机通过捕获信号，从中粗略估算可见卫星的信号参数值。本节讲述接收机接收到卫星信号后，进行下变频、相干积分，最终完成捕获的过程。

10.2.1　下变频与中频信号

信号捕获原理的讲述从整个接收信号的生成开始，卫星发射信号后，经过传输最终达到接收机天线面，被接收机捕获。

(1) 卫星发射信号。以北斗卫星导航系统的 B1 频点信号为例，B1 载波信号经过伪码和导航电文(数据码)调制之后，成为调制载波信号，如图 10.6 所示。

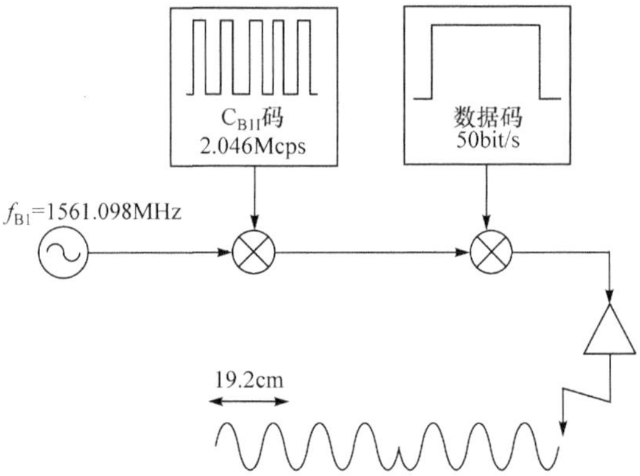

图 10.6　卫星发射信号

(2) 调制的载波信号经过传播时延后，到达天线面，此时，接收信号与卫星发射信号相比，存在几个不同：导航电文和伪码产生了时延 τ；载波频率存在多普勒频移 f_D；载波的相位相比发射时的初相位发生偏移。

上述信号经过天线前端下变频后形成中频信号，具体过程如图 10.7 所示。其中，天线接收到的某颗卫星的信号用 $s(t)$ 表示，表达式中，P 为该卫星信号的接收功率，D 为数据码，x 为测距码，τ 为信号的传播时延，f_D 为信号的多普勒频移，θ 为接收到的信号的初始相位。

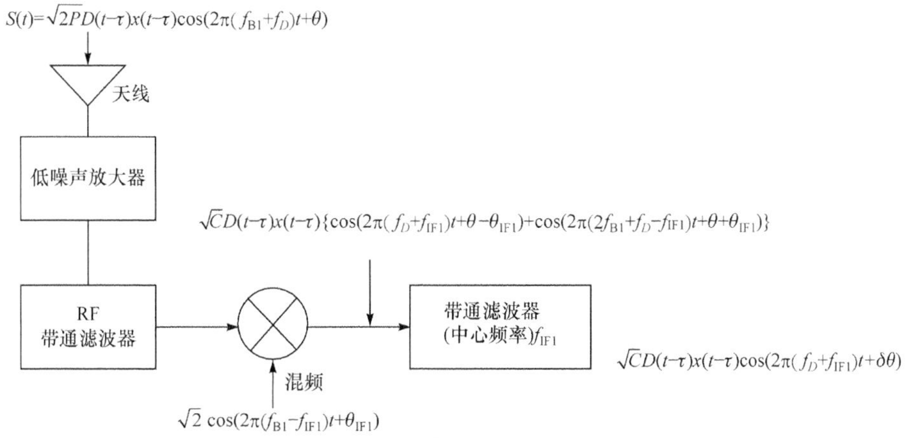

图 10.7　混频器和中频

天线和放大器之间的带通滤波器是为了尽可能滤除 B1 波段外的各种噪声和干扰。下变频混频是通过混频器将射频信号与本机产生的本振信号进行相乘，在滤除乘积中的高频分量后，载波信号就从射频下降到中频。作为混频结果，中频信号不仅保留了原射频信号上所调制的全部数据和信息，而且适合被采样离散。

下变频可由单级或者多级混频完成。单级混频可以降低成本，减少元器件数目，但是存在直流偏差、自动增益控制困难等。多级混频虽然结果复杂、元器件多，但能够很好地抑制镜像频率信号，抗干扰能力强。

射频信号通过天线前端进行下变频后得到便于处理的中频信号，混频器将中频信号再次下变频，变成零频的伪码，从而实现载波和伪码的分离，如图 10.8 所示。

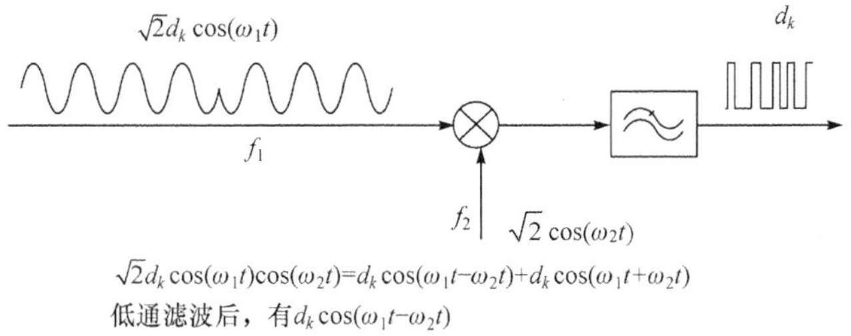

图 10.8　混频与下变频

接收机内部产生的信号频率不一定与接收信号的频率一致(存在多普勒频移)，可能导致频率微差，从而存在低频振荡，如图 10.9 所示。

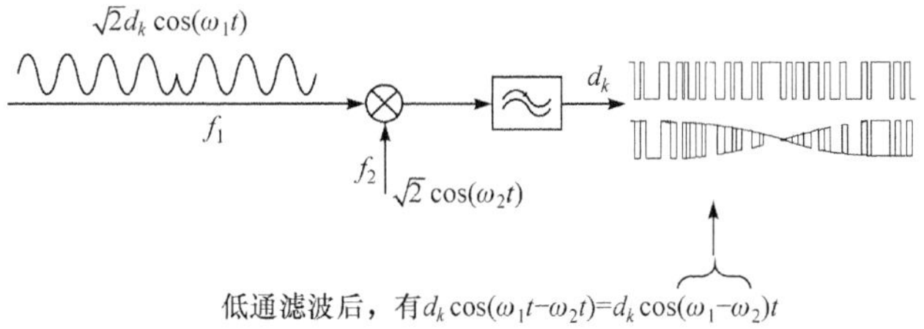

图 10.9　频率不完全匹配时混频

解决该问题的一个有效办法是引进正交混频，将低电平的信号用正交的结果恢复，如图 10.10 所示。

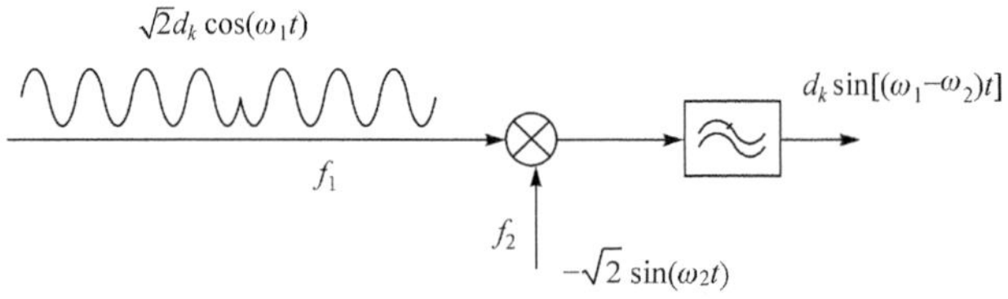

图 10.10　正交混频

经过混频、滤波等处理后，信号的中心频率变为较低的中频，通过模数转换器对信号进行模数转换，得到数字中频信号。数字中频信号经过混频后，分离出伪码，如图 10.11 所示。在混频器中，由于多普勒频移与卫星-用户相对运动相关而无法精确确定，所以为了将中频信号下变频至零频，必须先估计一个多普勒频移 f_D。

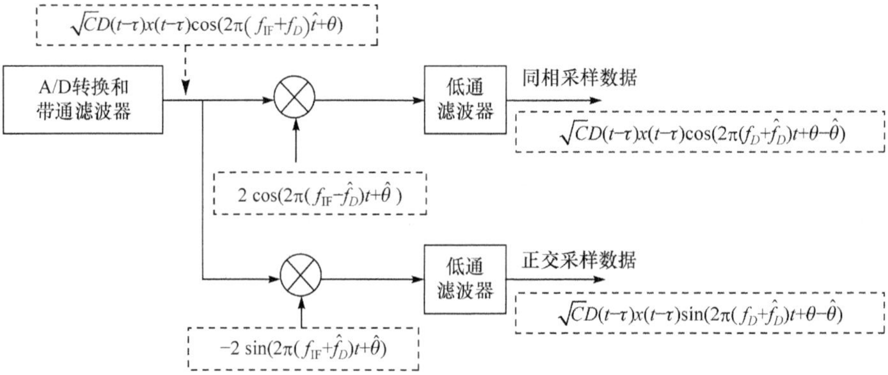

图 10.11　结合多普勒频移的 I/Q 混频

10.2.2　相干积分

得到同相和正交两个零频信号后，进行相关运算，通过检测相关峰，从而捕获信号，如图 10.12 所示。为了进行相关运算，必须进行码对齐，即估计一个传播时延 τ 。

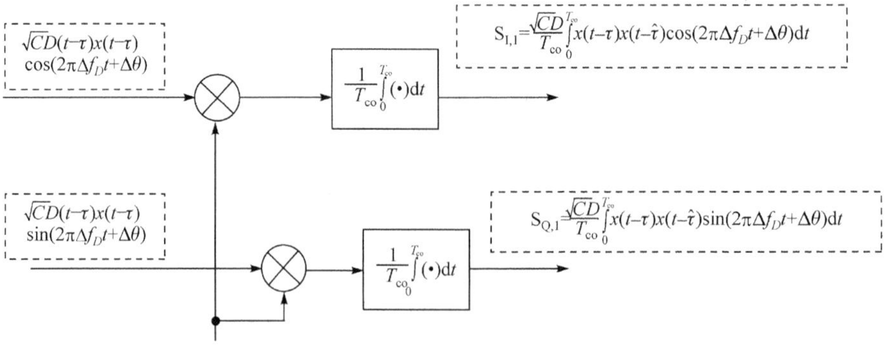

图 10.12　相关器

完整的捕获过程，如图 10.13 所示。其中，NCO 为数控振荡器。

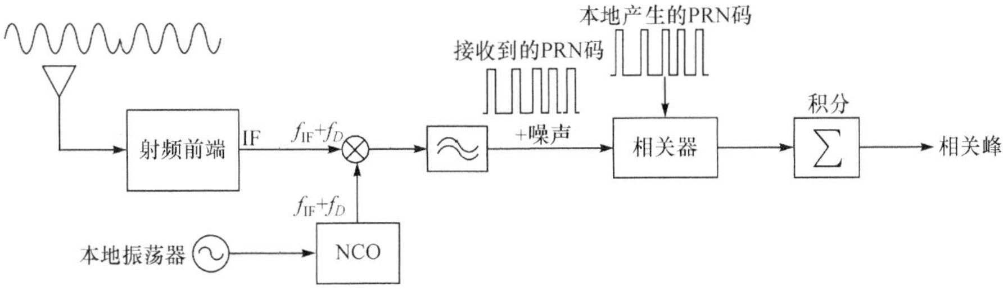

图 10.13　完整的捕获过程

10.2.3　搜索空间

由前文可知，信号的捕获过程中，需要估计两个参数，即存在两个不确定的参数：多普勒频移 f_D 和传播时延 τ 。在接收机处理中，采用搜索的方式，对两个参数进行估计。搜索空间如图 10.14 所示。

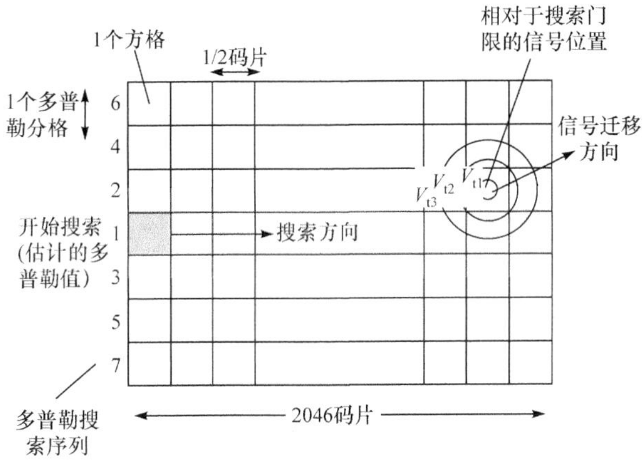

图 10.14　搜索空间

由于多普勒频移与卫星-用户之间的相对运动有关，因此，其搜索范围需要根据实际的相对运动情况进行动态调整。

(1) 时延间隔(步长)：1ms。

(2) 频率间隔(步长)：250Hz。

10.3　信号跟踪原理

接收机完成了信号的捕获后，就对信号的载波频率和伪码相位有了粗略的估计值，但是精度不够，不足以完成导航电文的解调。由于卫星与接收机之间的相对运动以及卫星时钟与接收机晶体振荡器的频率漂移等原因，接收到的卫星信号的载波频率和码相位会随着时间的推移而变化，并且这些变化通常又是不可预测的，因而信号跟踪环路一般需要以闭路反馈的形式周期性地连续运行，以达到对卫星信号的持续锁定。信号跟踪环路实际上是由载波跟踪环路与码跟踪环路两部分组成的，它们分别用来跟踪接收信号中的载波和伪码。

10.3.1　载波环

载波跟踪环路简称载波环，基本的卫星导航接收机载波环如图 10.15 所示。载波环的目的是尽力使其复制的载波信号与接收到的卫星载波信号保持一致，从而通过混频机制彻底地剥离卫星信号中的载波。若复制载波与接收载波不一致，则接收信号中的载波就不能被彻底剥离，也就是说信号不能被下变频到真正的基带，并且码环所得的 C/A 码自相关幅值也会受到削弱。

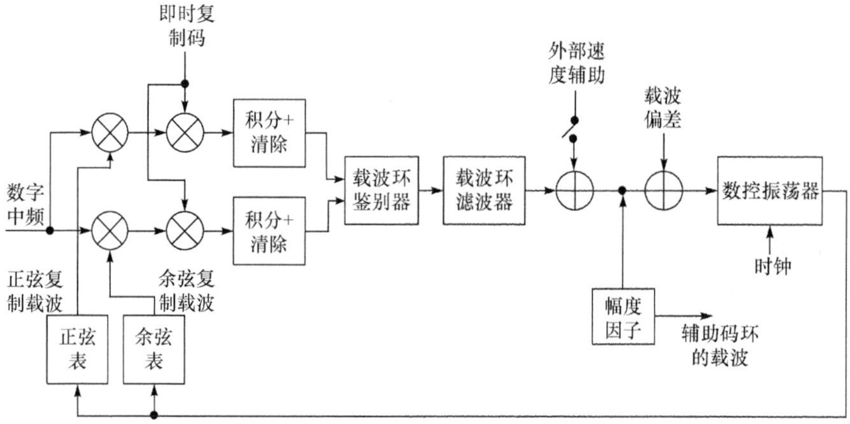

图 10.15　基本的卫星导航接收机载波环

为了彻底剥离数字中频输入信号中的载波，使其从中频下变频到基带，载波环必定包含一个混频器，并且它所复制的载波必须与输入载波保持一致。如果载波环通过检测其复制载波与输入载波之间的相位差异，然后相应地调节复制载波的相位，使两者的相位保持一致，那么这种载波环的实现形式称为相位锁定环路；如果载波环通过检测其复制载波与输入载波之间的频率差异，然后相应地调节复制载波的频率，使两者的频率保持一致，则称这种载波环的实现方式为频率锁定环路。

1. 相位锁定环路

相位锁定环路(phase lock loop, PLL)简称为锁相环，它是以锁定输入载波信号的相位为目标的一种载波环实现方式。锁相环技术是一种接收机技术，任何需要调制出稳定频率的系统基本上都采用锁相环技术，如各种通信系统和仪器设备。

一个典型的锁相环主要由相位鉴别器(简称鉴相器)、环路滤波器和压控振荡器(VCO)三部分构成，如图 10.16 所示。锁相环的作用就是使输出信号 $u_o(t)$ 与输入信号 $u_i(t)$ 的相位保持一致。

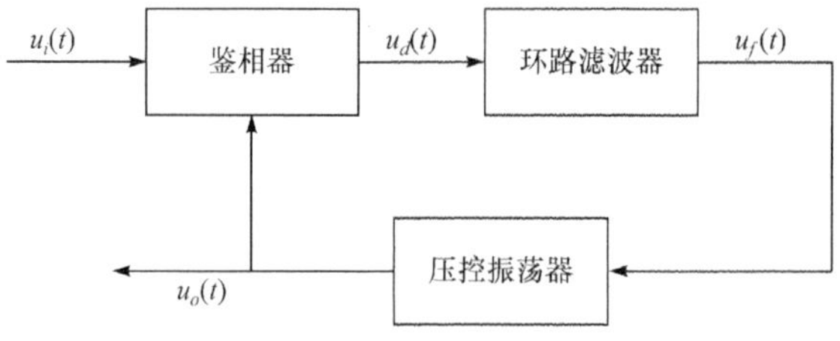

图 10.16　基本锁相环的构成

鉴相器用来鉴别输出信号 $u_o(t)$ 与输入信号 $u_i(t)$ 之间的相位差异，可以是一个乘法器。环路滤波器通常是一个低通滤波器，其作用在于降低环路中的噪声，使滤波结果既能真实地反映滤波器输入信号的相位变化情况，又能防止由于噪声的缘故而过激地调节压控振荡器。压控振荡器的基本功能是产生一定频率的周期振荡信号 $u_o(t)$，并且该信号的频率变化量与控制信号 $u_f(t)$ 的大小成正比。

图 10.17 所示为一种典型的数字式锁相环。基本思路为：数字中频信号分别与正弦和余弦复制载波混频后，混频结果与接收机内部所复制的伪码进行相关，以剥离接收信号上的伪码。相关结果用积分-清除器积分得到同相分量 I 和正交分量 Q，然后利用鉴相器处理同相分量和正交分量，从而得到相位误差，相位误差作为输入送给环路滤波器，得到的误差信号反馈给载波 NCO，完成对信号载波的跟踪调整。

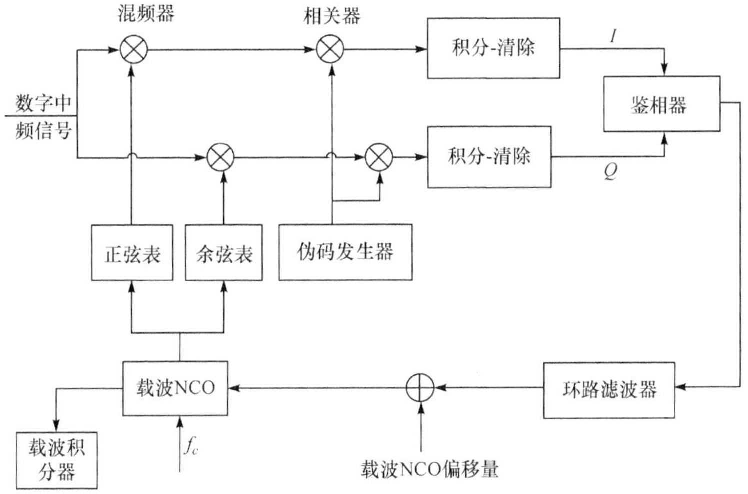

图 10.17　一种典型的数字式锁相环

锁相环采用较窄的噪声带宽，能比较紧密地跟踪信号，输出的相位测量值很精确，并且解调出的数据比特错误率较低。但是锁相环对动态应力的容忍性较差，当噪声较强或者所需环路带宽较宽时，就有可能造成信号锁定困难。

2. 频率锁定环路

频率锁定环路(frequency lock loop, FLL)简称为锁频环，又称为自动频率控制(automatic frequency control, AFC)，主要作用是使接收载波与本地复制载波之间的频率保持一致。锁频环的结构与锁相环的结构一样，只需要将锁相环中的鉴相器换成鉴频器。由于频率是相位的微分，因此最基本的鉴频器就是将相邻两次的相位相减得到频差的估计值。

锁频环和锁相环相比更稳定，而且捕获范围更大，动态性能较好，对射频、多路径和电离层风暴的干扰具有较高的容忍性。但是锁频环对信号的跟踪欠紧密，环路噪声较高，输出的载波相位测量值不够精确，并且数据解调过程中发生比特错误的概率较大。

10.3.2　码环

码环的主要功能是保持复制的伪码与接收到的伪码之间的相位一致，从而得到接收信号的码相位及其伪距测量值。码环与载波环联系紧密，彼此互相支持，它们一起共同组成导航接收机的信号跟踪环路，完成各种基带数字信号处理任务。基本的卫星导航接收机码环如图 10.18 所示。

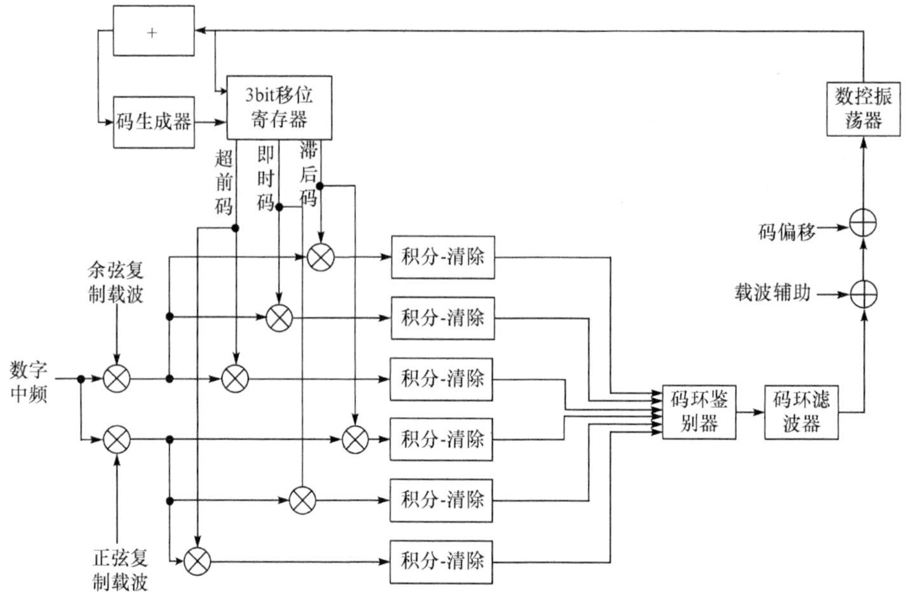

图 10.18　基本的卫星导航接收机码环

和载波环类似，码环通过复制一个与接收信号中的伪码相位一致的伪码，然后让接收信号与复制信号相乘相关，以剥离接收信号中的伪码，并从中获得伪距这一重要测量值。

1. 传播时延的确定

伪码具有良好的自相关和互相关性，只有当两个相同序列的伪码对齐时，两者的相关性才能达到最大值；码环的用意在于将复制的伪码和接收到的伪码之间的相关结果维持在最大值，并以此锁定接收信号。然而，若码环每个时刻只复制一份伪码，那么由于缺乏可比性，难以判断该份复制的伪码与接收伪码的相关结果是否达到最大。因此，码环一般复制出 3 份(也可以是两份或者更多份)不同相位的伪码，它们分别称为超前(early)、即时(prompt)、滞后(late)复制码，其中超前码的相位比即时码的相位稍微超前，滞后码的相位比即时码的相位稍微滞后，而即时码被希望与接收伪码的相位一致。当这三份不同相位的复制码分别同时与接收信号做相关运算后，码环可以通过比较得到伪码自相关函数主峰顶端的位置。相当于确定了即时码与接收伪码之间的相位差异，进而获得对接收信号的码相位测量值，并把码相位差异信息反馈给伪码数控振荡器(NCO)而闭合环路。

如图 10.19 所示，接收机生成与卫星一致的三份测距码(伪码)信号。通过移动码片，接收机的复制码与卫星发射的伪码相关峰达到最大值。由移动的码片数，结合每个码片对应的传播时间，可以计算得到从卫星发射信号到接收机接收信号的传播时延。

2. 伪距观测值的生成

伪距观测值是利用接收机本地时间减去卫星信号的发送时间得到的，确定码片位置后，为了得到具体的传播时延，必须在得到 Z 计数和本地伪码相位以后才能得到伪距观测量。

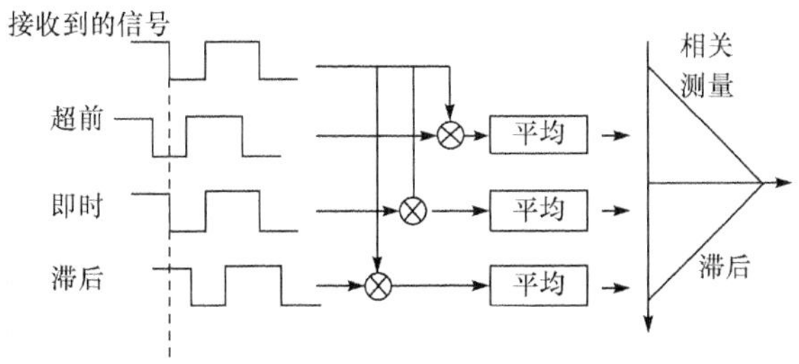

图 10.19　接收机码相关原理图

下面具体介绍伪距观测量的生成。若能够精确获取卫星发射时刻 t_{sv} 和接收机的接收时间 t_u，就能获得伪距观测量。

接收机是以一种巧妙的方式来获取精确的 t_{sv} 的，这种方式与导航系统的信号格式密切相关，以某系统测距码为例进行说明。t_{sv} 的获取由以下 4 步实现。

(1) 获取子帧发射时刻。跟踪环稳定跟踪后，对 GPS 信号而言，通过解调当前导航电文能够得到子帧计数，每个子帧历时 6s，子帧计数将 t_{sv} 的估计精确到 6s 的量级；对于北斗 D1 码信号而言，通过解调当前导航电文可以直接获得本子帧同步头的第一个脉冲上升沿所对应的时刻 SOW，能够将 t_{sv} 的估计精确到 s 的量级。

(2) 获取子帧比特计数 N_{bit}，对 GPS 和北斗 D1 码而言，导航电文每 1 子帧由 300bit 组成，每 1bit 时长 20ms，该计数范围为 1～300，在子帧最后 1bit 清零。稳定跟踪后，接收机会保持 N_{bit} 的计数。通过 N_{bit} 可以将 t_{sv} 精确到 20ms 量级。

(3) 获取测距码整周计数 N，对 GPS 和北斗 D1 码而言，每个电文比特里包含 20 个测距码周期，每个测距码周期长度是 1ms。伪码跟踪环会对测距码周期进行计数，该计数范围为 1～20。通过 N 可以将 t_{sv} 精确到 1ms 量级。

(4) 获取本地伪码相位 ϕ，跟踪环会给出 ϕ，在稳定跟踪状态下认为 ϕ 与输入信号的伪码相位精确吻合。对 GPS 信号而言，ϕ 的范围为 1～1023，单位是码片，通过 ϕ 可以将 t_{sv} 精确到码片量级(约为 0.9775μs)；对北斗 D1 码而言，ϕ 的范围为 1～2046，通过 ϕ 可以将 t_{sv} 精确到码片量级(约为 0.489μs)。

综合以上 4 步，得到 t_{sv} 的表达式为

$$t_{sv} \approx \begin{cases} 6(Z-1)+N_{bit}/50+N/1000+0.9775\phi/10^6, & \text{GPS} \\ \text{SOW}+N_{bit}/50+N/1000+0.4895\phi/10^6, & \text{北斗D1码} \end{cases} \tag{10.8}$$

整个过程如图 10.20 所示。

t_{sv} 的获取是由接收机的软件和伪码跟踪环共同实现的，同时与信号结构息息相关。信号的接收时刻 t_u 的获取相对简单，由接收机本地时钟提供。

10.3.3　信号的跟踪

10.3.1 节、10.3.2 节分别介绍了载波环和码环，然而在实际导航接收机内部，两个环路是紧密耦合的，它们相互支持，共同完成对信号的跟踪和测量。载波环需要相位对齐的伪码将输入扩频信号解扩，而码环则需要相位同步的载波信号将中频信号变到基带信号。

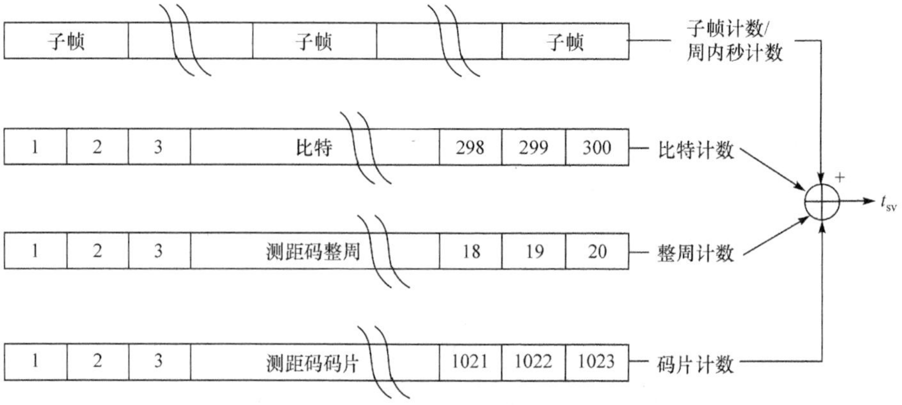

图 10.20　卫星发射时刻的获取

1. 信号跟踪环路

图 10.21 所示的是一种典型的接收机跟踪环路的内部结构和信号流程，它表现为图 10.15 所示的载波环与图 10.18 所示的码环的紧密组合。

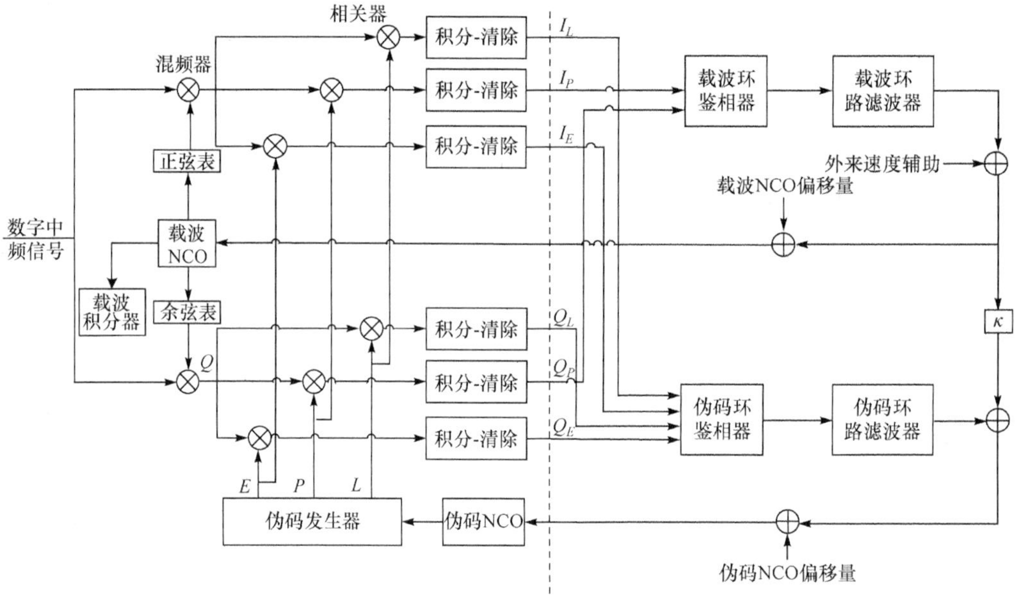

图 10.21　一种典型的接收机跟踪环路

接收机跟踪环路对接收信号的处理过程可简单地描述如下：作为输入的数字中频信号，首先与载波环所复制的载波混频相乘，其中在 I 支路上与正弦复制载波相乘，在 Q 支路上与余弦复制载波相乘；然后，在 I 支路和 Q 支路上的混频结果信号 I 和 Q 又分别与码环所复制的超前、即时、滞后 3 份码做相关运算；接着，相关结果经积分后分别输出相干积分值 I_E、I_P、I_L，Q_E、Q_P、Q_L；即时支路上的相干积分值 I_P 和 Q_P 作为载波环鉴相器的输入，其他值则作为伪码环鉴相器的输入；最后，鉴相器中的输出值经过环路滤波器进行滤波，滤波结果用来调节各自的载波 NCO 和伪码 NCO 的输出相位与频率等状态，使载波环所复制的载波与接收载波保持一致，同时又使码环所复制的即时码与接收的伪码保持一致，以保证下一时刻接收信号中载波和伪码在跟踪环路中仍能够被彻底剥离。这一过程中，载波环根据其复制的载波信号状态输出多普勒频移、积分多普勒和载波相位测量值，同时码环根据其复制的伪码信号状态输出码相位和伪距测量值，而载波环鉴相器还可以额外地解调出卫星信号上的导航电文数据比特。

2. 导航电文的解调

导航电文解调的过程可以简单表达如下。接收机收到的调制后的信号 $s(t)$ 是将导航电文数据 $D(t)$ 调制到伪码 $P(t)$ 上形成的，即有

$$s(t)=P(t)D(t) \tag{10.9}$$

若要解调出电文 $D(t)$，只需接收机在收到信号后，用一个和 $P(t)$ 相同且无延迟的伪码与其相乘，即可得到导航电文数据码 $D(t)$，即

$$\begin{aligned} s(t)P(t) &= P(t)D(t)P(t) \\ &= D(t) \end{aligned} \tag{10.10}$$

因此，当跟踪环路能够稳定跟踪信号后，I 路就开始输出 $D(t)$ 数据比特，连续的数据比特组成数据流，其中包含了前导字符、子帧的 Z 计数、卫星星历等内容。通过搜索前导字符和检查校验逻辑，并结合电文格式，可以正确地解调出导航电文数据。

第 11 章 GPS 及其他卫星导航系统

目前，美国 GPS、俄罗斯 GLONASS、欧盟 Galileo 和中国北斗卫星导航系统组成了全球卫星导航系统(GNSS)，其主要特点如表 11.1 所示。

表 11.1　典型 GNSS 的主要特点对比

参　数		GPS	GLONASS	Galileo	北斗三号
坐标参考系		WGS-84	PZ90	GTRF	CGCS2000
时间系统		GPST	GLONASST	GST	BDT
在轨卫星数		33	24+3	30	30+5
轨道面数		6 (间隔 60°)	3 (间隔 120°)	3 (间隔 120°)	GEO、IGSO、MEO (3 轨道面间隔 120°)
轨道倾角		55°	64.8°	56°	55°+同步
轨道高度		20230km	19390km	23616km	GEO、IGSO：35786km MEO：21500km
复用方式		CDMA	FDMA	CDMA	CDMA
定位精度	普通	10m	50m	10m	10m
	特殊	1m	16m	1m	1m
业务类型		导航、定位、授时	导航、定位、授时	导航、定位、授时、通信、搜索救援	导航、定位、测速、授时、通信

另外，许多国家正在大力发展自主的区域卫星导航系统。例如，印度的区域卫星导航系统 IRNSS 以及日本的准天顶卫星系统 QZSS。毋庸置疑，全球卫星导航系统的发展正逐渐趋向世界多极化。兼容互操作已成为卫星导航领域国际合作的共同诉求。GPS 等其他全球卫星导航系统在运行原理上与北斗系统大体相同，本章主要介绍 GPS 等系统区别于其他系统的特征，包括系统组成、信号特征等方面的特色。

11.1　美国 GPS

美国 GPS 是第一个真正意义的全球定位系统。美国于 1978 年发射第一颗卫星，1995 年具备提供服务功能。整个系统建设耗费 100 亿美元，每年的运行和维护成本也达到了 5 亿美元。

20 世纪下半叶，4 个关键技术的发展使得发展全球定位系统的设想得以实现，这些技术包括轨道可以预报的稳定的空间平台(卫星)、超稳时钟(原子钟)、扩频信号(测量与通信)、集成电路(接收机芯片化)。

事实上，根据三球交会定位原理，若要确定用户位置，需要用户与 3 个位置参考点(已知位置的物体)分别进行测量。对于 GPS，这个位置参考点就是卫星。GPS 卫星以 4km/s 的速度在太空中飞行，卫星的位置必须提前 24～48h 预报，而且位置误差需要达到几米量级。用户和卫星之间的距离由两者之间的信号传播时延计算得到。所有的卫星星载原子钟都同步到系统时(GPS 时)，因此，信号发射时间得以在卫星发射的信号中进行精确标记。信号到达时间的精确估计是通过扩频信号的传输实现的。扩频信号具有宽带宽的特点，而且所有卫星都可以通过同一频率发射不同的信号。集成电路的进步使接收机变得轻便、紧凑和经济便宜。

美国国防部(DoD)构建 GPS 的主要目标是为美军提供准确的位置、速度和时间服务。从量化的角度，这一要求可以描述为提供位置精度优于 10m、速度精度优于 0.1m/s、时间精度优于 100ns 的导航定位服务。上述指标都是统计意义下的均方根(RMS)误差。

GPS 提供两种导航定位服务：①标准定位服务(SPS)，为民用用户提供；②精确定位服务(PPS)为美国国防部授权用户提供。

11.1.1　系统组成

美国的 GPS 是世界领先的星基定位、测速和定时系统。GPS 由空间段、地面控制段和用户段组成，如图 11.1 所示。

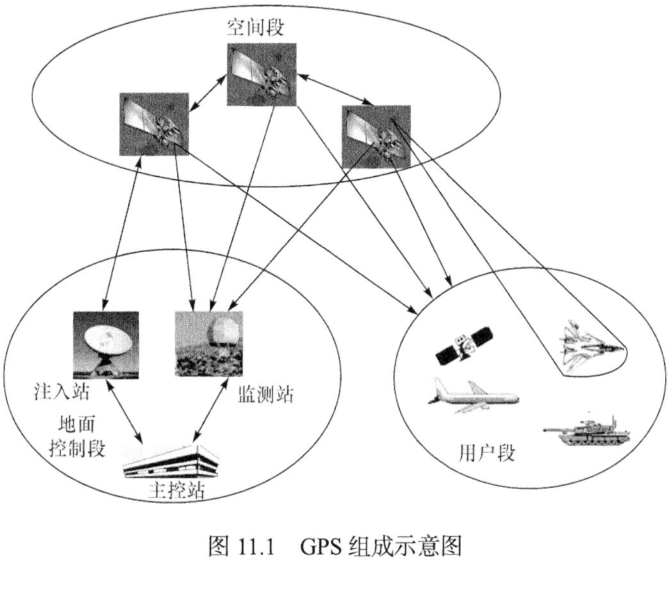

图 11.1　GPS 组成示意图

下面简要介绍 GPS 空间段、地面控制段和用户段。读者可以将该部分内容与北斗系统相关内容进行比较。

1. 空间段

GPS 卫星星座由 24 颗卫星组成，其中包括 3 颗备用卫星。工作卫星分布在 6 个等间隔的轨道面内，每个轨道面分布 4 颗卫星。卫星轨道倾角为 55°，各轨道平面升交点的赤经相差 60°，在相邻轨道上，卫星的相位角相差 30°。轨道为近圆形，最大偏心率是 0.01，长半轴为 26560km，轨道平均高度为 20200km，卫星运行周期为 11h58min(12 恒星时)。这样的布局，同一观测站上每天出现的卫星分布图相同，只是每天提前约 4min；每颗卫星每天约有 5h 在地平线以上(用户可见)。GPS 卫星星座如图 11.2 所示。

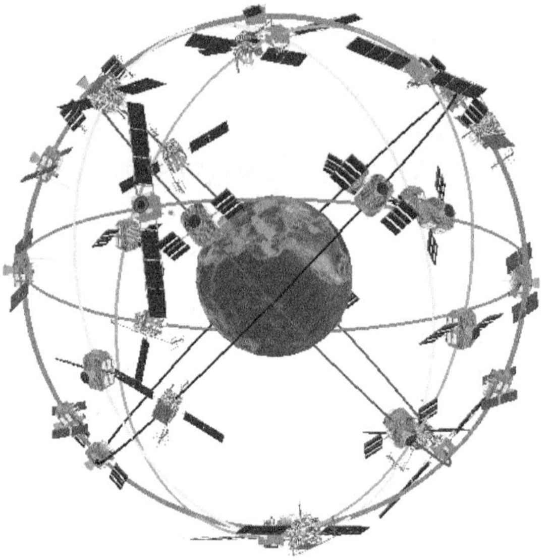

图 11.2　GPS 卫星星座

GPS 最初的 10 颗试验卫星或原型卫星用于验证 GPS 的可行性，发射于 1978～1985 年，称为 Block I 卫星。之后的 GPS 卫星是真正提供全球导航定位服务的卫星，称为 Block II 和 Block IIA。第一颗 Block II 卫星发射于 1989 年 2 月。美国利用 6 年的时间，发射了 24 颗 Block II/IIA 卫星，美国政府于 1995 年 4 月宣布 GPS 具备全球定位能力。紧接着的一代 GPS 卫星称为 Block IIR 卫星，该代卫星 1997 年提供服务。GPS 现代化的产物之一是 Block IIF 卫星，Block IIF 卫星将逐渐替代 BlockII/IIA 卫星，与 Block IIR 卫星组成目前的 GPS 星座。最新一代的 GPS 卫星称为 GPS III。美国于 2018 年 11 月发射了首颗 GPS III 卫星，正在加速 GPS 升级换代。目前，建造和发射 1 颗 GPS 卫星(Block IIR 和 Block IIF)，大约需要 1 亿美元。典型的 GPS 卫星如图 11.3 所示。

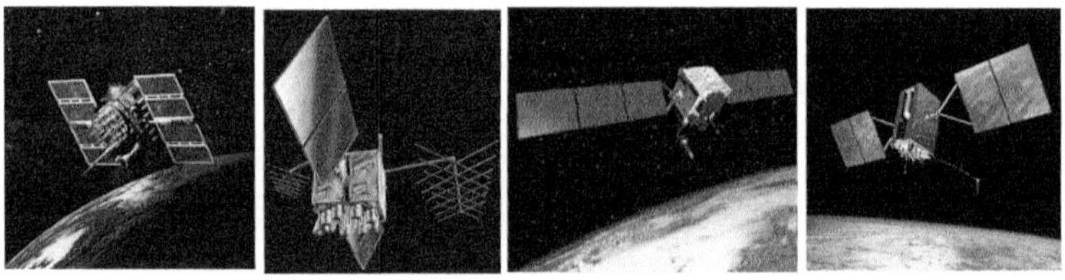

(a) GPS IIA　(b) GPS IIR　(c) GPS IIF　(d) GPS III

图 11.3　典型的 GPS 卫星

2. 地面控制段

GPS 地面控制段的核心部分称为运行控制系统(OCS)。OCS 由主控站(MCS)、地面注入天线(GA)和监测站(MS)组成。截至 2017 年 5 月，OCS 包括 1 个主控站、1 个备份主控站、4 个注入站、7 个遥测跟踪站和 16 个监测站。主控站位于美国科罗拉多州的施里弗(曾经叫猎鹰)空军基地。备份主控站位于美国加利福尼亚州的范登堡空军基地。4 个 GPS 注入站分别位于佛罗里达州的卡纳维拉尔角、大西洋的阿森松岛、印度洋的迭戈加西亚岛以及太平洋的夸贾林岛；7 个遥测跟踪站属于美国空军卫星控制网(AFSCN)，用于 S 波段遥测遥控；16 个监测站包括美国空军的 6 个监测站(除了与主控站和 4 个注入站并址的 5 个监测站，还有夏威夷监测站)和美国国家地理空间情报局(NGA)的 10 个监测站。GPS 在全球范围内共计布设 29 个地面站点，形成了 GPS 地面控制网络。

位于美国科罗拉多州施里弗空军基地的 GPS 主控站，是整个地面控制段的核心，可以看作地面运控系统的“大脑”，如图 11.4 所示。主控站的主要作用是：监测卫星轨道；监测并维持卫星健康；维持 GPS 时；预报卫星星历和钟差参数；更新卫星导航电文；控制卫星轨道机动以维持标称轨道，当卫星失效时，根据需要调度卫星进行补充。

监测站都是无人值守的，并通过主控站进行远程控制。监测站由 GPS 接收机、铯原子钟、气象设备以及通信设备组成。监测站通过通信设备与主控站连接，连接的方式有两种：卫星连接和地面连接。

地面天线(类似于北斗系统的注入站)通过 S 波段天线与卫星连接。地面天线负责接收卫星遥测数据并发送给主控站；同时，接收主控站发来的最新导航电文，并上注给卫星进行更新。目前，GPS 导航电文每天至少更新一次。随着 Block IIR 和 Block IIF 星间链路功能的投入使用，导航电文的更新频率将得以提高。

图 11.4 位于美国科罗拉多州施里弗空军基地的 GPS 主控站

3. 用户段

用户段的核心是 GPS 接收机。它由主机、天线、电源和数据处理软件等组成。其主要功能是，接收卫星播发的信号，获取定位所需观测值，提取导航电文中的广播星历、卫星钟改正等参数，经数据处理软件完成导航定位工作。

从 20 世纪 70 年代末至今，GPS 接收机经历了翻天覆地的变化。得益于大规模集成电路的发展，GPS 接收机从最初的大块头变成只有指甲盖大小的芯片，如图 11.5 所示。

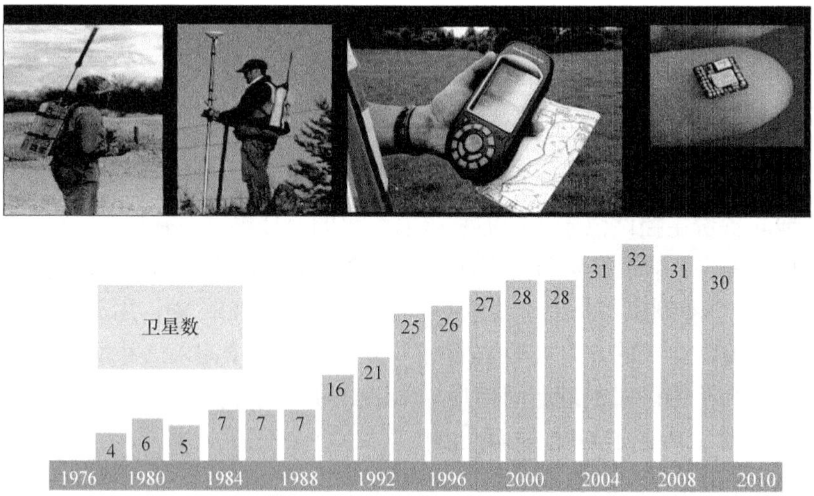

图 11.5　GPS 接收机的发展演化历程

11.1.2　信号特征

Block IIR 及之前的卫星，信号组成比较简单。卫星发射 L1 和 L2 两个频率的信号。如图 11.6 所示，在 L1 载波上调制两种码：C/A 码和 P(Y)码；在 L2 载波上只调制 P(Y)码。在 L1 和 L2 上都调制导航电文，即数据码(D 码)。GPS 现代化计划中，从 Block IIR-M(M 表示现代化)新增一个民用 L2C 信号和军用 M 码信号。Block IIF 在 Block IIR-M 的基础上，又新增一个载波频率 L5。上述信号的调制方式都采用 BPSK 调制方式。Block III(GPSIII)基本上继承了 Block IIF 的信号组成，只在 L1 上新增民用 L1C 信号。但增加了新的调制方式——BOC 调制。

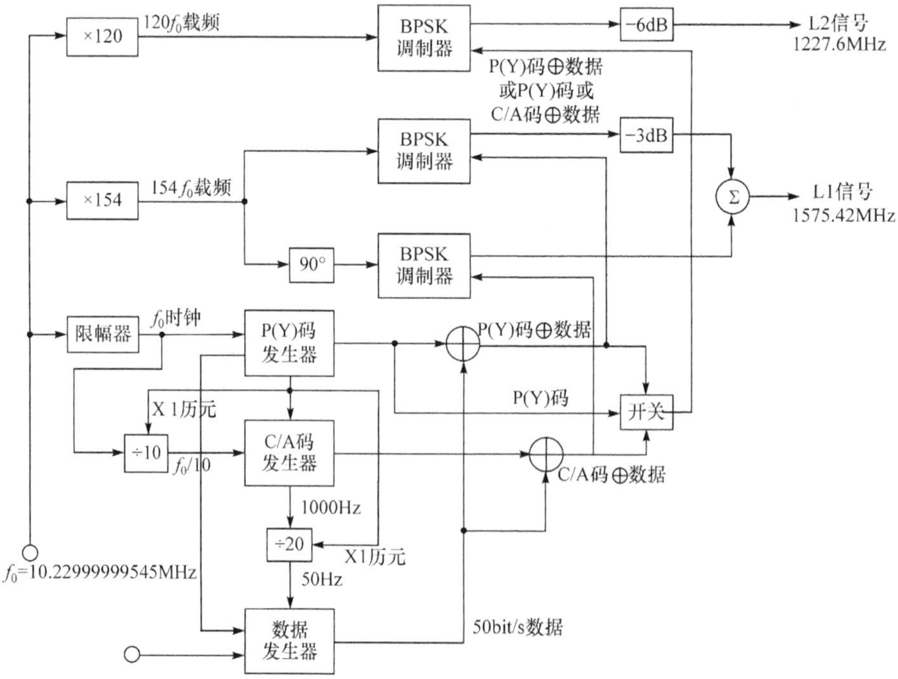

图 11.6　传统 GPS 卫星信号的构成

P 码又称为精码，为测距码，是基准频率的一倍频，对应的波长为 29.3m，被调制在 L1 和 L2 载波上，是 10MHz 的伪随机噪声码，周期为 7 天。在实际反电子欺骗时，P 码与 W 码进行模 2 相加生成保密的 Y 码，此时，一般用户无法利用 P 码来进行导航定位。

D 码为卫星导航电文(数据码)，包括卫星广播星历、卫星钟差、电离层延迟改正系数等参数，用于获得卫星的空间信息。

载波和伪随机噪声码均由卫星导航系统中精确的原子频标进行控制，这个频标的名义值为 10.23MHz。而由于相对论效应，实际值向下调整了 4.55×10^{-3}Hz，变为 10.22999999545 MHz。

GPS 采用两种测距码，即 C/A 码和 P 码(或称 Y 码)，它们均属于伪随机码。

1. C/A 码

C/A(coarse acquisition，粗捕获)码用于分址、捕获卫星信号和粗测距，它是具有一定抗干扰能力的明码，GPS 使用其作为民用测距码。GPS 使用的 C/A 码是周期为 1023($2^{10}-1$)个码片的 Gold 码，即一个 C/A 码的长度为 1023 个码片，它每毫秒重复一周，因此其码率为 1.023×10^6 码片/秒(即 1.023Mcps)，码宽约等于 977.5ns 或 293m(我们时常将一个 C/A 码片近似说成 300m)。

为了产生 C/A 码，每颗卫星在其内部的电路上有两个 10 级反馈移位寄存器，产生一对码率为 1.023Mcps、周期为 1023 码片(1ms)的 m 序列 G_1 和 G_2，其特征多项式分别为

$$\begin{cases} G_1 = 1 + x^3 + x^{10} \\ G_2 = 1 + x^2 + x^3 + x^6 + x^8 + x^9 + x^{10} \end{cases} \tag{11.1}$$

C/A 码发生器的原理图如图 11.7 所示。为了让不同卫星产生不同 C/A 码，这两个移位寄存器的输出采取了非常特别的组合方式，其中，G_1 直接提供输出序列，G_2 选择某两个存储单元的状态进行模 2 相加后再输出，由此得到一个与 G_2 平移等价的 m 序列 G_{2i}，再将其与 G_1 进行模 2 相加，便可以产生结构不同的 C/A 码，也称为 Gold 码。由于 T=1ms 的码元共有 1023 位，故 G_2 可能有 1023 种平移等价序列，1023 种平移等价序列与 G_1 模 2 相加后可产生 1023 种 m 序列，即 1023 种 C/A 码，用于 GPS 卫星的分址足够。

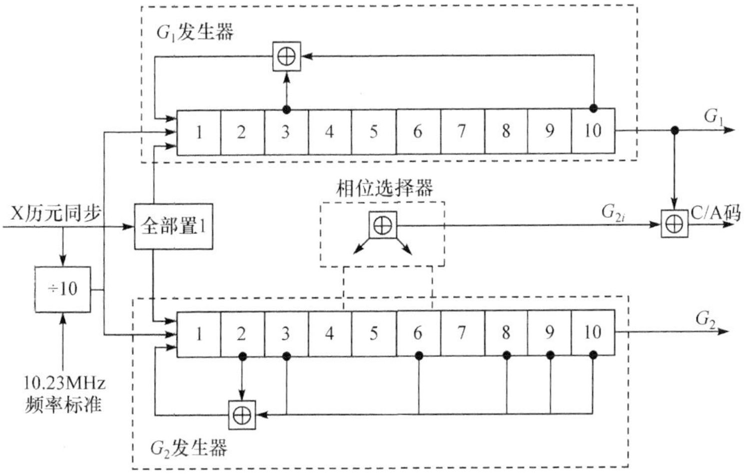

图 11.7　C/A 码发生器的原理图

C/A 码很短，只有 1023bit，易于捕获。在 GPS 定位中，为了捕获 C/A 码，以测定卫星信号的传播时延，通常需要对 C/A 码逐个进行搜索。如果以 50 个码元每秒的速度进行搜索，对于只有 1023 个码元的 C/A 码，搜索时间只要 20.5s。通过 C/A 码捕获卫星后，即可获得导航电文，通过导航电文提供的信息，便可以很容易地捕获 GPS 的 P 码。所以，C/A 码除了作为粗测码，还可作为 GPS 卫星信号 P 码的捕获码。

C/A 码的码元宽度较大，假设两个序列的码元对齐误差为码宽的 1/100～1/10，则此时相应的测距误差为 2.93～29.3m。随着现代科学技术的发展，测距分辨力大大提高。一般最简单的导航接收机的伪距测量分辨力可达 0.1m。C/A 码的码长、码元宽度、周期和码率分别为码长=1023bit；码元宽度 t_u≈0.97752μs；相应的长度为 293.1m；周期 T_u=1ms；码率为 1.023Mbit/s。不同的 GPS 卫星所使用的 C/A 码的上述 4 个指标相同，但编码规则不同，这样既便于复制又便于区分。

2. P 码

P 码(precise code)是卫星的精密码，码速率为 10.23Mcps，它同时调制在 L1 和 L2 载波信号上，主要用于军用，当 A-S 启动后 P 码便被加密以构成所谓的 Y 码，它只有特许用户才能破译。Y 码不再是一种 Gold 码，它是由两组各有十二级反馈的移位寄存器结合产生的，其原理与 C/A 码相似，但线路设计远比 C/A 码复杂且严格保密。

产生 P 码的原理如图 11.8 所示。

PRN 为 i 的卫星上产生的 P 码 P_i 是序列 X_1 与 X_{2i} 的模 2 和，X_{2i} 是由 X_2 向右平移 i 个码片后得到的平移等价序列。序列 X_1 由两个十二级反馈移位寄存器构成的电路生成，每个十二级反馈移位寄存器各能产生一个周期为 4095 码片的 m 序列，而这两个 m 序列首先通过截短，各自形成周期长为 4092 码片的序列 X_{1A} 和周期长为 4093 码片的序列 X_{1B}。截短是指在反馈移位寄存器状态循环尚未达到一个周期时被提前重置，从而使该反馈移位寄存器产生的序列周期变短。然后截短码 X_{1A} 和 X_{1B} 异或相加，生成周期为 4092×4093 的长码。最后，此长码再经过截短，变成周期为 1.5s、长为 15345000 码片的序列 X_1。

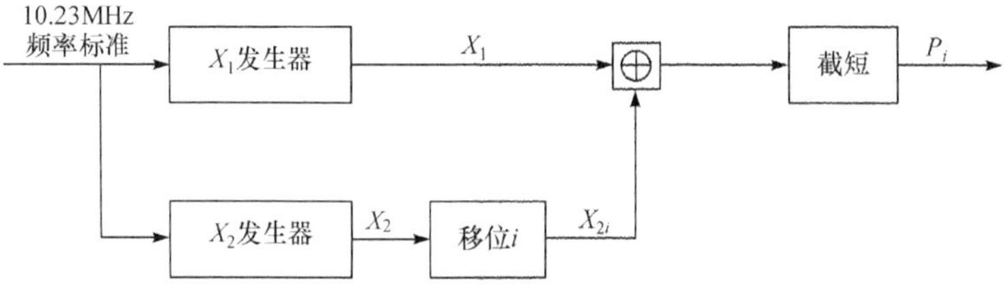

图 11.8　P 码发生器逻辑图

X_2 的生成原理与 X_1 类似，也由两个十二级反馈移位寄存器产生，只是 X_2 码比 X_1 码周期略长，为 15345037 码片。

通过上述方法可产生 37 种 P 码，在实际的应用中，P 码采用 7 天的周期，并规定每星期六午夜零点使 P 码置 1 状态作为起始点。在这 37 个 P 码中，32 个供 GPS 卫星使用，5 个供地面站使用，这样，每颗卫星所使用的 P 码便具有不同的结构，但码长和周期相同。因为 P 码的码长约为 6.19×10^{12}bit，所以如果仍采用搜索 C/A 码的方法来捕获 P 码，即逐个码元依次进行搜索，当搜索的速度仍为 50 码元每秒时，搜索时间约需 14×10^5 天。因此，一般都是先捕获 C/A 码，然后根据导航电文中给出的有关信息，进行 P 码的捕获。

11.1.3 导航电文

GPS 卫星将导航电文以帧与子帧的结构形式编排成数据流，如图 11.9 所示，每颗卫星一帧接着一帧地发送导航电文，而在发送每帧电文时，卫星又以一子帧接着一子帧的形式进行。

每帧导航电文长 1500bit，记 30s，依次由 5 个子帧组成。每个子帧长 300bit，记 6s，依次由 10 个字组成。每个字长 30bit，其最高位比特先被发送，而每一子帧中的每一字又均以 6bit 的奇偶检验码结束。我们已经知道，每一比特长 20ms，其间 C/A 码重复 20 个周期。

每一子帧的前两个字分别为遥测字(TLW)与交接字(HOW)，后 8 个字(字 3～字 10)则组成数据块。不同子帧内的数据块侧重不同方面的导航信息，其中第 1 子帧中的数据块通常称为第一数据块，第 2 子帧和第 3 子帧中的数据块合称为第二数据块，而剩下的第 4 子帧和第 5 子帧中的数据块则合称为第三数据块。当某颗卫星出现内存错误等故障时，它会在各大数据块的 8 个字里交替地发射 1 与 0。

GPS 对第三数据块采用了分页的结构，即一帧中的第 4 子帧和第 5 子帧为一页，然后在下一帧中的第 4 子帧和第 5 子帧继续发送下一页，而第三数据块的内容共占 25 页。因为一帧电文长 30s，所以发送一套完整的导航电文总共需要花 750s(12.5min)的时间，然后整个导航电文的内容每 12.5min 重复一次。

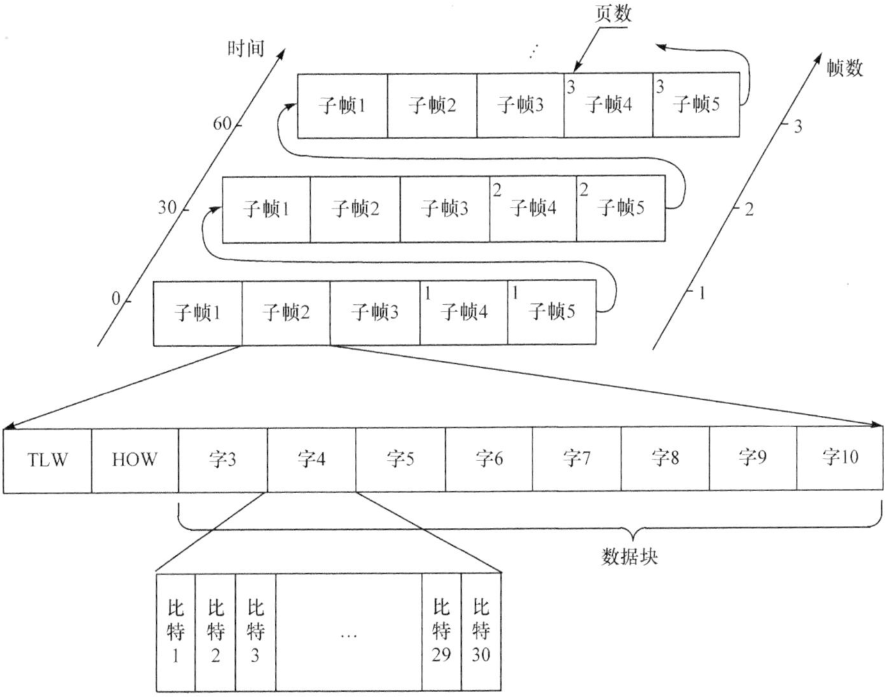

图 11.9 GPS 导航电文的结构

在新的一个 GPS 星期刚开始那一刻，无论卫星在上一星期末尾正在播发哪一段电文，它总是重新从第 1 子帧开始播发，而在第一次的第 4 子帧和第 5 子帧中将总是重新从第三数据块的第 1 页开始播发。当第 1 子帧、第 2 子帧和第 3 子帧的内容需要更新时，新的导航电文总是从帧的边沿处(对应的 GPS 时间是 30s 的整数倍)开始播发。当第 4 子帧和第 5 子帧的内容需要更新时，新的导航电文可以在第 4 和第 5 子帧中的任一页处开始播发。各子帧的播发页面及主要内容如图 11.10 所示。

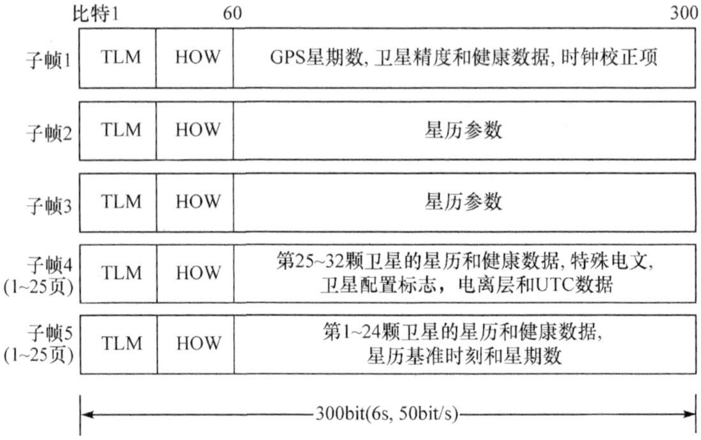

图 11.10 GPS 子帧播发内容

1. GPS 广播星历

GPS 广播星历可用于计算在某个观测时刻的 GPS 卫星坐标，GPS 广播星历现有两种形式：16 参数模型和 18 参数模型。

GPS 广播星历 16 参数包括 15 个轨道参数和 1 个星历参考时间，其更新周期为 2h。表 11.2 为 GPS 广播星历 16 参数定义及其特性说明。

表 11.2 GPS 广播星历 16 参数定义及其特性说明

序号	参数	定义
1	t_{oe}	星历参考时间
2	$\sqrt{A}$	卫星轨道长半轴 a_s 的平方根
3	e	轨道偏心率
4	i_0	t_{oe} 时的轨道倾角
5	Ω_0	根据参考时间计算的轨道升交点经度
6	ω	轨道近地点角距
7	M_0	t_{oe} 时平近点角
8	Δn	平均运动角速率校正值
9	$\dot{i}$	轨道倾角变化率
10	$\dot{\Omega}$	轨道升交点赤经对时间的变化率
11	C_{uc}	纬度幅角余弦调和校正振幅

续表

序号	参数	定义
12	C_{us}	纬度幅角正弦调和校正振幅
13	C_{rc}	地心距余弦调和校正振幅
14	C_{rs}	地心距正弦调和校正振幅
15	C_{ic}	轨道倾角余弦调和校正振幅
16	C_{is}	轨道倾角正弦调和校正振幅

2. GPS 广播星历用户算法

GPS 广播星历表中的时间和坐标系分别为 GPS 时间系统和 WGS-84 坐标系。在 GPS 数据处理中，一般是利用卫星的广播星历参数计算卫星轨道，具体计算过程及对应的表达式如表 11.3 所示。

表 11.3　GPS 广播星历 16 参数用户算法

参数的计算公式	公式的含义
$\mu = 3.986005\times10^{14}\,\mathrm{m^3/s^2}$	WGS-84 坐标系下的地球引力常数
$\dot{\Omega}_e = 7.2921151467\times10^{-5}\,\mathrm{rad/s}$	WGS-84 坐标系下的地球自转速率
$\pi = 3.1415926535898$	圆周率
$A = \left(\sqrt{A}\right)^2$	长半轴的计算
$n_0 = \sqrt{\dfrac{\mu}{A^3}}$	卫星平均运动角速率的计算
$t_k = t - t_{oe}$	观测历元到参考历元的时间差的计算
$n = n_0 + \Delta n$	平均运动角速率的改正
$M_k = M_0 + nt_k$	平近点角的计算
$M_k = E_k - e\sin E_k$	偏近点角的迭代计算
$\begin{cases}\sin v_k = \dfrac{\sqrt{1-e^2}\sin E_k}{1-e\cos E_k}\\ \cos v_k = \dfrac{\cos E_k - e}{1-e\cos E_k}\end{cases}$	真近点角的计算
$\phi_k = v_k + \omega$	纬度幅角的计算
$\delta u_k = C_{us}\sin(2\phi_k) + C_{uc}\cos(2\phi_k)$ $\delta r_k = C_{rs}\sin(2\phi_k) + C_{rc}\cos(2\phi_k)$ $\delta i_k = C_{is}\sin(2\phi_k) + C_{ic}\cos(2\phi_k)$	纬度幅角改正项 地心距改正项 轨道倾角改正项
$u_k = \phi_k + \delta u_k$	计算改正后的纬度幅角
$r_k = A(1-e\cos E_k) + \delta r_k$	计算改正后的地心距
$i_k = i_0 + \mathrm{IDOT}\cdot t_k + \delta i_k$	计算改正后的倾角

续表

参数的计算公式	公式的含义
$\begin{cases} x_k = r_k \cos u_k \\ y_k = r_k \sin u_k \end{cases}$	计算卫星在轨道平面内的坐标
$\Omega_k = \Omega_0 + (\dot{\Omega} - \dot{\Omega}_e)t_k - \dot{\Omega}_e t_{oe}$	计算历元升交点的经度(地固系)
$\begin{cases} X_k = x_k \cos\Omega_k - y_k \cos i_k \sin\Omega_k \\ Y_k = x_k \sin\Omega_k + y_k \cos i_k \cos\Omega_k \\ Z_k = y_k \sin i_k \end{cases}$	计算卫星在 WGS-84 坐标系中的坐标

其中，μ 为 WGS-84 坐标系下的地球引力常数；t 是信号发射时刻的 GPS 系统时。t_k 是 GPS 系统时间 t 和星历参考时间 t_{oe} 之间的时间差，并考虑到跨过一周开始或结束的时间，其计算公式同式(4.49)。

GPS 星历 18 参数与 GPS 广播星历 16 参数基本上是一样的，只是其中的几个参数有些许改变。将 GPS 广播星历 16 参数中的参数 $\sqrt{A}$ 去掉换成 ΔA、$\dot{A}$，将参数 Δn_0 改成 Δn_0、$\Delta\dot{n}_0$，忽略掉参数 $\dot{\Omega}$ 而使用 $\Delta\dot{\Omega}$。其中参数 ΔA、$\Delta\dot{\Omega}$ 分别相对于参考时刻的长半轴值 A_{REF}、参考时刻的升交点赤经的变化率 $\dot{\Omega}_{\text{REF}}$，$A_{\text{REF}} = 26559710\text{m}$，$\dot{\Omega}_{\text{REF}} = -2.6\times10^{-9}$。GPS 广播星历 18 参数及其特性说明以及对应的用户算法可以参考相关 ICD(Interface Control Document)文档。

11.1.4 SA 和 A-S 政策

美国 GPS 最初是给军方使用的，为了防止敌对势力利用 GPS 攻击美军，美国在 20 世纪 90 年代，对民用用户的定位精度进行了限制。这个政策称为 SA(Selective Availability)政策，即选择可用性政策。SA 政策是通过 ε 技术和 δ 技术来实现的。

ε 技术是扰动星历数据，将 GPS 卫星轨道参数(广播星历)的精度降低，给定位造成一个大的慢变偏移，使定位精度下降。该误差不是一个固定偏差，而是一个无规则变化的人为随机值。

δ 技术是对卫星的基准信号(10.23MHz)，人为地引入一个高频抖动信号。因此，所有的派生信号(载波、伪噪声码、数据码)都出现高频抖动，以降低定位和测速的精度。

SA 引入的误差是可变的，如图 11.11 所示。在和平时期只引入规定的误差以达到 SPS 定位服务标准(100m 左右)，如图 11.12 所示。从图 11.12 还可以看出，如果 SA 关闭，定位精度将大为改善。然而一旦美国军队受到敌方使用 GPS 而带来的明显威胁，美国总统就可以下令增大 SA 的误差，降低 SPS 定位服务的精度。2000 年，美国总统签署命令，下令取消 SA 政策。但如果美军需要对某区域降低 GPS 服务，该政策仍然有效。

A-S(anti-spoofing)是用来反电子诱骗的。其目的是防止敌人模拟 GPS 信号和用干扰机对 P 码定位进行干扰。其方法是，将 P 码与机密的 W 码进行模 2 和而形成 Y 码。据透露，W 码将严格保密，只有在国家紧急状态下或者短期试验时，才启用 W 码，形成 Y 码。

可见，SA 是为控制非授权用户得到高精度而采用的方法，A-S 是为防止敌方模拟 PPS(精密定位服务)信号而采用的方法。SA 和 A-S 共同构成美国国防部的 GPS 控制措施，以保证

GPS 增强美军和盟军的军力，同时又防止敌方利用和开发 GPS 的军用能力。

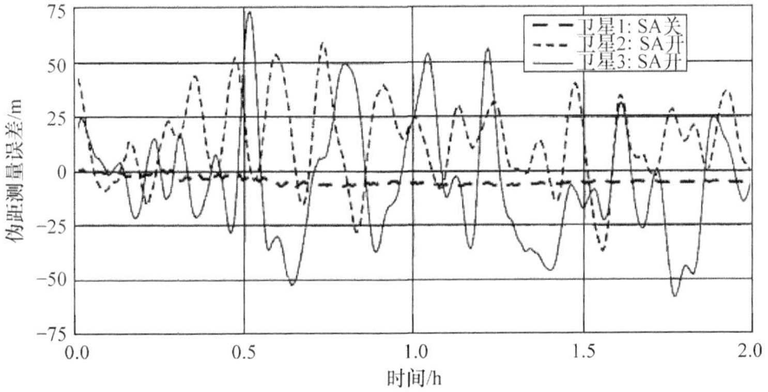

图 11.11 SA 政策对伪距测量精度的影响

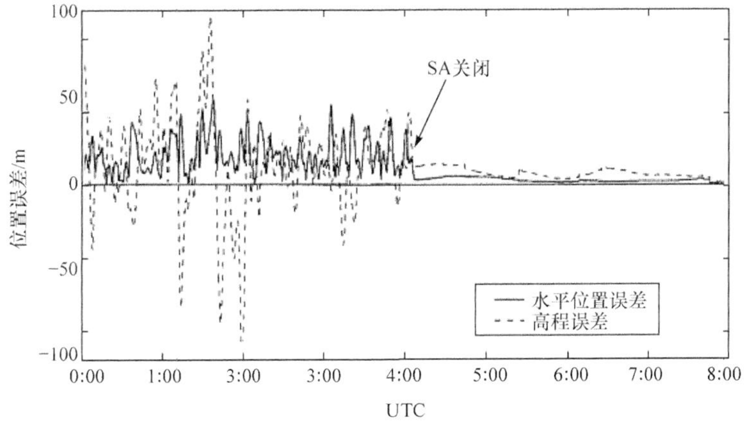

图 11.12 SA 政策对定位精度的影响

11.2 俄罗斯 GLONASS

俄罗斯的全球卫星导航系统(GLONASS)，是与 GPS 几乎同步发展起来的卫星导航系统。GLONASS 是 GLObal NAvigation Satellite System 大写字母的缩写，是由苏联国防部独立研制和控制的第二代军用卫星导航系统，该系统是全世界第二个全球导航卫星系统。苏联于 1976 年开始建设该系统，并于 1982 年发射第一颗 GLONASS 卫星。苏联解体后，俄罗斯继承了该系统。一直到 1995 年，前后历经近 20 年才把全部卫星部署到位。但是，由于俄罗斯经济崩溃，政府无力提供巨大的经费维持卫星的正常更换，所以 2001 年时在轨工作卫星仅剩 7 颗。同年，俄罗斯政府开始计划恢复并优化 GLONASS。直到 2013 年，系统才再次达到全部可操作的状态，即包括 24 颗工作卫星在内的完整系统。

11.2.1 系统组成

与 GPS 星座构型不同的是，GLONASS 星座采用 3 个轨道面、每个轨道面 8 颗卫星的均匀对称星座(Walker 星座)构型。由于俄罗斯整体处于高纬度地区，为了具有更好的信号覆盖特性，采用的轨道倾角为 64.8°。另外，GLONASS 在信号体制上采用频分多址(FDMA)技术，与 GPS 采用的码分多址(CDMA)技术存在较大差异。尽管如此，在对卫星星座的管理与控制以及用户导航定位原理方面，两者还是基本一致的。

GLONASS 卫星大体上经历了三代，即最初的 GLONASS 卫星、现代化的 GLONASS-M 卫星和下一代 GLONASS-K 卫星，如图 11.13 所示。

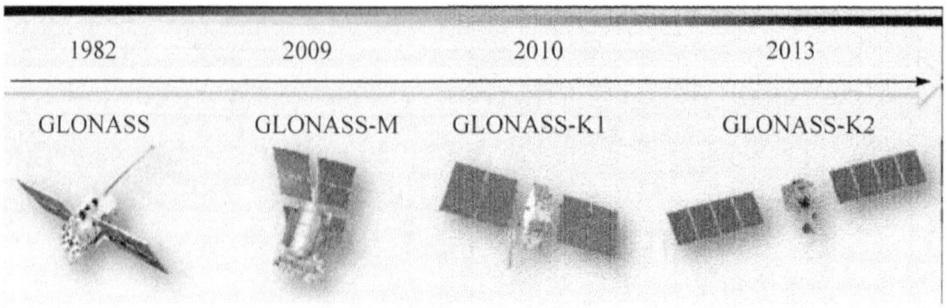

图 11.13 GLONASS 卫星及其演化过程

GLONASS 的地面控制部分几乎完全位于苏联领土内，由 1 个系统控制中心、3 个注入站、5 个遥测遥控站、2 个激光测距站和 10 个监测站组成。其中，系统控制中心和中央同步处理器位于莫斯科，遥测遥控站位于圣彼得堡、捷尔诺波尔、埃尼谢斯克和共青城等地。

GLONASS 用户段(接收机设备)能接收卫星发射的导航信号，并测量其伪距和伪距变化率；同时，从卫星信号中提取并处理导航电文。接收机处理软件对观测数据进行处理，从而计算出用户的位置、速度和时间信息。GLONASS 提供军用和民用两种服务，绝对定位精度水平方向为 16m，垂直方向为 25m。

11.2.2 信号特征

下面通过列举 GLONASS 与 GPS 的不同之处，说明 GLONASS 的信号特征。

1. 信号机制不同

GPS 采用 CDMA 机制，每颗卫星发射的载波频率相同，卫星之间通过调制不同的伪随机噪声码进行区分。GLONASS 信号采用 FDMA 机制进行区分。每颗卫星采用不同射电频率。第 j 颗 GLONASS 卫星的射电频率为

$$\begin{cases} f_{j1} = f_1 + (j-1)\Delta f_1 \\ f_{j2} = f_2 + (j-1)\Delta f_2 \end{cases} \tag{11.2}$$

其中，$f_1 = 1602.5625\,\text{MHz}$；$\Delta f_1 = 0.5625\,\text{MHz}$；$f_2 = 1246.4375\,\text{MHz}$；$\Delta f_2 = 0.4375\,\text{MHz}$；$j = 1,2,3,\cdots,24$。

2. C/A 码不同

GLONASS 采用的 C/A 码，是最大长度序列，即 m 序列。其特征方程为

$$f(x) = 1 + x^5 + x^9 \tag{11.3}$$

该码仅有 511 个码元，比 GPS 的 C/A 码短一半，而码速率是 GPS 的 C/A 码的 1/2。而 GPS 的 C/A 码为 Gold 码，码长为 1023 码元。但 GPS 与 GLONASS 的 C/A 码的周期相同，都为 1ms。

11.2.3　导航电文

GLONASS 卫星信号中调制的导航电文在结构和参数方面与 GPS 存在较大的差异，其导航电文包含卫星钟时刻、卫星钟差(与 GLONASS 系统时间之差)、卫星信号载波频率实际值与设计值之差、卫星轨道参数以及卫星历书。一个完整的导航电文由一个超帧组成，5 个帧组成一个超帧，每帧又由 15 个串组成，串相当于 GPS 导航电文的子帧。发送一个超帧用时 150s，每个超帧里含有全部卫星的所有星历内容。

此外，GPS 的星历数据是用轨道的开普勒根数给出的，根据星历计算卫星在 WGS-84 坐标系中的直角坐标和速度分量。GLONASS 的星历直接用直角坐标和速度分量表示。即某一参考历元 t_0 的 GLONASS 星历表示为

$$\sigma_{\text{GLONASS}}(t_0)=\left(x,y,z,v_x,v_y,v_z,a_x,a_y,a_z,\tau_n,\gamma_n\right) \tag{11.4}$$

其中，x,y,z 为 t_0 时刻卫星的位置分量；v_x,v_y,v_z 为速度分量；a_x,a_y,a_z 为加速度分量；τ_n,γ_n 分别为卫星钟偏差和钟速。

根据星历参数求解 t 时刻的卫星位置矢量 $\boldsymbol{r}^s(t)=[x,y,z]^{\mathrm{T}}$，速度矢量 $\boldsymbol{v}^s(t)=\left[v_x,v_y,v_z\right]$ 的微分方程为

$$\begin{aligned}
&\frac{\mathrm{d}x}{\mathrm{d}t}=v_x,\frac{\mathrm{d}y}{\mathrm{d}t}=v_y,\frac{\mathrm{d}z}{\mathrm{d}t}=v_z\\
&\frac{\mathrm{d}v_x}{\mathrm{d}t}=-\frac{\mu}{r^3}x-\frac{3}{2}J_2\frac{\mu a_\varepsilon^2}{r^5}x\left(1-\frac{5z^2}{r^2}\right)+\omega_\varepsilon^2x+2\omega_\varepsilon v_y+a_x\\
&\frac{\mathrm{d}v_y}{\mathrm{d}t}=-\frac{\mu}{r^3}y-\frac{3}{2}J_2\frac{\mu a_\varepsilon^2}{r^5}y\left(1-\frac{5z^2}{r^2}\right)+\omega_\varepsilon^2y-2\omega_\varepsilon v_x+a_y\\
&\frac{\mathrm{d}v_z}{\mathrm{d}t}=-\frac{\mu}{r^3}z-\frac{3}{2}J_2\frac{\mu a_\varepsilon^2}{r^5}z\left(1-\frac{5z^2}{r^2}\right)+a_z
\end{aligned} \tag{11.5}$$

其中，a_ε 为地球长半轴(6378136.0m)；μ 为引力场常数($398600.44\times10^9\ \mathrm{m^3/s^2}$)；$\omega_\varepsilon$ 为地球自转角速率(7.292115×10^{-5} rad/s)；J_2 为地球引力场二阶带谐系数(1082625.7×10^{-9})；$r=\sqrt{x^2+y^2+z^2}$。

利用四阶龙格-库塔(Runge-Kutta)积分器 RK4 对微分方程组式(11.5)进行积分，即可得到 t 时刻的卫星位置矢量 $\boldsymbol{r}^s(t)=[x,y,z]^{\mathrm{T}}$ 和速度矢量 $\boldsymbol{v}^s(t)=\left[v_x,v_y,v_z\right]$。上述坐标的参考系都是 GLONASS 地心地固坐标系 PZ90。

对于 t 时刻卫星钟差 $\Delta T^s(t)$，可由星历参数通过下式计算。

$$\Delta T^s(t)=-\tau_n+\gamma_n\left(t-t_0\right) \tag{11.6}$$

由于钟差参数中已经考虑了相对论效应，故在此不用考虑相对论效应改正。

11.3 欧盟 Galileo

欧盟作为美国的盟友，发展自主的卫星导航系统的初衷是什么呢？至少有以下两方面的原因：一是出于对本地区主权和安全的要求，欧盟必须控制与安全息息相关的导航系统，但欧盟并没有控制 GPS；二是使欧盟各国成为导航相关技术和商业的积极参与者。

2002 年 3 月 24 日，欧盟首脑会议批准了建设 Galileo(伽利略)卫星导航定位系统的实施计划。Galileo 由欧盟委员会(EC)、欧洲太空局(ESA)和工业部门共同建设，预计需投入资金 32 亿欧元。前期已由欧盟委员会和欧洲太空局投入 21 亿欧元。

11.3.1 系统组成

Galileo 系统由空间段、地面段和用户段组成。其空间部分由 30 颗卫星(27 颗运行，3 颗备份)组成，平均分布在 3 个 MEO 面上，平均轨道长半轴为 29601.297km(距地面高度约 23300km)，轨道倾角为 56°。

Galileo 卫星承载两个有效荷载：导航荷载、搜救和救援(SAR)荷载。导航荷载上装有铷钟和氢钟。还发射若干个频率的观测信号，并通过专用的 CDMA C 波段上行链路到 Galileo 卫星，可同时上传多路信号。SAR 荷载的主要作用是转发遇难警报。Galileo 卫星重量为 680kg，还带有直径为 1.5m 的信号发射天线，太阳能板展开宽带达 18.7m，功率达到 1500W。Galileo 试验卫星如图 11.14 所示。

(a) GIOVE-A　　(b) GIOVE-B

图 11.14　Galileo 试验卫星

Galileo 系统提供 4 种服务：公开服务(OS)、政府服务(政府授权用户使用，PRS)、商业服务(CS)和搜救服务。Galileo 系统的主要特点是多载频、多服务、多用户。它除具有与 GPS 相同的全球导航定位功能外，还具有全球搜寻援救功能。为此，每颗 Galileo 卫星还装备一种援救收发器，接收来自遇险用户的求援信号，并将它转发给地面援救协调中心，地面援救协调中心组织对遇险用户的援救。与此同时，Galileo 系统还向遇险用户发送援救安排通报，以便遇险用户等待援救。

上述 4 种服务均由地面段管理和控制卫星实现。因此，Galileo 地面段具有其独特之处。Galileo 系统的地面段分成地面控制段(GCS)和地面任务段(GMS)两部分。两者之间的相互关系如图 11.15 所示。不难看出，GCS 主要负责卫星控制，GMS 主要负责导航控制。

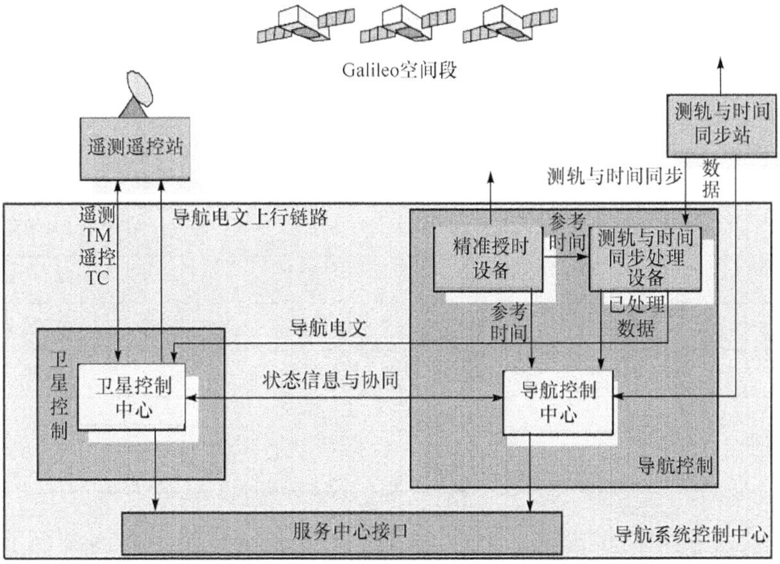

图 11.15　Galileo 地面段功能组成

Galileo 系统的地面段由位于德国的奥伯法芬霍芬(Oberpfaffenhofen)和位于意大利的富西诺(Fucino)的两个完全冗余的地面控制中心(GCC)集中管理。Galileo 的 GCS 和 GMS 的主要设施包括 2 个地面控制中心、4 个遥测遥控站、5 个注入站、16 个地面传感器站(监测站)。

目前，GMS 位于意大利的 Fucino 控制中心，如图 11.16 所示。GCS 位于德国的 Oberpfaffenhofen 控制中心。未来，这两个中心将拥有同等的设施，作为实时数据同步的热备份一起工作。若失去其中一个中心，另一个中心仍可维持 Galileo 系统的继续运作。

Galileo 用户段(接收机设备)对接收到的测距信息和卫星星历进行处理并计算出用户所在的位置、速度与时间信息。其定位原理与 GPS、北斗系统一致。

图 11.16　位于意大利 Fucino 的 Galileo 任务控制中心

11.3.2 信号特征

Galileo 所使用的频率分布在 1164～1214MHz(E5a 和 E5b)、1260～1300MHz(E6)和 1559～1591MHz(E2-L1-El)频段上，如表 11.4 所示。这些频段都属于无线电导航卫星服务频率范围。

表 11.4　Galileo 导航信号载波中心频率及其参考带宽

信号	载波频率/MHz	接收机参考带宽/MHz
E1	1575.420	24.552
E6	1278.750	40.920
E5	1191.795	51.150
E5a	1176.450	20.460
E5b	1207.140	20.460

Galileo 信号的 E2-L1-E1 波段覆盖了 GPS 的 L1 波段，Galileo 信号的 E5a 波段和 GPS 的 L5 波段重合，Galileo 信号的 E5b 波段和 GPS 的 L3 波段重合，这样可以保证 Galileo 和其他两个系统的兼容性。Galileo 系统与 GPS 一样，都使用码分多址技术区分不同的卫星。

这里同样采用功率归一化的复包络形式来描述 Galileo 信号的调制方式，其复包络表达式和带通信号形式分别见式(8.15)和式(8.16)。

1. E5 信号

Galileo 发射的 E5 信号通过 AltBOC(15,10)调制，使其承载着的 4 个信号分量组成一个具有恒包络特性的信号，并让其频谱分散在 E5a 和 E5b 这两个频率相当靠近的波段上。

E5 信号 $S_{\mathrm{E5}}(t)$ 包含以下 4 个分量的复用。

(1) E5a 数据通道($s_{\mathrm{E5a\text{-}d}}(t)$)：F/NAV 电文数据流 $D_{\mathrm{E5a\text{-}d}}(t)$ 经测距码 $C_{\mathrm{E5a\text{-}d}}(t)$ 调制而成。

(2) E5a 导频通道($s_{\mathrm{E5a\text{-}p}}(t)$)：由测距码 $C_{\mathrm{E5a\text{-}p}}(t)$ 调制生成。

(3) E5b 数据通道($s_{\mathrm{E5b\text{-}d}}(t)$)：F/NAV 电文数据流 $D_{\mathrm{E5b\text{-}d}}(t)$ 经测距码 $C_{\mathrm{E5b\text{-}d}}(t)$ 调制而成。

(4) E5b 导频通道($s_{\mathrm{E5b\text{-}p}}(t)$)：由测距码 $C_{\mathrm{E5b\text{-}p}}(t)$ 调制生成。

这 4 个分量的表达式为

$$
\begin{aligned}
s_{\mathrm{E5a\text{-}d}}(t) &= \sum_{i=-\infty}^{\infty}\left[c_{\mathrm{E5a\text{-}d},|i|_{L_{\mathrm{E5a\text{-}d}}}}\, d_{\mathrm{E5a\text{-}d},[i]_{\mathrm{DC}_{\mathrm{E5a\text{-}d}}}}\, p_{T_{C,\mathrm{E5a\text{-}d}}}\left(t-iT_{C,\mathrm{E5a\text{-}d}}\right)\right] \\
s_{\mathrm{E5a\text{-}p}}(t) &= \sum_{i=-\infty}^{\infty}\left[c_{\mathrm{E5a\text{-}p},|i|_{L_{\mathrm{E5a\text{-}p}}}}\, p_{T_{C,\mathrm{E5a\text{-}p}}}\left(t-iT_{C,\mathrm{E5a\text{-}p}}\right)\right] \\
s_{\mathrm{E5b\text{-}d}}(t) &= \sum_{i=-\infty}^{\infty}\left[c_{\mathrm{E5b\text{-}d},|i|_{L_{\mathrm{E5b\text{-}d}}}}\, d_{\mathrm{E5b\text{-}d},[i]_{\mathrm{DC}_{\mathrm{E5b\text{-}d}}}}\, p_{T_{C,\mathrm{E5b\text{-}d}}}\left(t-iT_{C,\mathrm{E5b\text{-}d}}\right)\right] \\
s_{\mathrm{E5b\text{-}p}}(t) &= \sum_{i=-\infty}^{\infty}\left[c_{\mathrm{E5b\text{-}p},|i|_{L_{\mathrm{E5b\text{-}p}}}}\, p_{T_{C,\mathrm{E5b\text{-}p}}}\left(t-iT_{C,\mathrm{E5b\text{-}p}}\right)\right]
\end{aligned}
\tag{11.7}
$$

其中，若用 X 表示 E5a、E5b，Y 表示 d 、p ，L_{X-Y} 表示测距码周期，则公式中各分量的含

义分别为：$|i|_L$ 表示 i 模 L；$[i]_{\text{DC}}$ 表示对 i/DC 取整；$c_{X-Y,k}$ 表示测距码的第 k 个码片；$d_{X-Y,k}$ 表示导航电文数据码的第 k 个符号；$T_{C,X-Y}$ 表示测距码的码片宽度；$p_T(t)=\begin{cases}1 & 0\leqslant t\leqslant T\\ 0 & 其他\end{cases}$，是宽度为 T 的矩形脉冲函数。

Galileo 卫星发送 E5 信号的码片速率和符号速率如表 11.5 所示。

表 11.5　E5 信号的码片速率和符号速率

信号	信号分量	测距码码片速率 $r_{C,X-Y}$ /Mcps	导航数据符号速率 $r_{D,X-Y}$ /sps
E5a	数据分量 E5a-d	10.230	50
	导频分量 E5a-p	10.230	—
E5b	数据分量 E5b-d	10.230	250
	导频分量 E5b-p	10.230	—

这 4 个通道的复用是通过 AltBOC(15, 10)调制按照如下的基带信号表达式来实现的。

$$S_{\text{E5}}(t)=\text{Re}\left[s_{\text{E5}}(t)\right]\cos\left(2\pi f_{\text{E5}}t\right)-\text{Im}\left[s_{\text{E5}}(t)\right]\sin\left(2\pi f_{\text{E5}}t\right) \tag{11.8}$$

其中

$$\begin{aligned}s_{\text{E5}}(t)=&\frac{1}{2\sqrt{2}}\cdot\left(s_{\text{E5a-d}}(t)+\text{j}\cdot s_{\text{E5a-p}}(t)\right)\cdot\left[sc_{\text{E5-d}}(t)-\text{j}\cdot sc_{\text{E5-d}}\left(t-T_{sc_{\text{E5}}}/4\right)\right]\\&+\frac{1}{2\sqrt{2}}\cdot\left(s_{\text{E5b-d}}(t)+\text{j}\cdot s_{\text{E5b-p}}(t)\right)\cdot\left[sc_{\text{E5-d}}(t)+\text{j}\cdot sc_{\text{E5-d}}\left(t-T_{sc_{\text{E5}}}/4\right)\right]\\&+\frac{1}{2\sqrt{2}}\cdot\left(\bar{s}_{\text{E5a-d}}(t)+\text{j}\cdot \bar{s}_{\text{E5a-p}}(t)\right)\cdot\left[sc_{\text{E5-p}}(t)-\text{j}\cdot sc_{\text{E5-p}}\left(t-T_{sc_{\text{E5}}}/4\right)\right]\\&+\frac{1}{2\sqrt{2}}\cdot\left(\bar{s}_{\text{E5b-d}}(t)+\text{j}\cdot \bar{s}_{\text{E5b-p}}(t)\right)\cdot\left[sc_{\text{E5-p}}(t)+\text{j}\cdot sc_{\text{E5-p}}\left(t-T_{sc_{\text{E5}}}/4\right)\right]\end{aligned} \tag{11.9}$$

其中的有用信号分量如下。

$s_{\text{E5a-d}}(t)=D_{\text{E5a}}(t)\cdot C_{\text{E5a-d}}(t)$ 是 E5a-d 信号分量

$s_{\text{E5a-p}}(t)=\quad C_{\text{E5a-p}}(t)$ 是 E5a-p 信号分量

$s_{\text{E5b-d}}(t)=D_{\text{E5b}}(t)\cdot C_{\text{E5b-d}}(t)$ 是 E5a-d 信号分量

$s_{\text{E5b-p}}(t)=\quad C_{\text{E5b-p}}(t)$ 是 E5b-p 信号分量

带有上划线的信号分量 $\bar{s}_{\text{E5a-d}}(t)$、$\bar{s}_{\text{E5a-p}}(t)$、$\bar{s}_{\text{E5b-d}}(t)$ 和 $\bar{s}_{\text{E5b-p}}(t)$ 是分别按照以下等式定义的乘积信号。

$$\bar{s}_{\text{E5a-d}}(t)=s_{\text{E5a-p}}(t)\cdot s_{\text{E5b-d}}(t)\cdot s_{\text{E5b-p}}(t)$$

$$\bar{s}_{\text{E5a-p}}(t)=s_{\text{E5a-d}}(t)\cdot s_{\text{E5b-p}}(t)\cdot s_{\text{E5b-d}}(t)$$

$$\bar{s}_{\text{E5b-d}}(t)=s_{\text{E5b-p}}(t)\cdot s_{\text{E5a-d}}(t)\cdot s_{\text{E5a-p}}(t)$$

$$\bar{s}_{\text{E5b-p}}(t)=s_{\text{E5b-d}}(t)\cdot s_{\text{E5a-d}}(t)\cdot s_{\text{E5a-p}}(t)$$

参量 $sc_{E5\text{-}d}(t)$ 和 $sc_{E5\text{-}p}(t)$ 是用于 AltBOC 调制的四级副载波函数，如图 11.17 所示，其表达式为

$$sc_{E5\text{-}d}(t)=\sum_{k=1}^{8}a_k\cdot p_{T_{sc_{E5}}}\left(t-k\cdot T_{sc_{E5}}/8\right)$$

$$sc_{E5\text{-}p}(t)=\sum_{k=1}^{8}b_k\cdot p_{T_{sc_{E5}}}\left(t-k\cdot T_{sc_{E5}}/8\right)$$

其中，$T_{sc_{E5}}$ 是 E5 副载波的周期。系数 a_k 和 b_k 的取值如表 11.6 所示。

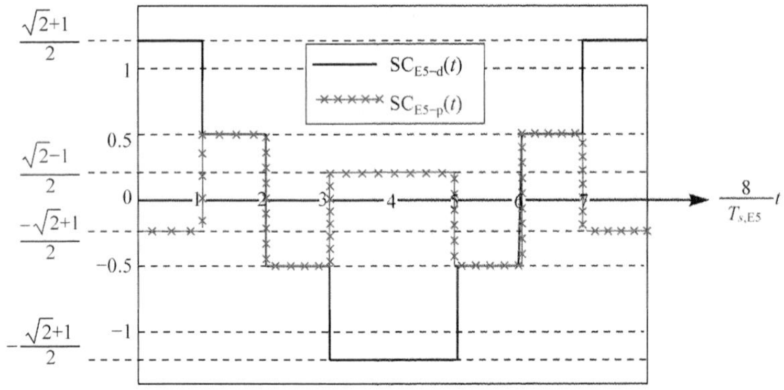

图 11.17　周期性的 AltBOC 调制副载波函数

表 11.6　AltBOC 调制的副载波系数

k	1	2	3	4	5	6	7	8
$2\cdot a_k$	$\sqrt{2}+1$	1	−1	$-\sqrt{2}-1$	$-\sqrt{2}-1$	−1	1	$\sqrt{2}+1$
$2\cdot b_k$	$-\sqrt{2}+1$	1	−1	$\sqrt{2}-1$	$\sqrt{2}-1$	−1	1	$-\sqrt{2}+1$

E5 信号总的有用功率在 4 个信号分量间的分配情况如表 11.7 所示。

表 11.7　E5 信号总的有用功率在 4 个信号分量间的分配情况

通道	相对信号功率
E5a-d	25%
E5a-p	25%
E5b-d	25%
E5b-p	25%

在接收端，E5a 和 E5b 信号传输所采用的复用方式允许 3 种可选的接收机实现和处理。

(1) E5a 信号单边带接收。

(2) E5b 信号单边带接收。

(3) E5(或 E5a+E5b)宽带接收。

事实上，E5a 信号能独立于 E5b 信号进行接收和处理，就好像它是一个依照式(11.10)单独传输的，具有同相分量和正交分量的信号。

$$s_{\mathrm{E5a}}^{r_x}(t)=\sqrt{2P_{\mathrm{E5a}}^{r_x}}\cdot\begin{bmatrix} s_{\mathrm{E5a\text{-}d}}^{r_x}\left(t-\tau_{\mathrm{E5a}}\right)\times\cos\left(2\pi\left(f_{\mathrm{E5a}}-\Delta f_{\mathrm{E5a}}\right)\left(t-\tau_{\mathrm{E5a}}\right)+\theta_{\mathrm{E5a}}\right) \\ -s_{\mathrm{E5a\text{-}p}}^{r_x}\left(t-\tau_{\mathrm{E5a}}\right)\times\sin\left(2\pi\left(f_{\mathrm{E5a}}-\Delta f_{\mathrm{E5a}}\right)\left(t-\tau_{\mathrm{E5a}}\right)+\theta_{\mathrm{E5a}}\right)\end{bmatrix} \tag{11.10}$$

其中，$P_{\mathrm{E5a}}^{r_x}$是 E5a 信号总的接收功率；τ_{E5a}是 L1 发射与接收之间的延迟；Δf_{E5a}是载波频率偏差；θ_{E5a}是接收信号的相位。

同样，E5b 信号能独立于 E5a 信号进行接收和处理，就好像它是一个依照式(11.11)单独传输的，具有同相分量和正交分量的信号。

$$s_{\mathrm{E5b}}^{r_x}(t)=\sqrt{2P_{\mathrm{E5b}}^{r_x}}\cdot\begin{bmatrix} s_{\mathrm{E5b\text{-}d}}^{r_x}\left(t-\tau_{\mathrm{E5b}}\right)\times\cos\left(2\pi\left(f_{\mathrm{E5b}}-\Delta f_{\mathrm{E5b}}\right)\left(t-\tau_{\mathrm{E5b}}\right)+\theta_{\mathrm{E5b}}\right) \\ -s_{\mathrm{E5b\text{-}p}}^{r_x}\left(t-\tau_{\mathrm{E5b}}\right)\times\sin\left(2\pi\left(f_{\mathrm{E5b}}-\Delta f_{\mathrm{E5b}}\right)\left(t-\tau_{\mathrm{E5b}}\right)+\theta_{\mathrm{E5b}}\right)\end{bmatrix} \tag{11.11}$$

其中，$P_{\mathrm{E5b}}^{r_x}$是 E5b 信号总的接收功率；τ_{E5b}是 L1 发射与接收之间的延迟；Δf_{E5b}是载波频率偏差；θ_{E5b}是接收信号的相位。

最后，如前所述，E5 信号可以作为一个单独的大带宽信号来处理，只要接收机具有足够的处理能力，就能产生一个 AltBOC 调制的本地赋值信号。然后，接收机就可以用 E5a 和 E5b 信号所有的 4 种码对接收信号和本地复制信号进行复杂的相关处理。

2. E6 信号

Galileo 的 E6 信号波段包含 E6-A、E6-B、E6-C 三个信号分量，其中提供 PRS 服务的 E6-A 信号分量的获取被限制，E6-B 信号分量播发 C/NAV 电文，而一起提供 CS 服务的 E6-B 和 E6-C 两个分量上的数据码被商业加密，因此这里只简单介绍。

E6 信号的 E6-B、E6-C 两个分量如下。

(1) $s_{\mathrm{E6\text{-}B}}$(数据分量)：由导航数据流$D_{\mathrm{E6\text{-}B}}$和测距码$C_{\mathrm{E6\text{-}B}}$调制产生。

(2) $s_{\mathrm{E6\text{-}C}}$(导频分量)：由测距码$C_{\mathrm{E6\text{-}C}}$生成。

这两个分量的表达式为

$$\begin{aligned} s_{\mathrm{E6\text{-}B}}(t) &= \sum_{i=-\infty}^{\infty}\left[c_{\mathrm{E6\text{-}B},|i|_{L_{\mathrm{E6\text{-}B}}}}\, d_{\mathrm{E6-B},[i]_{\mathrm{DC}_{\mathrm{E6\text{-}B}}}}\, p_{T_{C,\mathrm{E6\text{-}B}}}\left(t-iT_{C,\mathrm{E6\text{-}B}}\right)\right] \\ s_{\mathrm{E6\text{-}C}}(t) &= \sum_{i=-\infty}^{\infty}\left[c_{\mathrm{E6\text{-}C},|i|_{L_{\mathrm{E6\text{-}C}}}}\, p_{T_{C,\mathrm{E6\text{-}C}}}\left(t-iT_{C,\mathrm{E6\text{-}C}}\right)\right] \end{aligned} \tag{11.12}$$

其中，各符号的表征意义与 E5 信号的一致。

Galileo 卫星发送 E6 信号的码片速率和符号速率如表 11.8 所示。

表 11.8　E6 信号的码片速率和符号速率

信号分量	测距码码片速率/Mcps	导航数据符号速率/sps	调制类型
E6-B	5.115	1000	BPSK-R(5)
E6-C	5.115	—	BPSK-R(5)

E6 信号由下式产生。

$$s_{\mathrm{E6}} = \frac{1}{\sqrt{2}}\left[s_{\mathrm{E6\text{-}B}}(t) - s_{\mathrm{E6\text{-}C}}(t)\right] \tag{11.13}$$

3. E1 信号

E1 信号的标称载波中心频率为 1575.42MHz，这与 GPS 的 L1 标称载波中心频率完全一致。为了实现 GNSS 的兼容性和互操作性，GPS 与 Galileo 系统已一致决定让 E1(L1)波段上的新型民用信号均采用 MBOC 调制，如表 11.9 所示。

表 11.9 Galileo E1 信号

信号分量	测距码码片速率/Mcps	导航数据符号速率/sps	副载波频率/MHz		调制类型
			$f_{S,\mathrm{E1-Y,a}}$	$f_{S,\mathrm{E1-Y,b}}$	
E1-B	1.023	1000	1.023	6.138	CBOC(6,1,1/11，'+')
E1-C	1.023	—	1.023	6.138	CBOC(6,1,1/11，'−')

E1 信号包括 B 和 C 两个分量。

(1) $s_{\mathrm{E1\text{-}B}}$(数据分量)：由导航数据流 $D_{\mathrm{E1\text{-}B}}$ 和测距码 $C_{\mathrm{E1\text{-}B}}$ 经副载波 $\mathrm{sc}_{\mathrm{E1\text{-}B,a}}$ 与 $\mathrm{sc}_{\mathrm{E1\text{-}B,b}}$ 调制产生。

(2) $s_{\mathrm{E1\text{-}C}}$(导频分量)：由测距码$C_{\mathrm{E1\text{-}C}}$经副载波$\mathrm{sc}_{\mathrm{E1\text{-}C,a}}$和$\mathrm{sc}_{\mathrm{E1\text{-}C,b}}$调制产生

这两个分量的表达式为

$$\begin{aligned} s_{\mathrm{E1\text{-}B}}(t) &= \sum_{i=-\infty}^{\infty}\left[c_{\mathrm{E1\text{-}B},|i|_{L_{\mathrm{E1\text{-}B}}}} d_{\mathrm{E1\text{-}B},[i]_{\mathrm{DC_{E1\text{-}B}}}} p_{T_{C,\mathrm{E1\text{-}B}}}\left(t - iT_{C,\mathrm{E1\text{-}B}}\right)\right] \\ s_{\mathrm{E1\text{-}C}}(t) &= \sum_{i=-\infty}^{\infty}\left[c_{\mathrm{E1\text{-}C},|i|_{L_{\mathrm{E1\text{-}C}}}} p_{T_{C,\mathrm{E1\text{-}C}}}\left(t - iT_{C,\mathrm{E1\text{-}C}}\right)\right] \end{aligned} \tag{11.14}$$

其中，各符号的表征意义与 E5 信号的一致。

11.3.3 导航电文

根据不同的服务类别及信号，Galileo 卫星播发不同的导航电文，如表 11.10 所示。其中，F/NAV 主要用于 OS，I/NAV 主要用于生命安全(SoL)相关的服务，C/NAV 用于 CS，一般不公开。

表 11.10 Galileo 导航电文

导航电文	服务类型	信号
F/NAV	OS	E5a-I
I/NAV	OS/CS/SoL	E5b-I、E1-B
C/NAV	CS	E6-B

1. F/NAV 电文

F/NAV 电文结构如图 11.18 所示。F/NAV 电文发送一个主帧需要 600s，每个主帧由 12

个子帧组成，每个子帧又可分为 5 个页面，每个页面由 F/NAV 字和尾部组成。其中 F/NAV 字包括页面类型、导航电文和 CRC。每个页面在编码前是 244bit。在生成电文符号时，每个页面前增加了 12 个符号的同步头(101101110000)，同步头不参与编码，244bit 的电文编码后变成 488 个符号，因此，实际电文中，每个页面包含 500 个符号。

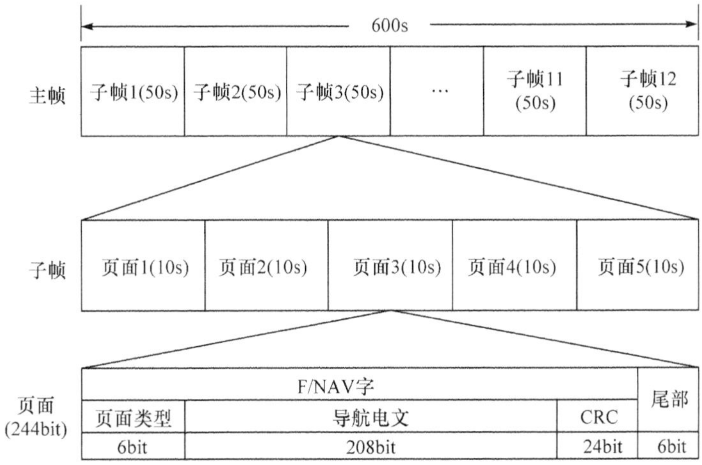

图 11.18　F/NAV 电文结构

每个子帧发送的电文页面如表 11.11 所示。其中，奇数子帧发送页面类型 1～类型 5；偶数子帧发送页面类型 1～类型 4 和页面类型 6。其中，参数 k 由系统设定，每颗卫星不一样且对用户是透明的。这样做的目的是可以在两个主帧内传完约 30 颗卫星的历书，从而提高历书的播发效率。i 为子帧号，i=1,2,⋯,12。

表 11.11　Galileo 页面类型及内容

页面类型	页面内容	备注
1	卫星编号，钟差改正数，SISA，电离层改正数，BGD，信号健康状态，GST 和数据有效性标志	奇数子帧、偶数子帧均发送
2	星历(1/3)和 GST	
3	星历(2/3)和 GST	
4	星历(3/3)、GST-UTC 的转换、GST-GPS 的转换和 TOW	
5	卫星 k 的历书及卫星 $k+i$ 历书的第一部分	奇数子帧发送
6	卫星 $k+i$ 历书的第二部分及卫星 $k+i+1$ 的历书	偶数子帧发送

表 11.11 中，SISA 表示空间信号精度，BGD 为广播群时延，GST 为 Galileo 时(由周和周内秒组成)，TOW 为 Galileo 的周内秒。Galileo 卫星星历与 GPS 星历一样，都是采用 16 个参数(1 个参考时刻和 15 个扩展开普勒轨道根数)；钟差改正数也与 GPS 钟差改正数一样。

2. I/NAV 电文

I/NAV 电文结构如图 11.19 所示。I/NAV 电文发送一个主帧需要 720s，每个主帧由 24 个子帧组成，每个子帧又可分为 15 个页面，每个页面由 I/NAV 页面段落(奇数或偶数)和尾部(6bit)组成。其中 I/NAV 页面段落(奇数或偶数)在编码前是 120bit。在生成电文符号时，每个页面前增加了 10 个符号的同步头(0101100000)，同步头不参与编码，120bit 的电文编码后变成 240 个符号，因此，实际电文中，每个页面包含 250 个符号。

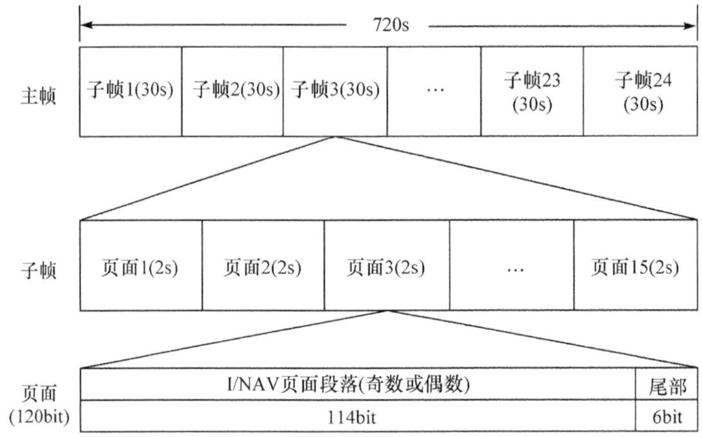

图 11.19　I/NAV 电文结构

I/NAV 电文既可用于导航服务也可用于 SoL 服务，因此，在页面内容上分为正常页面和警报页面。正常页面主要用于导航，警报页面主要用于生命安全。I/NAV 电文正常页面的编码结构如图 11.20 所示。其具体含义可参考 Galileo 用户接口控制文件，此处不再赘述。

E5b-I

奇/偶=0	页面类型	数据i(1/2)	尾部	总比特数
1	1	112	6	120

奇/偶=1	页面类型	数据i(1/2)	保留1	CRC	保留2	尾部	总比特数
1	1	16	64	24	8	6	120

E5b-B

奇/偶=1	页面类型	数据j(1/2)	保留1	SAR	备用	CRC	保留2	尾部	总比特数
1	1	16	40	22	2	24	8	6	120

奇/偶=0	页面类型	数据k(1/2)	尾部	总比特数
1	1	112	6	120

图 11.20　I/NAV 电文正常页面的编码结构

3. 导航电文的用户算法

由 Galileo 星历计算卫星位置的用户算法与 GPS 的相应的算法一致，可参见 11.1.3 节。Galileo 导航电文的用户算法与 GPS 的不同之处主要体现在单频用户电离层延迟改正算法上。GPS 单频用户电离层延迟改正采用 8 参数的 Klobuchar 模型，而 Galileo 则采用 NeQuick 模型。

NeQuick 模型是由奥地利格拉茨大学的地球物理、气象和天体物理研究所与意大利萨拉姆国际理论物理中心的高空物理和电波传播实验室联合研究得到的。2001 年，国际电信联盟无线电通信部门(ITU-R)采用 NeQuick 模型作为 TEC 模型化的适合方法，因此也称为 ITU-NeQuick 模型。

NeQuick 模型是一个随时间变化的三维电离层电子密度模型，它的基本表达式为

$$N(h)=\frac{4N_{\max}}{\left[1+\exp\left(\frac{h-h_{\max}}{B}\right)\right]^2}\exp\left(\frac{h-h_{\max}}{B}\right) \tag{11.15}$$

其中，N 表示电子密度；h 为所求点的高度；$N_{\max}$ 是 Epsterin 层的电子密度峰值；$h_{\max}$ 为 Epsterin 层的电子密度峰值点的高度；B 为 Epsterin 层的厚度参数。

改进的 NeQuick 模型在 E 层、F1 层和 F2 层有不同的表达式，属于多层模型，计算时需要太阳活动参数、地磁纬度文件等，结构比较复杂。Galileo 卫星导航系统为了方便用户实时计算电离层的延迟改正值，将太阳活动的参数 F10.7 的月均值用与地磁纬度有关的有效电离因子 Az 代替，并把计算 Az 的相关参数通过导航电文实时播发给用户，计算公式为

$$Az=a_{i0}+a_{i1}\mu+a_{i2}\mu^2 \tag{11.16}$$

其中，μ 是改正磁倾角 MODIP；a_{i0}、a_{i1}、a_{i2} 是计算 Az 的 3 个系数，由导航电文给出。Galileo 系统导航电文播发的电离层参数包括两个部分：一部分是计算 Az 的 3 个系数 a_{i0}、a_{i1}、a_{i2}；另一部分是电离层扰动标志，以 0 或者 1 表示是否存在某些特殊时刻(电离层突变情况)，0 表示无扰动。根据长期观测，按照扰动发生的概率，将全球分为 5 个区域。

区域 1：北部区域，60°<MODIP<90°。

区域 2：中北区域，30°<MODIP<60°。

区域 3：赤道区域，−30°<MODIP<30°。

区域 4：中南区域，−60°<MODIP<−30°。

区域 5：南部区域，−90°<MODIP<−60°。

μ 为改化磁倾角，可通过真磁倾角 I 和测站纬度 φ 通过式(11.17)计算得到

$$\tan\mu=\frac{I}{\sqrt{\cos\varphi}} \tag{11.17}$$

相关研究表明，NeQuick 模型能够较好地反映电离层的细节变化，有着较高的改正精度，但是其模型结构复杂，计算过程中需要进行数值积分，时效性较差。

第 12 章 多卫星导航系统融合定位原理

随着全球卫星导航系统的建设日趋完善和成熟，用户可以不受限制地使用多星座提供的多频观测信息来进行定位、导航、定时应用。因此，多卫星导航系统(multi-GNSS)融合定位是全球卫星导航系统发展的必然趋势。本章主要介绍多卫星导航系统融合定位的基本原理。

12.1 多卫星导航系统概述

为减弱对单一星座的依赖，降低电磁干扰、地形/建筑物遮挡、电离层闪烁、拒绝服务等因素导致的性能下降或服务中断等风险，GNSS 多星座多频组合应用将是未来的发展趋势。2020 年前后，天空中将有 33 颗 GPS 卫星(3 个频率信号)，27 颗 GLONASS 卫星(2 个频率信号)，30 颗 Galileo 卫星(4 个频率信号)和 35 颗北斗三号卫星(4 个频率信号)，共计约 125 颗导航卫星(不含区域卫星导航系统)，如图 12.1 所示。

GPS、GLONASS、Galileo 和北斗等全球卫星导航系统，在系统构置、频段和调制方式、星历数据结构和导航定位机理等方面有极大的相似性。它们都是通过发射伪随机码获得卫星与用户之间的伪距等观测量来完成定位，所以利用一部接收机同时处理多个系统的卫星信号进行分析定位在理论上是可行的，因而 GNSS 多星座多频数据融合已成为国际研究热点问题。卫星导航应用将由单一 GPS 时代进入多个卫星导航系统兼容并存的时代。

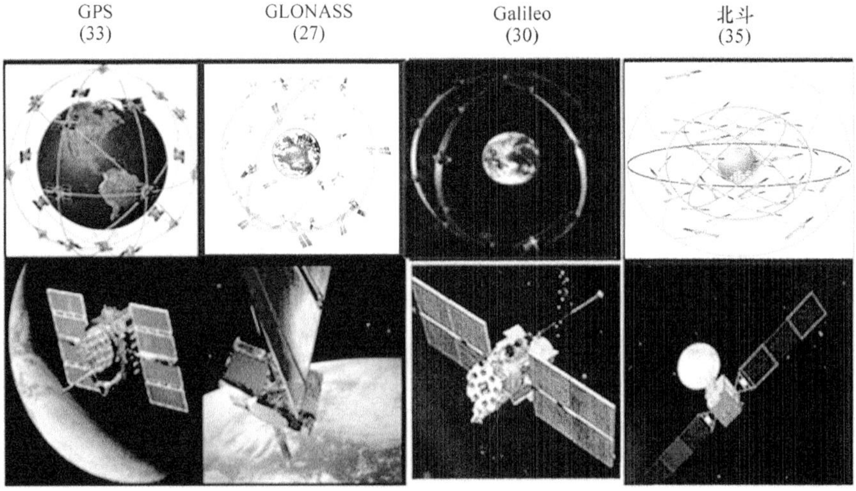

图 12.1 全球卫星导航系统组成

多星座多频数据融合是指充分利用多个GNSS星座的多频伪距、多频载波等观测信息，经过数据探测、筛选、组合，获得实时与近实时高精度卫星轨道、卫星钟差和用户位置的数据融合方法。多系统融合定位原理图如图 12.2 所示。

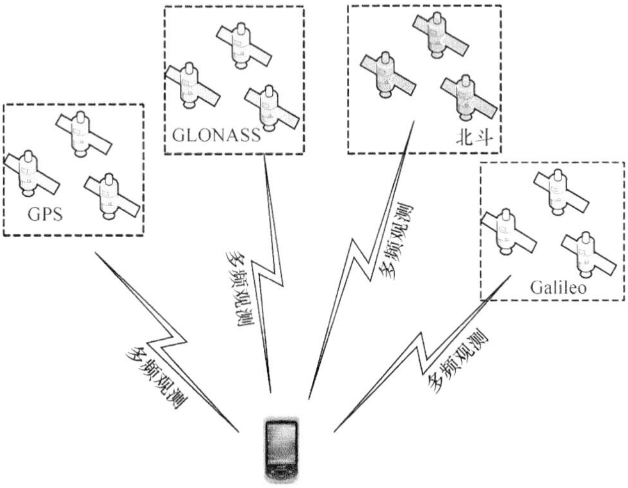

图 12.2　多系统融合定位原理图

但是，由于各个卫星导航系统在设计时都是基于各自不同的时间基准和空间坐标系，如表 12.1 所示。在进行融合定位前，需要将各系统进行时空统一，置于同一个参考系下，由于 GPS 发展较为成熟，应用广泛，所以通常以 GPS 为基准。

表 12.1　各卫星导航系统的时空基准

参数	GPS	GLONASS	Galileo	北斗三号
坐标参考系	WGS-84	PZ90	GTRF	CGCS2000
时间系统	GPST	GLONASST	GST	BDT

12.2　多系统融合定位解算方法

下面以北斗系统与 GPS 的融合定位为例介绍多卫星导航系统融合定位下的定位算法。

由于接收机的时钟源的精度远不如作为卫星导航系统时钟源的原子钟，故接收机与卫星导航系统的时间同步中，总存在难以预计和校正的接收机钟差。

假设 $\delta t_{u,\ \mathrm{BD}}$、$\delta t_{u,\ \mathrm{GPS}}$ 为值未知的待求解接收机钟差量，那么经过时空基准统一及误差校正的北斗、GPS 伪距观测方程分别为

$$
\begin{aligned}
r^{(j_{\mathrm{BD}})} + c \cdot \delta t_{u,\ \mathrm{BD}} &= \rho_c^{(j_{\mathrm{BD}})} - \varepsilon_\rho^{(j_{\mathrm{BD}})} \\
r^{(k_{\mathrm{GPS}})} + c \cdot \delta t_{u,\ \mathrm{GPS}} &= \rho_c^{(k_{\mathrm{GPS}})} - \varepsilon_\rho^{(k_{\mathrm{GPS}})}
\end{aligned}
\tag{12.1}
$$

其中，ρ_c 为经过校正后的伪距；r 为卫星与用户接收机之间的实际几何距离；ε_ρ 为随机误差。

若有 N 颗北斗卫星与 M 颗 GPS 卫星共同参与定位，则可以建立如下的线性化之后的 GNSS 融合定位矩阵式。

$$\Delta \boldsymbol{b}=\begin{bmatrix}\vdots \\ \Delta\rho^{(j_{\mathrm{BD}})} \\ \vdots \\ \Delta\rho^{(k_{\mathrm{GPS}})} \\ \vdots\end{bmatrix}=\begin{bmatrix}\vdots & \vdots & \vdots \\ \left[-\boldsymbol{l}^{(j_{\mathrm{BD}})}\right] & 1 & 0 \\ \vdots & \vdots & \vdots \\ \left[-\boldsymbol{l}^{(k_{\mathrm{GPS}})}\right] & 0 & 1 \\ \vdots & \vdots & \vdots\end{bmatrix}\begin{bmatrix}\Delta \mathrm{x} \\ c\cdot\delta t_{u,\mathrm{BD}} \\ c\cdot\delta t_{u,\mathrm{GPS}}\end{bmatrix}+\tilde{\varepsilon}_{\rho} \tag{12.2}$$

其中，$\Delta\rho$ 为观测伪距与当前预测的接收机位置和卫星位置距离之差；$\Delta\boldsymbol{b}$ 为各颗卫星残差的向量；$\Delta\boldsymbol{x}$ 为接收机真实位置在各方向上与当前估计的接收机位置的偏差量；$-\boldsymbol{l}$ 为方向向量。

$$-\boldsymbol{l}^{(k)}=-\frac{\boldsymbol{x}^{(k)}-\boldsymbol{x_0}}{\left\|\boldsymbol{x}^{(k)}-\boldsymbol{x_0}\right\|}=-\left[\frac{x^{(k)}-x_0}{\left\|\boldsymbol{x}^{(k)}-\boldsymbol{x_0}\right\|}\quad\frac{y^{(k)}-y_0}{\left\|\boldsymbol{x}^{(k)}-\boldsymbol{x_0}\right\|}\quad\frac{z^{(k)}-z_0}{\left\|\boldsymbol{x}^{(k)}-\boldsymbol{x_0}\right\|}\right] \tag{12.3}$$

为表示地更清楚，式(12.2)可写成

$$\Delta\boldsymbol{b}=\begin{bmatrix}\boldsymbol{H}'_{\mathrm{BD}} & 1_{\mathrm{BD}} & 0 \\ \boldsymbol{H}'_{\mathrm{GPS}} & 0 & 1_{\mathrm{GPS}}\end{bmatrix}\begin{bmatrix}\Delta\boldsymbol{x} \\ c\cdot\delta t_{u,\mathrm{BD}} \\ c\cdot\delta t_{u,\mathrm{GPS}}\end{bmatrix}+\tilde{\varepsilon}_{\rho} \tag{12.4}$$

其中，$\boldsymbol{H}$ 为观测矩阵。

$$\boldsymbol{H}'_{\mathrm{BD}}=\begin{bmatrix}\left[-\boldsymbol{l}^{(1_{\mathrm{BD}})}\right] \\ \vdots \\ \left[-\boldsymbol{l}^{(N_{\mathrm{BD}})}\right]\end{bmatrix} \tag{12.5}$$

GPS 的观测矩阵与此相似。

式(12.4)可以进一步简化为

$$\Delta\boldsymbol{b}=\boldsymbol{G}\begin{bmatrix}\Delta\boldsymbol{x} \\ c\cdot\delta t_{u,\mathrm{BD}} \\ c\cdot\delta t_{u,\mathrm{GPS}}\end{bmatrix}+\tilde{\varepsilon}_{\rho} \tag{12.6}$$

其中，$\boldsymbol{G}$ 又称几何矩阵。

当前，接收机真实位置在各方向上与当前估计的接收机位置的偏差量以及接收机对各系统的钟差均为未知数，下面将对其求解。

当北斗与 GPS 均参与定位且总的观测方程数等于五个时，通过下式便可解算出所有未知数。

$$\begin{bmatrix}\Delta\boldsymbol{x} \\ c\cdot\delta t_{u,\mathrm{BD}} \\ c\cdot\delta t_{u,\mathrm{GPS}}\end{bmatrix}=\boldsymbol{G}^{-1}\Delta\boldsymbol{b} \tag{12.7}$$

当北斗与 GPS 均参与定位且总的观测方程数不少于 5 个时，通过最小二乘法便可求出观测方程的最佳解，公式为

$$\begin{bmatrix}\Delta\boldsymbol{x} \\ c\cdot\delta t_{u,\mathrm{BD}} \\ c\cdot\delta t_{u,\mathrm{GPS}}\end{bmatrix}=(\boldsymbol{G}^{\mathrm{T}}\boldsymbol{G})^{-1}\boldsymbol{G}^{\mathrm{T}}\Delta\boldsymbol{b} \tag{12.8}$$

在上面关于最小二乘法的解算里，有一个隐含的前提是所有测量和各系统之间是同精度的。但是这在实际中基本不可能，故一般需要在解算中引入权重矩阵，采取加权最小二乘法算法，即

$$\begin{bmatrix} \Delta \boldsymbol{x} \\ c \cdot \delta t_{u,\mathrm{BD}} \\ c \cdot \delta t_{u,\mathrm{GPS}} \end{bmatrix} = (\boldsymbol{G}^{\mathrm{T}}\boldsymbol{W}^{\mathrm{T}}\boldsymbol{W}\boldsymbol{G})^{-1}\boldsymbol{G}^{\mathrm{T}}\boldsymbol{W}^{\mathrm{T}}\boldsymbol{W}\Delta \boldsymbol{b} \tag{12.9}$$

其中，$\boldsymbol{W}$是一个对角矩阵。其中，若测量误差较小，则对应的权重系数ω应较大。根据相关文献的经验数据，并在试验中不断调整。

$$\boldsymbol{W} = \begin{bmatrix} \omega_{\mathrm{BD}} & & & \\ & \omega_{\mathrm{BD}} & & \\ & & \ddots & \\ & & & \omega_{\mathrm{GPS}} \end{bmatrix} \tag{12.10}$$

12.3　多系统融合定位误差分析

多系统融合定位过程中可将观测值误差分为以下几种。

(1) 与频率无关的误差：卫星与接收机钟差、对流层延迟、相对论效应、地球自转、地球固体潮、海洋负荷潮以及测站偏差。

(2) 与频率相关的误差：初始相位偏差、信号通道时延、相位缠绕、电离层延迟、天线相位中心改正以及多路径效应。

(3) 与系统相关的误差：系统时空基准偏差、信号通道时延。

第 5 章对以上大部分误差改正进行了详细的论述，下面仅对影响多系统组合定位的特征误差进行分析，主要包括系统时空基准偏差、接收机端和卫星端未校正延迟。

12.3.1　系统空间基准偏差

GPS、GLONASS、Galileo、北斗四大导航系统都采用了独自的空间参考框架，要实现多系统高精度组合导航定位，需要将各空间基准进行标准化。但由于各空间坐标系的实现原理和方法基本相同，都采用了国际地球参考框架(The International Terrestrial Reference Frame, ITRF)，彼此间的空间坐标差异非常小，这为多系统融合导航的实现提供了便利条件。各卫星导航系统坐标系统的主要参数如表 12.2 所示。

表 12.2　各卫星导航系统坐标系统的主要参数

坐标系统	坐标原点	参考椭球长半轴/m	地心重力常数值/(m^3/s^2)	扁率	自转角速度/(rad/s)
WGS-84	地球质心	6378137.0	3.986005×10^{14}	1/298.257223563	7.2921150×10^{-5}
PZ90	地球质心	6378136.0	3.986004418×10^{14}	1/298.257839303	7.2921150×10^{-5}
GTRF	地球质心	6378136.5	3.986004418×10^{14}	1/298.25769	$7.2921151467\times10^{-5}$
CGCS2000	地球质心	6378137.0	3.986004418×10^{14}	1/298.257222101	7.2921150×10^{-5}
IERS	地球质心	6378136.6	3.986004418×10^{14}	1/298.2572221008827	7.2921150×10^{-5}

CGCS2000、GTRF 和 WGS-84 都是 ITRF 的一种实现，其误差为厘米量级，非高精度导航定位应用中可认为是一致的。PZ90 与 WGS-84 差异较大，但均属于空间三维直角坐标系，可以通过坐标系转换公式实现标准化，一般常用七参数布尔莎-沃尔夫(Bursa-Wolf)模型，转换公式为

$$\begin{bmatrix} X \\ Y \\ Z \end{bmatrix} = (1+m)\begin{bmatrix} 1 & -\varepsilon_Z & \varepsilon_Y \\ \varepsilon_Z & 1 & -\varepsilon_X \\ -\varepsilon_Y & \varepsilon_X & 1 \end{bmatrix}\begin{bmatrix} X_1 \\ Y_1 \\ Z_1 \end{bmatrix} + \begin{bmatrix} \Delta X_0 \\ \Delta Y_0 \\ \Delta Z_0 \end{bmatrix} \tag{12.11}$$

其中，ΔX_0、ΔY_0、ΔZ_0 为 3 个平移参数；ε_X、ε_Y、ε_Z 为 3 个旋转参数；m 为尺度变化参数。

各导航系统坐标系统的定义及空间直角坐标系的转换为多系统空间基准的标准化提供可能，非高精度定位中可以忽略 CGCS2000、GTRF 和 WGS-84 之间的差异，WGS-84 与 PZ90 的转换以及高精度导航定位中 CGCS2000、GTRF 和 WGS-84 之间的转换，均可采用公布的 Bursa-Wolf 模型转换参数进行直角坐标系之间的转换。各系统空间基准较为稳定，通过模型转换，即可满足定位要求。

12.3.2 系统时间基准偏差

GPS、GLONASS、Galileo、北斗四大导航系统时间基准不同，各卫星导航系统时间系统的主要参数如表 12.3 所示。需进行时间基准标准化，目前主要有以下 3 种方法。

表 12.3 各卫星导航系统时间系统的主要参数

时间系统	时间起点	与 TAI 的关系	计数方式	是否闰秒	溯源基准
GPST	1980-01-06 00:00:00(UTC)	TAI–19s	周，周内秒	否	UTC(USNO)
GLONASST	同步 UTC(SU)+3h	TAI–36s,2015	时，分，秒	是	UTC(SU)
GST	1999-08-22 00:00:00(UTC)	TAI–32s	周，周内秒	否	UTC(PTB)
BDT	2006-01-01 00:00:00(UTC)	TAI–33s	周，周内秒	否	UTC(BSNC)

1) 基于 UTC 的时间基准标准化

目前，GPS 发展较为成熟和完善，在数据处理过程中，可通过 UTC 作为中间量，实现各系统时转换为 GPST，实现各系统时间基准的标准化。

2) 基于系统时转换参数的时间基准标准化

各导航系统时之间的偏差主要由整数秒和秒内偏差组成，整数秒差异只在跳秒调整时发生，秒内偏差(星钟校正参数和各系统时转换参数)可由各系统卫星导航电文广播或相关的授时中心处理后发布。例如，在 GPS 和 Galileo 的合作协议中，将 GPS 和 Galileo 的时间偏差计算的相关参数作为导航信息广播给用户，用户可根据星历文件实时地获得两系统的时间偏差值，进而实现两系统的时间标准化。北斗系统也支持播发与其他系统时之间的转换参数，详见北斗系统的接口文件。

3) 增加状态变量法

基于 UTC 的时间标准化或者基于系统时转换参数实现时间基准标准化，均是利用导航电文提供的相关参数进行估计，在精度上会有一定损失。为更准确地消除各系统时间偏差，可将系统时间偏差作为未知数进行求解。

上述系统时间基准标准化方法，多依赖于 IGS 等服务机构所提供的基准参数或产品。若存在时间误差将会引入较大粗差，这就要求时钟高度稳定和精准同步。播发产品或星历文件的质量存在差异，同时还存在不可用的风险。因此，系统时间偏差改正必须经过精确的检测或者通过其他手段来进行消除。系统时间偏差可通过引入改正进行消除或者通过分离钟差解算得到，但依赖于更高精度的时钟。此外，我们也可以通过差分消除系统时间偏差。

12.3.3　接收机端和卫星端未校正延迟

接收天线接收电磁波信号，需要经过一定时延将其传输至接收机与本地频标信号比对，这一类时延即称为信号通道延迟或硬件延迟。硬件延迟具有一定的系统性，它不仅与载波频率有关，并且不同系统同一频率之间也存在系统间偏差，同一系统不同频率之间还存在频间偏差。

由于钟差与硬件延迟无法分离，所以只能求取相对硬件延迟。相对定位中，标准双差观测模型一般可以消除其影响，混合同频双差观测模型需考虑硬件延迟的系统间偏差，混合不同频双差观测模型中硬件延迟不但包含系统间偏差还包含频间偏差，同时接收机端未校正相位延迟中还包括因频率不一致而引起的接收机初始相位偏差、相位中心偏差及变化。

故多系统组合相对定位中，随组合的系统、观测值频率以及组合接收机类型等条件的变化，接收机端未校正延迟产生不同的影响，必须要考虑该项参数，并进行相应改正。

卫星端未校正伪距延迟和未校正相位延迟和接收机端类似，可通过类似方法进行改正。

12.4　多系统融合定位的优势

通过 GNSS 多星座多频组合应用，卫星和测距信号的数量都大大增加，可大幅提升各个导航性能指标，降低单一星座的应用风险，其主要优点如下。

(1) 可见卫星数目增多，可减小几何精度衰减因子(DOP)，提高导航精度。

(2) 多频率信号的使用能更彻底地消除或精确估计电离层延迟。

(3) 综合利用多星座多频信号，使瞬时固定载波相位模糊度成为可能，并在长距离情况下也能可靠地确定模糊度，从而使对流层延迟参数估计的时间分辨率提高，进而全方位提升高精度实时与近实时测量的性能。

(4) 各星座卫星的高度、轨道面倾角不同，可改善地球自转、极移等参数的估计精度。

(5) 各卫星系统具有不同的时间系统差、坐标系统差及轨道系统误差，通过多卫星体制的信号融合，可补偿单一卫星体制的系统误差影响，进而精化各星座的卫星轨道、卫星钟差以及监测站坐标的精度。

(6) 多频率信号可有效解决非故意干扰问题，提高导航可用性。

(7) 观测冗余信息增多，便于故障诊断，隔离因卫星故障、电离层闪烁、多径、遮挡而出现的观测值异常，提高导航完好性。

(8) 卫星数目增多，可缓解单一星座下系统维修、卫星故障、地形/建筑物/树木遮蔽等因素引起的导航可用性和连续性下降的问题。

(9) 综合利用多星座的多频信号，能大幅缓解单一星座卫星数不足、重大故障或拒绝服务等隐忧。

12.4.1 提高导航解的精度

多频观测值的组合，可有效地提高载波相位整周模糊度解算效率和成功率，同时，多星座导航卫星系统融合导航定位，在同一时间同一地点可以显著增加可视卫星数目，更多的伪距观测方程将有利于最小二乘法的解算。同时，将更有可能形成有利于位置解算的卫星空间几何构型，提高导航定位的精度和可靠性。

多导航卫星信号误差具有互补性，可以弥补单一卫星信号的系统误差(单一卫星导航系统易受卫星轨道误差、卫星钟差等系统误差影响，在多种卫星体制中，单类卫星的系统误差有可能成为偶然误差，各类卫星的系统误差具有相互抵偿性)。

12.4.2 提高导航解的可靠性

多卫星信号组合可弥补单一卫星信号体制的人为干扰和欺骗，更容易探测和诊断某类卫星信号的干扰和欺骗，并及时予以排除，提高导航系统的安全性。

观测冗余信息增多，便于故障诊断，隔离因卫星故障、电离层闪烁、多径、遮挡而出现的观测值异常，提高导航完好性。

12.4.3 提高导航解的可用性

卫星数目增多，可缓解单一星座下系统维修、卫星故障、地形/建筑物/树木遮蔽等因素引起的导航可用性和连续性下降的问题。如图 12.3 所示，在城市“峡谷”地带，无论单一GPS 还是 GLONASS，其 HDOP 都很高(分别达到了 50 和 45)，无法获得准确的位置信息；但 GPS 和 GLONASS 的融合，则将 HDOP 降低为 2.2，实现准确定位。

(a) $HDOP_{GPS}=50$　(b) $HDOP_{GLO}=45$　(c) $HDOP_{GPS+GLO}=2.2$

图 12.3　多系统融合提高定位可用性示意图

第 13 章 常见卫星导航处理软件及其应用方法

卫星导航定位数据处理大体上可以分为两类：一类是实时数据处理；另一类是事后精密数据处理。实时数据处理一般由安装在卫星导航接收机的软件(随机软件)完成，接收机测量时，即进行数据处理，并显示或输出测量定位结果。事后精密数据处理一般需借助专业处理软件，在计算功能比较强大的设备(如个人计算机或服务器)上进行。本章重点讨论用于事后数据处理的软件及其应用方法。

13.1 测后数据处理概述

测后数据处理是将测量数据转化为测量成果的关键一环。本节先简要介绍基于卫星导航定位系统的测量工作的一般原理和流程，然后阐述测后数据处理的基本原理，最后介绍常见的后处理软件。

13.1.1 GNSS 测量工作简介

GNSS 测量工作按其性质可分为外业工作和内业工作两大部分。其中，外业工作主要包括选点(选择观测站的地址)、建立测站标志、野外观测作业以及成果质量检核等；内业工作主要包括 GNSS 测量的技术设计、测后数据处理以及技术总结等。如果按照 GNSS 测量实施的工作程序，则大体可分为这样几个阶段：GNSS 网的优化设计、观测点位的选取、外业观测、成果检核和测后数据处理等。

1. GNSS 网的优化设计

高精度 GNSS 定位网，都采用载波相位测量相对定位法。布设 GNSS 定位网的第一步工作是进行总体技术设计，即根据网的用途和用户要求，确定精度指标，设计网的图形结构和分布。总体技术设计工作是基础性、全局性的，通过精心设计，选择最优的设计方案，才能使 GNSS 定位网达到高精度、高效益。

GNSS 网的精度要求，主要取决于网的用途。精度指标通常以网中相邻点之间的距离误差来表示，其形式为

$$\sigma^2 = \sigma_D^2 + (\mathrm{pp} \times D)^2 \tag{13.1}$$

其中，σ 为网中相邻点之间的距离误差(mm)；σ_D 为与接收机相关的常量误差(mm)；pp 为比例误差(ppm 或10^{-6})；D 为相邻点间的距离(km)。

根据 GNSS 网的精度指标，可以将其划分为不同等级的网，如 A 级、B 级和 C 级网。

A 级用来建立洲际或国家大地基准网；B 级是国家大地基本网；C 级用来加密大地基本网或其他 GNSS 测量网，如城市测量控制网、工程测量控制网等。

一般通过网的图形化设计来优化网的布局。网的图形化设计主要是根据网的用途和用户要求，侧重考虑如何保证和检核 GNSS 数据质量；还要考虑接收机类型、数量和经费、时间、人力及后勤保障条件等因素，以保证在满足用户要求的前提条件下，取得最佳的效益。网的图形化设计一般遵循以下原则。

(1) GNSS 网一般应采用由独立的观测边构成的闭合图形。例如，三角形、多边形或附合导线网，以构成检核条件，提高网的可靠性。

(2) GNSS 网站点选址时应尽量与原有的地面控制网点重合，并且重合点数应多于三个，以便能够正确、可靠地确定 GNSS 网与地面网之间的转换参数。

(3) GNSS 网站点选址时应优先考虑与水准点重合，而非重合点需要根据要求以水准测量方法进行联测或在网中布设一定密度的水准联测点，以便为研究大地水准面提供资料。

(4) 为便于观测和水准联测，GNSS 网点一般应设在视野开阔和交通方便的地方。

(5) 为了便于用常规方法联测或扩展，可在网点附近(大于 300m)布设一个通视良好的方位点。

根据以上原则以及 GNSS 测量的不同用途，GNSS 网的独立观测边应构成一定的几何图形。图形的基本形式包括三角网、环形网、星形网等，如图 13.1 所示。

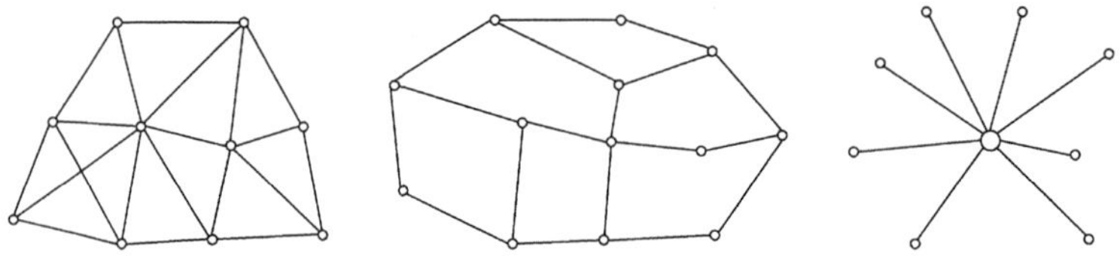

(a) 三角网　　(b) 环形网　　(c) 星形网

图 13.1　图形的基本形式示意图

2. 观测点位的选取

点位的选取对顺利进行观测工作和可靠保持测量结果具有重要意义，因此，在选择测站地址前，应充分调查和了解点位周边的地理情况，以及原有测量点位的分布及保存情况，以便确定观测点位的最佳位置。点位的选择应遵循以下原则。

(1) 观测点位(接收机天线安置点)应远离大功率的无线电发射台和高压输电线等，一般距离不得小于 200m，以避免其电磁场对 GNSS 卫星信号造成干扰。

(2) 观测站附近不应有强反射的物体，如大面积水域、平坦光滑的地面、盐碱地带、金属矿区等，以减弱多路径误差的影响。

(3) 观测站应设置在视野开阔、交通方便的地方，不要位于山谷中、山坡上、建筑物旁等地方，以避免测站邻近的地形、地物引起较强的反射波和造成卫星信号的遮挡。

(4) 对于基线较长的 GNSS 网，为保证观测点位之间的联络和设备用电，观测点位附近应具有良好的通信设施和电力供应。

3. 外业观测

外业观测工作的内容主要包括拟定观测计划、仪器的选择与检验、观测工作的实施等。

观测计划的主要内容应包括 GNSS 卫星的可见性图及最佳观测时间的选择、采用的接收机类型和数量、观测区的划分和观测工作的进程、接收机的调度计划等。

GNSS 接收机是完成测量任务的关键设备，在外业观测中使用的接收机及配套设备，必须在性能和可靠性检验合格后才能开展观测工作。对于新购置的设备，应按规定进行全面的检验，包括一般性检视、通电检验和试测检验。

观测工作主要包括安置天线、观测作业、观测记录和观测数据的质量判定等。

天线的妥善安置，是实现精密定位的重要条件之一。其安置工作一般应满足以下要求。

(1) 静态相对定位时，天线安置应尽可能利用三脚架，并安置在标志中心的上方直接进行对中观测。在特殊情况下，可进行偏心观测，但偏移量应精密测定。

(2) 当天线需安置在三角点规标的基板上时，为减弱对信号的干扰，应先将规标顶部拆除。这时，可将标志中心投影到基板上，作为安置天线的依据。

(3) 天线底板上的圆水准器气泡必须居中。

(4) 天线的定向标志线应指向正北，并考虑当地磁偏角的影响，以减弱相位中心偏差的影响。定向的误差依定位的精度不同而异，一般应不超过±3°～±5°。

(5) 安置天线时，应将其底盘接地，以防止雷雨天气时被雷击。

天线放置妥当后，应在各观测时段的前后，分别测量天线高一次，测量的方法可按照仪器的操作说明执行。两次测量结果之差不应超过 3mm，最终天线高采用其平均值。

天线高是指天线的相位中心至观测点标志中心顶端的垂直距离。一般分为上、下两段，上段是从相位中心至天线底面的距离，这一段的数值由厂家给出，通常作为常数；下段是从天线底面至观测点标志中心顶端的距离，这一段由用户测定。天线高的测量值为上下两段距离之和，测量完成后将其记录在测量手簿上。

外业观测作业的主要任务是捕获 GNSS 可见卫星信号，对其进行跟踪，经处理后获取所需要的定位信息和观测数据。

4. 成果检核和测后数据处理

观测成果的外业检核，是确保外业观测质量，实现预期定位精度的重要环节，一般包括对测量边的检核、观测数据的剔除率计算、观测值的残差分析、观测闭合差检核等工作。因此，当观测任务结束后，必须在测区及时地对外业观测数据质量进行检核和评价，以便及时发现不合格的成果，并根据情况采取淘汰或重测、补测等措施。

13.1.2　测后数据处理原理

观测数据处理基本上可分为两大步骤，即预处理和精处理，预处理包括粗加工和数据预处理两部分。精处理包括基线向量解算、最小二乘平差、网平差等技术；动态定位数据的处理采用卡尔曼滤波、抗差自适应滤波等技术。

1. 数据预处理

观测数据的预处理包括粗加工和预处理两部分。

粗加工是预处理的准备工作。其目的是将GNSS接收机记录的观测数据传输至计算机，并将其分流，形成各种专用的信息文件，如观测值文件、星历参数文件、测站信息文件等。

数据预处理工作包括以下几个方面。

(1) 对数据进行平滑滤波检验，剔除粗差和无效数据。

(2) 统一数据文件格式，将不同类型接收机的数据记录格式、项目和采样间隔等，统一为标准化的文件格式，以便统一处理。

(3) 卫星轨道和钟差的标准化。一般用多项式拟合观测时间段内的星历数据和钟差参数，以减少计算工作量，提高定位精度。

(4) 探测周跳，修复载波相位观测值。

(5) 对观测值进行各项必要的改正。

2. 基线向量的解算

基线向量的解算，就是根据两点同步观测的载波相位观测值，进行相对定位解算，即解算出两点间的坐标差。基线向量解算所用的观测值是经各项改正(包括双频电离层延迟改正)后的载波相位观测值，定位模型一般采用第 7 章中的双差载波相位定位模型。

基线向量解算一般使用广播星历，在事后解算中如果使用精密星历则可以提高精度，但解算中必须采用同一星历。由于高精度 GNSS 网边长一般较长，可采用浮点模糊度的双差解。每一分区按时段解算出 $N-1$ 个线性无关边和其相应的方差、协方差及 $3(N-1)$ 阶相关权阵。

解算出基线向量后，应进行残差分析、重复观测边检核和图形闭合差检核。

3. GNSS 网平差

GNSS 网平差有两种基本形式。一是以 GNSS 网的原始观测值(经各项改正后)组成观测误差方程，按最小二乘法构成法方程，一并解算出所有待定参数，这称为 GNSS 网整体平差。这种方法由于观测量大，待定的参数多，平差工作复杂，需要大型、高速的计算机。优点是理论上严密，整体性好。二是分阶段平差，即先按同步观测区的原始观测数据进行分区平差，解算出站间的基线向量(坐标差)；然后，以这些基线向量为观测值，以其相关权阵为权，进行 GNSS 网的相关平差，解算出各点的三维坐标及其相应的方差、协方差阵和权逆阵等。这种 GNSS 网平差比较简单，可在现代的微机上进行。

13.1.3 后处理软件

目前，比较著名的 GNSS 数据处理软件主要有美国麻省理工学院(MIT)和美国加利福尼亚大学 Scripps 海洋研究所(SIO)联合研制的 GAMIT/GLOBK 软件、瑞士伯尔尼大学研制的 Bernese 软件、美国喷气推进实验室(JPL)研制的 GIPSY 软件等。

GAMIT/GLOBK 和 Bernese 软件采用相位双差数据作为基本解算数据。GIPSY 软件采用非差相位数据作为基本解算数据。在精度方面，3 个软件没有明显的差异，都可得到厘米级的定位坐标精度。相比较而言，GIPSY 软件为美国军方研制的软件，国内只能得到它的执行程序。在国内，它的用户并不多。Bernese 软件需要购买，它的用户稍微多一点。GAMIT/GLOBK 软件接近于自由软件，在国内拥有大量用户。

在动态定位数据解算方面，RTKLib 软件是一个比较理想的工具，尤其对于处理 RTK 测量定位结果，具有代码开源、可操作性强等优势。

但无论是网平差还是动态定位解算，观测数据的质量是影响解算结果的重要因素，为了提高解算成功率，可以事先对数据质量进行分析。TEQC 是数据质量分析的一款优秀分析软件。

下面将对上述软件及其使用方法进行详细说明。

13.2　GAMIT/GLOBK 软件及其使用方法

13.2.1　GAMIT/GLOBK 软件简介

GAMIT/GLOBK 是由美国麻省理工学院和美国加利福尼亚大学 Scripps 海洋研究所研制的。它基于 GPS 双差观测模型，是用于大地测量的 GPS 定位和定轨数据处理软件，是目前国际上著名的定位定轨软件之一。GAMIT 软件在数据处理时顾及了极移、闰秒、章动、频移和有关轨道的各种摄动改正等多种因素的影响。其代码由 FORTRAN 语言编写，具有处理结果准确、运算速度快、版本更新周期短以及在精度许可范围内自动化处理程度高等特点。利用 GAMIT 可以确定地面站的三维坐标和对空中飞行物定轨，在利用精密星历和高精度起算点的情况下，基线解的相对精度能够达到 10^{-9}，解算短基线的精度优于 1mm，是世界上最优秀的 GPS 软件之一。GAMIT 的解算精度高，运算速度快，可免费获取，并开放源代码，使用者可根据需要进行源程序修改，相对 Bernese 等其他软件在国内应用更为广泛。

GAMIT/GLOBK 软件在 UNIX 环境下运行，分为工作站版和微机版。微机版中主要用 NDP-FORTRAN 语言编写，优点是 NDP-FORTRAN 产生的执行程序可以直接使用扩展内存，并可将硬盘作为虚拟内存空间，这样既突破 DOS 基本内存 640KB 的限制，又不受全部内存空间大小的限制。现在 Linux 系统广泛普及，标准的 GAMIT 版本已很容易移植到微机上使用，若配置环境好，那么运算速度快，而且使用方便，系统稳定可靠。在 GAMIT 整个软件系统中的每个程序用 Microsoft Make 维护，在修改任一子程序的源代码后，用 Make 自动编辑修改并生成新的执行程序，使程序维护自动化。

GAMIT 由多个不同功能的模块组成，主要包括数据准备、生成参考轨道、计算残差和偏导数、周跳检测与修复、最小二乘平差等模块。这些模块既可单独运行，也可用批处理命令连在一起运行，最大限度地减少人为操作，提高运算效率。数据处理阶段有 5 个核心模块，如图 13.2 所示。

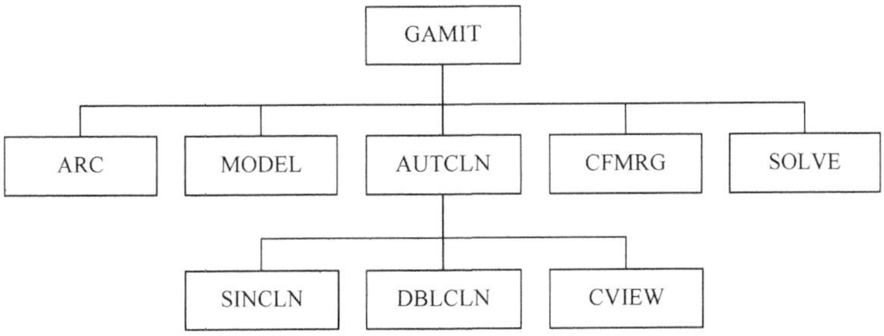

图 13.2　GAMIT 软件数据处理阶段的核心模块

其中，ARC 为轨道积分，对卫星运动方程进行数值积分来确定卫星轨道；MODEL 求偏导数，生成观测方程；AUTCLN 自动修复周跳，根据周跳修复的模式又可分为 SINCLN(单站自动修复周跳)、DBLCLN(双站自动修复周跳)、CVIEW(人工修复周跳)；CFMRG 为 SOLVE 模块创建所需的观测方式文件(M-file)，定义和选择有关参数；SOLVE 利用双差观测值按最小二乘法求解各参数。

使用 GAMIT/GLOBK 软件包括数据准备和数据处理两个过程，数据准备好之后一般可以在不需要人工干预的情况下自动对数据进行处理。数据的准备大致可分为原始观测数据的准备与数据处理相关工程文件的准备，原始数据必须为 GAMIT 可识别的 RINEX 格式。对于 Compact RINEX 格式的文件要转换为 RINEX 格式，这可通过 GAMIT 自带的 crx2rnx 命令进行转换。工程文件是对整个解算过程进行控制的文件，各种解算方案的主要区别就在于工程文件里参数配置的不同。解算结果的精度在很大程度上也与这些配置有关。

1. 原始观测数据准备

以处理 2013 年的数据为例，首先在任一目录下建立一个名为 2013 的文件夹，然后在 2013 目录下建立单天目录，即 001～365 中需要解算的数据。然后把原始观测文件、导航文件、精密星历文件复制到相应的单天目录中。

2. 配置文件准备

在本地用户中的 source/tables 目录中需要的文件列表如表 13.1 所示。需要按照规定格式进行手工编辑的文件主要有台站信息文件(station.info)、先验坐标文件(itrf)以及参数控制文件(sestbl.)。其余文件大部分需要及时下载更新(可在 http://sopac.ucsd.edu 网站下载)。其中台站信息文件(station.info)、先验坐标文件(itrf)的格式非常严格，设置过程中稍有差错就会引起 GAMIT 计算的错误。

表 13.1　source/tables 目录中需要的文件列表

序号	文件名	解释
1	station.info	台站信息文件
2	itrf	先验坐标文件
3	sestbl.	参数控制文件
4	sittbl.	坐标约束文件
5	ut1.	国际时间系统表
6	pole.	极移参数
7	soltab.	太阳星历表
8	luntab.	月球星历表
9	nutabl.	摄动历表
10	leap.sec	跳秒值
11	gdetic.dat	大地水准面参数表
12	antmod.dat	天线高及相位中心偏移模式参数
13	svnav.dat	卫星数目、编号等
14	rcvant.dat	接收机及天线类型信息

1) 台站信息文件

台站信息文件(station.info)中主要包括以下几种信息：SITE(站代码)、StationName(站名)、Session start(起始时间)、Session stop(终止时间)、Ant Ht(天线高)、HtCod(天线高的测量方式)、Ant N(天线西偏心 N)、Ant E(天线东偏心 E)、Receiver Type(接收机型号)、Vers(软件版本)、SwVer(固件版本)、Receiver SN(接收机序列号)、AntennaType(天线型号)、DOME(天线穹顶)、Antenna SN(天线序列号)等。台站信息文件将会在 MAKEXP、MAKEX 和 MODEL 模块执行时读取。

2) 先验坐标文件

先验坐标文件中包括所有参加计算的台站的近似坐标，对于一个新的台站，近似坐标可从该台站的观测文件中直接读取。一般来说观测文件中的近似坐标可直接作为先验坐标配置到先验坐标文件中，但当近似坐标与实际坐标之间的差别大于 100m 时就可能会引起计算精度的下降并且进一步导致 GLOBK 无法得到计算结果，因此为了更恰当地得到近似坐标，可利用 GAMIT 自带的 sh_rx2apr 命令计算。

3) 参数控制文件

参数控制文件为数据处理方案的核心控制文件，其中主要的参数包括处理模式、观测量的选取、批处理迭代方案、对流层误差模型、天顶延迟个数、光压模型、数据筛选、ARC 参考系统、惯性框架、L 文件坐标更新等。

13.2.2　GAMIT 应用实例

首先将计算的时刻信息转换为 GPS 的年积日、GPS 周数和一周中的具体天数，便于据此从网上下载所需的数据文件。例如，2013 年 9 月 8 日对应的 GPS 年积日为 251，GPS 周数为 1757，一周中的具体天数为 0。

1. 建立文件夹

在 root/gg/example 路径下新建一个文件夹，以需要解算数据的年份和年积日命名，如 2013_251。在该文件夹下新建 igs、brdc、rinex 三个文件夹，其中：①igs 文件夹用来存放下载的 sp3 格式的精密星历；②brdc 文件夹用来存放下载的广播星历文件(n 文件)；③rinex 文件夹用来存放 IGS 参考站的观测数据文件(o 文件)，并且 GAMIT 要求文件名称均为小写字母。

2. 数据准备

(1) 从 IGS 站点数据 FTP 地址(//lox.ucsd.edu/；//igscb.jpl.nasa.gov/；//www.ngs.noaa.gov/)上的/data/daily/xxo(xx 代表要计算的数据的年份)目录下下载需要作为参考基站的观测数据，存放在 Linux 系统/root/gg/example/2013/rinex 路径下，解压后删除压缩包；同时放入需要计算站点的观测数据 o 文件(o 文件有严格命名规则，被测数据需要修改一些参数，如接收机型号、版本号、天线型号等，同时文件中 MARKER NAME 必须与接收站名一致)。

(2) 从 FTP 地址上的/data/daily/xxn 目录下下载 brdc 开头的当天的 n 文件，并放在 Linux 系统/root/gg/example/2013/brdc 文件夹下，解压后删除压缩包。

(3) 从 FTP 地址上的 products/1757(GPS 周)目录下下载 igs 开头的当天的 sp3 文件(精密

星历命名格式为 igs+GPS 周+GPS 天.sp3，如 igs17570.sp3)放在 Linux 系统/root/gg/example/2013/igs 文件夹下，解压并删除压缩包。

(4) 将 FTP 地址上下载的 tables 更新数据(tables 更新文件可用于计算更新时间之前的数据)下载到 Linux 系统/root/gg/tables 文件夹下。

至此，数据准备完毕。

3. 数据处理

(1) 打开终端命令窗口，键入 cd /root/gg/example/2013_251，表示操作在 root/gg/example/2013 路径中进行。

(2) 在终端命令窗口键入 sh_setup –yr 2013，将在 2013_251 文件夹下添加 tables 文件夹，建立链接。终端命令窗口执行界面如图 13.3 所示。

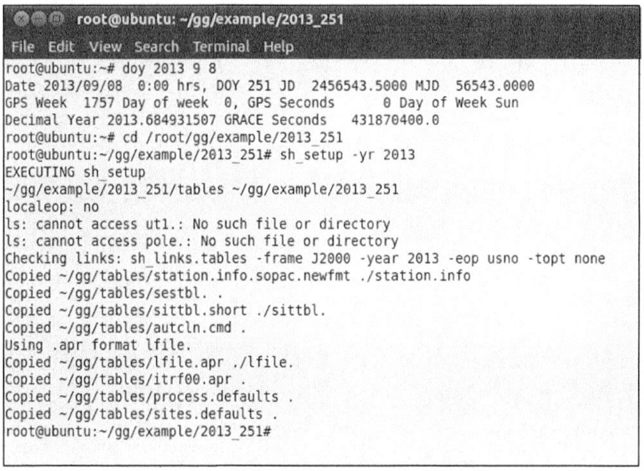

图 13.3 终端命令窗口执行界面

(3) 手动更改 tables 目录 sestbl.文件中海潮改正模型，设置 otl.grid=N，即不进行海潮模型改正的计算，如图 13.4 所示。

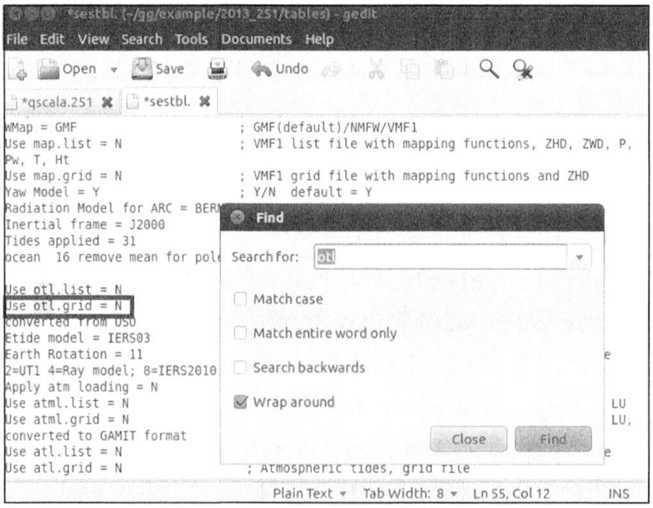

图 13.4 海潮改正模型设置

手动更改 tables 目录中的 sittbl.文件，将其中 IGS 参考站修改为 GUAO(乌鲁木齐)、LHAZ(拉萨)、WUHN(武汉)三站，如图 13.5 所示。

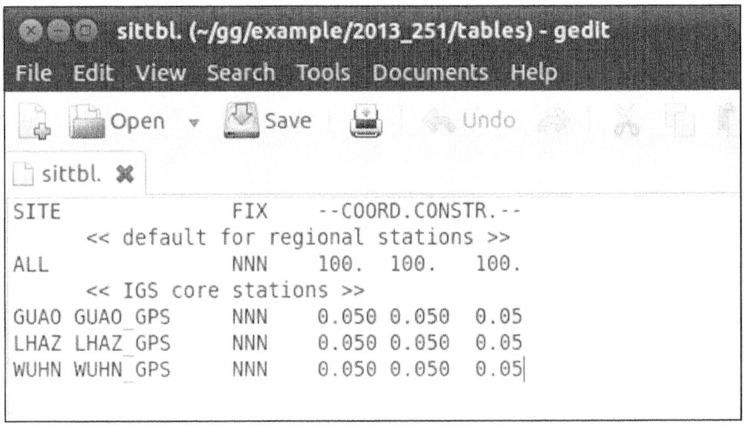

图 13.5　参考站设置

手动更改 tables 目录中的 sites.defaults 文件，使其中从 FTP 下载的 rinex 格式的 IGS 站点名保持与 sittbl.文件一致，并将工程名 expt 修改为 scal，如图 13.6 所示。

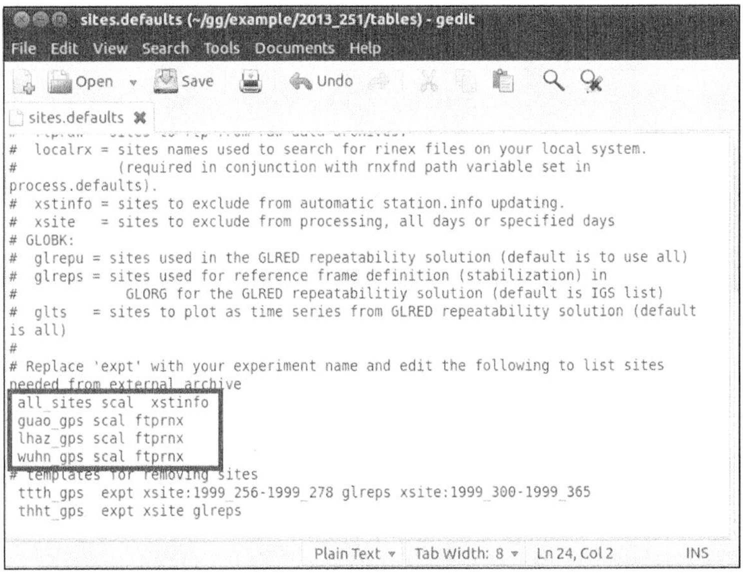

图 13.6　站点名称修改

(4) 将 tables 文件夹中的 sites.defaults 和 station.info 两个文件复制粘贴至 2013_251 文件夹中，然后在终端命令窗口键入 sh_upd_stnfo –l sd，将 sittbl.文件中设置的 IGS 站点名更新生成 station.info.new。将原有的 station.info 删除，打开 station.info.new 检查基站信息是否正确并将其重命名为 station.info；此时 station.info 中的内容如图 13.7 所示。

(5) 将 rinex 文件夹中的被解算点的观测数据文件(atl12510.13o)复制粘贴至 2013_251 文件夹中，然后在终端命令窗口键入命令：sh_upd_stnfo -files　rinex/*.13o。将 rinex 文件夹下需要被计算的 o 文件加载入 station.info；此时更新的 station.info 文件有可能会出现一些错误，需要对其进行检查，主要检查加载进去的被测站点接收机类型和天线类型及型号，如有必要，需要将其替换成 GAMIT 识别的相近性能的天线数据，例如，可复制 WUHN 站点的接收机和天线信息作为被测站点的信息，如图 13.8 所示。

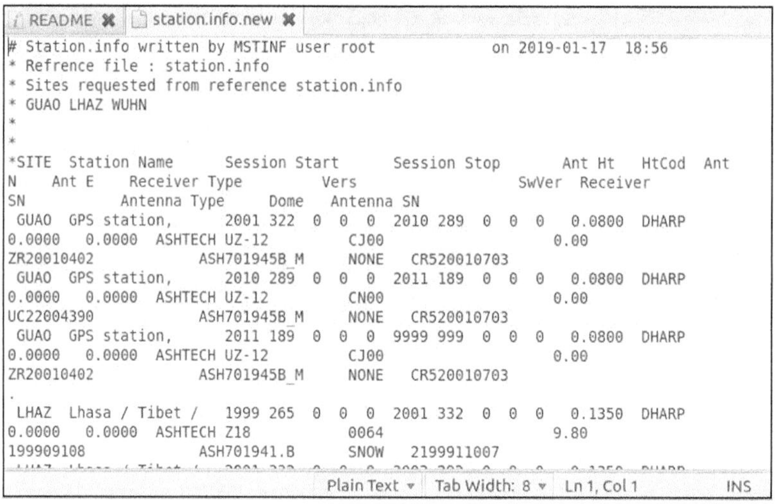

图 13.7　站点数据生成

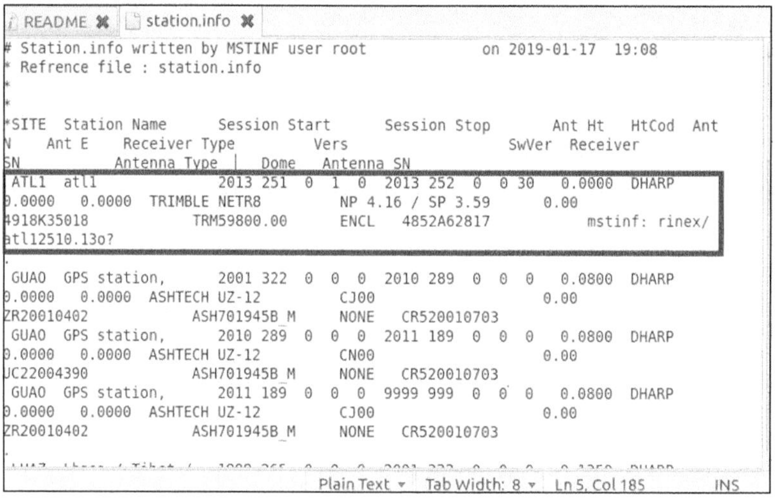

图 13.8　站点数据添加

(6) 在终端命令窗口键入命令：sh_gamit –expt scal -d 2013 251 -pres ELEV -orbit IGSF -copt x k p -dopts c ao。GAMIT 模块进行基线解算，得到基线解算结果。在/2013/251 目录下查看 qscala.251 文件。查找 nrms，验后 nrms(Postfit nrms)数据一般小于 0.25 表示解算结果精度较高，如图 13.9 所示。

查找 Baseline，得到各测站之间的基线向量信息，如图 13.10 所示。

在/2013 目录下，在终端命令窗口键入命令：sh_glred -d 2013251 -exptscal -opt H G E >&! sh_glred.log。GLOBK 模块进行网平差，得到参与网平差的站点坐标。可在/2013/gsoln 目录下，

查看 globk_scal_13251.org 文件，得到被测站点的坐标信息，如图 13.11 所示。

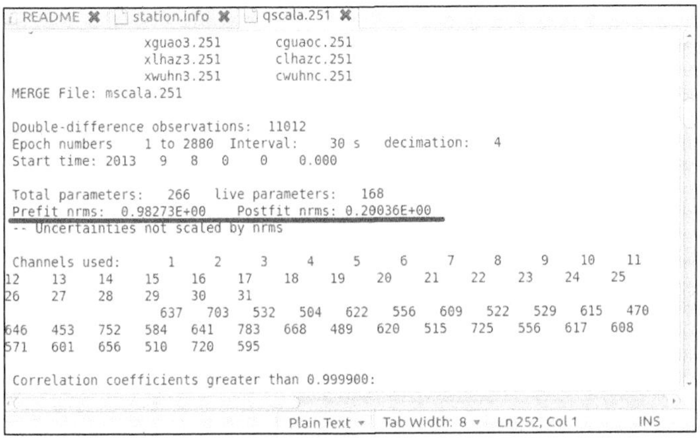

图 13.9 查看均方根

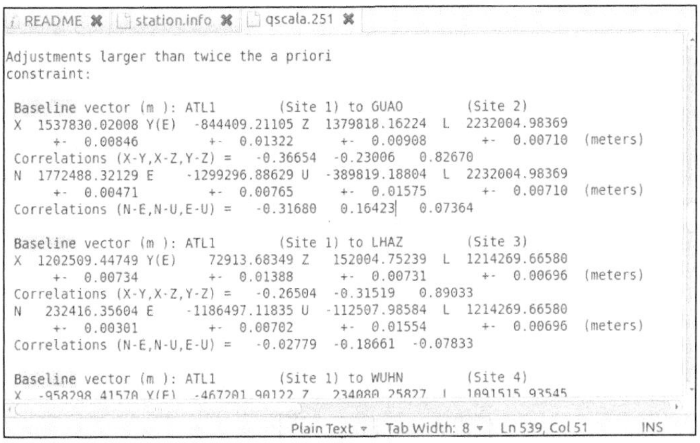

图 13.10 查看基线数据

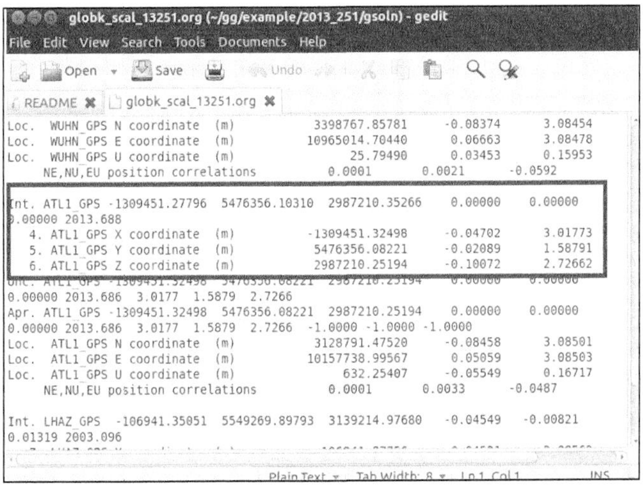

图 13.11 查看被测站点坐标

基线解算结果如表 13.2 所示。

表 13.2 基线解算结果

年积日	NRMS	基线向量	X/m	Y/m	Z/m	L/m
251	0.18180	ATL1-GUAO	1537830.02008 +−0.00846	−844409.21105 +−0.01322	1379818.16224 +−0.00908	2232004.98369 +−0.00710
		ATL1-LHAZ	1202509.44749 +−0.00734	72913.68349 +−0.01388	152004.75239 +−0.00731	1214269.66580 +−0.00696
		ATL1-WUHN	−958298.421570 +−0.00969	−467201.90122 +−0.01725	234080.25827 +−0.00986	1091515.93545 +−0.00748

网平差结果如表 13.3 所示。

表 13.3 网平差结果

年积日	X/m	Y/m	Z/m
251	−1309451.32498	5476356.08221	2987210.25194

13.3 Bernese 软件及其使用方法

13.3.1 Bernese 软件简介

Bernese 软件是由瑞士伯尔尼大学天文研究所研发的 GNSS 数据处理软件，主要针对大学、研究机构和高精度的国家测绘机构等用户。Bernese 软件 1988 年完成 3.0 版本；1988～1995 年,共发布 5 个版本(3.1、3.2、3.3、3.4、3.5)；1996 年发布的 4.0 版本,首次加入 ADDNEQ 模块(法方程反演)和 BPE 模块(批处理引擎)，这些版本只能处理 GPS 数据；1999 年发布的 4.2 版，能够处理 GPS 数据、GLONASS 数据、GPS 与 GLONASS 混合数据、SLR 数据；2004 年推出 5.0 版本，使用 Qt 编程语言实现了全新的窗口式操作界面，在视觉和功能上都是以往的版本所不能比拟的。

Bernese 软件一经推出，获得了广泛好评，伯尔尼大学随后不断更新软件，其中使用最广的版本为 4.2 版、5.0 版、5.2 版，随着软件版本的提升，其界面更加友好、模块条理更加清晰、数据处理精度更高，其数学处理模型和处理方法在同类型软件中处于领先地位，欧洲定轨中心(CODE)用该软件计算得到的数据产品在 IGS 数据综合时获得了较高的权重。

Bernese 软件虽然是商业软件，但它提供源代码，而且软件结构化强代码清晰，并带有详尽的技术文档，所以特别适用于用户的二次扩展，以及科研工作者的二次开发。

Bernese 软件有以下特色。

(1) 准确的数学模型，支持非差和求差两种处理模式。

(2) 详细的计算过程参数控制。

(3) 强大的自动化批处理。

(4) 国际标准适应性。

(5) 模块化设计。

Bernese 软件在高精度数据处理方面有着非常强大的功能，以 5.0 版本为例，有以下主要功能。

(1) 快速处理中小型 GPS 观测网，实现高精度定位。

(2) 自动处理大型乃至全球的 GPS 永久跟踪网观测数据，计算获得与 GPS 相关的数据产品。

(3) 组合处理 GPS、GLONASS 观测数据。

(4) 监测电离层、对流层的变化。

(5) 估计卫星或者接收机的钟差，以实现时间传递和频率转换。

(6) 解算超长基线的模糊度。

(7) 实现低轨卫星、GPS 卫星的精密定轨，以及地球自转参数的求解。

(8) 对法方程或者 SINEX 文件(法方程文件)进行数据综合，反演更精确的求解参数。

(9) GNSS 观测数据仿真功能。

以 5.0 版为例，Bernese 软件的处理流程图如图 13.12 所示。

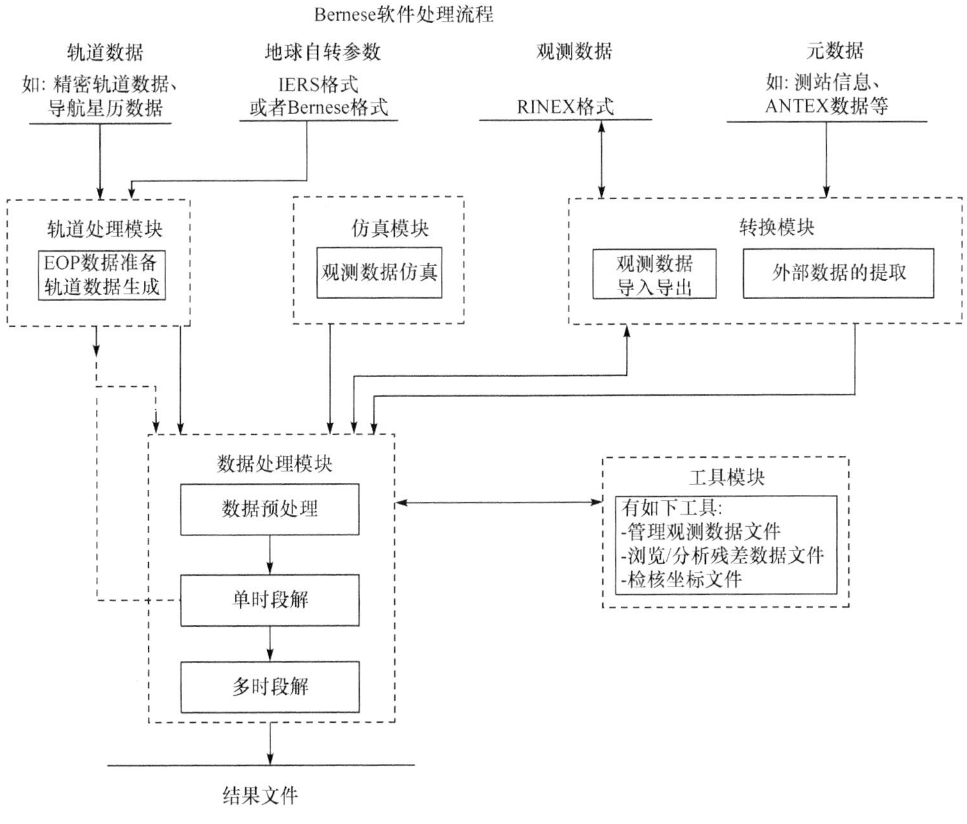

图 13.12　Bernese 软件的处理流程图

13.3.2　Bernese 5.0 应用实例

Bernese 5.0 软件的精密单点定位(PPP)功能是在 4.2 版本的基础上添加的新功能，在数据质量高和使用精密星历钟差的前提下，可以实现厘米级甚至更高的定位精度。Bernese 5.0

具备 PPP 模式的自动化批处理(BPE)功能，这里对 BPE 过程不做介绍，只介绍简单的人工设置的定位过程。具体过程如下。

1. 建立新项目

在 Bernese 软件中，是通过项目(campaign)来管理所有数据的，每个项目都有自己的目录和子目录，子目录存放与项目有关的不同的数据类型。首先新建一个名为 PPP 的新项目，并激活且生成子目录，设置软件的处理时间为 2015 年 1 月 1 日全天。

1) 建立新项目

通过 Menu→Campaign→Edit list of campaigns 命令建立新的项目，其中加号表示新建项目，减号表示删除项目，单击面板中的加号，编辑好新的项目名称，这里以 PPP 为例，随后单击命令栏中 Save 按钮。

2) 激活项目

项目建立好后，需要激活项目，依次选择 Menu→Campaign→Select active campaign，在输入面板中选择新项目${P}\ PPP 作为当前使用的项目，单击 OK 按钮确定。

3) 创建子目录

激活项目后，需要为当前使用项目创建项目相关的子目录，依次选择 Menu→Campaign→Create new campaign，单击命令栏中的 Run 按钮。

运行后可发现，在 BERN50\GPSDATA 文件夹下创建了一个与新建项目名称 PPP 相同的文件夹，该文件夹中包含多个子目录，其具体名称及功能如下。

(1) ATM：存放项目相关的大气层文件，如电离层的.ION 文件、对流层的.TRP 文件。

(2) BPE：存放 BPE 时每一步骤的完成状态信息文件。

(3) OBS：存放 Bernese 格式的观测值文件。

(4) ORB：存放与轨道相关的文件，包括精密轨道 sp3 文件、地球自转参数文件、卫星钟差文件等。

(5) ORX：存放原始 RINEX 文件。

(6) OUT：存放输出文件。

(7) RAW：存放可以用于计算的 RINEX 文件，如.O 观测数据文件。

(8) SOL：存放结果文件，如法方程文件 SINEX。

(9) STA：存放项目相关的坐标和坐标信息文件，项目时段信息表也在这里。

4) 设置时段信息

依次选择 Menu→Configure→Set session/compute date 创建时间信息。在窗口中输入时间信息，只需要设置其中一种时间形式即可，单击 Set 或者 OK 按钮表示确定，这个时段会作为当前要被计算的时段。选择好之后，正确的时段号信息会在软件窗口最下端的状态栏中显示出来，也就是两个系统变量$Y+0、$S+0 对应的信息，分别是年号和年积日。本例中设置时间为 2015 年 1 月 1 号。

项目建好以后，把 PPP 过程中需要准备的文件放到对应的文件夹下面，本次设置如表 13.4 所示。

表 13.4　预备文件对应表

文件名	说明	是否有时间要求/需要更新/其他要求	文件存放路径/目录
XXXX0010.15O	RINEX 格式观测数据文件	从 IGS 网站上下载原始观测文件	..\BERN50\GPSDATA\PPP\RAW
CODE.ABB	站名缩略文件，RINEX 格式观测数据文件格式转换需要	需更新，包含参与计算的每个测站	..\BERN50\GPSDATA\PPP\STA
igs18254.sp3	精密星历文件	从 IGS 网站上下载最终产品	..\BERN50\GPSDATA\PPP\ORB
igs18254.clk_30s	精密钟差文件	30s 采样间隔，从 IGS 网站上下载最终产品	..\BERN50\GPSDATA\PPP\OUT
COD18257.ERP	极移文件	包含当前计算时间的前后各一天的极移参数	..\BERN50\GPSDATA\PPP\ORB
C04_2015.ERP	全年的极移文件	当年应保持更新，确保包含当前计算时间	..\ BERN50\BERN50\GPS\GEN
IGS.STA	站信息文件	需更新，包含参与计算的每个测站的信息，若没有请按照格式添加	..\BERN50\GPSDATA\PPP\STA
IGB08_R.CRD	站坐标文件	需更新，包含参与计算的每个测站的坐标，坐标可以为 0，但是必须有，若没有请按照格式添加	..\BERN50\GPSDATA\PPP\STA
PHAS_COD.I08	GPS 卫星天线信息文件	请确定该文件包含参与计算的每个测站的天线类型	..\ BERN50\BERN50\GPS\GEN
SATELLIT.I08	GPS 卫星信息文件	请确定该文件包含所有卫星信息	..\ BERN50\BERN50\GPS\GEN
SAT_2015.CRX	GPS 卫星机动信息文件	当年文件需保持更新	..\ BERN50\BERN50\GPS\GEN
CONST	常数文件	不需更新	..\ BERN50\BERN50\GPS\GEN
DATUM	大地基准参数文件	有新基准时需要更新	..\ BERN50\BERN50\GPS\GEN
IERS2000.SUB	半日极移模型参数文件	不需要更新	..\ BERN50\BERN50\GPS\GEN
IAU2000.NUT	章动模型参数文件	不需要更新	..\ BERN50\BERN50\GPS\GEN
RECEIVER	接收机信息文件	需要包括参与计算的每个测站的接收机，若不包含则须添加至文件	..\ BERN50\BERN50\GPS\GEN
GPSUTC	跳秒文件	有新跳秒时需要更新	..\ BERN50\BERN50\GPS\GEN
JGM3	重力场模型参数文件	GPS 卫星采用，不需要更新	..\ BERN50\BERN50\GPS\GEN
OT_CSRC.TID	海洋潮汐模型参数文件	不需要更新	..\ BERN50\BERN50\GPS\GEN

2. 数据准备

数据准备过程主要是把输入的十进制数据文件转换成 Bernese 二进制格式文件的过程，其目的是加快数据读取速率，提高处理速度。对于精密单点定位来讲，需要先把精密轨道、钟差、观测数据转换成 Bernese 格式。

1) 精密轨道文件准备

精密轨道文件准备是指把 sp3 格式的卫星轨道文件转换成 Bernese 软件认可的标准轨道文件(文件扩展名为 STD)，主要包括以下两个步骤。

(1) 生成轨道列表文件。生成轨道列表文件由程序 PRETAB 实现，其主要工作是把精密星历从地球参考框架转为天球参考框架，同时也可以提取卫星的钟差。依次选择 Menu→Orbits/EOP→Create tabular orbit，打开 PRETAB 1 的功能面板。如图 13.13 所示，单击 SP3 按钮，选择待处理的精密轨道文件。这里选择 IGS 上下载的精密星历文件 igs18254.sp3。同理选择好对应的极移文件，在 Tabular file(s)的右边空白格处编辑好输出的列表文件名，程序 PRETAB 可同时生成钟差文件，但是这里可不用设置，在后续处理中使用 IGS 网站上下载的间隔为 30s 的高采样率的钟差文件。

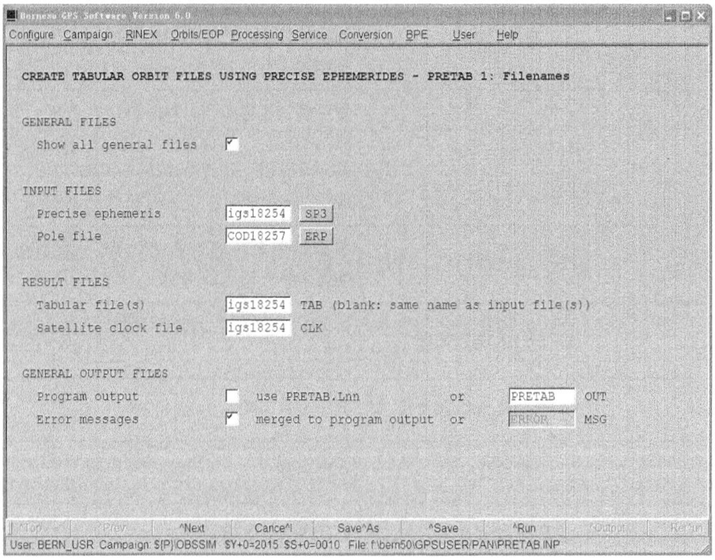

图 13.13 PRETAB 1 的输入参数面板

在 PRETAB 2 参数设置面板中，设置天球参考坐标系，这里选择 J2000 惯性坐标系。具体参数设置见图 13.14。

至此，程序 PRETAB 的参数设置完毕，单击右下方的 Run 按钮运行程序，生成轨道列表文件(文件扩展名为 TAB)。

(2) 生成标准轨道文件。标准轨道文件的生成由程序 ORBGEN 实现，其主要功能为利用上一步骤生成的 TAB 文件里的卫星位置作为伪观测值对轨道做一次最小二乘平差。依次选择 Menu→Orbits/EOP→Create standard orbit，进入参数和文件设置面板，在 ORBGEN 1 面板中选择 Start with tabular orbits 单选按钮，随后选中上一步骤生成的列表文件(igs18254.TAB)，同时选择极移参数，如图 13.15 所示。

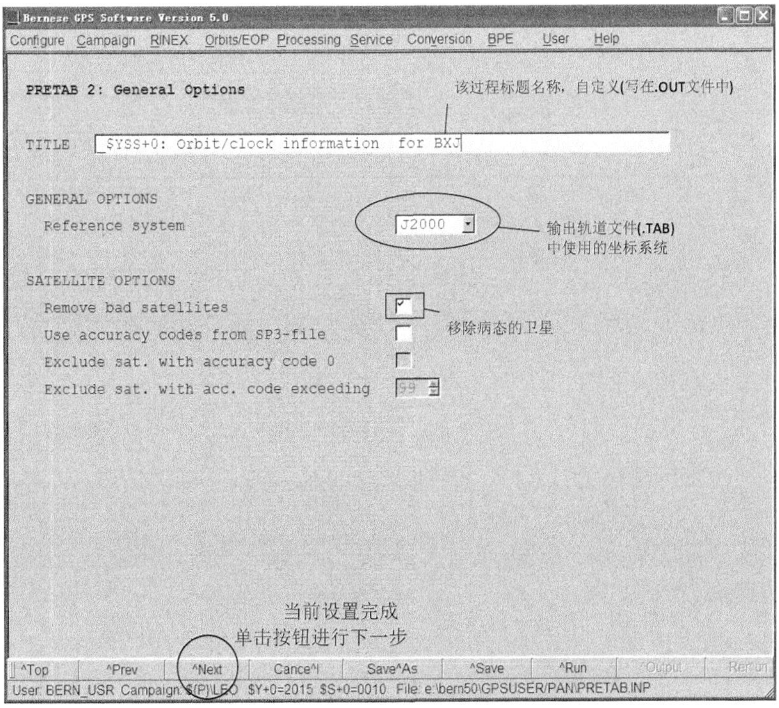

图 13.14　PRETAB 2 的输入参数面板

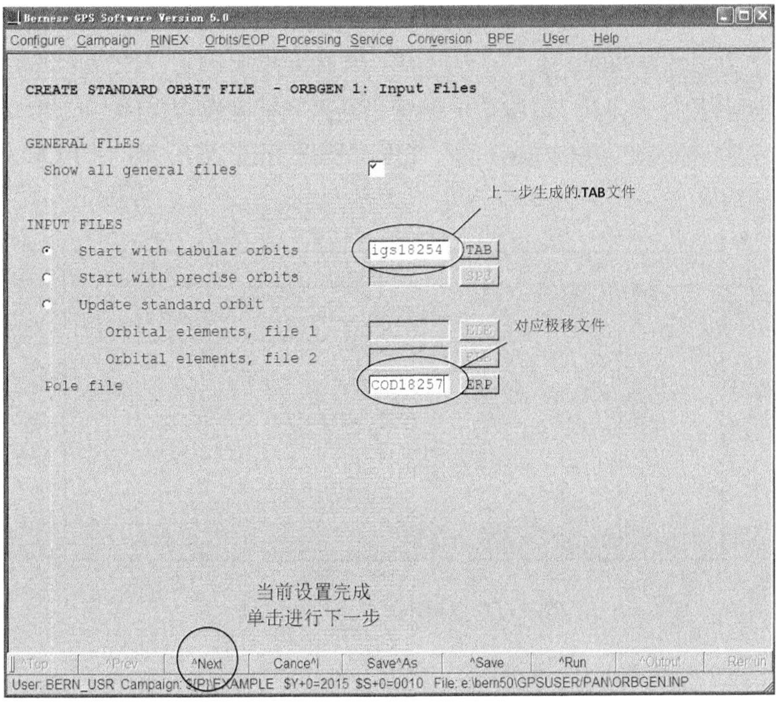

图 13.15　ORBGEN 1 的输入参数面板

在 ORBGEN 3.1 中设置轨道模型，这里选择 B，采用 12 阶的 JGM3 重力场模型，考虑地球潮汐和海潮摄动，采用 DE200 行星星历，具体见图 13.16。

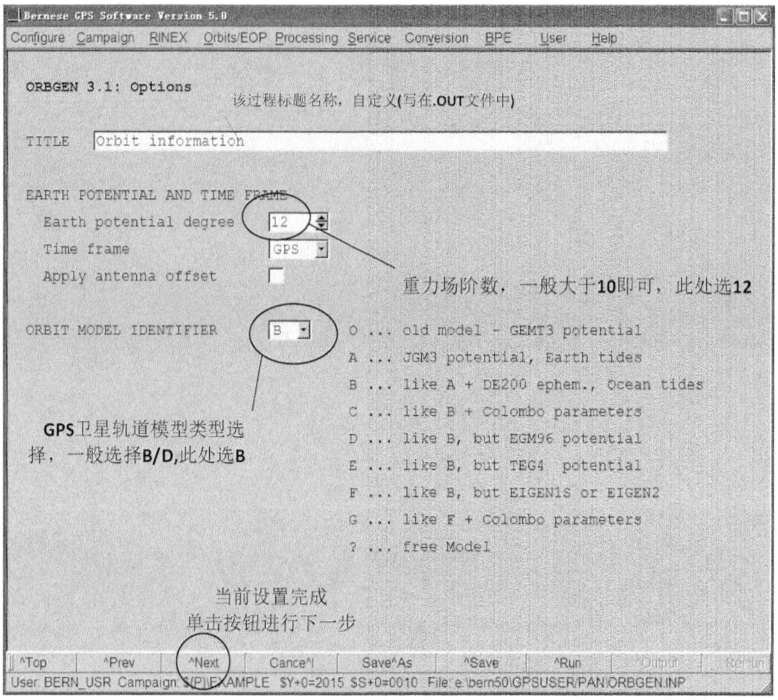

图 13.16　ORBGEN 3.1 的输入参数面板

另外，为了提高处理精度，整个处理过程中用到的极移文件、章动文件等应保持一致。设置完成后，运行软件，得到 ORBGEN 的输出结果和标准轨道文件。ORBGEN 的输出结果中最重要的信息是每颗卫星的 RMS 值，它们应该不超过 2cm，图 13.17 给出了此次运行的卫星 RMS 值结果。

RMS ERRORS AND MAX. RESIDUALS　ARC NUMBER: 1　ITERATION: 4

SAT	#POS	RMS (M)	QUADRATIC MEAN OF O-C (M) TOTAL	RADIAL	ALONG	OUT	MAX. RESIDUALS (M) RADIAL	ALONG	OUT
1	96	0.00	0.00	0.00	0.00	0.00	0.01	0.01	0.01
2	96	0.01	0.01	0.00	0.00	0.01	0.01	0.01	0.01
3	96	0.00	0.00	0.00	0.00	0.00	0.01	0.01	0.01
4	96	0.01	0.01	0.01	0.01	0.00	0.02	0.01	0.01
5	96	0.00	0.00	0.00	0.00	0.01	0.01	0.01	0.01
6	96	0.01	0.01	0.00	0.01	0.01	0.01	0.01	0.01
7	96	0.01	0.01	0.01	0.01	0.01	0.01	0.02	0.01
8	96	0.01	0.00	0.01	0.00	0.00	0.01	0.01	0.01
9	96	0.00	0.00	0.00	0.01	0.00	0.01	0.01	0.01
10	96	0.00	0.00	0.00	0.00	0.01	0.01	0.01	0.01
11	96	0.00	0.00	0.00	0.00	0.00	0.01	0.01	0.01

图 13.17　ORBGEN 的输出结果

2) 精密钟差文件准备

把精密钟差文件转化为 Bernese 格式的钟差文件，由程序 CCRNXC 实现。IGS 下载的

30s 间隔的钟差文件名为 igs18254.clk_30s，把文件名改为 igs18254.clk。依次选择 Menu→RINEX utilities→Combine/manipulate clock data，进入 CCRNXC 的功能界面，选择该文件作为输入。由于地面站钟差可在 PPP 的过程中解出，这里勾选 Extract only satellite clocks 复选框，只提取卫星钟差作为 PPP 的输入，具体见图 13.18。

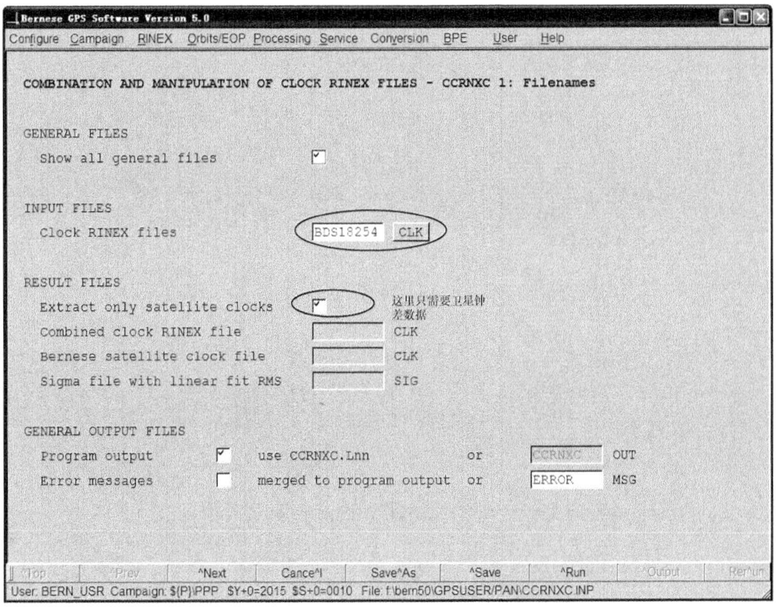

图 13.18　CCRNXC 1 的输入参数面板

CCRNXC 的其他界面选择默认值即可，不需要额外设置，运行程序得到新的 igs18254.clk 文件，存放在\ORB 子目录中。

3) 观测数据准备

观测数据准备即把 RINEX 格式的观测数据转换成 Bernese 格式，但格式转换之前，先进行载波相位平滑伪距处理，利用精确、平滑的载波相位测量值对粗糙但无模糊度的伪距进行平滑。

(1) 载波相位平滑伪距：由程序 RNXSMT 实现。依次选择 Menu→RINEX utilities→Clean/smooth observation files，如图 13.19 所示，选择 IGS 网站上下载的原始观测数据文件 URUM0010.15o 作为输入。

设置完成后，运行软件，得到平滑后的观测数据 URUM0010.SMT。

(2) 观测数据转为 Bernese 格式：把观测数据转成容易处理的 Bernese 格式，包括四个文件，即伪距头文件(.CZH)、伪距观测值文件(.CZO)、载波相位头文件(.PZH)、载波相位观测值文件(.PZH)，由程序 RXOBV3 实现。依次选择 Menu→RINEX→Import RINEX to Bernese format→Observation files，进入 RXOBV3 功能界面。选择上一步骤中生成的 URUM0010.SMT 作为待处理数据，具体设置见图 13.20。

RXOBV3 4 设置信号强度的相关参数，由于用的是平滑过的观测数据，所以这里的最小信号强度应选择 2 且不接受 0，具体见图 13.21。

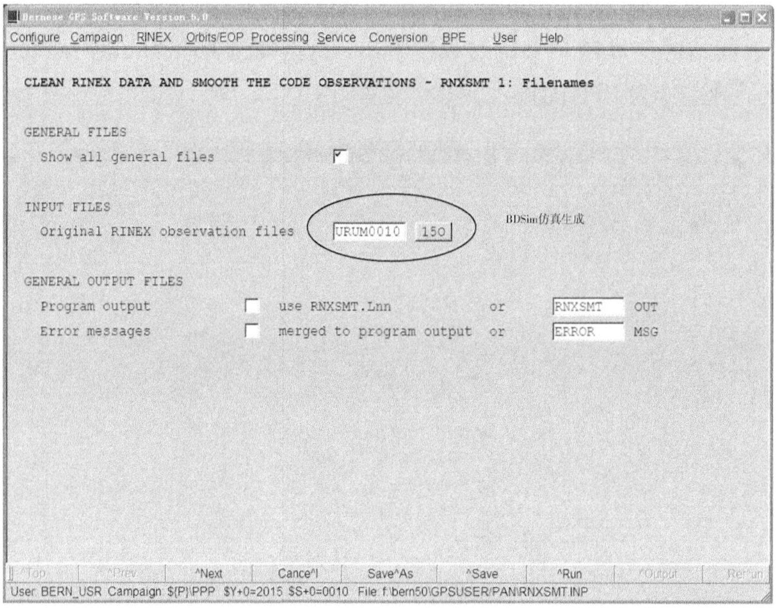

图 13.19 RNXSMT 1 的输入参数面板

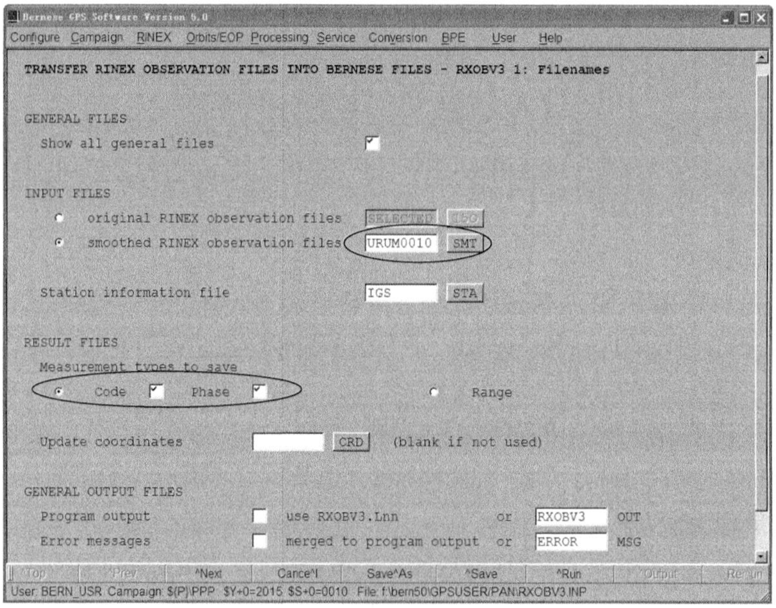

图 13.20 RXOBV3 1 的输入参数面板

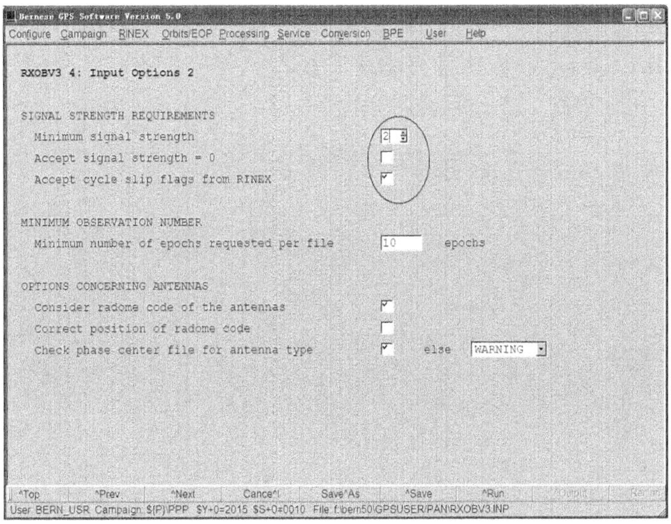

图 13.21　RXOBV3 4 的输入参数面板

设置完成后，运行软件，得到 4 个 Bernese 格式的观测数据文件。

3. 观测数据预处理

1) 接收机钟同步

数据预处理的第一个程序是 CODSPP，依次选择 Menu→Processing→Code-based clock synchronization，进入参数配置界面。它的主要任务是计算接收机钟差改正。同时，CODSPP 可以用伪距观测值估计坐标。如果项目中的测站已有比较准确的坐标，则可选择不估计，在 CODSPP 2 的参数设置中把 Estimate coordinates 设为 NO。最重要的选项是 Save clock estimates，这里要设为 BOTH，如图 13.22 所示。

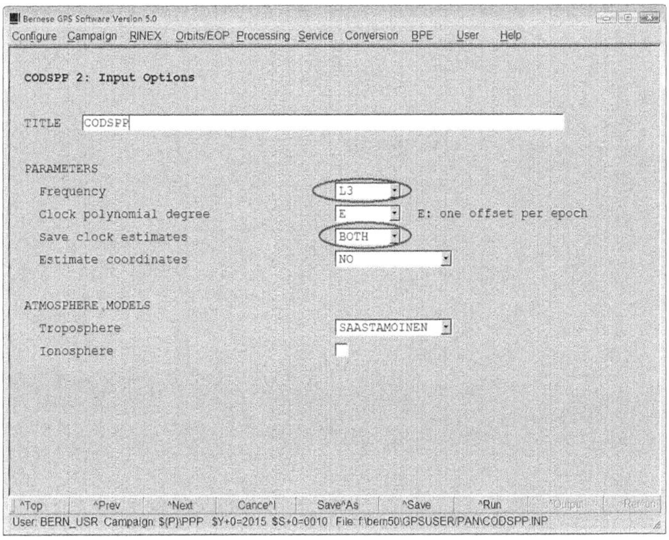

图 13.22　CODSPP 2 的输入参数面板

CODSPP 的输出结果中，如果有 CLOCK OFFSETS STORED IN CODE+PHASE OBSERVATION FILES 信息，表明计算出来的接收机钟差改正已经存储到伪距观测值文件和相位观测值文件中，如图 13.23 所示。

```
OBSERVATIONS IN FILE:      31226
BAD OBSERVATIONS     :         26.17 %
RMS OF UNIT WEIGHT   :          0.64 M
NUMBER OF ITERATIONS:           2


STATION COORDINATES:
--------------------

LOCAL GEODETIC DATUM:  IGb08

                                    A PRIORI          NEW            NEW- A PRIORI
 URUM 21612M001    X               193030.63        193030.63                 0.00
 (MARKER)          Y              4606851.31       4606851.31                 0.00
                   Z              4393311.46       4393311.46                 0.00

                   HEIGHT              858.85           858.85                0.00
                   LATITUDE       43 48 28.617     43 48 28.617      0  0   0.000
                   LONGITUDE      87 36  2.398     87 36  2.398      0  0   0.000


CLOCK PARAMETERS:
-----------------

OFFSET FOR REFERENCE EPOCH:                  -0.000455744  SEC

CLOCK OFFSETS STORED IN CODE+PHASE OBSERVATION FILES

RECEIVER UNIT          :     1127
REFERENCE EPOCH        :     2015-01-01  0:00: 0.00
```

图 13.23　CODSPP 的输出结果

2) 周跳检测与修复

周跳检测与修复在 Bernese 软件中由程序 MAUPRP 实现。依次选择 Menu→Processing→Phase processing，进入参数配置界面，如图 13.24 所示，选择之前数据准备过程得到的载波相位观测文件、轨道及钟差文件进行处理。

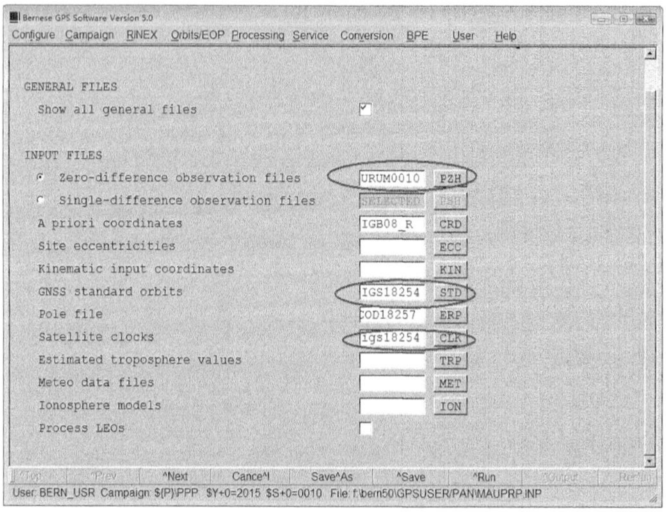

图 13.24　MAUPRP 1 的输入参数面板

在 PPP 的过程中，数据预处理的可靠性直接影响定位结果的精度，而预处理的主要功能就是准确可靠地探测出相位观测值中的周跳。非差相位观测值的周跳探测比双差观测值的周跳探测难，周跳修复比探测更为困难，甚至不可能准确地修复。故在数据预处理过程中，只对非差相位观测值进行周跳探测，不进行修复。在 Bernese 软件中的具体设置见图 13.25。

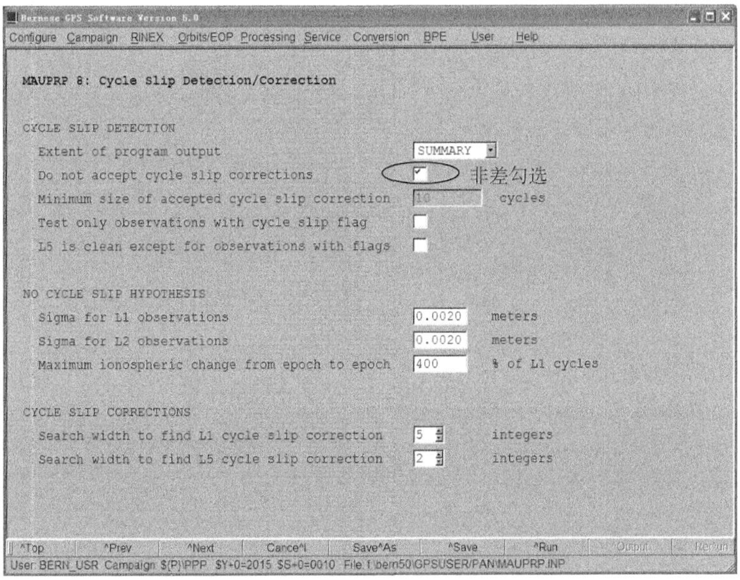

图 13.25 MAUPRP 8 的输入参数面板

全部设置完成后，运行软件，得到周跳检测后的载波相位观测值文件，可进行定位处理。

4. 参数估计(定位)

用参数估计程序 GPSEST 的精密单点定位模式进行 PPP 处理，依次选择 Menu→Processing→Parameter estimation，进入 GPSEST 的参数配置界面。如图 13.26 所示，选择非差处理模式，并把之前处理得到的相位观测文件、Bernese 格式的轨道和钟差文件作为输入，进行精密单点定位处理。

由于电离层延迟很难用模型精确扣除，选择用消电离层组合观测值L3来进行PPP处理，具体设置如图 13.27 所示。

把对流层延迟和接收机钟差参数作为待估参数，在处理过程中对其进行估计，把整周模糊度消去，具体设置如图 13.28 所示。

全部设置完成后运行软件，得到 GPSEST 的输出结果，其中最主要的是解得的测站坐标，如图 13.29 所示。

Bernese 软件能够同时对多个监测站进行精密单点定位处理，为了结果的普遍性，随机选择多个监测站的观测数据对其进行单点定位，并把 CODE 网站上下载的当天的监测站坐标解作为坐标参考值，Bernese 软件 PPP 处理结果如表 13.5 所示(表中一个测站坐标从上至下依次为 X、Y、Z，误差为对应的 X、Y、Z 方向误差)。

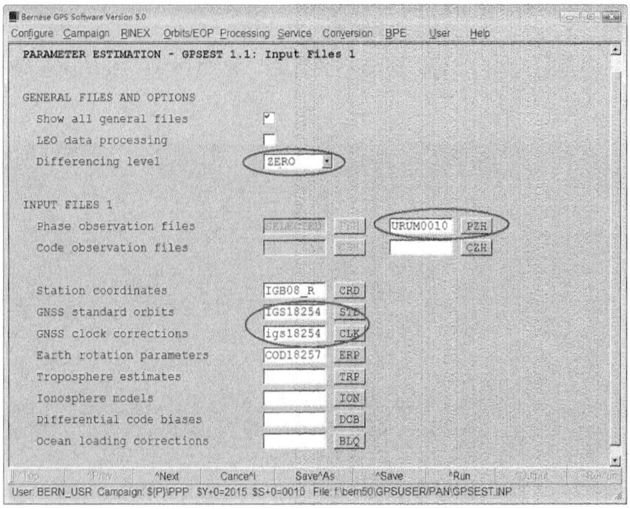

图 13.26　GPSEST 1.1 的输入参数面板

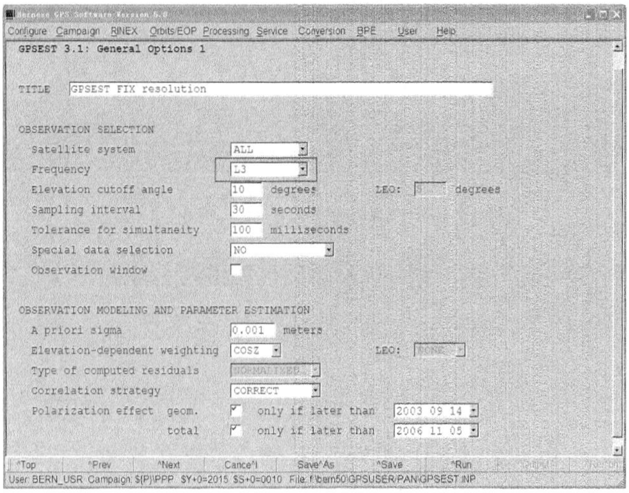

图 13.27　GPSEST 3.1 的输入参数面板

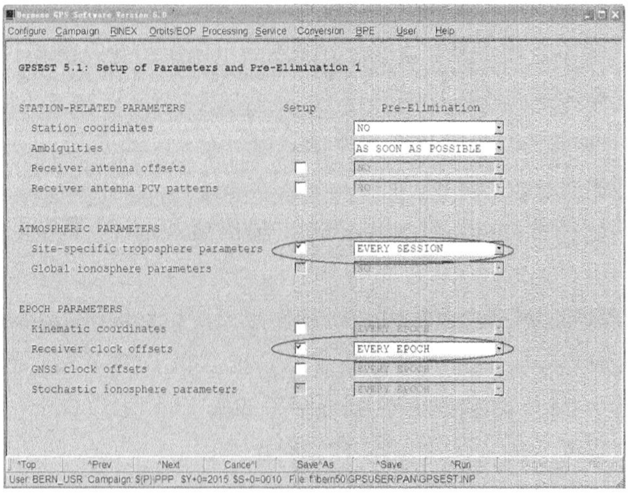

图 13.28　GPSEST 5.1 的输入参数面板

```
STATION COORDINATES:                          ${P}\PPP\STA\ppp--.CRD
--------------------

NUM  STATION NAME      PARAMETER    A PRIORI VALUE       NEW VALUE     NEW- A PRIORI  RMS ERROR
------------------------------------------------------------------------------------------------

244  URUM 21612M001    X                 193030.6272      193030.3155     -0.3117      0.0005
                       Y                4606851.3137     4606851.2941     -0.0196      0.0011
                       Z                4393311.4598     4393311.5187      0.0589      0.0010

                       HEIGHT               858.8530         858.8702      0.0172      0.0014
                       LATITUDE      43 48 28.617105   43 48 28.619214     0.0651      0.0003
                       LONGITUDE     87 36  2.397927   87 36  2.411821     0.3096      0.0005
```

图 13.29　GPSEST 的输出结果

表 13.5　Bernese 软件 PPP 处理结果

测站名	测站坐标参考值/m	PPP 解/m	PPP 解误差/m
ALIC	−4052052.5400 4212836.0131 −2545104.8489	−4052052.5501 4212836.0207 −2545104.8546	−0.0101 0.0076 −0.0057
BJFS	−2148744.3969 4426641.2099 4044655.8564	−2148744.3969 4426641.2099 4044655.8564	−0.0015 0.0025 0.0032
IISC	1337936.0285 6070317.1111 1427877.1306	1337936.0326 6070317.1220 1427877.1339	0.0041 0.0109 0.0033
URUM	193030.3104 4606851.2935 4393311.5247	193030.3155 4606851.2941 4393311.5187	0.0015 0.0006 −0.0060
WUHN	−2267749.7460 5009154.1808 3221290.6011	−2267749.7503 5009154.1909 3221290.6131	−0.0043 0.0101 0.0120
ZECK	3451174.4822 3060335.5778 4391955.7399	3451174.4901 3060335.5877 4391955.7478	0.0079 0.0099 0.0079

从表 13.5 中可以看出，定位精度基本都达到毫米级，这是因为这里所用的参考值是 CODE 用 Bernese 软件通过 GPS 网分析得到的，精度更高，这里 PPP 没有解整周模糊度，并且忽略了测站和钟差改正之间的相关性，存在一定误差。

13.4　RTKLib 软件及其使用方法

13.4.1　RTKLib 软件简介

RTKLib 是一个标准高精度 GNSS 定位开源程序包，由可移植程序库和应用程序组成。RTKLib 的特色如下。

(1) 提供了标准的、高精度的 GPS/GLONASS/Galileo/QZSS/BeiDou/SBAS 定位算法。

(2) 提供多种实时/事后定位处理模式，包括单点定位模式、DGPS/DGNSS 定位模式、动态定位模式、静态定位模式、可移动基线模式等。

(3) 提供多种 GNSS 标准数据格式和协议，包括 GPS, GLONASS, Galileo, QZSS, BeiDou, SBAS 等系统的 RINEX 2.10、2.11、2.12、3.00、3.01、3.02 观测数据格式和导航电文文件格式等。

(4) 提供一些 GNSS 接收机的专用信息，如 U-blox、Eclipse、SkyTraq 等。

(5) 通过串联、TCP/IP、NTRIP、本地日志文件、FTP/HTTP 等多种方式与外部进行通信。

(6) 提供多种程序库函数和应用程序接口，包括卫星和导航系统函数、矩阵和向量函数、坐标转换函数、输入输出函数、大气模型、天线模型、地球潮汐模型、大地水准面模型、RINEX 函数、星历和钟差函数、RTK 函数、SBAS 函数、后处理和定位函数、高精度定位函数等。

(7) 包括多种用户图形界面(Graphical User Interface, GUI)和命令行用户界面(Command-line User Interface, CUI)程序，如表 13.6 所示。

表 13.6 用户图形界面和命令行用户界面

序号	功能	GUI 程序	CUI 程序
(a)	应用程序启动器	RTKLAUNCH	—
(b)	实时定位解算	RTKNAVI	RTKRCV
(c)	RTK 通信	STRSVR	STR2STR
(d)	RTK 后处理	RTKPOST	RNX2RTKP
(e)	RTK 转换	RTKCONV	CONVBIN
(f)	RTK 绘制	RTKPLOT	—
(g)	RTK 数据资源下载	RTKGET	—
(h)	NTRIP 浏览器	SRCTBLBROWS	—

13.4.2 RTKLib 可执行程序操作流程

RTKLib 提供了两种数据处理方式：一种是通过集成 RTKLib 库的源程序实现导航数据处理分析；另一种是直接应用 RTKLib 资源文件夹给出的可执行二进制 Aps(applicetion programs)和 Windows 链接库实现导航数据处理分析。

RTKLib 的资源文件目录结构如图 13.30 所示，文件目录结构功能如表 13.7 所示。

下面主要对实时定位解算、后处理解算的 APs 的操作流程进行详细说明。

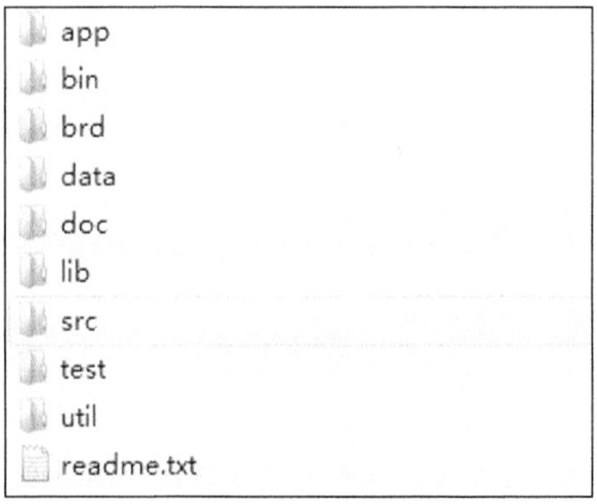

图 13.30 RTKLib 的资源文件目录结构

表 13.7　RTKLib 文件目录结构功能

名称	功能	名称	功能
\app	APs 构建环境	\bin	可执行二进制 APs 和 Windows 链接库
\data	APs 样本数据	\doc	文档文件
\lib	库生成环境	\src	RTKLIB 库的源程序
\test	测试程序和数据	\util	实用程序工具

1. RTKNAVI 实时定位解算

(1) RTKNAVI 可执行程序主要输入 GPS/GNSS 接收机原始观测数据，实时进行定位处理。执行\bin\rtknavi.exe 文件，主界面如图 13.31 所示。

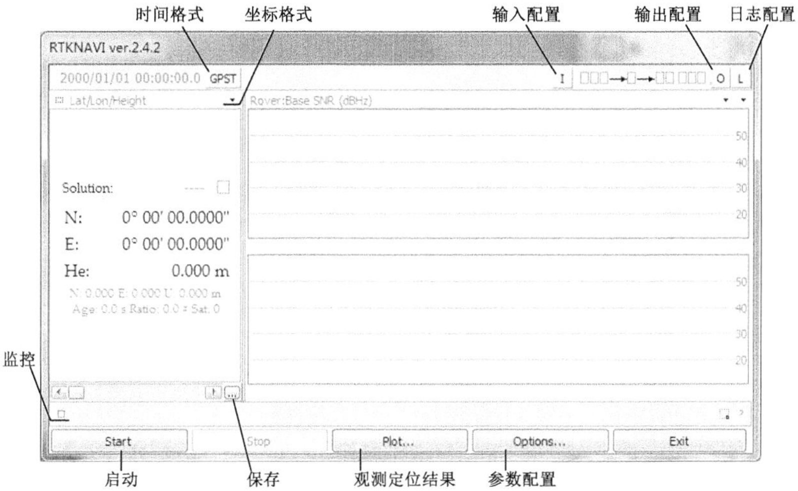

图 13.31　RTKNAVI 程序主界面

(2) 用 RTKNAVI 进行实时定位必须输入 GPS/GNSS 接收机原始观测数据和卫星星历，单击输入配置 I 按钮进入输入流对话框，如图 13.32 所示。

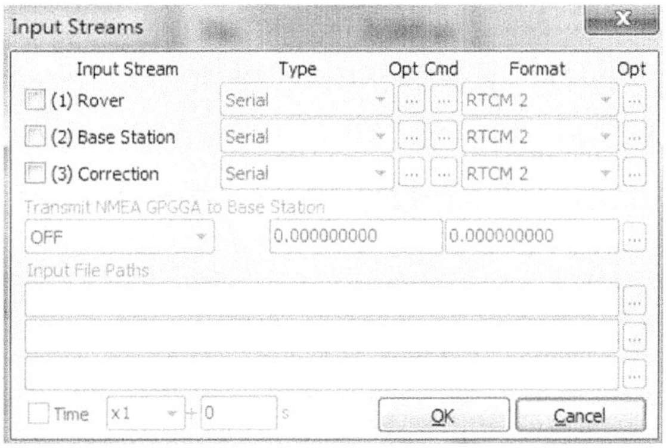

图 13.32　RTKNAVI-Input Streams 设置

设置 Rover、Base Station、Correction 三个选项。流类型可从以下选项中选择：①Serial，串口输入数据；②TCP Client，连接到一个 TCP 服务器，通过 TCP 连接输入数据；③TCP Server，接收一个 TCP 客户端连接和通过 TCP 连接的输入数据；④NTRIP Client，连接一个 NTRIP caster 输入数据；⑤File，日志文件中输入数据；⑥FTP，通过 FTP 下载一个文件后输入数据；⑦HTTP，通过 HTTP 下载一个文件后输入数据。

选择流类型为 Serial(连续的)，单击"..."按钮设置选项，如图 13.33 所示。

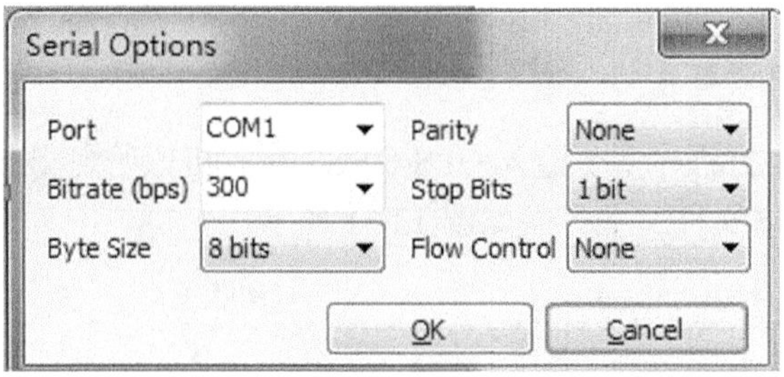

图 13.33　RTKNAVI-Serial Options 设置

在流类型中如果选择 Serial TCP Client 或者 TCP Server，则可以通过流设置 GPS/GNSS 接收机启动和关闭命令、设置命令、单击 Cmd 标签下的...按钮。在 Serial/TCP Commands 对话框中进行设置，可以加载和保存命令，如图 13.34 所示。

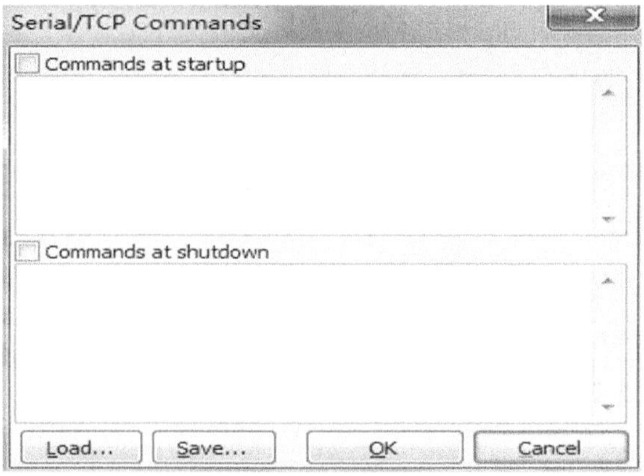

图 13.34　RTKNAVI-Serial/TCP Commands 界面

(3) 设置输出流格式，单击输出配置 O 按钮，弹出 Output Streams 对话框，如图 13.35 所示，设置类型。如果类型选择 File，文件路径中的一些关键词将被日期和时间代替，单击?按钮可以查看，选择 Swap Intv 可设置输出文件在指定的周期内替换。

(4) 输出路径日志，单击日志配置 L 按钮，弹出 Log Streams 对话框，如图 13.36 所示，和 Output Streams 对话框一样路径被关键词替换。

(5) 设置完成后，单击 Start 按钮。开始运行后，窗口右侧出现柱状图，灰色表示没有被使用，橙色表示等待连接，深绿色表示已连接或正在进行，浅绿色表示数据活跃，红色表示发生通信错误。

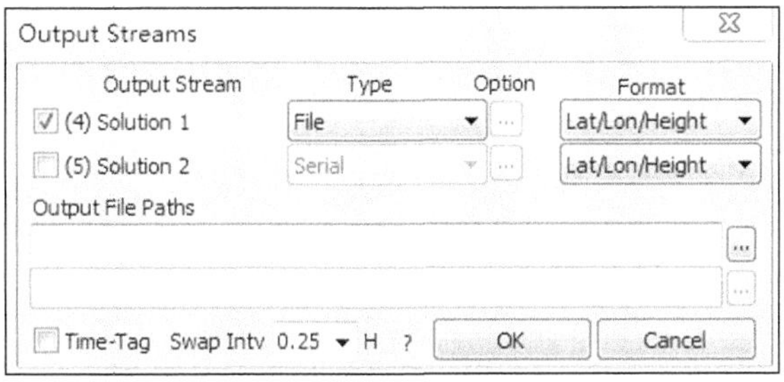

图 13.35　RTKNAVI-Output Streams 设置

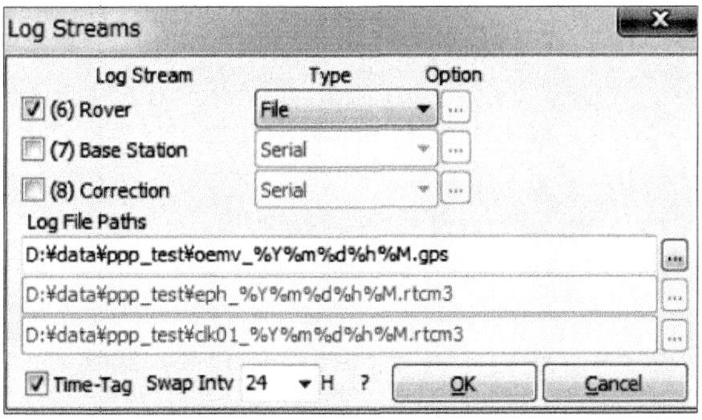

图 13.36　RTKNAVI-Log Streams 设置

图 13.37 中窗口右侧显示 SNR；右上角标示当前卫星所属哪个导航系统，GPS(G)、GLONASS(R)、Galileo(E)、QZSS(J)、BeiDou(C)、SBAS(S)。依次选择 Options→Misc→Solution Font 改变字体设置。

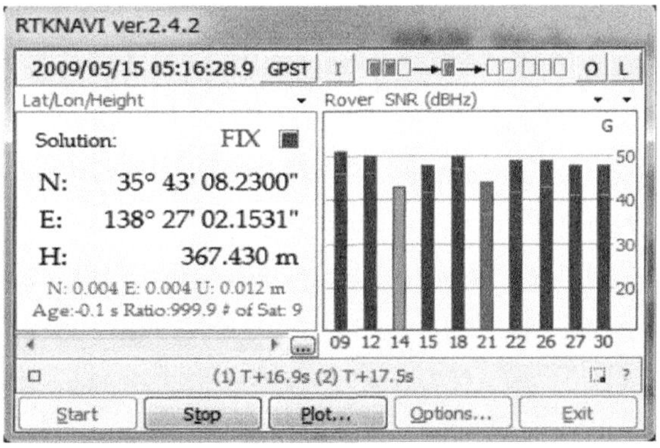

图 13.37　RTKNAV 结果显示

2. RTKPOST 后处理分析操作

RTKPOST 可执行程序的输入是标准的 RINEX 2.10、2.11、2.12、3.00、3.01、3.02 格式的观测数据和导航电文文件。它可以进行各种模式的定位分析，主要包括单点定位、DGPS/DGNSS、静态的、动态的、精密单点静态和精密单点动态定位。

(1) 执行 bin\rtkpost.exe 文件。RTKPOST 后处理软件的主界面如图 13.38 所示。

(2) 输入 RINEX 流动站的观测数据路径，单击“…”按钮；如果是相对定位模式，还要输入基准站接收机观测数据。

(3) 单击 Options 按钮，进行处理参数设置，如图 13.39 所示。

(4) 单击主界面中的 Execute 按钮开始数据分析计算，当出现 done 时表示处理完成，如果处理过程中要停止，单击 Abort 按钮。

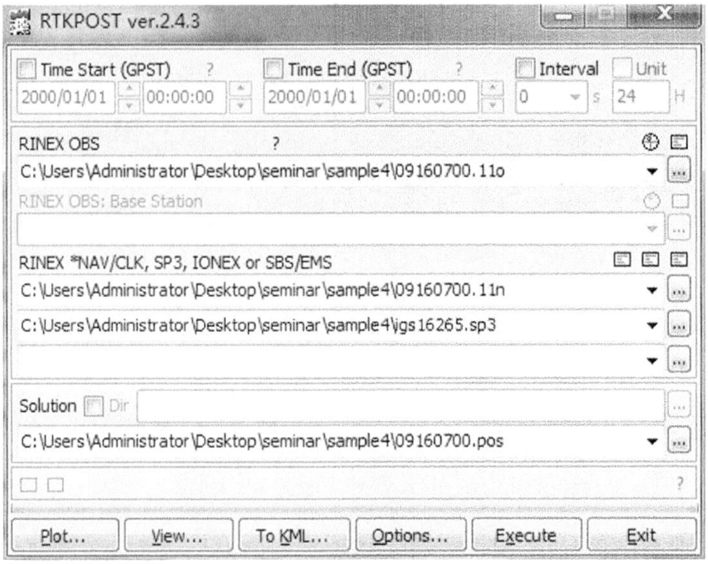

图 13.38　RTKPOST 程序主界面

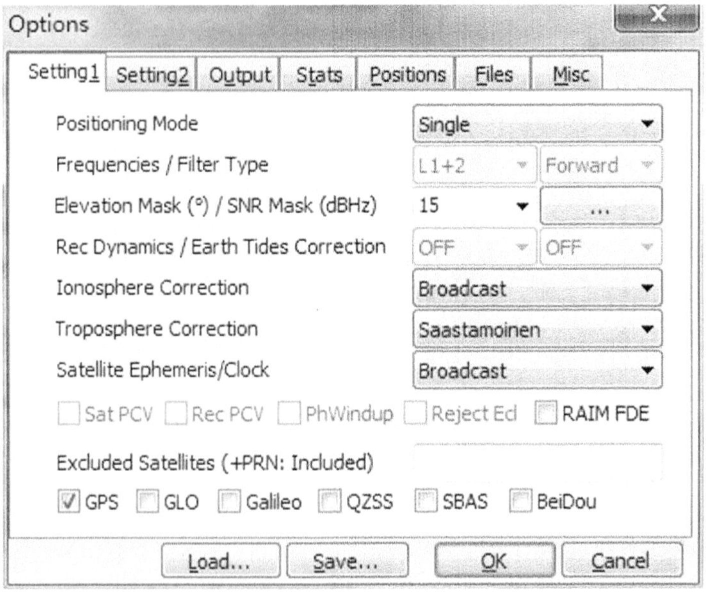

图 13.39　RTKPOST-Options 设置

(5) 处理完成后单击 View 按钮可以查看数据，单击 Plot 按钮可以对数据进行视图可视化(图 13.40)。

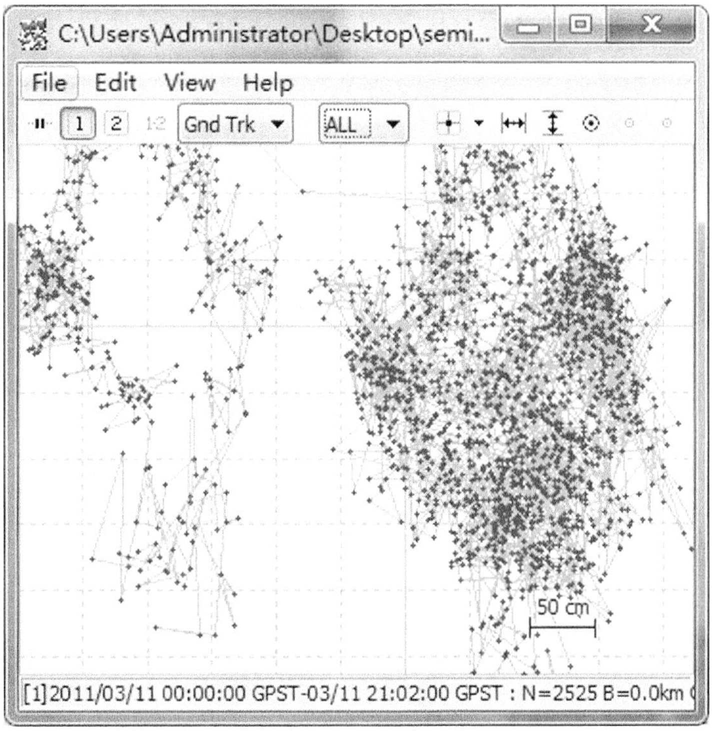

图 13.40　RTKPOST 分析结果

13.4.3　RTKLib 应用实例

以利用“RTKLib-RTKPOST 后处理分析软件”进行动态差分定位为例进行说明。

选取 JZDZ 站作为差分基站，LJJT 作为差分流动站。分别将基站观测文件 JZDZ005D.17O、流动站观测文件 LJJT005D.17O 和导航电文文件 LJJT005D.17N、LJJT005D.17C 按序拖入至 RTKPOST 主程序界面，如图 13.41 所示。

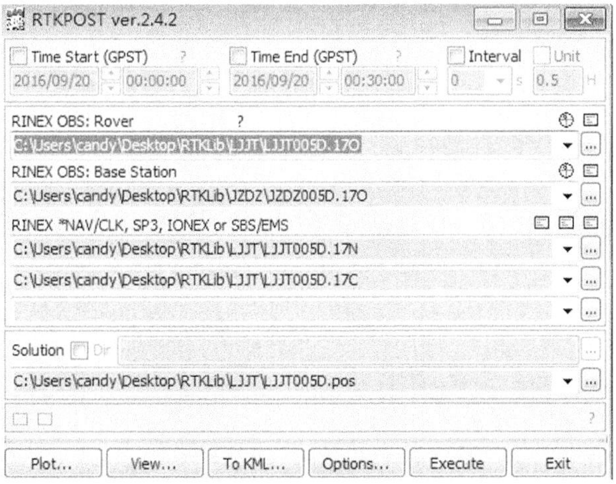

图 13.41　基准站和流动站数据文件导入

单击 Options 按钮，进行各项参数配置。

(1) 选择定位模式为 Kinematic(动态差分定位模式)。

(2) 频段选择为三频模式：L1+2+5。

(3) 由于基站和流动站导航数据为 GPS+BD 双信号数据，因此，在 Options 中 Exduded Satellites 中勾选 GPS、BeiDou 复选框，如图 13.42 所示。

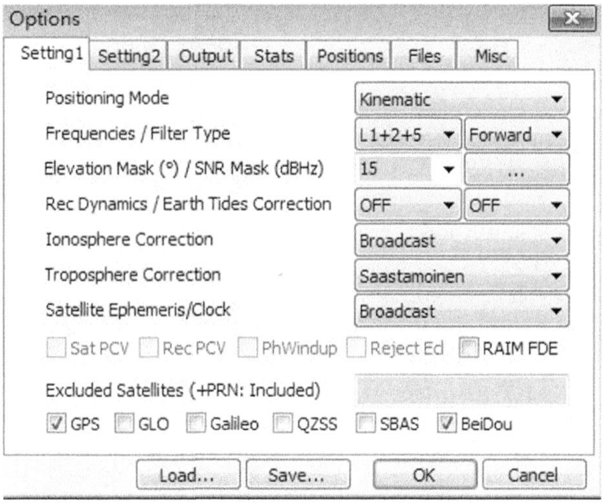

图 13.42　数据处理参数设置

单击 Execute 按钮开始数据分析计算，当出现 done 时表示处理完成。

单击 Plot 按钮显示分析结果，如图 13.43 所示。

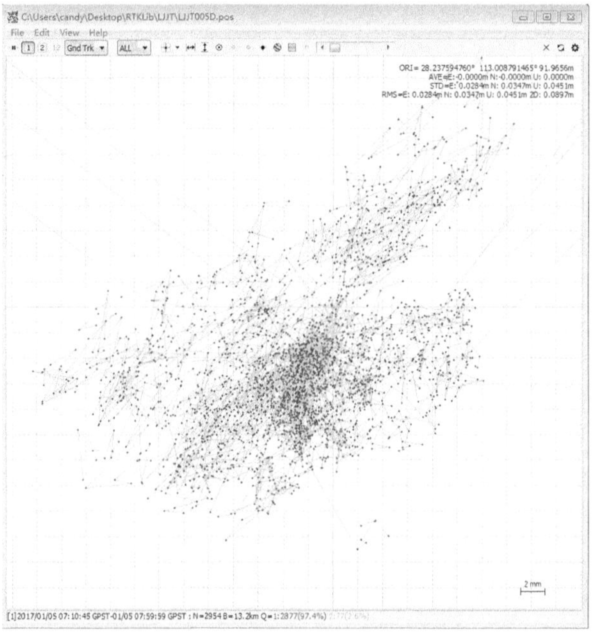

图 13.43　流动站轨迹处理结果

图 13.43 为流动站轨迹处理结果可以看出，此次动态差分定位的 RMS(当地坐标系)东方向为 0.0284m；北方向为 0.0347m；天顶方向为 0.0451m。同时，固定解达到 97.4%，说明此次差分定位精度较高。

13.5　TEQC 软件及其使用方法

13.5.1　TEQC 软件简介

TEQC(Translation, Editing and Quality Checking)是由非营利性地球科学组织美国卫星导航系统与地壳形变观测研究大学联合体(The University Navstar Consortium Facility, UNAVCO Facility)研制的对卫星导航数据进行预处理和质量检查的软件。它的功能非常强大，简单易用，是国际公认的 GPS 测量数据预处理软件之一，对 RINEX 格式的 GPS、GLONASS 及部分其他数据都能处理。TEQC 软件有各种操作系统下使用的版本。TEQC 支持多种型号的 GNSS 接收机文件转换成标准格式(RINEX)，可以方便地对 RINEX 格式数据文件进行编辑，如高度角设置、采样率、数据切割、质量检核。TEQC 软件常在 Windows 内置的 DOS 环境下操作。

TEQC 可用于处理 GNSS 的各种观测数据以及和 GNSS 相关的产品(如 IGS 精密星历)，但其主要用于处理 RINEX 格式的 GNSS 观测数据、导航数据和气象数据，对于部分接收机特有的格式也能处理，但各类接收机都有自配软件可将观测数据、导航数据直接转换成 RINEX 格式。

13.5.2　TEQC 应用实例

TEQC 有 3 种基本的操作模式：数据转换、数据编辑、质量检查。每种模式既可单独使用，也可综合使用。TEQC 在处理过程中不需要人为干预，如果处理之后没有问题将不会给任何提示，如果有问题将会给出注意(NOTICE)、警告(Warning)、错误(Error)3 种提示。

TEQC 检测 GNSS 观测数据质量的关键性指标包括 mp1、mp2、o/slps，其中，mp1、mp2 分别表示 L1、L2 波段上的多路径效应对伪距和相位测量的影响，其结果以均方根表示；o/slps 是指观测数据与周跳比。IGS 的 GPS 数据质量检测系统表明，o/slps 年平均值小于 5000，对多路径而言 60%以上的 mp1 平均值小于 0.5m，mp2 小于 0.75m；超过半数的 IGS 站的 CSR(周跳检测惯用指标)年平均值小于 5，2/3 以上的 CSR 平均值在 10 以下。

在 IGS 网站上下载 11 个 GNSS 监测站在 2015 年 1 月 1 日的观测数据文件，用 TEQC 进行数据质量检测，以 ALIC0010.15o 文件为例，在 DOS 命令窗口下执行 teqc+qc ALIC0010.15o，即可得到以下几种分析文件，并对综合分析结果文件(.15s)进行说明如表 13.8 所示。

表 13.8　TEQC 分析文件说明

文件类型	文件说明	.15s 文件	说明
ALIC0010.15s	综合分析结果文件	First epoch	开始历元时间
ALIC0010.azi	卫星方位角数据文件	Last epoch	结束历元时间
ALIC0010.ele	卫星高度角数据文件	Hrs	时间长度
ALIC0010.iod	电离层延迟的变化率	Dt	数据采样率
ALIC0010.ion	L1–L2 电离层延迟	#expt	应采集数据量
ALIC0010.mp1	L1 上的 C/A 码或 P 码多路径效应观测误差	#have	实际采集数据量
		%	数据利用率

续表

文件类型	文件说明	.15s 文件	说明
ALIC0010.mp2	L2 上的多路径效应观测误差	Mp1	L1 多路径误差
ALIC0010.sn1	L1 观测值的信噪比	Mp2	L2 多路径误差
ALIC0010.sn2	L2 观测值的信噪比	o/slps	观测数据与周跳比

分别对 ALIC 等八个监测站的观测数据进行质量检核，结果如表 13.9 所示。本次检核中，主要利用综合分析结果文件(.15s)进行质量分析。其中 o/slps 越小说明出现周跳越严重，mp1 和 mp2 越小说明抗多路径效应能力越强。

表 13.9 TEQC 质量检核结果

站名	first epoch	last epoch	hrs	dt	#have	mp1	mp2	o/slps	CSR
ALIC	00:00	23:59	24.00	30	50995	0.49	0.51	139	7.19
COCO	00:00	23:59	24.00	30	50243	0.42	0.49	2628	0.38
DARW	00:00	23:59	24.00	30	43614	0.53	0.77	66	15.15
DAV1	00:00	23:59	24.00	30	62368	0.62	0.73	287	3.48
GODE	00:00	23:59	24.00	30	27641	0.33	0.34	171	5.85
GOPE	00:00	23:59	24.00	30	43897	0.41	0.51	3136	0.32
HOFN	00:00	23:59	24.00	30	64422	0.37	0.42	460	2.17
IISC	00:00	23:59	24.00	30	24944	0.69	0.72	489	2.04

周跳影响方面：除 COCO、GOPE 站不明显外，其他监测站均存在明显的周跳现象，监测站 DARW 的 o/slps 值最低，仅为 66。多路径效应影响方面：监测站 ALIC、DAV1 均存在多路径效应影响，但不明显。从均值统计值看，mp1、mp2、o/slps 均符合 IGS 质量监测统计规范，按照 IGS 观测质量要求统计各测站，多路径影响方面 62.5%的 mp1 小于 0.5m；87.5%的 mp2 小于 0.75m；而只有 25%的 o/slps 值大于 2000。

第 14 章

卫星导航应用与开发基础

前面各章分别从导航定位算法、导航信号、接收机等方面详细介绍了卫星导航系统的工作原理。从某种意义上讲，卫星导航系统就是给用户提供高精度位置、速度和时间信息的传感器。这样一个高精度的 PVT 传感器，获得了广泛的应用。目前，卫星导航定位最大的用户群体是智能手机、平板电脑、车载移动设备等智能终端用户。这些智能终端都集成了卫星导航定位芯片，从而使智能终端结合基于位置服务的各类应用软件(手机 App)，提供很多便捷的服务。本章重点阐述基于智能移动终端的卫星导航应用开发原理与方法。本章是前面各章的一个落脚点，目的是使读者通过开发基于位置信息的应用程序，实现卫星导航与移动互联网、智能移动终端的融合应用。

14.1 基于 Android 系统的导航应用开发

Android，中文通常称为安卓操作系统，是由 Google(谷歌)公司开发的一款基于 Linux 内核的操作系统，现主要用于智能手机、智能平板电脑、智能手表、智能车载导航仪等移动智能设备上。当前主要以 Eclipse 与 Android Studio 作为其应用程序的开发平台。

14.1.1 Android 系统 App 开发概述

Android 上应用软件的开发通常使用 Java 编程语言编写，只有了解和熟悉 Java 语言的开发特点，才能更高效地实现 Android 应用的开发。

1. 软件开发语言

Java 语言是 SUN 公司于 1995 年发布的编程语言。其广泛吸收了 C/C++编程语言的特点，并摒弃了其中多数复杂而不安全的概念和操作，更加易于编程者学习掌握。在多年的发展和完善后，Java 如今已具有了非常强大而丰富的功能，并有着广泛的应用领域。现阶段 Java 语言与 Web、Android 开发紧密结合。

2. App 开发平台

1) Android Studio

Android Studio 是 Google 于 2013 年推出的一个 Android 集成开发工具。在 IDEA 的基础上，Android Studio 提供以下功能。

(1) 基于 Gradle 的构建支持。

(2) Android 专属的重构和快速修复。

(3) 提示工具以捕获性能、可用性、版本兼容性等问题。

(4) 支持 ProGuard 和应用签名。

(5) 基于模板的向导来生成常用的 Android 应用设计和组件。

(6) 功能强大的布局编辑器，可以拖拉 UI 控件并进行效果预览。

Android Studio 在 Android 程序方面表现出了强大、便捷的特性，深受 Android 开发人员的推崇，在几年内迅速普及。

2) Eclipse

Eclipse 是一款基于 Java 的开源可扩展开发平台。其最初是由 IBM 公司研发的为替代 Visual Age for Java 的新一代集成开发环境，于 2001 年献给开源社区。

Eclipse 本身只是一个架构和一组服务，通过各类插件和组件构建开发环境。强大的插件支持能力赋予了它相对于其他 IDE 难以具有的灵活性和可扩展性，为开发人员提供了极大的便利。Eclipse 强大的可扩展性使其用途不仅限于开发 Java 语言的程序，已经有相关插件对 C/C++、PHP、Android 的编程开发提供了支持，众多软件开发厂商都将 Eclipse 作为基本框架开发自己的 IDE。近年来，大量的 Android 应用程序都开发自 Eclipse 平台。

Google 已经推出了以 Eclipse 平台为基础的 Android 开发套件(ADT)，读者可以通过 www.develpoer.android.com 获得。

14.1.2 Android 定位 API 说明

下面了解一下在一般的 Android 手机里，获得卫星导航定位数据的过程，具体过程如图 14.1 所示。Android 系统通过与嵌入在其设备硬件上的定位芯片进行串口通信，从而获得定位的信息，再经过系统底层向系统上层逐步上报到 Android 应用层的应用程序。也就是说，Android 系统所有的位置信息都来源于这个定位芯片。

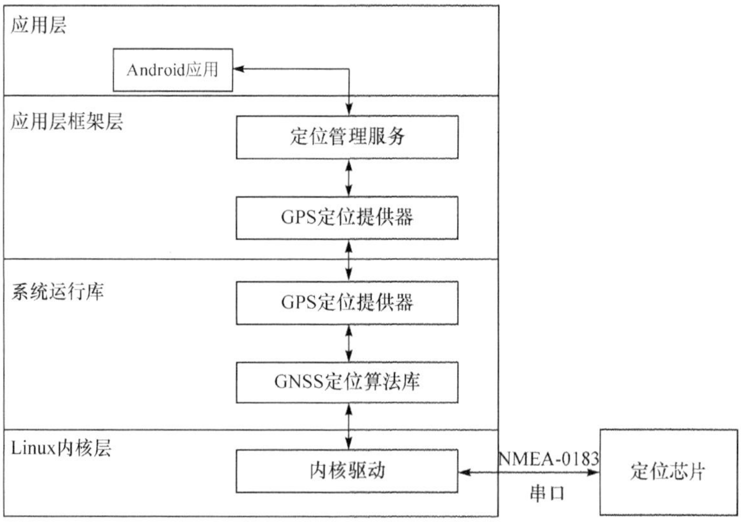

图 14.1 Android 应用与外设通信流程

近年来，几乎所有的 Android 设备上所嵌入的定位芯片采用的都是 NMEA-0183 通信协议。通过查阅 NMEA-0183 协议内容发现：在该数据协议下，接收机直接将各定位系统单独解算出来的接收机经纬度信息交付给 Android 系统。

14.2　基于 iOS 系统的导航应用开发

iOS 是由苹果公司开发的移动操作系统，属于类 UNIX 的商业操作系统，iPhone、iPad、iPod touch 都使用 iOS 操作系统。iOS 的整体架构分为 4 层，分别为 Cocoa Touch 层、Media 层、Core Services 层和 Core OS 层。

14.2.1　iOS 系统 App 开发概述

1. 软件开发语言

1) Objective-C

Objective-C，通常写作 ObjC，是 C 语言的一个扩展集，是一种通用的、高级的、面向对象的编程语言，很多 iOS 平台上的 App 都是用该语言开发的。它扩展了 ANSI C 编程语言，将 Smalltalk 式的消息传递机制加入 ANSI C 中，是一门非常实际的语言。

Objective-C 的流行归功于 iPhone 的成功。编写 iPhone 应用程序的主要编程语言是 Objective-C。

2) Swift

Swift 是苹果公司于 2014 年 WWDC(苹果开发者大会)发布的新开发语言，可与 Objective-C 共同运行于 Mac OS 和 iOS 平台，用于搭建基于苹果平台的应用程序。

Swift 是一款易学易用的编程语言，而且它是第一套具有与脚本语言同样的表现力和趣味性的系统编程语言。Swift 的设计以安全为出发点，以避免各种常见的编程错误类别。

2015 年 12 月 4 日，苹果公司宣布其 Swift 编程语言现在开放源代码，长 600 多页的 *The Swift Programming Language* 可以在线免费下载，同时可以在苹果官方 GitHub 下载。

2. App 开发平台

Xcode 是 iOS App 的主要开发环境，是运行在操作系统 Mac OS X 上的非开源的集成开发工具，具有统一的用户界面设计，编写、测试、调试都可在一个简单的窗口内完成，可从 Mac App Store 上下载安装。

Xcode 的前身继承自 NeXT 的 Project Builder，可用来辅助开发应用程序、工具、架构、数据库、嵌入包、核心扩展和设备驱动程序。Xcode 支持开发人员使用 Objective-C、Swift、C、C++、AppleScript 和 Java 等。不管是用 Objective-C 等语言编写程序，在 AppleScript 里编写脚本，还是从其他工具中转移编码，Xcode 编译速度都很快。

14.2.2　iOS 定位 API 说明

在 iOS 中通过 Core Location 框架进行定位操作。Core Location 自身可以单独使用，与地图开发框架 MapKit 完全是独立的，但是往往地图开发要配合定位框架使用。在 Core Location 中主要包含了定位、地理编码(包括反编码)功能。

iOS 8 及以上版本还提供了更加人性化的定位服务选项。App 的定位服务不再仅仅是关闭或打开。现在，定位服务的启用提供了 3 个选项：永不、使用应用程序期间和始终。

14.3　地图投影与电子地图

目前，卫星导航定位技术与数字地图(电子地图)技术相结合的应用层出不穷，因此，了解卫星导航与电子地图相结合的开发是十分必要的。本节首先介绍地图投影和电子地图的相关概念，然后针对目前广泛使用的电子地图，简要介绍其开发方法及流程。

14.3.1　地图投影

人们日常使用的地图都是平面地图，因此，需要把定位得到的大地纬度 B 和经度 L 投影到平面地图上，这一过程称为地图投影。

我国采用的地图投影是高斯-克吕格(Gauss-Krüger)投影，其投影平面坐标称为高斯-克吕格平面直角坐标。其投影的基本原理是设想用一个椭圆柱横套在地球椭球外面，并与某一个子午线相切(此子午线称为中央子午线)。椭圆柱中心轴通过地球椭球中心，将中央子午线两侧一定经差(如 3° 或 1.5°)范围内的椭球面，正形投影到椭圆柱面上，如图 14.2(a)所示，然后将椭圆柱面沿着通过南极和北极的母线展开，即成高斯投影平面。在此平面上，以中央子午线的投影为纵坐标轴 x 轴，赤道的投影为横坐标轴 y 轴，它们的交点为原点 O，于是构成高斯-克吕格平面直角坐标系，如图 14.2(b)所示。

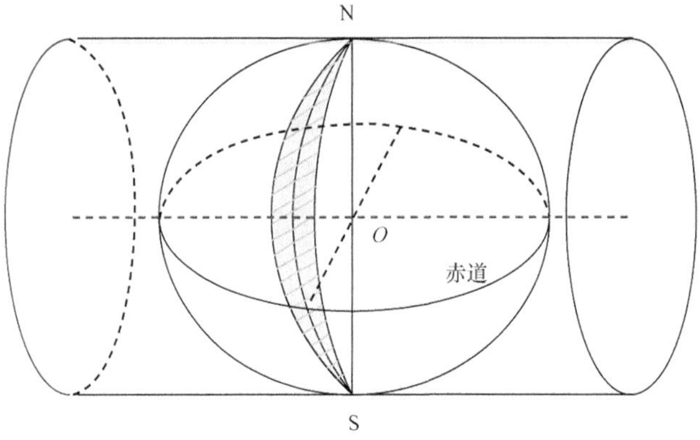

(a)

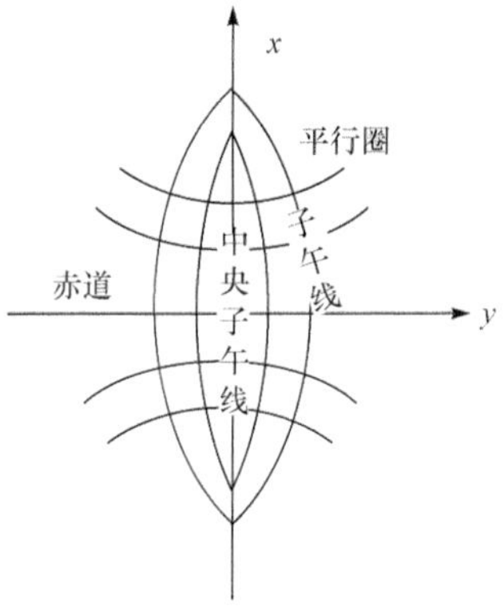

(b)

图 14.2　高斯-克吕格投影

将定位得到的大地经纬度坐标 (B,L)，用于计算高斯-克吕格平面坐标 (x,y)，称为高斯投影正算。反之，用高斯-克吕格平面坐标 (x,y)，求解该点的大地经纬度坐标 (B,L)，则称为高斯投影反算。对卫星导航定位而言，以高斯投影正算为主，计算公式为

$$\begin{cases} x = X + Nt\cos^2 B\dfrac{l^2}{\rho^2}\left[0.5+\dfrac{1}{24}\left(5-t^2+9\eta^2+4\eta^4\right)\cos^2 B\dfrac{l^2}{\rho^2}+\dfrac{1}{720}\left(61-58t^2+t^4\right)\cos^4 B\dfrac{l^4}{\rho^4}\right] \\ y = N\cos B\dfrac{l}{\rho}\left[1+\dfrac{1}{6}\left(1-t^2+\eta^2\right)\cos^2 B\dfrac{l^2}{\rho^2}+\dfrac{1}{120}\left(5-18t^2+t^4+14\eta^2-58\eta^2t^2\right)\cos^4 B\dfrac{l^4}{\rho^4}\right] \end{cases} \tag{14.1}$$

其中，X 为自赤道量起的子午线弧长，计算公式为

$$X = a\left(1-e^2\right)\left(A'\mathrm{arcB} - B'\sin 2B + C'\sin 4B - D'\sin 6B + E'\sin 8B - F'\sin 10B + G'\sin 12B\right)$$

其中，arc B 表示以弧度为单位的纬度，其他参数如下：

$$\begin{cases} A' = 1 + \dfrac{3}{4}e^2 + \dfrac{45}{64}e^4 + \dfrac{175}{256}e^6 + \dfrac{11025}{16384}e^8 + \dfrac{43659}{65536}e^{10} + \dfrac{693693}{1048576}e^{12} \\ B' = \dfrac{3}{8}e^2 + \dfrac{15}{32}e^4 + \dfrac{525}{1024}e^6 + \dfrac{2205}{4096}e^8 + \dfrac{72765}{131072}e^{10} + \dfrac{297297}{524288}e^{12} \\ C' = \dfrac{15}{256}e^4 + \dfrac{105}{1024}e^6 + \dfrac{2205}{16384}e^8 + \dfrac{10395}{65536}e^{10} + \dfrac{1486485}{8388608}e^{12} \\ D' = \dfrac{35}{3072}e^6 + \dfrac{105}{4096}e^8 + \dfrac{10395}{262144}e^{10} + \dfrac{55055}{1048576}e^{12} \\ E' = \dfrac{315}{131072}e^8 + \dfrac{3465}{524288}e^{10} + \dfrac{99099}{8388608}e^{12} \\ F' = \dfrac{693}{1310720}e^{10} + \dfrac{9009}{5242880}e^{12} \\ G' = \dfrac{1001}{8388608}e^{12} \end{cases}$$

N 为卯酉圈曲率半径

$$N = \frac{a}{\sqrt{l - e^2 \sin^2 B}}$$

l 为计算点大地经度 L 与投影带中央子午线经度 L_0 之差，即 $l = L - L_0$； $t = \tan B$； $\eta^2 = e'^2 \times \cos^2 B$，$e$ 为地球第一偏心率，$e^2 = 2f - f^2$，$f = \dfrac{a-b}{a}$；e' 为地球第二偏心率，$e' = \dfrac{\sqrt{a^2 - b^2}}{b}$。

14.3.2 电子地图

电子地图(electronic map)，即数字地图，是利用计算机技术，以数字方式存储和查阅的地图。电子地图存储资讯的方法，一般是使用向量式图像存储。电子地图比例可放大、缩小或旋转而不影响显示效果，早期使用位图式存储。地图比例不能放大或缩小。现代电子地图软件一般利用地理信息系统来存储和传送地图数据，也可以采用其他的信息系统。

电子地图是地图制作和应用的一个系统，是由电子计算机控制所生成的地图，是基于数字制图技术的屏幕地图，是可视化的实地图。在计算机屏幕上可视化是电子地图的根本特征。电子地图的特点如下。

(1) 可以快速存取显示。

(2) 可以实现动画。

(3) 可以将地图要素分层显示。

(4) 利用虚拟现实技术将地图立体化、动态化，令用户有身临其境之感。

(5) 利用数据传输技术可以将电子地图传输到其他地方。

(6) 可以实现图上的长度、角度、面积等的自动化测量。

目前，国内手机导航用户广泛应用的电子地图有高德地图和百度地图。下面将给出结合这些电子地图的导航定位应用程序开发方法。

14.3.3 结合高德地图的开发

Android 中卫星导航结合高德地图的开发流程图如图 14.3 所示。以开发环境 Android Studio 为例，可以描述如下。

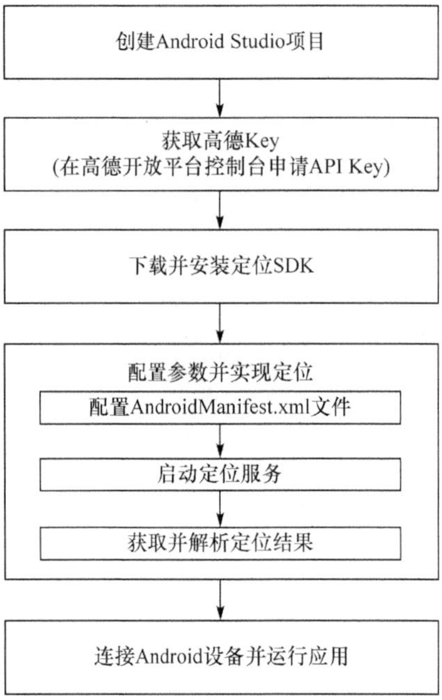

图 14.3　Android 中卫星导航结合高德地图的开发流程图

(1) 先创建一个新的 Android Studio 项目。

(2) 去高德官网控制台申请一个高德地图 API Key(也可先申请 Key 再创建项目)，具体操作可以参考官网的获取 Key 指南

(https://lbs.amap.com/api/android-location-sdk/guide/create-project/get-key)。

(3) 下载并安装 SDK：按照需求从官网下载开发包并解压(下载地址为 https://lbs.amap.com/api/android-location-sdk/download)，解压后，会得到一个 Jar 文件，将 Jar 文件添加到工程中，操作步骤可以参考官网开发指南的 Android Studio jar 文件安装步骤。

(4) 配置参数并实现定位。先配置 AndroidManifest.xml 文件，主要用于配置高德 Key 和申请权限；然后启动定位服务，获取并解析定位结果；同时可添加代码使定位结果显示在地图上。

(5) 连接 Android 设备并运行应用。可以使用真实 Android 设备或者 Android 模拟器，真实 Android 设备需要开启开发者模式，模拟器使用 Android Virtual Device (AVD) Manager 来配置，具体配置方法此处不详述。

iOS 中，结合高德地图的开发流程与 Android 类似，只是在不同的编译环境下进行，参数配置不一样，如图 14.4 所示，流程描述如下。

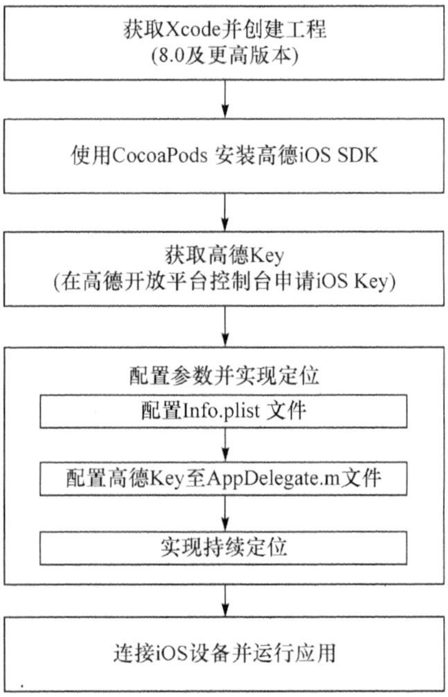

图 14.4　iOS 中卫星导航结合高德地图的开发流程图

(1) 安装一个 8.0 或者更高版本的 Xcode，并创建项目，低版本的 Xcode 不支持高德的定位 SDK。

(2) 使用 CocoaPods 安装 SDK，高德

iOS SDK 以 CocoaPods pod 形式提供，名称为 AMapLocation，用户需要先获取 CocoaPods 并安装 SDK；同时，高德 iOS SDK 支持手动部署环境，具体的操作步骤可通过高德官网查阅。

(3) 进入高德控制台获取高德 Key，在选择绑定服务时选择“iOS 平台 SDK”，其他具体操作不详述，注意一个 Key 只能用于一个应用。

(4) 配置参数并实现定位：首先在 Info.plist 中添加定位权限申请，然后配置高德 Key 至 AppDelegate.m 文件，编写代码实现持续定位，具体的代码编写可参考高德官网的说明和示例 Demo。

(5) 连接 iOS 设备并运行应用。

14.3.4　结合百度地图的开发

与高德地图一样，百度地图也提供了定位和地图的 SDK，Android 和 iOS 均可结合百度地图进行开发，实现定位和地图服务。

在 Android 或者 iOS 中，使用百度地图提供的定位 SDK 的流程和步骤与高德地图相差无几，均需要获取相应的 API Key，下载并安装 SDK，最后配置好参数编程获取定位结果。

在 Android 中，若需要获取用户经纬度，在准备工作(获取 API Key、安装 SDK)完成后，可以分为以下四个步骤编程实现。

(1) 初始化 LocationClient 类，注意 LocationClient 类必须在主线程中声明。

(2) 配置定位 SDK 参数，通过参数配置，可选择定位模式(高精度定位模式、低功耗定位模式和仅用设备定位模式)、设定经纬度返回类型(GCJ02——国测局坐标、BD09——百度墨卡托坐标，BD09II——百度经纬度坐标)等。

(3) 实现 BDAbstractLocationListener 接口，用于定位监听。

(4) 获取定位结果。只要发起定位，就能从第(3)步监听接口中获取定位的经纬度信息。

在 iOS 中，百度的定位 SDK 提供单次定位、连续定位、后台定位、室内定位的服务，对于持续定位的实现，准备工作完成后，可分为以下三步编程实现。

(1) 设置期望的定位精度；由于苹果的首次定位结果为粗定位，可能无法满足一些高精度需要，百度提供了 kCLLocationAccuracyBest 参数进行定位精度设置，越高的精度需求可能花费越多的时间。

(2) 开启持续定位。

(3) 接收位置更新。

14.4　智能移动终端原始观测数据的获取

从 Android 7.0 开始，开发者可以通过 Android 系统 API 获取以下 GNSS 原始数据。

GNSS 时钟，包含接收机时间及钟差(用于伪距计算)。

GNSS 导航电文，包括所有星座的导航电文字节数据及电文状态。

GNSS 测量，包括接收到的卫星时间、载波相位。

GNSS 原始数据获取的基本架构如图 14.5 所示，然而这些数据直接来自于 GNSS 芯片集，我们无法直接访问。

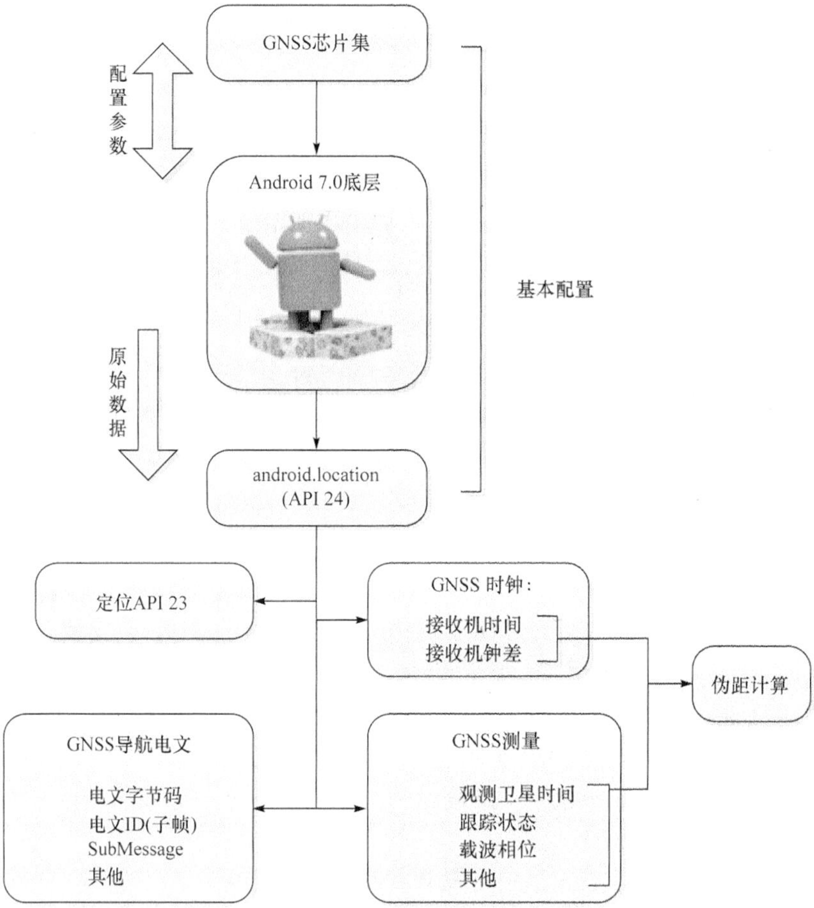

图 14.5 原始观测值获取的基本架构

通常情况下，在 Android 平台上为了改进定位精度、首次定位时间、可用性和功耗等一系列性能指标，最常用的方法就是融合 GNSS、WiFi、移动网络来获取定位。而现在可以通过 android.gsm.location 这个 API 来实现。Android 7.0 以及后续版本包含新的 Android 定位 API(android.location)，并且为定位服务带来新的变革。

本节描述了 android.location 接口，以及从原始测量数据中获取典型 GNSS 参数的必要方法。

14.4.1 获取原始观测数据的 API 函数

表 14.1 中列出了 Android 7.0 定位 API 包含的属性参数，但不包括 GNSS 时间和伪距。GNSS 时间和伪距需要根据这些参数来计算。

表 14.1 Android7.0 定位 API-钟差和测量参数

Android CNSS API	参数/属性	描述
GNSSClock	TimeNanos	卫星导航接收机内部硬件时钟数据(单位：ns)
GNSSClock	BiasNanos	时钟的亚纳秒误差
GNSSClock	FullBiasNanos	GPS 接收机与真实 GPS 时间(从 1980-1-6 00:00:00 起)差值(单位：ns)

续表

Android CNSS API	参数/属性	描述
GNSSClock	DriftNanosPerSecond	时钟每秒的钟漂(单位：ns)
GNSSClock	HardwareClockDiscontinuityCount	硬件钟不连续数值
GNSSClock	LeapSecond	GNSS 时钟的跳秒
GNSSMeasurement	ConstellationType	星座类型
GNSSMeasurement	Svid	卫星 ID
GNSSMeasurement	State	GNSS 引擎的状态
GNSSMeasurement	ReceivedSvTimeNanos	测量时刻接收到的卫星时间
GNSSMeasurement	AccumulatedDeltaRangeMeters	伪距累积变化量(单位：m)
GNSSMeasurement	Cn0DbHz	载噪比
GNSSMeasurement	TimeOffsetNanos	测量时刻的时间偏移(单位：ns)
GNSSMeasurement	CarrierCycles	卫星与接收机间的载波相位整周数差
GNSSMeasurement	CarrierFrequencyHz	载波频率
GNSSMeasurement	PseudorangeRatemetersperSecond	测量时刻伪距变率(单位：m/s)

Android 导航电文信息如表 14.2 所示，对应 GPS C/A、北斗 D1&D2、GLONASS L1 C/A 和 Galileo F/NAV&I/NAV。然而，正确信息以 GNSS 芯片和手机生产商提供的信息为准。

表 14.2　Android 7.0 定位 API-导航电文参数

参数	描述
Data	获取 GPS 广播电文数据： (1) GPS L1 C/A，北斗 D1 and 北斗 D2 三种信号子帧，每个子帧包含 10 个有 30 bit 的字，每个字(30bit)应该填入 4B 的最后 30bit(跳过第 31 位和 32 位)，加上开始的 MSB，一共 40bit，将时间周期分别转换为 6s、6s、0.6s (2) GLONASS L1 C/A，每个字符串包含 85bit，并包含校验位。这些数据位填入 11B，加上开始的 MSB(跳过第 239 位和 240 位)，2s 的播发周期； (3) Galileo F/NAV，每个字由 238bit 组成，每个字填入 30B，加上开始的 MSB 头(跳过 239 位与 240 位)，10s 的播发周期； (4) Galileo I/NAV，每个页面包含两个分页面，总共 2×114=228bit，填入 29B 中，加上开始的 MSB 头(跳过 229～232 位)
Message Id	存在于 GPS L1 C/A 第 4 和第 5 子帧中，这个值对应导航电文 1～25 位的 frame id(子帧 1、2、3 都不包含 frame id，这个值可以被设置为–1)
Message Id	(1) GPS L1 C/A subframes 4 和 5，该值对应于导航电文的 frame id 范围为 1～25(子帧 1、2 和 3 不包含“帧 id”，该值可以设置为–1)； (2) GLONASS L1 C/A，这是指 1～5 范围内的帧 ID； (3) BeiDou D1，这是指 1～24 范围内的帧号； (4) BeiDou D2，这是指 1～120 范围内的帧号； (5) Galileo F/NAV 的标准帧结构，这是指 1～12 范围内的子帧号； (6) Galileo I/NAV 的标准帧结构，这是指 1～24 范围内的子帧号
Status	导航电文状态

续表

参数	描述
Submessage Id	(1) GPS L1 C/A、BeiDou D1 和 BeiDou D2，相当于是导航电文 1～5 的子帧号； (2) GLONASS L1 C/A，这是指 1～15 范围内的字符串号； (3) Galileo F/NAV，这指的是范围为 1、6 的页面类型； (4) Galileo I/NAV，这是指范围为 1～10 的字的类型
Svid	卫星 ID

14.4.2 原始观测数据的生成原理

接下来说明以下参数的生成方法。

(1) GNSS 时间(GNSS time)。

(2) 伪距(pseudoranges)。

(3) 载波相位测量值(carrier phase measurements)。

(4) 多普勒频移(doppler)。

(5) 卫星编号(satellite id)。

(6) 星座编号(constellation id)。

1. GNSS 时间的产生

Android 7.0 不直接提供 GNSS 时间，如果接收机使用 GNSS 时间系统作为参考时间，则提供内部硬件时钟和 GNSS 的时间偏差(in)。当接收机使用 GPS 时间系统作为基准时，GPS 时间(单位：ns)计算公式为

$$\text{GpsTime} = \text{TimeNanos} - (\text{FullBiasNanos} + \text{BiasNanos}) \tag{14.2}$$

其中，FullBiasNanos 是接收时钟和 GPS 时间系统之间的偏差，单位是 ns，BiasNanos 是亚纳秒(10^{-10}s)。如果接收机使用非 GPS 时间系统作为时间基准，则 GPS 时间可计算为

$$\text{GpsTime} = \text{TimeNanos} - (\text{FullBiasNanos} + \text{BiasNanos}) - \text{InterSustemsBias} \tag{14.3}$$

其中，InterSustems Bias 为时间估计中 GPS 时间系统与非 GPS 时间系统的偏移量。例如，如果时间基准使用伽利略系统时间，则 InterSustems Bias 等于 GGTO。

2. 伪距的产生

前面指出，Android 系统不直接提供伪距。相反，它提供了所有计算伪距的参数。伪距的构造是基于时间的差值，即接收时间(测量时间)与传输时间的时间差：

$$\rho = \frac{(t_{\text{Rx}} - t_{\text{Tx}}) \cdot c}{10^9} \tag{14.4}$$

其中，t_{Tx}是 GNSS 卫星信号发射时刻，单位为 ns；t_{Rx}是卫星信号接收时刻，单位为 ns；c是光速。t_{Tx}在 Android 7.0 系统中提供如下。

$$t_{\text{Tx}} = \text{ReceivedSvTimeNanos} \tag{14.5}$$

其中，ReceivedSv TimeNanos 表示 GNSS 卫星信号的发射时刻，单位为 ns。t_{Tx}的有效范围依赖于跟踪状态，并且如果跟踪状态不等于 TOW 解码值，t_{Tx}变成模糊值，此时，伪距也会变成模糊值。

在 GNSS 时间中，信号接收时间可重构为

$$t_{\text{Rx\_GNSS}} = \text{TimeNanos+TimeOffsetNanos} - (\text{FullBiasNanos(1)} + \text{BiasNanos(1)}) \quad (14.6)$$

TimeOffsetNanos 是测量时间偏差，单位为 ns，FullBiasNanos 与 BiasNanos 仅第一组值用于计算接收机时间，当内部接收时间不连续时则停止这样的计算，这通常发生在 GNSS 接收模块重启的时候。

提供的 $t_{\text{Rx\_GNSS}}$ 以 GNSS 参考系统为基准，用于计算接收机信号接收时刻。然而，每个 GNSS 都会提供 t_{Tx} 时刻，例如，GPST 对应 GPS 测量时间，GLONASST 对应 GLONASS 测量时间。因此，t_{Tx} 一样必须转为与 $t_{\text{Rx\_GNSS}}$ 一致的参考时间系统。通常，GNSS 接收机的默认参考时间是 GPS 时间系统。

$t_{\text{Rx\_GNSS}}$ 是 GNSS 时间，t_{Tx} 的范围取决于跟踪状态，当计算伪距的时候，两者必须在相同的范围内。

下面将用两种不同的方法演示根据 $t_{\text{Rx\_GNSS}}$ 和 t_{Tx} 如何计算 GPS、Galileo、GLONASS 和北斗的测量伪距，需要两个变换：①所有测量需要在相同的 GNSS 时间系统；②所有测量必须在相同的有效范围内。

1) 方法一

根据谷歌提供的 MATLAB 代码，GPS 和 Galileo 系统使用解码后的 TOW 计算信号接收时刻为

$$t_{\text{Rx}} = t_{\text{Rx\_GNSS}} - \text{weekNunmberNanos} \quad (14.7)$$

对于北斗系统有

$$t_{\text{Rx}} = t_{\text{Rx\_GNSS}} - \text{weekNunmberNanos} - 14\text{s} \quad (14.8)$$

对于 Galileo E1C 第二代伪码有

$$t_{\text{Rx}} = t_{\text{Rx\_GNSS}} - \text{milliSecondNunmberNanos} \quad (14.9)$$

对于 GLONASS 有

$$t_{\text{Rx}} = t_{\text{Rx\_GNSS}} - \text{DayNunmberNanos} + 3\text{h} - \text{leapseconds} \quad (14.10)$$

方程中的所有参数必须以 ns 为单位。WeekNumberNanos 是从 GPS 时间的开始时间到当前 WN 产生的纳秒数。DayNumberNanos 是从 GPS 时间的开始时间到当前天产生的纳秒数。milliSecondsNumberNanos 是从 GPS 的开始时间到当前的时间差(ns)。它们可以计算为

$$\text{weekNumberNanos} = \text{floor}\left(\frac{-\text{FullBiasNanos}}{\text{NumberNanoSecondsWeek}}\right) \cdot \text{NumberNanoSecondsWeek} \quad (14.11)$$

$$\text{DayNumberNanos} = \text{floor}\left(\frac{-\text{FullBiasNanos}}{\text{NumberNanoSecondsDay}}\right) \cdot \text{NumberNanoSecondsDay} \quad (14.12)$$

$$\begin{aligned}&\text{milliSecondsNumberNanos}\\&= \text{floor}\left(\frac{-\text{FullBiasNanos}}{\text{NumberNanoSeconds100Milli}}\right) \cdot \text{NumberNanoSeconds100Milli}\end{aligned} \quad (14.13)$$

其中，NumberNanoSecondsWeek 表示一周的总纳秒数，例如，NumberNumberNanoSecondsWeek=6.048×10^{14}ns，NumberNanoSecondsDat 表示一天的总纳秒数，NumberNano

Seconds100Milli 表示 100ms 所包含的总纳秒数。

2) 方法二

使用取模操作运算，GPS 和 Galileo 系统使用解码后的 TOW 计算信号接收时刻为

$$t_{Rx} = \mathrm{mod}(t_{Rx\_GNSS}, \mathrm{NumberNanoSecondsWeek}) \tag{14.14}$$

对于 BeiDou 有

$$t_{Rx} = \mathrm{mod}(t_{Rx\_GNSS}, \mathrm{NumberNanoSecondsWeek}) + 14\times10^9\,\mathrm{ns} \tag{14.15}$$

对于 Galileo E1C 第二代伪码有

$$t_{Rx} = \mathrm{mod}(t_{Rx\_GNSS}, \mathrm{NumberNanoSecondsMilli}) \tag{14.16}$$

对于 GLONASS 有

$$t_{Rx} = \mathrm{mod}(t_{Rx\_GNSS}, \mathrm{NumberNanoSecondsDay}) + 3\mathrm{h} - \mathrm{leapsecond} \tag{14.17}$$

有了 t_{Rx} 和 t_{Tx}，就可以按照式(14.4)计算伪距了。

3. 载波相位测量

Android 7.0 提供的 AccumulatedDeltaRangeMeters 为载波相位测量值，以 m 为单位。它们是没有时间信息的模糊数据，这意味着接收机只能计算在各历元之间出现的整周数。如果发生周跳，接收方将丢失此计数。载波测量的有效性是通过 AccumulatedDeltaRangeMeters 提供的。表 14.3 列出了存在的几种状态，计算时应使用有效的测量值。

表 14.3　AccumulatedDeltaRangeMeters 可取的状态值

状态	值	描述
ADR_STATE_CYCLE_SLIP	4	已经检测到周跳
ADR_STATE_RESET	2	已检测到复位
ADR_STATE_VALID	1	当前状态有效
ADR_STATE_UNKNOWN	0	状态无效或未知

4. 工作周期

智能手机厂商优先考虑耗电量。由于持续运行的全球导航卫星系统芯片组将耗尽电池，因此可以采用几种技术来保持低功耗。最常见的是占空周期，如图 14.6 所示。

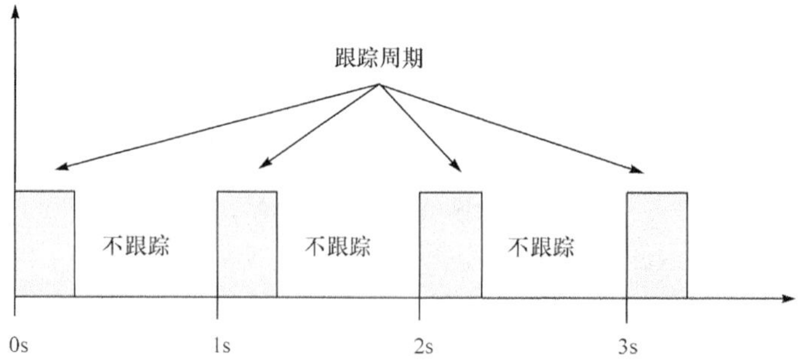

图 14.6　相对于时间的工作周期

根据全球导航卫星系统的时钟状态，任务周期有以下两种不同的实现。

(1) TCXO 硬件时钟在非跟踪期间不连续(打开和关闭)。这款手机有两个振荡器：用于全球导航卫星系统跟踪的温度变化补偿器和替代的低功耗晶体振荡器(XO)。在短时间跟踪期间，当芯片组跟踪 GNSS 数据时，使用 TCXO。在此期间之外，当芯片关闭数百毫秒时，使用 XO 提供的时间。

(2) TCXO 硬件时钟在非跟踪期间是连续的：当 GNSS 芯片组关闭时，即使没有跟踪信号，TCXO 时钟也继续运行。用户无法检测接收器何时使用占空比，因为 GNSS 时钟没有不连续性，而 HardwareClockDisContinityCount 保持相同的值。

尽管这种技术对用户是透明的，每秒钟计算一个新的位置，但它确实会对载波相位测量产生影响。如果没有连续跟踪，两次连续测量之间可能会出现几个周跳，严重限制了实时差分测量或精密单点定位等先进相位技术的使用。

5. 多普勒

卫星运动引起的多普勒频移可以根据 PseudorangeRateMetersPerSecond 计算得到，PseudorangeRateMetersPerSecond 是在时间戳处的伪距率，单位为 m/s。多普勒频移(以 Hz 为单位)不包括接收机和卫星时钟频率误差(未经校正的值)校正。一个正的未校正值表示卫星正在远离接收器。以下方程给出了未校正伪距率的符号及其与多普勒频移符号的关系。

$$\text{pseudorange rate} = -k \cdot \text{dopplershift} \tag{14.18}$$

其中，k是一个常数，取决于信号的中心频率(例如，L1 f_c=1.57542×10^9Hz)和光速(c)，$k=c/f_c$，即波长。

6. 卫星编号

Android 7.0 使用 svid 字段表示卫星 ID。每个星座的期望值如下。

(1) GPS：1～32。

(2) SBAS：120～151, 183～192。

(3) GLONASS：轨道槽号(OSN)或频率信道号+ 100。OSN：1～24 (如果已知，优先使用)。FCN：93～106(–7～+6) + 100。即 FCN 为–7 时解码为 93，为 0 时解码为 100，为 +6 时解码为 106。由于两颗 GLONASS 卫星在相同的载波频率上发射导航信号，因此需要辅助数据来识别正确的 OSN。

① QZSS：193～200。

② Galileo：1～36。

③ BeiDou：1～37。

7. 星座编号

Android 7.0 使用 ConstellationType 字段表示星座 ID。表 14.4 列出了每个星座的值。

表 14.4　星座类型

状态	值
CONSTELLATION_BEIDOU	5
CONSTELLATION_GALILEO	6
CONSTELLATION_GLONASS	3

续表

状态	值
CONSTELLATION_GPS	1
CONSTELLATION_QZSS	4
CONSTELLATION_SBAS	2
CONSTELLATION_UNKNOW	9

14.4.3 原始观测数据的应用

1. *原始数据结构*

用户应用程序使用位置 API 框架访问 GNSS 数据，在 Android 7.0 发布之前，该功能仅限于 GooglePlay 服务(android.gms.location)。该 API 侧重于封装和简化位置信息，使用经过电池优化的融合位置提供器，并结合多个传感器，包括 GNSS、WiFi 和蓝牙。它可以看作一个黑匣子，因为一切都是在芯片内完成的：捕获和跟踪模块解码导航信息，并生成伪码、相位测量和时间。使用导航信息(钟差、电离层和对流层等)纠正这些误差。最后，芯片组计算和输出位置、速度和时间。

新的 API(android.location)提供了对原始 GNSS 观测和 PVT 解决方案的直接访问。图 14.7 显示了一个非辅助的接收者体系结构，以及新旧 API 之间的主要区别。为了清晰起见，只描述了新增参数。其他参数，如信噪比或卫星位置等，将被省略。新 API 不直接提供伪距，但是提供了生成它所需的参数。

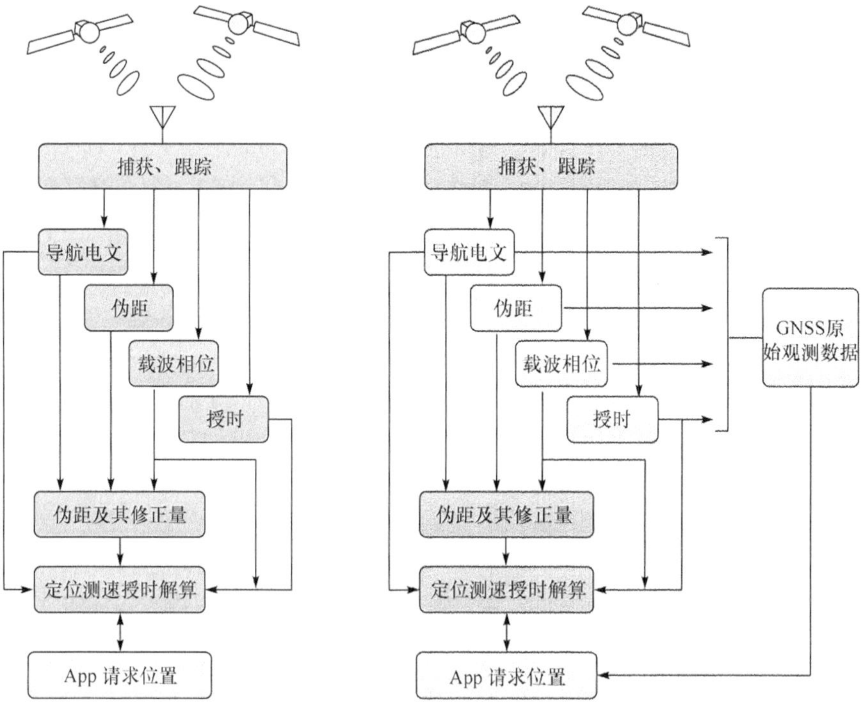

图 14.7　android.gms.Location(在 Android 7.0 之前)与 android.Location(Android 7.0)

Android 基于位置的应用程序(LBA)需要的位置由 android.loc.LocationManager 类通过指定位置提供者(Network、WiFi 或 GPS/GNSS)或使用融合提供商(取决于准确性和功率标准)来请求位置。

2. 现有应用程序和装置

少数 Android 应用程序已经在使用 GNSS 原始测量数据。下面的每一个例子都可以用来演示目前可以做哪些，也可以作为进一步应用的起点。

(1) PPP Wizite(https://play.google.com/store/app/Details?id=jocs.fr.gnss_ppp) 是 CNES PPP-Wizard 项目的 Android 端口，允许计算 Nexus 5X 设备上的 PPP 位置。下载改正量时需要连接互联网。

(2) RTCM 转换器(https://play.google.com/store/app/Details? id=jocs.fr.gnss_tortcm)将 Android 原始测量数据转换为广泛使用的 RTCM 格式，从而使 Android 手机成为基站。

(3) GEO Rinex Logger(https：/play.google.com/Store/app/Details? id=de.geopp.rinexlogger)在 RINEX 文件中记录 Android 原始数据，允许在大地测量软件中进行进一步处理。

(4) 空中客车 GNSS 数据采集器实时显示卫星信息和定位测速授时(PVT)信息，包括信噪比(C/NO)，用于 PVT 解算的卫星，PVT 解算经度等。更重要的是，它实时计算和存储 GPS、Galileo 和 GLONASS 的 RINEX 观测文件。还存储了包含所有原始测量的 CSV 文件。

[RD-25]给出了能够提供原始测量的设备列表。信息还包括星座可用性和相位测量的可用性。所有设备都需要运行 Android 7.0 或更高版本。

3. Android 原始观测量应用

Android 框架提供了对几个 Android 设备原始 GNSS 测量的访问。Google 已经发布了 GNSS 分析应用程序 2.6.1.0 版本。有关更多信息，请参见 GNSS 分析应用程序 v2.6.1.0 发行说明。本书列出了支持原始 GNSS 测量的 Android 设备以及记录和分析 GNSS 数据的工具。可以在 GitHub 上的 GPS 测量工具 REPO 中找到这些工具，其中包括 GNSS Logger APK 和用于 Linux、Windows、Mac OS 的 GNSS 分析应用程序。原始设备制造商(OEM)、开发人员和研究人员可以利用本页面中的工具测试新的手机设计、验证功能、开发新算法、评估对 GNSS 系统实现的改进以及构建增值应用程序。

在获得任何原始 GNSS 输出之前，需要确保有一个能够捕获此类数据的设备。大多数在 2016 年或以后生产，并且 Android 7.0 或更高版本发布的设备能够提供原始的全球导航卫星系统数据。

根据设备的不同，原始全球导航卫星系统测量可以包括以下全部或部分数据：伪距和伪距变率、导航电文、累积伪距变量或载波相位、接收机时钟。

可以使用 Android Studio 构建一个应用程序，该应用程序可以捕获原始 GNSS 测量数据并将其记录到文件中。GPS 测量工具项目包括 GNSS Logger，示例应用程序展示了如何记录与 Android 位置相关的数据，包括原始的 GNSS 测量。下载 GNSS Logger APK，在用户的设备中安装示例应用程序。要用示例应用程序获得 GNSS 输出，用户的设备必须支持原始 GNSS 测量。有关更多信息，请参见支持原始 GNSS 测量的 Android 设备。使用 GNSS Logger 捕获 GNSS 日志后，可以将日志文件从设备复制到计算机以供进一步分析。在 GNSS

日志中，可以通过电子邮件将文件发送给自己，或者将它们保存到 Google Drive。或者可以使用设备上的文件管理应用程序保存文件，也可以使用 Android Debug Bridge(亚行)。如果要浏览示例源代码，请参阅 GitHub 上的 GPS 测量工具库中的 GNSS Logger 文件夹。

当前国内外对于 Android 原始观测数据的扩展应用还处于起步阶段，随着社会的发展，人们的生活和工作逐渐趋于移动互联模式，人们对卫星导航定位的要求也越来越高，更快、更稳定、更高精度的卫星导航位置服务成为日常需求。有了 Android 原始观测数据，利用手机就能轻易实现 RTK、PPP 等高精度实时定位授时，结合智能手机的人工智能、互联网等特性，人们使用集成了高精度定位功能的智能手机可以做更多的事情。例如，基于智能手机的车道级导航、基于智能移动终端的测量测绘工作。

14.5 智能移动终端定位 App 开发示例

智能移动终端定位服务一般需要通过编写应用程序 App 实现。本节给出基于 Android 系统、使用百度地图的定位 App 开发示例，目的是使读者了解定位 App 开发的一般流程，详细开发过程可以参考相关地图的开发指南。

14.5.1 开发任务简介

本次使用 Android 开发基于位置服务的目的主要是让读者掌握 android.location API 获取 GNSS 定位结果的使用方法，以及利用 GNSS 定位结果开发自定义服务。基本开发任务有以下几项。

(1) 掌握 android.location 应用程序接口的使用方法。

(2) 实现手动启动或关闭 GNSS 定位结果输出。

(3) 实时打印 GNSS 定位结果。

(4) 把实时获取的定位结果展示在百度地图中。

14.5.2 开发环境构建

使用 Android 平台很容易开发基于位置服务的应用程序，在这之前需要搭建一套合适的 Android 开发环境，目前进行 Android 开发最常用的 Android 开发环境就是 Android Studio，Android Studio 是 Google 推出的一个 Android 集成开发工具，可以快速便捷地开发并测试用户想要的移动应用程序。

搭建 Android Studio 开发环境有以下几个步骤。

(1) 下载 JDK 和 Android Studio。

(2) 安装 JDK。

(3) 配置环境变量。

(4) 安装 Android Studio。

(5) 配置 Android Studio。

Android Studio 开发环境详细搭建方法在各类专业 Android 开发书籍及知名网站博客论

坛均有参考，此处不再赘述。

14.5.3　代码编程实现

1. 创建 GnssTest 工程

建立一个新的 Android Studio 项目，项目命名为 GnssTest，修改 Company domain 为 nhw.com，如图 14.8 所示。

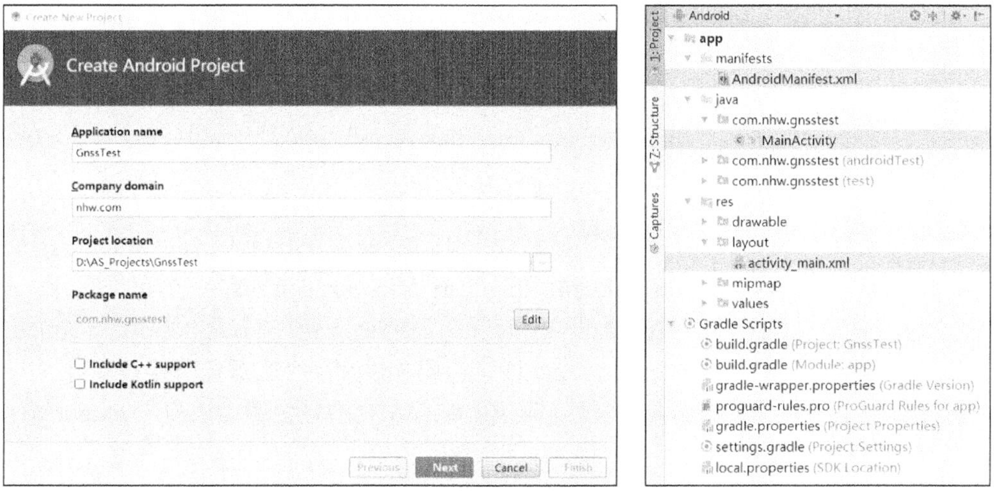

图 14.8　创建 GnssTest 工程

2. AndroidManifest 配置定位许可

要使用 android.location 获取 GNSS 定位结果，需要先在 AndroidManifest 文件中配置 Android 定位许可，如图 14.9 所示。

```
<?xml version="1.0" encoding="utf-8"?>
<manifest xmlns:android="http://schemas.android.com/apk/res/android"
    package="com.nhw.gnsstest">

    <uses-permission android:name="android.permission.ACCESS_NETWORK_STATE"/>
    <uses-permission android:name="android.permission.ACCESS_FINE_LOCATION"/>
    <uses-permission android:name="android.permission.INTERNET"/>
    <uses-permission android:name="android.permission.WRITE_EXTERNAL_STORAGE"/>
    <uses-permission android:name="android.permission.ACCESS_LOCATION_EXTRA_COMMANDS"/>
    <uses-permission android:name="com.google.android.providers.gsf.permission.READ_GSERVICES"/>
    <uses-permission android:name="com.google.android.providers.gsf.permission.WRITE_GSERVICES"/>
```

图 14.9　配置定位许可

3. GnssTest 工程配置百度地图 SDK

在 GnssTest 工程中配置百度地图 API 需要先从百度地图开放平台下载百度地图 Android 地图 SDK。下载 SDK 后，需要把 SDK 文件夹 libs 路径下的所有文件复制到 GnssTest 工程 app/libs 目录下，并在 app 目录下的 build.gradle 文件中 android 块中配置 sourceSets 标签，如果没有使用该标签则新增，详细配置代码如下：

```
sourceSets {
            main {
```

```
                jniLibs.srcDir 'libs'
            }
    }
```

配置完成后，工程结构如图 14.10 所示。

图 14.10　配置百度地图 SDK

完成以上步骤后，在 build.gradle 文件的 dependencies 块中添加百度地图 SDK，配置代码为“implementation files('libs/BaiduLBS_Android.jar')”，完成百度地图 SDK 配置后，还需要申请百度地图 API Key，具体申请方法见百度地图官方网站：http://lbsyun.baidu.com/index.php?title= androidsdk/guide/create-project/ak。

4. 编码实现

实例开发的编码主要有 activity_main.xml、fragment_logger.xml、fragment_map_position. xml 三个布局文件，以及 MainActivity、LoggerFragment、MapPositionFragment、GnssListener 四个源码文件和一个数据监听接口文件。

activity_main.xml 是主界面布局文件，有实时定位和地图定位两个选项卡，MainActivity 实现定位数据获取与服务。

fragment_logger.xml 是定位数据输出布局文件，LoggerFragment 对应后台代码，实现定位数据实时打印到界面。

fragment_map_position.xml 是地图布局文件，MapPositionFragment 对应后台代码，实时把位置数据显示到地图上，并绘制轨迹图。

14.5.4　运行结果展示

GnssTest 工程运行效果图如图 14.11 所示。

图 14.11　GnssTest 工程运行效果图

第 15 章
北斗 RDSS 业务原理简介

北斗系统除了能够进行导航定位，还能够进行短报文通信。在北斗系统中，与短报文通信有关的业务称为卫星无线电测定业务(radio determination satellite service，RDSS)。其特点是由用户以外的中心控制系统，通过用户对卫星信号的询问、应答获得距离观测量，由中心控制系统计算用户的位置坐标，并将此信息传送给用户。这种具有定位和通信功能的系统，有效地将导航定位与通信相结合。RDSS 业务是北斗系统的特色优势之一，本章主要参考《卫星导航定位工程》(谭述森，2007)，简要介绍北斗 RDSS 业务原理，目的是使读者了解北斗系统独具特色的 RDSS 业务，尤其是 RDSS 业务的快速定位功能和短报文通信功能。

15.1 RDSS 概述

服务于用户位置确定的卫星无线电业务有两种方式，一种是众所周知的卫星无线电导航(radio navigation satellite service，RNSS)。由用户根据接收到的卫星无线电导航信号自主完成定位、授时、测速和航向参数的计算。另一种是 RDSS 用户位置的确定无法由用户独立完成，必须由外部系统进行距离测量和位置计算，再通过同一系统通知用户。

北斗 RDSS 系统是一个区域性的卫星定位系统，具备快速导航定位、双向简短报文通信和定时授时三大功能，其由空间段卫星系统、地面测量与控制系统(简称地面系统)和用户系统三大部分组成，如图 15.1 所示。RDSS 系统的突出特点是构成系统的空间卫星数目少、用户终端设备简单、一切复杂性均集中于地面中心处理站。

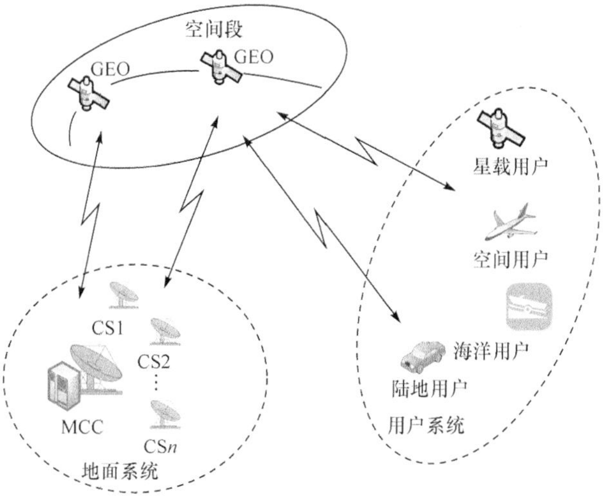

图 15.1 RDSS 组成示意图

15.1.1 卫星系统

卫星系统由两颗至若干颗运行在地球静止轨道的卫星组成，两颗卫星组成一个基本的 RDSS。

GEO 卫星在 RDSS 业务中的作用，可概括如下。

(1) 接收来自地面中心站的出站信号，并将它转发给导航用户。

(2) 接收来自导航用户的发送信号，并将它转发给地面中心站。

(3) 将地面中心站解算出的用户坐标值发送给导航用户。

(4) 接收来自地面中心站的多种控制指令，确保卫星的正常运行。

(5) 向地面中心站发送卫星工作状态信息，以便地面中心站遥控修正。

15.1.2 地面系统

地面系统至少包括一个测量与控制中心(MCC)和一个标校系统(CS)，标校系统由 20～30 个标校站组成。

RDSS 业务的主要特点是尽可能地简化用户设备和卫星上的导航定位转发器，而强化地面中心站的功能和作用。MCC 是整个系统的核心部分，它由地面控制中心和地面数据处理中心组成。

1. 地面控制中心

地面控制中心具有下列功能。

(1) 控制 GEO 卫星，确保卫星收发天线始终指向信号覆盖区。

(2) 控制 GEO 卫星转发器的正常工作，能够实时地切换星载备份设备。

(3) 捕获和识别来自各个用户收发机的发送信号。

(4) 测量出站信号在中心站→卫星→用户→卫星→中心站之间的传播时间。

(5) 向各个导航用户分别报告各自的实时位置。

(6) 与导航用户进行交互，并能够干预某些用户的询问和请求。

(7) 产生导航定位信号，播发时间频率校准信息。

(8) 建立与地面数据处理中心的通信联系，预处理好所接收的数据资料。

2. 地面数据处理中心

地面数据处理中心的功能如下。

(1) 依据地面控制中心测得的信号传播时间和相关数据，计算出各个用户的实时位置和运行轨迹。

(2) 利用导航用户的实时位置数据和相关地图，对动态用户进行导航和交通管制。

(3) 遥测导航用户收发机的工作状态，报警用户故障，识别用户身份，控制用户使用。

(4) 依据校准站的观测成果，改进卫星星历，修正大气层时延影响，精化群时延。

(5) 响应集团用户对其下属用户的定位查询，并予以实时回复。

(6) 统计各个导航用户使用本系统的业务状况，并生成服务费清单。

(7) 在其他数据库配合下，向用户提供气象预报等服务。

15.1.3　用户设备

用户设备包括各类陆、海、空及星载用户机。RDSS 用户设备，是一种安装全向收发天线的无线电收发机。由于 RDSS 将定位、授时、通信融为一体，其应用系统可根据不同场合，组合成相应的应用系统，既完成单一用户的定位、定时、通信服务，又完成相互间的位置报告和跟踪监视。根据使用场景，RDSS 用户设备可分为手持型、车载型、船载型、机载型和指挥型，产品形态如图 15.2 所示(主要以成都国星通信有限公司的产品为例)。为方便用户使用，将用户机划分为单址型用户机和多址型用户机两种类型。指挥型 RDSS 用户设备为多址型，其余为单址型用户机。

(a) 手持型用户机　(b) 车载型用户机　(c) 船载型用户机　(d)机载型用户机　(e) 指挥型用户机

图 15.2　RDSS 用户机

1. 单址型用户机

单址型用户机供普通指定用户使用，单址型用户机的基本功能如下。

(1) 接收来自 GEO 卫星的转发信号。

(2) 从所接收的转发信号中，提取出地面中心站发送给用户的数据信息和时间标识点。

(3) 以该时间标识点为基准，生成向 GEO 卫星发送的信号，该信号包括用户向地面中心站或者请地面中心站向其他导航用户传送的数据信息。

(4) 向 GEO 卫星发送信号。

2. 多址型用户机

多址型用户机是一个具有多个接收地址码的普通型用户机，可用于指挥调度机关和编队飞行的各用户载体。它的地址码数目涵盖了所辖用户的专用地址码或编队行进的分队成员的地址码，以便 MCC 一次通报相应用户的实时位置和协调配合的通信电文，从而保持安全而有序的飞行队形和协调一致的行动。

15.2　RDSS 信号与测量

15.2.1　RDSS 信号体制

RDSS 系统有两路传输信号：一路为出站信号，是由地面系统测量与控制中心通过卫星系统向用户发送的信号；另一路是入站信号，是由用户端经卫星系统向地面系统测量与控制中心发送的信号。RDSS 传输信号示意图如图 15.3 所示。

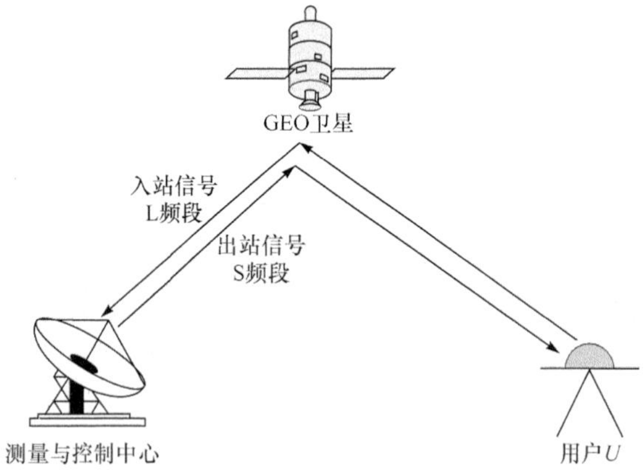

图 15.3　RDSS 传输信号示意图

1. 出站信号

出站信号的功能有两个：一是为用户提供信号同步响应基准；二是传送用户定位信息和电文信息。这就要求出站信号的体制设计应该既提供连续稳定的跟踪信号，又确保足够的通信容量。为了提供连续而稳定的出站信号，必须有一个公共支路；为了传输专用信息，必须有专用通道。因此，出站信号为 QPSK 调制。

考虑到与 RNSS 的兼容，I、Q 支路码速率可选 5.115Mbps，信息速率也相同。I 支路可选码长为 1023bit 的 Gold 序列，Q 支路可选较长的 PN 码，其初始相位由 I 支路的地址 ID1 提供，以便 Q 支路既有更强的保密性，又有较强的快速捕获性能。一个按帧、超帧格式采用 QPSK 调制方式的出站信号格式如图 15.4 所示。

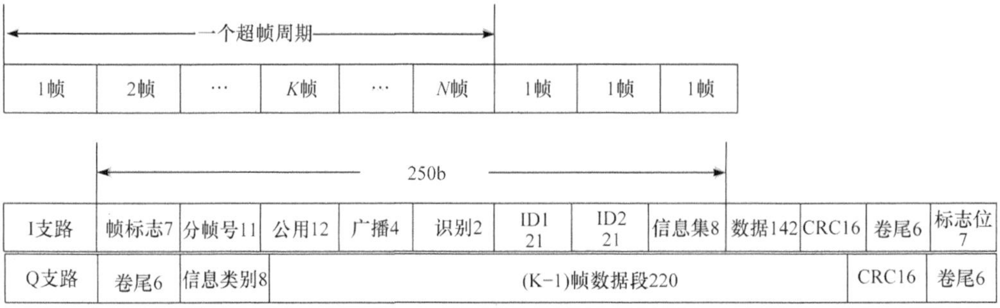

图 15.4　出站信号格式

其中帧标志可选 7 位巴克码。

公用段可用于广播其他系统的通用信息，如广域增强系统的差分改正信息。

ID1 为 Q 支路用户地址码，表示 Q 支路的第 K 帧的数据段内的信息为 ID1 用户所有。

ID2 为 I 支路用户地址码，表示 I 支路的第 K 帧的数据段内的信息为 ID2 用户所有。

RDSS 出站信号工作在 S 频段，出站信号可表示为

$$S(t)=A_c C(t)D(t)\sin\left(2\pi f_s+\varphi_c\right)+A_p P(t)D(t)\cos\left(2\pi f_s+\varphi_p\right) \tag{15.1}$$

其中，$C(t)$ 为码长较短的快速捕获码；A_c 为短码振幅；$P(t)$ 为长码，具有较长的周期，保密性强；A_p 为长码振幅；$D(t)$ 为数据段信息，均可按一户一密、一次一密方式实施信息加密。

2. 入站信号

入站信号为伪码直接序列扩频、BPSK 调制、突发帧信息结构。其信号格式如图 15.5 所示。

	勤务段							
同步头	精跟	帧标志	用户地址	分帧号	信息类别	数据	CRC	卷尾

图 15.5 入站信号格式

其中同步头是为完成对突发信号的快速捕获而设计的特殊同步信息，约为 3ms。精跟段是为 MCC 实现高精度测距能力而设计的，约为 6ms。用户地址为用户识别码。分帧号用于测量距离解模糊度。数据段为通信信息，按一户一密、一次一密方式进行加密。同步头、勤务段、数据段分别采用不同的扩频编码方式，分别满足信号捕获、公用勤务和专用信息传输要求。

入站信号工作在 L 频段，中心频率为 1618.25MHz，工作频段为 1610～1626.5MHz，所以最高码速率为 8.25Mbps。

15.2.2 RDSS 测量

北斗二号 RDSS 定位中，空间段采用两颗 GEO 卫星作为信号转发卫星，并基于三球交会原理在主控站测量控制中心解算用户位置信息。北斗二号体制和北斗三号体制下均可进行传统双星定位，二者的观测数据生成原理相同，仅在信号体制上存在差别。

传统双星定位系统信号传播过程及测量示意图如图 15.6 所示。主控站测量控制中心通过 GEO 卫星 S_1 发射用于询问的标准时间信号，当用户在 t_2 时刻接收到该信号时，发射应答信号，经两颗 GEO 卫星 S_1、S_2 分别回到主控站测量控制中心，由主控站测量控制中心分别测量出由卫星 S_1、S_2 返回的信号时间延迟量。由于卫星 S_1、S_2 在各时刻的位置已知，在数据处理过程中，考虑上述信号传输过程中卫星 S_1、S_2 的相对运动及主控站测量控制中心，卫星 S_1、S_2 转发器的传输延迟，用户机的传输延迟和电离层、对流层的影响，从而可获得用户至两颗卫星之间的距离量，构成的基本观测量可用如下公式表示：

$$\begin{aligned}\rho_1 = {} & D_{c_1}(t_1) + c\delta t_{S_1}(t_1) + D_{u_1}(t_1) + c\delta t_u(t_2) + d_{u_1}(t_3) \\ & + c\delta t_{S_1}(t_3) + d_{c_1}(t_3) + \delta t_{c_1 \mathrm{O}} + \delta t_{c_1 \mathrm{I}} + \varepsilon\end{aligned} \tag{15.2}$$

$$\begin{aligned}\rho_2 = {} & D_{c_1}(t_1) + c\delta t_{S_1}(t_1) + D_{u_1}(t_1) + c\delta t_u(t_2) + d_{u_2}(t_4) \\ & + c\delta t_{S_2}(t_4) + d_{c_2}(t_4) + \delta t_{c_1 \mathrm{O}} + \delta t_{c_2 \mathrm{I}} + \varepsilon\end{aligned} \tag{15.3}$$

其中，ρ_1 为由主控站测量控制中心发出的出站信号经卫星 S_1 转发至用户机，用户机接收到该信号并发射应答信号经卫星 S_1 转发，回到主控站测量控制中心的总距离；ρ_2 为由主控站测量控制中心发出的出站信号经卫星 S_1 转发至用户机，用户机接收到该信号并发射应答信号经卫星 S_2 转发，回到主控站测量控制中心的总距离；t_1 为卫星 S_1 接收地面主控站测量控制中心询问信号并转发信号的时刻；t_2 为用户机接收卫星 S_1 的询问信号时刻；t_3 为卫星 S_1 转发用户应答信号时刻；t_4 为卫星 S_2 转发用户应答信号时刻；$\delta t_{S_1}(t_1)$ 为卫星出站转发器的设备时延；$\delta t_{S_1}(t_3)$ 为卫星 S_1 的入站转发器的设备时延；$\delta t_{S_2}(t_4)$ 为卫星 S_2 的入站转发器的设备时延；δt_u 为用户机转发信号的时延；δt_{c_1O} 为地面主控站测量控制中心至卫星 S_1 出站链路设备时延；δt_{c_1I} 为地面主控站测量控制中心至卫星 S_1 入站链路设备时延；δt_{c_2I} 为地面主控站测量控制中心至卫星 S_2 入站链路设备时延；c 为光速；D_{c_1} 为第一颗卫星 S_1 至地面主控站测量控制中心的距离；D_{u_1} 为第一颗卫星 S_1 至用户的距离；d_{u_1} 为由用户机返回第一颗卫星 S_1 的距离；d_{u_2} 为用户返回卫星 S_2 的距离；d_{c_2} 为用户返回地面主控站测量控制中心时，卫星 S_2 至地面主控站测量控制中心的距离；ε 为各种因素造成的测量误差。

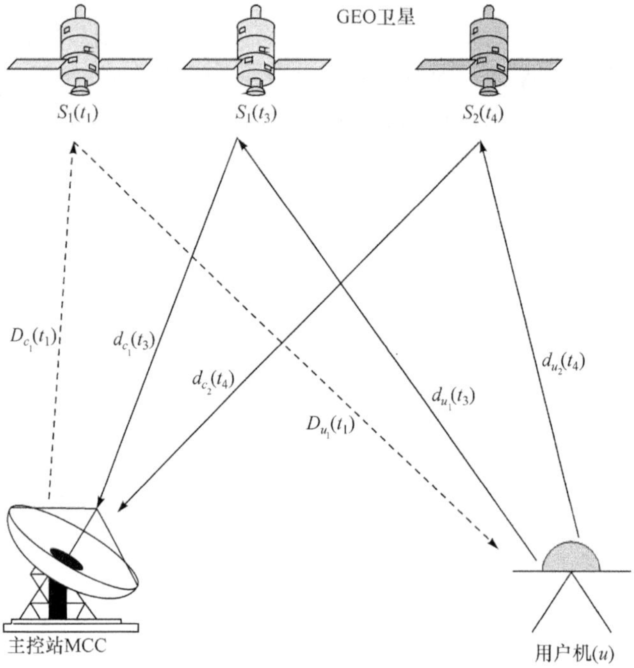

图 15.6 传统双星定位系统信号传播过程及测量示意图

信号在设备中的时延可以精确测定，所以对信号的接收与发射的时差为已知。各类测量误差(如电离层、对流层等)可通过模型进行仿真计算，可参见第 5 章相关部分，此处不再赘述。信号经卫星出站再经用户入站的转发时刻在几百毫秒级，考虑卫星的运动，在图 15.6 中卫星 S_1 的位置相对拉开了。各级距离用点坐标表示为

$$
\begin{aligned}
d_{u_1}(t_3) &= \sqrt{[X^{S_1}(t_3) - X_u(t_2)]^2 + [Y^{S_1}(t_3) - Y_u(t_2)]^2 + [Z^{S_1}(t_3) - Z_u(t_2)]^2} \\
d_{c_1}(t_3) &= \sqrt{[X^{S_1}(t_3) - X_c]^2 + [Y^{S_1}(t_3) - Y_c]^2 + [Z^{S_1}(t_3) - Z_c]^2} \\
d_{u_2}(t_4) &= \sqrt{[X^{S_2}(t_4) - X_u(t_2)]^2 + [Y^{S_2}(t_4) - Y_u(t_2)]^2 + [Z^{S_2}(t_4) - Z_u(t_2)]^2} \\
d_{c_2}(t_4) &= \sqrt{[X^{S_2}(t_4) - X_c]^2 + [Y^{S_2}(t_4) - Y_c]^2 + [Z^{S_2}(t_4) - Z_c]^2} \\
D_{c_1}(t_1) &= \sqrt{[X^{S_1}(t_1) - X_c]^2 + [Y^{S_1}(t_1) - Y_c]^2 + [Z^{S_1}(t_1) - Z_c]^2} \\
D_{u_1}(t_1) &= \sqrt{[X^{S_1}(t_1) - X_u(t_2)]^2 + [Y^{S_1}(t_1) - Y_u(t_2)]^2 + [Z^{S_1}(t_{21}) - Z_u(t_2)]^2}
\end{aligned}
\tag{15.4}
$$

其中，上标表示卫星号，下标 c 表示主控站 MCC，下标 u 表示用户机。

计算卫星位置的时间参数由主控站 MCC 根据出站时标从测量的距离和中分离出来。

15.3　北斗 RDSS 定位与授时方法

15.3.1　双星定位原理

双星定位采用集中式信号处理，所有的处理过程均在 MCC 完成。MCC 持续不断地以特定频率发送连续波信号，该信号经两颗 GEO 卫星转发后向覆盖区域内的所有用户广播，用户接收到信号后向卫星发射入站信号，经卫星转发后到达 MCC。如果用户为地面用户，则 MCC 具有其高程信息；如果用户为非地面用户，则入站信息需要包含用户的高程信息。双星定位也采用三球定位原理进行用户位置的计算，三球分别为两颗 GEO 卫星和地球。原理示意图如图 15.7 所示，具体过程如下。

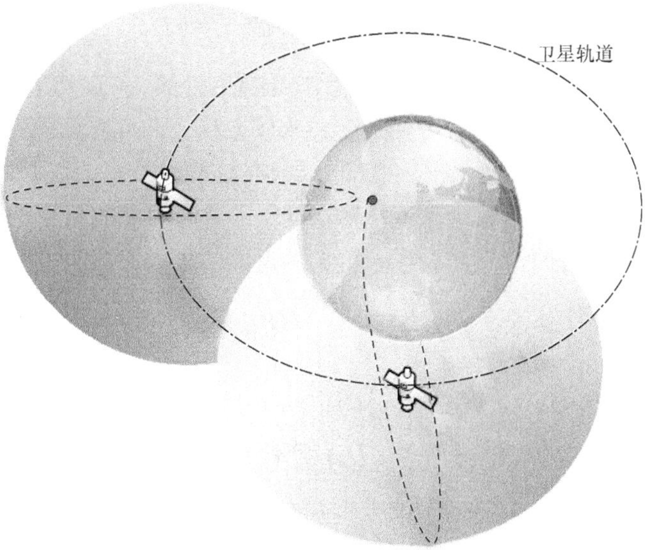

图 15.7　双星定位原理示意图

(1) 分别以两颗 GEO 卫星为球心，以卫星至用户接收天线的距离为半径，形成两个球面。

(2) 上述两个球面相交于一圆，该圆与赤道平面垂直。

(3) 在地球不规则球面的基础上增加用户高程，获得一个“加大”的不规则球面。地面中心站配有地面用户的电子高程地图或者用户配有测高仪用于获得用户高程。

(4) 步骤(2)中的圆与步骤(3)中的不规则球面相交，得到两个点，分别位于南北半球，取北半球的点为用户机的位置。

双星定位系统是采用高程约束解算出用户位置的，而且要求高程误差尽可能小，用以获得较高精度的用户坐标。用户高程应为大地高，如果使用的高程为其他类型，应转换为大地高。高程数据有以下两种方式可获得。

(1) 地形库高程定位方式：导航用户不携带任何高程辅助信息，MCC 查阅按照大地经纬度存放的地面高程数据库，获得所需的高程进行定位。适用于地面、水面用户的快速定位和位置报告，也可用于“弹”落点位置报告，以评估打击目标的精度。

(2) 用户自己提供高程数据：导航用户在入站信号中自带高程信息，适用于空中用户的定位和位置报告。当和 RNSS 联合应用时，为加强位置报告的保密性，可携带 RNSS 自主定位的高程信息来完成位置报告。

15.3.2 RDSS 定位算法

准确描述用户机到坐标原点(地心)距离的公式为

$$S_3 = r + h\cos\theta \tag{15.5}$$

其中，r 为用户机在参考椭球面上的投影到坐标原点的距离；h 为用户机所在点的大地高；θ 为用户机所在点的矢径与参考椭球法线的夹角。

有关系式：

$$r + h\cos\theta = \sqrt{(X_u)^2 + (Y_u)^2 + (Z_u)^2} \tag{15.6}$$

北斗 RDSS 也是采用三球定位原理进行用户位置的计算，在 RDSS 测量原理的基础上，利用式(15.2)、式(15.3)、式(15.6)构成用户定位求解方程，即可解算得到用户的位置。为了将用户的发射信号控制到合适的水平，既能满足 MCC 测量及解调需要，又能使 CMDA 系统用户间干扰最小，用户可接收两颗卫星的询问信号进行时差测量，按最低功率响应其中一颗卫星的询问信号。此时，只能有一颗卫星的返回信号构成测距方程，同样可以恢复出可供定位的方程组。

对方程组进行线性化后，得

$$\begin{aligned}
&e_x^1(t_3)\delta x + e_y^1(t_3)\delta y + e_z^1(t_3)\delta z + F[r^1(t_1), r^1(t_3),\\
&\qquad R_c, R_u^0, \delta_t^{S_1}(t_1), t_u(t_2), \delta_t^{S_1}(t_3)] - S_1 = 0\\
&e_x^2(t_4)\delta x + e_y^2(t_4)\delta y + e_z^2(t_4)\delta z + F[r^2(t_1), r^2(t_4),\\
&\qquad R_c, R_u^0, \delta_t^{S_2}(t_1), t_u(t_2), \delta_t^{S_2}(t_4)] - S_2 = 0\\
&\cos L\cos B\delta x + \sin L\sin B\delta y + \sin B\delta z + F[R_u^0] - S_3 = 0
\end{aligned} \tag{15.7}$$

其中，$e_x^1(t_3)$ 为在 t_3 时刻卫星 S_1 对 x 轴的方向余弦，其他 e_y^1、e_z^1、e_x^2、e_y^2、e_z^2 以此类推；B 为用户机所在位置的经度(rad)；L 为用户机所在位置的纬度(rad)；δt 为按其上下标为设备的传输时延；$F[C_1, C_2, \cdots, C_n]$ 为以参数 C_i 为参变量的表达式。

根据式(15.7)可求解用户机的坐标，简化后为

$$\begin{cases}
e_x^1(t_3)\delta x + e_y^1(t_3)\delta y + e_z^1(t_3)\delta z + 1 = 0\\
e_x^2(t_4)\delta x + e_y^2(t_4)\delta y + e_z^2(t_4)\delta z + 1 = 0\\
\cos L\cos B\delta x + \sin L\sin B\delta y + \sin B\delta z + 1 = 0
\end{cases} \tag{15.8}$$

或

$$\boldsymbol{A}\boldsymbol{x}+\boldsymbol{L}=0 \tag{15.9}$$

其中

$$\boldsymbol{A}=\begin{bmatrix} e_x^1 & e_y^1 & e_z^1 \\ e_x^2 & e_y^2 & e_z^2 \\ e_{ux} & e_{uy} & e_{uz} \end{bmatrix} \tag{15.10}$$

$$\boldsymbol{L}=\begin{bmatrix} F_1-S_1 \\ F_2-S_2 \\ F_3-S_3 \end{bmatrix} \tag{15.11}$$

$$\boldsymbol{X}=\begin{bmatrix} \delta x \\ \delta y \\ \delta z \end{bmatrix} \tag{15.12}$$

$$\boldsymbol{X}=\boldsymbol{A}^{-1}\boldsymbol{L} \tag{15.13}$$

获得 $\boldsymbol{X}$ 后根据式(15.9)迭代计算用户位置坐标。

15.3.3　RDSS 单向授时算法

授时是指用户通过某种方式获得本地时间与北斗标准时间的钟差，然后调整本地时间，使时差控制在一定的精度范围内。RDSS 系统的工作机制完全不同于 RNSS 系统，RDSS 系统基于转发工作原理，原子钟在 MCC，卫星的作用仅是转发 MCC 播发的信号，RNSS 系统的原子钟在卫星上。RDSS 系统为授时终端提供两种授时方式：单向授时和双向授时。

单向授时模式下 MCC 连续播发授时信息，授时终端接收后可获得系统的时间序列和授时信息，根据授时信息和当前位置信息，对恢复的时间序列进行校准，解算得到钟差。RDSS 单向授时信号传播过程示意图如图 15.8 所示。

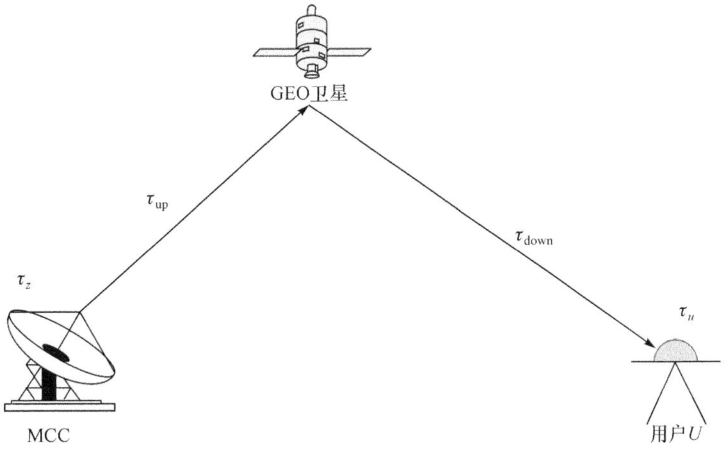

图 15.8　RDSS 单向授时信号传播过程示意图

系统时为 MCC 精确保持的标准北斗时间，用户的本地时为用户钟的钟面时间，两者存在钟差 Δt_u，在授时过程中，MCC 在出站广播电文中把某一帧时标通过一种特殊的方式调制在出站信号中，该帧时标与前一个北斗时秒信号 $1PPS_{BD}$ 的时间间隔为$\Delta\tau$，经延迟后到达用户本地接收机，利用时间间隔计数器可以测量出本地 $1PPS_U$ 与帧时标的时间间隔为τ_i，信号传播过程中详细的时序关系如图 15.9 所示。τ_d 为 MCC 至用户接收机的总时延，τ_z 和τ_u 分别为系统设备单向零值、终端单向零值，τ_{up} 和τ_{down} 分别为信号上行延迟、下行延迟。τ_t 为卫星对信号的转发时延。

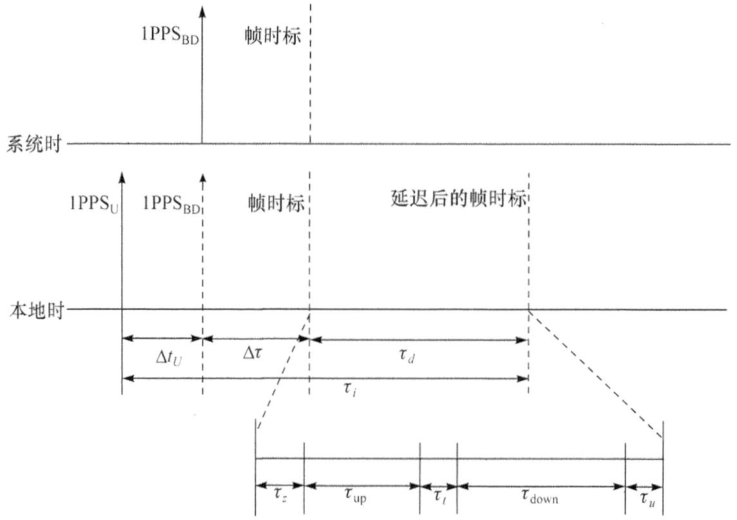

图 15.9　RDSS 单向授时原理图

由图 15.9 的关系可知

$$
\begin{aligned}
\tau_i &= \Delta t_u + \Delta\tau + \tau_d \\
\tau_d &= \tau_z + \tau_{up} + \tau_t + \tau_{down} + \tau_u
\end{aligned}
\tag{15.14}
$$

其中，$\Delta\tau$ 可根据关门帧时标所在帧的帧分号获取；τ_{up} 和 τ_t 之和可从出站广播电文中获取；τ_{down} 需要根据卫星位置和用户接收机的位置计算得到，从用户接收机的角度考虑，得到测量伪距后，需要对伪距进行修正，消除星历误差、大气时延、地球自转改正等误差的影响。

一般来说，对已知精确坐标的固定用户，观测一颗卫星的出站信号就可以自主解算获得本地时间与北斗系统时间的钟差，实现授时。如果观测两颗或者更多卫星，则可增强观测量的冗余度，提高授时的稳健性。

15.3.4　RDSS 双向授时算法

双向授时模式下，用户机发送双向定时申请信息，经卫星转发给地面中心站；地面中心站计算出入站信号的双向传播时延，进行误差校正后，把双向传输时延信息经卫星发给用户；用户机以此对恢复的时间序列进行校准，解算得到钟差。具体流程如图 15.10 所示。

(1) MCC 在 T_0 时刻发送某时标信号，该时标信号经过 τ_1 间隔后到达卫星。

(2) 卫星对时标信号进行转发，经 τ_2 延迟后到达用户接收机，此时，接收机的本地时为 T_2。

(3) 用户机对接收到的时标信号进行的处理也可看作信号转发，经 τ_3 延迟后到达卫星(该卫星与步骤(2)中的卫星为同颗卫星)。

(4) 卫星对时标信号进行转发，经 τ_4 延迟到达 MCC，此时，MCC 的时刻为 T3，即 $T_3 = T_1+\tau_1+\tau_2+\tau_3+\tau_4$。

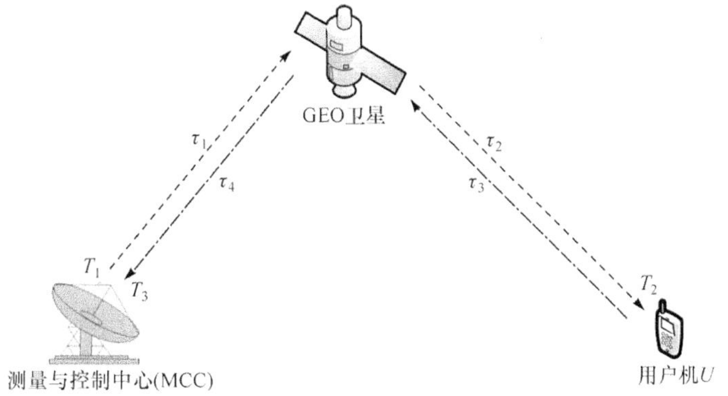

图 15.10　RDSS 双向授时原理图

(5) 根据 MCC 的信号播发时刻和接收时刻，可得到双向传播时延，除以 2 即可得到 MCC 至用户机的单向传播时延。

(6) MCC 将单向传播时延发送给用户机。用户机根据接收时标信号的时刻 T_2 及单向传播时延可计算出本地时与 MCC 时间的差值 Δt_u。

$$\begin{aligned} T_2+\Delta t_u &= T_3-\frac{\tau_1+\tau_2+\tau_3+\tau_4}{2} \\ \Delta t_u &= T_3-\frac{\tau_1+\tau_2+\tau_3+\tau_4}{2}-T_2 \end{aligned} \tag{15.15}$$

RDSS 单向授时与双向授时的区别如下。

(1) 单向定时必须在已知用户位置的前提下进行，在定时之前若位置未知，则需先向 MCC 发送定位请求获得位置信息；双向定时无须知道用户机位置，所有处理都由地面中心站完成。

(2) 单向定时采用被动方式，由用户机完成计算，在用户位置已知的条件下不占用系统容量；双向定时用户机与中心站进行交互，占用系统容量，受到一定的限制。

(3) 单向定时用户机根据广播的卫星位置信息按照一定的计算模型自主计算单向传播时延，此时卫星位置误差、环境误差都会影响信号传播时延的精度，进而影响定时精度；双向定时不需要知道用户机和卫星的位置，通过用户机和卫星间来回双向传播时间除以 2 的方式进行计算，估计精度较高。

15.4　北斗 RDSS 短报文通信原理

15.4.1　卫星通信原理

卫星通信系统的工作部分主要由通信卫星和通信地面站两大部分组成，通信系统就是一个悬挂在空中的通信中继站。它居高临下，视野开阔，只要在它的覆盖照射区以内，不论距离远近都可以通信，通过它可以转发和反射电报、电视、广播和数据等无线信号。

卫星通信的基本原理如下：地面站发出无线电信号，卫星通信天线接收该微弱信号后，进行变频和放大，再通过卫星的通信天线向地面播发无线电信号，从而实现两个地面站或多个地面站的远距离通信。例如，一位在亚洲的用户要通过卫星与大洋彼岸的美洲另一位用户打电话，就要先通过长途电话局把用户电话线路与卫星通信系统中的地面站连通，地面站把电话信号发射到卫星，卫星接到这个信号后通过功率放大器，将信号放大再转发到大西洋彼岸的地面站，地面站把电话信号取出来，送到受话人所在的城市长途电话局转接用户。

随着航天技术日新月异的发展，通信卫星的种类也越来越多。按服务区域可划分为全球、区域和国内通信卫星。按用途可划分为一般通信卫星、广播卫星、海事卫星、跟踪和数据中继卫星以及各种军用通信卫星。

卫星通信具有以下特点。

(1) 通信范围大，通信距离远，通信成本与通信距离无关。

(2) 可靠性高，不易受陆地灾害的影响。

(3) 同时可在多处接收，能经济地实现广播、多址通信(多址特点)。

(4) 通信容量较大，能应用的业务种类多。

(5) 可自发自收进行监测。

(6) 同一信道可用于不同方向或不同区间(多址连接)。

15.4.2 北斗 RDSS 短报文通信

短报文通信是 RDSS 业务的一大特色，可以实现用户机与用户机、用户机与地面中心站 MCC 之间的短消息通信服务，单次通信容量最多为 120 个汉字或 1680bit。每个用户机都有唯一的 ID，并采用 1 户 1 密的加密方式，通信均需经过 MCC 转发。北斗 RDSS 短报文通信流程(图 15.11)主要如下。

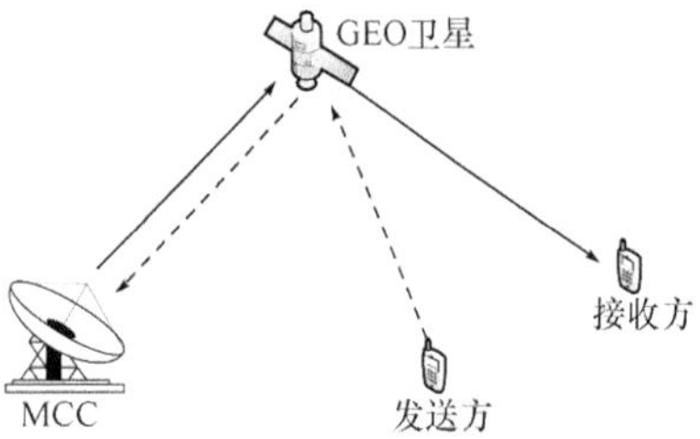

图 15.11 RDSS 短报文通信原理图

(1) 发送方将含有接收方 ID、通信内容的通信申请信号加密后发出，通过卫星转发至 MCC。

(2) MCC 接收到通信申请信号后，先确认发送方的身份信息，经过确认是合法用户后，将接收到的信息加入持续广播的出站广播电文中，经卫星广播给用户。

(3) 接收方用户机通过自身相关的密钥进行正确的信号接收后，解调解密出站电文。

(4) 发送方可以进行通信回执查询，确认接收方是否收到信息。

鉴于 RDSS 业务在整个北斗系统中的重要作用，北斗三号不仅继承了北斗一号、北斗二号的 RDSS 业务，还对其进行扩展。北斗三号在短报文信息长度、用户容量、信号质量、定位与授时精度等方面，都得到全面的提升，在未来的导航、定位与授时体系中，将发挥越来越重要的作用。

参考文献

北京北斗星通导航技术股份有限公司[EB/OL]. (2019-4-6). https://www.bdstar.com.

北京东方联星科技有限公司[EB/OL]. (2019-4-6). http://www. olinkstar.com.

北京合众思壮科技股份有限公司[EB/OL]. (2019-4-6). http: //www.unistrong.com/Default.aspx.

崔希璋, 於宗俦, 陶本藻. 2009.广义测量平差[M]. 武汉: 武汉大学出版社.

邓中亮, 马宏涛, 李长明. 2014. GNSS 新信号体制下 Weil 码组特性分析与优化实现[C]. 南京: 第五届中国卫星导航学术年会电子文集.

高成发. 1999. GPS 测量[M]. 北京: 人民交通出版社.

郭信平. 2011.卫星导航系统应用大全[M]. 北京: 电子工业出版社.

何成龙, 王垚. 2013. GPS L1C 信号 Weil 码相关性能分析[J]. 信息传输与接入技术, 39: 32-35.

和芯星通科技(北京)有限公司[EB/OL]. (2019-4-6). http://www.unicorecomm.com/index.html.

黄文德, 杨俊, 张利云, 等. 2018. 卫星导航系统高保真仿真模型的可信度验证方法: 中国, ZL2017 10609081.9[P].

黄文德, 杨俊, 张利云, 等. 2018. 卫星导航系统试验验证与测试评估数学模型的建立方法:中国, ZL201710608895.0[P].

金星, 王玲, 黄文德. 2017. 一种面向 GPS 单频 RTK 的周跳探测算法[J]. 全球定位系统, 42(05): 68-73.

金星, 王玲, 黄文德. 2018. 一种单频单历元 BDS/GPS 组合整周模糊度解算方法[J]. 全球定位系统, 43(01): 75-80.

康娟, 王玲, 黄文德. 2015. 一种基于系数择优的低阶球谐电离层延迟改正模型[J]. 空间科学学报, 35(02): 159-165.

Kaplan E D, Hegarty C J. 2014.GPS 原理与应用[M]. 2 版.寇艳红,译. 北京: 电子工业出版社.

兰孝奇, 黄张裕, 李森, 等. 2012. GPS 观测数据处理与应用[M]. 北京: 科学出版社.

冷如松, 闻德保, 黄文德. 2016. 基于 Agent 的导航星座自主运行仿真建模方法[J]. 全球定位系统, 41(02): 1-6.

李怀建, 罗晓武, 郭大军. 2012. NeQuick 模型算法研究[C]. 第三届中国卫星导航学术年会电子文集.

李金龙. 2014.北斗/GPS 多频实时精密定位理论与算法[D]. 郑州: 中国人民解放军信息工程大学.

李阳林, 黄文德, 盛利元. 2015. 基于 BP 神经网络的伪距观测值电离层误差分离[J]. 全球定位系统, 40(06): 1-5.

李征航, 黄劲松. 2011.GPS 测量与数据处理[M]. 武汉: 武汉大学出版社.

李征航, 张小红. 2009.卫星导航定位新技术及高精度数据处理方法[M]. 武汉: 武汉大学出版社.

李作虎. 2012. 卫星导航系统性能监测及评估方法研究[D]. 郑州: 中国人民解放军信息工程大学.

刘基余. 2003. GPS 卫星导航定位原理与方法[M]. 北京: 科学出版社.

刘友红, 黄文德, 盛利元. 2015.导航星座自主运行平行系统的轨道计算方法[J]. 宇航计测技术, 35(06): 14-18,27.

鲁郁. 2009.GPS 全球定位接收机原理与软件实现[M]. 北京: 电子工业出版社.

吕慧珠, 黄文德, 闻德保. 2015. 一种基于频谱分析和 AR 补偿的对流层延迟预报模型[J]. 大地测量与地球动力学, 35(02): 283-286,308.
彭海军, 王玲, 黄文德, 等. 2016. 一种虚实结合的星间链路组网地面试验验证框架[J]. 航天控制, 34(02): 31-37,43.
彭利, 王玲, 黄文德, 等. 2017. 北斗双频/三频静态精密单点定位性能比较与分析[J]. 全球定位系统, 42(01): 53-58.
盛骤, 谢式千, 潘承毅. 2008. 概率论与数理统计[M]. 北京: 高等教育出版社.
孙冬凯, 崔晓伟, 朱永辉, 等. 2014. 实时多通道 Weil 码发生器的设计与实现[C]. 第五届中国卫星导航学术年会电子文集.
谭述森. 2007. 卫星导航定位工程[M]. 北京: 国防工业出版社.
谭述森. 2008. 北斗导航卫系统的发展与思考[J]. 宇航学报, 29(2): 391-396.
谭述森. 2011. 广义 RDSS 全球定位报告系统[M]. 北京: 国防工业出版社.
王飞雪, 许小勇, 庄钊文. 2005.基于"北斗一号"的卫星定位与定时[C]. 中国科学技术协会 2005 年学术年会 11 分会场暨中国电机工程学会 2005 年学术年会, 乌鲁木齐.
魏立栋. 2008.GNSS 地面站观测数据仿真系统核心算法研究[D]. 长沙:国防科学技术大学.
吴星华, 吕振业, GRANENBROECK J V. 2005. 徕卡最新主辅站技术在昆明市 GPS 参考站网中的应用[J]. 现代测绘: (S1).
吴彦文, 刘方, 周光. 2003. 固定宽带无线接入技术[M]. 北京: 北京邮电大学出版社.
西安测绘研究所. 2004. GAMIT/GLOBK 软件数据处理手册[EB/OL]. (2019-3-5)http://www.othermap.com.
谢钢. 2011. GPS 原理与接收机设计[M]. 北京: 电子工业出版社.
谢军, 王金刚. 2017. 北斗-3 卫星的创新和技术特点[J]. 国际太空, (11): 4-7.
谢玲, 黄文德, 盛利元. 2016. 卫星星间捷变型窄波束天线指向的误差分析[J]. 宇航计测技术, 36(02): 31-36.
谢友方, 王玲, 黄文德. 2016. 一种基于伪逆平差理论的导航星座整网定轨方法[J]. 大地测量与地球动力学, 36 (06): 544-547, 560.
徐绍铨, 张华海, 杨志强, 等. 2011. GPS 测量原理及应用[M]. 武汉: 武汉大学出版社.
许其凤. 2001. 空间大地测量学: 卫星导航与精密定位[M]. 北京: 中国人民解放军出版社.
杨俊, 陈建云, 明德祥, 等. 2015. 卫星导航终端测试评估技术与应用[M]. 北京: 国防工业工业出版社.
杨俊, 黄文德, 李靖, 等.2018. 卫星导航系统级开源仿真系统的建立方法: 中国, ZL201710608722.9[P].
杨俊, 黄文德, 吕慧珠, 等. 2018. 面向卫星导航系统协议测试的通用接口实现方法: 中国, ZL201710609082.3[P].
杨俊, 黄文德, 陈建云, 等. 2016.BDSim 在卫星导航中的应用[M].北京: 科学出版社.
杨俊, 黄文德, 陈建云, 等. 2016. 卫星导航系统建模与仿真[M]. 北京: 科学出版社.
杨元喜. 2012. 卫星导航的不确定性、不确定度与精度若干注记[J]. 测绘学报, 41(05): 646-650.
姚铮, 陆明泉. 2016.新一代卫星导航系统信号设计原理与实现技术[M]. 北京: 电子工业出版社.
张冠显. 2017. 多卫星导航系统组合 RTK 定位算法研究[D]. 长沙:湖南大学.
张利云, 黄文德, 明德祥, 等. 2015. 多路径效应分段仿真方法[J]. 大地测量与地球动力学, 35(01): 106-110.
张敏, 闻德保, 黄文德. 2016. 基于 Bayes 理论的星间链路自主定轨误差评估方法[J]. 大地测量与地球动力学, 36(05): 411-414.
张守信. 1996. GPS 卫星测定定位理论与应用[M]. 长沙: 国防科技大学出版社.
赵鹏祥, 李卫忠. 2004.GIS 与 GPS 导论[M]. 咸阳: 西北农业科技大学出版社.
中国卫星导航定位应用管理中心. 北斗卫星导航系统应用案例[EB/OL]. (2019-4-2). http://www.chinabeidou.gov.cn/xiazai/ 96.html.

中国卫星导航系统管理办公室.2016. 北斗卫星导航系统空间信号接口控制文件公开服务信号(2.1 版)[S]. BDS- SIS-ICD-2.1.

中国卫星导航系统管理办公室.2017. 北斗卫星导航系统空间信号接口控制文件公开服务信号 B1C(1.0 版)[S]. BDS-SIS-ICD-B1C-1.0.

中国卫星导航系统管理办公室. 2019. 北斗卫星导航系统空间信号接口控制文件公开服务信号 B1I(1.0 版)[S]. BDS-SIS-ICD-B1I-1.0.

中国卫星导航系统管理办公室. 2017. 北斗卫星导航系统空间信号接口控制文件公开服务信号 B2a(1.0 版)[S]. BDS-SIS-ICD-B2a-1.0.

中国卫星导航系统管理办公室. 2018. 北斗卫星导航系统空间信号接口控制文件公开服务信号 B3I(1.0 版)[S]. BDS-SIS-ICD-B3I-1.0.

周巍. 2013.北斗卫星导航系统精密定位理论方法研究与实现[D].郑州:解放军信息工程大学.

周杨淼, 王玲, 黄文德. 2015. 一种适用于导航卫星自主运行的高精度光压模型[J]. 天文学进展, 33(4): 521-530.

周一帆, 黄文德, 王跃科, 等. 2015. 导航卫星自主星历更新优化设计[J]. 仪器仪表学报, 36(z): 30-36.

周忠谟, 易杰军, 周琪. 2004. GPS 卫星测量原理与应用[M]. 北京: 测绘出版社.

佩洛夫 A И, 哈里索夫 B H.2016. 格洛纳斯卫星导航系统原理[M]. 4 版. 刘忆宁,焦文海,张晓磊, 等译.北京: 国防工业出版社.

European Space Agency. GALILEO: Satellite System Design and Technology Developments[EB/OL]. (2019-4-6) Citeseerx.ist.psu.edu/viewdoc/summary?doi=10. 1. 1. 200.7245.

Agency R F S. 2006. GLONASS: Policy, Status and Modemization Plan [C]. Munich: Proc of the Satellite Navigation Summit Munich.

El-Rabbany A. 2002. Introduction to GPS: The Global Positioning System[M]. Boston: Artech house.

European GNSS Agency. Using GNSS Raw Measurements On Android Devices[EB/OL]. (2019-4-8) https:// galileognss. eu.

European Union. 2010. European GNSS(Galileo) Open Service Signal In Space Interface Control Document[S]. OS SIS ICD, Issue1.1. Publications Office of the European Union.

Grewal M S, Weill L R, Andrews A P. 2001. Global Positioning Systems, Inertial Navigation, and Integration [M]. New Jersey:A John Wiley & Sons, Inc.Publication.

Harte L, Levitan B. 2007.Introduction to GPS: Systems, Technology and Operation [M]. Morrisville: ALTHOS Publishing Inc.

Henkel P, Gunther C. 2012. Reliable integer ambiguity resolution : multi-frequency code carrier linear combinations and statistical a priori knowledge of attitude[J]. Journal of the Institute of Navigation, 59(1): 61-75.

Herbert L, Vollath U, Chen Xiaoming. 2002. Virtual Reference Station Systems[J]. Journal of Global Positioning Systems, 1(2):137-143.

Hofmann-Wellenhof B, Lichtenegger H, Wasle E. 2008. GPS, GLONASS, Galileo, and more [M]. NewYork: Springer.

Kaplan E D, Hegarty C J. 2006. Understanding GPS Principles and Applictions [M]. London: Artech House Press.

Misra P, Enge P. 2006. Global Positioning System, Signals, Measurements and Performance [M]. Massachusetts: Ganga-Jamuna Press.

Nurmi J, Lohan E S, Sand S, et al. 2015.GALILEO Positioning Technology[M]. Dordrecht: Springer.

Parkinson B W, Spilker Jr J J. 1996. Global Positioning System: Theory and Applications, Volume I [M]. Washington, DC: American Institute of Aeronautics and Astronautics Inc.

Parkinson B W, Spilker Jr J J. 2002.Global Positioning System: Theory and Applications, Volume II [M]. Washing, DC: American Institute of Aeronautics and Astronautics, Inc.

Prasad R, Ruggieri M. 2005. Applied Satellite Navigation Using GPS, Galileo and Augmentation Systems[M]. Boston:Artech House.

Teunissen P J G, Montenbruck O. 2017.Springer Handbook of Global Navigation Satellite Systems[M]. Berlin: Springer.

Tsui J B Y. 2005.Fundamentals of global Positioning System Receivers: A Software Approach[M]. New Jersey: John Wiley & Sons. Inc.Publication.

附录 A
BDGIM 模型非发播系数及预报周期表

参数 编号 k	编号 j	1	2	3	4	5	6	7	8	9	10	11	12	13	14	15	16	17	周期 T_k/天
	n_j/m_j	3/0	3/1	3/−1	3/2	3/−2	3/3	3/−3	4/0	4/1	4/−1	4/2	4/−2	5/0	5/1	5/−1	5/2	5/−2	
0	$a_{0,j}$	−0.61	−1.31	−2.00	−0.03	0.15	−0.48	−0.40	2.28	−0.16	−0.21	−0.10	−0.13	0.21	0.68	1.06	0	−0.12	–
1	$a_{k,j}$	−0.51	−0.43	0.34	−0.01	0.17	0.02	−0.06	0.30	0.44	−0.28	−0.31	−0.17	0.04	0.39	−0.12	0.12	0	1
	$b_{k,j}$	0.23	−0.20	−0.31	0.16	−0.03	0.02	0.04	0.18	0.34	0.45	0.19	−0.25	−0.12	0.18	0.40	−0.09	0.21	
2	$a_{k,j}$	−0.06	−0.05	0.06	0.17	0.15	0	0.11	−0.05	−0.16	0.02	0.11	0.04	0.12	0.07	0.02	−0.14	−0.14	0.5
	$b_{k,j}$	0.02	−0.08	−0.06	−0.11	0.15	−0.14	0.01	0.01	0.04	−0.14	−0.05	0.08	0.08	−0.01	0.01	0.11	−0.12	
3	$a_{k,j}$	0.01	−0.03	0.01	−0.01	0.05	−0.03	0.05	−0.03	−0.01	0	−0.08	−0.04	0	−0.02	−0.03	0	−0.03	0.33
	$b_{k,j}$	0	−0.02	−0.03	−0.05	−0.01	−0.07	−0.03	−0.01	0.02	−0.01	0.03	−0.10	0.01	0.05	−0.01	0.04	0.00	
4	$a_{k,j}$	−0.01	0	0.01	0	0.01	0	−0.01	−0.01	0	0	0	0	0	0	0	0	0	14.6
	$b_{k,j}$	0	−0.02	0.01	0	−0.01	0.01	0	−0.02	0	0	0	0	0	0	0	0	0	
5	$a_{k,j}$	0	0	0.03	0.01	0.02	0.01	0	−0.02	0	0	0	0	0	0	0	0	0	27.0
	$b_{k,j}$	0.01	0	0	0.01	0	0	0	0	0	0	0	0	0	0	0	0	0	
6	$a_{k,j}$	−0.19	−0.02	0.12	−0.10	0.06	0	−0.02	−0.08	−0.02	−0.07	0.01	0.03	0.15	0.06	−0.05	−0.03	−0.10	121.6
	$b_{k,j}$	−0.09	0.07	0.03	0.06	0.09	0.01	0.02	0	−0.04	−0.02	−0.01	0.01	−0.10	0	−0.01	0.02	0.05	
7	$a_{k,j}$	−0.18	0.06	−0.55	−0.02	0.09	−0.08	0	0.86	−0.18	−0.05	−0.07	0.04	0.14	−0.03	0.37	−0.11	−0.12	182.51
	$b_{k,j}$	0.15	−0.31	0.13	0.05	−0.09	−0.03	0.06	−0.36	0.08	0.05	0.06	−0.02	−0.05	0.06	−0.20	0.04	0.07	
8	$a_{k,j}$	1.09	−0.14	−0.21	0.52	0.27	0	0.11	0.17	0.23	0.35	−0.05	0.02	−0.60	0.02	0.01	0.27	0.32	365.25
	$b_{k,j}$	0.50	−0.08	−0.38	0.36	0.14	0.04	0	0.25	0.17	0.27	−0.03	−0.03	−0.32	−0.10	0.20	0.10	0.30	
9	$a_{k,j}$	−0.34	−0.09	−1.22	0.05	0.15	−0.29	−0.17	1.58	−0.06	−0.15	0.00	0.13	0.28	−0.08	0.62	−0.01	−0.04	4028.71
	$b_{k,j}$	0	−0.11	−0.22	0.01	0.02	−0.03	−0.01	0.49	−0.03	−0.02	0.01	0.02	0.04	−0.04	0.16	−0.02	−0.01	

续表

参数 编号 k	编号 j	1	2	3	4	5	6	7	8	9	10	11	12	13	14	15	16	17	周期 T_k/天
	n_j/m_j	3/0	3/1	3/−1	3/2	3/−2	3/3	3/−3	4/0	4/1	4/−1	4/2	4/−2	5/0	5/1	5/−1	5/2	5/−2	
10	$a_{k,j}$	−0.13	0.07	−0.37	0.05	0.06	−0.11	−0.07	0.46	0.00	−0.04	0.01	0.07	0.09	−0.05	0.15	−0.01	0.01	2014.35
	$b_{k,j}$	0.05	0.03	0.07	0.02	−0.01	0.03	0.02	−0.04	−0.01	−0.01	0.02	0.03	0.02	−0.04	−0.04	−0.01	0	
11	$a_{k,j}$	−0.06	0.13	−0.07	0.03	0.02	−0.05	−0.05	0.01	0	0	0	0	0	0	0	0	0	1342.90
	$b_{k,j}$	0.03	−0.02	0.04	−0.01	−0.03	0.02	0.01	0.04	0	0	0	0	0	0	0	0	0	
12	$a_{k,j}$	−0.03	0.08	−0.01	0.04	0.01	−0.02	−0.02	−0.04	0	0	0	0	0	0	0	0	0	1007.18
	$b_{k,j}$	0.04	−0.02	−0.04	0.00	−0.01	0	0.01	0.07	0	0	0	0	0	0	0	0	0	

附录 B
卫星导航常用协议

B.1 NMEA-0183 协议

B.1.1 协议简介

NMEA-0183 是美国国家海洋电子协会(National Marine Electronics Association)为统一海洋导航规范而制定的标准，该格式标准已经成为国际通用的一种格式，协议的内容在兼容 NMEA-0180 和 NMEA-0182 的基础上，增加了 GPS、测深仪、罗经方位系统等多种设备接口和通信协议定义，同时还允许一些特定厂商对其设备通信自定协议(如 Garmin GPS、Deso 20 等)。

NMEA-0183 格式数据串的所有数据都采用 ASCII 文本字符表示，数据传输以“$”开头，后面是语句头。语句头由 5 个字母组成，分两部分，前两个字母表示系统 ID，即表示该语句是属于何种系统或设备，后 3 个字母表示语句 ID，表示该语句是关于何方面的数据。语句头后是数据体，包含不同的数据体字段，语句末尾为校验码(可选)，以回车换行符结束，也就是 ACSII 字符“回车”(十六进制的 0D)和“换行”(十六进制的 0A)。每行语句最多包含 82 个字符(包括回车换行符和“$”符号)。数据字段以逗号分隔识别，空字段保留逗号。

以北斗卫星导航系统的 GBRMC 语句为例。

$GBRMC, , , , , , , , , , , , , *hh

其中，GB 表示该语句是北斗定位系统的，RMC 表示该语句输出的是北斗定位信息，后面是数据体。最后校验码*hh 是用作校验的数据。在通常使用时，它并不是必需的，但是当周围环境中有较强的电磁干扰时，则推荐使用。

NMEA-0183 协议定义的语句非常多，但是常用的或者说兼容性最广的语句只有 $GPGGA、$GPGSA、$GPGSV、$GPRMC、$GPVTG、$GPGLL 等。下面给出这些常用 NMEA-0183 语句的字段定义解释。

B.1.2 常用协议语句

1. $GPGGA 语句

例：

$GPGGA,092204.999,4250.5589,S,14718.5084,E,1,04,24.4,19.7,M,,,,0000*1F：

字段 0：$GPGGA，语句 ID，表明该语句为 Global Positioning System Fix Data(GGA)GPS 定位信息。

字段 1：UTC 时间，hhmmss.sss，时分秒格式。

字段 2：纬度 ddmm.mmmm，度分格式(前导位数不足则补 0)。

字段 3：纬度 N(北纬)或 S(南纬)。

字段 4：经度 dddmm.mmmm，度分格式(前导位数不足则补 0)。

字段 5：经度 E(东经)或 W(西经)。

字段 6：GPS 状态，0=未定位，1=非差分定位，2=差分定位，3=无效 PPS，6=正在估算。

字段 7：正在使用的卫星数量(00～12)(前导位数不足则补 0)。

字段 8：HDOP 水平精度因子(0.5～99.9)。

字段 9：海拔(−9999.9～99999.9)。

字段 10：地球椭球面相对大地水准面的高度。

字段 11：差分时间(从最近一次接收到差分信号开始的秒数，如果不是差分定位将为空)。

字段 12：差分站 ID 号 0000～1023(前导位数不足则补 0，如果不是差分定位将为空)。

字段 13：校验值。

2. $GPGSA 语句

例：

$GPGSA,A,3,01,20,19,13,,,,,,,,,40.4,24.4,32.2*0A

字段 0：$GPGSA，语句 ID，表明该语句为 GPS DOP and Active Satellites(GSA)当前卫星信息。

字段 1：定位模式，A=自动手动 2D/3D，M=手动 2D/3D。

字段 2：定位类型，1=未定位，2=2D 定位，3=3D 定位。

字段 3：PRN 码，第 1 信道正在使用的卫星 PRN 码编号(00)(前导位数不足则补 0)。

字段 4：PRN 码，第 2 信道正在使用的卫星 PRN 码编号(00)(前导位数不足则补 0)。

字段 5：PRN 码，第 3 信道正在使用的卫星 PRN 码编号(00)(前导位数不足则补 0)。

字段 6：PRN 码，第 4 信道正在使用的卫星 PRN 码编号(00)(前导位数不足则补 0)。

字段 7：PRN 码，第 5 信道正在使用的卫星 PRN 码编号(00)(前导位数不足则补 0)。

字段 8：PRN 码，第 6 信道正在使用的卫星 PRN 码编号(00)(前导位数不足则补 0)。

字段 9：PRN 码，第 7 信道正在使用的卫星 PRN 码编号(00)(前导位数不足则补 0)。

字段 10：PRN 码，第 8 信道正在使用的卫星 PRN 码编号(00)(前导位数不足则补 0)。

字段 11：PRN 码，第 9 信道正在使用的卫星 PRN 码编号(00)(前导位数不足则补 0)。

字段 12：PRN 码，第 10 信道正在使用的卫星 PRN 码编号(00)(前导位数不足则补 0)。

字段 13：PRN 码，第 11 信道正在使用的卫星 PRN 码编号(00)(前导位数不足则补 0)。

字段 14：PRN 码，第 12 信道正在使用的卫星 PRN 码编号(00)(前导位数不足则补 0)。

字段 15：PDOP 综合位置精度因子(0.5～99.9)。

字段 16：HDOP 水平精度因子(0.5～99.9)。

字段 17：VDOP 垂直精度因子(0.5～99.9)。

字段 18：校验值。

3. $GPGSV 语句

例：

$GPGSV,3,1,10,20,78,331,45,01,59,235,47,22,41,069,,13,32,252,45*70
字段 0：$GPGSV，语句 ID，表明该语句为 GPS Satellites in View(GSV)可见卫星信息。
字段 1：本次 GSV 语句的总数目(1～3)。
字段 2：本条 GSV 语句是本次 GSV 语句的第几条(1～3)。
字段 3：当前可见卫星总数(00～12)(前导位数不足则补 0)。
字段 4：PRN 码(01～32)(前导位数不足则补 0)。
字段 5：卫星仰角，(00～90)°（前导位数不足则补 0)。
字段 6：卫星方位角，(00～359)°（前导位数不足则补 0)。
字段 7：信噪比，(00～99)dBHz。
字段 8：PRN 码(01～32)(前导位数不足则补 0)。
字段 9：卫星仰角，(00～90)°（前导位数不足则补 0)。
字段 10：卫星方位角，(00～359)°（前导位数不足则补 0)。
字段 11：信噪比，(00～99)dBHz。
字段 12：PRN 码(01～32)(前导位数不足则补 0)。
字段 13：卫星仰角，(00～90)°（前导位数不足则补 0)。
字段 14：卫星方位角，(00～359)°（前导位数不足则补 0)。
字段 15：信噪比，(00～99)dBHz。
字段 16：校验值。

4. $GPRMC 语句

例：

$GPRMC,024813.640,A,3158.4608,N,11848.3737,E,10.05,324.27,150706,,,A*50
字段 0：$GPRMC，语句 ID，表明该语句为 Recommended Minimum Specific GPS/TRANSIT Data(RMC)，推荐最小定位信息。
字段 1：UTC 时间，hhmmss.sss 格式。
字段 2：状态，A=定位，V=未定位。
字段 3：纬度 ddmm.mmmm，度分格式(前导位数不足则补 0)。
字段 4：纬度 N(北纬)或 S(南纬)。
字段 5：经度 dddmm.mmmm，度分格式(前导位数不足则补 0)。
字段 6：经度 E(东经)或 W(西经)。
字段 7：速度，节，kn。
字段 8：方位角，度。
字段 9：UTC 日期，DDMMYY 格式。
字段 10：磁偏角，(000～180)°(前导位数不足则补 0)。
字段 11：磁偏角方向，E=东，W=西。

字段 12：模式指示，A=自主定位，D=差分，E=估算，N=数据无效

5. $GPVTG 语句

例：$GPVTG,89.68,T,,M,0.00,N,0.0,K*5F

字段 0：$GPVTG，语句 ID，表明该语句为 Track Made Good and Ground Speed(VTG)，地面速度信息。

字段 1：运动角度，000～359，(前导位数不足则补 0)。

字段 2：T=真北参照系。

字段 3：运动角度，000～359，(前导位数不足则补 0)。

字段 4：M=磁北参照系。

字段 5：水平运动速度(0.00)(前导位数不足则补 0)。

字段 6：N=节，kn。

字段 7：水平运动速度(0.00)(前导位数不足则补 0)。

字段 8：校验值。

6. $GPGLL 语句

例：$GPGLL,4250.5589,S,14718.5084,E,092204.999,A*2D

字段 0：$GPGLL，语句 ID，表明该语句为 Geographic Position(GLL)，地理定位信息。

字段 1：纬度 ddmm.mmmm，度分格式(前导位数不足则补 0)。

字段 2：纬度 N(北纬)或 S(南纬)。

字段 3：经度 dddmm.mmmm，度分格式(前导位数不足则补 0)。

字段 4：经度 E(东经)或 W(西经)。

字段 5：UTC 时间，hhmmss.sss 格式。

字段 6：状态，A=定位，V=未定位。

字段 7：模式指示。

B.2 RTCM 协议

B.2.1 协议简介

差分系统由基准站、流动站和数据链三部分组成，数据链的作用是将基准站的数据信息以某种标准差分协议传输给用户。国际海运事业无线电技术委员会(Radio Technical Committee for Marine Services，RTCM)于 1983 年 11 月为全球推广应用差分 GPS 业务设立了 RTCM SC 104(The RTCM Special Committee 104, RTCM 专门委员会)，以便论证用于提供差分 GPS 业务的各种方法，并制定标准差分协议。1985 年发表了 RTCM V1.0 版本的建议文件，经过大量的试验研究，在丰富的研究基础上，对文件版本不断进行升级和修改，1990 年 1 月颁布了 V2.0，该版本提高了差分改正数的抗差性能，增大了可用信息量，差分定位精度由 V1.0 版本的 8～10m 提高到了 5m，通常可达到 2～3m。为了适应载波相位差分 GPS 的需要，RTCM 于 1994 年公布了 V2.1 版本，其基本数据格式未变，增加了几个支持实时动态定位的新电文。在 1998 年又发布了 V2.2 版本，它增加了支持 GLONASS 的差分导航

电文，主要存储在新增的信息类别 31～36 中。2001 年又发布了 V2.3 版本，定义了电文信息类别 23 和 24，它的实时动态定位精度小于 5cm。2004 年相继发布了 RTCM V3.0 版本，增加了用于传输网络差分改正数的电文。后又分别于 2013 年 2 月、2016 年 10 月发布了 RTCM V3.2 和 RTCM V3.3 版本，增加其他卫星导航系统的差分协议，如北斗、Galileo 等，用于进一步完善差分系统的需求。目前，RTCM 差分协议的版本号为 10403，该版本号下两个最新的子版本为 RTCM V3.2 和 RTCM V3.3。RTCM 差分协议在差分系统中的应用如图 B.1 所示。

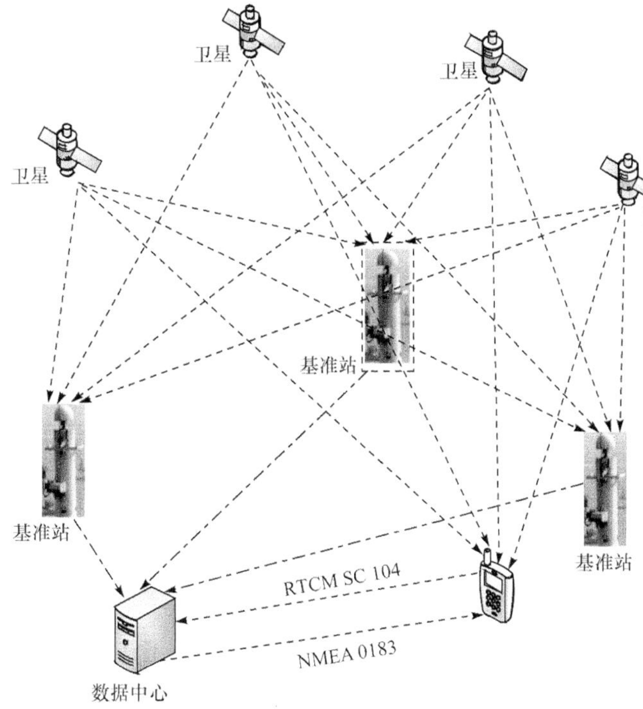

图 B.1　RTCM 差分协议在差分系统中的应用

B.2.2　RTCM 数据格式

RTCM SC 104 数据格式的电文类型如表 B.1 所示。

表 B.1　RTCM SC 104 数据格式的电文类型

电文类型	状态	主要内容
1	固定	DGPS 数据：L1 C/A 码伪距改正数及其变化率(距离变化改正值)
2	固定	ΔDGPS 数据：ΔL1 C/A 码伪距改正数和Δ距离变化改正率
3	固定	基准站的三维 WGS-84 坐标值
4	试用	基准站数据
5	固定	GPS 卫星星座的健康工作状况
6	固定	空帧
7	固定	信标历书：播发 DGPS 数据的无线电信标台位置、频率、识别号、服务范围和工作状态
8	试用	伪卫星历书：播发 DGPS 数据的伪卫星名称、位置、识别号、服务范围和工作状态

续表

电文类型	状态	主要内容
9	固定	部分 GPS 卫星的 DGPS 数据，即电文 1 用于分组发送的数据格式
10	保留	DGPS 数据：L1 P 码和 L2 P 码伪距改正数及其变化率
11	保留	DGPS 数据：L2 C/A 码伪距改正数及其变化率，以及 Δ DGPS 数据
12	保留	伪卫星基准站的相关参数
13	试用	DGPS 数据发射机的位置和概略距离
14	固定	测地辅助电文
15	固定	电离层/对流层时延改正模型参数
16	固定	专用的 ASCII 电文
17	试用	GPS 卫星的星历和历书
18	固定	未改正的 RTK 载波相位测量观测值
19	固定	未改正的 RTK 伪距测量观测值
20	固定	RTK 载波相位测量改正数
21	固定	RTK/Hi-Acc 伪距测量改正数
22	试用	扩展的基准站参数
23	试用	天线类型定义
24	试用	基准站：天线参考点(ARP)参数
25,26	—	未定义
27	试用	DGPS 信标历书
28～30	—	未定义
31	试用	GLONASS 差分改正数
32	试用	差分 GLONASS 基准站参数
33	试用	GLONASS 星座健康信息
34	试用	GLONASS 部分差分改正设置(N>1) GLONASS 空帧(N≤1)
35	试用	GLONASS 信标历书
36	试用	GLONASS 专用信息
37	试用	GNSS 系统时偏
38～58	—	未定义
59	试用	专用信息
60～63	备用	其他用途信息

RTCM SC 104 V2.3 版共定义了 63 种电文，每种电文帧长 N+2 个字，每个字由 30bit 组成，第 25～30 位是奇偶校验位。电文信息包含在 N 个字中，N 随电文类型不同而不相同，同类电文可能由于卫星个数不同而不相同。每个帧的前两个字称为报头，报头的内容如图 B.2

所示，报头的第 1 个字包含 8bit 的同步头，由固定序列组成，后面是 6bit 的帧标志，用于标识基准站；报头的第 2 个字的前 13bit(修正 *Z* 计数)包含电文的时间基准，接下来 3bit 形成序列号，它按每个帧增加，并用于验证帧同步。帧长度是标志下一帧的开始所必需的，因为帧长度是随电文类型和卫星个数而改变的。3bit 的基准站健康状况表示基准值是否正常工作以及基准站的传输是否被监测到。

RTCM 10403 系列协议主要介绍 GPS 和 GLONASS 在单个基准站或多个(网络)基准站下的定位信息与相关技术，并对新系统兼容(如 Galileo)或老系统新功能的更改能力(如 GPS 新增 L2C 和 L5 信号)。支持如 WAAS、EGNOS 等增强系统。系统一般通过增加新的信息类别实现。因此具有无限扩展的能力。

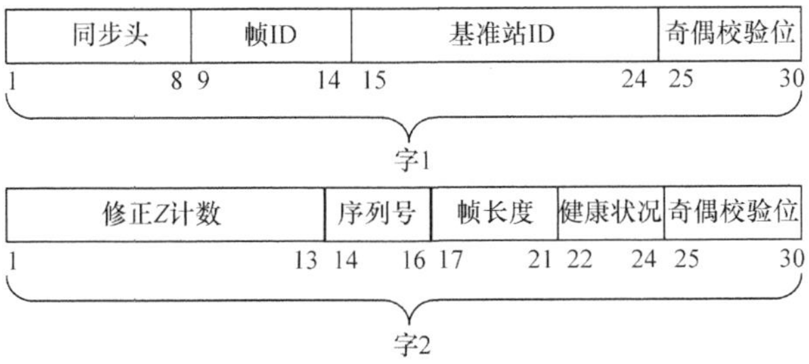

图 B.2　RTCM SC 104 V2.3 版电文报头

RTCM 10403 协议采用分层结构进行协议定义，该结构由开放系统互连标准参考模型(Open System Interconnection Standard Reference Model)改进而得。主要包括 5 层结构：①应用层(Application Layer)；②表现层(Presentation Layer)；③传输层(Transport Layer)；④数据链路层(Data Link Layer)；⑤物理层(Physical Layer)。

RTCM V3.3 协议按照分组方式对信息进行管理。例如，对于 RTK 服务提供方，至少提供下列信息组的一个信息类别(Message Type)：观测值、站坐标和天线信息。同一信息的不同信息类别具有相似的信息内容。

不同的信息类别可能存在基本信息(短信息)和扩展信息(长信息)两个版本。短信息包含该类服务所需的基本信息，如信息类别 1001，只包含 GPS L1 最基本的观测数据；对应的长信息 1002 则包含能够提高定位精度的扩展信息。长消息包含的信息变化缓慢，可以不用很高的发送频率。RTCM V3.3 版本的信息类别及内容如表 B.2 所示。

表 B.2　RTCM V3.3 版本的信息类别及内容

组名	子组名	信息类别
试验信息	—	1～100
观测值	GPS L1	1001 1002
	GPS L1 / L2	1003 1004
	GLONASS L1	1009 1010
	GLONASS L1 / L2	1011 1012
	GPS MSM(Multiple Signal Message)	1071～1077

续表

组名	子组名	信息类别
	GLONASS MSM	1081～1087
	Galileo MSM	1091～1097
	SBAS MSM	1101～1107
	QZSS MSM	1111～1117
	BDS MSM	1121～1127
站坐标	—	1005 1006 1032
天线描述	—	1007 1008
接收机和天线描述	—	1033
网络 RTK 修正	网络测站数据信息	1014
	GPS 电离层改正差分	1015
	GPS 几何改正差分	1016
	GPS 几何和电离层改正差分	1017
	GPS 网络 RTK 残差信息	1030
	GLONASS 网络 RTK 残差信息	1031
	GPS 网络 FKP 梯度信息	1034
	GLONASS 网络 FKP 梯度信息	1035
	GLONASS 电离层改正差分	1037
	GLONASS 几何改正差分	1038
	GLONASS 几何和电离层改正差分	1039
辅助操作信息	系统参数	1013
	卫星星历数据	1019 1020 1044 1045 1046
	Unicode 测试字符串	1029
	GLONASS 偏差(零值)信息	1230
转换参数信息	Helmet/Abridged Molodenski 信息	1021
	Molodenski-Badekas 信息	1022
	描述残差信息	1023 1024
	投影参数信息	1025 1026 1027

续表

组名	子组名	信息类别
状态空间描述参数	GPS 轨道改正	1057
	GPS 钟差改正	1058
	GPS 码零值	1059
	GPS 轨道和钟差改正	1060
	GPS URA(用户测距精度)	1061
	GPS 高变率钟差改正	1062
	GLONASS 轨道改正	1063
	GLONASS 钟差改正	1064
	GLONASS 码零值	1065
	GLONASS 轨道和钟差改正	1066
	GLONASS URA	1067
	GLONASS 高变率钟差改正	1068
专用信息		4001～4049

RTCM 10403 系列协议与之前版本(2.3 版本)有本质上的区别，一方面提供了更有效的奇偶校验策略以防止突发错误和随机比特错误，另一方面克服了之前版本的格式限制，能够更及时地为 RTK 操作进行广播。

RTCM 10403 系列协议电文是以长度可变的帧进行广播的，电文帧结构如图 B.3 所示。每帧的开头是一个 8bit 的同步头，紧跟着的是 6bit 保留位和一个 10bit 的电文长度。接下来是长度在 0～1023B 变化的数据电文，其后是 24bit 用于检错的奇偶校验位，称为循环冗余校验码(Cyclic Redundancy Check, CRC)。

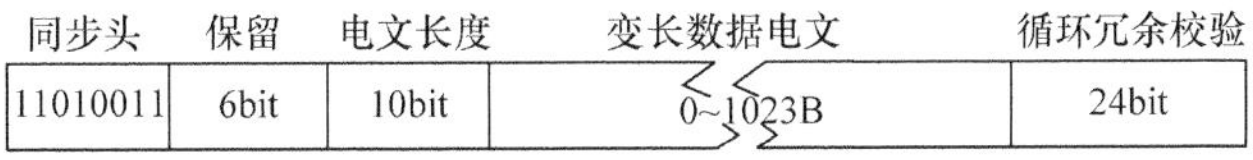

图 B.3　RTCM 10403 系列协议电文帧

RTCM 10403 系列协议与 RTCM V2.0 的主要区别是 RTCM 10403 系列协议中增加了用于传输网络差分改正数的电文，应用范围更广。同时，数据传输速率是评价通信格式的另外一个重要标准，RTCM 10403 系列协议格式的数据传输所需的带宽仅为 RTCM V2.0 格式的 1/3，这主要是由于：在同等数据内容的情况下，RTCM 10403 减少了数据帧数；RTCM 10403 的奇偶校验位更强大，减少了所需电文，效率更高。

网络 RTK 修正一般包括如下几个概念：FKP 距离修正梯度、非物理参考中心(Non-Physical Reference Station)、主辅概念(Master Auxiliary Concept, MAC)。

(1) FKP 距离修正梯度。FKP 来自德语 Flächen korrektur parameter，即 Area Correction Parameters，在该概念下，基准站除了发布原始观测数据或经过改正的观测数据，还发布与距离相关的电离层、对流层和轨道等修正参数。

(2) 非物理参考中心。非物理参考中心也称为计算物理中心，由一组(网络)参考站信息计算得到，也称为虚拟参考站、伪参考站等。

(3) 主辅概念。网络 RTK 基准站中心处理软件的一个基本功能是计算各参考站的载波相位整周模糊度。MAC 将所有基准站的整周模糊度都对齐到同一水平。流动站的好处是在切换基准站时不需要重新初始化滤波器。

附录 C
卫星导航常见数据格式

C.1 接收机数据交换格式

国际 GNSS 服务(International GNSS Service，IGS)主要提供各跟踪站的 GNSS 观测资料和 IGS 的各种产品，为大地测量和地球动力学研究服务。IGS 广泛支持各单位组织的相关活动以及制定必要的标准和细则。它所提供的产品(将数据按照标准存储以供用户方便使用，即产品)包括 GPS 和 GLONASS 卫星的星历；地球自转参数，它包括地球自转参数的详细数据；极移和日长变化；IGS 跟踪站的坐标及其变化率；各跟踪站在天顶方向上的对流层延迟；全球电离层延迟信息。

IGS 主要按照 RINEX 和 SP3 格式将各类数据存储为文本形式，可以使用标准文本编辑器进行查看和编辑。

RINEX(Receiver INdependent EXchange format，与接收机无关的交换格式)由瑞士伯尔尼大学天文学院的 Werner Gurtner 于 1989 年提出，是一种数据记录格式，与接收机的制造厂商和具体型号无关，是在 GPS 测量应用中普遍采用的标准数据格式。有六种不同类型的数据采用 RINEX 格式，它们分别是观测数据、GPS 导航电文、测站处的气象数据、GLONASS 导航电文、GEO 导航电文、卫星和接收机钟差数据。

RINEX 格式文件采用 8.3 的命名方式：前 8 个字符表示文件的归属，为文件的主文件名，后 3 个字符为文件的扩展名，其具体形式为 ssssdddf.yyt。这种数据文件的特殊命名规定使 RINEX 格式文件用户能仅通过文件名就能区分数据文件的归属、类型和所记录数据的时间。

(1) ssss 四字符为测站代号。

(2) ddd 为文件首条数据所对应的年积日，如 04 年全年 365 天，3 月 5 号这天的年积日为 65(31+29+5)。

(3) f 为该文件在一天内的序号，有时也称为时段号。取值为 0～9、A～Z，当时段号为 0 时表示文件包含了当天所有的数据。例如，假设有两台接收机在一天内的第一个时段都工作，两台接收机对应的观测文件序号均为 1；第二个时段只有一台接收机工作，对应的观测文件序号为 2；第三时段两台接收机又同时工作，那么两台接收机对应的观测文件序号均为 3。

(4) yy 表示年份。

(5) t 表示文件类型。当为 O 时，文件记录的是观测数据；当为 N 时，文件记录的是 GPS 导航电文；当为 M 时，文件记录的是气象数据；当为 G 时，文件记录的是 GLONASS 导航电文；当为 H 时，文件记录的是地球同步卫星 GPS 有效载荷导航电文；当为 C 时，文件记录的是钟数据。

RINEX 格式文件的结构是以节、记录、字段和列为单位逐级组织的。任何类型的 RINEX 格式文件都包含文件头和数据记录两节。每一节中有若干记录；每一记录由若干字段组成且记录通常为一行。每一行的最大字符数为 80，这与 DOS 界面每一行的最大显示字符一致。当记录超过 80 个字符时可以续行。RINEX 格式严格规定了字段在行中所处的位置及宽度(起始列和列宽)。

RINEX 格式的文件头中保存了与整个文件相关的全局性信息，这部分信息位于文件的最前部。文件头的结束以 END OF HEADER 为标识。其每一行的 61～80 列为 1～60 列内容的说明。

RINEX 格式的数据记录紧跟在文件头后面，不同的数据类型记录的具体格式也不相同。

在接下来的每种类型的 RINEX 格式介绍中，我们结合具体的文件来介绍记录的每个字段的含义。在详细的格式表中，格式说明通用表示为 fw[.m]。

其中：f 表示该字段的数值类型(I 为整型、X 为空格、A 为字符型、F 为浮点型、D 为双精度)；w 为字段的宽度；m 表示在字段中最少数字或字符数。例如，A2 表示此字段是 2 个宽度的字符；X42 表示 42 个宽度的空格符；F14.4 表示此字段为 14 个宽度的浮点值，并且小数点后有 4 位。另外需注意的是，如 6(X3，C1，I2)表示此段为 3 宽度空格、1 宽度字符和 2 宽度的整型这些内容重复 6 次。

C.1.1 观测数据格式

RINEX 格式的观测数据文件格式说明如下。

表 C.1 GNSS 观测数据文件头数据部分描述

观测数据文件——头数据部分描述		
数据头标签(61～80 列)	描述	格式(共 60 列)
RINEX VERSION / TYPE	(1) 格式版本：3.02 (2) 文件类型：O 代表观测数据 (3) 卫星系统： ① G：GPS ② R：GLONASS ③ C：BDS ④ E：Galileo ⑤ M：Mixed(混合星座)	F9.2，11X， A1，19X， A1，19X
PMG / RUN BY / DATA	(1) 创建当前文件的程序 (2) 创建当前文件的机构/单位 (3) 文件创建的日期和时间(格式：yyyymmdd hhmmss zone，zone：3～4 个字符，建议用 UTC，如果当地时间系统代码未知直接使用 LCL 代表当地时间)	A20, A20, A20
*COMMENT	内容说明行	A60
MARKER NAME	天线标识的名字	A60
*MARKER NUMBER	天线标识的数量	A20

续表

观测数据文件——头数据部分描述		
数据头标签(61～80 列)	描述	格式(共 60 列)
MARKER TYPE	标识的类型： (1) GEODETIC：地球固连高精度设备 (2) NON_ GEODETIC：地球固连低精度设备 (3) NON_PHYSICAL：网络处理产生 (4) SPACEBORNE：在轨空间飞行器 (5) GROUND_CRAFT：移动的地面交通工具 (6) WATER_CRAFT：移动的水上交通工具 (7) AIRBORNE：飞机、热气球等 FIXED_BUOY ：水面固定设备 FLOATING_BUOY：水面浮动设备 FLOATING_ICE：冰面浮动设备 GLACIER ：冰川固定设备 BALLISTIC：火箭、炮弹等	A20,40X
OBSERVER / AGENCY	观测者名字以及机构	A20,A40
REC # / TYPE / VERS	接收机数量、类型、版本(如 Internal Software Version)	A20，A20，A20
ANT # / TYPE	天线数量和类型	A20，A20
APPROX POSITION XYZ	地理近似标记位置(单位：m，系统：ITRS(建议))，移动平台可选项	3F14.4
ANTENNA: DELTA H/E/N	(1) 天线高度：天线参考点高于标识物的高度 (2) 天线参考点相对标识物的偏移量(东/北)	F14.4, 2F14.4
*ANTENNA:PHASE CENTER	相对于天线参考点的平均相位中心位置(单位：m) (1) 卫星系统 (2) 测距码 (3) 北东天(固定站)或 *XYZ* 物联坐标系统(移动工具)	A1, 1X,A3, F9.4, 2F14.4
* ANTENNA: B.SIGHT XYZ	垂直天线坐标朝向 GNSS 卫星的方向 (1) 交通工具上的天线：物联坐标系统单位向量 (2) 固定站上的倾斜天线：北东天左手坐标系上的单位向量	3F14.4
* ANTENNA: ZERODIR AZI	固定天线零方向的方位角	F14.4
* ANTENNA: ZERODIR XYZ	天线零方向 (1) 交通工具上的天线：物联坐标系统单位向量 (2) 固定站上的倾斜天线：北东天左手坐标系上的单位向量	3F14.4
* CENTER OF MASS: XYZ	设备当前在本体固连坐标系中的质心，同样的系统用于高度	3F14.4

续表

观测数据文件——头数据部分描述		
数据头标签(61～80 列)	描述	格式(共 60 列)
SYS / # / OBS TYPES	(1) 卫星系统代码(G/R/E/C/S/M/J) (2) 指定卫星系统不同观测类型的数量 (3) 观测描述：类型(Type)、频点(Band)、属性(Attribute) (4) 使用连续行描述最多 13 个观测符号 混合文件：重复每一个卫星系统 Rinex 3.xx 版本定义了以下观测符号： 类型： C=码/伪距 L=载波相位 D=多普勒 S=原始信号强度(信噪比) I=电离层相位延迟 X=接收机信道个数 频点： 1=L1 (GPS，QZSS，SBAS) G1 (GLO) E2-L1-E1 (GAL) B1 (BDS) 2=L2 (GPS，QZSS) G2 (GLO) 5=L5 (GPS，QZSS，SBAS) E5a (GAL) 6=E6 (GAL) B3 (BDS) LEX (QZSS) 7=E5b (GAL) B2 (BDS) 8=E5a+b (GAL) 0=用于类型 X (all) 属性： P = P 码(GPS,GLO) C = C 码(SBAS,GPS,GLO, QZSS) D= 半电码(GPS) Y = Y 码(GPS) M = M 码(GPS) N = 电码(GPS) A = A 通道(GAL) B = B 通道(GAL) C = C 通道(GAL) I = I 通道(GPS,GAL, QZSS, BDS) Q = Q 通道(GPS,GAL, QZSS, BDS) S = M 通道(L2C GPS, QZSS) L = L 通道(L2C GPS, QZSS) S = D 通道(GPS, QZSS) L = P 通道(GPS, QZSS) X = B+C 通道(GAL) I+Q 通道(GPS,GAL, QZSS, BDS) M+L 通道(GPS, QZSS) D+P 通道(GPS, QZSS) W =基于 Z 跟踪(GPS)	A1, 2X,I3, 13(1X,A3) 6X, 13(1X,A3)

续表

观测数据文件——头数据部分描述		
数据头标签(61～80 列)	描述	格式(共 60 列)
SYS / # / OBS TYPES	Z = A+B+C 通道(GAL) 单位: 载波相位：周 伪距：米 多普勒：Hz 信噪比：接收机决定 电离层：周	A1, 2X,I3, 13(1X,A3) 6X, 13(1X,A3)
* SIGNAL STRENGTH UNIT	载波信噪比的单位 DBHz:S/N 的单位为 dbHz	A20,40X
* INTERVAL	观测间隔，单位：s	F10.3
TIME OF FIRST OBS	(1) 第一条观测数据记录的时间：年(4 个数字)、月、日、时、分、秒 (2) 时间系统: ① GPS(GPS 时间系统) ② GLO(UTC 时间系统) ③ GAL(Galileo 时间系统) ④ BDS(BDS 时间系统) ⑤ QZS(QZSS 时间系统)	5I6,F13.7, 5X,A3
* TIME OF LAST OBS	(1) 最后一次观测记录的时间：年(4 个数字)、月、日、时、分、秒 (2) 时间系统：与第一次观测记录相同	5I6,F13.7, 5X,A3
* RCV CLOCK OFFS APPL	历元，伪距和使用实时接收机钟差修正的相位	I6
* SYS / DCBS APPLIED	(1) 卫星系统(G/R/E/C/J/S) (2) 用于差分码误差改正的程序名 (3) 改正源 ① 重复每个卫星系统 ② 无改正应用：空置或不显示记录	A1, 1X,A17, 1X,A40
* SYS / PCVS APPLIED	(1) 卫星系统(G/R/E/C/J/S) (2) 用于相位中心变化改正的程序名称 (3) 改正源 ① 重复每个卫星系统 ② 无改正应用：空置或不显示记录	A1, 1X,A17, 1X,A40
* SYS / SCALE FACTOR	(1) 卫星系统(G/R/E/C/J/S) (2) 用于前面使用的分离已保存观测值的元素(1,10,100,1000) (3) 涉及的观测类型个数：0 或者空白(所有观测类型) (4) 观测类型列表 ① 对于 12 种以上的观测类型使用延拓行 ② 如果不同元素用于不同观测类型，则重复记录 ③ 如果记录丢失，1 代表继续	A1, 1X,I4, 2X,I2, 12(1X,A3) 10X, 12(1X,A3)

续表

观测数据文件——头数据部分描述		
数据头标签(61～80 列)	描述	格式(共 60 列)
SYS / PHASE SHIFT	相移改正量 (1) 卫星系统(G/R/E/C/J/S) (2) 载波相位观测码：类型、频点带、属性 (3) 应用的改正量(周) (4) 所涉及的卫星数目为 0 或空白：系统的所有卫星 (5) 卫星列表 ① 对 10 颗以上卫星使用延拓行 ② 对所有受影响的码重复记录	A1,1X, A3,1X, F8.5 2X,I2.2, 10(1X,A3) 18X, 10(1X,A3)
GLONASS SLOT / FRQ #	GLONASS 轨道面和频率号： (1) 清单中的卫星数目 (2) 卫星数目(系统编码、轨道面) (3) 频率数目(−7～+6) (4) 对 8 个以上卫星使用延拓行	I3,1X, 8(A1,I2.2, 1X,I2,1X) 4X,8(A1,I2.2,1X,I2,1X)
GLONASS COD/PHS/BIS	GLONASS 相位偏差改正，用于对码和相位观测 ① GLONASS 信号标识符：C1C 和码相位偏差改正(m) ② GLONASS 信号标识符：C1P 和码相位偏差改正(m) ③ GLONASS 信号标识符：C2C 和码相位偏差改正(m) ④ GLONASS 信号标识符：C2P 和码相位偏差改正(m)	4(X1,A3,X1,F8.3)
* LEAP SECONDS	(1) 自 1980 年 1 月 6 日起由 GPS 历书传送的跳秒数_t_LS (2) 未来或过去的跳秒_t_LSF (3) 各自的周计数 WN_LSF(连续计数) (4) 各自的天计数 DN *以上如果未知，为 0 或者空白	I6, I6, I6, I6
* # OF SATELLITES	观测数据存在文件中的卫星个数	I6
* PRN / # OF OBS	(1) 卫星编号、每一卫星的观测数量指示的观察类型 (2) 在 SYS / # / OBS TYPES 中记录 (3) 如果超过 9 种观测类型，则使用延拓行为了避免格式溢出，99999 表示 RINEX 文件中大于等于 99999 的观测值 数据文件中的每个卫星都重复此记录(这些记录)	3X,A1,I2.2, 9I6 6X,9I6
END OF HEADER	头数据部分最后的记录	60X

标记了“*”的为可选项。

表 C.2　GNSS 观测数据文件数据记录描述

描述	格式
历元(EPOCH)记录 (1) 记录标识：> (2) 历元(EPOCH) (3) 年(4 个数字) (4) 月、天、时、分(2 个数字) (5) 秒 (6) 历元标志 ① 0：正确 ② 1：前一组到当前历元之间断电 ③ >1：特殊事件 (7) 当前历元观测到的卫星个数 (8) (保留) (9) 接收机钟漂(s，可选)	A1, 1X,I4, 4(1X,I2.2), F11.7, 2X,I1, I3, 6X, F15.12
历元标志等于 0 或者 1 时，观测记录如下所示： (1) 卫星编号 (2) 观测值(每次观测在记录内重复) (3) 失锁标志(LLI)(与 SYS / # / OBS TYPES 各个记录中给定的序列相同) (4) 信号强度 当前历元每个观测到的卫星重复此记录，记录长度由这颗卫星的观测类型数目决定 观测值：查看文中的定义	A1,I2.2, m(F14.3, I1, I1)
缺失的观察值被写入 0.0 或空白。溢出固定格式 F14.3 的相位值必须被剪裁到有效间隔内(例如，添加或减去 10**9)，设置 LLI 指示器的位为 0 失锁标志(LLI)： 0 或者空白：正确或未知 Bit 0 set：前一次观测与当前观测之间失锁，有可能发生周期滑动，只用于相位观测 Bit 1 set：可能出现半周期模糊/滑动。不能处理半周期的软件应该跳过这个观察，仅对当前历元有效 Bit 1 set：伽利略 BOC-跟踪 MBoC 调制的信号(可能遭受更大的噪声) 信号强度投射到 1～9 间隔： 1：最小可能信号强度 5：平均信噪比 9：最大可能信号强度 0 或空白：未知，可以不管 以 dBHz 为单位的 *S/N* 值	
历元标志 2～5 说明如下。 历元标志： 2：开始移动天线 3：出现新的站点(运动学数据结束)(至少跟随标记名记录) 4：跟随标题信息 5：外部事件(历元很重要，与观测时间标记相同的时间框架) 卫星数量包含要遵循的特别记录的数量，如果没有特别记录则为 0 最大记录数量：999 对于没有重要历元的事件，可以将历元记录中的历元字段留空	[2X,I1] [I3]

续表

描述	格式
历元标志等于 6 说明如下。 历元标志 6：周跳记录	[2X,I1]

C.1.2 导航电文格式

表 C.3 GNSS 导航电文文件头数据部分描述

数据头标签 (61～80 列)	描述	格式
RINEX VERSION / TYPE	(1) 格式版本：3.02 (2) 文件类型：N代表导航电文 (3) 卫星系统： ① G：GPS ② R：GLONASS ③ C：BDS ④ E：Galileo ⑤ M：Mixed(混合星座) ⑥ J：QZSS ⑦ S：SBAS Payload	F9.2，11X， A1，19X， A1，19X
PMG / RUN BY / DATA	(1) 创建当前文件的程序 (2) 创建当前文件的机构/单位 (3) 文件创建的日期和时间(格式：yyyymmdd hhmmss zone，zone：3～4 个字符，建议用 UTC，如果当地时间系统代码未知，直接使用 LCL 代表当地时间)	A20, A20, A20
*COMMENT	内容说明行	A60
* IONOSPHERIC CORR	电离层改成参数 (1) 改正类型： GAL = Galileo ai0 – ai2 GPSA = GPS alpha0 - alpha3 GPSB = GPS beta0 - beta3 QZSA = QZS alpha0 - alpha3 QZSB = QZS beta0 - beta3 BDSA= BDS alpha0 - alpha3 BDSB= BDS beta0 - beta3 (2) 参数： GPS: alpha0-alpha3 or beta0-beta3 GAL: ai0、ai1、ai2、zero QZS: alpha0-alpha3 or beta0-beta3 BDS: alpha0-alpha3 or beta0-beta3	A4,1X, 4D12.4
* TIME SYSTEM CORR	系统时间转换到 UTC 或其他时间系统的改正参数 改正类型： GAUT = GAL to UTC a0, a1 GPUT = GPS to UTC a0, a1 SBUT = SBAS to UTC a0, a1 GLUT = GLO to UTC a0=TauC, a1=zero	

续表

数据头标签 (61～80 列)	描述	格式
* TIME SYSTEM CORR	QZUT = QZS to UTC a0, a1 BDUT =BDS to UTC a0=$A0_{UTC}$, a1=$A1_{UTC}$ 一维多项式系数为 a_0(s)、a_1(s/s)，改正量 CORR=$a_0+a_1\times$DELTAT	
* LEAP SECONDS	GNSS 跳秒	I6
END OF HEADER	头数据部分最后一条记录	60X

表 C.4　GNSS 导航电文文件——GPS 数据记录描述

数据头标签	描述	格式
SV / EPOCH / SV CLK	(1) 卫星系统(G)卫星编号(PRN) (2) Epoch：GPST 时间的年(4 位数字) (3) 月、日、时、分、秒 (4) 卫星钟差(s) (5) 卫星钟漂(s/s) (6) 卫星钟漂速率(s/s^2)	A1,I2.2, 1X,I4, 5(1X,I2.2), 3D19.12 *)
BROADCAST ORBIT - 1	(1) IODE 星历表数据龄期 (2) C_{rs}(m) (3) Δn(rad/s) (4) M_0(rad)	4X,4D19.12 ***)
BROADCAST ORBIT - 2	(1) C_{uc} (rad) (2) e 偏心率 (3) C_{us} (rad) (4) sqrt(A)轨道长半轴的平方根	4X,4D19.12
BROADCAST ORBIT – 3	(1) T_{oe} 星历参考时间，GPS 时间周内秒 (2) C_{ic} (rad) (3) Ω_0 (rad) (4) C_{is} (rad)	4X,4D19.12
BROADCAST ORBIT - 4	(1) i_0 (rad) (2) C_{rc} (m) (3) ω (rad) (4) OMEGA DOT (rad/s)	4X,4D19.12
BROADCAST ORBIT - 5	(1) IDOT (rad/s) (2) L2 信道代码 (3) GPS 周计数 (to go with TOE)，连续数, not mod(1024)! (4) L2 P 数据标志	4X,4D19.12
BROADCAST ORBIT - 6	(1) 卫星精度(m) (2) 卫星健康信息 (bits 17～22 w 3 sf 1) (3) TGD 群延迟(s) (4) IODC 时钟数据龄期	4X,4D19.12
BROADCAST ORBIT - 7	(1) 电文传输时间(GPST 时间周内秒) (2) 拟合间隔(查看各 GPS 的 ICD 说明，GPS：0=4 小时，1=6 小时) (3) 备用 (4) 备用	4X,4D19.12

表 C.5　GNSS 导航电文文件——北斗数据部分描述

数据头标签	描述	格式
SV / EPOCH / SV CLK	(1) 卫星系统(C)，卫星编号(PRN) (2) Epoch：BDT 时间的年(4 位数字) (3) 月、日、时、分、秒 (4) 卫星钟差(s) (5) 卫星钟漂(s/s) (6) 卫星钟漂速率(s/s^2)	A1,I2.2, 1X,I4, 5(1X,I2.2), 3D19.12 *)
BROADCAST ORBIT - 1	(1) IODE 星历表数据龄期 (2) C_{rs}(m) (3) Δn(rad/s) (4) M_0(rad)	4X,4D19.12 ***)
BROADCAST ORBIT - 2	(1) C_{uc} (rad) (2) e 偏心率 (3) C_{us} (rad) (4) sqrt(A)轨道长半轴的平方根	4X,4D19.12
BROADCAST ORBIT - 3	(1) T_{oe} 星历参考时间(北斗周内秒) (2) C_{ic} (rad) (3) Ω_0 (rad) (4) C_{is} (rad)	4X,4D19.12
BROADCAST ORBIT - 4	(1) i_0 (rad) (2) C_{rc} (m) (3) ω (rad) (4) OMEGA DOT (rad/s)	4X,4D19.12
BROADCAST ORBIT - 5	(1) IDOT (rad/s) (2) 备用 (3) 北斗周计数 (4) 备用	4X,4D19.12
BROADCAST ORBIT - 6	(1) 卫星精度(m) (2) 卫星健康信息(bits 17～22 w 3 sf 1) (3) TGD1 B1/B3 群延迟(s) (4) TGD2 B2/B3 群延迟(s)	4X,4D19.12
BROADCAST ORBIT - 7	(1) 电文传输时间(北斗时周内秒) (2) IODC (3) 备用 (4) 备用	4X,4D19.12

表 C.6　GNSS 导航电文文件——GLONASS 数据记录描述

数据头标签	描述	格式
SV / EPOCH / SV CLK	(1) 卫星系统(R)，卫星编号(PRN) (2) Epoch：UTC 时间的年(4 位数字) (3) 月、日、时、分、秒 (4) 卫星钟差(s) (5) 卫星相对频率偏差 (6) 电文帧时间($t_k+n_d\times86400$)，UTC 周内秒	A1,I2.2, 1X,I4, 5(1X,I2.2), 3D19.12 *)

续表

数据头标签	描述	格式
BROADCAST ORBIT - 1	(1) 卫星位置 X(km) (2) X 方向速度(km/s) (3) X 方向加速度(km/s^2) (4) 健康信息(0=OK)	4X,4D19.12
BROADCAST ORBIT - 2	(1) 卫星位置 Y(km) (2) Y 方向速度(km/s) (3) Y 方向加速度(km/s^2) (4) 频率编号(−7～+13)(−7～+6I(1)5.1)	4X,4D19.12
BROADCAST ORBIT - 3	(1) 卫星位置 Z(km) (2) Z 方向速度(km/s) (3) Z 方向加速度(km/s^2) (4) 信息的龄期(d)	4X,4D19.12

表 C.7　GNSS 导航电文文件——Galileo 数据部分描述

Galileo 数据记录		
数据头标签	描述	格式
SV / EPOCH / SV CLK	(1) 卫星系统(E)，卫星编号(PRN) (2) Epoch：GAL 时间的年(4 字节) (3) 月、日、时、分、秒 (4) 卫星钟差(s) (5) 卫星钟漂(s/s) (6) 卫星钟漂速率(s/s^2)	A1,I2.2, 1X,I4, 5(1X,I2.2), 3D19.12 *)
BROADCAST ORBIT - 1	(1) IODnav 导航数据龄期 (2) C_{rs}(m) (3) Δn(rad/s) (4) M_0(rad)	4X,4D19.12 ***)
BROADCAST ORBIT - 2	(1) C_{uc} (rad) (2) e 偏心率 (3) C_{us} (弧度) (4) sqrt(A)长半轴的平方根	4X,4D19.12
BROADCAST ORBIT - 3	(1) T_{oe} 星历参考时间(GAL 周内秒) (2) C_{ic} (rad) (3) Ω_0 (rad) (4) C_{is} (rad)	4X,4D19.12
BROADCAST ORBIT - 4	(1) i_0 (rad) (2) C_{rc} (m) (3) ω (rad) (4) OMEGA DOT (rad/s)	4X,4D19.12
BROADCAST ORBIT - 5	(1) IDOT (rad/s) (2) 数据源 (3) 第 0 比特位：I/NAV E1-B (4) 第 1 比特位：F/NAV E5a-I (5) 第 2 比特位：I/NAV E5b-1 (6) 第 0～2 比特位：非独有 (7) 第 3 比特位：保留为 Galileo 内部使用 (8) 第 4 比特位：保留为 Galileo 内部使用 (9) 第 8 比特位：af0～af2，Toc，SISA are	4X,4D19.12

续表

Galileo 数据记录		
数据头标签	描述	格式
BROADCAST ORBIT - 5	for E5a，E1 (10) 第 9 比特位：af0～af2，Toc，SISA are for E5b，E1 (11) GAL 时间周计数 (12) 备用	4X,4D19.12
BROADCAST ORBIT - 6	(1) 空间信号精度 SISA(m) (2) 卫星健康信息(浮点型转换成整形) (3) bit 0: E1B DVS (4) bit 1～2: E1B HS (5) bit 3: E5a DVS (6) bit 4～5: E5a HS (7) bit 6: E5b DVS (8) bit 7～8: E5b HS (9) BGD E5a/E1 群延迟(s) (10) BGD E5b/E1 群延迟(s)	4X,4D19.12
BROADCAST ORBIT - 7	(1) 电文传输时间(GAL 时间周内秒) (2) 备用 (3) 备用 (4) 备用	4X,4D19.12

C.1.3 气象数据格式

表 C.8 气象数据文件数据头部分描述

气象数据文件——数据头部分描述		
数据头标签 (Columns 61～80)	描述	格式
RINEX VERSION / TYPE	(1) 格式版本：3.02 (2) 文件类型：字母 M 代表气象数据	F9.2,11X, A1,39X
PGM / RUN BY / DATE	(1) 创建当前文件的程序名称 (2) 创建当前文件的代理名称 (3) 文件被创建的日期	A20, A20, A20
* COMMENT	解释行	A60
MARKER NAME	接收站名称	A60
* MARKER NUMBER	接收站编号	A20
# / TYPES OF OBSERV	(1) 文件中存储不同观测类型的数量 (2) 观测类型，RINEX3 文件中定义了以下气象观测类型 ① PR：气压(mbar) ② TD：干温度(℃) ③ HR：相对湿度(%) ④ ZW：天顶延迟湿分量(mm), (for WVR data) ⑤ ZD：天顶延迟的干分量(mm) ⑥ ZT：天顶总延迟 ⑦ WD：风向方位角(°)风吹来的地方	I6, 9(4X,A2)

续表

气象数据文件——数据头部分描述		
数据头标签 (Columns 61～80)	描述	格式
# / TYPES OF OBSERV	⑧ WS：风速(m/s) ⑨ RI：降雨增量(1/10 mm)：上一次测量以来的降雨积累 ⑩ HI：冰雹指示(非零)，上一次测量以来的冰雹监测 注： *此记录中类型的顺序必须与数据记录中的度量序列相对应 *如果使用 9 种以上的观测类型，使用(6X,9(4X,A2))格式的延拓行	
SENSOR MOD/TYPE/ACC	气象传感器的描述 (1) 型号(生产商) (2) 类型 (3) 精度(与观测值相同单位) (4) 观测类型 对# / TYPES OF OBSERV 中的每种观察类型重复记录	A20, A20,6X, F7.1,4X, A2,1X
SENSOR POS XYZ/H	(1) 气象传感器的近似位置，地理坐标 *XYZ*(ITRF 或 WGS-84) (2) 椭球体高程 *H* (3) 观测类型 *未知情况下设置 *XYZ* 为 0 *确保 *H* 参考 ITRF 或 WGS-84 坐标系统 *气压计所需的记录，推荐用于其他传感器	3F14.4, 1F14.4, 1X,A2,1X
END OF HEADER	头数据部分最后一条记录	60X

表 C.9　气象数据文件数据描述

观测记录	描述	格式
EPOCH / MET	(1) GNSS 时间历元的年(4 字节，必要时在后面补 0) (2) 月、日、时、分、秒 (3) 与标头中给定的序列相同的气象数据 对 8 个以上的气象数据使用延拓行	1X,I4.4, 5(1X,I2), mF7.1 4X,10F7.1

C.2　精密轨道与钟差产品

C.2.1　轨道产品(SP3 文件)

SP3 精密星历数据格式的全称是标准产品第 3 号(Standard Product #3)，它是一种在卫星大地测量中广泛采用的数据格式，由美国国家大地测量委员会(National Geodetic Survey, NGS)提出，专门用于存储导航卫星的精密轨道数据。SP3 格式是文本文件格式，其基本内容是卫星位置和卫星钟记录，另外，还可以包含卫星的运行速度和钟漂。若在 SP3 格式文件第一行中有位置记录标记 P，则表示文件中未包含卫星的运行速度信息；若第一行中有速度记录标记 V，则表示在文件中，对每一历元、每一颗卫星均已计算出了卫星的速度和钟漂。需要指出的是，利用卫星的位置数据就可以以极高的精度计算出卫星的运行速度，这也是在 SP3 文件中通常未包含卫星速度数据的主要原因。

在 SP3 格式文件的第一行中，还有一个专门用来表示轨道数据所属坐标参照系的字段。在通常情况下，SP3 轨道的计算和分发都是在一个国际参考框架下进行的，如 IERS 的 ITRF。由于 ITRF 与 WGS-84 之间的差异都小于 1×10^{-8}～2×10^{-8}，因而在这一水平下，也可以将 ITRF 下的轨道数据当作是 WGS-84 下的轨道数据。

SP3 格式文件的命名的通用格式：igswwwwd.sp3。

其中，wwww 表示 GPS 周；d 表示该周内的第几天，从 0 开始。

图 C.1 是 igs09905.sp3 文件部分内容。

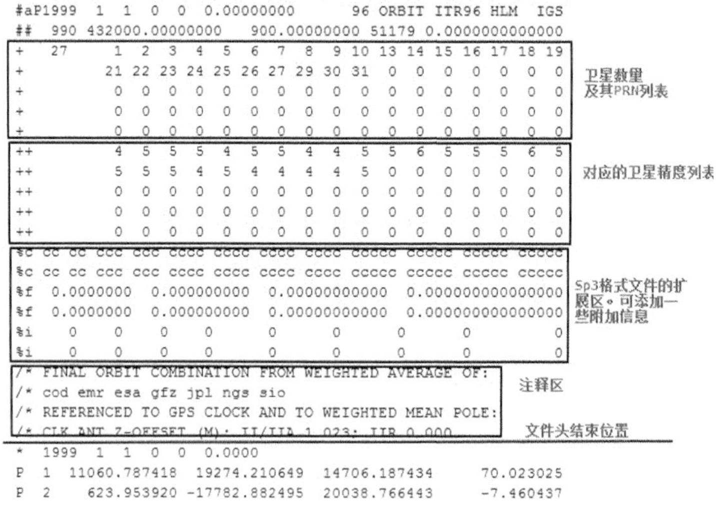

```
#aP1999  1  1  0  0  0.00000000       96 ORBIT ITR96 HLM  IGS
##  990 432000.00000000   900.00000000 51179 0.0000000000000
+   27      1  2  3  4  5  6  7  8  9 10 13 14 15 16 17 18 19
+          21 22 23 24 25 26 27 29 30 31  0  0  0  0  0  0  0
+           0  0  0  0  0  0  0  0  0  0  0  0  0  0  0  0  0
+           0  0  0  0  0  0  0  0  0  0  0  0  0  0  0  0  0
+           0  0  0  0  0  0  0  0  0  0  0  0  0  0  0  0  0
++          4  5  5  5  4  5  5  4  4  5  5  6  5  5  5  6  5
++          5  5  5  4  5  4  4  4  4  5  0  0  0  0  0  0  0
++          0  0  0  0  0  0  0  0  0  0  0  0  0  0  0  0  0
++          0  0  0  0  0  0  0  0  0  0  0  0  0  0  0  0  0
++          0  0  0  0  0  0  0  0  0  0  0  0  0  0  0  0  0
%c cc cc ccc ccc cccc cccc cccc cccc ccccc ccccc ccccc ccccc
%c cc cc ccc ccc cccc cccc cccc cccc ccccc ccccc ccccc ccccc
%f  0.0000000  0.000000000  0.00000000000  0.000000000000000
%f  0.0000000  0.000000000  0.00000000000  0.000000000000000
%i    0    0    0    0      0      0      0      0         0
%i    0    0    0    0      0      0      0      0         0
/* FINAL ORBIT COMBINATION FROM WEIGHTED AVERAGE OF:
/* cod emr esa gfz jpl ngs sio
/* REFERENCED TO GPS CLOCK AND TO WEIGHTED MEAN POLE:
/* CLK ANT Z-OFFSET (M): II/IIA 1.023; IIR 0.000
*  1999  1  1  0  0  0.0000
P  1  11060.787418  19274.210649  14706.187434     70.023025
P  2    623.953920 -17782.882495  20038.766443     -7.460437
```


图 C.1　igs09905.sp3 文件部分内容

关于文件的详细格式说明见表 C.10。

表 C.10　SP3 文件格式说明

行号	内容	备注
1	版本标识符(第 1～2 列)、位置(P)或速度/(V)标识符(第 3 列)； 轨道数据首历元的年(第 4～7 列)、月(第 9～10 列)、日(第 12～13 列)、时(第 15～16 列)、分(第 18～19 列)、秒(第 21～31 列)； 本数据文件的总历数(第 33～39 列)、数据处理所采用数据的类型(第 41～45 列)、轨道数据所属坐标参照系(第 47～51 列)、轨道类型(第 53～55 列)、发布轨道的机构(第 57～60 列)	其余列未使用； 轨道数据首历元的秒保留小数点后 8 位
2	轨道数据首历元的 GPS 周(第 4～7 列)、一周内的秒(第 9～23 列) 历元间隔(第 25～38 列)，单位为 s 轨道数据首历元约化儒略日的整数部分(第 40～44 列)、小数部分(第 46～60 列)	第 1、2 列为符号“##”，剩下的其余列未使用； 周内秒和历元间隔都保留小数点后 8 位
3	轨道数据所涉及卫星的数量(第 5～6 列) 第 1 颗卫星的 PRN 号(第 10～12 列)、第 2 颗卫星的 PRN 号(第 13～15 列)、…、第 17 颗卫星的 PRN 号(第 58～60 列)	第 1、2 列为符号“+”，剩下的其余列未使用

续表

行号	内容	备注
4	第 18 颗卫星的 PRN 号(第 10～12 列)、第 19 颗卫星的 PRN 号(第 13～15 列)、…、第 34 颗卫星的 PRN 号(第 58～60 列)	第 1、2 列为符号"+"，剩下的其余列未使用
5～7	与第 4 行排列方式一致，如果需要，这些行将用于列出其他卫星的 PRN 号	
8	第 1 颗卫星的精度(第 10～12 列)、第 2 颗卫星的精度(第 13～15 列)、…、第 17 颗卫星的精度(第 58～60 列)	第 1、2 列为符号"++"，剩下的其余列未使用
9～12	与第 8 行排列方式一致，列出卫星的精度	第 1、2 列为符号"++"，剩下的其余列未使用
13～14	如"igs09905.SP3 文件部分内容"示例图所示，第 1、2 列为"%c",剩下的除了未使用列(3、6、9、13、17、22、27、32、37、43、49、55)其他都为字符"c"	
15～16	10 字符宽实数(第 4～13 列、保留小数点后 7 位)、 12 字符宽实数(第 15～26 列、保留小数点后 9 位)、 14 字符宽实数(第 28～41 列、保留小数点后 11 位)、 18 字符宽实数(第 43～60 列、保留小数点后 15 位)	第 1、2 列为符号"%f"，剩下的其余列未使用
17～18	4 字符宽整数(第 4～7 列、第 9～12 列、第 14～17 列、第 19～22 列)； 2.6 字符宽整数(第 24～29 列、第 31～36 列、第 38～43 列、第 45～50 列)； 3.9 字符宽实数(第 52～60 列)	第 1、2 列为符号"%i"，剩下的其余列未使用
19～22	注释(第 4～60 列)	第 1、2 列为符号"/*"，剩下的其余列未使用
23	历元时刻的年(第 4～7 列)、月(第 9～10 列)、日(第 12～13 列)、时(第 15～16 列)、分(第 18～19 列)、秒(第 21～31 列)	第 1、2 列为符号"*"，剩下的其余列未使用； 秒保留小数点后 8 位
24	第 1 列为 P、卫星的 PRN 号(第 2～4 列)； 卫星位置：*X* 坐标(第 5～18 列)、*Y* 坐标(第 19～32 列)、*Z* 坐标(第 33～46 列)； 钟改正(第 47～60 列)	钟改正单位为 10^{-6}s,卫星位置和钟改正都保留小数点后 6 位

C.2.2　钟差产品(CLK 文件)

钟差文件的命名通用格式：igswwwwd.clk 或 igswwwwd.clk_30。

其中，wwww 表示 GPS 周；d 表示该周内的第几天，从 0 开始。扩展名为 clk 的钟差文件中钟差数据的时间间隔是 5min；扩展名为 clk_30s 的钟差文件中的钟差数据的时间间隔是 30s。

图 C.2 是 igs18254.clk 文件部分内容。

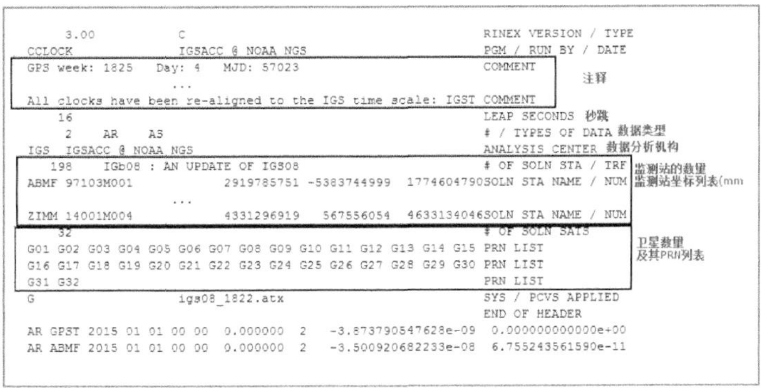

```
     3.00           C                                       RINEX VERSION / TYPE
CCLOCK              IGSACC @ NOAA NGS                       PGM / RUN BY / DATE
GPS week: 1825   Day: 4   MJD: 57023                        COMMENT
                    ...
All clocks have been re-aligned to the IGS time scale: IGST COMMENT
    16                                                      LEAP SECONDS
     2    AR    AS                                          # / TYPES OF DATA
IGS  IGSACC @ NOAA NGS                                      ANALYSIS CENTER
   198    IGb08 : AN UPDATE OF IGS08                        # OF SOLN STA / TRF
ABMF 97103M001            2919785751 -5383744999  1774604790SOLN STA NAME / NUM
                    ...
ZIMM 14001M004            4331296919   567556054  4633134046SOLN STA NAME / NUM
    32                                                      # OF SOLN SATS
G01 G02 G03 G04 G05 G06 G07 G08 G09 G10 G11 G12 G13 G14 G15 PRN LIST
G16 G17 G18 G19 G20 G21 G22 G23 G24 G25 G26 G27 G28 G29 G30 PRN LIST
G31 G32                                                     PRN LIST
G                   igs08_1822.atx                          SYS / PCVS APPLIED
                                                            END OF HEADER
AR GPST 2015 01 01 00 00  0.000000  2   -3.873790547628e-09  0.000000000000e+00
AR ABMF 2015 01 01 00 00  0.000000  2   -3.500920682233e-08  6.755243561590e-11
```


图 C.2　igs18254.clk 文件部分内容

关于文件的详细格式说明见表 C.11。

表 C.11　钟差文件格式说明

行号	内容	备注
1 RINEX VERSION / TYPE	版本标识符(第 1～9 列，保留小数点后两位，靠右) 文件标识类型(第 21 列)	第 10～20 列为空格 第 22～60 列为空格
2 PGM / RUN BY / DATE	创建本数据文件所采用程序的名称(第 1～20 列，靠左) 创建本数据文件单位的名称(第 21～40 列，靠左) 创建本数据文件的日期(第 41～60 列，靠左)	—
3～10 COMMENT	注释行	—
11 LEAP SECONDS	跳秒值(第 1～6 列，靠右)	—
12 # / TYPES OF DATA	数据类型个数(第 1～6 列，靠右) 数据类型 1(第 7～12 列，靠右)、数据类型 2(第 13～18 列，靠右)……	—
13 ANALYSIS CENTER	分析机构(第 1～60 列，靠左)	—
16～17	第 1 列为"*"	—
19 # OF SOLN SATS	卫星个数(第 1～6 列，靠右)	—
20～22 PRN LIST	G+PRN 号（第 1～3 列)、G+PRN 号（第 5～7 列)、……、 G+PRN 号（第 57～59 列)	—
23 SYS / PCVS APPLIED	导航系统(第 1 列)	—
24 END OF HEADER	文件头结束标志	—
25	数据类型(第 1～2 列) 地面站标识符/卫星的 PRN 号(第 4～7 列，靠左) 历元时刻的年(第 9～12 列)、月(第 14～15 列)、日(第 17～18 列)、时(第 20～21 列)、分(第 23～24 列)、秒(第 26～34 列，保留小数点后 6 位) 钟差(第 40～60 列，靠左)、钟差精度(第 60～80 列，靠左)	除了地面站 GPST，其余地面站每 5min 更新一次，卫星钟差每 30s 更新一次

附录D
缩略语参考表

缩略语	英文描述	中文描述
ARP	antenna reference point	天线参考点
ADT	Android development tools	Android 开发套件
AFC	automatic frequency control	自动频率控制
AFSCN	Air Force Satellite TT&C Network	空军卫星测控网
AM	amplitude modulation	调幅
A-S	anti-spoofing	反电子诱骗
ASK	amplitude shift keying	振幅键控
BDCS	Beidou coordinate system	北斗坐标系
BDS	Beidou satellite system	北斗卫星导航系统
BDT	Beidou navigation satellite system time	北斗时
BIH	Bureau International de I′ Heure	国际时间局
BOC	binary offset carrier	二进制补偿载波
BPSK	binary phase-shift keying	二相移键控
CDMA	code division multiple access	码分多址
CGCS	China Geodetic Coordinate System	中国大地坐标系
CIO	Conventional International Origin	国际习用原点
CIS	conventional inertial system	协议天球坐标系
CORS	continuously operating reference system	连续运行参考站系统
CS	central synchronize	同步中心
CRC	cyclic redundancy check	循环冗余校验码
CTP	conventional terrestrial pole	协议地极
CTS	conventional terrestrial system	协议地球坐标系
CS	calibration system	标校系统
DOP	dilution of precision	精度衰减因子

续表

缩略语	英文描述	中文描述
DORIS	Doppler orbitography and radiopositioning integrated system by satellite	多普勒卫星测轨和无线电定位组合系统
DOY	day of year	年积日
DSB	double-side band	双边带
DSP	digital signal processor	数字信号处理
EC	European Commission	欧盟委员会
ECEF	earth centered earth fixed	地心地固(坐标系)
EGNOS	European Geostationary Navigation Overlay Service	欧洲地球静止导航重叠服务
ENU	east north up	东北天坐标系
EOP	earth orientation parameter	地球自转参数
ESA	European Space Agency	欧洲空间局
EWL	ultra wide lane	超宽巷
FARA	fast ambiguity resolution approach	快速求解整周模糊度方法
FDMA	frequency division multiple access	频分多址
FLL	frequency lock loop	频率锁定环路
FM	frequency modulation	调频
FOC	full operation capability	全运行能力
FSK	frequency shift keying	频移键控
GA	ground antenna	地面天线
GAST	Greenwich apparent sidereal time	格林尼治真恒星时
GCC	ground control center	地面控制中心
GCRS	geocentric celestial reference system	地心天球参考系
GCS	ground control segment	地面控制段
GDOP	geometric dilution of precision	几何精度衰减因子
GEO	geostationary earth orbit	地球静止轨道
GIOVE	Galileo in-orbit validation element	Galileo 在轨试验卫星
GIS	geographic information system	地理信息系统
GLONASS	global navigation satellite system	[俄]全球卫星导航系统
GMDSS	global maritime distress and safety system	全球海上遇险和安全系统
GMS	ground mission segment	地面任务段
GMST	Greenwich mean sidereal time	格林尼治平恒星时
GNSS	global navigation satellite system	全球导航卫星系统
GPS	global positioning system	全球定位系统

续表

缩略语	英文描述	中文描述
GPST	GPS time	GPS 时
GTRF	Galileo terrestrial reference frame	伽利略地球参考框架
HDOP	horizontal dilution of precision	水平精度衰减因子
HOW	hour of week	周内小时计数
	hand over word	交接字
IAG	International Association of Geodesy	国际大地测量协会
IAU	International Astronomical Union	国际天文学联合会
ICAO	International Civil Aviation Organization	国际民航组织
ICD	interface control document	接口控制文件
ICRF	International Celestial Reference Frame	国际天球参考框架
ICRS	International Celestial Reference System	国际天球参考系
IDEA	intelli IDEA	JAVA 语言开发的集成环境
IDS	International DORIS Service	国际 DORIS 服务
IERS	International Earth Rotation Service	国际地球自转服务
IGS	International GNSS Service	国际 GNSS 服务
IGSO	inclined geosynchronous satellite orbit	倾斜地球同步轨道
ILRS	International Laser Ranging Service	国际激光测距服务
IRM	IERS reference meridian	IERS 参考子午面
IRP	IERS reference pole	IERS 参考极
ITRF	International Terrestrial Reference Frame	国际地球参考框架
ITRS	International Terrestrial Reference System	国际地球参考系
ITU	International Telecommunication Union	国际电信联盟
IONEX	ionosphere exchange	电离层交换格式
IUGG	International Union of Geodesy and Geophysics	国际大地测量与地球物理联合会
IVS	International VLBI Service	国际 VLBI 服务
JD	Julian date	儒略日
JPL	Jet Propulsion Laboratory	喷气推进实验室
LAMBDA	least-squares ambiguity decorrelation adjustment	最小二乘模糊度降相关判定
LAST	local apparent sidereal time	真春分点的地方时角
LBA	location based application	基于位置的应用程序
LBS	location based service	位置服务
LEO	low earth orbit	地球低轨轨道
LMST	local mean sidereal time	平春分点的地方时角

续表

缩略语	英文描述	中文描述
LLR	lunar laser ranging	激光测月
MAC	master auxiliary concept	主辅站技术
MCS	main control station	主控站
MCC	main control center	测量与控制中心
MIT	Massachusetts Institute of Technology	美国麻省理工学院
MJD	modified Julian date	约化儒略日
MS	monitor station	监测站
MEO	medium earth orbit	中圆地球轨道
NGA	National Geospatial-Intelligence Agency	国家地理空间情报局
NL	narrow lane	窄巷
NMEA	National Marine Electronics Association	国家海洋电子协会
NNSS	Navy Navigation Satellite System	海军卫星导航系统
OCS	operation control system	运行控制系统
OEM	original equipment manufacturer	原始设备制造商
OTF	resolution on-the-fly	在航解算算法
PCO	phase center offset	相位中心偏移
PCV	phase center variation	相位中心变化
PDOP	position dilution of precision	位置精度衰减因子
PLL	phase lock loop	相位锁定环路
PM	phase modulation	调相
PNT	positioning，navigation，timing	定位、导航、授时
PPP	precise point positioning	精密单点定位
PPS	precise positioning services	精确定位服务
PRN	pseudo random noise	伪随机噪声
PSK	phase shift keying	相移键控
PVT	position，velocity，time	位置、速度、时间
QPSK	quadrature phase shift keying	正交相移键控
RCP	right-hand polarization	右旋极化
RDSS	radio determination satellite service	卫星无线电定位业务
RF	radio frequency	射频
RHCP	right-hand circular polarization	右旋圆极化
RINEX	receiver independent exchange	接收机独立数据交换(格式)
RMS	root mean square	均方根

续表

缩略语	英文描述	中文描述
RNSS	radio navigation satellite system	卫星无线电导航系统
RTCM	Radio Technical Committee for Marine Services	国际海运事业无线电技术委员会
RTK	real time kinematic	实时动态(定位)
SA	selected availability	选择可用性
SAR	search and rescue	搜寻援救
SBAS	space-based augmentation system	天(星)基增强系统
SI	System International	国际单位制
SIO	Scripps Institution of Oceanography	海洋研究所
SINEX	software independent exchange	软件独立交换(格式)
SLR	satellite laser ranging	卫星激光测距
SNR	signal-noise ratio	信噪比
SOFA	Standards of Fundamental Astronomy	天文标准函数库
SOH	second of hour	小时内秒计数
SPS	standard positioning service	标准定位服务
ST	sidereal time	恒星时
	solar time	太阳时
SISRE	space signal ranging error	空间信号测距误差
TAI	International Atomic Time	国际原子时
TCAR	three-carrier cascade ambiguity resolution	三频逐级模糊度确定
TDOP	time dilution of precision	时间精度因子
TEC	total electronic content	电子数总量
TLW	telemetry word	遥测字
TOA	time of arrival	时差
TTFF	time to first fix	首次定位时间
UEE	user equipment error	用户设备误差
UERE	user equivalent range error	用户等效测距误差
UHF	ultra-high frequency	超高频
URE	user range error	用户测距误差
UT	universal time	世界时
UTC	coordinated universal time	协调世界时
NTSC	National Time Service Center, Chinese Academy of Science	中国维持的协调世界时
VDOP	vertical dilution of precision	垂直精度因子

续表

缩略语	英文描述	中文描述
VLBI	very long baseline interferometry	甚长底线干涉量度法
VRS	virtual reference station	虚拟参考站
VTEC	vertical total electronic content	垂直电子总含量
WAAS	wide area augmentation system	广域增强系统
WGS	World Geodetic System	世界大地系统
WL	wide lane	宽巷
WN	week number	整周计数
WWDC	Worldwide Developers Conference	苹果开发者大会
ZWD	zenith wet delay	天顶湿延迟分量